Elektrotechnik für Fachschulen

Grundwissen

Von Dipl.-Ing. Horst Schremser
und Dr.-Ing. Hansjürgen Bausch, Hannover

2., neubearbeitete und erweiterte Auflage
Mit 330 Bildern und Tabellen, 111 Versuchen
und Beispielen sowie 695 Aufgaben

B. G. Teubner Stuttgart 1988

Hinweise auf DIN-Normen in diesem Werk entsprechen dem Stand der Normung bei Abschluß des Manuskriptes. Maßgebend sind die jeweils neuesten Ausgaben der Normblätter des DIN Deutsches Institut für Normung e.V. im Format A4, die durch die Beuth-Verlag GmbH, Berlin und Köln zu beziehen sind. – Sinngemäß gilt das gleiche für alle in diesem Buch angezogenen amtlichen Richtlinien, Bestimmungen, Verordnungen usw.

CIP-Kurztitelaufnahme der Deutschen Bibliothek

Elektrotechnik für Fachschulen. – Stuttgart : Teubner.

Grundwissen / von Horst Schremser und Hansjürgen Bausch. –
2., neubearb. u. erw. Aufl. – 1988
ISBN 3-519-16820-0

NE: Schremser, Horst [Mitverf.]

Printed in Germany
Gesamtherstellung: Passavia Druckerei GmbH, Passau
Umschlaggestaltung: W. Koch, Sindelfingen

Vorwort

Dieses Buch schließt die Lücke zwischen der Fachkunde für Elektroberufe an den Berufsschulen und den mathematisch-physikalischen Grundlagen der Elektrotechnik in der Hochschulliteratur. Es wendet sich damit vor allem an Schüler der Fachschulen Technik und Berufsaufbauschulen wie auch der Fachoberschulen und Fachgymnasien. Aber auch den Studenten der Anfangssemester an Fachhochschulen und Technischen Universitäten wird es als Einstieg in die theoretische Behandlung der Elektrotechnik hilfreich sein.

Ohne mathematisches Rüstzeug ist eine vertiefte Beschreibung der physikalischen Zusammenhänge in der Elektrotechnik nicht möglich. Vorausgesetzt werden jedoch nur Kenntnisse des Gleichungsrechnens, wie sie auch in der Berufsschule vermittelt werden. Weitergehende mathematische und physikalische Kenntnisse (wie z.B. der Umgang mit Produkten von Vektoren oder Beschreibung physikalischer Felder) werden im ersten Abschnitt vorgestellt bzw. aufgefrischt.

Von der zentralen Größe Energie bzw. ihren Umwandlungen nach dem Energieerhaltungssatz aus, werden alle erforderlichen Gleichungen ausführlich abgeleitet. Auch dabei werden nur mathematische Verfahren angewendet, wie sie etwa im Mathematikunterricht der Fachschule Technik vermittelt werden. Auf die Anwendung der komplexen Rechnung in Wechselstromkreisen wird bewußt verzichtet, um durch die rein formale Rechnung den physikalischen Hintergrund der Vorgänge in Wechselstromkreisen nicht zu verdecken.

In einigen Abschnitten werden Grenzwertbetrachtungen durchgeführt, die vor allem für Schüler mit Kenntnissen in der höheren Mathematik (Differential- und Integralrechnung) von Interesse sein werden. Diese Abschnitte können jedoch ohne Schaden für das Verständnis des Zusammenhangs überschlagen werden.

Zahlreiche Aufgaben und durchgerechnete Beispiele sollen dem Leser beim Erarbeiten des dargestellten Stoffgebiets helfen.

Für Anregungen zur Verbesserung des Buches sind Verlag und Verfasser dankbar.

Osnabrück, Juli 1982 H. Schremser

Zur zweiten Auflage

Nach dem Tode meines Studienfreundes Horst Schremser habe ich die Fortführung seines Buches übernommen. Die wichtigsten Änderungen sind:

- eine Reduzierung der mathematischen Anforderungen in den Abschnitten über Feldtheorie,
- ein Ergänzungsabschnitt über die komplexe Berechnung von Wechselstromschaltungen.

Bearbeiter und Verlag bedanken sich für die zahlreichen Stellungnahmen aus der Schulpraxis, die zur Verbesserung des Buches beigetragen haben, und bitten weiterhin um Kritik.

Hannover, Oktober 1987 H. Bausch

Inhaltsverzeichnis

			Seite
1 Physikalische und mathematische Hilfsmittel	1.1	Physikalische Größen	7
	1.2	Gleichungen zwischen Größen	8
	1.3	Das internationale Einheitensystem	9
	1.4	Rechnen mit Größen	12
	1.5	Skalare und Vektoren	13
	1.6	Rechnen mit Vektoren	15
	1.6.1	Bezugssysteme	15
	1.6.2	Addition und Subtraktion	16
	1.6.3	Multiplikation und Division	17
	1.7	Physikalische Grundbegriffe	21
	1.7.1	Felder physikalischer Größen	21
	1.7.2	Gravitationsfeld	21
	1.7.3	Energie im Gravitationsfeld	23
	1.7.4	Energieumwandlung im Gravitationsfeld	26
	1.7.5	Stabilität des Energiezustands	27
	1.8	Grundbegriffe des elektrischen Felds	28
	1.8.1	Elektrische Ladung und elektrisches Feld	28
	1.8.2	Elektrische Feldstärke und elektrisches Potential	31
	1.9	Aufbau der Materie	33
	1.9.1	Bohrsches Atommodell	33
	1.9.2	Periodensystem der Elemente	35
	1.9.3	Bindungen zwischen Atomen	36
	1.9.3.1	Metallbindung	36
	1.9.3.2	Ionenbindung	38
	1.9.3.3	Elektronenpaarbindung	39
	1.9.3.4	Halbleiter	41
2 Gleichstromkreis	2.1	Grundstromkreis	43
	2.1.1	Grundgrößen des elektrischen Stromkreises	43
	2.1.2	Energiesatz im Grundstromkreis	44
	2.2	Verbraucherteil	48
	2.2.1	Elektrischer Widerstand (Ohmsches Gesetz)	48
	2.2.2	Technische Ausführung von Widerständen	53
	2.2.3	Temperaturabhängigkeit des Widerstands	55
	2.2.4	Aufteilung der Leistung im Verbraucher	63
	2.2.4.1	Reihenschaltung von Verbrauchern	64
	2.2.4.2	Parallelschaltung von Verbrauchern	69
	2.2.4.3	Gemischte Schaltungen	73
	2.2.4.4	Dreieck-Stern- und Stern-Dreieck-Umwandlung	78
	2.3	Energiesatz in Netzwerken	83
	2.3.1	Kirchhoffsche Regeln	83
	2.3.2	Berechnung einzelner Netzmaschen	86
	2.3.3	Berechnung geschlossener Netze	88
	2.3.3.1	Anwendung der Kirchhoffschen Regeln	88
	2.3.3.2	Maschenstromverfahren	91
	2.4	Erzeugerteil	93
	2.4.1	Ersatzspannungsquelle	93
	2.4.2	Ersatzstromquelle	97
	2.4.3	Leistung und Wirkungsgrad	98
	2.4.4	Leistungsanpassung	100
	2.5	Berechnung von Netzwerken mit der Ersatzspannungsquelle	103
	2.5.1	Aufteilung eines geschlossenen Netzwerks	103

			Seite
2 Gleichstromkreis Fortsetzung	2.5.2	Belastete Brückenschaltung	104
	2.5.3	Spannungsquellen in Parallelschaltung	105
3 Elektrisches Strömungsfeld	3.1	Driftbewegung der Ladungsträger	107
	3.2	Feldgleichung des elektrischen Strömungsfelds	108
	3.3	Inhomogenes Strömungsfeld	110
	3.4	Grundbegriffe der Feldtheorie	110
4 Elektrisches Feld	4.1	Elektrostatisches Quellenfeld	113
	4.2	Kondensator	119
	4.2.1	Kapazität und Permittivität	119
	4.2.2	Bauformen von Kondensatoren	120
	4.2.3	Auf- und Entladen eines Kondensators	121
	4.2.4	Schaltungen von Kondensatoren	125
	4.3	Energie des elektrischen Felds	126
5 Magnetisches Feld	5.1	Magnetostatisches Feld magnetischer Dipole	129
	5.2	Stationäres magnetisches Feld	131
	5.2.1	Magnetisches Feld des geraden Leiters	131
	5.2.2	Magnetisches Feld einer Leiterwindung	132
	5.2.3	Magnetisches Feld einer gestreckten Spule	133
	5.2.4	Magnetisches Feld einer Kreisringspule	133
	5.2.5	Feldgrößen des magnetischen Felds	134
	5.2.6	Materie im magnetischen Feld	136
	5.2.7	Magnetisches Feld in Eisen	137
	5.3	Berechnung magnetischer Kreise	139
	5.3.1	Ohmsches Gesetz des magnetischen Kreises	139
	5.3.2	Reihenschaltung magnetischer Widerstände	141
	5.3.3	Parallelschaltung magnetischer Widerstände	145
	5.4	Kräfte im magnetischen Feld	150
	5.4.1	Gestreckter, stromdurchflossener Leiter im magnetischen Feld	150
	5.4.2	Bewegte Ladungen im magnetischen Feld	152
	5.4.3	Kraft zwischen zwei parallelen Leitern	153
	5.5	Energie des magnetischen Felds	157
	5.5.1	Energie des magnetischen Felds einer Spule	157
	5.5.2	Energiedichte des magnetischen Felds	159
	5.5.3	Ummagnetisierungsenergie im Eisen	161
6 Elektromangetische Wechselwirkungen	6.1	Grundgesetze elektromagnetischer Wechselwirkungen	163
	6.1.1	Induktionsgesetz bei mechanischer Bewegung	163
	6.1.2	Induktionsgesetz ohne mechanische Bewegung	166
	6.1.3	Allgemeines Induktionsgesetz	168
	6.2	Induktion in elektrischen Maschinen	171
	6.2.1	Spannungserzeugung in umlaufenden Maschinen	171
	6.2.2	Energieumwandlung im Transformator	174
	6.2.2.1	Energieumwandlungen auf der Primärseite (Selbstinduktion)	174
	6.2.2.2	Energieumwandlungen auf der Sekundärseite (Gegeninduktion)	177
7 Wechselstromkreis	7.1	Stromarten	181
	7.2	Eigenschaften von Sinusgrößen	182
	7.2.1	Entstehung einer Sinusspannung	182
	7.2.2	Kennwerte	182
	7.2.3	Darstellung von Sinusvorgängen	183
	7.2.4	Addition von Sinusgrößen	186

Seite

7 Wechselstromkreis
Fortsetzung

7.2.5 Bezugspfeilsystem 188
7.3 Ideale Wechselstromwiderstände 189
7.3.1 Wirkwiderstand 189
7.3.2 Mittelwerte 191
7.3.3 Ideale Spule, induktiver Blindwiderstand 195
7.3.4 Idealer Kondensator, kapazitiver Blindwiderstand 198
7.4 Reihenschaltung idealer Wechselstromwiderstände 201
7.4.1 Ideale Spule und Wirkwiderstand 201
7.4.2 Idealer Kondensator und Wirkwiderstand 204
7.4.3 Ideale Spule, idealer Kondensator und Wirkwiderstand 206
7.4.3.1 Reihenschwingkreis bei Resonanz ($X = 0$, $X_L = X_C$) 207
7.4.3.2 Reihenschwingkreis außerhalb der Resonanz ($X = X_L - X_C \neq 0$) 210
7.5 Parallelschaltung idealer Wechselstromwiderstände 219
7.5.1 Ideale Spule und Wirkwiderstand 219
7.5.2 Idealer Kondensator und Wirkwiderstand 221
7.5.3 Ideale Spule, idealer Kondensator und Wirkwiderstand 223
7.5.3.1 Parallelschwingkreis bei Resonanz ($B = B_C - B_L = 0$) 224
7.5.3.2 Parallelschwingkreis außerhalb der Resonanz ($B = B_C - B_L \neq 0$) 226
7.6 Reale Wechselstromwiderstände 230
7.6.1 Spulen im Wechselstromkreis 230
7.6.1.1 Ersatzschaltungen der Spule 230
7.6.1.2 Reihen- und Parallelschaltungen von Spulen 232
7.6.1.3 Umrechnen äquivalenter Ersatzschaltungen 232
7.6.2 Kondensatoren im Wechselstromkreis 237
7.6.3 Gemischte Schaltungen realer Wechselstromwiderstände 240
7.6.3.1 Blindstromkompensation 241
7.6.3.2 Resonanz in Schwingkreisen 242
7.6.4 Transformator mit Eisenkern 247
7.6.4.1 Transformator im Leerlauf 249
7.6.4.2 Transformator im Kurzschluß 251
7.6.4.3 Transformator bei Belastung 253

8 Mehrphasiger Wechselstrom

8.1 Formen magnetischer Felder 257
8.2 Zweiphasensystem 259
8.3 Dreiphasensystem 261
8.3.1 Dreieckschaltung von Erzeuger und Verbraucher 262
8.3.1.1 Symmetrische Belastung 263
8.3.1.2 Unsymmetrische Belastung 266
8.3.2 Sternschaltung von Erzeuger und Verbraucher 268
8.3.2.1 Symmetrische Belastung 269
8.3.2.2 Unsymmetrische Belastung 270
8.3.3 Blindstromkompensation bei Drehstrom 276

9 Komplexe Berechnung von Sinusvorgängen

9.1 Komplexe Zahlen 279
9.1.1 Definitionen 279
9.1.2 Grundrechnungsarten bei komplexen Zahlen 281
9.1.3 Einfache Ortskurven 284
9.2 Komplexe Berechnung von Sinusvorgängen 286
9.2.1 Impedanzen bei komplexer Darstellung der Ströme/Spannungen 287
9.2.2 Sinusströme und -spannungen in Wechselstromschaltungen 292
9.2.3 Leistungsberechnung bei Sinusvorgängen 299

Tabellenanhang 303
Sachwortverzeichnis 307

1 Physikalische und mathematische Hilfsmittel

1.1 Physikalische Größen

Größen. In vielen Bereichen des täglichen Lebens, vor allem aber in der Technik und den Naturwissenschaften brauchen wir Begriffe, die die Eigenschaften von Dingen, von Vorgängen oder von Zuständen beschreiben. Solche Begriffe heißen in Naturwissenschaft und Technik physikalische Größen, kurz: Größen. Beispiele dafür sind Länge, Zeit, Geschwindigkeit, Masse, Kraft, Energie, Temperatur. Diese verschiedenen Größenarten werden durch Formelzeichen (Symbole) gekennzeichnet, z. B. s für die Länge, t für die Zeit, F für die Kraft. Gemeinsam ist allen Größen, daß man über sie jeweils auch eine quantitative Angabe machen kann. Solche Angaben sind z. B.

$$s = 6\text{ m},\ t = 30\text{ min},\ F = 400\text{ N}. \qquad (1.1)$$

Durch diese Gleichungen erhalten die Größen konkrete Werte. 6 m, 30 min oder 400 N sind solche Größenwerte. Sie bestehen aus den Zahlenwerten 6, 30 oder 400 und den Einheiten m, min oder N (Newton). Für alle quantitativen Angaben gilt:

> Der Wert einer Größe ist das Produkt aus dem Zahlenwert und der Einheit der Größe. (1.2a)

Zahlenwert. Am einfachsten wird dies sichtbar, wenn man das Verhältnis zweier Größen bildet. So erhält man mit $s_1 = 6$ m und $s_2 = 3$ m für das Verhältnis

$$\frac{s_1}{s_2} = \frac{6\text{ m}}{3\text{ m}} = 2, \qquad (1.3)$$

eine Zahl, weil man in dem Bruch das Meter kürzen kann. Wählt man die Einheit der Länge $s_3 = 1$ m als Bezugsgröße, liefert das Verhältnis

$$\frac{s_1}{s_3} = \frac{6\text{ m}}{1\text{ m}} = 6, \qquad (1.4)$$

den Zahlenwert der Größe. Gelegentlich möchte man sich nicht auf einen bestimmten Zahlenwert festlegen, aber zum Ausdruck bringen, daß man von einem Größenwert nur den Zahlenwert meint. Dazu setzt man das Formelzeichen in geschweiften Klammern, z. B. $\{s\}$ und könnte damit statt Gl. (1.4) $\{s\} = 6$ schreiben.

Einheit. Die in Gl. (1.1) auftauchenden Einheiten m, min oder N sind durch Übereinkunft festgelegte besondere Werte von Größen (s. Abschn. 1.3). Sind in einem bestimmten Zusammenhang nur diese Einheiten gemeint, wird das Formelzeichen in eckigen Klammern gesetzt, z. B.

$$[s] = 1\text{ m},\ [t] = 1\text{ min},\ [F] = 1\text{ N}. \qquad (1.5)$$

Nach Einführung dieser Symbole kann man den Merksatz (1.2a) auch durch Formelzeichen darstellen. Für den Wert einer beliebigen Größe M gilt demnach

$$M = \{M\}\,[M]. \qquad (1.2\text{b})$$

Damit ergibt sich die Einsicht:

Der Wert einer Größe ist unveränderlich (invariant) gegenüber dem Wechsel der Einheit.

Ist z.B. der Größenwert $s = 6$ m, läßt sich für $[s] = 1$ m auch 100 cm, 1000 mm oder 1 km/1000 einsetzen, ohne daß sich an der Länge s etwas ändert:

$$s = 6\,\mathrm{m} = 6 \cdot 100\,\mathrm{cm} = 600\,\mathrm{cm} = 6 \cdot 1000\,\mathrm{mm} = 6000\,\mathrm{mm} = 6\,\mathrm{km}/1000 = 0{,}006\,\mathrm{km}$$

Ein weiteres Beispiel für die Anwendung der Gl. (1.2b) ist die Bezeichnung der Diagrammachsen in Bild **1**.1. Es ist üblich, auf den Skalen nur die Zahlenwerte der Strecke und der Zeit einzutragen. Die Achsenbezeichnungen lauten daher

$$\frac{s}{\mathrm{m}} = \{s\} \quad \text{und} \quad \frac{t}{\mathrm{s}} = \{t\}.$$

Kennzeichnung von Größen und Einheiten. Als Größensymbole werden Groß- bzw. Kleinbuchstaben des lateinischen und griechischen Alphabets verwendet. Im Druck erscheinen Größensymbole in kursiver Schrift. Empfehlungen für die einheitliche Verwendung von Buchstaben als Größensymbole finden sich z.B. in DIN 1304. In der Regel verwenden wir in diesem Buch in Übereinstimmung damit für eine Größenart nur ein bestimmtes Größensymbol. Wenn Mißverständnisse möglich sind, soll umgekehrt ein bestimmter Buchstabe auch nur für eine Größenart benutzt werden. Dabei lassen sich Abweichungen von den genormten Formelzeichen nicht immer vermeiden. Eine Liste der in diesem Buch verwendeten Größensymbole finden Sie im Anhang.

Manche Einheiten von Größen haben besondere Namen. Solche Einheitennamen und die zugehörigen Einheitenzeichen sind ebenfalls in einer Liste im Anhang aufgeführt. Im Druck erscheinen Einheitenzeichen in senkrechter Schrift.

1.2 Gleichungen zwischen Größen

Größengleichungen. Abhängigkeiten zwischen physikalischen Größen, die wir z.B. meßtechnisch durch geeignete Versuche ermitteln, können wir in vielen Fällen gewissermaßen als „Modell" durch Gleichungen zwischen Größen darstellen. Verhältnisse zwischen verschiedenartigen Größen bleiben dabei oft konstant und führen zu Definitionsgleichungen neuer Größen. Wir wollen das an einem Beispiel aus der Bewegungslehre (Kinematik) erläutern.

Beispiel 1.1 Bei der geradlinigen Bewegung eines Körpers messen wir die von ihm in einer bestimmten Zeit zurückgelegte Strecke. Dabei müssen wir zunächst für Strecke und Zeit geeignete Einheiten wählen, z.B. $[s] = \mathrm{m}$, $[t] = \mathrm{s}$. Tragen wir in einem rechtwinkligen Koordinatensystem mit einem geeigneten Maßstab die Wertepaare von Strecke und Zeit auf, erhalten wir z.B. ein Diagramm entsprechend Bild **1**.1, wenn wir die einzelnen Meßpunkte miteinander verbinden. Der lineare

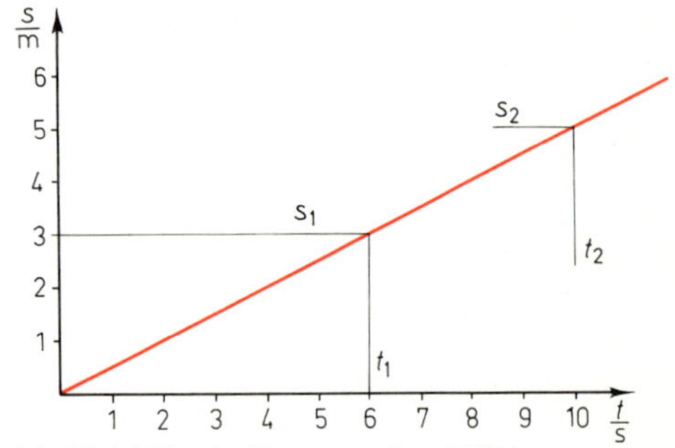

1.1 Gleichförmige Bewegung im $s(t)$-Diagramm

Beispiel 1.1, Fortsetzung

Zusammenhang zwischen den Größen s und t bedeutet, daß das Verhältnis ihrer Werte konstant ist. Wenn z. B. der Körper in $t_1 = 6$ s die Strecke $s_1 = 3$ m und in $t_2 = 10$ s die Strecke $s_2 = 5$ m zurücklegt, ergibt sich für das Verhältnis der gleiche Wert, nämlich die konstante Geschwindigkeit des Körpers.

$$\frac{s_1}{t_1} = \frac{3\ \text{m}}{6\ \text{s}} = \frac{s_2}{t_2} = \frac{5\ \text{m}}{10\ \text{s}} = 0{,}5\,\frac{\text{m}}{\text{s}} = v. \tag{1.6}$$

Dividieren wir also – im Gegensatz zu Gl. (1.3) – Werte von Größen verschiedener Art, erhalten wir als Ergebnis den Wert einer neuen Größe. In diesem Beispiel ist

$$\frac{s}{t} = v \quad \text{oder} \quad s = v \cdot t. \tag{1.7}$$

Solche Gleichungen, in denen die vorkommenden Symbole Größen darstellen, heißen Größengleichungen. Sie drücken Zusammenhänge zwischen physikalischen Größen aus. Ihre Gültigkeit ist von der Wahl der Einheiten unabhängig. Deshalb werden wir sie in diesem Buch ausschließlich verwenden.

Einheitengleichungen sind eine besondere Form von Größengleichungen. Man erhält sie, indem man eine Größengleichung durch den Zahlenwert dividiert – die Zahlenwerte der linken und der rechten Seite der Gleichung stimmen überein. Ausführlich geschrieben lautet Gl. (1.7)

$$\frac{\{s\}\,[s]}{\{t\}\,[t]} = \{v\}\,[v]. \tag{1.8}$$

Durch Division durch den Zahlenwert ergibt sich die Einheitengleichung

$$\frac{[s]}{[t]} = [v]. \tag{1.9}$$

Sie besagt, daß man die Einheit der Geschwindigkeit erhält, wenn man die Einheit der zurückgelegten Wegstrecke (z. B. Meter) durch die Einheit der Zeit (z. B. Sekunde) teilt.

1.3 Das Internationale Einheitensystem

Basisgrößen und Basiseinheiten. Zur Beschreibung der physikalischen Sachverhalte in einem abgegrenzten Gebiet der Naturwissenschaft und der Technik sind als Ausgangspunkt bestimmte Basisgrößen erforderlich. Die Wahl dieser Basisgrößen ist grundsätzlich willkürlich; es hat sich aber als zweckmäßig erwiesen, dafür Größen zu wählen, die möglichst anschaulich, gut meßbar und aus der täglichen Erfahrung bekannt sind. Basisgrößen des heute üblichen Größensystems sind zunächst Länge s und Zeit t. Diese Begriffe werden auch ohne Erläuterung verstanden. Dritte Basisgröße der Mechanik ist die Masse m, eine Eigenschaft des Stoffs, die sich z. B. im Zusammenhang mit der Gewichtskraft bemerkbar macht. Als weitere Grundgröße kommt in der Elektrotechnik die Stromstärke I hinzu, die bewegte elektrische Ladung bedeutet. Dabei kann die Ladung ebenfalls als Eigenschaft des Stoffs angesehen werden (s. Abschn. 1.8). Diese und die übrigen Basisgrößen sind in Tabelle **1**.2 zusammengestellt, zusammen mit Namen und Einheitenzeichen der zu den Basisgrößen gehörenden Basiseinheiten.

Tabelle 1.2 **Basisgrößen und -einheiten des SI**

Basisgröße	Größensymbol	Basiseinheit	Einheitenzeichen
Länge	s	Meter	m
Zeit	t	Sekunde	s
Masse	m	Kilogramm	kg
elektrische Stromstärke	I	Ampere	A
thermodynamische Temperatur	T	Kelvin	K
Lichtstärke	I_L	Candela	cd
Stoffmenge	n	Mol	mol

Die aufgeführten Basiseinheiten sind die des Internationalen Einheitensystems oder SI (Système International d'Unités), das in zahlreichen Ländern benutzt wird. Mit dem Gesetz über Einheiten im Meßwesen vom 2. Juli 1969 und den zugehörigen Ausführungsverordnungen bildet das SI seit Inkrafttreten des Gesetzes am 5. Juli 1970 auch in der Bundesrepublik die Grundlage der gesetzlichen Einheiten.

Definition der Basiseinheiten. Mit der Festlegung der Basiseinheiten nach Tabelle **1**.2 ist noch nichts darüber gesagt, was unter einem Meter oder einer Sekunde verstanden werden soll. Die Definition der Basiseinheiten ist zwar an sich willkürlich, muß jedoch aus Gründen der Zweckmäßigkeit einige Anforderungen erfüllen: Da sich aus den Basiseinheiten die Einheiten aller anderen Größen ableiten lassen, müssen sie international verbindlich sein. Die Erleichterung beim Austausch technischer oder naturwissenschaftlicher Erkenntnisse ist offensichtlich. Entsprechend den meßtechnischen Erfordernissen und Möglichkeiten müssen die Basiseinheiten überall darstellbar und reproduzierbar sein. Deshalb sind dafür Staatsinstitute verantwortlich, z. B. in der Bundesrepublik Deutschland die Physikalisch-Technische-Bundesanstalt (PTB) in Braunschweig.

Die z. Z. gültigen Definitionen der Basiseinheiten sind in DIN 1301 angegeben. Im Rahmen dieses Buches interessieren davon nur die ersten fünf der Tabelle **1**.2. Der amtliche Text lautet:

1 Meter ist das 1650763,73fache der Wellenlänge der von Atomen des Nuklids ^{86}Kr beim Übergang vom Zustand 5d_5 zum Zustand 2p_{10} ausgesandten, sich im Vakuum ausbreitenden Strahlung.

1 Sekunde ist das 9192631770fache der Periodendauer der beim Übergang zwischen den beiden Hyperfeinstrukturniveaus des Grundzustandes von Atomen des Nuklids ^{133}Cs entsprechenden Strahlung.

1 Kilogramm ist die Masse des Internationalen Kilogrammprototyps.

1 Ampere ist die Stärke eines zeitlich unveränderlichen elektrischen Stromes, der, durch zwei im Vakuum parallel im Abstand 1 m voneinander angeordnete, geradlinige, unendlich lange Leiter von vernachlässigbar kleinem, kreisförmigem Querschnitt fließend, zwischen diesen Leitern je 1 m Leiterlänge elektrodynamisch die Kraft $0{,}2 \cdot 10^{-6}$ N hervorrufen würde.

1 Kelvin ist der 273,16te Teil der thermodynamischen Temperatur des Tripelpunktes des Wassers.

Kohärente Einheiten. Dividieren wir Größengleichungen durch ihre Zahlenwerte, erhalten wir stets Einheitengleichungen wie Gl. (1.9), in denen nur der Zahlenfaktor 1 vorkommt. Die Basiseinheiten und die auf diese Weise daraus abgeleiteten Einheiten bilden ein System kohärenter Einheiten und heißen SI-Einheiten. Abgeleitete SI-Einheiten können als Produkte oder Quotienten anderer SI-Einheiten dargestellt werden. Sie haben oft besondere Einheitennamen.

Beispiel 1.2 Wird die Einheit der Kraft aus der Größengleichung $F = m \cdot a$ abgeleitet (m = Masse, a = Beschleunigung), erhalten wir die Einheitengleichung

$$[F] = [m] \cdot [a] \quad \text{mit} \quad [m] = 1\,\text{kg} \quad \text{und} \quad [a] = \frac{[v]}{[t]} = 1\,\frac{\text{m}}{\text{s}^2}: \quad [F] = 1\,\frac{\text{kg}\,\text{m}}{\text{s}^2} = 1\,\text{N}. \tag{1.10}$$

Die Einheit der Kraft hat den Einheitennamen Newton.

Zweckmäßig sind Einheitennamen abgeleiteter Einheiten für die Angabe der Werte abgeleiteter Größen. In Berechnungen mit Größen (s. Abschn. 1.4) werden jedoch zur Einheitenkontrolle abgeleitete Einheiten in der Regel als Produkte bzw. Quotienten der Basiseinheiten gebraucht.

Vielfache und Teile von SI-Einheiten. In der Regel beschränken wir uns bei Berechnungen auf die Anwendung der kohärenten SI-Einheiten. Für die Angabe von Größenwerten sind sie jedoch oft unbequem groß bzw. klein. Will man sich bei den Zahlenwerten auf den Bereich zwischen 0,1 und 100 beschränken, müssen wegen der Invarianz der Größenwerte die entsprechenden Einheiten größer bzw. kleiner gemacht werden.

Durch Vorsätze vor das Einheitenzeichen nach Tabelle **1**.3 bildet man dezimale Teile oder Vielfache der SI-Einheiten. Es muß jedoch beachtet werden, daß die so erhaltenen Einheiten nicht mehr zum kohärenten Einheitensystem gehören, also selbst keine SI-Einheiten sind. Einige dezimale Vielfache und Teile von SI-Einheiten haben besondere Namen und Einheitenzeichen, z. B. Liter, Tonne, Bar (l, t, bar). Wir werden in diesem Buch solche Einheiten nicht brauchen und verweisen wegen solcher Besonderheiten auf DIN 1301.

Tabelle **1**.3 **Vorsätze für dezimale Teile und Vielfache von Einheiten**

Vorsatz	Zeichen	Bedeutung	Vorsatz	Zeichen	Bedeutung
Exa	E	10^{18}	Dezi	d	10^{-1}
Peta	P	10^{15}	Zenti	c	10^{-2}
Tera	T	10^{12}	Milli	m	10^{-3}
Giga	G	10^{9}	Mikro	u	10^{-6}
Mega	M	10^{6}	Nano	n	10^{-9}
Kilo	k	10^{3}	Piko	p	10^{-12}
Hekto	h	10^{2}	Femto	f	10^{-15}
Deka	da	10^{1}	Atto	a	10^{-18}

Ein Vorsatz ist keine selbständige Abkürzung für eine Zehnerpotenz, sondern bildet mit der unmittelbar dahinterstehenden Einheit ein Ganzes. Deshalb dürfen Vorsätze auch nicht mehrfach angewendet werden. Z.B. ist 1 cm $= 10^{-2}$ m, doch darf dafür nicht 1 ddm ($10^{-1} 10^{-1}$ m) geschrieben werden. Entsprechend darf die Basiseinheit kg nicht mit Vorsätzen zusammen gebraucht werden. In diesem Fall muß sich der Vorsatz auf die Einheit Gramm (g) beziehen.

Zu den gesetzlich zugelassenen Einheiten gehören auch einige, die durch nichtdezimale Faktoren aus den SI-Einheiten gebildet werden. So sind die Zeiteinheiten Minute (min), Stunde (h), Tag (d) usw. durch die Einheitengleichungen 1 min = 60 s, 1 h = 60 min = 3600 s, 1 d = 24 h = 1440 min = 86400 s aus der SI-Einheit Sekunde abgeleitet.

Auch Einheiten aus anderen Einheitensystemen können in vielen Fällen als nichtdezimale Vielfache der SI-Einheiten betrachtet werden. So gilt für die in den USA gebräuchliche Längeneinheit Zoll

$$1 \text{ inch} = 0{,}0254 \text{ m}. \qquad (1.11)$$

Die früher üblichen Einheiten des Technischen Maßsystems (kp, cal, PS usw.) sind für den Gebrauch im amtlichen und geschäftlichen Verkehr nicht mehr zugelassen und müssen in SI-Einheiten umgerechnet werden (DIN 1301).

Zähleinheiten. Nicht alle Eigenschaften physikalischer oder technischer Objekte werden durch Größen beschrieben. Manchmal braucht man nur das Verhältnis zweier Größen gleicher Art zu kennen. Nach Gl. (1.3) ist das eine Zahl, die aber gelegentlich auch eine dimensionslose Größe genannt wird.

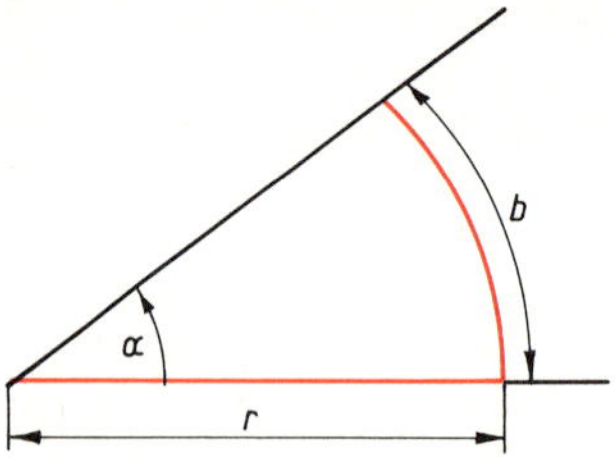

1.4 Definition der Zähleinheiten ebener Winkel

Ein Beispiel für ein solches Größenverhältnis ist der Winkel. Nach DIN 1315 kennzeichnet der ebene Winkel den Richtungsunterschied zweier von einem gemeinsamen Punkt (dem Scheitel) ausgehenden Geraden.

Der Winkel α kann als das Verhältnis der von den Schenkeln in Bild **1**.4 begrenzten Bogenlänge b zum Radius r dieses Kreises definiert werden:

$$\alpha = \frac{b}{r} \Rightarrow [\alpha] = \frac{[b]}{[r]} = \frac{\mathrm{m}}{\mathrm{m}} = 1 = 1\ \mathrm{rad}. \tag{1.12}$$

Da man aber solche Verhältnisse auf mehrere Arten bilden kann, ist es notwendig, durch eine Zähleinheit anzuzeigen, auf welche Weise man sie gebildet hat. So wurde in Gl. (1.12) der Radiant, Einheiten-Zeichen rad, als Zähleinheit verwendet. Er gilt als kohärente Einheit des SI.

Andererseits ist es möglich, bei der Angabe eines Winkels als Bezugsgröße den Vollwinkel zu wählen. Das ist ein Winkel, dessen zweiter Schenkel durch eine volle Umdrehung mit den ersten zur Deckung gebracht ist. So wird die Zähleinheit Grad eines Winkels als der 360ste Teil eines Vollwinkels definiert.

Wir werden im Rahmen dieses Buches beide Zähleinheiten verwenden. Die Umrechnung von Radiant in Grad oder umgekehrt folgt aus der Beziehung

$$\frac{\alpha^\circ}{360^\circ} = \frac{\alpha\,\mathrm{rad}}{2\pi\,\mathrm{rad}} \quad \rightarrow \quad \alpha^\circ = 360^\circ \frac{\alpha\,\mathrm{rad}}{2\pi\,\mathrm{rad}} \quad \text{bzw.} \quad \alpha\,\mathrm{rad} = 2\pi\,\mathrm{rad}\,\frac{\alpha^\circ}{360^\circ}. \tag{1.13}$$

1.4 Rechnen mit Größen

Größengleichungen. Der Zusammenhang phyikalischer Größen wird durch Größengleichungen beschrieben. Der Ansatz zur Lösung z. B. einer Aufgabe aus dem Bereich der gleichmäßig beschleunigten Bewegungen folgt aus dem Gesetz

$$F = m \cdot a \tag{1.14}$$

(Kraft = Masse × Beschleunigung). Wählt man zur Lösung einer bestimmten Aufgabe konkrete Werte für diese Größen, ist nach Gl. (1.2b) stets das Produkt aus Zahlenwert und Einheit für jeden Größenwert einzusetzen. Die Größengleichung liefert dann den zu berechnenden Wert ebenfalls als Produkt aus Zahlenwert und Einheit.

Beispiel 1.3 Es ist die Kraft zu berechnen, die notwendig ist, um einer Masse von 850 kg eine Beschleunigung von 3 m/s² zu erteilen (Beschleunigen eines Kraftwagens).

Lösung $F = 850\ \mathrm{kg} \cdot 3\,\frac{\mathrm{m}}{\mathrm{s}^2} = 2550\,\frac{\mathrm{kgm}}{\mathrm{s}^2} = 2550\ \mathrm{N} = \mathbf{2{,}55\ kN}$,

wobei wir nach Gl. (1.10) den Einheitennamen Newton verwendet haben.

Es kann auch die Aufgabe bestehen, die Beschleunigung zu berechnen, wenn für Kraft und Masse bestimmte Werte gegeben sind. Dann muß Gl. (1.14) nach der Größe a „umgestellt" werden. Beim Auflösen oder Umstellen nach der gesuchten Größe gelten die Regeln für das Rechnen mit Gleichungen. Wir wollen uns hier auf die grundsätzliche Bemerkung beschränken, daß sich Gleichungen z. B. mit Hilfe der Addition, Subtraktion, Multiplikation oder Division so umformen lassen, daß die gesuchte Größe auf einer Seite des Gleichheitszeichens isoliert ist. Im Beispiel wird Gl. (1.14) durch m dividiert:

$$\frac{F}{m} = a . \tag{1.15}$$

Wir erhalten also den Wert der Beschleunigung, indem wir in Gl. (1.15) für Kraft und Masse die gegebenen Größenwerte einsetzen.

Mehrfachbedeutung der Symbole. Wie wir gesehen haben, ist der Betrag einer Größe invariant gegenüber der Wahl einer artgleichen Einheit, so daß in Gl. (1.16) die Beträge der Größen grundsätzlich in beliebigen Einheiten eingesetzt werden können. Für Größensymbole, Einheitenzeichen und Vorsätze werden z.T. jedoch die gleichen Buchstaben verwendet. So bedeutet z.B. m als Größensymbol die Masse, als Einheitenzeichen m das Meter und als Vorsatz vor einem Einheitenzeichen die Zehnerpotenz 10^{-3}. Im Druck wird dies durch die Schriftart berücksichtigt, indem Größensymbole kursiv gesetzt werden, die Einheitenzeichen und die unmittelbar davor stehenden Vorsatzzeichen dagegen steil. Handschriftlich läßt sich diese Unterscheidung nicht eindeutig durchführen. Um Mißverständnisse und Fehler auszuschließen, wollen wir uns an die folgenden Regeln halten:

> Größensymbole und Einheitenzeichen sollen in Größengleichungen auf derselben Seite des Gleichheitszeichens niemals gemischt verwendet werden.
>
> Vorsatzzeichen sollen innerhalb einer Gleichung stets durch die entsprechenden Zehnerpotenzen ersetzt werden.

Beispiel 1.4 Wir betrachten noch einmal die Aufgabe des Beispieles 1.3. Ersetzen wir auf der rechten Seite von Gl. (1.14) nur a durch den gegebenen Wert, erhalten wir $F = m \cdot 3\ \mathrm{m/s^2}$. Darin kommt der Buchstabe m zweimal mit verschiedenen Bedeutungen vor. Diese Schreibweise ist deshalb zu vermeiden. Richtig ist dagegen, auch für m den gegebenen Wert einzusetzen, wie in Beispiel 1.3 geschehen.

Einheitenkontrolle. Verwendet man nach den angegebenen Regeln in den Berechnungsgleichungen grundsätzlich nur die SI-Einheiten, läßt sich vor allem das Umstellen komplizierter Gleichungen durch die Einheitenkontrolle überprüfen. Dazu werden die SI-Einheiten als Produkte bzw. Quotienten der Basiseinheiten geschrieben. Dann muß sich nach dem Kürzen der Einheiten die SI-Einheit der gesuchten Größe ergeben. Ist das nicht der Fall, ist die Umstellung der Gleichung oder das Einsetzen der Größenwerte fehlerhaft durchgeführt worden. Wir werden darauf bei den Übungen zurückkommen.

1.5 Skalare und Vektoren

Skalare. Größen, die allein durch Angabe ihres Größenwertes vollständig beschrieben sind, heißen skalare Größen oder Skalare. Solche Größen sind z. B. Masse, Temperatur, Zeit, elektrische Ladung, Stromstärke, Spannung. Skalare Größen gleicher Größenart bzw. ihre Werte lassen sich entsprechend Abschn. 1.4 arithmetisch addieren und subtrahieren. Durch Multiplikation und Division skalarer Größen ergeben sich wieder skalare Größen. Eine Gleichung zwischen skalaren Größen besagt, daß die auf beiden Seiten des Gleichheitszeichens stehenden Werte gleich sind.

Vektoren. Viele physikalische Größen haben wie die in Gl. (1.14) auftretende Kraft F und die Beschleunigung a außer einem bestimmten Wert noch eine geometrische Orientierung im Raum. Diese vektoriellen Größen oder Vektoren werden in Übereinstimmung mit DIN 1303 zweckmäßig mit einem Pfeil über dem Größensymbol gekennzeichnet. Diese Schreibweise wie z. B. $\vec{F}$ bzw. $\vec{a}$ ist sowohl handschriftlich als auch im Druck durchführbar. Die Vektorgleichung

$$\vec{F} = m\vec{a} \tag{1.16}$$

wiederholt die Aussage der Gl. (1.14), die eine Beziehung zwischen skalaren Größen darstellt. Sie besagt aber zusätzlich, daß die Wirkungsrichtung der Kraft mit der Richtung der Beschleunigung übereinstimmt. Das ist zwar für die Gültigkeit der Gl. (1.14) auch Voraussetzung, kommt aber in ihrer Formulierung erst zum Ausdruck, wenn man die Größen $\vec{F}$ und $\vec{a}$ als Vektoren kennzeichnet. Die skalaren Größen F und a, die in Gl. (1.14) auftreten, heißen (aus gleich ersichtlichen Gründen) die Beträge der Vektoren und werden häufig mit $|\vec{F}| = F$ und $|\vec{a}| = a$ bezeichnet.

Darstellung vektorieller Größen. Zur vollständigen Kennzeichnung vektorieller Größen ist außer der Angabe ihres Wertes auch die ihrer Richtung erforderlich. Dafür geeignet ist die Darstellung durch Pfeile. Dabei entspricht die Pfeillänge mit einem geeigneten Maßstab dem Wert der vektoriellen Größe, der wie bei skalaren Größen durch das Produkt aus Zahlenwert und Einheit gegeben ist. Zur Angabe der Pfeilrichtung ist jedoch ein Bezugssystem erforderlich.

Beispiel 1.5 Eine Versuchsperson soll sich von dem Ort M eines ebenen Platzes mit konstanter Geschwindigkeit v zum Zielpunkt A bewegen. Der Abstand $\overline{AM} = s$ beträgt 14 m. Geht die Person mit der gleichbleibenden Geschwindigkeit $v = 1{,}4$ m/s während der Zeit $t = 10$ s geradeaus, befindet sie sich nach der für diesen Fall geltenden Gleichung $s = vt = 1{,}4\ \text{m/s} \cdot 10\ \text{s} = 14$ m in dem vorgesehenen Abstand vom Punkt M – nicht jedoch unbedingt im Zielpunkt A, sondern auf einem Kreisbogen um M mit dem Halbmesser s. Damit der Zielort A sicher erreicht wird, sind zusätzliche Angaben erforderlich über die Lage der Geraden $\overline{MA}$ und die Marschrichtung auf dieser Geraden (**1.5**). Die Gerade, in der die beiden Vektoren $\vec{s}$ und $\vec{v}$ liegen, heißt ihre Wirkungslinie (abgekürzt WL). Die Richtung der Vektoren auf dieser WL wird durch ein Vorzeichen angegeben. Damit ist offensichtlich, daß zur Lageangabe der WL beider Vektoren eine Bezugs-WL erforderlich ist und darauf die Annahme einer positiv gerechneten Richtung. Eine Möglichkeit ist z. B. der geographische Längengrad durch M als Wirkungslinie, wobei die Nordrichtung positiv gerechnet wird. Praktische Anwendungen dieses Beispiels sind das Wandern nach der Karte mit dem Marschkompaß, das Einrichten der Karte nach Norden und Ermitteln des Winkels α als Marschrichtung.

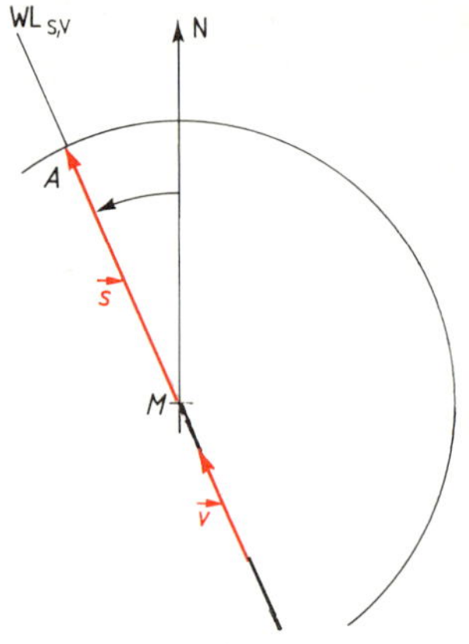

1.5 Angabe der Wirkungsrichtung von Vektoren auf der Erdoberfläche (Polarkoordinaten)

> Vektoren sind gerichtete Größen. Ihre Richtung wird im Raum, im Sonderfall auch in der Ebene angegeben.
>
> Skalare haben keine Richtung. Sie sind durch die Angabe ihres Größenwertes vollständig beschrieben.

1.6 Rechnen mit Vektoren

1.6.1 Bezugssysteme

Für den allgemeinen Fall beliebiger Lage der WL von Vektoren im dreidimensionalen Raum ist auch ein dreidimensionales Bezugssystem aus z. B. drei Bezugs-WL erforderlich. Es gibt jedoch viele Fälle, in denen ein zwei- bzw. eindimensionales Bezugssystem genügt.

Eindimensionales Bezugssystem. Dieser einfachste Fall liegt vor, wenn alle zu betrachtenden Vektoren in einer WL liegen, die gleichzeitig Bezugs-WL ist. Die Vektoren können sich nur noch durch ihren Betrag unterscheiden und hinsichtlich ihrer Richtung durch ihr Vorzeichen. Stimmt ihre Pfeilrichtung mit der auf der Bezugs-WL festgelegten positiven Richtung überein, werden die Vektoren positiv gerechnet, sonst negativ.

Zweidimensionales Bezugssystem. Fällt wie im Beispiel 1.5 die gemeinsame WL der Vektoren nicht mit der Bezugs-WL zusammen, bestimmen die beiden WL eine Ebene, zu der ein zweidimensionales Bezugssystem gehört. Im Beispiel wird die Lage der WL beider Vektoren $\vec{s}$ und $\vec{v}$ durch den Winkel α gegenüber der Bezugs-WL gegeben, dessen Scheitelpunkt deren Schnittpunkt ist. Erhält man den Winkel $\alpha < 180°$ zwischen den positiven Richtungen der beiden WL durch eine Drehung gegenüber der Bezugs-WL gegen den Uhrzeigersinn (mathematisch positiv), wird der Winkel α positiv gerechnet. Bei einer Drehung im Uhrzeigersinn ist α negativ zu rechnen (**1.6**a). Die Angabe von Betrag und Winkel eines Vektors bilden seine Polarkoordinaten. Für manche Darstellungen (wie im Beispiel 1.5) sind diese Koordinaten gut geeignet. Allgemein anwendbar ist jedoch das kartesische Koordinatensystem. Dabei stehen zwei Bezugs-WL, die meist x und y genannt werden, rechtwinkelig zueinander wie in Bild **1.6**b. Ihr Schnittpunkt ist der Ursprung des Koordinatensystems.

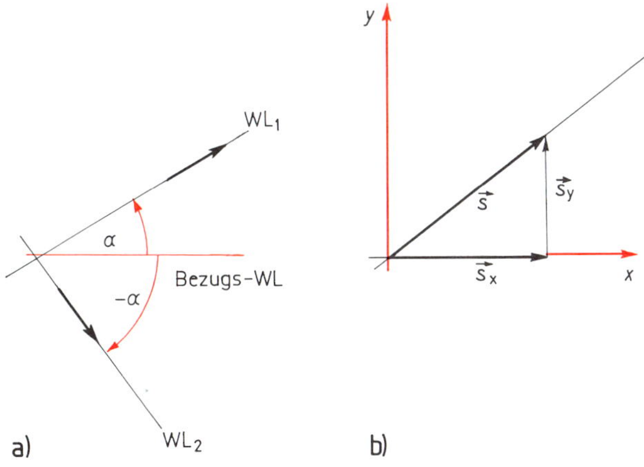

1.6
Bezugssysteme für Vektoren in der Ebene
a) Polarkoordinaten
b) kartesische (rechtwinkelige) Koordinaten

Das dreidimensionale Bezugssystem ist erforderlich, wenn die Vektoren nicht in einer Ebene liegen. Die als dritte Bezugs-WL hinzukommende z-Achse steht senkrecht auf der durch die x- und y-Achse gebildeten Ebene. Für die Festlegung der positiven Richtung der z-Achse gibt es zwei Möglichkeiten. Dreht man die positive x-Achse auf dem kürzesten Weg in die Richtung der positiven y-Achse, kann man dies mit der Drehrichtung einer Schraube im Uhrzeigersinn vergleichen. Die dabei auftretende Fortschreitrichtung entspricht der positiven Richtung auf der z-Achse. Handelt es sich um eine rechtsgängige Schraube (Korkenzieher), erhalten wir ein „Rechtssystem", bei einer linksgängigen Schraube ein „Linkssystem" (**1.7**). Beide Systeme sind spiegelbildlich zueinander. Im allgemeinen wird als dreidimensionales Bezugssystem ein Rechtssystem verwendet. Der Schraubsinn ändert sich nicht, wenn die Reihenfolge der positiven WL x, y, z zyklisch verändert wird in z, x, y oder y, z, x. Auf die Rechtsschraubenregel, mit der wir hier das kartesische Rechtssystem festgelegt haben, werden wir noch häufig zurückkommen.

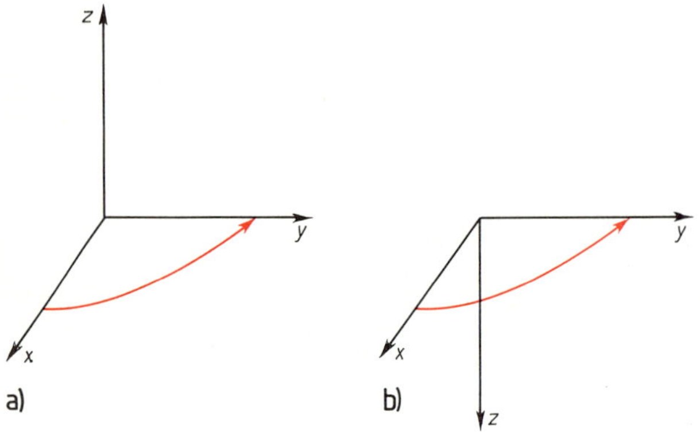

1.7
Dreidimensionale Bezugssysteme
a) Rechtssystem, b) Linkssystem

1.6.2 Addition und Subtraktion

Bei gleichartigen Vektorgrößen in einer gemeinsamen Wirkungslinie werden die Beträge unter Berücksichtigung der Vorzeichen addiert. Der Summenvektor liegt in der gleichen WL.

Geometrische Addition und Subtraktion. Liegen die Vektoren nicht in einer gemeinsamen WL, jedoch in einer Ebene, braucht man ein zweidimensionales Bezugssystem. Wir verwenden ein rechtwinkliges x/y-System und nehmen an, daß sich die WL der zu addierenden Vektoren in einem Punkt schneiden, der auch der Ursprung des rechtwinkeligen Bezugssystems ist. Die nach Lage und Richtung bekannten Vektorpfeile werden in beliebiger Reihenfolge aneinandergefügt, indem man ihre WL parallel verschiebt, bis sie durch die Spitze des jeweils letzten Vektorpfeils gehen. Soll ein Vektor addiert werden, wird er von hier aus auf seiner WL in der gegebenen Pfeilrichtung angetragen. Beim Subtrahieren trägt man ihn in entgegengesetzter Richtung auf seiner WL ab. Dabei ist zu beachten, daß die Länge der Vektorpfeile mit einem geeigneten Maßstab den Beträgen entsprechen muß. Dann ist die WL des resultierenden Summenvektors die Verbindungsgerade zwischen Anfangspunkt des ersten Vektorpfeils und Endpunkt des letzten. Die Richtung des Summenvektors entspricht dem Durchlaufsinn der Teilvektoren, die als Komponenten des Summenvektors angesehen werden können.

Diese Zusammenfassung von Vektoren zu einem Summenvektor wird als geometrische Addition bezeichnet im Gegensatz zur arithmetischen Addition skalarer Größen, bei der nur Beträge und Vorzeichen zu berücksichtigen sind.

Beispiel 1.6 Die in Bild **1.8** gegebenen Vektoren $\vec{s}_1$, $\vec{s}_2$ und $\vec{s}_3$ betragen $s_1 = 5$ m, $s_2 = 3$ m, $s_3 = 4$ m, ihre Winkel mit der positiven x-Achse $\alpha_1 = 75°$, $\alpha_2 = 20°$ und $\alpha_3 = 50°$. Sie sollen entsprechend der Vektorgleichung $\vec{s}_A = \vec{s}_1 + \vec{s}_3 + \vec{s}_2$ addiert werden.

Bei der grafischen Lösung nach Bild **1.8**a werden die Vektoren unter Beachtung des angegebenen Maßstabs 1 Skt. $\hat{=}$ 1 m (Skt. = Skalenteil) in das Koordinatensystem eingetragen. Die WL von $\vec{s}_3$ wird parallel durch die Pfeilspitze von $\vec{s}_1$ verschoben und $\vec{s}_3$ darauf in der gegebenen Pfeilrichtung abgetragen. Das kann z.B. dadurch geschehen, daß die WL von $\vec{s}_1$ parallel durch die Pfeilspitze von $\vec{s}_3$ gezeichnet wird. Der Schnittpunkt beider Geraden liefert den Endpunkt des Summenvektors von $\vec{s}_1$ und $\vec{s}_3$. Entsprechend wird nun $\vec{s}_2$ grafisch addiert, so daß sich schließlich der gesuchte Summenvektor $\vec{s}_A$ ergibt.

Bild **1.8** b zeigt die grafische Vektoraddition entsprechend der Vektorgleichung $\vec{s}_B = \vec{s}_1 - \vec{s}_3 + \vec{s}_2$. Hier wird der Vektor $\vec{s}_3$ entgegengesetzt zur gegebenen Pfeilrichtung auf der Parallelen zu seiner WL abgetragen.

Beispiel 1.6, Fortsetzung

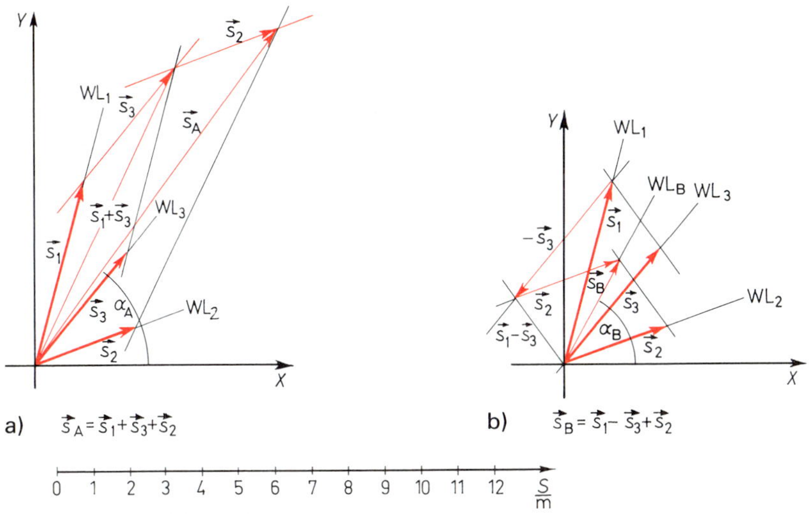

1.8 Grafische Addition und Subtraktion von Vektoren

Wir erhalten aus Bild **1.8** unter Beachtung des gewählten Maßstabs $s_A = 11{,}1$ m; $s_B = 3{,}15$ m und die Lage ihrer WL in positiver Durchlaufrichtung als Winkel zur positiven x-Achse $\alpha_A = 53{,}5°$; $\alpha_B = 61°$.

Algebraische Lösung. Entsprechend der Addition von Einzelvektoren zu einem Summenvektor können wir umgekehrt ebensogut jeden Einzelvektor in Komponenten (Teilvektoren) zerlegen, deren WL die x- bzw. y-Achse sind bzw. Parallelen dazu. Da die x- und y-Komponenten eines Einzelvektors mit ihm ein rechtwinkliges Dreieck bilden, können wir die Beträge der Komponenten mit Hilfe der Winkelfunktionen bzw. nach dem Satz des Pythagoras berechnen. Die x- bzw. y-Komponenten der Vektoren kann man jeweils für sich arithmetisch addieren, da sie ja in einer WL liegen. Schließlich erhalten wir aus den beiden Komponentensummen den Betrag des Summenvektors nach dem Satz des Pythagoras.

Beispiel 1.7 In Bild **1.9** werden die gegebenen Vektoren $\vec{s}_1$, $\vec{s}_2$ und $\vec{s}_3$ in ihre Komponenten zerlegt. Wir erhalten:

$$s_{1x} = s_1 \cdot \cos\alpha_1 = 1{,}2941 \text{ m}; \quad s_{1y} = s_1 \cdot \sin\alpha_1 = 4{,}8296 \text{ m}$$

$$s_{2x} = s_2 \cdot \cos\alpha_2 = 2{,}8191 \text{ m}; \quad s_{2y} = s_2 \cdot \sin\alpha_2 = 1{,}0261 \text{ m}$$

$$s_{3x} = s_3 \cdot \cos\alpha_3 = 2{,}5712 \text{ m}; \quad s_{3y} = s_3 \cdot \sin\alpha_3 = 3{,}0642 \text{ m}.$$

Durch arithmetische Addition bekommen wir daraus

$$s_{Ax} = s_{1x} + s_{2x} + s_{3x} = 6{,}6844 \text{ m}; \quad s_{Ay} = s_{1y} + s_{2y} + s_{3y} = 8{,}9199 \text{ m}$$

$$s_{Bx} = s_{1x} + s_{2x} - s_{3x} = 1{,}5420 \text{ m}; \quad s_{By} = s_{1y} + s_{2y} - s_{3y} = 2{,}7915 \text{ m}.$$

Die Beträge der Summenvektoren erhalten wir zu

$$s_A = \sqrt{s_{Ax}^2 + s_{Ay}^2} = 11{,}1466 \text{ m}; \quad s_B = \sqrt{s_{Bx}^2 + s_{By}^2} = 3{,}1891 \text{ m}.$$

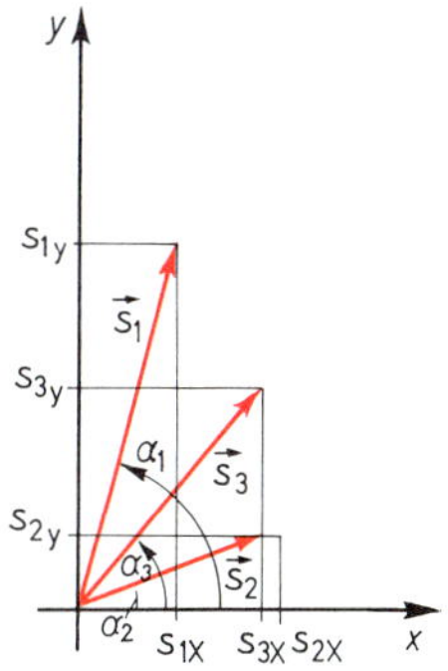

1.9 Zerlegung von Vektoren in rechtwinkelige Komponenten zur rechnerischen Addition bzw. Subtraktion

Die Lage der WL der Summenvektoren wird berechnet aus

$$\tan\alpha_A = \frac{s_{Ay}}{s_{Ax}} \Rightarrow \alpha_A = \arctan\frac{s_{Ay}}{s_{Ax}} = 53{,}1528°$$

$$\tan\alpha_B = \frac{s_{By}}{s_{Bx}} \Rightarrow \alpha_B = \arctan\frac{s_{By}}{s_{Bx}} = 61{,}0841°.$$

Die angegebenen Rechnungen lassen sich mit Hilfe des Taschenrechners leicht durchführen.

Bekanntlich versteht man unter Winkelfunktionen die Seitenverhältnisse im rechtwinkligen Dreieck. Dabei ist ihr Zahlenwert nur vom Betrag des Winkels α abhängig (**1**.10). Es ergeben sich 6 mögliche Seitenverhältnisse, von denen jedoch nur drei zum praktischen Rechnen gebracht werden:

$$a/c = \sin\alpha; \quad b/c = \cos\alpha \tag{1.17}$$

$$a/b = \tan\alpha \tag{1.18}$$

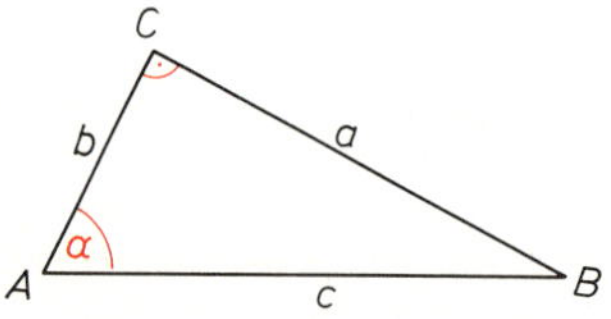

1.10 Rechtwinkliges Dreieck zur Definition der Winkelfunktionen

Die Taschenrechner haben deshalb auch nur diese Funktionstasten. Den zu einer dieser drei Winkelfunktionen gehörende Winkel (Arkus-Funktion, arc von lat. arcus = Bogen) liefert der Taschenrechner je nach Konstruktion z. B. direkt mit Hilfe besonderer Tasten (die oft etwas irreführend mit $\sin^{-1}$, $\cos^{-1}$ oder $\tan^{-1}$ bezeichnet sind) oder durch Betätigen von Doppelfunktionstasten. In jedem Fall sollte der Leser die Rechnungen dieses und anderer Beispiele mit seinem Rechner durchführen.

1.6.3 Multiplikation und Division

Während die Vektoraddition bzw. -subtraktion nur bei gleichartigen Vektorgrößen möglich sind, führt die Multiplikation von Vektoren auf neue Größenarten, von denen jedoch nur bestimmte in Physik und Technik auch wirklich gebraucht werden. In diesem Buch können wir uns bei der Multiplikation von Vektorgrößen auf zwei Fälle beschränken: das skalare Produkt und das vektorielle Produkt.

Skalares Produkt. Dafür gilt:

> Das skalare Produkt zweier Vektoren ergibt eine skalare Größe. Ihr Wert ist das Produkt der Beträge beider Vektoren, multipliziert mit dem Kosinus des eingeschlossenen Winkels.

Für die Schreibweise des skalaren Produkts gibt es nach DIN 1303 mehrere Möglichkeiten. Wir wählen diese:

$$(\vec{s} \cdot \vec{F}) = |\vec{F}|\,|\vec{s}| \cos\alpha. \tag{1.19}$$

Darin sind $\vec{s}$ und $\vec{F}$ die beiden Vektoren, α ist der von ihnen eingeschlossene Winkel.

Beispiel 1.8 Welche Arbeit W leistet eine Kraft $\vec{F}$ mit den beiden Komponenten $F_x = 4$ kN und $F_y = 3$ kN, die einen Körper über eine Strecke $\vec{s}$ mit $s_x = 6$ m, $s_y = 0$ bewegt (**1.**11)? Die Arbeit ist definiert als das skalare Produkt $(\vec{s} \cdot \vec{F})$.

Lösung $|\vec{F}| = \sqrt{F_x^2 + F_y^2} = 5$ kN, $|\vec{s}| = 6$ m $\qquad \cos\alpha = \dfrac{F_x}{|\vec{F}|} = 0{,}80$ (1.20)

$$W = |\vec{F}|\,|\vec{s}|\cos\alpha = 24 \text{ kNm} = \mathbf{24\ kJ} \tag{1.21}$$

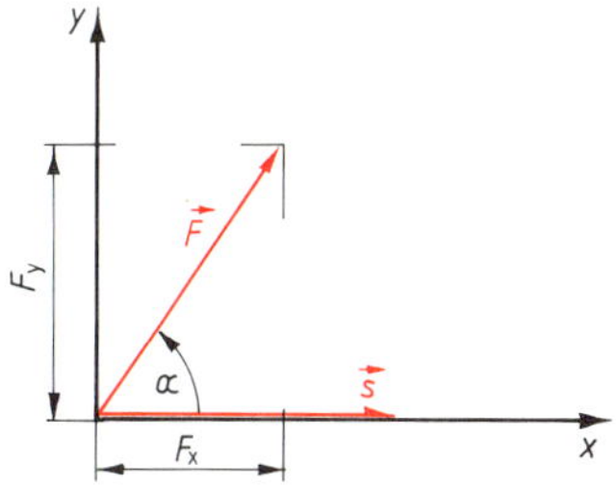

1.11 Lage der Vektoren $\vec{F}$ und $\vec{s}$

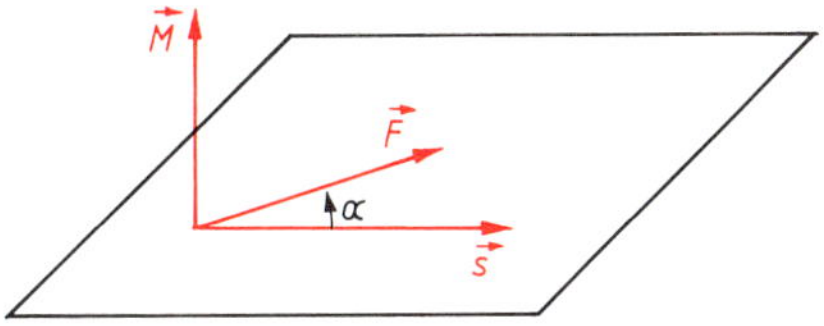

1.12 Vektorielles Produkt

Vektorielles Produkt. Im Unterschied zum skalaren liefert das vektorielle Produkt zweier Vektoren einen neuen Vektor.

> Den Betrag des vektoriellen Produkts erhält man als das Produkt der Beträge beider Vektoren, multipliziert mit dem Sinus des eingeschlossenen Winkels. Die räumliche Richtung des Produktvektors wird durch folgende Vorschriften festgelegt:
>
> – Der Produktvektor steht senkrecht auf der Ebene, die von den beiden zu multiplizierenden Vektoren gebildet wird.
>
> – Er bildet mit dem ersten und dem zweiten Vektor in dieser Reihenfolge ein Rechtssystem. D.h. dreht man den ersten Vektor auf dem kürzesten Weg in Richtung des zweiten, ergibt die Fortschreitungsrichtung einer so gedrehten Rechtsschraube den Richtungssinn des Produktvektors.

Symbolisch stellen wir das vektorielle Produkt so dar:

$$(\vec{s} \times \vec{F}) = \vec{M}. \tag{1.22}$$

Dabei ist der Betrag $|\vec{M}| = |\vec{s}|\,|\vec{F}|\sin\alpha$. Aus dieser Formel liest man ab, daß das vektorielle Produkt zweier paralleler Vektoren null ist, weil $\alpha = 0$. Andererseits ist sein Wert am größten, wenn beide Vektoren senkrecht aufeinander stehen ($\alpha = 90°$). Seine physikalische Bedeutung wird anschaulich, wenn man das vektorielle Produkt als Drehmoment interpretiert (s. Beispiel 1.10).

Aus der Rechtsschraubenregel des vektoriellen Produkts folgt, daß eine Vertauschung der Reihenfolge der Faktoren $\vec{s}$ und $\vec{F}$ auf den Produktvektor $-M$ führt. Hier ist also die Reihenfolge der Faktoren nicht beliebig.

Beispiel 1.9 Das vektorielle Produkt $(\vec{s} \times \vec{F})$ der beiden Vektoren aus Beispiel 1.8 ist zu berechnen und zu zeichnen.

Lösung $|\vec{F}| = 5$ kN, $|\vec{s}| = 6$ m, $\qquad \sin\alpha = \dfrac{F_y}{|\vec{F}|} = 0{,}6$

$$|(\vec{s} \times \vec{F})| = |\vec{s}|\,|\vec{F}|\sin\alpha = \mathbf{18\ kNm} \tag{1.23}$$

Beispiel 1.9, Fortsetzung Man entnimmt **1.**13a, daß der Produktvektor in Richtung der positiven z-Achse des Koordinatensystems zeigt. Das Produkt $(\vec{F} \times \vec{s})$ hätte den gleichen Betrag, aber die entgegengesetzte Richtung (nach unten in **1.**13a).

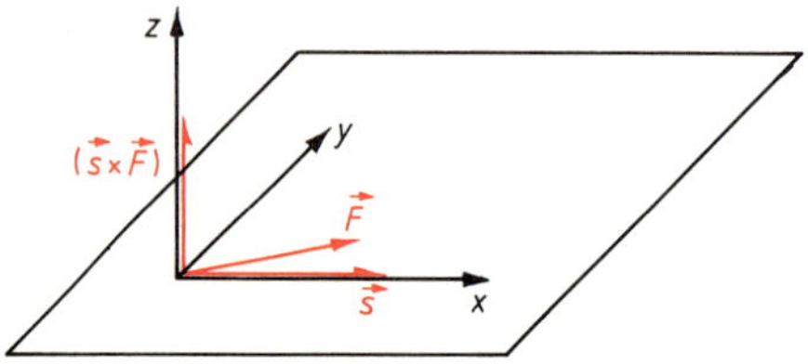

1.13a Vektorprodukt

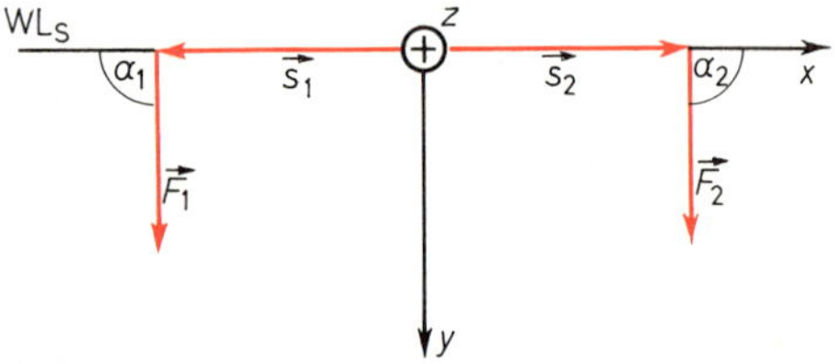

1.13b Anwendung des Vektorprodukts: Gleichgewicht bei der Balkenwaage

Beispiel 1.10 Bei der Balkenwaage in Bild **1.**13b, deren Waagebalken durch die Vektoren $\vec{s}_1$ und $\vec{s}_2$ dargestellt werden, bewirken die in der Waagschale liegenden Gewichte Kräfte $\vec{F}_1$ und $\vec{F}_2$. Als Wirkungen treten nach Gl. (1.22) Drehmomente $\vec{M}_1$ und $\vec{M}_2$ auf, die die Waage links bzw. rechts herum zu drehen suchen. Man spricht deshalb auch von rechts- bzw. linksdrehenden Momenten. Wir legen in den Drehpunkt des Waagebalkens den Ursprung eines dreidimensionalen $x/y/z$-Rechtssystems. Die Richtung der positiven z-Achse wird bei Eintritt in die Papierebene üblicherweise durch ein Kreuz in einem Kreis gekennzeichnet (wenn sie aus der Papierebene heraustritt, durch einen Punkt in einem Kreis). Die Darstellung erinnert an das Gefieder bzw. die Spitze eines Pfeils. Das Vektorprodukt $(\vec{s}_2 \times \vec{F}_2) = \vec{M}_2$ liefert einen Momentenvektor in Richtung der positiven z-Achse, das Vektorprodukt $(\vec{s}_1 \times \vec{F}_1) = \vec{M}_1$ dagegen einen Momentenvektor in Richtung der negativen z-Achse. Die Waage befindet sich im Gleichgewicht, wenn die Momentensumme Null ist. In diesem Fall gilt

$$(\vec{s}_2 \times \vec{F}_2) = (\vec{s}_1 \times \vec{F}_1) \Rightarrow$$
$$|\vec{s}_2| \cdot |\vec{F}_2| \sin\alpha_2 = |\vec{s}_1| \cdot |\vec{F}_1| \sin\alpha_1. \tag{1.24}$$

Die Vektorgleichung (1.24) enthält die Aussage, daß bei gleichlangen Waagebalken $s_1 = s_2$ die Kräfte F_1 und F_2 nur dann gleich sind, wenn auch $\alpha_1 = \alpha_2$ gilt.

Wegen $\sin\alpha_1 = \sin(180° - \alpha_1) = \sin\alpha_2$ ist das Momentengleichgewicht für $F_1 = F_2$ bei jedem Winkel α möglich. Balkenwaagen sind jedoch so gebaut, daß nur bei $F_1 = F_2$ und $\alpha_1 = \alpha_2 = 90°$ der Schwerpunkt des Waagebalkens unter dem Drehpunkt liegt, also seine niedrigste Lage hat (s. Abschn. 1.7.5).

Beispiel 1.11 Ein weiteres Beispiel für die Anwendung des Vektorprodukts ist die Darstellung einer ebenen Fläche, die nach Bild **1.**13c durch die Vektoren $\vec{s}_1$ und $\vec{s}_2$ bestimmt wird. Das Vektorprodukt $(\vec{s}_1 \times \vec{s}_2) = \vec{A}$ liefert einen Flächenvektor mit dem Betrag $s_1 \cdot s_2 \cdot \sin\alpha = |\vec{A}| = A$, der senkrecht auf der durch $\vec{s}_1$ und $\vec{s}_2$ gebildeten Ebene steht. Bei $\alpha = 90°$ ist A die Fläche eines Rechtecks; sonst handelt es sich um die Fläche eines Parallelogramms.

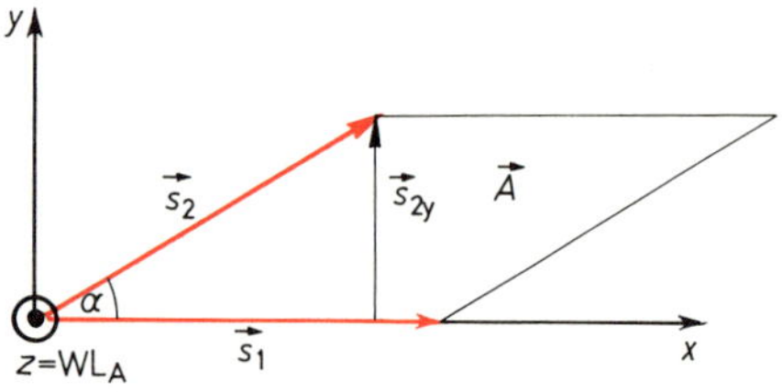

1.13c Anwendung des Vektorprodukts: Flächenvektor

Einen Vektor, der senkrecht auf einer Fläche oder normal zu einer Fläche steht, bezeichnet man auch als Flächennormale. Bemerkenswert ist, daß die Fläche $\vec{A}$ keineswegs eine skalare Größe ist, sondern eine vektorielle. Es ist offensichtlich, daß die Lage einer ebenen Fläche im Raum eindeutig nur durch die Richtung der Normalen angegeben werden kann.

Division von Vektoren. Beim Umstellen von Vektorgleichungen wie $\vec{F} = m\vec{a}$ in $m = \vec{F}/\vec{a}$ kommt man auf Quotienten von vektoriellen Größen. Liegen diese wie hier in einer Wirkungslinie, erhalten wir als Ergebnis eine skalare Größe mit stets positivem Betrag. Ein eventuell auftretendes negatives Vorzeichen besagt, daß die Vektoren in der gemeinsamen WL entgegengesetzte Richtung haben.

Beispiel 1.12 Beim Umstellen der Vektorgleichung $\vec{F}_{Tr} = -m\vec{a}$ liefert $\vec{F}_{Tr}/\vec{a} = -m$ scheinbar eine negative Masse. Richtig muß die Gleichung dagegen in $m = \vec{F}_{Tr}/-\vec{a}$ umgestellt werden. Kraft und Beschleunigung haben entgegengesetzte Richtung. Da wir hier auf die physikalischen Zusammenhänge nicht eingehen können, müssen wir uns auf die Bemerkung beschränken, daß es sich um eine Trägheitskraft $\vec{F}_{Tr}$ handelt, die der beschleunigenden Kraft $\vec{F}$ stets entgegen gerichtet ist.

Abgesehen von solchen Quotienten von Vektoren mit gleicher WL ist die Division vektorieller Größen nicht definiert.

1.7 Physikalische Grundbegriffe

1.7.1 Felder physikalischer Größen

Wenn man jedem Punkt eines geometrischen Raums eine bestimmte physikalische Größe zuordnen kann, nennt man diesen Raum das Feld der betrachteten Größe. Je nachdem, ob es sich dabei um eine skalare Größe (z.B. Temperatur oder Luftdruck) handelt, oder um eine vektorielle (z.B. Kraft oder Geschwindigkeit), spricht man von einem Skalarfeld bzw. einem Vektorfeld.

Felder spielen für die Beschreibung physikalischer Grundlagen der Elektrotechnik eine große Rolle. Die auftretenden Feldgrößen beschreiben physikalische Eigenschaften des Raums selbst, die nicht unbedingt an das Vorhandensein irgendeiner Materie gebunden sind. Es ist zunächst schwer vorstellbar, daß auch der materiefreie Raum Wirkungen übertragen kann. Denkt man jedoch daran, daß z.B. die Sonne ununterbrochen Energie in Form elektromagnetischer Energie in den Raum strahlt, von der ein kleiner Teil auf die Erde gelangt, erscheint die Existenz eines elektromagnetischen Feldes im Raum als Energie-Übermittler nicht mehr so abstrakt.

Bevor wir uns jedoch mit den für die Elektrotechnik wichtigen Feldern näher beschäftigen, wollen wir einige wichtige physikalische Begriffe an einem einfachen Sonderfall des Gravitationsfeldes erläutern. Die am Beispiel des Schwerefelds der Erde gewonnenen Erkenntnisse über die Wechselwirkung von Masse und Gravitationsfeld können wir dann auf die Wechselwirkung von elektrischer Ladung und elektrischem Feld übertragen. Die erwähnte Größe Q (elektrische Ladungsmenge) werden wir in Abschn. 1.8 kennenlernen.

1.7.2 Gravitationsfeld

Hierunter versteht man das Feld, das die Massenanziehung bewirkt. Zwischen Erde und Mond sind anziehende Kräfte wirksam – wesentliche Ursache nicht nur für Ebbe und Flut in den Ozeanen, sondern auch für das Heben und Senken der Gebirge. Den Grund dafür, daß dennoch Erde und Mond nicht aufeinanderstürzen, kann man modellhaft darin sehen, daß die beiden Himmelskörper um ein gemeinsames Zentrum kreisen und die dabei auftretende Fliehkraft der Gravitationskraft das Gleichgewicht hält. Die Ursache des Gravitationsfelds können wir in der Existenz der Masse sehen. Struktur und Eigenschaften des Gravitationsfelds, das den gesamten Raum des Universums erfüllt, hängen von der Verteilung der Massen ab. In der Nähe der Erdoberfläche wird das Gravitationsfeld im wesentlichen durch Masse und Gestalt der Erde bestimmt. Selbst für unser Empfinden große Massen wie Häuser, Brücken usw. sind darauf praktisch ohne Einfluß. Eine Masse, die die Struktur des Gravitationsfelds nicht verändert, nennen wir eine Probemasse. Sie gehört zu einem Probekörper, mit dem wir die Eigenschaften des Gravitationsfelds untersuchen wollen.

Gravitationsfeld auf der Erde. Wir stellen uns die Erde als Kugel vor, in der ihre Masse m_E gleichmäßig und symmetrisch zum Mittelpunkt verteilt ist. So erhalten wir ein Gravitationsfeld, in dem die auf eine Probemasse m_P wirkende Gravitationskraft $\vec{G}$ auf den Erdmittelpunkt M gerichtet ist und bei gleichem Abstand von der Erdoberfläche auch überall den gleichen Betrag hat. Eine solche Feldstruktur heißt radialsymmetrisch (**1**.14). Wir beschränken uns bei den folgenden Betrachtungen auf einen kleinen Teil der Erdoberfläche, den wir als eben ansehen können. Bei diesen idealisierenden Annahmen sind die Wirkungslinien der auftretenden Gravitationskräfte parallel.

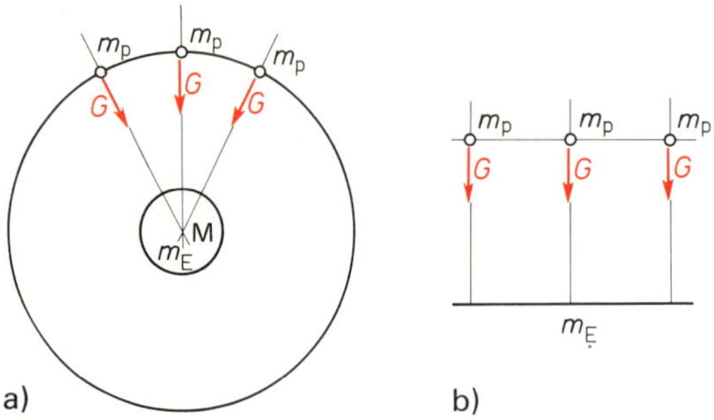

1.14
Gravitationsfeld der Erde
a) radialsymmetrisch
b) homogen

Gravitationsfeldstärke $\vec{g}$. Ermitteln wir den Betrag der Gravitationskraft $\vec{G}$, finden wir, daß diese der Masse des Probekörpers verhältnisgleich ist:

$$\vec{G} = \vec{g} \cdot m_s. \tag{1.25}$$

Außer von der „schweren Masse" m_s, die wir als Eigenschaft des Probekörpers ansehen, hängt die Gewichtskraft von der Größe $\vec{g}$ ab. Sie ist eine Eigenschaft des Gravitationsfelds am Ort der Masse m_s und heißt Gravitationsfeldstärke

$$\boxed{\vec{g} = \frac{\vec{G}}{m_s}.} \tag{1.26}$$

$\vec{g}$ ist eine für jeden Raumpunkt des Gravitationsfelds charakteristische Größe und geeignet, die räumliche Struktur des Feldes zu beschreiben. Das Feld $\vec{g}$ ist ein Vektorfeld. Die Wirkungslinien von $\vec{g}$ entsprechen denen der Gravitationskraft und sind hier parallel. Bei im Feldraum überall gleichem Betrag handelt es sich um eine besonders einfache Feldstruktur, die als homogenes Feld bezeichnet wird:

> In einem homogenen Feld hat die vektorielle Feldgröße überall den gleichen Betrag und die gleiche Richtung.

In Wirklichkeit ist die Erde keine Kugel, und auch die Massenverteilung ist nicht gleichmäßig. Es überrascht deshalb nicht, daß die auf eine bestimmte Masse wirkende Gravitationskraft vom Ort abhängt. Außerdem nimmt sie mit zunehmender Höhe ab. Das Gravitationsfeld der Erde bzw. das Feld der Gravitationsfeldstärke $\vec{g}$ ist daher nur bei idealisierenden Annahmen homogen. Solche „Modelle" haben in Physik und Technik eine große Bedeutung. Sie brauchen nur so weit der physikalischen Realität zu entsprechen, wie es zur Erklärung der als wesentlich erachteten Zusammenhänge physikalischer Größen erforderlich ist. Wir werden uns deshalb bei den Eigenschaften der

Felder der Masse (Gravitationsfeld) und später auch der elektrischen Ladung (elektrisches Feld) im wesentlichen auf homogene Felder beschränken, die im allgemeinen eine Idealisierung der real auftretenden Felder darstellen.

Erdbeschleunigung $\vec{a}$. Wirkt auf eine Masse m_{tr}, die wir zunächst als „träge Masse“ bezeichnen, eine konstante Kraft $\vec{F}$ ein, führt sie eine gleichmäßig beschleunigte Bewegung aus. Damit ist gemeint, daß die Geschwindigkeit $\vec{v} = \vec{a} \cdot t$ linear mit der Zeit ansteigt. Dabei gilt ferner

$$\vec{F} = \vec{a} \cdot m_{tr} \quad \text{(dynamisches Grundgesetz nach Newton).} \tag{1.27}$$

Eine solche Bewegung ist bekanntlich der freie Fall einer Masse, auf die die konstante Gewichtskraft $\vec{G}$ einwirkt:

$$\vec{G} = m_s \cdot \vec{g} = \vec{F} = m_{tr} \cdot \vec{a}. \tag{1.28}$$

Für $m_s = m_{tr}$, d.h. für die Identität von schwerer und träger Masse, folgt daraus

$$\vec{a} = \vec{g}. \tag{1.29}$$

Im Gravitationsfeld ist die Beschleunigung $\vec{a}$ einer Probemasse nach Betrag und Richtung gleich der dort herrschenden Gravitationsfeldstärke $\vec{g}$.

Wegen dieses Zusammenhangs bezeichnet man die Gravitationsfeldstärke auf der Erde meist als Erdbeschleunigung. Wegen ihrer Abhängigkeit vom Ort (am Äquator beträgt sie in Meereshöhe etwa 9,78 m/s^2, an den Polen 9,83 m/s^2) hat man für die geografische Breite 45° und Meeresniveau den Normwert $g_N = 9{,}80665\ \text{m/s}^2 \approx 9{,}81\ \text{m/s}^2$ festgelegt.

1.7.3 Energie im Gravitationsfeld

Potentielle Energie. Der in Bild **1**.15 a dargestellte Körper K mit der Masse m liegt auf einer ebenen Fläche, auf der die Wirkungslinie WL der Gravitationskraft durch den Schwerpunkt von K senkrecht steht. Der Schwerpunkt von K, in dem wir uns die gesamte Masse vereinigt denken können, liegt in einer zur Auflagefläche parallelen Ebene, die wir mit W_1 bezeichnen. Die Lage von K soll nun so verändert werden, daß der Schwerpunkt in der zu W_1 parallelen Ebene W_2 liegt. Wir erreichen dies z.B., indem wir über ein Seil und eine Rolle die Kraft

$$\vec{F} = -\vec{G} \tag{1.30}$$

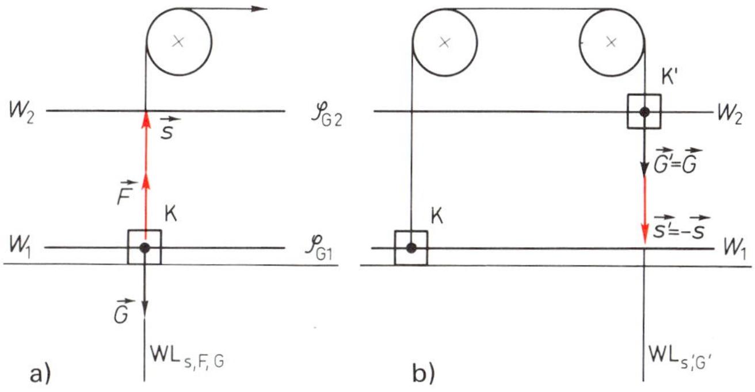

1.15
Energie und Arbeit im Gravitationsfeld

auf den Schwerpunkt übertragen. Bis zum Erreichen der Ebene W_2 muß der Schwerpunkt die Strecke $\vec{s}$ zurücklegen, die parallel zur WL von $\vec{F}$ und $\vec{G}$ liegt. Multiplizieren wir die Vektorgleichung (1.30) skalar mit $\vec{s}$, erhalten wir

$$(\vec{F} \cdot \vec{s}) = -(\vec{G} \cdot \vec{s}). \qquad (1.31)$$

Entsprechend Abschn. 1.6.3 bekommen wir das skalare Produkt von Kraft und Weg, das einer Arbeit entspricht. Die Hubarbeit $(\vec{F} \cdot \vec{s})$ hat den gleichen Betrag wie das skalare Produkt $(\vec{G} \cdot \vec{s})$, die Arbeit der Gewichtskraft. Wegen der entgegengesetzten Richtungen von $\vec{G}$ und $\vec{s}$ ist diese Arbeit jedoch negativ. Hängen wir nach Bild **1.**15 b einen zweiten Körper K′ mit der gleichen Masse an das Seil, wobei sein Schwerpunkt in der Ebene W_2 liegt, erhalten wir beim Senken von K′ um die Strecke $\vec{s}'$ mit der Gravitationskraft $\vec{G}'$

$$(\vec{G}' \cdot \vec{s}') = -(\vec{G} \cdot \vec{s}) = (\vec{F} \cdot \vec{s}). \qquad (1.32)$$

Befindet sich K′ in der Lage W_2, kann er offenbar nur durch deren Veränderung nach W_1 die für K erforderliche Hubarbeit aufbringen. Diese Fähigkeit, eine Arbeit zu verrichten, nennt man Energie. Da ihr Betrag hier von der Lage des Körpers K′ im Gravitationsfeld abhängt, spricht man von Lageenergie oder potentieller Energie. Sie ist gespeicherte Arbeit.

Die beiden skalaren Größen Energie und Arbeit sind physikalisch gleichwertig und können deshalb mit der gleichen Einheit gemessen werden. Wir erhalten dafür mit dem Größensymbol W für die Energie

$$[W] = [F] \cdot [s] = \text{Nm}. \qquad (1.33)$$

Damit können wir den Körpern K′ bzw. K in Bild **1.**15 je nach ihrer Lage die Energie W_1 bzw. W_2 zuschreiben und Gl. (1.32) die Form geben

$$(\vec{F} \cdot \vec{s}) = -(\vec{G} \cdot \vec{s}) = W_2 - W_1 = \Delta W. \qquad (1.34)$$

Der in Gl. (1.34) vorkommende Großbuchstabe Δ kennzeichnet die Differenz von zwei Werten der Größe, vor der er steht – also die Änderung einer Größe.

> Die von der Gravitationskraft geleistete Arbeit ist gleich der Abnahme an potentieller Energie, die Arbeit gegen die Gravitationskraft ist gleich ihrer Zunahme.

Energieerhaltungssatz. Die skalaren Produkte der beiden an einem Körper angreifenden Kräfte mit dem jeweils zurückgelegten Weg $\vec{s}$ bzw. $\vec{s}'$ haben nach Gl. (1.31) stets entgegengesetzte Vorzeichen. Das gleiche gilt für die in Bild **1.**15 auftretenden Energieänderungen der beiden Körper K und K′. Ihre Summe ist also in jedem Fall gleich Null. Dies ist ein Sonderfall eines der wichtigsten Naturgesetze, dem Erhaltungsgesetz der Energie.

> Die Gesamtenergie eines abgeschlossenen Systems, dem also weder Energie zugeführt noch entnommen wird, ist konstant. Die Summe der auftretenden Energieänderungen ist Null.

Eine Folgerung aus dem Energieerhaltungssatz ist z.B. das Prinzip, daß die bei Energieänderungen einer Masse im Schwerpunkt angreifenden Kräfte stets paarweise in einer Wirkungslinie mit entgegengesetzten Vorzeichen auftreten. Beispiele dafür sind die in Bild **1.**15 an K bzw. K′ angreifenden Kräfte.

Gravitationspotential und Äquipotentialfläche. Während wir in Gl. (1.34) die potentielle Energie W der Masse der Körper K bzw. K′ zuschreiben müssen, bekommen wir ähnlich wie in Gl. (1.26) eine Feldgröße, wenn wir die Energie auf die Masse beziehen. Im Gegensatz zu Gl. (1.26) ergibt sich jedoch eine skalare Größe φ_G bzw. deren Änderung

$$-\frac{(\vec{G}\cdot\vec{s})}{m} = -(\vec{g}\cdot\vec{s}) = \frac{\Delta W}{m} = \frac{W_2}{m} - \frac{W_1}{m} = \varphi_{G2} - \varphi_{G1}. \tag{1.35}$$

Man nennt φ_G das Gravitationspotential. Flächen, auf denen das Gravitationspotential konstant ist, heißen Äquipotentialflächen. Die Struktur des Gravitationsfelds läßt sich ebensogut wie durch das Vektorfeld der Gravitationsfeldstärke $\vec{g}$ auch durch das Skalarfeld des Gravitationspotentials φ_G beschreiben. Dabei stehen die Wirkungslinien der Gravitationsfeldstärke auf den Äquipotentialflächen senkrecht.

Die Bewegung einer Masse mit gleichbleibender Geschwindigkeit auf einer Äquipotentialfläche erfordert offenbar keinen Aufwand an Arbeit. Dem entspricht der Sachverhalt, daß das skalare Produkt von Vektorgrößen mit senkrecht aufeinander stehenden WL Null ist (hier $\vec{G}$ und $\vec{s}$). Da für den Übergang einer Masse von der Äquipotentialfläche W_1 auf einem beliebigen Weg in die Äquipotentialfläche W_2 stets die gleiche Hubarbeit aufzubringen ist, und der gleiche Betrag beim Rückgang der Probemasse von W_2 nach W_1 auch wieder frei wird, gilt:

Im Gravitationsfeld ist die für die Bewegung einer Probemasse auf einem in sich geschlossenen Weg aufzubringende Arbeit gleich Null.

Ein Beispiel für diesen Sachverhalt lernen wir in Abschn. 1.7.4 (Energieumwandlung im Gravitationsfeld) kennen.

Aus Gl. (1.35) erhalten wir die Einheit des Gravitationspotentials

$$[\varphi_{G2} - \varphi_{G1}] = [\varphi_G] = \frac{[\Delta W]}{[m]} = [\vec{g}]\cdot[\vec{s}] = \frac{\mathrm{N\cdot m}}{\mathrm{kg}} = \frac{\mathrm{kgm^2}}{\mathrm{s^2 kg}} = \left(\frac{\mathrm{m}}{\mathrm{s}}\right)^2.$$

Wir können das Gravitationspotential auch als das spezifische Arbeitsvermögen einer Masse bezeichnen, d.h. die auf die Masse bezogene potentielle Energie. Gl. (1.35) besagt dann:

Abnahme und Zunahme des spezifischen Arbeitsvermögens einer Probemasse sind gleich der Abnahme bzw. Zunahme des Gravitationspotentials. Diese entspricht dem Skalarprodukt aus Gravitationsfeldstärke und dem von der Probemasse zurückgelegtem Weg.

Arbeit bzw. Energieänderungen sind grundsätzlich meßbar bzw. berechenbar. Das gilt jedoch nicht für den Wert der Energie bzw. des Gravitationspotentials selbst. Diese Größen sind nur bestimmbar, wenn wir einer willkürlich wählbaren Äquipotentialfläche als Bezugsgröße $W_1 = 0$ oder $W_1/m = \varphi_{G1} = 0$ zuordnen. Mit Bezugswert der Arbeit sind dann

$$W_2 = W_1 + \Delta W = W_1 + (\vec{F}\cdot\vec{s}) = \Delta W \quad \text{bzw.} \quad \varphi_{G2} = \varphi_{G1} + \frac{\Delta W}{m} = -(\vec{g}\cdot\vec{s}) = \Delta\varphi_G$$

zu bestimmen.

Energie und Gravitationspotential sind nicht direkt meßbare Größen. Meßbar sind nur ihre Änderungen.

1.7.4 Energieumwandlung im Gravitationsfeld

Kinetische Energie. Verwenden wir nicht wie in Bild **1**.15 die Abnahme der potentiellen Energie des Körpers K′ zum Heben des Körpers K mit der gleichen Masse, sondern lassen K′ frei fallen, muß nach dem Energieerhaltungssatz der abnehmenden potentiellen Energie eine zunehmende andere Energieform entsprechen. Dies ist die Bewegungsenergie (kinetische Energie) der Masse. Ihr Wert läßt sich aus der beim freien Fall der Masse m auftretenden gleichmäßig beschleunigten Bewegung berechnen. Wir benutzen dazu die grafische Darstellung der Funktion $v = f(t)$ in einem rechtwinkeligen Koordinatensystem. In diesem Fall gilt $v = a \cdot t$.

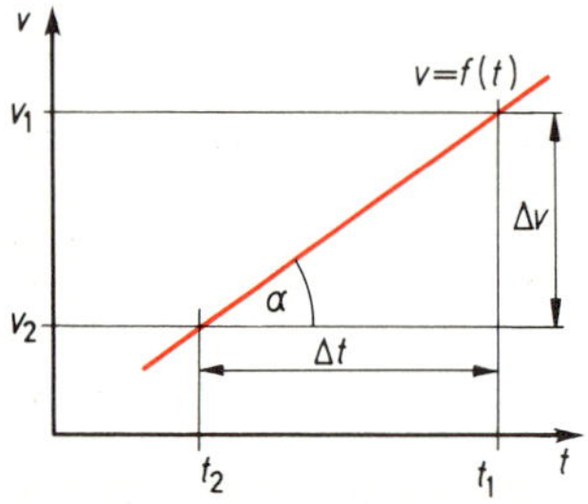

1.16 Physikalische Bedeutung geometrischer Größen bei der grafischen Darstellung der gleichmäßig beschleunigten Bewegung

In Bild **1**.16 wird auf der waagerechten Achse (Abszisse) die Fallzeit t abgetragen, auf der senkrechten Achse (Ordinate) die dazugehörige Fallgeschwindigkeit v. Die Verbindung der den Wertepaaren von v und t entsprechenden Punkte ist der Graph der Funktion $v = f(t)$, in diesem Fall eine Gerade. Die Masse m durchfällt z.B. im Zeitpunkt t_2 die Äquipotentialfläche W_2 und um die Zeit Δt später im Zeitpunkt t_1 die Ebene W_1. Parallelen zu den Koordinatenachsen durch die Punkte t_2 und t_1 bzw. durch die den zugehörigen Geschwindigkeiten entsprechenden Punkte v_2 und v_1 liefern zusammen mit dem Graphen das rechtwinklige Dreieck mit den Katheten $\Delta v = v_1 - v_2$ und $\Delta t = t_1 - t_2$. Das Verhältnis der beiden Katheten entspricht der hier konstanten Steigung des Graphen und damit auch dem Verhältnis der abgebildeten Größen, hier also der Beschleunigung

$$\frac{\Delta v}{\Delta t} = a = g = \tan\alpha. \tag{1.36}$$

Die Hypothenuse hat dagegen keinerlei physikalische Bedeutung. Das Produkt der beiden an den Koordinatenachsen aufgetragenen Größen entspricht einer Fläche, die nicht immer eine physikalisch sinnvolle Größe abbildet. Hier entspricht jedoch die Fläche des Dreiecks unter dem Graphen dem während der Zeit Δt durchfallenen Abstand Δs zwischen den Äquipotentialflächen W_2 und W_1. Wir erhalten daher

$$\Delta s = \frac{1}{2} \Delta v \cdot \Delta t. \tag{1.37}$$

Mit den Gleichungen (1.36) und (1.37) sowie dem Energieerhaltungssatz bekommen wir schließlich

$$\Delta W_{\text{pot}} = m(\vec{g} \cdot \Delta\vec{s}) = \Delta W_{\text{kin}} = \left(\frac{\Delta\vec{v}}{\Delta t} \cdot \frac{\Delta\vec{v} \cdot \Delta t}{2}\right) m \Rightarrow$$

$$\boxed{\Delta W_{\text{kin}} = \frac{1}{2} m (\Delta v)^2} \tag{1.38}$$

Beispiel 1.13 Ein Turmspringer springt von einem 10 m hohen Sprungturm ins Wasser. Wie hoch ist seine Auftreffgeschwindigkeit in m/s und in km/h?

Lösung Wir können in diesem Fall $\Delta v = v$ und $\Delta s = s = 10$ m setzen, bekommen $g \cdot s = v^2/2$ und daraus $v = \sqrt{2gs}$. Mit $g = 9{,}81$ m/s² ergibt sich $v = 14$ m/s. Mit den Einheitengleichungen $1\text{ m} = 10^{-3}$ km und $1\text{ s} = 1\text{ h}/3600$ erhalten wir

$$v = \frac{14 \cdot 10^{-3}\text{ km} \cdot 3{,}6 \cdot 10^3}{1\text{ h}} = \mathbf{50{,}4\ km/h}.$$

Schwingung. Betrachten wir die Bewegung eines Pendels nach Bild **1**.17. Die Probemasse m einer Kugel befindet sich mit ihrem Schwerpunkt zunächst in der Äquipotentialfläche W_1. Unter Aufbringung der Hubarbeit ΔW_{pot} bringen wir diesen bei straff gespanntem Faden in die Äquipotentialfläche W_2. Nach dem Loslassen erreicht die Kugel im tiefsten Punkt ihrer Bahn eine Geschwindigkeit, die wir nach Gl. (1.38) berechnen können. Wegen $v_2 = 0$ erhalten wir

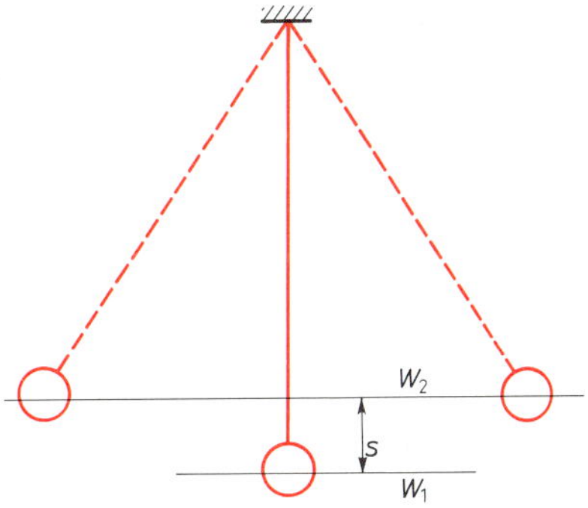

1.17 Energieumformung im Gravitationsfeld

$$v_1 = \sqrt{2(\vec{g} \cdot \vec{s})} = \sqrt{2\Delta\varphi_G}.$$

Da die Bahngeschwindigkeit nur von der Änderung des Gravitationspotentials abhängt, erhalten wir den gleichen Wert wie z. B. beim freien Fall. Offensichtlich wird die in W_1 vorhandene kinetische Energie im weiteren Verlauf der Bewegung wieder in potentielle Energie umgeformt, bis die Kugel mit ihrem Schwerpunkt erneut die Äquipotentialfläche W_2 erreicht usw. Eine solche periodische Umwandlung potentieller Energie in kinetische und umgekehrt bezeichnet man als Schwingung. Periodisch heißt dabei, daß charakteristische Größen des Bewegungsablaufs wie z. B. die Geschwindigkeit gleiche Beträge wie $v = 0$ oder $v = v_{max}$ in gleichbleibenden Zeitabständen (Periodendauer T) erreichen.

Ungedämpfte Schwingung. Wird dem schwingenden System keine Energie entzogen (z.B. durch Reibung im Faden bzw. in der Luft), liegen die Umkehrpunkte der Bewegung bei $v = 0$ stets in der Äquipotentialfläche W_2. Eine solche Schwingung heißt ungedämpft. Weil jedoch die umkehrbare Energieumwandlung potentieller und kinetischer Energie praktisch immer mit nicht umkehrbaren Energieumwandlungen z. B. in thermische Energie (Wärmeenergie) verbunden ist, sind ungedämpfte Schwingungen nur dadurch zu erreichen, daß dem schwingenden System die durch Reibung verlorene Energie wieder zugeführt wird. Das geschieht z. B. in einem mechanischen Uhrwerk aus dem Vorrat an potentieller Energie in der aufgezogenen Uhrfeder bzw. bei einer Pendeluhr in den hochgezogenen Gewichten.

Wir werden später sehen, daß im elektromagnetischen Feld und im elektrischen Stromkreis entsprechende Umwandlungen potentieller und kinetischer Energie auftreten.

1.7.5 Stabilität des Energiezustands

Eine Kugel befindet sich in den drei Fällen von Bild **1**.18 im statischen Gleichgewicht. Dies bedeutet, daß die durch ihren Schwerpunkt gehende Wirkungslinie der Gravitationskraft auch durch den Auflagerpunkt geht. Dadurch kann die Lagerkraft $\vec{F}_z$, die wir als Zwangskraft bezeichnen wollen, der Gravitationskraft $\vec{G}$ das Gleichgewicht halten und die Aufrechterhaltung der potentiellen Energie der Kugel erzwingen. Dabei bringt sie definitionsgemäß keine Arbeit auf, weil sich sonst die potentielle Energie der Kugeln verändern würde.

1.18
Stabilität des Energiezustands
a) stabil (bei Bewegung $\Delta W_{pot} > 0$)
b) indifferent (bei Bewegung $\Delta W_{pot} = 0$)
c) labil (bei Bewegung $\Delta W_{pot} < 0$)

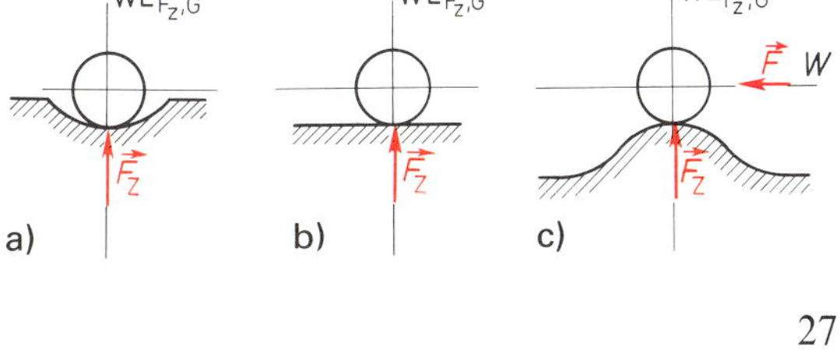

Die Schwerpunkte der Kugeln liegen in der Äquipotentialfläche W. Im Fall a befindet sich die Kugel in einer kugelschalenförmigen Mulde, bei b auf einer ebenen Fläche und im Fall c auf dem höchsten Punkt einer kugelförmigen Erhebung. Wirkt nun kurzzeitig auf den Schwerpunkt der drei Kugeln eine Kraft $\vec{F}$, deren WL z.B. in der Ebene W liegt, verhalten sie sich unterschiedlich.

Im Fall a vergrößert sich zunächst die potentielle Energie. Wirkt die Kraft $\vec{F}$ nicht mehr auf die Kugel ein, rollt sie nach mehr oder weniger lang andauernden Schwingungen wie bei einem Pendel in ihre alte Ruhelage zurück. Die statische Gleichgewichtslage im Fall a heißt stabil.

Im Fall b verändert sich durch die Wirkung der Kraft $\vec{F}$ die potentielle Energie der Kugel nicht, ihr Schwerpunkt bleibt in der Äquipotentialfläche W. Seine Lage innerhalb von W ist jedoch auch nach Aufhören der Kraftwirkung von $\vec{F}$ unbestimmt. Man nennt diese Gleichgewichtslage indifferent.

Im Fall c nimmt infolge der kurzzeitigen Wirkung von $\vec{F}$ die potentielle Energie der Kugel ab. Diese Gleichgewichtslage heißt labil oder auch instabil.

Dieses Verhalten der Kugel entspricht einem naturwissenschaftlichen Gesetz:

> Ein abgeschlossenes physikalisches System ist bestrebt, den Zustand niedrigster potentieller Energie einzunehmen, soweit dies nicht durch Zwangskräfte verhindert wird. Dieser Energiezustand ist der stabilste von allen möglichen.

Wie schon erwähnt, verstehen wir dabei unter Zwangskräften solche Kräfte, die einen bestimmten Zustand potentieller Energie aufrecht erhalten. Dieses Prinzip gilt nicht nur für Massen im Gravitationsfeld, sondern auch für elektrische Ladungen im elektrischen Feld.

1.8 Grundbegriffe des elektrischen Felds

1.8.1 Elektrische Ladung und elektrisches Feld

Versuch 1.1 Wir setzen einen Hartgummistab mit einem Lagerstein auf einen Nadelfuß, so daß er sich in waagerechter Lage in eine beliebige Richtung einstellen kann. Ohne ihn zu berühren, nähern wir ihm einen anderen Stab aus Hartgummi, Metall oder anderem Material. Wir stellen keine Reaktion des Drehstabs fest. Die Massenanziehungskraft zwischen den Stäben ist offenbar zu gering.

Nun nehmen wir den Hartgummistab vom Lager, reiben ihn mit einem Seidentuch und setzen ihn wieder auf den Nadelfuß. Nähern wir ihm das Tuch, mit dem wir ihn gerieben haben, stellen wir zwischen Drehstab und Tuch anziehende Kräfte fest.

Elektrische Ladung. Für diese Kraftwirkung sind offenbar durch das Reiben veränderte Eigenschaften von Drehstab und Tuch verantwortlich. Man hat diese Kraftwirkung schon im Altertum nach dem Reiben von Bernstein beobachtet. In Anlehnung an den griechischen Namen für dieses fossile Harz (Elektron) sprach man von „elektrischen“ Kräften. Wir bezeichnen die Eigenschaft des Stoffs, die elektrische Kräfte verursacht, als elektrische Ladung mit dem Größensymbol Q.

Versuch 1.2 Wir reiben mit einem anderen Seidentuch einen zweiten Hartgummistab und nähern ihn dem Drehstab, ohne ihn zu berühren. Beide Stäbe stoßen sich ab. Da wir wegen des gleichen Materials beiden Stäben auch die gleiche Veränderung ihrer Eigenschaften durch das Reiben zuschreiben müssen, sind diese abstoßenden Kräfte offenbar auf gleichartige elektrische Ladung zurückzuführen. Demnach sind die vorher festgestellten anziehenden Kräfte die Wirkung verschiedenartiger Ladung.

Positive und negative Ladung. Wir unterscheiden danach zwei Arten elektrischer Ladung und nennen sie positiv und negativ. Nach dem Versuchsergebnis können wir jedoch nicht entscheiden, welche Ladung positiv und welche negativ ist. Deshalb schreibt man willkürlich nach internationaler Übereinkunft dem geriebenen Hartgummistab die negative elektrische Ladung zu. Zwischen einem geriebenen Plexiglasstab und dem Hartgummi-Drehstab treten beim Annähern anziehende Kräfte auf. Nach unserer Festlegung trägt der Plexiglasstab positive Ladung (**1**.19).

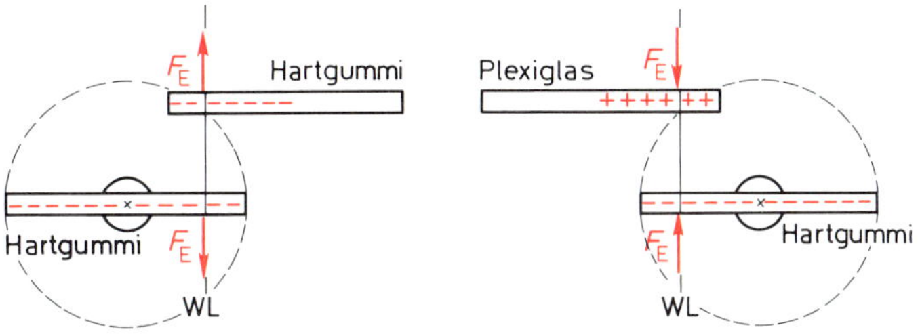

1.19
Vorzeichen der elektrischen Ladung

Elektrisches Feld. Kräfte zwischen Stäben, die sich nicht berühren, sind die Folge eines dort vorhandenen Felds. Nach unserem Kontrollversuch handelt es sich jedoch nicht um das Gravitationsfeld und seine Wechselwirkung mit der Masse der Stäbe. Dagegen muß das Feld in Wechselwirkung mit der elektrischen Ladung Q stehen, die sich beim Reiben der Stäbe bemerkbar macht. Es heißt „elektrisches Feld".

> Gleichnamige elektrische Ladungen stoßen sich ab, ungleichnamige ziehen sich an.
>
> Elektrische Ladungen können positiv oder negativ sein. Dem geriebenen Hartgummistab wird willkürlich eine negative Ladung zugeschrieben.
>
> Der Raumbereich, in dem Kraftwirkungen auf elektrische Ladungen auftreten, heißt elektrisches Feld.

Elektrische Energie. Die Bewegung des Drehstabs beim Annähern elektrisch geladener Stäbe zeigt unabhängig von der Richtung der auftretenden Kräfte, daß er Bewegungsenergie gewonnen hat. Nach dem Energieerhaltungssatz kann diese nur durch Abnahme einer anderen Energieform entstanden sein. Da die potentielle Energie des Stabs im Gravitationsfeld unverändert bleibt, muß es eine Form potentieller Energie sein, die durch das Reiben der Stäbe entstanden ist. Elektrische Ladungen können nicht erst durch Reiben entstehen. Also muß es die beim Trennen der elektrischen Ladungen in den Stäben aufgewendete Arbeit sein, die als potentielle elektrische Energie in den getrennten Ladungen gespeichert ist. Vergleichen wir die im Gravitationsfeld auftretenden Kräfte zwischen Massen mit den im elektrischen Feld wirkenden Kräften zwischen elektrischen Ladungen, können wir feststellen:

> Potentielle Energie im Gravitationsfeld bzw. elektrischen Feld entsteht durch Aufwand von Arbeit bei der Trennung von Massen bzw. von elektrischen Ladungen. Im Gravitationsfeld bzw. elektrischen Feld werden auf Massen bzw. elektrische Ladungen Kräfte wirksam mit dem Ziel, die potentielle Energie des Systems zu verringern, d.h. die voraufgegangene Trennung der Massen bzw. der elektrischen Ladungen rückgängig zu machen.

Versuch 1.3 Ein Stab aus Plexiglas wird nach Bild **1**.20 an einer Stativklemme befestigt. An seinem freien Ende befindet sich ein Drahthaken, an dem drei schmale Aluminiumfolien aufgehängt sind, die wir z.B. aus Verpackungsmaterial (Schokolade) schneiden. Wird ihnen ein geriebener Stab aus Hartgummi (negative Ladung) oder Plexiglas (positive Ladung) genähert, spreizen sie auseinander. Bei Entfernung des Stabs fallen die Streifen wieder zusammen.

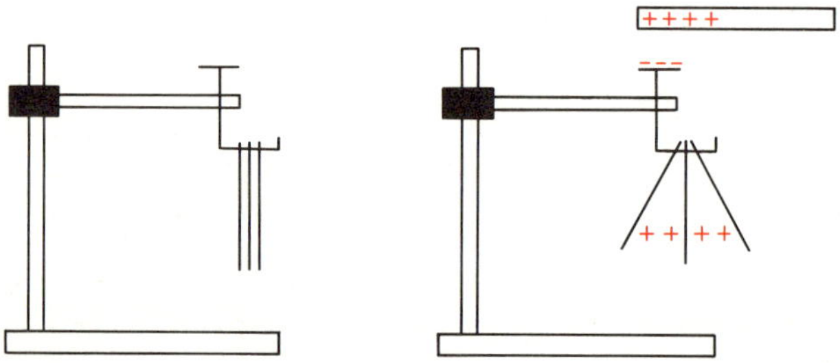

1.20
Beweglichkeit elektrischer Ladungen

Das Versuchsergebnis läßt sich leicht deuten, wenn wir auch in den metallischen Folien elektrische Ladungen beiderlei Vorzeichens annehmen. Offenbar werden sie durch die Wirkung des elektrischen Felds, das mit den negativen Ladungen des Hartgummistabs bzw. den positiven eines Plexiglasstabs verknüpft ist, voneinander getrennt. In den freien Enden der Aluminiumfolien überwiegt eine elektrische Ladung mit einem der Stabladung entgegengesetzten Vorzeichen. Da sich gleichnamige Ladungen abstoßen, spreizen sich die Folien an ihrem freien Ende. Durch die Aufhängung sind die elektrischen Kräfte am oberen Ende unwirksam. Sobald wir den geladenen Stab und damit das elektrische Feld entfernen, verteilen sich die vorher getrennten Ladungen wieder gleichmäßig.

Influenz. Ladungstrennung in einem Metall durch die Einwirkung eines äußeren elektrischen Felds nennt man Influenz. Wir werden in Abschn. 4 ausführlicher darauf zurückkommen. Hier können wir zunächst feststellen:

> Elektrische Ladungen in einem Metall sind beweglich. Werden sie unter Aufbringung von Arbeit voneinander getrennt, bleibt dieser Zustand, der mit einer Zunahme an potentieller Energie verbunden ist, nur durch die Wirkung von Zwangskräften aufrechterhalten. Ohne diese Zwangskräfte verteilen sich die elektrischen Ladungen so, daß das Metall nach außen ungeladen (elektrisch neutral) erscheint. Diese Ladungsverteilung entspricht dem Zustand niedrigster potentieller Energie.

Wir wollen noch einmal darauf hinweisen, daß wir unter Zwangskräften Kräfte verstehen, die einen bestimmten Zustand der potentiellen Energie von Massen im Gravitationsfeld oder (wie hier) von elektrischen Ladungen im elektrischen Feld aufrechterhalten und demnach keine Trennarbeit mehr leisten.

Versuch 1.4 Wir wiederholen den letzten Versuch, berühren jedoch den Draht oberhalb der Aluminiumfolien und streifen so die Stabladung an ihm ab. Die Aluminiumfolien spreizen sich stark und bleiben auch nach Entfernung des Stabs in diesem Zustand.

Allein schon die Tatsache, daß die Stäbe auch nach dem Reiben geladen bleiben, zeigt, daß ihre elektrischen Ladungen nur wenig beweglich sind. Besonders deutlich wird dies dadurch, daß die elektrischen Ladungen erst beim Abstreifen auf den Draht übergehen. Weil hierdurch aber das Ladungsgleichgewicht in den Metallfolien gestört ist, bleiben sie auch nach Entfernen des Stabs geladen. Erst wenn wir einen Stab mit entgegengesetzter Ladung auf dem Draht abstreifen, findet erneut ein Übergang von Ladungen und damit in den Folien ein Ladungsausgleich statt. Die Spreizung der

Folien geht zurück, bis sie bei weiterem Abstreifen von Ladungen wieder zunimmt. Einen Ausgleich der Ladungen ohne erneute Aufladung können wir durch Berühren des Drahtbügels mit dem Finger herbeiführen. Die Streifen fallen zusammen.

Die leichte Beweglichkeit elektrischer Ladungen in einem Metall und die nur sehr geringe in Stoffen wie Hartgummi oder Plexiglas sind offenbar Materialeigenschaften, die nur durch unterschiedlichen inneren Aufbau dieser Stoffe erklärt werden können. Wir werden uns damit in Abschn. 1.9 befassen.

Die Ursache der Bewegung von Ladungen ist dagegen an das Vorhandensein eines elektrischen Felds geknüpft. Ähnlich wie auf die Masse im Gravitationsfeld werden auf die elektrische Ladung im elektrischen Feld Kräfte ausgeübt, die eine Ladungsbewegung verursachen. Man nennt sie „elektrischen Strom". Offensichtlich müssen für das Zustandekommen des elektrischen Stroms außer dem elektrischen Feld auch bewegliche Ladungen vorhanden sein. Wie wir der ruhenden Masse im Gravitationsfeld potentielle Energie und der bewegten kinetische Energie zuordnen können, entspricht auch der ruhenden Ladung im elektrischen Feld eine bestimmte potentielle elektrische Energie und der bewegten Ladung (dem elektrischen Strom) eine kinetische Energie.

Die räumliche Struktur des Gravitationsfelds können wir nach Abschn. 1.7 durch das Vektorfeld der Gravitationsfeldstärke oder durch das Skalarfeld des Gravitationspotentials beschreiben. In entsprechender Weise läßt sich auch jedem Punkt des elektrischen Feldes eine vektorielle elektrische Feldstärke bzw. ein skalares elektrisches Potential zuordnen. Wir werden uns in den Abschn. 3 und 4 ausführlicher mit dem elektrischen Feld beschäftigen. Dennoch sollen die erwähnten Feldgrößen elektrische Feldstärke $\vec{E}$ und elektrisches Potential φ schon an dieser Stelle erläutert werden.

1.8.2 Elektrische Feldstärke und elektrisches Potential

Wir betrachten einen Raumbereich, der entsprechend Bild **1**.21 unten und oben durch ebene Metallplatten mit dem Abstand s begrenzt ist. Die in den Metallplatten vorhandenen elektrischen Ladungen sind gleichmäßig verteilt, und zwar befindet sich in der oberen Platte ein Überschuß an positiver, in der unteren an negativer Ladung. Das elektrische Feld zwischen den Platten ist homogen.

Wir stellen uns vor, daß wir der unteren Platte eine Probeladung Q_+ entnehmen. Sie ist so klein, daß sie die Feldstruktur zwischen den Platten nicht beeinflußt. Unter Zurücklassung der gleichen negativen Ladungsmenge bewegen wir nun die Probeladung Q_+ gegen die im Feldraum wirkende Feldkraft $\vec{F}_E$ zur positiv geladenen Platte. Diesen Vorgang können wir mit dem Heben einer Masse m gegen die Gravitationskraft $\vec{G}$ im homogenen Gravitationsfeld vergleichen (s. Abschn. 1.7.3). Mit der ladungstrennenden Kraft $\vec{F}$, die der Feldkraft $\vec{F}_E$ entgegengesetzt gleich ist, und dem Abstand $\vec{s}$ der beiden Metallplatten erhalten wir die aufgebrachte Trennarbeit als skalares Produkt

$$(\vec{F} \cdot \vec{s}) = -(\vec{F}_E \cdot \vec{s}) = W_A - W_B = \Delta W. \tag{1.39}$$

Entsprechend den durch Gl. (1.34) beschriebenen Verhältnissen im Gravitationsfeld wird die nach Gl. (1.39) aufgebrachte Trennarbeit als Zunahme potentieller Energie der Ladungsmenge Q_+ gespeichert. Dabei schreiben wir der potentiellen elektrischen Energie der Ladungsmenge in den beiden Metallplatten die Beträge W_A bzw. W_B zu.

> Die Trennarbeit elektrischer Ladungen gegen die Feldkraft ist gleich der Zunahme der Ladungen an potentieller Energie. Leistet dagegen die Feldkraft Arbeit, nimmt die potentielle Energie im gleichen Maß ab.

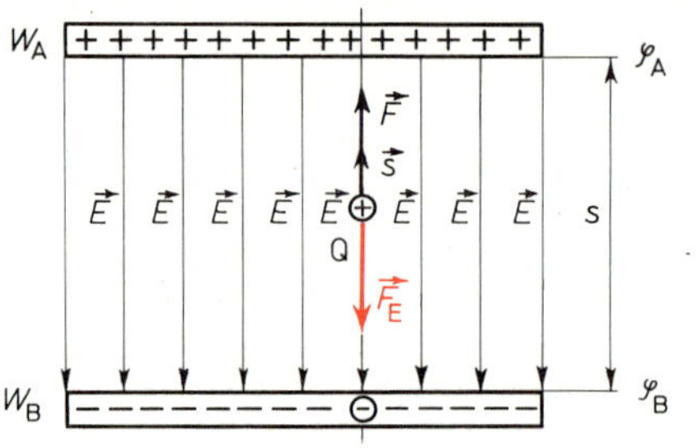

1.21 Energie und Arbeit im elektrischen Feld

Elektrische Feldstärke $\vec{E}$. Wie mit Gl. (1.26) in Abschn. 1.7.2 für das Gravitationsfeld bezeichnen wir hier im elektrischen Feld das Verhältnis der auftretenden Feldkraft F_E zur Ladungsmenge Q_+ als elektrische Feldstärke $\vec{E}$.

$$\frac{\vec{F}_E}{Q_+} = \vec{E} \tag{1.40}$$

Das Feld dieser Vektorgröße beschreibt die Struktur des elektrischen Feldes. Im einfachen Fall des homogenen Feldes nach Bild **1**.21 hat sie im gesamten Feldraum den gleichen Betrag und die gleiche Richtung. Nach Gl. (1.40) ist diese gleich der Richtung der Feldkraft auf eine positive Probeladung. Die Feldkraft auf eine negative Probeladung hat die zur Feldstärke $\vec{E}$ entgegengesetzte Richtung.

Elektrisches Potential φ. Da auch hier die Trennarbeit und die potentielle Energie wie im Gravitationsfeld nicht nur von den Eigenschaften des Feldraums, sondern auch von der Masse bzw. von den getrennten Ladungsmengen Q_+ und Q_- abhängt, beziehen wir Gl. (1.39) auf die Ladungsmenge Q_+ und führen Gl. (1.40) ein:

$$\frac{(\vec{F} \cdot \vec{s})}{Q_+} = -\frac{(\vec{F}_E \cdot \vec{s})}{Q_+} = -(\vec{E} \cdot \vec{s}) = \frac{W_A}{Q_+} - \frac{W_B}{Q_+} = \frac{\Delta W}{Q_+} = \varphi_A - \varphi_B = \Delta\varphi \tag{1.41}$$

Die skalare Größe φ heißt elektrisches Potential. Sie ist wie die Vektorgröße $\vec{E}$ geeignet, die Struktur des elektrischen Feldes zu beschreiben. Das elektrische Potential ist wie auch die elektrische potentielle Energie eine nicht direkt meßbare Größe. Entsprechend den Verhältnissen im Gravitationsfeld lassen sich ihre Werte nur bei Festlegung eines Bezugspersonals bzw. einer Bezugsenergie angeben. In Worten bedeutet Gl. (1.41) also:

Die auf die Ladungsmenge bezogene Trennarbeit ist gleich der Zunahme des elektrischen Potentials, die auf die Ladungsmenge bezogene Arbeit der Feldkraft gleich seiner Abnahme.

Elektrische Spannung. Das in Gl. (1.41) auftretende skalare Produkt

$$-(\vec{E} \cdot \vec{s}) = \varphi_A - \varphi_B = \Delta\varphi = \frac{\Delta W}{Q_+} = U_{AB} \tag{1.42}$$

heißt elektrische Spannung U. Im Gegensatz zum elektrischen Potential ist diese Größe leicht meßbar. Ihr Betrag entspricht der Potentialdifferenz zwischen zwei Punkten des elektrischen Feldes. Sie ist eine der beiden Grundgrößen des elektrischen Stromkreises, mit dem wir uns in Abschn. 2 befassen werden.

1.9 Aufbau der Materie

Die bei den in Abschn. 1.8.1 durchgeführten Versuchen aufgetretenen Erscheinungen zeigen, daß das elektrische Verhalten der Stoffe recht unterschiedlich ist. Um eine Erklärung dafür zu finden, müssen wir uns mit ihrem inneren Aufbau beschäftigen.

Bekanntlich bezeichnet man die kleinsten, gleichartigen Teilchen eines Stoffs als Moleküle. Diese bestehen ihrerseits aus Atomen, die bei einem chemischen Element (Grundstoff) gleichartig und bei einer chemischen Verbindung verschiedenartig sind. Das Bindungsverhalten der Atome eines Elements untereinander oder mit Atomen anderer Grundstoffe zu Molekülen wird durch den inneren Aufbau der Atome bestimmt. Entgegen der früheren Auffassung von der Unteilbarkeit der Atome bestehen diese aus noch kleineren Teilchen, den Elementarteilchen. Wegen der unvorstellbaren Kleinheit der Atome – ihr wirksamer Durchmesser liegt in der Größenordnung von 10^{-10} m – läßt sich ihr Aufbau nur modellhaft beschreiben.

Modellvorstellungen helfen in der Physik und Technik, das Zustandekommen von experimentell ermittelten Sachverhalten zu erklären. Beispiele dafür haben wir kennengelernt. Größengleichungen, Vektorfelder und Skalarfelder von Feldgrößen, die die im Gravitationsfeld oder im elektrischen Feld auftretenden Erscheinungen beschreiben, sind Modelle der physikalischen Realität. Solche im wesentlichen mathematische Strukturen sind auch im Fall des Atombaus am besten geeignet, das vorliegende Erfahrungsmaterial zu ordnen und zu begründen. Ein rein mathematisch aufgebautes Atommodell, das in allen Einzelheiten z.B. im Bereich der Chemie mit den vorliegenden Versuchsergebnissen in Einklang zu bringen ist, ist unanschaulich und für unsere Zwecke viel zu kompliziert. Einfachere und dafür anschaulichere Modelle können nur einen Teil der beobachteten Erscheinungen zutreffend beschreiben bzw. begründen, was jedoch durchaus genügen kann. Man kann hier nicht von „richtigen“ oder „falschen“ Modellen sprechen, sondern nur von „geeigneten“ oder „ungeeigneten“. Nichtbeachtung dieses Sachverhalts kann zu Fehlschlüssen führen, Modellvorstellungen dürfen nicht mit der physikalischen Realität gleichgesetzt werden.

1.9.1 Bohrsches Atommodell

Das von dem dänischen Physiker Niels Bohr 1913 aufgestellte Atommodell reicht aus, die uns im Rahmen dieses Buches interessierenden Erscheinungen zu erklären. Danach besteht jedes Atom aus dem Atomkern und der Atomhülle. Beide stellen ihrerseits ein System aus Elementarteilchen dar. Die Kernbausteine (Nucleonen) Protonen und Neutronen bilden den Atomkern, die Elektronen die Atomhülle (**1**.22.). Während Protonen und Elektronen elektrische Ladungen tragen, sind Neutronen elektrisch neutral. Die Ladungen von Protonen und Elektronen haben den gleichen Betrag, jedoch entgegengesetzte Vorzeichen. Da niemals eine kleinere Ladungsmenge beobachtet wurde, bezeichnet man sie als Elementarladung. Den Elektronen schreibt man die negative, den Protonen die positive Elementarladung zu. Die Masse von Protonen und Neutronen ist nahezu gleich, die Masse des Elektrons dagegen außerordentlich gering. Dies bedeutet, daß die Masse eines Atoms fast ausschließlich in seinem Kern konzentriert ist. Zur Veranschaulichung dienen die folgenden Zahlenwerte:

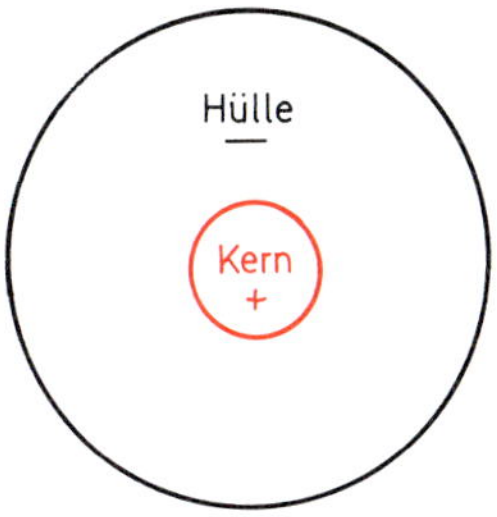

1.22 Modell eines Atoms

Masse des Protons	$m_p = 1{,}673 \cdot 10^{-24}$ g	
Masse des Neutrons	$m_n = 1{,}675 \cdot 10^{-24}$ g	
Masse des Elektrons	$m_e = 9{,}108 \cdot 10^{-28}$ g	
Elementarladung	$\lvert e \rvert = 1{,}602 \cdot 10^{-19}$ C	(Coulomb)

Atomkern. Die Atomkerne der z.Z. 105 bekannten natürlichen und künstlichen Grundstoffe unterscheiden sich im wesentlichen durch ihre Kernladungszahl, also durch die Anzahl der Protonen im Kern. Die Gesamtzahl der Protonen und der außerdem im Kern vorhandenen Neutronen bestimmt die Masse des Atomkerns. Diese wird nicht in der sonst üblichen Masseneinheit kg oder einem Bruchteil davon angegeben, sondern als Vielfaches vom zwölften Teil der Masse eines Kohlenstoffatoms, das sechs Protonen und sechs Neutronen im Kern enthält. Diese atomare Masseneinheit wird mit dem Kleinbuchstaben u bezeichnet. Das Vielfache von u ist die Massenzahl des Atomkerns. Sie bestimmt zusammen mit der Kernladungszahl eindeutig seine Zusammensetzung aus Protonen und Neutronen. Beide Zahlen werden üblicherweise als Index links neben das Symbol eines chemischen Elements geschrieben, und zwar die Massenzahl oben und die Kernladungszahl unten.

Beispiel 1.14 Natrium ${}^{23}_{11}Na$, Wasserstoff ${}^{1}_{1}H$, ${}^{2}_{1}H$ (Deuterium), ${}^{3}_{1}H$ (Tritium).

Nur wenige Elemente haben Atome mit gleichen Massenzahlen, wie z.B. das Alkalimetall Natrium. Die Kerne der meisten Grundstoffe haben bei gleicher Kernladungszahl unterschiedliche Massenzahlen, wie z.B. Wasserstoff. Solche Atome heißen Isotope. Bis auf wenige Ausnahmen bestehen die Grundstoffe demnach aus Isotopengemischen, wobei jedoch das Mischungsverhältnis der Isotopen stets gleich bleibt.

Im Sinne des Atommodells von Bohr können wir uns den Atomkern als Kugel mit einem Durchmesser von etwa 10^{-14} bis 10^{-15} m vorstellen, die eine durch die Kernladungszahl gegebene, positive elektrische Ladung als ganzzahliges Vielfaches der Elementarladung trägt. Das elektrische Feld des Atomkerns ist radialsymmetrisch. Diese Feldstruktur ist vergleichbar mit dem idealisiert gedachten Gravitationsfeld einer kugelförmigen Masse, wie z.B. dem der Erde (**1.**14a).

Atomhülle. Im elektrisch neutralen Atom wird die positive Ladung des Atomkerns durch die negative Ladung der Elektronen ausgeglichen. In der gleichen Anzahl wie die Protonen im Kern bilden sie die Atomhülle. Da der Durchmesser des Atoms in der Größenordnung von 10^{-10} m liegt, besteht es im wesentlichen aus „leerem" Raum, wenn wir die Elektronen als kleine Teilchen verstehen. Der Raum der Atomhülle ist natürlich nicht wirklich leer, sondern z.B. vom radialsymmetrischen Feld des Kerns erfüllt. Die hier herrschende elektrische Feldstärke übt auf die Elektronen eine Kraft aus, die auf den Kern gerichtet ist. Da die Elektronen jedoch offenbar nicht in den Kern hineinstürzen, muß die Anziehungskraft durch eine andere Kraft aufgehoben werden. Diese können wir uns als Fliehkraft vorstellen, die auf die mit hoher Geschwindigkeit um den Kern kreisenden Elektronen wirkt. Beim Wasserstoffatom, bei dem sich ein Elektron um den Atomkern mit einem Proton bewegt, müßte wegen der geringen Masse des Elektrons seine Bahngeschwindigkeit etwa 2190 km/s betragen. Wegen seines Abstands vom Kern und seiner Geschwindigkeit muß man dem Elektron einen bestimmten Betrag an potentieller und kinetischer Energie zuschreiben. Entsprechendes gilt auch für die Elektronen der anderen Elemente mit höheren Kernladungszahlen.

Kugelschalenmodell der Atomhülle. Da die Atome der chemischen Elemente offenbar stabil sind, muß die aus potentieller und kinetischer Energie bestehende Gesamtenergie eines Elektrons konstant sein. Wird einem Atom (z.B. durch Erwärmung) Energie zugeführt oder (z.B. als Lichtstrahlung) entnommen, zeigt sich, daß Elektronen ihre Energie nicht stetig ändern können, sondern nur sprunghaft mit bestimmten Beträgen. Dieser Sachverhalt kann im einfachsten Fall dadurch erklärt werden, daß sich die Elektronen mit gleichbleibender Geschwindigkeit auf Flächen gleichbleibender potentieller Energie bewegen, also auf Äquipotentialflächen. Denken wir uns diese als die Oberfläche von Hohlkugeln, die den Atomkern als gemeinsames Zentrum enthalten, bleiben kinetische und potentielle Energie eines Elektrons jeweils für sich konstant (**1.**23).

Mit zunehmender Energie der Elektronen wird ihr Abstand vom Kern größer. Die Elektronen bewegen sich bei diesem Kugelschalenmodell stets in der Schale, die ihrem Energiezustand entspricht. Der Abstand zwischen den Schalen kennzeichnet dann Energiestufen und damit den Energiebetrag, den ein Elektron aufnehmen oder abgeben kann.

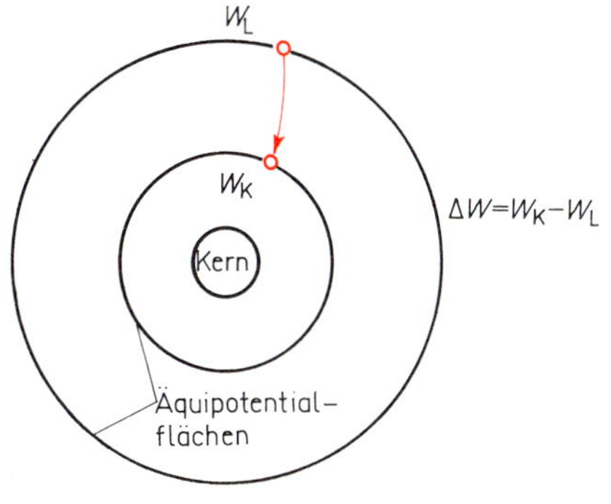

1.23 Kugelschalenmodell

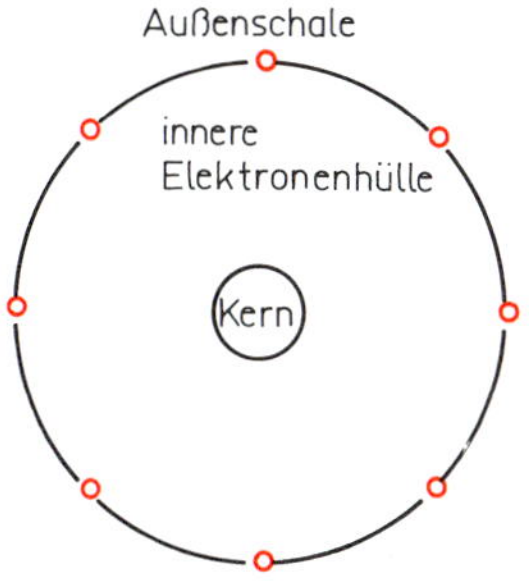

1.24 Elektronenoktett der Außenschale eines Edelgases

Nach diesem Schalenmodell können in der Atomhülle der natürlich vorkommenden Atome höchstens sieben Kugelschalen Elektronen enthalten. Vom Kern aus bezeichnet man sie mit K-, L-, M-, N-, O-, P- und Q-Schale. Nach dem Prinzip, daß der Zustand niedrigster potentieller Energie besonders stabil ist, befinden sich die Elektronen in diesem Grundzustand auf möglichst kernnahen Bahnen. Dabei hat sich jedoch gezeigt, daß die Kugelschalen höchstens eine bestimmte Anzahl z von Elektronen aufnehmen können. Diese Zahl läßt sich für die ersten vier Schalen nach $z = 2n^2$ bestimmen, wobei n die Ordnungszahl der Schale vom Kern aus ist. Die K-Schale kann demnach als erste Schale 2, die L-Schale 8, die M-Schale 18 und die N-Schale 32 Elektronen enthalten. Die drei letzten Kugelschalen kommen nicht vollbesetzt vor. Die Elektronen in der äußersten Schale eines neutralen Atoms sind Valenzelektronen. Sie haben die geringste Bindungsenergie an den Atomkern und bestimmen im wesentlichen das Bindungsverhalten der Atome untereinander. Dabei hat sich gezeigt, daß die jeweils äußerste Schale eines neutralen Atoms niemals mehr als acht Elektronen enthalten kann. Dieser Zustand eines Elektronenoktetts in der Außenschale ist bei neutralen Atomen bei den Edelgasen zu finden (**1**.24). Er kennzeichnet einen besonders stabilen Aufbau des Atoms und ist für die Bindungen der Atome untereinander von besonderer Bedeutung.

1.9.2 Periodensystem der Elemente

Man ordnet die chemischen Elemente nach steigender Kernladungszahl in einem Schema, bei dem die senkrechten Spalten der Anzahl der Außen- bzw. Valenzelektronen entsprechen und die waagerechten Zeilen den Kugelschalen, in denen sich die Außenelektronen befinden. Danach stehen in der Spalte I die Elemente mit einem Außenelektron und in der Spalte VIII die Edelgase mit einem Elektronenoktett in der Außenschale (**1**.25). Das Edelgas Helium mit dem chemischen Zeichen He wird dabei der Spalte VIII zugeordnet, obwohl es nur zwei Elektronen in der ersten Schale hat, die jedoch damit voll besetzt ist. Es zeigt sich, daß die in den Spalten untereinanderstehenden Elemente mehr oder weniger stark ausgeprägt Ähnlichkeit in ihrem chemischen Verhalten zeigen oder – anders ausgedrückt – daß die in den waagerechten Zeilen stehenden Elemente in ihren Eigenschaften eine gewisse Periodizität zeigen. Das Ordnungsschema Tabelle **1**.25 ist eine Form des Periodensystems der Elemente.

Tabelle 1.25 **Valenzelektronen der Außenschalen**

Außen-schale	Außenelektronen (Anzahl) I	II	III	IV	V	VI	VII	VIII
1	$_{1}H$							$_{2}He$
2	$_{3}Li$	$_{4}Be$	$_{5}B$	$_{6}C$	$_{7}N$	$_{8}O$	$_{9}F$	$_{10}Ne$
3	$_{11}Na$	$_{12}Mg$	$_{13}Al$	$_{14}Si$	$_{15}P$	$_{16}S$	$_{17}Cl$	$_{18}Ar$
4	$_{19}K$	$_{20}Ca$ Ü	$_{31}Ga$	$_{32}Ge$	$_{33}As$	$_{34}Se$	$_{35}Br$	$_{36}Kr$
5	$_{37}Rb$	$_{38}Sr$ Ü	$_{49}In$	$_{50}Sn$	$_{51}Sb$	$_{52}Te$	$_{53}J$	$_{54}Xe$
6	$_{55}Cs$	$_{56}Ba$ Ü	$_{81}Tl$	$_{82}Pb$	$_{83}Bi$	$_{84}Po$	$_{85}At$	$_{86}Rn$
7	$_{87}Fr$	$_{88}Ra$ Ü						

Übergangselemente. Unregelmäßigkeiten im Aufbau finden sich in den Schalen 4, 5, 6 und 7. Die Elemente mit den Ordnungszahlen 21 bis 30, 39 bis 48, 57 bis 80 und ab 89 haben zwei Außenelektronen entsprechend ihrer Stellung in Spalte II. Der Einbau der entsprechend der Ordnungszahl zunehmenden Anzahl von Elektronen erfolgt jedoch in der zweitäußersten, noch nicht voll besetzten Schale bei den Elementen der Zeilen 4 und 5 in Tabelle **1**.25. Das gleiche gilt für die Elemente 57 und 89. Bei den Elementen 58 bis 71 (Lanthaniden) und 90 bis 103 (Actiniden) bleiben die beiden äußeren Schalen unverändert. Dagegen wird bei diesen Elementen die drittäußerste Elektronenschale aufgefüllt. Es ist einleuchtend, daß diese Elemente in ihrem chemischen Verhalten stark ausgeprägte Ähnlichkeiten zeigen. Tabelle **1**.26 zeigt schematisch den Aufbau der Elektronenschalen dieser Übergangselemente.

Metalle, Nichtmetalle, Halbmetalle. Wenn wir die in Tabelle **1**.25 aufgeführten Elemente außer den Edelgasen in drei Gruppen einteilen, finden sich in den Spalten I und II (einschl. Übergangselemente) vorwiegend typische Metalle (Gruppe M), in den Spalten VI und VII vorwiegend ausgeprägte Nichtmetalle (Gruppe N) sowie in den Spalten III, IV und V vorwiegend sog. Halbmetalle (Gruppe H). Uns interessiert vor allem das elektrische Verhalten von Stoffen, die aus Elementen der Gruppen M, N und H bzw. deren Verbindungen bestehen.

1.9.3 Bindungen zwischen Atomen

Treten mehrere Atome zu einem Atomverband zusammen, unterscheidet man je nach Zugehörigkeit der beteiligten Atome zu den Gruppen M (Metalle), N (Nichtmetalle) oder H (Halbmetalle) drei typische Bindungsarten: die Metallbindung, die Ionenbindung und die Elektronenpaarbindung.

1.9.3.1 Metallbindung

Wegen ihrer Bedeutung in der Elektrotechnik für uns interessante, typische Vertreter der Metalle sind z. B. die Elemente 29 (Kupfer Cu), 47 (Silber Ag) und 79 (Gold Au), die die Kupfergruppe bilden. Im festen Zustand sind die Atome der Metalle in einer bestimmten räumlichen Struktur angeordnet, dem Metallgitter. Die genannten Metalle kristallisieren aus der erkaltenden Schmelze reiner Metalle in der kubisch dichtesten Kugelpackung, die auch kubisch-flächenzentriertes Gitter heißt.

Tabelle **1**.26 **Aufbau der Elektronenschalen der Übergangsmetalle**

Außenschale	Element			Anzahl der Elektronen in der Schale 1+2	3	4	5	6	7
	21	Sc	Scandium		1				
	22	Ti	Titan		2				
	23	V	Vanadium		3				
	24	Cr	Chrom		4				
	25	Mn	Mangan		5				
4	26	Fe	Eisen	2+8	8+ 6	2			
	27	Co	Kobalt		7				
	28	Ni	Nickel		8				
	29	Cu	Kupfer		9				
	30	Zn	Zink		10				
	39	Y	Yttrium			1			
	40	Zr	Zirkonium			2			
	41	Nb	Niob			3			
	42	Mo	Molybdän			4			
	43	Tc	Technetium			5			
5	44	Ru	Ruthenium	2+8	18	8+ 6	2		
	45	Rh	Rhodium			7			
	46	Pd	Palladium			8			
	47	Ag	Silber			9			
	48	Cd	Cadmium			10			
	57	La	Lanthan			18			
	58 … 71		Lanthaniden			18+ 1 … 14	8+ 1		
	72	Hf	Hafnium				2		
6	73	Ta	Tantal	2+8	18		3	2	
	74	W	Wolfram				4		
	75	Re	Rhenium				5		
	76	Os	Osmium			32	8+ 6		
	77	Ir	Iridium				7		
	78	Pt	Platin				8		
	79	Au	Gold				9		
	80	Hg	Quecksilber				10		
	89	Ac	Actinium				18		
7	90 … 103		Actiniden				18+ 1 … 14	8+1	2
	104			2+8	18	32	32	8+2	
	105							8+3	

Bild **1**.27 vermittelt eine Vorstellung vom Aufbau eines Kristalliten, eines regelmäßigen Metallgitters in der Größenordnung von etwa 10^{-3} bis 10^{-5} m. Von den beiden Außenelektronen der genannten Metalle wechselt nun eins in die jeweils darunterliegende Schale und füllt sie auf die stabile Anzahl von 18 Elektronen auf (**1**.26). Unter anderem durch die dadurch frei werdende

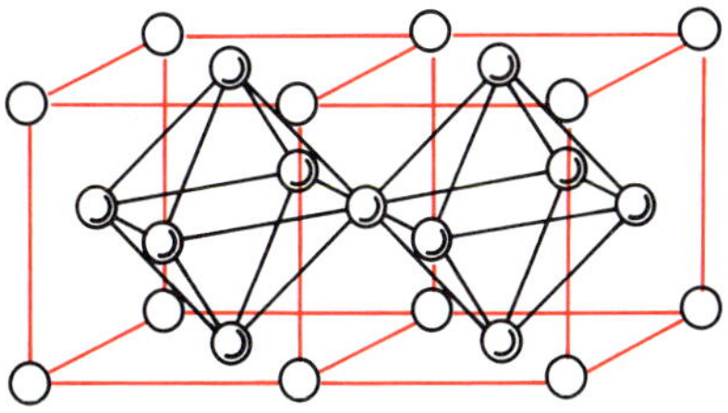

1.27 Kubisch-flächenzentriertes Metallgitter

Energie wird das restliche Außenelektron befähigt, sich von dem Restatom zu lösen und frei im Metallgitter zu bewegen.

Elektronengas. Dieser Sachverhalt ähnelt der Beweglichkeit von Gasmolekülen. Deshalb bezeichnet man die Gesamtheit der beweglichen Elektronen im Metallgitter als Elektronengas. Die im Gitter praktisch festsitzenden Atomreste sind nun jedoch nicht mehr elektrisch neutral, denn ihre Kernladungszahl überwiegt die Anzahl der in der Atomhülle gebundenen Elektronen – die Metallatome sind zu positiv geladenen Ionen geworden. Insgesamt wird ihre Ladung allerdings durch die gleichmäßig verteilte negative Ladung des Elektronengases kompensiert, so daß das Metall elektrisch neutral bleibt. Wird nun den innerkristallinen elektrischen Feldern ein äußeres elektrisches Feld überlagert, zeigen die Versuche in Abschn. 1.8.1, daß sich wegen des beweglichen Elektronengases im Metall die Ladungsverteilung ändert. Die Elektronen bewegen sich entgegen der Richtung des Feldstärkevektors, bis das äußere elektrische Feld durch das als Folge der Ladungstrennung entstehende innere Feld gerade aufgehoben wird. Bei Entfernung des äußeren Felds wird durch die Wirkung des noch bestehenden inneren die gleichmäßige Ladungsverteilung wieder hergestellt.

Wir fassen zusammen:

Durch das bei der Metallbindung auftretende Elektronengas sind Metalle auch im festen Zustand gute elektrische Leiter. Dabei werden Anzahl und Beweglichkeit der freien Ladungsträger durch die Struktur der Atomhülle und des Metallgitters bestimmt.

Besonders ausgeprägt ist die elektrische Leitfähigkeit bei den Metallen der Kupfergruppe Silber, Kupfer und Gold.

1.9.3.2 Ionenbindung

Die Ionenbindung bestimmt das elektrische Verhalten von Verbindungen aus Elementen der Gruppe M (Metalle), wie z.B. Natrium $_{11}Na$, und Elementen der Gruppe N (Nichtmetalle), wie z.B. Chlor $_{17}Cl$. Wie Tabelle **1**.25 zeigt, hat das Natriumatom ein Außenelektron in der dritten Schale und das Chloratom sieben. Gibt das Na-Atom sein Außenelektron an das Cl-Atom ab, erreichen beide das Elektronenoktett der Edelgase Neon $_{10}Ne$ bzw. Argon $_{18}Ar$. Aus den elektrisch neutralen Atomen sind jedoch elektrisch geladene Ionen Na^+ bzw. Cl^- entstanden, die durch die elektrostatisch bedingte Anziehung das Molekül NaCl (Kochsalz) bilden. Wegen der verschiedenen Polarität der beiden Ionen bezeichnet man die Ionenbindung auch als „heteropolare“ Bindung. Auch das Kochsalz kristallisiert wie viele andere Salze in einem kubischen Gitter, wobei jedoch die Na^+- bzw. Cl^--Ionen nur die Eckpunkte des würfelförmigen Gitters besetzen. Der wesentliche Unterschied zum Metallgitter besteht darin, daß keine beweglichen Ladungsträger vorhanden sind. Im festen Zustand ist Kochsalz deshalb ein Nichtleiter.

Anion und Kation. Wird durch Schmelzen oder Auflösen des Salzes in Wasser die Gitterstruktur zerstört, werden die Ionen beweglich. Befindet sich in der Schmelze bzw. Lösung zwischen zwei Elektroden entgegengesetzter Polarität ein elektrisches Feld, werden durch die auftretende Feldkraft beide Ionenarten in entgegengesetzter Richtung getrieben. Die positiv geladenen Metallionen wandern zur negativen Elektrode (Kathode), die negativen Chlorionen zur positiven Elektrode (Anode). Man spricht deshalb auch von Kationen und Anionen. Der Ladungstransport durch die Ionen ist jedoch im Gegensatz zur Elektronenleitung mit einem Massetransport verbunden. Beim Ladungsausgleich an den Elektroden entstehen aus den Ionen wieder elektrisch neutrale Atome.

Diese mit einer Stoffumwandlung verbundene Elektrolyse wird technisch z.B. zur Herstellung von Aluminium aus geschmolzenen Salzen dieses Metalls und zur elektrolytischen Reinigung des in der Elektrotechnik verwendeten Kupfers in einer Kupfersalzlösung benutzt. Die elektrische

Leitfähigkeit der Elektrolyte ist erheblich geringer als die der Metalle. Während man die Metalle als elektrische Leiter erster Klasse bezeichnet, sind Elektrolyte elektrische Leiter zweiter Klasse.

Außer bei der Elektrolyse tritt Ionenleitung bei ionisierten Gasen auf. Das können Edelgase (z.B. Neon) oder Metalldämpfe (z.B. Natriumdampf oder bei den Leuchtstofflampen Quecksilberdampf) sein. Die Ionisierung der Gasmoleküle wird dabei durch Energiezufuhr über das elektrische Feld z.B. in einem Lampenkolben erreicht. Wir können jedoch hier nicht weiter darauf eingehen.

Die Ionenleitung bewirkt im Gegensatz zur Elektronenleitung stoffliche Veränderungen, weil Ionen außer elektrischer Ladung Masse transportieren. Die elektrische Leitfähigkeit von Elektrolyten ist geringer als die der Metalle und durch Anzahl und Beweglichkeit der freien Ionen bestimmt.

1.9.3.3 Elektronenpaarbindung

Die Elektronenpaarbindung ist typisch für die Bildung der Moleküle von Nichtmetallen wie H_2 (Wasserstoffgas) oder Cl_2 (Chlorgas) oder auch von organischen Verbindungen, zu denen auch die bei den Versuchen in Abschn. 1.8.1 verwendeten Stoffe Hartgummi und Plexiglas gehören. Sie tritt jedoch auch bei den in der Elektronik so wichtigen Halbleitern auf, die nach ihrem atomaren Aufbau vor allem Elemente der Spalte IV in Tabelle **1**.25 sind.

Untersuchen wir das Wesen der Elektronenpaarbindung zunächst an der Bildung des Moleküls Cl_2 des Chlorgases aus zwei Atomen $_{17}Cl$. Entsprechend seiner Stellung in Tabelle **1**.25 hat das Chloratom sieben Außenelektronen in der dritten Elektronenschale. Ein Elektronenübergang vom einen Atom auf das andere (Ionenbindung) würde zwar für ein Chloratom zu einer stabilen Edelgasschale führen, nicht aber für das andere. Hier ist der Zustand eines Elektronenoktetts für beide Chloratome nur dadurch zu erreichen, daß sie sich in ein Elektronenpaar teilen.

Anschaulich können wir uns die Bindung so vorstellen, daß sich das Elektronenpaar auf jeweils gegenüberliegenden Punkten einer gemeinsamen elliptischen Bahnkurve um die beiden Restatome des Chlors bewegt. Diese stehen mit ihren jeweils sechs Außenelektronen in den Brennpunkten eines Rotations-Ellipsoids, dessen Achse die Verbindungsgerade durch die beiden Brennpunkte ist (**1**.28).

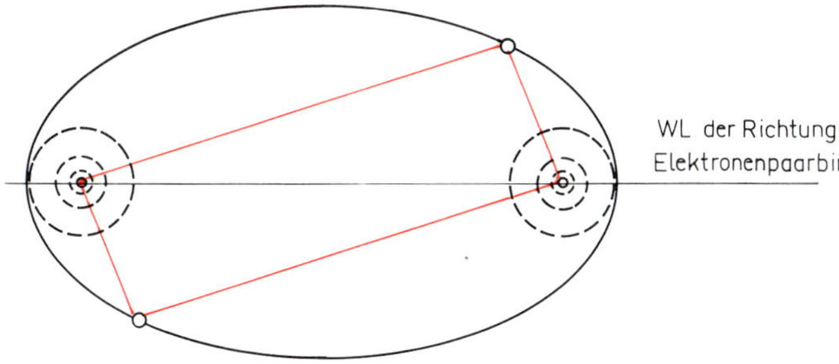

1.28 Elektronenpaarbindung (schematisch)

Dieser Ellipsoid entsteht durch Drehung (Rotation) der Ellipse um die gezeichnete Achse wie eine Kugel bei Drehung eines Kreises um ihren Durchmesser. Das Besondere an einer elliptischen Bahnkurve ist, daß bekanntlich die Summe der Abstände eines beliebigen Punktes der Bahn von den beiden Brennpunkten konstant ist. Damit bleibt für das gemeinsame Elektronenpaar aber auch die Summe der Abstände beider Elektronen von jeweils einem Brennpunkt stets gleich. Wie man im Bohrschen Kugelschalenmodell des Atoms jedem Elektron bei gleichbleibendem Abstand vom Atomkern eine entsprechend konstante potentielle Energie zuordnen kann, ist bei diesem Bindungsmodell die potentielle Energie des Elektronenpaars auf der Oberfläche des Rotations-Ellipsoids konstant, wenn man sie auf jeweils einen der beiden in den Brennpunkten der Bahnellipse stehenden Atomkerne bezieht. Entsprechendes gilt auch für die kinetische Energie des Elektronenpaars, obwohl sich auch die Bahngeschwindigkeit beider Elektronen ständig ändert. Damit bleibt auch die Gesamtenergie des Elektronenpaars entsprechend der Stabilität des Bindungszustands konstant. Bei Zufuhr bzw. Entnahme von Energie kann man sich entsprechend den Elektronensprüngen beim Atommodell vorstellen, daß das Elektronenpaar auf elliptische Bahnen mit anderer Gesamtenergie springt.

Wegen der gleichen Polarität der in den Brennpunkten der Bahnellipse stehenden Atomreste nennt man diese Bindung auch „homöopolar". Im Gegensatz zur Ionenbindung hat die Elektronenpaarbindung entsprechend der Verbindungsgerade beider Brennpunkte der gemeinsamen Bahnkurve einen ausgeprägten Richtungscharakter. Dieser Sachverhalt ist vor allem von Bedeutung, wenn von einem Atom mehrere Elektronenpaarbindungen ausgehen. Weil sich die negativen Elektronen elektrostatisch abstoßen, stehen die Verbindungsgeraden der Brennpunkte in ganz bestimmten Winkeln zueinander.

Als Beispiel dieses für die Halbleiter-Elektronik wichtigen Sachverhalts betrachten wir die Elektronenpaarbindungen, die in den reinen Grundstoffen $_6C$, $_{14}Si$ und $_{32}Ge$ auftreten. Diese Elemente mit ihren vier Außenelektronen kristallisieren in einer charakteristischen Gitterstruktur, bei der jedes Atom entsprechend den vier Elektronenpaarbindungen vier Nachbaratome hat. Die räumliche Grundstruktur einer solchen Bindung ergibt sich, wenn man sich ein Atom im Schwerpunkt eines regelmäßigen Tetraeders denkt und seine vier Nachbaratome an dessen Ecken. Ein Tetraeder (Vierflächner) ist ein Körper, der von vier gleichseitigen Dreiecken begrenzt wird. Die gesamte Gitterstruktur besteht dann aus Tetraedern, die sich nur in ihren Eckpunkten berühren und deren Kanten entsprechend den sechs möglichen Richtungen im Raum parallel zueinander verlaufen. Einen Ausschnitt aus einem solchen Kristallgitter zeigt Bild **1**.29. Darin ist ein Elementarwürfel angedeutet, dessen Aufbau Bild **1**.30 zeigt. Denkt man sich zunächst eine kubisch-raumzentrierte Grundstruktur des Gitters, enthält jeder Elementarwürfel acht kleinere Teilwürfel, von denen jedoch nur vier ein Zentralatom enthalten, und deren acht Eckpunkte auch nur zur Hälfte von Atomen besetzt sind. Mit anderen Worten enthält der Elementarwürfel vier Tetraeder mit jeweils einem Zentraltom. An den Berührungspunkten der Tetraeder befindet sich ebenfalls ein Atom. Die Elementarwürfel folgen in den drei Raumachsen regelmäßig aufeinander und bilden nach der Bezeichnung des entsprechenden Kohlenstoffkristalls das D i a m a n t g i t t e r. Im Grundzustand des Gitters niedrigster Bindungsenergie bei sehr tiefer Temperatur haben alle Atome voneinander den gleichen Abstand. Dabei beträgt die Kantenlänge des Elementarwürfels nach Bild **1**.30 bei Germanium etwa $1{,}12 \cdot 10^{-9}$ m und bei Silizium etwa $1{,}08 \cdot 10^{-9}$ m.

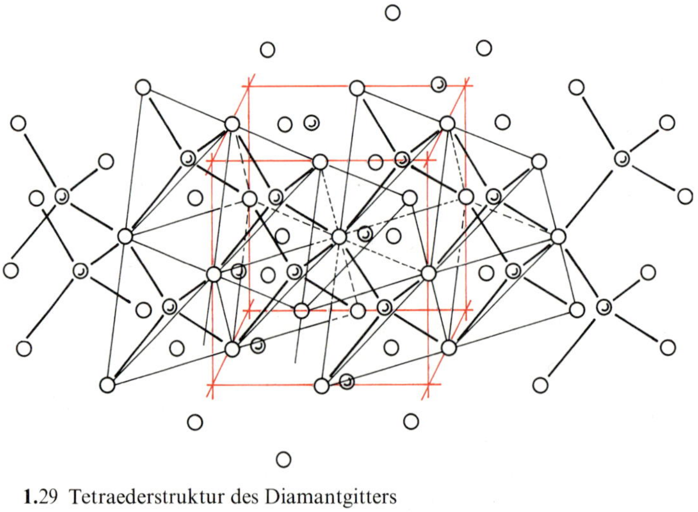

1.29 Tetraederstruktur des Diamantgitters

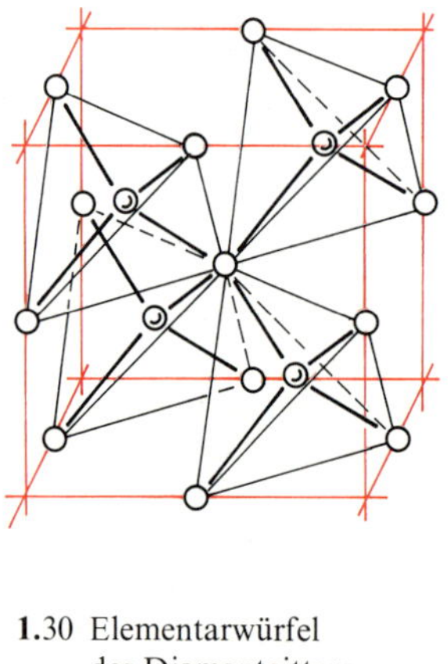

1.30 Elementarwürfel des Diamantgitters

Die Diamant-Gitterstruktur tritt nicht nur bei den genannten reinen Elementen auf, sondern auch bei Verbindungen zwischen dreiwertigen Elementen der Spalte III in Tabelle **1**.25 mit fünfwertigen der Spalte V. Wegen des elektrischen Verhaltens dieser Kristalle haben diese Halbleiter in der Elektronik besondere Bedeutung.

Das Gitter wird im allgemeinen nicht räumlich dargestellt wie in Bild **1**.29 bzw. **1**.30, wobei auch nur die Lage der Atome bzw. der Atomkerne angedeutet werden kann. In Wirklichkeit berühren bzw. durchdringen sich die Atomhüllen der Einzelatome. Wenn man die Atome gewissermaßen in eine Ebene projiziert, erhält man eine schematische Gitterdarstellung wie in Bild **1**.31, die oft verwendet wird.

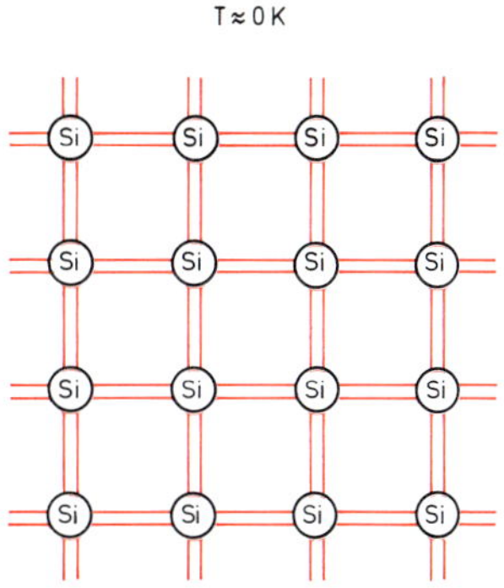

1.31 Gitterstruktur reinen Siliziums bei tiefer Temperatur

Die Elektronenpaarbindung ist die typische Bindungsart bei Nichtleitern und Halbleitern. Bei tiefen Temperaturen sind auch halbleitende Stoffe Nichtleiter, weil keine freien Ladungsträger vorhanden sind.

1.9.3.4 Halbleiter

Eigenleitfähigkeit. Da beim Gitteraufbau z.B. des reinen Elements Si alle Valenzelektronen gebraucht werden und keine freien Ladungsträger vorhanden sind, ist bei tiefen Temperaturen der Si-Kristall ein Nichtleiter. Durch Zufuhr von Energie (z.B. durch Erwärmung) kann jedoch gelegentlich ein Elektron eines Valenzelektronenpaars die gemeinsame Bahn verlassen und zu einem freien, beweglichen Ladungsträger innerhalb des Kristallgitters werden. Dabei bleibt eine Gitterstelle mit positiver Ladung zurück. Diesen Vorgang bezeichnet man als Paarbildung von Ladungsträgern, den entgegengesetzten (bei dem ein Leitungselektron mit einem Bindungselektron wieder ein Elektronenpaar bildet) als Rekombination. Beide Vorgänge stehen bei einer bestimmten Temperatur im dynamischen Gleichgewicht und bewirken eine temperaturabhängige „Eigenleitfähigkeit" des Kristalls. Diese wird also nicht nur durch Leitungselektronen, sondern auch durch Fehlstellen oder Löcher erzeugt, die man sich ebenfalls als bewegliche, jedoch positive Ladungsträger vorstellen kann (**1**.32).

Störstellenleitfähigkeit. Durch Einbau geringer Beimengungen von Elementen der Nachbarspalten III oder V in das reguläre Kristallgitter des Grundmaterials lassen sich Störstellen im Gitter erzeugen, bei denen schon bei normaler Zimmertemperatur freie Ladungsträger entweder als negative Leitungselektronen oder positive Löcher entstehen. Bei Zusatz (Dotieren) von fünfwertigen Elementen (Donatoren – elektronenabgebende Elemente) entsteht n-leitendes Halbleitermaterial, bei Zusatz von dreiwertigen Elementen (Akzeptoren – elektronenaufnehmende Elemente) p-leitendes Material. Im Gegensatz zur Paarbildung (die außerdem auftritt) bleibt beim Abspalten des nicht zum Gitteraufbau nötigen und nur schwach gebundenen Valenzelektrons bei fünfwertigen Atomen ein im Gitter fest eingebautes, positives Ion zurück. Entsprechend vervollständigt ein dreiwertiges Fremdatom die Gitterstruktur durch Aufnahme eines Leitungselektrons und

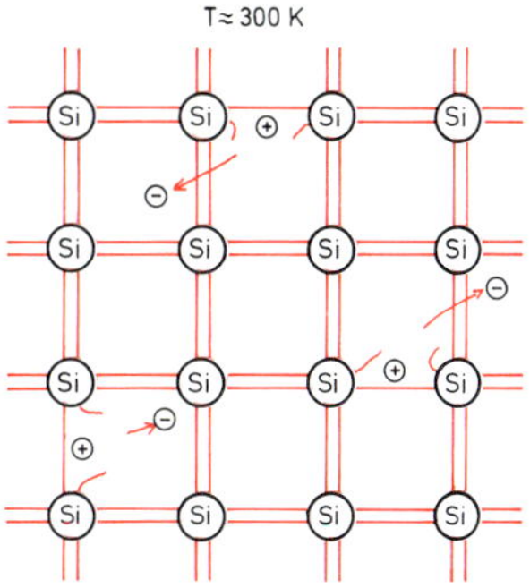

1.32 Eigenleitfähigkeit von Halbleitern

wird so zum negativen Ion. Diese „Störstellenleitfähigkeit“ des dotierten Halbleitermaterials hängt im wesentlichen vom Maß der Dotierung mit Donatoren bzw. Akzeptoren ab und ist meist stärker ausgeprägt als die Eigenleitfähigkeit, wenn die Kristalltemperatur genügend niedrig bleibt. Im allgemeinen wählt man bei der Dotierung ein Mengenverhältnis von einem Fremdatom auf etwa 10^6 bis 10^4 Halbleiteratome. Die Entstehung der Störstellenleitfähigkeit zeigt schematisch Bild **1**.33.

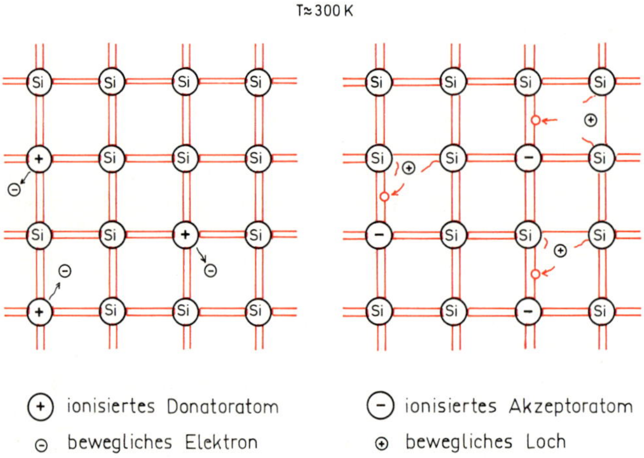

1.33
Störstellenleitfähigkeit von Halbleitern

Die elektrische Leitfähigkeit der Halbleiter ist erheblich geringer als die der Metalle, weil bewegliche Ladungsträger erst durch Energiezufuhr entstehen. Bei den Nichtleitern oder Isolatoren wird der chemische Aufbau wie bei Halbleitern im wesentlichen durch die Elektronenpaarbindung bestimmt. Bei diesen Stoffen sind jedoch auch bei höherer Temperatur praktisch nur so wenig freie Ladungsträger vorhanden, daß ihre elektrische Leitfähigkeit meist vernachlässigbar gering ist. Bei hoher elektrischer Feldstärke kann es jedoch auch hier dazu kommen, daß Elektronen durch die auftretenden Feldkräfte aus ihren Bindungen gewissermaßen herausgerissen werden und das Isoliermaterial „durchschlägt“.

Die elektrische Leitfähigkeit der Halbleiter ist durch die temperaturabhängige Eigenleitfähigkeit und die dotierungsabhängige Störstellenleitfähigkeit bedingt. Sie ist geringer als die der Metalle, jedoch größer als die von Nichtleitern. Bewegliche Ladungsträger sind negative Elektronen und positive Löcher. Bei praktisch brauchbaren Halbleitern wird durch die Elektronen- bzw. Löcherleitung keine stoffliche Veränderung verursacht.

2 Gleichstromkreis

2.1 Grundstromkreis

2.1.1 Grundgrößen des elektrischen Stromkreises

Die in Abschn. 1.8 beschriebenen Versuche haben uns gezeigt, daß zur Trennung von positiven und negativen elektrischen Ladungsträgern ein Aufwand von Arbeit bzw. Zufuhr von Energie erforderlich ist. Entsprechend dem Energieerhaltungssatz wird ein Teil der aufgewendeten Trennarbeit bzw. der zugeführten Energie in den nun getrennten Ladungsträgern in Form potentieller elektrischer Energie gespeichert. Der Rest geht jedoch bei der Energieumwandlung in andere Energieformen über und somit für den beabsichtigten Zweck verloren (bei den Versuchen z.B. in Form von Wärmeenergie). Weiterhin hat sich gezeigt, daß zur Aufrechterhaltung des Zustands einer bestimmten Ladungstrennung Zwangskräfte erforderlich sind.

Die Aufgaben der Ladungstrennung durch Zufuhr von Energie und Aufrechterhaltung dieses Zustands durch Zwangskräfte (also ohne weitere Energiezufuhr) übernimmt bei der Bereitstellung potentieller elektrischer Energie der Spannungserzeuger oder Generator. Die Formen der zugeführten Energie können dabei sehr unterschiedlich sein. Die größte Bedeutung hat die Dynamomaschine, bei der mechanische in elektrische Energie umgewandelt wird. Daneben können aber auch Wärmeenergie (Thermoelement), chemische Energie (galvanisches Element, Brennstoffzelle), Strahlungsenergie (Solarzelle) und andere Energieformen direkt in potentielle elektrische Energie umgewandelt werden.

Elektrische Spannung. Wie Gl. (1.39) zeigt, entspricht die bei der Ladungstrennung im Generator aufgebrachte Trennarbeit der Änderung der potentiellen Energie ΔW der Ladungsträger. Beziehen wir diese auf die dabei getrennte Ladungsmenge Q, erhalten wir entsprechend Gl. (1.42) die elektrische Spannung U, die also ein Maß für die in einer bestimmten Ladungsmenge gespeicherte Energie ist:

$$\frac{\Delta W}{Q} = U \qquad (2.1)$$

Die Spannung ist eine Grundgröße des elektrischen Stromkreises.

Elektrische Stromstärke. Wie die Versuche in Abschn. 1.8 zeigen, sind elektrische Ladungen z.B. in Metallen beweglich. Wir können uns vorstellen, daß sie durch einen drahtförmigen Leiter hindurchfließen. Unter der zweiten Grundgröße des elektrischen Stromkreises, der elektrischen Stromstärke I, verstehen wir das Verhältnis einer bestimmten Ladungsmenge, die durch den Querschnitt eines elektrischen Leiters strömt, zu der dafür erforderlichen Zeit.

$$\frac{\Delta Q}{\Delta t} = I \qquad (2.2)$$

Einheiten der elektrischen Grundgrößen U und I. Entsprechend Abschn. 1.3 ist die Einheit der elektrischen Stromstärke eine Basiseinheit des Internationalen Einheitensystems (s. Tab. **1.2**). Nach

DIN 1313 bzw. Abschn. 1.2 erhalten wir aus Gl. (2.2) die Einheitengleichung

$$\frac{[Q]}{[t]} = [I] \quad \text{bzw.} \quad [Q] = [I][t] \Rightarrow [Q] = \text{As} = \text{C}\,.$$

Der Einheitenname Coulomb für die Ladungseinheit wird seltener benutzt. Es ist zweckmäßiger, elektrische Einheiten in Basiseinheiten auszudrücken, hier also Amperesekunde an Stelle von Coulomb. Die Ladungseinheit entspricht der Ladungsmenge von $6{,}242 \cdot 10^{18}$ Elektronen, von denen jedes die Elementarladung $|e| = 1{,}602 \cdot 10^{-19}$ As trägt (s. Abschn. 1.9.1).

Die abgeleitete SI-Einheit (s. Abschn. 1.3) für die elektrische Spannung erhalten wir aus Gl. (2.1) zu

$$[U] = \frac{[\Delta W]}{[Q]} = \frac{[F][s]}{[Q]} = \frac{\text{N} \cdot \text{m}}{\text{As}} = \frac{\text{kg} \cdot \text{m}^2}{\text{A} \cdot \text{s}^3} = \text{V}\,.$$

Die Einheit Volt der elektrischen Spannung tritt naturgemäß in der Elektrotechnik sehr oft auf, seltener dagegen die Masseneinheit kg. Es ist daher in der Elektrotechnik üblich, der Spannungseinheit den Charakter einer Basiseinheit zuzuschreiben, der Masseneinheit dagegen den einer abgeleiteten Einheit. Durch Umstellen der Einheitengleichung bekommen wir

$$[m] = \text{kg} = \frac{\text{VAs}^3}{\text{m}^2} \quad \text{bzw.} \quad [F] = \text{N} = \frac{\text{VAs}}{\text{m}}\,.$$

Dieses MVSA-System (Meter-Volt-Sekunde-Ampere-System) ist mit dem SI kohärent (s. Abschn. 1.3). Der Vorteil bei V statt kg als Basiseinheit liegt darin, daß die Einheitengleichungen zum Ableiten der Einheiten elektrischer Größen einfacher werden und entsprechend auch ihre Angabe in Basiseinheiten.

2.1.2 Energiesatz im Grundstromkreis

Entnehmen wir dem Generator bei der konstanten Spannung U einen elektrischen Strom mit der Stromstärke I, muß zur Aufrechterhaltung der Spannung an seinen Klemmen im Generator eine ständige Ladungstrennung erfolgen. Wir können den Generator in dem geschlossenen Stromkreis aus Generator (Erzeuger) und Verbraucher als eine „Ladungspumpe" ansehen.

Vergleichbar ist dieser Kreislauf elektrischer Ladungen z. B. mit dem Kühlwasserkreislauf im Verbrennungsmotor eines Autos. Um die hier bei der Umwandlung chemischer Energie (Kraftstoff) in mechanische Energie anfallenden Umwandlungsverluste (Wärmeenergie) aus dem Motor abzuführen, wird die Wärmeenergie zunächst vom Kühlwasser aufgenommen. Das erwärmte Wasser wird durch eine Wasserpumpe durch den Kühler gepumpt, der ihm die gespeicherte Wärmeenergie zum Teil wieder entzieht, und dem Motorblock wieder zugeführt. Die vom Kühlwasser transportierte thermische Energiemenge ΔW_{th} hängt sowohl vom Temperaturunterschied $\Delta\vartheta$ zwischen dem beim Motorblock ein- und austretenden Wasser ab als auch von der durchströmenden Wassermenge. Vergleichsweise haben die elektrischen Ladungsträger im Stromkreis auch nur die Aufgabe, Energie zu transportieren. Diese Energiemenge ΔW_{el} hängt sowohl von der Potentialdifferenz (Spannung) $\Delta\varphi = U$ zwischen der Ein- und Austrittsstelle der Ladungsträger beim Generator als auch von der durchströmenden Ladungsmenge Q ab.

Elektrische Leistung. Entsprechend Gl. (2.1) bekommen wir die dem Generator entnommene Energiemenge zu $\Delta W = U \cdot \Delta Q$, und mit $\Delta Q = I \cdot \Delta t$ erhalten wir

$$\boxed{\Delta W = UI \cdot \Delta t.} \qquad (2.3)$$

Beziehen wir die transportierte Energiemenge auf die dazu erforderliche Zeit, erhalten wir für die elektrische Leistung P

$$\frac{\Delta W}{\Delta t} = P = UI. \tag{2.4}$$

Die Einheit der Leistung bekommen wir aus der entsprechenden Einheitengleichung

$$[P] = [U][I] = \mathrm{V\,A} = \mathrm{W}$$

mit dem Einheitennamen Watt. Diese dem Generator an seinen Klemmen entnommene elektrische Leistung zuzüglich der unvermeidlichen Umwandlungsverluste (auf die wir später noch zu sprechen kommen) muß ihm natürlich zur Aufrechterhaltung der Spannung an seinen Klemmen ständig zugeführt werden.

Energiebilanz im Grundstromkreis. Bild **2.**1 stellt schematisch verschiedene Energieumwandlungen im Grundstromkreis dar. Dem Generator (Erzeuger) wird z. B. mechanische Energie zugeführt, die er in elektrische Energie umwandelt, wobei jedoch Umwandlungsverluste auftreten. Zwischen den Klemmen A und B des Generators herrscht die Spannung U. Bei einer Stromstärke I entnehmen wir ihm in der Zeit t die elektrische Energie $W = UQ = UIt = Pt$. Diese wird dem Verbraucher an seinen Klemmen A′ und B′ zur Verfügung gestellt, jedoch verringert um die Übertragungsverluste auf der Zuleitung. Dem Verbraucher entnehmen wir schließlich die Energie in irgendeiner gewünschten Form (Nutzenergie), z. B. als mechanische Energie (Motor), wobei ebenfalls Umwandlungsverluste auftreten.

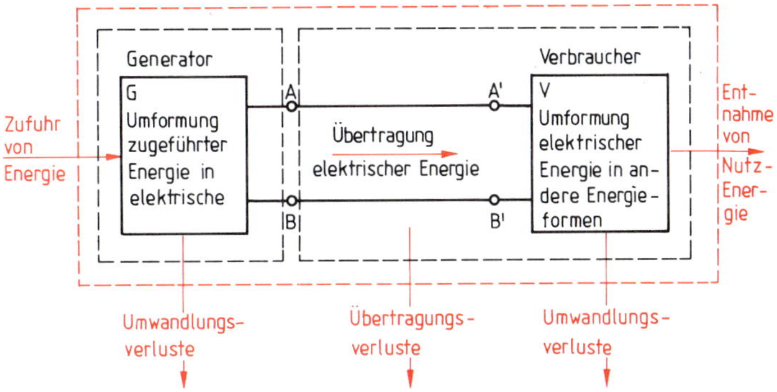

2.1 Energieumformungen im Grundstromkreis

Man kann diesen Stromkreis als ein abgeschlossenes physikalisches System betrachten, denn die in die gedachte Hülle (rot gestrichelte Linie in **2.**1) eintretende Energie ist im stationären Beharrungszustand gleich der aus ihr austretenden Energie. Das bedeutet, daß die Energie in der rot gestrichelten Hülle konstant bleibt.

Wir können darüber hinaus den Stromkreis in zwei Teilsysteme zerlegen, wobei wir die Trennungslinien durch die Punkte A und B gehen lassen. Das linke Teilsystem nennen wir den Generator; zum rechten, dem Verbraucher, rechnen wir auch die Übertragungsleitungen.

Da die Energie in dem rot umrandeten System konstant ist, ergänzen sich Energie-Änderungen ΔW_G des Generators und Änderungen der Energie ΔW_V im Verbraucher zu Null:

$$\Delta W_G + \Delta W_V = 0$$

Indem wir die Energieänderungen auf die kurze Zeitspanne Δt beziehen, erhalten wir mit Gl. (2.4) die Aussage, daß Generatorleistung und Verbraucherleistung zusammen Null ergeben.

Diese aus physikalischen Gründen stets gültige Gleichung läßt sich mathematisch nur erfüllen, wenn man eine der beiden Leistungen positiv und die andere negativ rechnet. Da wir sowohl die dem Erzeuger entnommene Leistung als auch die vom Verbraucher aufgenommene Leistung als $P = UI$ berechnen, erhalten wir eine positive Leistung bei gleichen Vorzeichen für Spannung und Stromstärke und eine negative Leistung bei verschiedenen Vorzeichen. Zur Festlegung der Vorzeichen für Spannung und Stromstärke im Grundstromkreis werden Pfeile verwendet.

Richtungspfeile für Stromstärke und Spannung. Nach der Definitionsgleichung (1.40) der elektrischen Feldstärke sind Kraftrichung auf positive Ladungsträger und Richtung der Feldstärke gleich. Positive Ladungsträger bewegen sich infolge dieser Kraftwirkung von einem Ort höheren elektrischen Potentials φ_A in Richtung der elektrischen Feldstärke zu einem Ort niedrigeren Potentials φ_B (**1**.21). Die Bewegung von Ladungsträgern erfolgt demnach im Verbraucher und auch im Leitungssystem stets so, daß sie dem Zustand niedrigster potentieller Energie zustreben. Entsprechend internationaler Vereinbarung (Konvention) bezeichnet man die Bewegungsrichtung positiver Ladungsträger als positive Stromrichtung oder schlechthin als Stromrichtung. Sie wird im Stromkreis durch einen Richtungspfeil gekennzeichnet, den man wie in Bild **2**.2 in oder neben den Leitungszug zeichnet. Negative Ladungsträger bewegen sich entgegengesetzt zur elektrischen Feldstärke in negativer Stromrichtung.

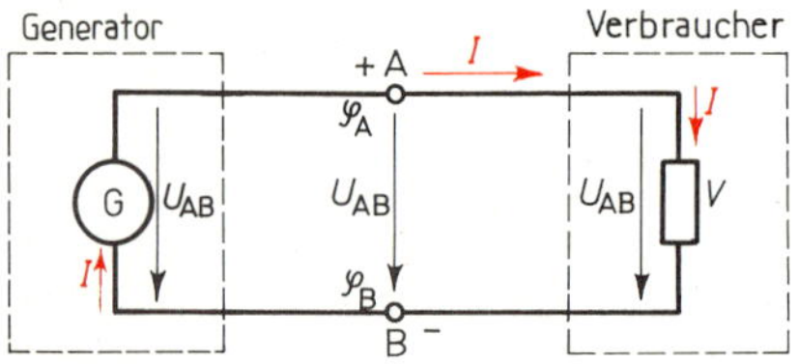

2.2 Konventionelle Richtungspfeile im Gleichstromkreis

Eine Ladungsverschiebung bzw. der elektrische Strom läßt sich modellmäßig sowohl als Bewegung positiver Ladung in positiver Stromrichtung als auch negativer Ladung in negativer Stromrichtung oder aber als Bewegung beider Ladungsträgerarten nebeneinander deuten. Welche Modellvorstellung man wählt, ist ausschließlich eine Frage der Zweckmäßigkeit. Im allgemeinen ist es anschaulicher, den elektrischen Strom als Bewegung positiver Ladungsträger zu betrachten, weil dabei die modellmäßige Bewegungsrichtung und die Stromrichtung übereinstimmen.

Der Bewegungsrichtung positiver Ladungsträger entsprechend müssen wir in Bild **2**.2 der Klemme A ein höheres Potential φ_A als der Klemme B mit φ_B zuordnen. Das entspricht einem Überschuß positiver Ladung (bzw. Mangel an negativer) an Klemme A und einem Mangel an positiver Ladung (bzw. Überschuß an negativer) an Klemme B. Wir können daher zusammenfassend feststellen:

> Die positive elektrische Stromrichtung entspricht der Bewegungsrichtung positiver Ladungsträger. Diese fließen im Verbraucher unter Energieabgabe von der positiven Klemme zur negativen.

Die Potentialdifferenz $\varphi_A - \varphi_B = U_{AB}$ ist die elektrische Spannung zwischen den Klemmen A und B. Der Pfeil, der von der positiven Klemme A mit dem höheren Potential φ_A zur negativen Klemme B mit dem niedrigeren Potential φ_B weist, ist der Richtungspfeil der Spannung. Er wird wie in Bild **2**.2 stets zwischen zwei Punkte unterschiedlichen Potentials gezeichnet. Dabei entspricht die Pfeilrichtung der Reihenfolge der beim Größensymbol der Spannung U stehenden Indizes.

Den Spannungspfeil kann man, wie aus Bild **2.**2 ersichtlich, beim Verbraucher, zwischen den Klemmen A, B oder auch am Generator einzeichnen; denn zwischen der oberen und der unteren Zuleitung herrscht überall die gleiche Spannung. Wir hatten im Zusammenhang mit der Energiebilanz **2.**1 die Übertragungsverluste der Zuleitungen dem Verbraucher zugerechnet und betrachten nun die Verbindungsleitungen im Schaltplan **2.**2 als ideal, d. h. verlustlos.

Diese Vereinbarung soll nicht nur für den Schaltplan **2.**2 gelten, sondern für alle Schaltpläne in diesem Buch.

Beispiel 2.1 Der Richtungspfeil einer Spannung U_{DC} weist von der positiven Klemme D zur negativen Klemme C.

> Der Richtungspfeil der elektrischen Spannung U_{AB} weist von der positiven Klemme A mit dem höheren Potential zur negativen Klemme B mit dem niedrigeren Potential.

Wir erinnern daran, daß die elektrische Stromstärke und Spannung skalare Größen sind. Ihre Richtungspfeile haben nichts mit einer geometrischen Richtung im Raum zu tun, sondern entsprechen der Angabe der Bewegungsrichtung (z.B. gedachter) positiver Ladungsträger bzw. der Richtung abnehmenden elektrischen Potentials.

Der konventionelle Richtungssinn für Stromstärke und Spannung wird auch als physikalischer Richtungssinn bezeichnet. Davon bzw. von den Richtungspfeilen begrifflich zu unterscheiden sind Bezugspfeile für Strom und Spannung (vgl. auch DIN 5489). Diese werden gebraucht, wenn die Potentialverteilung und die Lage der entsprechenden Richtungspfeile in einem elektrischen Netzwerk unbekannt sind und erst berechnet werden müssen. Mit anderen Worten: Sie dienen zur rechnerischen Vorzeichenfestlegung für zunächst unbekannte Stromstärken bzw. Spannungen. Wir werden auf ihre Anwendung bei der Berechnung von Netzwerken in Abschn. 2.3 zurückkommen.

Vorzeichen der Leistung. Zu den Richtungspfeilen in Bild **2.**2 gehören immer auch positive Werte von Stromstärke und Spannung. Die vom Verbraucher aufgenommene bzw. von den Ladungsträgern abgegebene Leistung wird entsprechend der gleichen Lage der Richtungspfeile positiv gerechnet. Im Generator treten die Richtungspfeile gegensinnig auf. Die positiven Ladungsträger bewegen sich unter Energieaufnahme vom niedrigeren zum höheren Potential. Die vom Generator an die Ladungsträger abgegebene Leistung wird entsprechend den entgegengesetzten Richtungspfeilen für Stromstärke und Spannung negativ gerechnet.

Pfeilsysteme. Im Unterschied zu den Richtungspfeilen kann man Bezugspfeile beliebig annehmen. Beim Grundstromkreis in Bild **2.**2 bieten sich zwei Möglichkeiten. Gibt man den Bezugspfeilen den gleichen Sinn wie den in **2.**2 eingetragenen Richtungspfeilen, erscheinen, wie oben geschildert, die vom Verbraucher aufgenommene Leistung positiv und die vom Generator abgegebene negativ. Diese Zuordnung heißt nach DIN 5489 Verbraucherpfeilsystem (**2.**3a). Man kann auch umgekehrt nach Bild **2.**3b die Zuordnung so wählen, daß am Verbraucher die Bezugspfeile von Strom und Spannung gegensinnig sind. Dann erhält die aufgenommene Leistung das negative Vorzeichen, und am Generator ergibt sich bei gleichsinnigen Bezugspfeilen ein positiver Wert für die abgebene Leistung. Diese Zuordnung heißt das Erzeugerpfeilsystem. Man verwendet es in der Regel, wenn vorwiegend Generatoren betrachtet werden (z. B. in Kraftwerken). In diesem Buch entscheiden wir uns jedoch für das Verbraucherpfeilsystem.

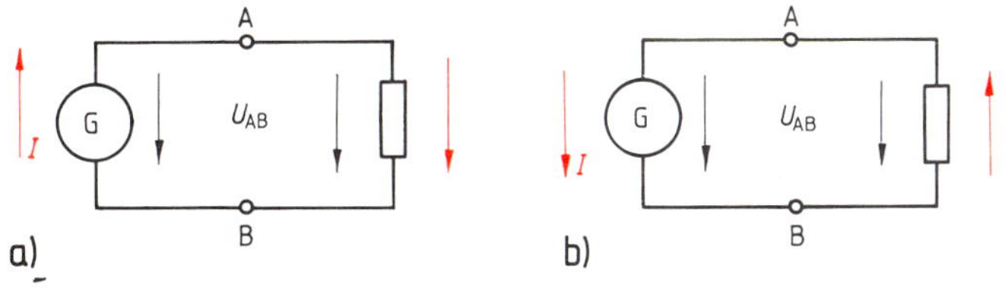

2.3
a) Verbraucherpfeilsystem
b) Erzeugerpfeilsystem

2.2 Verbraucherteil

2.2.1 Elektrischer Widerstand (Ohmsches Gesetz)

Versuch 2.1 Wir verwenden in dem Stromkreis nach Bild **2.**4 als Spannungsquelle (Erzeuger, Generator) ein Netzanschlußgerät mit einstellbarer Gleichspannung. Als Verbraucher dient ein Konstantandraht, der auf ein Keramikrohr gewickelt ist und mehrere Anzapfungen hat. Für jede Anzapfung wird die Spannung gemessen, die sich zwischen den angeschlossenen Klemmen des Drahtwiderstands in Abhängigkeit von der eingestellten Stromstärke einstellt. Die den Wertepaaren von Stromstärke und Spannung entsprechenden Punkte werden in ein rechtwinkeliges Koordinatensystem eingetragen, auf der waagerechten Achse (Abszisse) die Stromstärke, auf der senkrechten Achse (Ordinate) die Spannung.

Der Versuch zeigt, daß bei steigender Stromstärke an den Klemmen des Drahtwiderstands ein zunehmender Potentialunterschied auftritt. Legen wir in dem Diagramm durch die erhaltenen Meßpunkte jeweils eine glatte Kurve so, daß die Meßpunkte auf beiden Seiten der Kurve etwa in gleichem Maße streuen, erhalten wir die in Bild **2.**5 dargestellten Kennlinien $U = f(I)$.

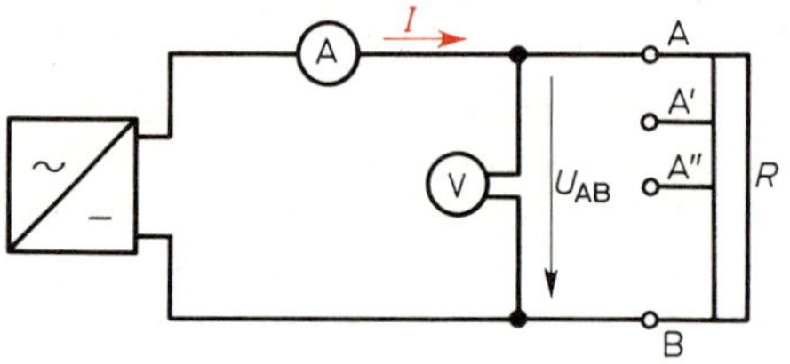

2.4 Drahtwiderstand mit Anzapfungen als Verbraucher

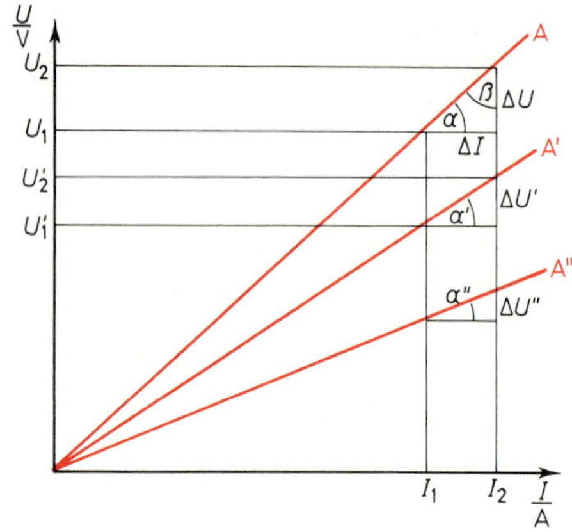

2.5 Kennlinien $U = f(I)$ der Schaltung Bild **2.**4

Es zeigt sich bei dem Versuch ferner, daß die Temperatur des Drahts zunimmt. Das bedeutet, daß er Energie bzw. (wenn wir die Energie auf die Zeit beziehen) Leistung aufnimmt. Dabei erhöht sich die Temperatur des Drahts bei einem bestimmten Strom so lange, bis die aufgenommene elektrische Leistung gleich der an die Umgebung wieder abgegebenen Wärmeleistung ist.

Vorausgesetzt, daß sich die Spannung am Drahtwiderstand bei einem bestimmten Strom mit der Temperatur praktisch nicht verändert (bei Konstantandraht ist diese Voraussetzung erfüllt, s. Abschn. 2.2.3), bekommen wir als Kennlinien Geraden, die durch den Nullpunkt des Koordinatensystems gehen. Für die bei einer bestimmten Anzapfung des Drahtwiderstands konstante Steigung der Kennlinien bekommen wir

$$\tan\alpha = \frac{\Delta U}{\Delta I} \quad \text{bzw.} \quad \tan\beta = \frac{\Delta I}{\Delta U}.$$

Sie läßt sich an beliebigen Stellen aus jeweils zwei Punkten auf einer Geraden mit $\Delta U = U_2 - U_1$ und $\Delta I = I_2 - I_1$ ermitteln (**2.**5). Setzen wir z.B. für einen der beiden Meßpunkte die Koordinaten des Nullpunkts ein, erhalten wir

$$\tan\alpha = \frac{U}{I} \quad \text{bzw.} \quad \tan\beta = \frac{I}{U}.$$

Wegen des konstanten Verhältnisses der beiden Grundgrößen Spannung und Stromstärke liegt es nahe, dieses als neue elektrische Größe einzuführen. Es sind

$$\frac{U}{I} = R \quad \text{(elektrischer Widerstand)} \tag{2.5}$$

$$\frac{I}{U} = G \quad \text{(elektrischer Leitwert).} \tag{2.6}$$

Die Einheiten bekommen wir aus den entsprechenden Einheitengleichungen zu

$$[R] = \frac{[U]}{[I]} = \frac{\mathrm{V}}{\mathrm{A}} = \Omega\ \text{(Ohm)} \quad \text{und} \quad [G] = \frac{[I]}{[U]} = \frac{\mathrm{A}}{\mathrm{V}} = \mathrm{S}\ \text{(Siemens)}.$$

Ohmsches Gesetz. Die Gleichungen (2.5) bzw. (2.6) werden als „Ohmsches Gesetz" bezeichnet. Bauelemente, deren Kennlinien linear verlaufen wie in Bild **2.**5, heißen deshalb auch „Ohmsche Widerstände". Der Wert des Widerstands ist weder von der Stromstärke noch von der Spannung abhängig, vor allem nicht von der Stromrichtung bzw. Polung der Spannung.

Widerstand und Leitwert eines drahtförmigen Leiters. Die unterschiedlichen Werte des Widerstands, die sich nach dem Diagramm **2.**5 bei Anschluß der Spannungsquelle an die Klemmen A/B bzw. A′/B bzw. A″/B ergeben, sind offensichtlich auf die wirksame Drahtlänge zurückzuführen, die jeweils in den Stromkreis eingeschaltet ist. Sie läßt sich aus dem Windungsdurchmesser und der Windungszahl berechnen. Der Einfluß des Drahtquerschnitts läßt sich prüfen, indem man einen Konstantandraht gleicher Länge, aber mit anderem, z. B. doppeltem Querschnitt verwendet.

Wir finden, daß der Widerstand R der Länge direkt und dem wirksamen Leiterquerschnitt umgekehrt verhältnisgleich (proportional) ist. Mit den Proportionalitätskonstanten ϱ und γ ergibt sich

$$\frac{U}{I} = R = \varrho \cdot \frac{l}{A} \quad \text{bzw.} \quad \frac{I}{U} = G = \gamma \cdot \frac{A}{l}. \tag{2.7}$$

Darin bedeuten l die Leiterlänge und A die Querschnittsfläche.

Materialgrößen ϱ und γ. Die physikalische Bedeutung der Größen ϱ und γ ergibt sich auf Grund der folgenden Überlegung. Für den Ladungstransport in einem Stoff müssen bewegliche Ladungsträger vorhanden sein; in dem hier verwendeten Metall sind das also quasifreie Elektronen (s. Abschn. 1.9.3.1). Die thermisch bedingte, ungeordnete Bewegung der Elektronen im Metallgitter wird überlagert durch ihre Driftbewegung in einer bestimmten Richtung, die für den Ladungstransport allein interessiert (s. Abschn. 3.1.1). Sie wird je nach Aufbau und Zustand des Metallgitters mehr oder weniger stark behindert. Dieser Einfluß auf den Wert des elektrischen Widerstands bzw. Leitwerts wird durch die temperaturabhängigen Materialgrößen ϱ bzw. γ berücksichtigt. Sie heißen

spezifischer elektrischer Widerstand ϱ mit der SI-Einheit

$$[\varrho]_{\mathrm{SI}} = \frac{[R]\cdot[A]}{[l]} = \frac{\Omega \mathrm{m}^2}{\mathrm{m}} = \Omega \mathrm{m} = \frac{\mathrm{V}\cdot\mathrm{m}}{\mathrm{A}} \quad \text{und}$$

spezifische elektrische Leitfähigkeit γ mit der SI-Einheit

$$[\gamma]_{\mathrm{SI}} = \frac{[G]\cdot[l]}{[A]} = \frac{\mathrm{S}\cdot\mathrm{m}}{\mathrm{m}^2} = \frac{\mathrm{S}}{\mathrm{m}} = \frac{\mathrm{A}}{\mathrm{V}\cdot\mathrm{m}}.$$

Bei Berechnungen von metallischen, drahtförmigen Leitern mit einem kleinen Durchmesser gegenüber ihrer Länge verwendet man oft für den Leiterquerschnitt die Einheit mm^2, so daß sich die Einheiten

$$[\varrho]_{\text{ges.}} = \frac{\Omega mm^2}{m} \quad \text{und} \quad [\gamma]_{\text{ges.}} = \frac{S \cdot m}{mm^2} = \frac{m}{\Omega mm^2}$$

ergeben. Für den Zusammenhang dieser gesetzlich zulässigen Einheiten (Index ges. an der eckigen Klammer mit dem betreffenden Größensymbol) mit den SI-Einheiten (der Index SI an der eckigen Klammer wird im allgemeinen fortgelassen) gelten die Gleichungen

$$1\,\frac{\Omega m^2}{m} = 10^6\,\frac{\Omega mm^2}{m} \quad \text{bzw.} \quad 1\,\frac{\Omega mm^2}{m} = 10^{-6}\,\frac{\Omega m^2}{m} = 10^{-6}\,\Omega m$$

$$\text{und} \quad 1\,\frac{Sm}{m^2} = 1\,\frac{Sm}{10^6\,mm^2} = 10^{-6}\,\frac{m}{\Omega mm^2} \quad \text{bzw.} \quad 1\,\frac{m}{\Omega mm^2} = 10^6\,\frac{S}{m}. \tag{2.8}$$

Es ist also zu beachten, daß man bei Verwendung anderer als SI-Einheiten das kohärente System verläßt und andere Zahlenwerte als eins in den Einheitengleichungen auftreten (s. Abschn. 1.3).

R und G wie auch ϱ und γ sind reziproke Größen, deren Produkt also stets gleich eins ist. Es gelten daher die Gleichungen

$$R \cdot G = 1 \quad \text{bzw.} \quad \varrho \cdot \gamma = 1$$

Bei praktischen Berechnungen verwendet man meist den Materialkennwert, der den leichter merkbaren Zahlenwert hat. Das ist im allgemeinen die spezifische elektrische Leitfähigkeit γ. Die Zahlenwerte für ϱ und γ in Tab. 2.6 beziehen sich auf die Einheiten $\Omega mm^2/m$ für ϱ und $m/\Omega mm^2$ für γ.

Tabelle **2.6** **Werkstoffe für drahtförmige Leiter**

Werkstoff	$\varrho \cdot 10^6$ in Ωm ϱ in $\frac{\Omega mm^2}{m}$	$\gamma \cdot 10^{-6}$ in S/m γ in $\frac{m}{\Omega mm^2}$	$\alpha_{20} \cdot 10^3$ in 1/°C	τ_{20} in °C	$\beta_{20} \cdot 10^6$ in $(1/°C)^2$	Bemerkungen
Silber	0,016	62,5	3,8	243	0,7	
Kupfer	0,01786	56	3,93	235	0,6	
Aluminium	0,02857	35	3,77	245	1,3	
Magnesium	0,045	22	3,9	237	1	unterschiedliche
Eisen	0,10 bis 0,15	10 bis 7	4,5 bis 6	202 bis 145	6	Reinheitsgrade
Blei	0,21	4,8	4,2	218	2	
Zinn	0,11	9	4,2	218	6	
Zink	0,063	16	3,7	250	2	
Wolfram	0,055	18	4,1	225	1	
Wismut	1,2	0,83	4,2	218		
						Widerstandslegierungen Bestandteile in %
Konstantan	0,50	2,00	±0,04			55 Cu 44 Ni 1 Mn
Manganin	0,43	2,3	±0,01		0,4	86 Cu 2 Ni 12 Mn
Nickelin	0,43	2,3	0,23			67 Cu 30 Ni 3 Mn
						Heizleiterlegierungen Bestandteile in %
Chromnickel	1,1	0,91	0,1			78 Ni 20 Cr 2 Mn
Megapyr	1,4	0,71				65 Fe 30 Cr 5 Al
Kanthal	1,45	0,69				72 Fe 20 Cr 5 Al 3 Co

Die temperaturabhängigen Zahlenwerte gelten für eine Temperatur $\vartheta = 20\,°C$. Die für die SI-Einheiten gültigen Zahlenwerte werden mit Hilfe der angegebenen Einheitengleichungen berechnet.

Um eine Vorstellung von der Bedeutung der Zahlenwerte für ϱ und γ zu bekommen, sind zwei Merksätze nützlich.

> Der Zahlenwert von ϱ entspricht dem Widerstand eines Drahts in Ohm, der bei einem konstanten Querschnitt von 1 mm² die Länge 1 m hat.
>
> Der Zahlenwert von γ entspricht der Länge eines Drahts in Meter, der einen Widerstand 1 Ω bei dem konstanten Querschnitt 1 mm² hat.

Die Beifügung „spezifisch" für ϱ bzw. γ bedeutet wie hier stets, daß es sich um Größen handelt, die die Art des Materials kennzeichnen.

Übungen zu Abschnitt 2.2.1

Größengleichungen beschreiben Zusammenhänge zwischen Größen. Sind alle Größen außer einer direkt oder indirekt bekannt (z. B. durch Meßwerte oder Materialkennwerte), kann die unbekannte Größe bzw. ihr Wert berechnet werden. Die Größengleichung ist zunächst danach umzustellen. In dieser Hauptgleichung stehen nun auf der einen Seite des Gleichheitszeichens Größen, deren Werte als Produkt aus Zahlenwert und Einheit direkt bekannt sind oder mit Hilfe einer Nebengleichung berechnet werden können.

Beispiel 2.2 Ein Drahtwiderstand besteht aus $N = 200$ Windungen Konstantandraht. Der mittlere Windungsdurchmesser beträgt $d_W = 50\,mm$, der Drahtdurchmesser $d_D = 0{,}8\,mm$. Mit welcher Größengleichung wird der Widerstand berechnet?

Lösung Zur Berechnung des Widerstands braucht Gl. (2.7) nicht mehr umgestellt zu werden. In der Hauptgleichung

$$R = \frac{l}{\gamma A}$$

ist auf der rechten Seite des Gleichheitszeichens nur der Materialkennwert γ direkt bekannt (Tab. **2**.6). Die Größen l und A können jedoch durch Nebengleichungen berechnet werden:

$$l = N \cdot d_W \cdot \pi \quad \text{und} \quad A = \frac{d_D^2 \cdot \pi}{4}$$

Die beiden Nebengleichungen werden nun in die Hauptgleichung eingesetzt.

$$R = \frac{N \cdot d_W \cdot 4 \cdot \pi}{\gamma \cdot d_D^2 \cdot \pi}$$

Diese Gleichung ist die gesuchte Größengleichung. Sie enthält auf der rechten Seite des Gleichheitszeichens nur noch direkt bekannte Größen.

Die bekannten Größen werden nun jeweils durch ihre Werte, d. h. durch ein Produkt aus Zahlenwert und Einheit ersetzt. Wegen der Invarianz des Wertes einer Größe gegenüber der Wahl einer Einheit können wir dabei grundsätzlich beliebige Einheiten verwenden. Es ist jedoch zweckmäßig, in der eigentlichen Rechnung ausschließlich SI-Einheiten zu benutzen, und zwar in der Darstellung in Basiseinheiten des SI (s. Abschn. 1.3). Einheiten werden in der Rechnung wie andere Faktoren behandelt und lassen sich daher auch kürzen, bis die SI-Einheit der gesuchten Größe übrigbleibt. Man hat damit gleichzeitig eine Kontrolle, ob die Größengleichung richtig ist. Vorsätze nach Tab. **1**.2 sind dabei stets durch die entsprechenden Zehnerpotenzen zu ersetzen, um die Mehrdeutigkeit von Buchstaben zu vermeiden. Sind in der Aufgabenstellung andere als SI-Einheiten gegeben, sind sie vor Beginn der eigentlichen Rechnung in SI-Einheiten umzurechnen. Entsprechend verfährt man, wenn andere als SI-Einheiten im Ergebnis gefragt sind.

Beispiel 2.3 Mit den in Beispiel 2.2 gegebenen Beträgen soll mit der erhaltenen Größengleichung der Drahtwiderstand berechnet werden.

Lösung $d_{\mathrm{W}} = 5 \cdot 10^{-2}\,\mathrm{m} \quad d_{\mathrm{D}} = 0{,}8 \cdot 10^{-3}\,\mathrm{m} \quad \gamma = 2 \cdot 10^{6}\,\mathrm{S/m}$

$$R = \frac{\cancel{2} \cdot \cancel{10}^2 \cdot 5 \cdot \cancel{10}^{-2}\,\cancel{\mathrm{m}}\,4\,\cancel{\mathrm{m}}\,\mathrm{V}}{\cancel{2} \cdot \cancel{10}^6\,\mathrm{A} \cdot 0{,}8^2 \cdot \cancel{10}^{-6}\,\cancel{\mathrm{m}^2}} = \frac{20}{0{,}64}\,\Omega = \mathbf{31{,}25\,\Omega}$$

Bei umfangreicheren Größengleichungen zieht man es oft vor, zunächst die Nebengleichungen zu berechnen und die Werte der Zwischenergebnisse in die Hauptgleichung einzusetzen. Dieser Lösungsweg kann übersichtlicher sein als die allgemeine Lösung, führt jedoch leicht zu Rundungsfehlern. Wir wollen uns grundsätzlich damit begnügen, als Ergebnis einer Rechnung vier gültige Ziffernstellen anzugeben. Mehr Stellen wären bei technischen Rechnungen wenig sinnvoll. Berechnet man Zwischenergebnisse mit fünf Ziffernstellen, werden Rundungsfehler praktisch vermieden. Damit werden die Ergebnisse der Rechnung auch bei verschiedenen Lösungswegen genügend genau übereinstimmen.

Umrechnen von Einheiten. Für die in Tab. **2.6** als Materialkenngrößen γ und ϱ verwendeten Einheiten gelten nach Gl. (2.8) die Beziehungen

$$1\,\frac{\mathrm{S}}{\mathrm{m}} = 10^{-6}\,\frac{\mathrm{m}}{\Omega\mathrm{mm}^2} \quad \text{bzw.} \quad 1\,\Omega\mathrm{m} = 10^{6}\,\frac{\Omega\mathrm{mm}^2}{\mathrm{m}}. \tag{2.8}$$

Wir entnehmen z.B. Tab. **2.6** für Kupfer

$$56\,\frac{\mathrm{S}}{\mathrm{m}} = \gamma_{\mathrm{Cu}} \cdot 10^{-6} \quad \Rightarrow \quad \gamma_{\mathrm{Cu}} = 56 \cdot 10^{6}\,\frac{\mathrm{S}}{\mathrm{m}}$$

Ersetzen wir die SI-Einheit S/m entsprechend Gl. (2.8), erhalten wir

$$\gamma_{\mathrm{Cu}} \cdot 10^{-6} = 56 \cdot 10^{-6}\,\frac{\mathrm{m}}{\Omega\mathrm{mm}^2}, \quad \text{also} \quad \gamma_{\mathrm{Cu}} = 56\,\frac{\mathrm{m}}{\Omega\mathrm{mm}^2}.$$

Entsprechend ist nach Tab. **2.6**

$$0{,}01786\,\Omega\mathrm{m} = \varrho_{\mathrm{Cu}} \cdot 10^{6} \quad \Rightarrow \quad \varrho_{\mathrm{Cu}} = 0{,}01786 \cdot 10^{-6}\,\Omega\mathrm{m}.$$

Daraus erhalten wir mit Gl. (2.8)

$$\varrho_{\mathrm{Cu}} = 0{,}01786 \cdot 10^{-6} \cdot 10^{6}\,\frac{\Omega\mathrm{mm}^2}{\mathrm{m}}, \quad \text{also} \quad \varrho_{\mathrm{Cu}} = 0{,}01786\,\frac{\Omega\mathrm{mm}^2}{\mathrm{m}}.$$

Aus den in Tab. **2.6** angegebenen Zahlenwerten können also unmittelbar die Materialkennwerte γ und ϱ in den beiden angegebenen Einheiten bestimmt werden.

Aufgaben zu Abschnitt 2.2.1

1. Eine Autobatterie liefert bei einer Spannung $U = 12\,\mathrm{V}$ während einer Zeit $t = 30\,\mathrm{min}$ einen Strom $I = 5{,}5\,\mathrm{A}$.
   a) Welche Ladungsmenge Q ist der Batterie entnommen worden?
   b) Welche Energiemenge hat die Batterie geliefert?
   c) Welche Leistung hat der angeschlossene Verbraucher?

2. Eine Glühlampe hat die Nenndaten (Aufschrift) 235 V/100 W.
   a) Welche Stromstärke stellt sich bei der Nennspannung $U_{\mathrm{N}} = 235\,\mathrm{V}$ ein?
   b) Welche Energiemenge wird dem Netz entnommen, wenn die Glühlampe 8 h (Stunden) mit ihrer Nennleistung $P_{\mathrm{N}} = 100\,\mathrm{W}$ betrieben wird?

3. Die Beleuchtungsanlage eines Aquariums besteht aus 4 Leuchtstofflampen, von denen jede eine Leistung $P = 40$ W hat. Während eines Tages wird dem Netz die Energie $W = 1{,}2$ kWh entnommen.
   a) Wie lange ist die Beleuchtungsanlage täglich in Betrieb?
   b) Welche Kosten entstehen im Monat (30 Tage), wenn für 1 kWh ein Preis von 0,18 DM berechnet wird?
4. Ein Elektrowärmegerät hat bei $U = 220$ V eine Nennleistung von 2 kW.
   a) Wie groß ist die Stromstärke bei Nennbetrieb?
   b) Welchen Wert hat der elektrische Widerstand?
   c) Wie groß sind bei einer Betriebsspannung $U = 240$ V Stromstärke und Betriebsleistung, wenn der gleiche Widerstand wie bei Nennbetrieb angenommen wird?
5. Zu einer elektrisch betriebenen Gartenpumpe führt eine zweiadrige, 38 m lange Doppelleitung aus Kupferdraht mit dem Querschnitt $A = 1{,}5\,\text{mm}^2$.
   a) Wie groß ist der Widerstand der Doppelleitung?
   b) Welche Spannung fällt an der Leitung ab, wenn der Motor $I = 0{,}5$ A aufnimmt?
6. Welcher Querschnitt ist mindestens erforderlich, wenn ein Leiter aus Aluminium von 350 m Länge höchstens einen Widerstand von 4 Ω haben soll?
7. Welchen Durchmesser hat eine 2 km lange Freileitung aus Kupfer, wenn sie einen Widerstand von 3,6 Ω hat?
8. Bei einem Draht von 0,75 m Länge und einem konstanten Durchmesser von 0,5 mm wird bei einer Stromstärke von 450 mA eine Spannung von 27,5 mV gemessen. Um welches Material handelt es sich?
9. Eine Spule aus Kupferdraht hat einen mittleren Windungsdurchmesser von 60 mm. Der Drahtdurchmesser beträgt 0,85 mm. Bei einer Spannung von 2 V wird ein Strom von 0,843 A gemessen. Wie viele Windungen hat die Spule?
10. Eine Aluminiumschiene hat eine Länge von 10 m und einen rechteckigen Querschnitt 25 mm × 4 mm. Wie groß sind Widerstand und Leitwert?
11. Ein Drahtwiderstand ist aus 250 Windungen Konstantandraht mit dem Durchmesser 0,6 mm hergestellt worden. Bei einer Spannung $U = 24$ V nimmt er einen Strom $I = 0{,}43$ A auf.
    a) Wie groß sind Widerstand und Leitwert?
    b) Welche Länge hat der Konstantandraht?
    c) Welchen Durchmesser hat der keramische Wickelkörper?
    d) Welche Leistung hat der Drahtwiderstand?
12. Der Heizkörper einer Kochplatte mit einer Leistung von 1 kW bei Anschluß an 220 V besteht aus Chromnickeldraht mit einem Durchmesser von 0,8 mm.
    a) Welchen Widerstand hat der Heizkörper?
    b) Welche Länge hat der Heizdraht?
13. Ein Kupferdraht von 1,8 mm Durchmesser wird bei Erhaltung der Gesamtmasse in der Drahtzieherei auf einen Durchmesser von 0,6 mm gebracht. In welchem Verhältnis stehen die Beträge des elektrischen Widerstands der beiden Drähte zueinander?
14. Zwei gleich lange Leitungen aus Kupfer und Aluminium haben den gleichen Widerstand. In welchem Verhältnis stehen die Querschnitte zueinander?
15. Ein Drahtwiderstand von 1,2 kΩ hat die Nennleistung 6 W. An welche Spannung darf er höchstens angeschlossen werden?
16. In einem Heizgerät mit einem Widerstand $R = 40\,\Omega$ fließt ein Strom von 5,5 A. Welche Leistung wird in dem Gerät umgesetzt?

2.2.2 Technische Ausführung von Widerständen

Nennleistung. Widerstände haben die Aufgabe, elektrische Leistung in Wärmeleistung umzuwandeln. Sie werden daher in Form von Heizwiderständen z. B. für Kochplatten im Elektroherd, für Warmwasserbereiter, aber auch für Industrieöfen verwendet. Da im allgemeinen eine hohe Temperatur im Widerstandsmaterial erreicht wird, sind für diesen Zweck besondere Werkstoffe erforderlich (Heizleiter in Tab. **2.6**). Dementsprechend ist bei solchen Bauelementen nicht nur ihr Widerstandswert von Interesse, sondern auch die höchstzulässige elektrische Leistung, die dauernd von ihnen umgesetzt werden kann. Diese wird als Nennleistung bezeichnet im Gegensatz zur Betriebsleistung, unter der die im Betrieb tatsächlich umgesetzte Leistung zu verstehen ist. Für kürzzeitig während des Betriebs auftretende höhere Leistungen als die Nennleistung gelten je nach Bauform des Widerstands besondere Grenzwerte (Impulsbelastung). Um die Beständigkeit des Widerstands bei hohen Temperaturen zu verbessern, werden die Drahtwicklungen oft in keramisches Material eingebettet.

Widerstände für kleinere Leistungen, wie sie in großen Stückzahlen und in vielen Ausführungsformen in der Elektronik verwendet werden, haben für die Nennleistung bestimmte Werte, die oft nur aus der Bauform zu erkennen sind. Die Nennwerte der Widerstände entsprechen dabei bestimmten Normzahlen, die zusammen mit den zugehörigen Toleranzen jeden beliebigen Widerstandswert in meistens 12 oder 24 Gruppen je Dekade einordnen lassen (Tab. **2.**7).

Tabelle **2.**7 **Normreihen für Nennwerte von Widerständen**

Widerstände	IEC-Reihen E 6, E 12 und E 24																							
E 6	1,0				1,5				2,2				3,3				4,7				6,8			
E 12	1,0		1,2		1,5		1,8		2,2		2,7		3,3		3,9		4,7		5,6		6,8		8,2	
E 24	1,0	1,1	1,2	1,3	1,5	1,6	1,8	2,0	2,2	2,4	2,7	3,0	3,3	3,6	3,9	4,3	4,7	5,1	5,6	6,2	6,8	7,5	8,2	9,1
Werte für Widerstände in Ω, kΩ, MΩ																								

Nennwert und Toleranz gibt man dabei meist durch Farbringe an, die von einem Ende des meist zylindrischen Widerstandskörpers aus gezählt werden (Tab. **2.**8).

Tabelle **2.**8 **Farbcode für Widerstände**

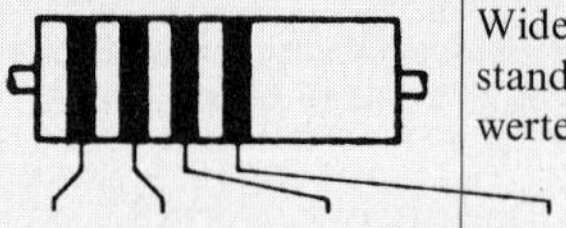

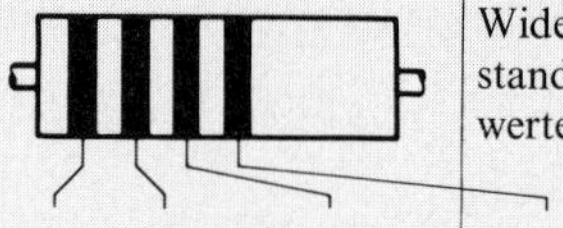

Kennfarbe	Widerstandswert in Ω: 1. Ziffer	2. Ziffer	Multiplikator	Toleranz des Widerstandswertes	Kennfarbe	Widerstandswert in Ω: 1. Ziffer	2. Ziffer	Multiplikator	Toleranz des Widerstandswertes
Keine	–	–	–	±20%	Gelb	4	4	10^4	–
Silber	–	–	10^{-2}	±10%	Grün	5	5	10^5	± 0,5%
Gold	–	–	10^{-1}	± 5%	Blau	6	6	10^6	–
Schwarz	–	0	10^0	–	Violett	7	7	10^7	–
Braun	1	1	10^1	± 1%	Grau	8	8	10^8	–
Rot	2	2	10^2	± 2%	Weiß	9	9	10^9	–
Orange	3	3	10^3	–					

Als Träger für den eigentlichen Widerstand aus Draht, aufgedampfter Kohle oder aufgedampftem Metall dienen im allgemeinen Keramikröhrchen. Dabei werden zur Erhöhung des wirksamen Widerstands oft Wendeln in die Widerstandsschicht eingeschliffen. Zum Schutz gegen Umgebungseinflüsse sind solche Widerstände kleiner Leistung meist mit einer mehrfachen Lackschicht versehen.

In der Meßtechnik werden Widerstände mit besonderen Eigenschaften gebraucht. Hier ist in der Regel die umgesetzte Leistung gering, dagegen werden an die Konstanz des Widerstandswertes hohe Anforderungen gestellt. Für diesen Zweck sind Metall-Legierungen entwickelt worden, die den Aufgaben eines Meßwiderstands als Widerstandsnormal, Festwiderstand oder veränderlichem Widerstand entsprechen (z. B. Manganin oder Konstantan).

Einstellbare Widerstände größerer Leistung sind z.B. als Anlasser für Elektromotoren erforderlich. Diese werden wegen der oft großen Ströme als Kurbelwiderstände ausgeführt. Zwischen den einzelnen Kontaktstücken liegen jeweils Festwiderstände. Auf diese Weise lassen sich die Kontaktschwierigkeiten bei einem veränderbaren Abgriff leichter beherrschen.

Wir wollen uns hier auf diese Bemerkungen zu einigen Ausführungen von Widerständen beschränken. Für Einzelheiten über Bauform und Eigenschaften von Widerständen für bestimmte Anwendungen (z.B. in der Meßtechnik oder bei elektrischen Maschinen) wird auf die entsprechenden Fachbücher verwiesen.

2.2.3 Temperaturabhängigkeit des Widerstands

Metallische Leiter. In den Gleichungen (2.7) für den Leiterwiderstand treten die Materialkennwerte ϱ bzw. γ auf. Ihre Werte hängen vom Zustand des Metallgitters ab und ändern sich deshalb mit der Temperatur. Die Angaben für diese Werte gelten im allgemeinen für eine Temperatur von 20 °C (Tab. **2.6**). Die damit berechneten Widerstandswerte gelten daher nur für diese Temperatur.

Wir wollen mit R_w bzw. R_k den Widerstandswert eines Drahtwiderstands bei höherer bzw. niedrigerer Temperatur als 20 °C bezeichnen. Für die Abweichung vom Widerstandswert R_{20}, der also für 20 °C gilt, erhält man

$$\Delta R = R_w - R_{20} \quad \text{bzw.} \quad \Delta R = R_k - R_{20}$$

bei einer Temperaturänderung von

$$\Delta\vartheta = \vartheta_w - 20\,°\text{C} \quad \text{bzw.} \quad \Delta\vartheta = \vartheta_k - 20\,°\text{C}\,.$$

Für die Differenzen $\Delta\vartheta$ ergeben sich mit ϑ_w positive Werte und mit ϑ_k negative. Bei den meisten Metallen werden auch die Widerstandsänderungen ΔR für höhere Temperaturen positiv und für niedrigere Temperaturen negativ.

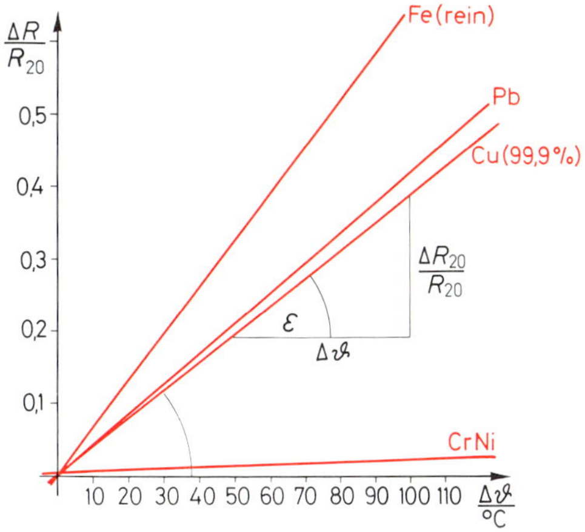

2.9 Temperaturabhängigkeit der relativen Widerstandsänderung metallischer Leiter

Temperaturbeiwert. Bezieht man die absoluten Widerstandsänderungen ΔR auf den Bezugswiderstand R_{20}, so erhält man relative Widerstandsänderungen. Trägt man diese in Abhängigkeit von der Temperaturänderung $\Delta\vartheta$ in ein Diagramm ein, ergeben sich bei Metallen in guter Näherung im allgemeinen ansteigende Geraden wie in Bild **2.**9, wenn man sich auf einen Temperaturbereich von etwa −20 °C bis +200 °C beschränkt. Die Steigung der Geraden hängt vom Material ab und wird als Temperaturbeiwert α bezeichnet:

$$\tan \varepsilon = \alpha_{20} = \frac{\Delta R}{R_{20}} \cdot \frac{1}{\Delta \vartheta} \tag{2.9}$$

Bei einer ansteigenden Geraden erhält man für α positive Zahlenwerte, fallende Geraden wie z.B. bei Konstantan entsprechen einem negativen Zahlenwert für α. Wie aus Gl. (2.9) ersichtlich, hängt α von der gewählten Bezugstemperatur ab, die deshalb oft als Index für den Temperaturbeiwert bzw. den Bezugswiderstand verwendet wird.

Widerstandsberechnung. Setzen wir in Gl. (2.9) für ΔR und $\Delta\vartheta$ die Differenzen $R_w - R_{20}$ bzw. $R_k - R_{20}$ und $\vartheta_w - 20°C$ bzw. $\vartheta_k - 20°C$ ein, ergeben sich die Gleichungen

$$\frac{R_w - R_{20}}{R_{20}} = \alpha(\vartheta_w - 20°C) \quad \text{bzw.} \quad \frac{R_k - R_{20}}{R_{20}} = \alpha(\vartheta_k - 20°C)\,.$$

Daraus erhalten wir für die gesuchten Widerstände R_w bzw. R_k

$$R_w = R_{20}\alpha(\vartheta_w - 20°C) + R_{20} \quad \text{bzw.} \quad R_k = R_{20}\alpha(\vartheta_k - 20°C) + R_{20}$$

oder

$$\begin{aligned} R_w &= R_{20}[1 + \alpha(\vartheta_w - 20°C)] \\ R_k &= R_{20}[1 + \alpha(\vartheta_k - 20°C)]. \end{aligned} \tag{2.10}$$

Die Gleichungen sind in dieser Form nur zu verwenden, wenn der Widerstand R_{20} bekannt ist. Bei vielen praktischen Anwendungen ist das jedoch nicht der Fall. Eine ohne diese Einschränkung anwendbare Gleichung bekommen wir, wenn wir die Gl. (2.10) so zusammenfassen, daß R_{20} herausfällt:

$$\frac{R_w}{R_k} = \frac{1 + \alpha(\vartheta_w - 20°C)}{1 + \alpha(\vartheta_k - 20°C)} = \frac{\frac{1}{\alpha} + \vartheta_w - 20°C}{\frac{1}{\alpha} + \vartheta_k - 20°C}$$

Wir haben Zähler und Nenner durch α dividiert und fassen die nicht veränderlichen Werte zu einem neuen Materialkennwert τ zusammen

$$\tau = \frac{1}{\alpha} - 20°C.$$

Damit erhalten wir

$$\frac{R_w}{R_k} = \frac{\vartheta_w + \tau}{\vartheta_k + \tau}. \tag{2.11}$$

Wie α gilt natürlich auch τ für die Bezugstemperatur 20°C. Bei der meßtechnischen Bestimmung dieser Kennwerte ist deshalb stets darauf zu achten, daß sie auf diese Temperatur umgerechnet werden müssen.

Für höhere Temperaturen ist eine genauere Formel erforderlich; die Annäherung an den tatsächlichen Verlauf der Kennlinie durch eine Gerade wie in Bild **2.**9 genügt dann nicht mehr. Man fügt Gl. (2.10) ein quadratisches Glied hinzu und bekommt

$$R_w = R_{20}(1 + \alpha \Delta\vartheta + \beta \Delta\vartheta^2). \qquad (2.12)$$

Auch β wird wie α üblicherweise für die Bezugstemperatur 20 °C angegeben (Tab. **2.**6).

Versuch 2.2 Um den Verlauf der Kennlinie eines metallischen Leiters für höhere Temperaturen zu ermitteln, verwenden wir in der Meßschaltung Bild **2.**10 als Verbraucher eine Glühlampe mit den Nenndaten 6 V/18 W. Die Spannung U an der Lampe wird als willkürlich veränderliche Größe bis etwa 1 V eingestellt und die sich einstellende Stromstärke gemessen. Wir bekommen z. B. die Wertepaare in Bild **2.**11 und tragen diese in ein rechtwinkeliges Koordinatensystem ein. Nach den Regeln des grafischen Fehlerausgleichs legen wir durch die erhaltenen Punkte eine glatte Kurve so hindurch, daß die Meßpunkte auf beiden Seiten der Kennlinie $I = f(U)$ etwa in gleicher Weise streuen.

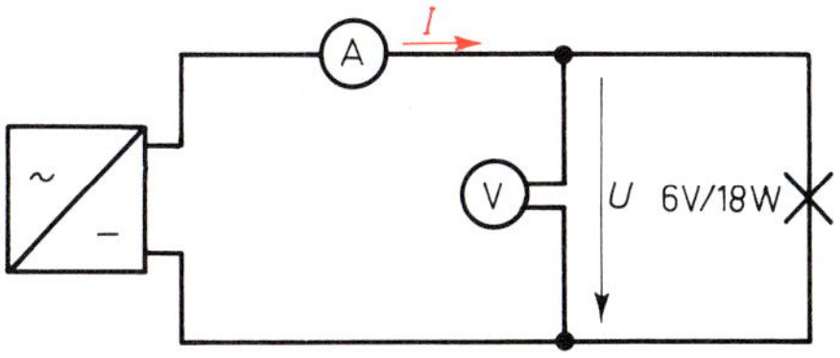

2.10 Meßschaltung mit Glühlampe

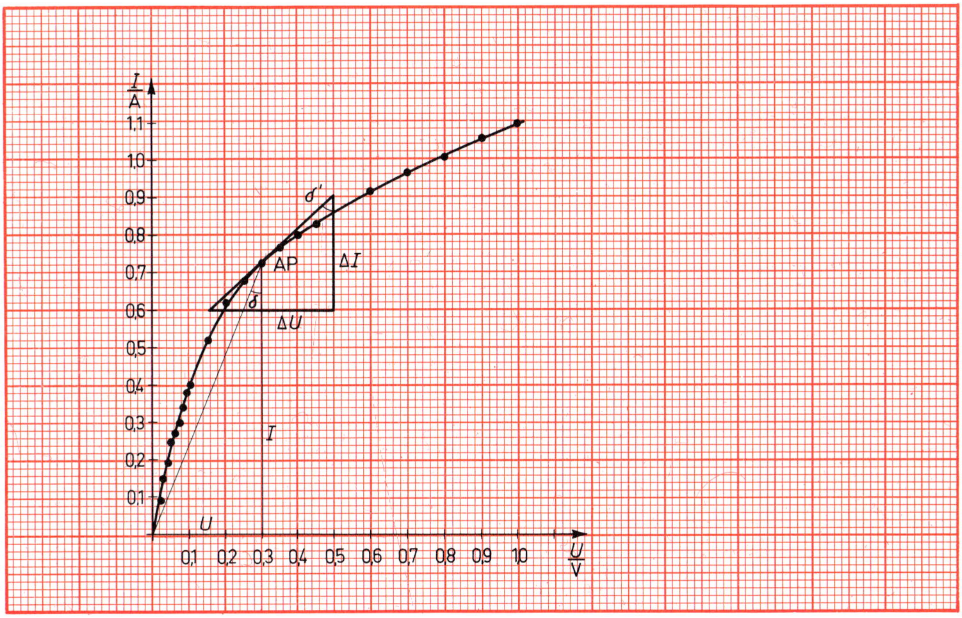

$\frac{U}{mV}$	20	30	40	50	60	70	80	90	100	150	200
$\frac{I}{A}$	0,09	0,15	0,19	0,24	0,27	0,30	0,34	0,38	0,40	0,52	0,62
$\frac{U}{V}$	0,25	0,30	0,35	0,40	0,45	0,50	0,60	0,70	0,80	0,90	1,0
$\frac{I}{A}$	0,68	0,73	0,77	0,80	0,83	0,86	0,92	0,97	1,01	1,06	1,10

2.11 Meßwerte und Kennlinie zu Schaltung Bild **2.**10

Stationärer Widerstand. Die Steigung der Kennlinie eines solchen nichtlinearen Widerstands ist abhängig von der Wahl des Arbeitspunkts auf der Kennlinie, den wir mit AP bezeichnen wollen. Hier fließt bei einer bestimmten Spannung U ein aus der ausgeglichenen Kennlinie zu ermittelnder Strom I. Daraus läßt sich der stationäre Widerstand im AP berechnen, der der Steigung der Verbindungsgeraden von AP mit dem Nullpunkt entspricht:

$$\tan\delta = \frac{U}{I} = R_{-}$$

Dynamischer Widerstand. Legen wir im AP an die Kennlinie eine Tangente (**2.**11) entspricht deren Steigung dem dynamischen Widerstand.

$$\tan\delta' = \frac{\Delta U}{\Delta I} = R_{\sim}$$

Er wird auch als differentieller Widerstand oder Wechselstromwiderstand bezeichnet, im Gegensatz zum stationären Widerstand, der auch Gleichstromwiderstand heißt. Der Wechselstromwiderstand ist vor allem von Interesse, wenn der Gleichspannung U (die die Lage des AP auf der Kennlinie bestimmt) eine kleine Wechselspannung $U_{\sim}$ bzw. eine kleine Spannungsänderung $\pm\Delta U$ überlagert ist. Die als Folge auftretende Stromänderung $\pm\Delta I$ läßt sich dann mit Hilfe von $R_{\sim}$ rechnerisch bestimmen. Es ist offensichtlich, daß bei nichtlinearen Widerständen die Werte des stationären und des dynamischen Widerstands von der Lage des AP auf der Kennlinie abhängen. Bei einem Ohmschen Widerstand, dessen lineare Kennlinie durch den Nullpunkt geht, fallen beide Widerstandswerte zusammen. Bei den vor allem in der Elektronik vorkommenden nichtlinearen Bauelementen werden die Steigungen der Kennlinien in wichtigen AP ermittelt und als dynamische Kennwerte angegeben.

Die hier beschriebene Temperaturabhängigkeit des spezifischen Widerstands bzw. der spezifischen Leitfähigkeit metallischer Leiter ist auf die mit zunehmender Temperatur abnehmende Beweglichkeit der freien Ladungsträger zurückzuführen. Die Anzahl der am Ladungstransport beteiligten quasifreien Elektronen bleibt dabei unverändert. Besonders die Abmessungen des Widerstands haben keinen Einfluß auf den Wert von ϱ bzw. γ, die hier also reine Materialkennwerte darstellen. Wegen der besseren Leitfähigkeit bei niedrigeren Temperaturen gehören Metalle zu den Kaltleitern. Sie haben im allgemeinen einen positiven Temperaturkoeffizienten des spezifischen Widerstands.

Widerstände aus halbleitendem Material. Die Materialkennwerte ϱ bzw. γ dieser Werkstoffe sind in erheblich stärkerem Maße von der Temperatur abhängig, als es bei metallischen Leitern der Fall ist. Nicht nur die Beweglichkeit der freien Ladungsträger ändert sich hier mit der Temperatur, sondern auch ihre Dichte (das ist ihre Anzahl in einem bestimmten Volumen). Dabei spielen Kristallaufbau und Zusammensetzung des Materials eine große Rolle. Bauelemente aus halbleitenden Stoffen werden in zahlreichen Ausführungen vor allem in der Elektronik verwendet. Wir wollen hier als Beispiele für Bauelemente mit stark nichtlinearer Kennlinie nur NTC- und PTC-Widerstände besprechen, ohne auf Einzelheiten der Anwendung einzugehen.

NTC-Widerstände haben, wie die Bezeichnung erkennen läßt, einen negativen Temperaturkoeffizienten des elektrischen Widerstands. Da ihre Leitfähigkeit bei höheren Temperaturen besser ist, gehören sie zu den Heißleitern. Sie werden aus Oxiden des Eisens und einiger anderer Metalle hergestellt, die eine bestimmte Kristallstruktur (Spinell) haben. Unter Zugabe plastischer Bindemittel wird die Mischung bei hoher Temperatur gesintert. Nicht nur Zusammensetzung und Herstellungsverfahren des Materials sind für die Eigenschaften des NTC-Widerstands entscheidend, sondern in gewissem Grad auch seine Abmessungen. Wegen dieser vielen Einflüsse können wir zum Berechnen des Widerstands nicht die bei metallischen Leitern verwendete Formel $R = \varrho \cdot l/A$ benutzen. Auch die Temperaturabhängigkeit des spezifischen Widerstands ist hier erheblich komplizierter als bei Metallen. Man verwendet im allgemeinen die Näherungsformel

$$R_{\mathrm{T}} = R_{25} \left(\mathrm{e}^{\frac{B}{T} - \frac{B}{T_0}} \right).$$

Dabei bedeuten

R_{T} ≙ Widerstand bei der absoluten Temperatur T in K
R_{25} ≙ Kaltwiderstand des Heißleiters bei 25 °C (international übliche Bezugstemperatur)
T_0 ≙ Bezugstemperatur in K
B ≙ Kennwert des NTC-Widerstands in K, abhängig von seinen Abmessungen und der Zusammensetzung.

Der für einen bestimmten NTC-Widerstand gültige B-Wert kann aus Widerstandsmessungen bestimmt werden.

Eine stationäre Strom-Spannungskennlinie eines NTC-Widerstands im doppelt logarithmischen Maßstab zeigt Bild **2.**12. Sie gilt jeweils nur für bestimmte Meßbedingungen. Die Meßwerte beziehen sich stets auf den thermisch ausgeglichenen Zustand, wenn also die zugeführte elektrische Leistung gleich der an die Umgebung abgegebenen Wärmeleistung ist. In Bild **2.**12 sind elektrische Leistung und die jeweiligen Widerstandswerte mit abzulesen. Beide Größen erscheinen im Diagramm als Geraden. Wegen des großen Wertebereichs für U bzw. I von zwei bzw. vier Dekaden ist hier die doppelt logarithmische Teilung der Koordinatenachsen günstig. Bei einer Darstellung der stationären Kennlinie $I = f(U)$ im linearen Maßstab wie z.B. in Bild **2.**11 würde sich eine Kurve mit ständig zunehmender Steigung ergeben.

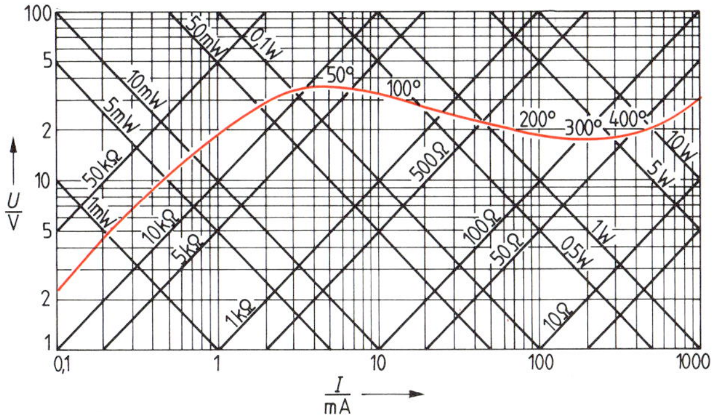

2.12
Stationäre Strom-Spannungs-Kennlinie eines NTC-Widerstands

PTC-Widerstände haben einen hohen positiven Temperaturkoeffizienten des elektrischen Widerstands. Sie bestehen aus einer gesinterten Mischung verschiedener Metalloxide mit Bariumtitanat. Bei PTC-Widerständen läßt sich jedoch keine mathematische Beziehung angeben, die das Verhalten des Bauelements genügend genau beschreibt. Wir sind deshalb bei der Darstellung der Eigenschaften ausschließlich auf die meßtechnisch gewonnene Kennlinie angewiesen. Als Beispiel zeigt Bild **2.**13 eine statische Strom-Spannungskennlinie im doppelt logarithmischen Maßstab für eine Umgebungs-

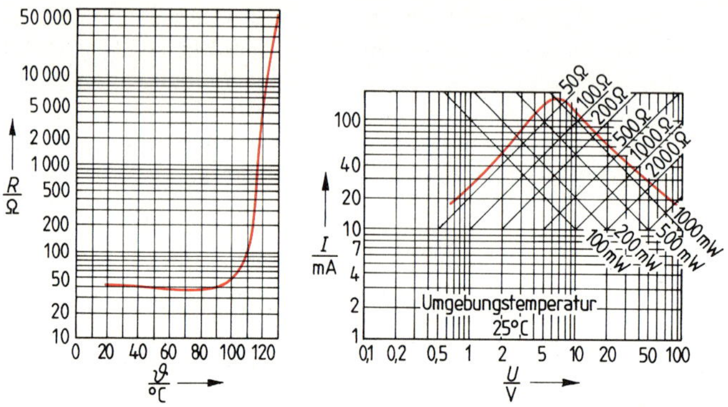

2.13 Kennlinien eines PTC-Widerstands bei stationärem Betrieb

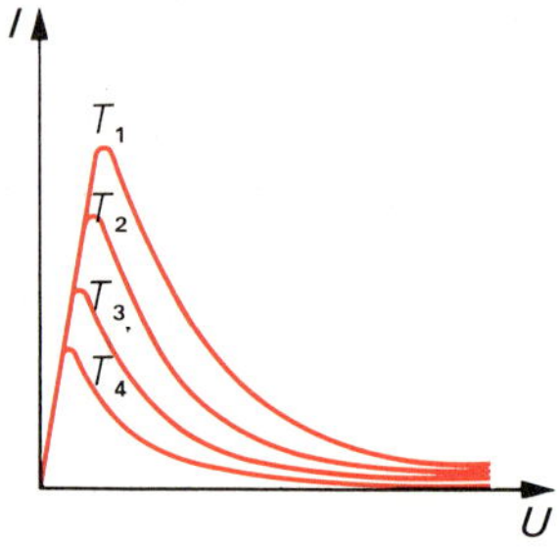

2.14 Strom-Spannungs-Kennlinie bei verschiedenen Umgebungstemperaturen

temperatur von 25 °C und für das gleiche Bauelement die Kennlinie $R = f(\vartheta)$. Bild **2.**14 zeigt im doppelt linearen Maßstab Strom-Spannungskennlinien mit der Temperatur als Parameter. Dies bedeutet, daß für jeweils eine Kennlinie die Temperatur konstant ist. Solche Parameterdarstellungen benutzt man immer, wenn eine Größe wie z.B. die Stromstärke I von mehr als einer veränderlichen Größe abhängt. Mathematisch ausgedrückt ist hier also $I = f(U, \vartheta)$. Parameterdarstellungen entsprechen Kennlinienfeldern, wie sie in der Elektronik von großer Bedeutung sind.

Übungen zu Abschnitt 2.2.3

Absolute und relative Größenänderungen

> Die absolute Änderung des Wertes einer Größe ist die Differenz zwischen dem geänderten Wert und ihrem Ausgangswert vor der Änderung.

Ändert sich z.B. eine Spannung vom Ausgangsbetrag U_1 bis zum Betrag U_2, ist die absolute Änderung der Spannung $\Delta U = U_2 - U_1$. Der Ausgangsbetrag wird stets vom Betrag nach der Änderung abgezogen. Dadurch erhält man bei einer Zunahme des Betrags der Spannung ein positives Vorzeichen für ΔU, bei einer Abnahme ein negatives.

> Die relative Änderung des Wertes einer Größe ist der Quotient aus der absoluten Änderung ihres Wertes und dem Ausgangswert vor der Änderung.

Die relative Spannungsänderung ist z.B.

$$\frac{\Delta U}{U_1} = \frac{U_2 - U_1}{U_1}.$$

Das Ergebnis ist eine Zahl, da die Einheiten im Zähler und Nenner des Quotienten gleich sind.

Beispiel 2.4 Eine Spannung ändert sich von $U_1 = 220$ V auf $U_2 = 209$ V. Wie groß sind absolute und relative Spannungsänderung?

Lösung $\Delta U = U_2 - U_1 = 209\text{ V} - 220\text{ V} = \mathbf{-11\ V}$

$$\frac{\Delta U}{U_1} = -\frac{11\text{ V}}{220\text{ V}} = \mathbf{-0{,}05}$$

Die relative Größenänderung kann man wie im Beispiel als Dezimalbruch angeben, als Bruch wie z.B. 5/100 oder als prozentuale Änderung 5%. Es handelt sich bei diesen Angaben nur um verschiedene Schreibweisen des Zahlenwerts von $\Delta U/U_1$.

Beispiel 2.5 Ein Heizwiderstand mit einer Nennleistung $P_N = 500\,\text{W}$ wird an seiner Nennspannung $U_N = 220\,\text{V}$ betrieben. Wie groß sind die absoluten und relativen Änderungen des Stroms, wenn sich die Betriebsspannung um $\pm 10\%$ ändert? Der Widerstand wird als konstant angesehen.

Lösung $I_N = P_N/U_N = 500\,\text{W}/220\,\text{V} = 2{,}\overline{27}\,\text{A} = U_N/R$

Bei Spannungsänderung $U = U_N \pm U_N\, 10\% = U_N(1 \pm 0{,}10)$ ergibt sich die Stromänderung

$$\Delta I = I - I_N = \frac{U}{R} - \frac{U_N}{R} = \frac{\Delta U}{R} = \frac{U_N(1 \pm 0{,}10) - U_N}{R} = \pm 0{,}10 \cdot I_N = \pm 0{,}2\overline{27}\,\text{A}$$

$$\frac{\Delta I}{I_N} = \frac{\Delta U}{R}\,\frac{R}{U_N} = \frac{\Delta U}{U_N} = \mathbf{\pm 10\%}$$

Die relativen Änderungen von Spannung und Stromstärke sind gleich.

Berechnen des Widerstands metallischer Leiter. Im Temperaturbereich von etwa $-20\,^\circ\text{C}$ bis $+200\,^\circ\text{C}$ verwendet man je nach Aufgabenstellung die Gl. (2.10) oder (2.11). Dabei ist zu beachten, daß die Materialkennwerte α_{20} bzw. τ_{20} für eine bestimmte Bezugstemperatur gelten. Diese wird deshalb als Index benutzt.

Beispiel 2.6 Für die Messung der Wassertemperatur in einem Schwimmbecken werden z.B. Meßfühler verwendet, in die ein Widerstand aus Platin oder Nickel mit einem Nennwiderstand von 100 Ω bei 0 °C eingebaut ist ($R_0 = 100\,\Omega$). Für einen Meßwiderstand Pt 100 gilt im Temperaturbereich von 0 °C bis 100 °C ein mittlerer Temperaturbeiwert $\alpha_0 = (3{,}85 \pm 0{,}012)\,10^{-3}\,1/^\circ\text{C}$. Die genauen Widerstandswerte eines solchen Widerstandsthermometers sind in Grundwertreihen festgelegt (s. DIN 43 760). Als Beispiel zeigt Tab. **2.**15 auf S. 62 die Grundwertreihe für einen Pt 100. Mit den angegebenen Werten ist der Temperaturbeiwert α_0 zu berechnen.

Lösung Mit $R_{100} = 138{,}50\,\Omega$ wird

$$\alpha_0 = \frac{R_{100} - R_0}{R_0} \cdot \frac{1}{\Delta\vartheta} = \frac{138{,}50\,\Omega - 100\,\Omega}{100\,\Omega} \cdot \frac{1}{100\,^\circ\text{C}} = 0{,}385\,\frac{1}{100\,^\circ\text{C}} = \mathbf{3{,}85 \cdot 10^{-3}\,\frac{1}{^\circ C}}.$$

Beispiel 2.7 Für die Bestimmung der mittleren Wicklungstemperatur von elektrischen Maschinen verwendet man oft die Widerstandsbeträge der Wicklung selbst. Stellt man Gl. (2.11) nach der Temperatur um, ergibt sich

$$\vartheta_w = \frac{R_w}{R_k}(\vartheta_k + \tau) - \tau \quad \text{bzw.} \quad \vartheta_k = \frac{R_k}{R_w}(\vartheta_w + \tau) - \tau\,.$$

Wird z.B. bei 18 °C der Gleichstromwiderstand einer Transformatorwicklung aus Kupfer zu 153 Ω gemessen und im betriebswarmen Zustand mit 185 Ω, erhält man die Betriebstemperatur zu

Lösung $$\vartheta_w = \frac{185\,\Omega}{153\,\Omega}(18\,^\circ\text{C} + 235\,^\circ\text{C}) - 235\,^\circ\text{C} = \mathbf{70{,}9\,^\circ C}.$$

Beispiel 2.8 Die Temperaturbeiwerte α_{20} und τ_{20} des Materials eines Drahtwiderstands sollen durch Messungen in einem Ölbad ermittelt werden. Bei einer Temperatur $\vartheta_k = 15\,^\circ\text{C}$ wird ein Widerstand $R_k = 1020{,}8\,\Omega$ gemessen, bei $\vartheta_w = 35\,^\circ\text{C}$ ein Widerstand $R_w = 1025{,}5\,\Omega$.

Lösung Stellt man Gl. (2.11) nach τ um, erhält man

$$\tau = \frac{R_k\,\vartheta_w - R_w\,\vartheta_k}{R_w - R_k} \quad \text{und mit} \quad \tau_{20} = \frac{1}{\alpha_{20}} - 20\,^\circ\text{C} \;\Rightarrow\; \alpha_{20} = \frac{1}{\tau_{20} + 20\,^\circ\text{C}}.$$

Mit den angegebenen Beträgen ergeben sich $\tau_{20} = \mathbf{4329\,^\circ C}$ sowie $\alpha_{20} = \mathbf{0{,}23 \cdot 10^{-3}\,1/^\circ C}$.

Tabelle **2.15** **Grundwertreihe von Platin-Widerstandsthermometern 100 Ohm bei 0 °C**

Temp. in °C	−200	−100	0	Temp. in °C	0	100	200	300	400	500
0	18,53	60,20	100	0	100	138,50	175,86	212,08	247,07	280,94
− 5	16,43	58,17	98,04	5	101,95	140,40	177,70	213,85	248,79	282,59
− 10	14,36	56,13	96,07	10	103,90	142,29	179,54	215,62	250,51	284,23
− 15	12,35	54,09	94,10	15	105,85	144,18	181,37	217,39	252,23	285,87
− 20	10,41	52,04	92,13	20	107,80	146,07	183,20	219,16	253,95	287,51
− 25	—	49,99	90,15	25	109,74	147,95	185,03	220,92	255,66	289,15
− 30	—	47,93	88,17	30	111,68	149,83	186,85	222,68	257,37	290,79
− 35	—	45,87	86,19	35	113,61	151,71	188,67	224,44	259,08	292,43
− 40	—	43,80	84,21	40	115,54	153,59	190,49	226,20	260,79	294,06
− 45	—	41,73	82,23	45	117,47	155,46	192,31	227,95	262,49	295,68
− 50	—	39,65	80,25	50	119,40	157,33	194,13	229,70	264,19	297,30
− 55	—	37,57	78,27	55	121,32	159,20	195,94	231,45	265,88	—
− 60	—	35,48	76,28	60	123,24	161,06	197,75	233,19	267,57	—
− 65	—	33,38	74,29	65	125,16	162,92	199,55	234,93	269,26	—
− 70	—	31,28	72,29	70	127,08	164,78	201,35	236,67	270,95	—
− 75	—	29,17	70,29	75	129,00	166,63	203,15	238,41	272,63	—
− 80	—	27,05	68,28	80	130,91	168,48	204,94	240,15	274,31	—
− 85	—	24,92	66,27	85	132,81	170,33	206,73	241,88	275,98	—
− 90	—	22,78	64,25	90	134,70	172,18	208,72	243,61	277,64	—
− 95	—	20,65	62,23	95	136,60	174,02	210,31	245,34	279,29	—
−100	—	18,53	60,20	100	138,50	175,86	212,08	247,07	280,94	—
Ω/°C	—	0,42	0,40	Ω/°C	0,38	0,37	0,36	0,35	0,34	0,33

Aufgaben zu Abschnitt 2.2.3

1. a) Bei konstantem Widerstand steigt die Spannung an einem Heizgerät um 10% ihres Nennwerts. Wie groß ist die relative Änderung der Leistung?

   b) Welche relative Leistungsänderung ergibt sich, wenn die Spannung gegenüber dem Nennwert um 10% sinkt?

2. Die Wicklung eines Elektromotors hat bei 20 °C den Widerstand 580 Ω. Im Betrieb nimmt die Temperatur auf 62 °C zu. Welchen Widerstand hat die Wicklung?

3. Der Widerstand einer Kupferfreileitung beträgt bei 20 °C 33,3 Ω. Bei welcher Temperatur erreicht er 30 Ω?

4. Eine Kupferfreileitung von 3 mm Durchmesser hat eine Länge von 7,069 km.
   a) Wie groß ist ihr Widerstand bei 20 °C?
   b) Zwischen welchen Werten schwankt der Widerstand der Leitung, wenn die Tageshöchsttemperatur 25 °C beträgt und die tiefste Temperatur in der Nacht −4 °C?
5. Gegenüber der Temperatur 20 °C hat sich der Widerstand einer Kupferleitung verdoppelt. Welche Temperatur hat sie angenommen?
6. Zur Feststellung des Temperaturbeiwerts wird ein Draht in einem Ölbad von 20 °C auf 85,8 °C erwärmt. Dabei nimmt sein Widerstand um 25% zu. Welchen Wert hat der Temperaturbeiwert?
7. Auf welche Temperatur muß ein Aluminiumleiter abgekühlt werden, damit er noch 90% seines Widerstands bei 20 °C hat?
8. Die beiden Orte A und B sind 31,4 km voneinander entfernt. Sie werden durch eine oberirdische Fernsprechdoppelleitung aus 2 mm starkem Kupferdraht miteinander verbunden.
   a) Wie groß ist der Schleifenwiderstand der Leitung im Sommer bei 28 °C und im Winter bei −20 °C?
   b) Wie groß ist die relative Widerstandsänderung gegenüber 20 °C?
9. Der Widerstand der Kupferwicklung eines Elektromotors beträgt bei 10 °C im Stillstand 850 Ω. Wie groß ist sein Widerstand im betriebswarmen Zustand bei 62 °C?
10. Ein Vorschaltwiderstand aus Nickeldraht (τ = 230 °C) hat bei 15 °C einen Widerstand von 345 Ω. Während des Betriebs steigt er auf 450 Ω. Welche Temperatur hat er angenommen?
11. Bei 28 °C wird der Gleichstromwiderstand einer Transformatorwicklung gemessen. Wie hoch ist die Betriebstemperatur, wenn der Widerstand um 16% gestiegen ist?
12. Der Gleichstromwiderstand einer Netzdrossel beträgt bei 65 °C 105 Ω. Nach dem Abschalten hat sich ihr Widerstand nach einiger Zeit auf 90 Ω verringert. Wie groß ist die Wicklungstemperatur?
13. Die spezifische elektrische Leitfähigkeit einer erwärmten Kupferwicklung wird mit $\gamma_w = 48$ m/Ω mm² angegeben. Welche Temperatur hat die Wicklung?
14. Eine Freileitung hat bei 25 °C den Widerstand 3,824 Ω und bei 10 °C einen Widerstand von 3,603 Ω. Wie groß sind die Materialkennwerte τ_{20} und α_{20}?
15. Die Temperaturbeiwerte α_{20} und τ_{20} für einen Meßwiderstand Pt 100 sind zu berechnen.
16. Wie groß ist der Widerstand einer Glühlampe mit einer Wendel aus Wolframdraht von 0,024 mm Durchmesser und 30 cm Länge bei 20 °C und im glühenden Zustand bei 2300 °C?
17. Welchen Widerstand hat eine Glühlampe aus Wolframdraht bei 20 °C, wenn sie im Betrieb bei einer Fadentemperatur von 2500 °C bei 220 V einen Strom von 0,34 A aufnimmt?
18. Bild **2.11** werden die Werte $U = 0{,}3$ V und $I = 0{,}725$ A für den Arbeitspunkt AP entnommen. Die Tangente im AP an die Kennlinie wird durch Parallelen zu den Koordinatenachsen zu einem rechtwinkeligen Dreieck ergänzt. Dieses liefert $\Delta U = 0{,}35$ V und $\Delta I = 0{,}3$ A. Wie groß sind statischer und dynamischer Widerstand im Arbeitspunkt?

2.2.4 Aufteilung der Leistung im Verbraucher

Wir haben in Abschn. 2.1.2 gesehen, daß im Grundstromkreis die vom Verbraucher aufgenommene elektrische Leistung mit $P = U \cdot I$ angegeben werden kann. Führen wir in diese Gleichung die Definition des elektrischen Widerstands nach Gl. (2.5) ein, bekommen wir mit $U = I \cdot R$ bzw. $I = U/R$ für die Leistung im Verbraucher

$$P = U_{AB} \cdot I = I^2 \cdot R = \frac{U_{AB}^2}{R}. \tag{2.13}$$

Verwenden wir im Verbraucherteil ausschließlich lineare Widerstände (die also weder von der Spannung noch vom Strom abhängen und deren Wert damit konstant ist), kann man die in ihnen umgesetzte Leistung mit ihrem Widerstandswert und entweder mit dem Strom allein oder mit der Spannung allein berechnen. Das bedeutet, daß wir durch den Wert des Widerstands die Leistung in mehreren Verbrauchern festlegen können, wenn sie entweder vom gleichen Strom durchflossen werden oder an der gleichen Spannung liegen.

Für eine solche Leistungsaufteilung können wir bei *n* Verbrauchern schreiben

$$P = P_1 + P_2 + P_3 + \cdots + P_n$$

oder bei gleichem Strom in den Verbrauchern

$$\boxed{P = I^2 \cdot R_E = I^2 \cdot R_1 + I^2 \cdot R_2 + I^2 \cdot R_3 + \cdots + I^2 \cdot R_n} \qquad (2.14)$$

bzw. bei gleicher Spannung an den Verbrauchern

$$\boxed{P = \frac{U^2}{R_E} = \frac{U^2}{R_1} + \frac{U^2}{R_2} + \frac{U^2}{R_3} + \cdots + \frac{U^2}{R_n}} \qquad (2.15)$$

Die Gl. (2.14) führt uns auf die Reihenschaltung, die Gl. (2.15) auf die Parallelschaltung von Verbrauchern. Dabei ist jeder Verbraucher durch seinen Widerstand dargestellt, also

$$R_1 = \frac{U_1}{I_1}, \quad R_2 = \frac{U_2}{I_2}, \quad R_3 = \frac{U_3}{I_3}, \ldots R_n = \frac{U_n}{I_n}.$$

Der Widerstand $R_E = U_{AB}/I$ an den Eingangsklemmen der Verbraucherschaltung stellt dabei den Ersatzwiderstand dar, der die gleiche Leistung umsetzt wie die Verbraucher insgesamt.

Die Besonderheiten dieser beiden Grundschaltungen des Verbraucherteils sollen im folgenden näher betrachtet werden.

2.2.4.1 Reihenschaltung von Verbrauchern

Man versteht darunter eine Schaltung, bei der entsprechend Gl. (2.14) mehrere Verbraucher von demselben Strom durchflossen werden. Bei z.B. drei Verbrauchern bekommen wir für diese Schaltung Schaltbild und Ersatzschaltbild nach Bild **2.16**.

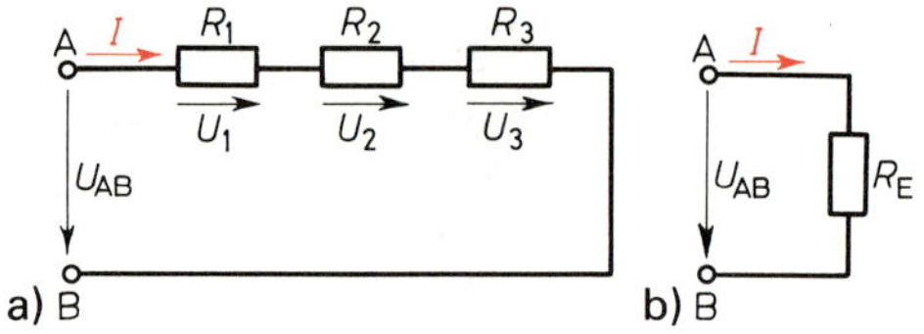

2.16 Reihenschaltung von drei Verbrauchern
a) Schaltbild, b) Ersatzschaltbild

Die rechnerische Behandlung der Reihenschaltung setzt voraus, daß es sich um „Ohmsche Widerstände" handelt. Aus Gl. (2.14) erhalten wir durch Ausklammern von I^2

$$P = I^2 \cdot R_E = I^2 (R_1 + R_2 + R_3)$$

und weiter durch Division durch den gemeinsamen Strom I

$$\frac{P}{I} = I \cdot R_E = U_{AB} = I(R_1 + R_2 + R_3) = U_1 + U_2 + U_3. \qquad (2.16)$$

Die Gesamtspannung an einer Reihenschaltung ist gleich der Summe aus den an den Einzelwiderständen liegenden Teilspannungen.

Physikalisch bedeutet diese Gleichung, daß wegen der gleichen Stromstärke durch alle Widerstände in einer bestimmten Zeit die gleiche Ladungsmenge hindurchfließt. Die unterschiedlichen Leistungen $P = \Delta W/\Delta t$ in den einzelnen Widerständen ergeben sich durch die jeweilige Abnahme der potentiellen Energie der Ladungsträger $\Delta W = Q \cdot \Delta U$.

Teilen wir Gl. (2.16) noch einmal durch I, erhalten wir

$$R_E = R_1 + R_2 + R_3. \tag{2.17}$$

Der Ersatzwiderstand der Reihenschaltung ist gleich der Summe der Teilwiderstände.

Für den gemeinsamen Strom I kann man nach dem Ohmschen Gesetz schreiben

$$I = \frac{U_1}{R_1} = \frac{U_2}{R_2} = \frac{U_3}{R_3} = \frac{U_{AB}}{R_E} = \frac{U_1 + U_2}{R_1 + R_2} \quad \text{usw.}$$

Das letzte Glied dieser Gleichung bekommt man dabei aus $U_1 + U_2 = I(R_1 + R_2)$. Für jeweils zwei beliebige Glieder aus der Gleichung ergibt sich daraus z. B.

$$\frac{U_1 + U_2}{R_1 + R_2} = \frac{U_{AB}}{R_E} \quad \text{bzw.}$$

$$\frac{U_1 + U_2}{U_{AB}} = \frac{R_1 + R_2}{R_E} \tag{2.18}$$

In der Reihenschaltung verhalten sich die Widerstände zueinander wie die zugehörigen Spannungen.

Grafische Darstellung. Die Reihenschaltung von zwei linearen Widerständen R_1 und R_2 läßt sich z. B. entsprechend in Bild **2.**17 auf S. 66 in einem Diagramm $I = f(U)$ grafisch darstellen. Die Widerstandsgerade für R_2 geht durch den Nullpunkt. Bei gegebener Spannung U_{AB} wird die Widerstandsgerade für R_1 von diesem Punkt auf der Abszisse ausgehend gezeichnet. Der Schnittpunkt AP der beiden Widerstandsgeraden liefert den Strom I in der Reihenschaltung bzw. die beiden Spannungen U_2 und U_1 an den Widerständen. Verändert sich die Spannung U_{AB} um den Betrag $\pm\Delta U$, wird die Kennlinie von R_1 entsprechend nach rechts bzw. links parallel verschoben, und wir erhalten die Schnittpunkte AP′ bzw. AP″. Auf der Ordinate lassen sich die Stromänderungen $\pm\Delta I$ ablesen. Das Verhältnis $2\Delta U/2\Delta I$ ist der differentielle Widerstand, der aber im Fall linearer Widerstände gleich $R_1 + R_2$ ist.

In einer anderen Darstellung nach Bild **2.**18, die auch für die Reihenschaltung mehrerer Widerstände verwendet werden kann, werden zunächst die Widerstandsgeraden für R_1 und R_2 durch den Nullpunkt des Diagramms gezeichnet. Die einer bestimmten Stromstärke I entsprechende Parallele zur Abszisse schneidet die Widerstandsgeraden in den Punkten A_1 bzw. A_2, die auf der Abszisse die zugehörigen Spannnungen U_1 bzw. U_2 liefern. Da an der Reihenschaltung von R_1 und R_2 die Summe dieser beiden Spannungen liegt, erhalten wir den Schnittpunkt A_E der Widerstandsgeraden für $R_E = R_1 + R_2$, wenn wir die beiden Abszissenabschnitte auf der I entsprechenden Waagerechten aneinanderfügen. Die Gerade durch A_E und den Nullpunkt ist die Widerstandsgerade des Ersatzwiderstands R_E. Für eine beliebige Spannung U_{AB} lassen sich damit die zugehörige Stromstärke I und auf der entsprechenden Parallelen zur Abszisse auch die Spannungen U_1 und U_2 ermitteln.

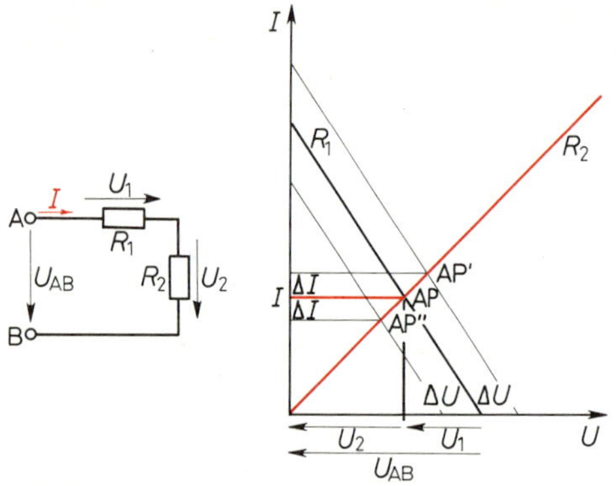

2.17 Reihenschaltung von zwei linearen Widerständen

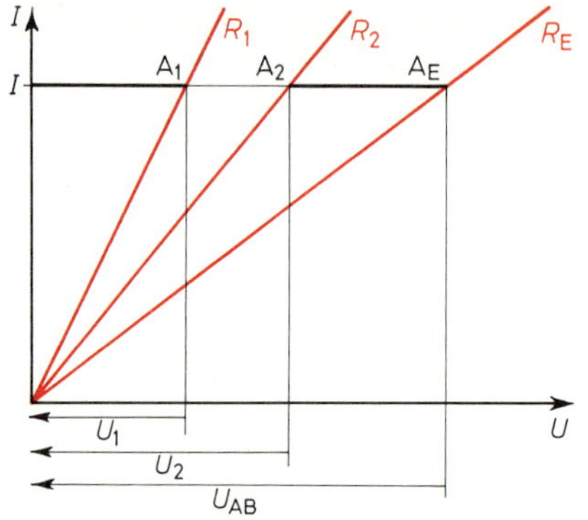

2.18 Ersatzwiderstand der Reihenschaltung von zwei linearen Widerständen

Beide grafischen Verfahren nach Bild **2.**17 bzw. **2.**18 sind vor allem bei der Reihenschaltung nichtlinearer Widerstände von Bedeutung, weil hier eine rechnerische Behandlung nicht ohne weiteres möglich ist. Bild **2.**19 zeigt die Reihenschaltung eines Widerstands R_v mit einer Halbleiterdiode V sowie die nichtlineare Kennlinie dieses Bauelements mit der Widerstandsgeraden für R_v in einem $I = f(U)$-Diagramm entsprechend der Darstellung nach Bild **2.**17. Im Arbeitspunkt AP der vom Gleichstrom I durchflossenen Schaltung läßt sich z.B. der differentielle Widerstand der Diode ermitteln und zusammen mit R_v auch der differentielle Widerstand der Reihenschaltung (s. Abschn. 2.2.3).

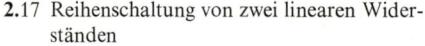

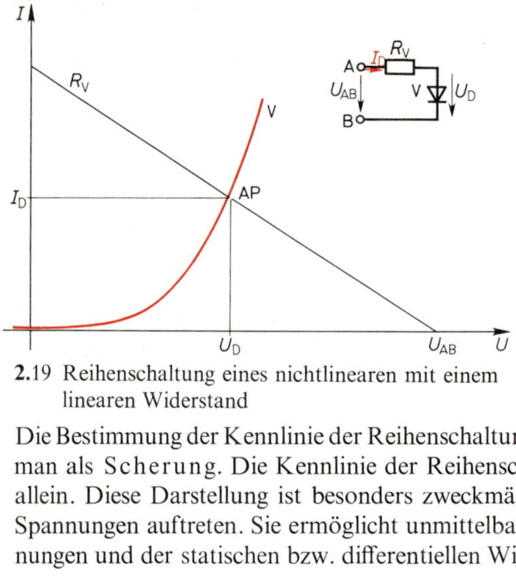

2.19 Reihenschaltung eines nichtlinearen mit einem linearen Widerstand

Eine Halbleiterdiode besteht z.B. aus einem Kristall des Grundmaterials Silizium. Durch geeignetes Dotieren (s. Abschn. 1.9.3.4) wird sowohl eine n-Schicht als auch eine p-Schicht erzeugt, zwischen denen sich ein pn-Übergang befindet. Er bewirkt, daß der Widerstand der Diode nicht nur nichtlinear ist, sondern auch stromrichtungsabhängig. Auf die physikalische Wirkungsweise dieses wichtigen Bauelements der Elektronik können wir hier jedoch nicht weiter eingehen.

Die Bestimmung der Kennlinie der Reihenschaltung von R_v und V entsprechend Bild **2.**18 bezeichnet man als Scherung. Die Kennlinie der Reihenschaltung ist weniger nichtlinear als die der Diode allein. Diese Darstellung ist besonders zweckmäßig, wenn an der Reihenschaltung veränderliche Spannungen auftreten. Sie ermöglicht unmittelbar die Bestimmung der Stromstärke, der Teilspannungen und der statischen bzw. differentiellen Widerstände.

Übungen zu Abschnitt 2.2.4.1

Kommen in einer Aufgabe mehrere gleichartige Größen vor, wie es in der Regel der Fall ist, müssen sie durch zweckmäßige Wahl von Indizes (Anzeiger) eindeutig unterschieden werden. Indizes erläutert man am einfachsten durch ein Schaltbild, in dem die gegebenen und gesuchten Größen erscheinen. Aus Gründen der Übersichtlichkeit werden sie jedoch nicht bei Größenwerten eingetragen, sondern nur bei Größensymbolen.

Beispiel 2.9 Vier Widerstände sind nach Bild **2.**20 in Reihe geschaltet. Dabei betragen $R_1 = 68\ \Omega$, $R_2 = 270\ \Omega$, $R_4 = 330\ \Omega$. Die Spannung an R_3 beträgt $U_3 = 8{,}2$ V, die Gesamtspannung $U_{AB} = 75$ V. Wie groß sind I, R_3, Gesamtwiderstand R_E und die Teilspannungen? Wie groß sind die Gesamtleistung P_{AB} und die Teilleistungen in den Widerständen?

Lösung

$$\frac{U_1 + U_2 + U_4}{R_1 + R_2 + R_4} = \frac{U_{AB} - U_3}{R_1 + R_2 + R_4} = I = \frac{66{,}8\ \text{V}}{668\ \Omega} = \mathbf{0{,}1\ A}$$

$$R_3 = \frac{U_3}{I} = \frac{8{,}2\ \text{V}}{0{,}1\ \text{A}} = \mathbf{82\Omega}$$

$$R_E = R_1 + R_2 + R_3 + R_4 = \frac{U_{AB}}{I} = \frac{75\ \text{V}}{0{,}1\ \text{A}} = \mathbf{750\ \Omega}$$

$U_1 = I \cdot R_1 = \mathbf{6{,}8\ V}$

$U_4 = I \cdot R_4 = \mathbf{33\ V}$

$P_1 = U_1 \cdot I = \mathbf{0{,}68\ W}$

$P_3 = U_3 \cdot I = \mathbf{0{,}82\ W}$

$U_2 = I \cdot R_2 = \mathbf{27\ V}$

$P_{AB} = U_{AB} \cdot I = 75\ \text{V} \cdot 0{,}1\ \text{A} = \mathbf{7{,}5\ W}$

$P_2 = U_2 \cdot I = \mathbf{2{,}7\ W}$

$P_4 = U_4 \cdot I = \mathbf{3{,}3\ W}$

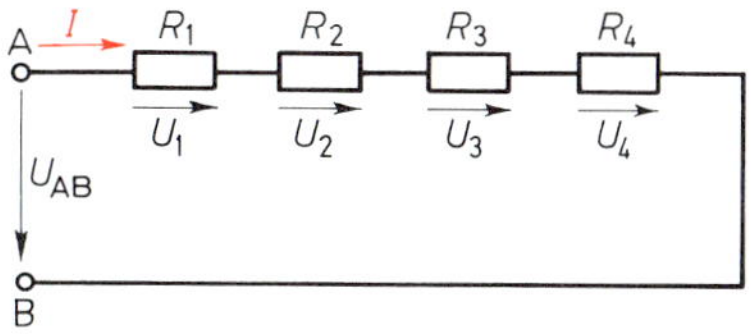

2.20 Reihenschaltung von vier Verbrauchern

Beispiel 2.10 Der Meßbereich eines Drehspulspannungsmessers wird durch eine Reihenschaltung mit einem Vorwiderstand erweitert. Im allgemeinen ist dabei der Ausschlag des Zeigers dem durchfließenden Strom proportional. Das Meßgerät hat einen bestimmten Eigenwiderstand R_M, so daß an seinen Klemmen die Spannung $U_M = I_M \cdot R_M$ bei Vollausschlag meßbar ist. Soll eine größere Spannung als U_M dem Endausschlag entsprechen, muß die Spannung $U_V = U - U_M$ an einem Vorwiderstand abfallen. In Bild **2.**21 soll z. B. der Strom bei Vollausschlag $I_M = 1$ mA betragen bei $R_M = 100\ \Omega$. Der Meßbereich beträgt dann $U_M = 0{,}1$ V. Dieser soll auf $U = 10$ V erweitert werden. Wie groß ist R_v zu wählen?

Lösung Am Vorwiderstand R_V muß bei dem Strom I_M die Spannung $U_V = U - U_M$ abfallen, also

$$R_V = U_V/I_M = \frac{10\ \text{V} - 0{,}1\ \text{V}}{1 \cdot 10^{-3}\ \text{A}} = 9{,}9 \cdot 10^3\ \Omega = \mathbf{9{,}9\ k\Omega}.$$

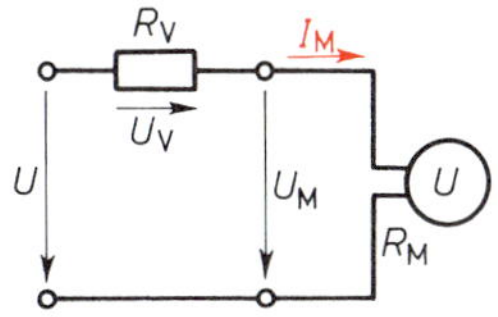

2.21 Meßbereichserweiterung eines Drehspulspannungsmessers

b) Es ist vorteilhaft, mit dem Meßbereichserweiterungsfaktor $n = U/U_M$ zu rechnen. Führt man $U = n \cdot U_M$ ein, erhält man

$$R_V = \frac{U - U_M}{I_M} = \frac{n \cdot U_M - U_M}{I_M} = \frac{U_M(n-1)}{I_M} \Rightarrow R_V = R_M(n-1).$$

In diesem Fall ist $n = 10\ \text{V}/0{,}1\ \text{V} = 100$. Damit ergibt sich $R_V = 100\ \Omega \cdot 99 = \mathbf{9{,}9\ k\Omega}$.

Beispiel 2.11 Verbraucher, die eine niedrigere Nennspannung haben als die Anschlußspannung, kann man mit einem geeigneten Vorwiderstand so betreiben, daß am Verbraucher seine Nennspannung liegt.

Eine Lampe mit den Nenndaten 6 V/18 W soll an einer 24-V-Batterie mit ihrem Nennstrom betrieben werden. Welcher Vorwiderstand ist erforderlich? Welche Leistung nimmt R_V dabei auf?

Lösung

$$I = \frac{P}{U_L} = \frac{18\ \text{W}}{6\ \text{V}} = 3\ \text{A} \qquad R_V = \frac{U - U_L}{I} = \frac{18\ \text{V}}{3\ \text{A}} = \mathbf{6\ \Omega}$$

$P_V = U_V I = 18\ \text{V} \cdot 3\ \text{A} = \mathbf{54\ W}$

Lösung, Fortsetzung

Das Ergebnis macht den Nachteil einer solchen Schaltung offensichtlich. Es geht im Vorwiderstand ein erheblicher Teil der insgesamt aufgenommenen Leistung im allgemeinen nutzlos verloren. Die Reihenschaltung wird deshalb nur verwendet, wenn die umgesetzten Leistungen gering sind, wie z.B. bei der Meßbereichserweiterung von Spannungsmessern. In der Elektronik werden Reihenschaltungen sehr häufig angewendet.

Aufgaben zu Abschnitt 2.2.4.1

1. Ein Drahtwiderstand hat 400 Windungen und liegt an einer Spannung von 8 V. Welche Spannungen lassen sich bei 10, 50, 180, 250, 300 Windungen abgreifen?
2. Drei Widerstände sind in Reihe geschaltet. Es betragen $R_1 = 220\,\Omega$, $R_3 = 180\,\Omega$. An R_2 liegt die Spannung $U_2 = 5$ V, an der Reihenschaltung $U_{AB} = 50$ V.
   a) Wie groß sind I, R_2, R_E?
   b) Wie groß sind P_{AB} und die Teilleistungen?
3. Eine Christbaumkette für eine Anschlußspannung 220 V besteht aus gleichen Lampen mit den Nenndaten 14 V/3 W.
   a) Wieviel Lampen sind erforderlich?
   b) Welche Spannung und welche Betriebsleistung hat jede Lampe? (Widerstandsänderungen durch Temperatureinfluß bleiben unberücksichtigt.)
   c) Eine Lampe ist zerstört und wird durch einen Widerstand ersetzt. Wie groß muß er sein, damit die übrigen Lampen bei einer Netzspannung von 235 V mit ihren Nenndaten betrieben werden?
   d) Wie groß ist nun die Gesamtleistung von Lampen und Widerstand?
   e) Welche Leistung nimmt der Widerstand auf?
4. Ein Drehspulmeßgerät mit $R_M = 50\,\Omega$ und $I_M = 0{,}8$ mA hat einen Vorwiderstand $R_V = 2450\,\Omega$. Wie groß sind Meßbereichserweiterungsfaktor n und Meßbereich U?
5. Ein Drehspulmeßgerät mit $U_M = 0{,}1$ V und $R_M = 80\,\Omega$ soll die Meßbereiche 5 V, 10 V, 25 V erhalten.
   a) Wie groß sind die Meßbereichserweiterungsfaktoren?
   b) Welche Vorwiderstände sind erforderlich, wenn diese nach Bild **2.**22 geschaltet werden sollen?
   c) Welcher Strom fließt bei Vollausschlag?
   d) Welche Leistung muß die Spannungsquelle bei Vollausschlag in den drei Meßbereichen abgeben?
6. Ein Spannungsmesser ist nach Bild **2.**22 geschaltet. Die Meßbereiche betragen $U_3 = 120$ V, $U_2 = 60$ V und $U_1 = 30$ V. Die Vorwiderstände sind $R_{V3} = 40\,\text{k}\Omega$ und $R_{V1} = 19{,}96\,\text{k}\Omega$. Wie groß sind I_M, R_M, U_M, R_{V2}?

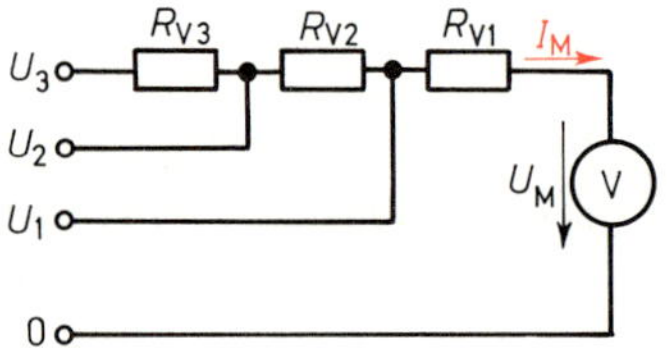

2.22 Spannungsmesser mit drei Meßbereichen

7. Eine Lampe mit den Nenndaten 14 V/3 W soll an einer 24-V-Batterie mit ihren Nenndaten betrieben werden. Wie groß ist der erforderliche Vorwiderstand? Welchen Wert hat die Stromstärke in der Schaltung?
8. Ein Lötkolben mit der Nennleistung 50 W bei einer Anschlußspannung 220 V soll mit einem Vorwiderstand versehen werden, damit der Lötkolben in den Lötpausen nur eine Betriebsleistung von 20 W hat. Wie groß muß der Vorwiderstand sein, und welche Leistung nimmt er auf?
9. Eine Doppelleitung aus Kupfer mit einem Aderquerschnitt von 1,5 mm² führt zu einem 50 m entfernten Verbraucher, der bei der Spannung 220 V einen Strom mit der Stärke 6 A aufnimmt. Wie groß ist der Spannungsabfall auf der Leitung, und wie groß muß die Anschlußspannung sein, wenn der Verbraucher mit seiner Nennspannung 220 V betrieben werden soll?
10. Die nichtlineare Kennlinie einer Glühlampe 6 V/18 W ist mit den in Bild **2.**11 angegebenen Meßwerten zu zeichnen (Millimeterpapier). In Reihe mit der Lampe liegt ein Widerstand $R_V = 1{,}0\,\Omega$. Die Gesamtspannung an der Reihenschaltung beträgt $U_{AB} = 1{,}0$ V. Wie groß sind Stromstärke und Spannung an der Lampe? Wie groß sind statischer und differentieller Widerstand der Lampe? Wie groß ist die Stromänderung $\pm\Delta I$, wenn sich die Spannung U_{AB} um $\pm 0{,}1$ V ändert? Wie groß ist damit der differentielle Widerstand der Reihenschaltung?

2.2.4.2 Parallelschaltung von Verbrauchern

Von einer Parallelschaltung spricht man, wenn alle Verbraucher an derselben Spannung liegen. Die Teilleistungen können entsprechend Gl. (2.15) mit der gemeinsamen Spannung und den Beträgen der Einzelwiderstände berechnet werden. Schaltung und Ersatzschaltung einer Parallelschaltung von drei Verbrauchern zeigt Bild **2**.23.

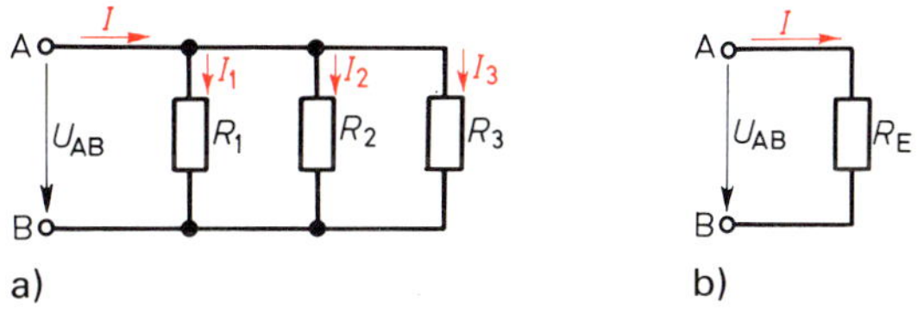

2.23 Parallelschaltung von drei Verbrauchern
a) Schaltbild, b) Ersatzschaltbild

Die rechnerische Behandlung der Parallelschaltung erfolgt unter der Voraussetzung, daß es sich um lineare Widerstände handelt. Dividieren wir Gl. (2.15) durch die gemeinsame Spannung U_{AB}, erhalten wir

$$\frac{P}{U_{AB}} = I = \frac{U_{AB}}{R_E} = \frac{U_{AB}}{R_1} + \frac{U_{AB}}{R_2} + \frac{U_{AB}}{R_3}$$

oder

$$I = I_1 + I_2 + I_3. \qquad (2.19)$$

Die Gesamtstromstärke in einer Parallelschaltung ist gleich der Summe der in den einzelnen Widerständen auftretenden Teilstromstärken.

Physikalisch bedeutet Gl. (2.19), daß die in einer bestimmten Zeit durch die verschiedenen Verbraucher fließenden Ladungsmengen in der gleichen Zeitspanne in die Gesamtschaltung hinein- und wieder herausfließen. Die Menge der Ladungsträger in der Zuleitung oder in den einzelnen Verbrauchern bleibt also unverändert. Die potentielle Energie der in die Parallelschaltung hineinfließenden Ladungsträger ist jedoch entsprechend der gemeinsamen Spannung größer als die der herausfließenden.

Dividiert man Gl. (2.19) durch die gemeinsame Spannung U_{AB}, ergibt sich

$$\frac{1}{R_E} = \frac{1}{R_1} + \frac{1}{R_2} + \frac{1}{R_3}.$$

Der Kehrwert des Ersatzwiderstands der Parallelschaltung ist gleich der Summe der Kehrwerte der Einzelwiderstände.

Schreibt man die erhaltene Gleichung mit den Leitwerten an Stelle der Kehrwerte der Widerstände, ergibt sich:

$$G_E = G_1 + G_2 + G_3 \qquad (2.20)$$

Der Ersatzleitwert der Parallelschaltung ist gleich der Summe der Einzelleitwerte.

Für die gemeinsame Spannung schreiben wir

$$U_{AB} = \frac{I}{G_E} = \frac{I_1}{G_1} = \frac{I_2}{G_2} = \frac{I_3}{G_3} = \frac{I_1 + I}{G_1 + G_E} \quad \text{usw.}$$

Das letzte Glied der Gleichung ergibt sich z. B. aus $U_{AB}(G_1 + G_E) = I_1 + I$.
Für jeweils zwei Glieder der Gleichung erhalten wir z. B.

$$\frac{I_2}{G_2} = \frac{I_1 + I}{G_1 + G_E} \quad \Rightarrow$$

$$\frac{I_1 + I}{I_2} = \frac{G_1 + G_E}{G_2}. \tag{2.21}$$

In der Parallelschaltung verhalten sich die Stromstärken zueinander wie die zugehörigen Leitwerte.

Grafische Darstellung. Die Parallelschaltung von zwei linearen Widerständen R_1 und R_2 können wir z. B. nach Bild **2.**24 in einem $I = f(U)$-Diagramm grafisch darstellen. Die Widerstandsgerade für R_2 geht durch den Nullpunkt. Mit der gegebenen Spannung U_{AB} erhalten wir darauf einen Punkt, durch den wir mit der durch den Wert von R_1 gegebenen Steigung die Widerstandsgerade von R_1 zeichnen. Auf der Ordinate erhalten wir die Gesamtstromstärke I und die Teilstromstärken I_1 und I_2. Spannungsänderungen $\pm\Delta U$ liefern durch Parallelverschiebung der Widerstandsgeraden für R_1 die entsprechenden Änderungen $\pm\Delta I$ der Gesamtstromstärke. Auch die Änderungen z. B. der Teilstromstärke $\pm\Delta I_2$ lassen sich dem Diagramm entnehmen.

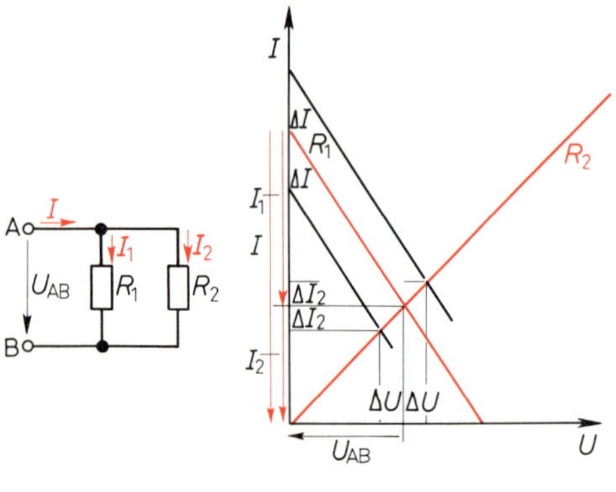

2.24 Parallelschaltung von zwei linearen Widerständen

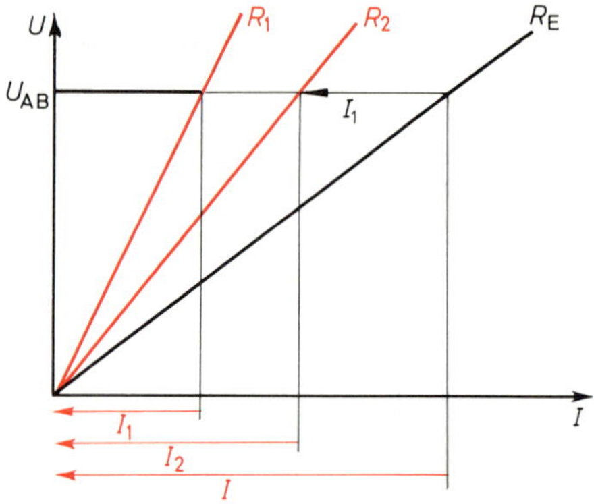

2.25 Ersatzwiderstand der Parallelschaltung **2.**24

Durch die gleiche Konstruktion kann auch die Parallelschaltung eines nichtlinearen Widerstands R_2 mit einem linearen Widerstand R_1 untersucht werden. Dabei sind wir jedoch auf die zeichnerische Behandlung angewiesen, während wir bei linearen Widerständen auf die rechnerische zurückgreifen können.

Eine auch für mehr als zwei Widerstände in Parallelschaltung geeignete Darstellung zeigt Bild **2.**25. Sie entspricht der Konstruktion in Bild **2.**18 für die Reihenschaltung, wenn wir die Zuordnung der Spannung U und der Stromstärke I zu den Koordinatenachsen vertauschen. Ist einer der beiden Widerstände nichtlinear, läßt sich so die linearisierte (gescherte) Gesamtkennlinie der Parallelschaltung gewinnen.

Übungen zu Abschnitt 2.2.4.2

Beispiel 2.12 Vier Verbraucher sind nach Bild **2**.26 parallelgeschaltet und liegen an einer Spannung von 24 V. Dabei betragen $R_1 = 68\ \Omega$, $R_2 = 270\ \Omega$, $R_4 = 33\ \Omega$. Die Schaltung nimmt insgesamt den Strom $I = 674{,}5$ mA auf. Wie groß sind die Teilströme und der Widerstand R_3?

Lösung Die Teilströme ergeben sich nach dem Ohmschen Gesetz zu

$$I_1 = \frac{U}{R_1} = \frac{24\ \text{V}}{68\ \Omega} = \mathbf{352{,}9\ mA}\,;$$

$$I_2 = \frac{U}{R_2} = \frac{24\ \text{V}}{270\ \Omega} = \mathbf{88{,}9\ mA}\,;$$

$$I_4 = \frac{U}{R_4} = \frac{24\ \text{V}}{330\ \Omega} = \mathbf{72{,}7\ mA}\,.$$

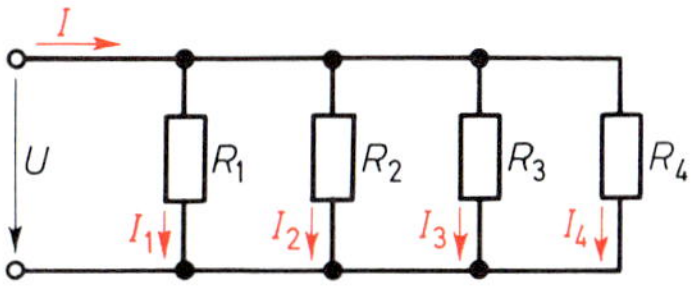

2.26 Parallelschaltung von vier Verbrauchern

Nach Gl. (2.19) bekommt man für

$$I_3 = I - I_1 - I_2 - I_4 = I - (I_1 + I_2 + I_4)$$

$$I_3 = 674{,}5\ \text{mA} - 514{,}5\ \text{mA} = 160\ \text{mA}\,.$$

Der gesuchte Widerstand R_3 ergibt sich damit zu

$$R_3 = \frac{U}{I_3} = \frac{24\ \text{V}}{0{,}16\ \text{A}} = \mathbf{150\ \Omega}\,.$$

Beispiel 2.13 Drei Widerstände $R_1 = 180\ \Omega$, $R_2 = 150\ \Omega$ und $R_3 = 220\ \Omega$ sind parallelgeschaltet. Wie groß ist der Ersatzwiderstand der Schaltung?

Lösung Für die Leitwerte der drei Widerstände bekommt man

$$G_1 = \frac{1}{180\ \Omega} = 5{,}5556\ \text{mS}; \quad G_2 = \frac{1}{150\ \Omega} = 6{,}6667\ \text{mS}\,;$$

$$G_3 = \frac{1}{220\ \Omega} = 4{,}5455\ \text{mS}.$$

Nach Gl. (2.20) ergibt sich daraus

$$G_E = 16{,}768\ \text{mS} \quad \text{und} \quad R_E = \frac{1}{G_E} = \mathbf{59{,}64\ \Omega}\,.$$

Beispiel 2.14 Zwei Widerstände $R_1 = 270\ \Omega$ und $R_2 = 330\ \Omega$ werden parallelgeschaltet. Wie groß ist ihr Ersatzwiderstand?

Lösung Aus $\dfrac{1}{R_E} = \dfrac{1}{R_1} + \dfrac{1}{R_2}$ erhält man $R_E = \dfrac{R_1\,R_2}{R_1 + R_2}$

und mit den gegebenen Werten daraus $R_E = \mathbf{148{,}5\ \Omega}$.

Beispiel 2.15 Der Meßbereich eines Drehspul-Strommessers wird durch eine Parallelschaltung mit einem Nebenwiderstand R_p nach Bild **2**.27 erweitert. Dieser muß so bemessen sein, daß er bei der gemeinsamen Spannung U_M den Strom mit $I_p = I - I_M$ aufnimmt, der den mit I_M für Vollausschlag des Meßinstruments übersteigt. Es sollen z.B. $I_M = 1$ mA und der Eigenwiderstand des Meßinstruments $R_M = 100\ \Omega$ betragen. Der Meßbereich soll auf $I = 100$ mA erweitert werden.

Lösung

a) Durch den Widerstand R_p muß der Strom mit $I_p = 100\,\text{mA} - 1\,\text{mA} = 99\,\text{mA}$ fließen. Dabei beträgt $U_M = I_M \cdot R_M = 1\,\text{mA} \cdot 100\,\Omega = 100\,\text{mV}$. Daraus ergibt sich

$$R_p = \frac{U_M}{I_p} = \frac{100\,\text{mV}}{99\,\text{mA}} = \mathbf{1{,}0101\,\Omega}.$$

b) Mit dem Meßbereichserweiterungsfaktor $n = I/I_M$ erhält man $I_p = nI_M - I_M = I_M(n-1)$ und mit $U_M = I_M R_M$

$$R_p = \frac{U_M}{I_p} = \frac{I_M R_M}{I_M(n-1)} = \frac{R_M}{n-1}.$$

In diesem Fall sind $n = 100$ und $R_p = 100\,\Omega/99 = \mathbf{1{,}0101\,\Omega}$.

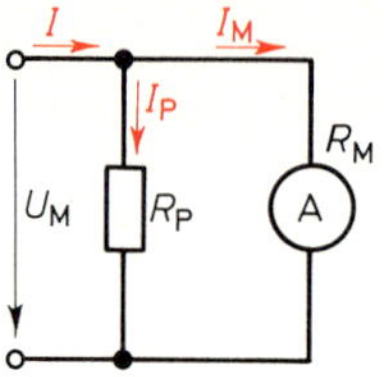

2.27 Meßbereichserweiterung eines Drehspulstrommessers

Beispiel 2.16 Die Widerstände in Bild **2**.28 sollen so bemessen werden, daß gilt $I_1 : I_2 : I_3 : I_4 = 1:2:4:8$. Dabei soll der kleinste Widerstand $100\,\Omega$ betragen. Welche Werte müssen die Widerstände haben?

Lösung

Der kleinste Widerstand entspricht der größten Stromstärke, also $R_4 = 100\,\Omega$. Nach Gl. (2.21) gilt $G_1 : G_2 : G_3 : G_4 = 1:2:4:8$.

Daraus bekommt man

$$\frac{G_3}{G_4} = \frac{4}{8} = \frac{R_4}{R_3} \Rightarrow R_3 = \mathbf{200\,\Omega}; \quad \frac{G_2}{G_3} = \frac{2}{4} = \frac{R_3}{R_2} \Rightarrow R_2 = \mathbf{400\,\Omega}$$

und entsprechend $R_1 = 2R_2 = \mathbf{800\,\Omega}$.

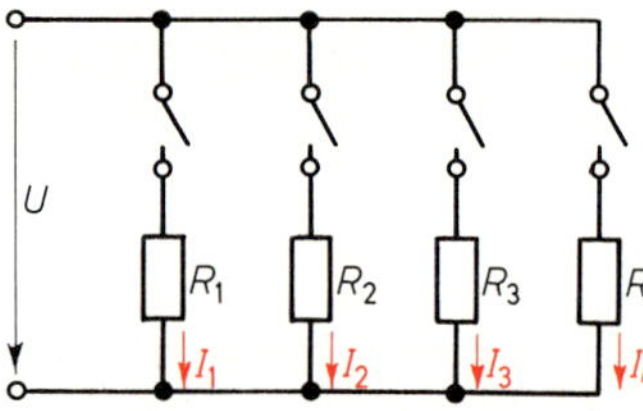

2.28 Zu Beispiel 2.16

Aufgaben zu Abschnitt 2.2.4.2

1. Einem Widerstand von $47\,\Omega$ soll ein zweiter parallelgeschaltet werden, so daß der Ersatzwiderstand $22\,\Omega$ beträgt. Welchen Wert muß der zugeschaltete Widerstand haben?
2. Zwei Widerstände von $150\,\Omega$ und $120\,\Omega$ sind parallelgeschaltet. Ein dritter Widerstand soll dazugeschaltet werden, damit der Gesamtwiderstand $40\,\Omega$ beträgt. Wie groß muß der dritte Widerstand sein?
3. Drei Widerstände $R_1 = 180\,\Omega$, $R_2 = 220\,\Omega$, $R_3 = 150\,\Omega$ liegen parallel an einer Spannung $U = 60\,\text{V}$. Wie groß sind die Teilstromstärken, die Gesamtstromstärke, der Ersatzwiderstand, die Leistungen in den Widerständen und die Gesamtleistung?
4. Drei Widerstände $R_1 = 560\,\Omega$, $R_2 = 330\,\Omega$ und $R_3 = 470\,\Omega$ liegen parallel an einer Spannung. Jeder hat die Nennleistung 0,5 W.
   a) Wie hoch darf die Spannung höchstens sein, damit in keinem Widerstand die Nennleistung überschritten wird?
   b) In welchem Verhältnis stehen die Teilleistungen zueinander?
   c) Wie groß ist die aufgenommene Gesamtleistung?
5. Drei parallelgeschaltete Widerstände nehmen an einer Spannung von 24 V zusammen einen Strom der Stärke 2 A auf. Einer der drei Widerstände beträgt $48\,\Omega$. Wie groß sind die beiden anderen, wenn sich ihre Beträge wie 2 : 3 verhalten?
6. Ein Drehspul-Strommesser hat bei einem Eigenwiderstand von $50\,\Omega$ einen Meßbereich von 3 mA. Dieser soll durch Nebenwiderstände auf 10 mA, 30 mA und 100 mA erweitert werden. Welche Werte müssen diese haben?
7. Der Meßbereich eines Drehspul-Strommessers ist auf 0,45 A erweitert worden. Der Eigenwiderstand des Meßwerks beträgt dabei $10\,\Omega$, der Nebenwiderstand $0{,}125\,\Omega$. Wie groß war der ursprüngliche Meßbereich?
8. Ein Elektrowärmegerät enthält zwei Widerstände, die einzeln eingeschaltet werden können und dann an der Netzspannung 220 V liegen. Die Leistungen sollen sich in den drei möglichen Fällen wie 1 : 2 : 3 verhalten.
   a) In welchem Verhältnis müssen die beiden Widerstände zueinander stehen?
   b) Welche Leistungen ergeben sich, wenn ein Widerstand $96{,}8\,\Omega$ beträgt?

9. Zwei Lampen von 6 V/1 W und 18 V/2 W sollen so an eine Spannungsquelle mit 24 V geschaltet werden, daß sie mit ihren Nenndaten betrieben werden. Welcher Widerstand ist dazu erforderlich, und welche Leistung nimmt er auf?

10. Zu einer Lampe 24 V/10 W wird eine zweite Lampe parallelgeschaltet, wodurch der Ersatzwiderstand um 43,2 Ω abnimmt. Welche Leistung hat die zweite Lampe?

2.2.4.3 Gemischte Schaltungen

Wir haben in den vorhergehenden Abschnitten Gruppen von Verbrauchern betrachtet, die entweder von einem gemeinsamen Strom durchflossen werden (Reihenschaltung) oder an einer gemeinsamen Spannung liegen (Parallelschaltung). Im allgemeinen Fall kommen diese Schaltungen nicht getrennt, sondern in vielfältigen Kombinationen vor. Solche Schaltungen, in denen die Grundschaltungen gemischt auftreten, nennt man gemischte oder auch zusammengesetzte Schaltungen.

Soll bei der Berechnung solcher Netzwerke zunächst deren Ersatzwiderstand bestimmt werden, ermittelt man schrittweise Ersatzwiderstände für Gruppen von in Reihe geschalteten oder parallel an einer Spannung liegenden Verbrauchern. Die Darstellung der einzelnen Schritte bei dieser Schaltungsvereinfachung erfolgt zweckmäßig sowohl mit Ersatzschaltbildern als auch mit den zugehörigen Größengleichungen. Wir erläutern dieses Verfahren an einigen Beispielen.

Beispiel 2.17 Es soll der Ersatzwiderstand der Schaltung Bild **2.**29a bestimmt werden.

Lösung Die durch Indizes beim Größensymbol R unterscheidbaren Widerstände werden schrittweise zu Ersatzwiderständen R_E zusammengefaßt, die ihrerseits mit fortlaufenden Indizes versehen werden.

Schritt 1 $R_{E1} = R_1 + R_2$, $R_{E2} = R_3 + R_4$,

$R_{E3} = R_7 + R_8$ (Bild **2.**29b)

Schritt 2 $R_{E4} = \dfrac{R_{E1} R_{10}}{R_{E1} + R_{10}}$, $R_{E5} = \dfrac{R_{E2} R_5}{R_{E2} + R_5}$,

$R_{E6} = \dfrac{R_{E3} R_9}{R_{E3} + R_9}$ (Bild **2.**29c)

Schritt 3 $R_{E7} = R_{E5} + R_6 + R_{E6}$ (Bild **2.**29d)

Schritt 4 $R_E = \dfrac{R_{E4} R_{E7}}{R_{E4} + R_{E7}}$

Um die Werte der Ersatzwiderstände zu berechnen, setzt man in der gleichen Reihenfolge wie bei der Schaltungsvereinfachung die gegebenen Werte für R_1 bis R_{10} ein. Sind z. B. alle Widerstände gleich groß, also $R_1 = R_2 = \dots R_9 = R$, bekommt man nach Schritt 1 $R_{E1} = R_{E2} = R_{E3} = 2\,R$, nach Schritt 2 $R_{E4} = R_{E5} = R_{E6} = 2\,R/3$, nach Schritt 3 $R_{E7} = 7\,R/3$ und schließlich nach Schritt 4 $R_E =$ $\mathbf{14\,R/27}$.

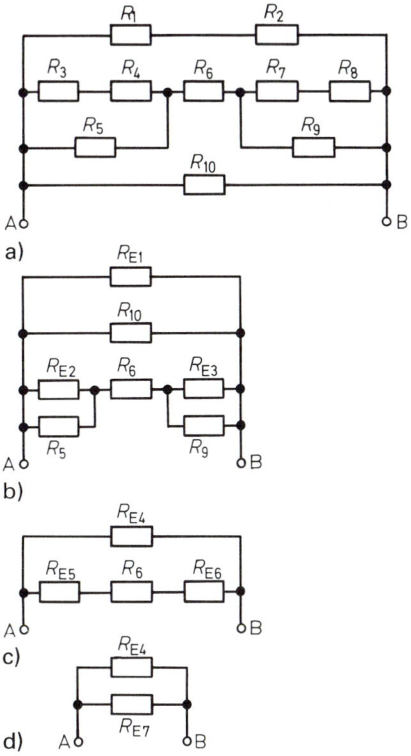

2.29 Zu Beispiel 2.17

Beispiel 2.18 Der Ersatzwiderstand der Schaltung Bild **2.**30a ist zu bestimmen.

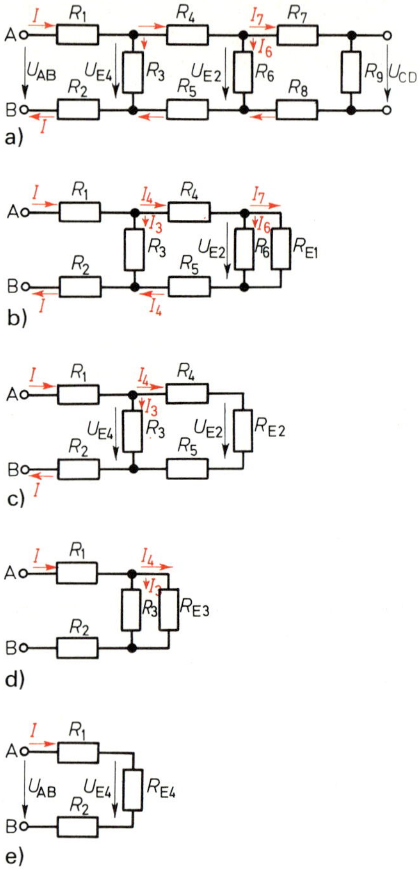

2.30 Zu Beispiel 2.18 und 2.19

Lösung

Schritt 1 $R_{E1} = R_7 + R_8 + R_9$ (Bild **2.**30b)

Schritt 2 $R_{E2} = \dfrac{R_{E1}\,R_6}{R_{E1} + R_6}$ (Bild **2.**30c)

Schritt 3 $R_{E3} = R_4 + R_{E2} + R_5$ (Bild **2.**30d)

Schritt 4 $R_{E4} = \dfrac{R_3\,R_{E3}}{R_3 + R_{E3}}$ (Bild **2.**30e)

Schritt 5 $R_E = R_1 + R_{E4} + R_2$

Für gleiche Widerstände bekommt man z.B. $R_E = \mathbf{41\,R/15}$.

Beispiel 2.19 In Fortführung des Beispiels 2.18 sollen bei gegebener Spannung U_{AB} die Spannungs- und Stromverteilung und besonders die Ausgangsspannung U_{CD} der Schaltung Bild **2.**30a berechnet werden.

Lösung Zunächst werden in Ersatzschaltbilder und Schaltbild Bezugspfeile eingetragen. Dabei beginnt man zweckmäßig mit Bild **2.**30e.

Die Stromstärke I wird mit R_E bestimmt:

$$I = \frac{U_{AB}}{R_E}.$$

Damit wird U_{E4} berechnet:

$$U_{E4} = U_{AB} - I(R_1 + R_2).$$

In Bild **2.**30d ergeben sich I_3 und I_4 zu

$$I_3 = \frac{U_{E4}}{R_3} \quad \text{bzw.} \quad I_4 = \frac{U_{E4}}{R_{E3}}$$

sowie für Bild **2.**30c

$$U_{E2} = U_{E4} - I_4(R_4 + R_5)\,.$$

Danach erhält man für Bild **2.**30b

$$I_6 = \frac{U_{E2}}{R_6} \quad \text{und} \quad I_7 = \frac{U_{E2}}{R_{E1}}$$ und schließlich in Bild **2.**30a

$$U_{CD} = \boldsymbol{I_7\,R_9}\,.$$

Wie Beispiel 2.19 zeigt, geht man bei der Bestimmung der Spannungs- und Stromverteilung wieder schrittweise vor wie bei der Schaltungsvereinfachung, jedoch vom Ersatzwiderstand R_E (bzw. Ersatzschaltbild) aus in umgekehrter Weise bis zur vorgegebenen Schaltung. Diese allgemeine Lösung gilt natürlich für beliebige Widerstandswerte. Für bestimmte Werte der Anschlußspannung U_{AB} und der Widerstände ist die Verteilung von Spannungen und Strömen danach leicht zu berechnen.

Spannungsteiler. Während die Schaltung Bild **2.**30a einen mehrfachen Spannungsteiler darstellt, ist die Schaltung Bild **2.**31a die einfachste gemischte Schaltung, ein belasteter Spannungsteiler.

Diese Schaltung wird vor allem in der Elektronik häufig benutzt, um bei einem bestimmten Strom I_L eine vorgegebene Spannung U_L einzustellen. Ohne Belastung durch R_L ist der Spannungsteiler eine einfache Reihenschaltung von zwei Widerständen. Die Spannung U_L, die sich bei Belastung mit R_L einstellt, ist niedriger als U_{Lo} ohne Last, weil der Ersatzwiderstand der Parallelschaltung aus R_2 und R_L stets niedriger ist als R_2. Man bekommt

$$R_{E1} = \frac{R_2 \cdot R_L}{R_2 + R_L} \qquad R_E = R_1 + R_{E1}$$

$$I = \frac{U_{AB}}{R_E} \qquad U_L = U_{AB} - IR_1 = IR_{E1}$$

$$I_L = \frac{U_L}{R_L} \qquad I_2 = \frac{U_L}{R_2}.$$

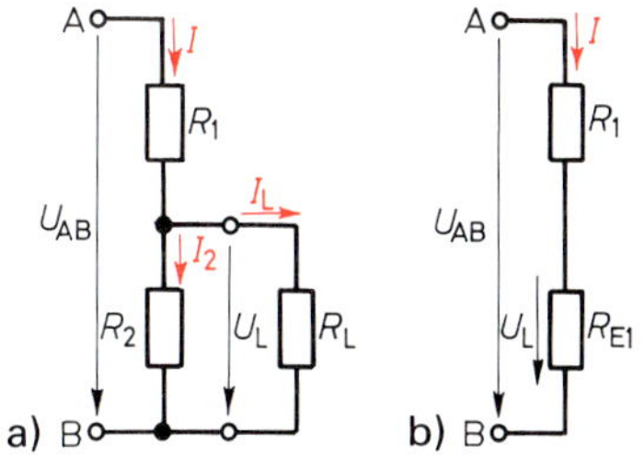

2.31 Belasteter Spannungsteiler als gemischte Schaltung
a) Schaltbild
b) Ersatzschaltbild

Das Stromverhältnis

$$q = \frac{I_2}{I_L} = \frac{R_L}{R_2}$$

wird als Querstromverhältnis bezeichnet. Wir werden später auf diese Schaltung zurückkommen (s. Abschn. 2.3.2).

Brückenschaltung nach Wheatstone. Eine Schaltung aus zwei Spannungsteilern, die beide an derselben Spannung liegen, zeigt Bild **2.**32. Die Ausgangsspannungen der beiden Spannungsteiler sind U_{AB} und U_{CD}. Ist eine Spannung einstellbar, indem man etwa einen Drahtwiderstand mit veränderlichem Abgriff verwendet (Potentiometer), läßt sich z. B. U_{AB} zwischen den Grenzen 0 und U einstellen. Es läßt sich also auch erreichen, daß $U_{AB} = U_{CD}$ ist so daß zwischen den Klemmen A und C keine Spannung herrscht. Im Widerstand R_M, der z. B. den Eigenwiderstand eines empfindlichen Strommessers darstellt, fließt kein Strom. In diesem Fall gelten

$$I_1 = I_2 \quad \text{und} \quad I_3 = I_4$$

sowie für die Spannungen

$$U - U_{AB} = I_1 \cdot R_1 = U - U_{CD} = I_3 \cdot R_3$$

$$U_{AB} = I_2 \cdot R_2 = U_{CD} \qquad = I_4 \cdot R_4 .$$

Dividiert man beide Gleichungen durcheinander, ergibt sich

$$\frac{I_1 \cdot R_1}{I_2 \cdot R_2} = \frac{I_3 \cdot R_3}{I_4 \cdot R_4} \quad \Rightarrow \quad \boxed{\frac{R_1}{R_2} = \frac{R_3}{R_4}.}$$

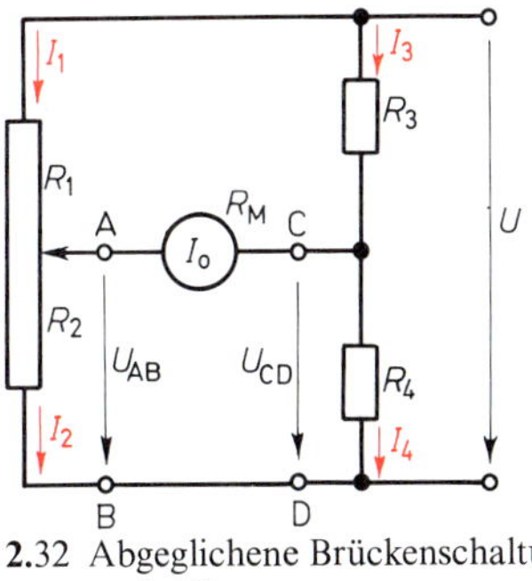

2.32 Abgeglichene Brückenschaltung nach Wheatstone

Diese Brückengleichung zeigt, daß der Zustand der Stromlosigkeit im Diagonal- oder Meßzweig A/C der Brücke nur vom Verhältnis der Widerstände abhängt und nicht etwa vom Wert der Brückenspeisespannung U. Diese abgeglichene (im Meßzweig stromlose) Brücke hat in der Meßtechnik eine große Bedeutung. Sind z. B. R_4 ein mit geringer Unsicherheit bekannter Normalwiderstand R_N und R_3 ein unbekannter Widerstand R_x, läßt sich dieser berechnen nach

$$\boxed{R_x = R_N \cdot \frac{R_1}{R_2}.}$$

Im einfachsten Fall nimmt man als R_1 und R_2 ein einstellbares Potentiometer einen kalibrierten Schleifdraht, dessen Querschnitt auf der gesamten Länge konstant ist. Man kann dann schreiben

$$R_1 = \frac{l_1}{\gamma A} \quad \text{und} \quad R_2 = \frac{l_2}{\gamma A} \quad \Rightarrow \quad \frac{R_1}{R_2} = \frac{l_1}{l_2}.$$

Wir bekommen die Brückengleichung dann in der Form

$$\boxed{R_x = R_N \cdot \frac{l_1}{l_2}} \quad \text{für die}$$

Schleifdrahtmeßbrücke. Dieses Meßgerät enthält z. B. in einer einfachen Ausführung nach Bild **2**.33 einen kalibrierten Schleifdraht aus Konstantan oder Manganin, der zwischen den Klemmen A und B auf dem Umfang einer Kreisscheibe aus Isoliermaterial befestigt ist. Ein mit dem Einstellknopf Ek einstellbarer Schleifkontakt Sk teilt den Schleifdraht in die Abschnitte l_1 und l_2. Ein zweiter Schleifkontakt Sk stellt über eine Schleifbahn Cu (z. B. versilbert) die Verbindung mit dem Nullinstrument I_0 her. Der zu messende Widerstand R_x wird über die beiden Steckbuchsen X_1 und X_2 an das Meßgerät angeschlossen, in dem z. B. eine Trockenbatterie die Spannung U liefert, die über einen Taster S_1 eingeschaltet wird. Der Vergleichswiderstand R_N ist in dekadischen Stufen einstellbar (z. B. 0,1 Ω, 1 Ω, 10 Ω). Auf der Einstellskale sind die Längen l_1 und l_2 aufgetragen, so daß nach Abgleich der Brücke der gesuchte Widerstandswert leicht abgelesen werden kann.

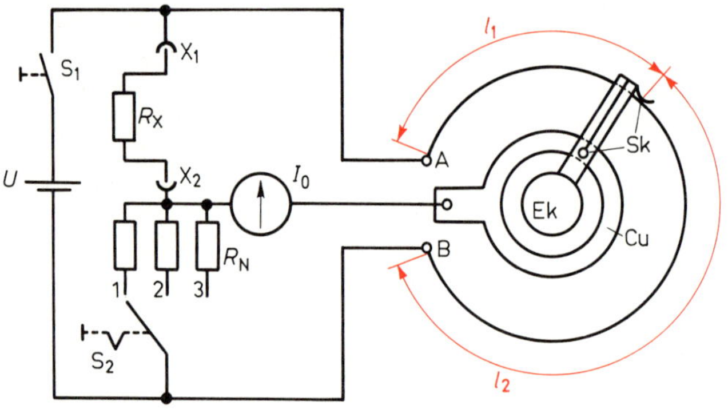

2.33 Schleifdrahtmeßbrücke

In anderen Ausführungen der Schleifdrahtmeßbrücke kann die Brückenspeisespannung U auch von außen zugeführt werden. Wegen des verhältnismäßig niedrigen Widerstands des Schleifdrahts und der entsprechend starken Belastung des Trockenelements verwendet man als Abgleichpotentiometer häufig eine drahtgewickelte Ausführung mit z. B. 100 Ω Gesamtwiderstand und geringem Linearitätsfehler. Die Meßunsicherheit solcher Meßbrücken liegt bei etwa 1% des gemessenen Widerstandswerts.

Für Messungen mit Präzisionsmeßbrücken werden die Abgleichwiderstände als umschaltbare Festwiderstände ausgeführt. Diese in dekadisch gestuften Beträgen hergestellten Widerstände aus Manganindraht ermöglichen in Brückenschaltungen so geringe Meßunsicherheiten, wie sie sonst kaum zu erreichen sind. Wir können darauf jedoch hier nicht weiter eingehen.

Auch die nichtabgeglichene Brücke, in der also auch im Meßzweig ein mehr oder weniger großer Strom fließt, spielt in der Meßtechnik eine große Rolle. Eine solche Schaltung werden wir später berechnen (s. Abschn. 2.5.2).

Aufgaben zu Abschnitt 2.2.4.3

1\. a) Wie groß ist der Ersatzwiderstand der Schaltung Bild **2.**34, wenn alle Widerstände gleich sind?

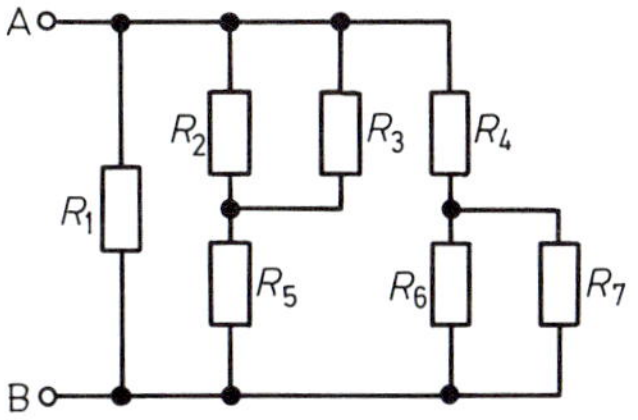

2.34 Zu Aufgabe 1

b) Wie groß ist der Ersatzwiderstand, wenn $R_1 = R_3 = R_5 = R_7 = 150\ \Omega$ und $R_2 = R_4 = R_6 = 270\ \Omega$ betragen?

2\. a) Wie groß ist der Ersatzwiderstand der Schaltung Bild **2.**35 zwischen den Klemmen A/B, wenn die Widerstände die gleichen Werte haben?

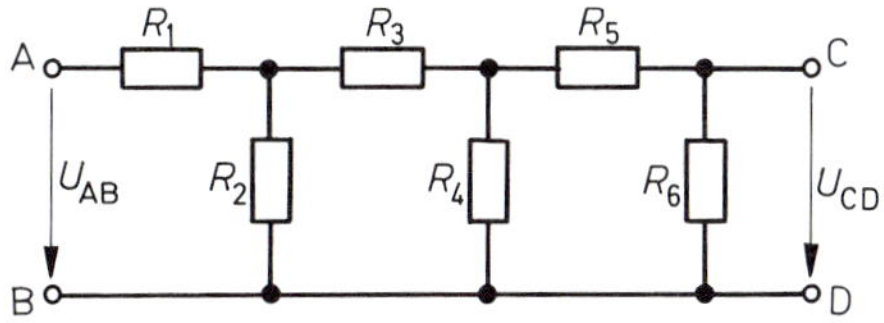

2.35 Zu Aufgabe 2

b) Wie groß ist der Ersatzwiderstand, wenn $R_1 = R_3 = R_5 = 300\ \Omega$ betragen und $R_2 = R_4 = R_6 = 150\ \Omega$?

c) Wie groß ist die Spannung an R_6, wenn $U_{AB} = 24$ V ist?

3\. a) Wie groß ist der Ersatzwiderstand R_E der Schaltung **2.**36 zwischen den Klemmen A/B bei gleichen Widerständen?

b) Wie groß ist der Ersatzwiderstand bei $R_1 = R_3 = R_5 = R_7 = R_9 = 220\ \Omega$ und $R_2 = R_4 = R_6 = R_8 = 330\ \Omega$?

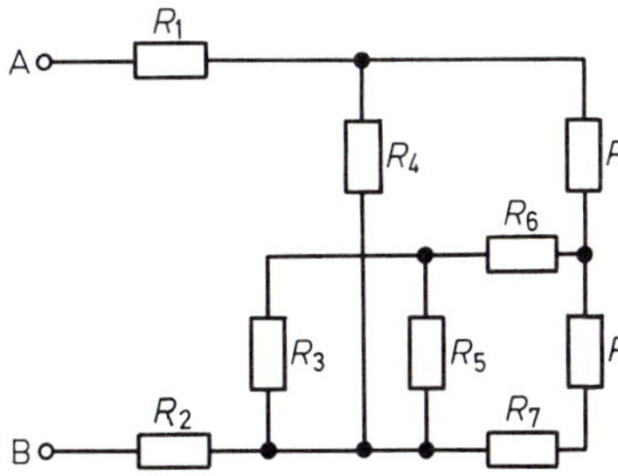

2.36 Zu Aufgabe 3

4\. Das Instrument in der Schaltung Bild **2.**37 hat bei $I_M = 1$ mA Vollausschlag, sein Eigenwiderstand beträgt $R_M = 60\ \Omega$. Welche Nebenwiderstände sind vorzusehen, wenn sich bei Anschluß an die Klemmen A/B ein Strommeßbereich $I_1 = 0{,}5$ A, an A/C $I_2 = 0{,}1$ A und bei Anschluß an A/D ein Meßbereich von $I_3 = 20$ mA ergeben soll?

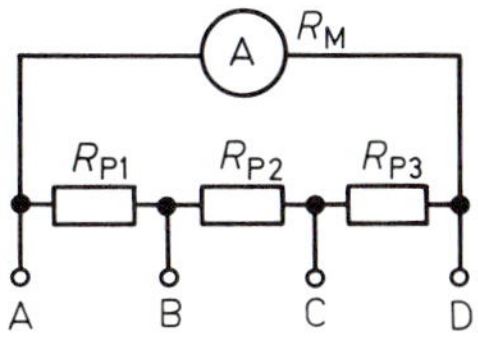

2.37 Zu Aufgabe 4

5\. Das Instrument in der Schaltung Bild **2.**38 hat bei $I_M = 0{,}5$ mA Vollausschlag und einen Eigenwiderstand von $R_M = 50\ \Omega$. Bei Anschluß an die Klemmen A/B soll sich ein Strommeßbereich $I_1 = 0{,}05$ A, bei Anschluß an A/C $I_2 = 0{,}01$ A ergeben. Wird an die Klemmen A/D eine Spannung von $U_1 = 3$ V bzw. an A/E eine Spannung von $U_2 = 10$ V gelegt, soll das Instrument Vollausschlag zeigen.

a) Wie groß sind die erforderlichen Werte für die Widerstände R_{p1}, R_{p2}, R_{v1} und R_{v2}?

b) Welche Spannung kann bei Anschluß an die Klemmen A/C gemessen werden?

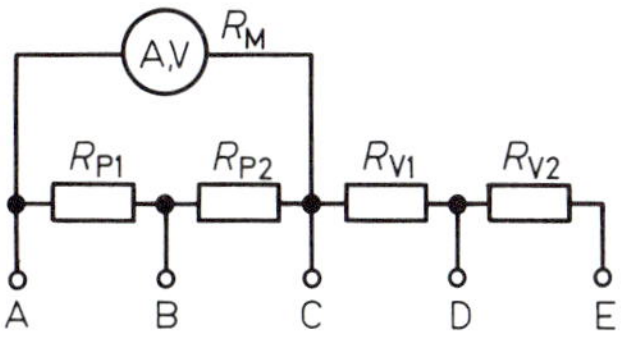

2.38 Zu Aufgabe 5

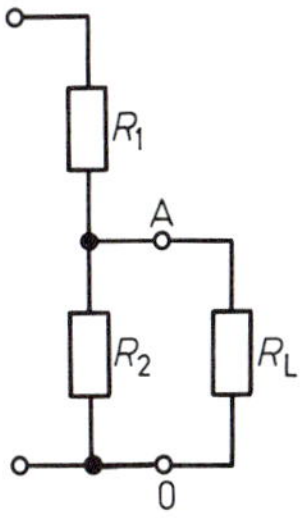

2.39 Zu Aufgabe 6

6\. Ein Spannungsteiler nach Bild **2.**39 hat unbelastet den Gesamtwiderstand $R_{E1} = 400\ \Omega$ und belastet mit dem Widerstand $R_L = 180\ \Omega$ an den Klemmen A/O den Ersatzwiderstand $R_{E2} = 310\ \Omega$. Wie groß sind die Teilwiderstände R_1 und R_2? (Quadratische Gleichung)

7. Der Spannungsteiler **2**.40 besteht aus den Widerständen $R_1 = 120\ \Omega$, $R_2 = 330\ \Omega$ und $R_3 = 270\ \Omega$. Die konstante Spannung U beträgt 48 V.

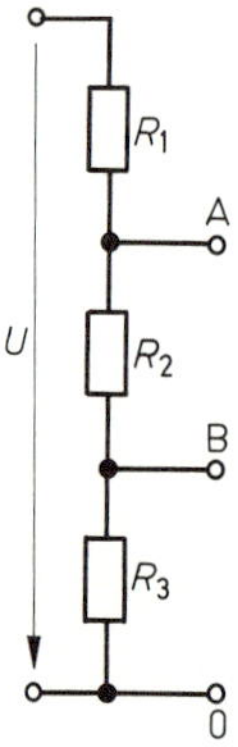

2.40 Zu Aufgabe 7

   a) Welche Spannungen stellen sich an den Klemmen A/O und B/O bei unbelastetem Spannungsteiler ein?
   b) Ein Belastungswiderstand $R_l = 470\ \Omega$ wird abwechselnd an die Klemmen A/O, B/O, A/B angeschlossen. Welche Ersatzwiderstände ergeben sich in den drei Fällen für die Schaltung?
   c) Welche Stärke hat der Gesamtstrom und welche Leistung werden ohne Belastung und in den drei Belastungsfällen von der Schaltung aufgenommen?
   d) Welche Spannungen treten in den drei Belastungsfällen zwischen den Klemmen auf?
   e) Welche Stromstärke I_L tritt jeweils im Widerstand R_L auf, und wie groß ist I_q in dem parallel liegenden Teil des Spannungsteilers?

8. In einer abgeglichenen Brückenschaltung nach Bild **2**.32 betragen die Teilwiderstände $R_1 = 560\ \Omega$ und $R_2 = 440\ \Omega$. Der Widerstand R_4 ist ein Normalwiderstand mit $R_4 = 1000\ \Omega$.
   a) Wie groß ist der Widerstand R_3?
   b) Welchen Ersatzwiderstand hat die Schaltung?

9. In einer Brückenschaltung nach Bild **2**.32 betragen $R_3 = 470\ \Omega$ und $R_4 = 560\ \Omega$. Wie groß sind die Teilwiderstände R_1 und R_2 des Abgleichpotentiometers mit dem Gesamtwiderstand $1000\ \Omega$ bei abgeglichener Brücke?

10. In einer abgeglichenen Brücke nach Bild **2**.32 verhalten sich die Teilwiderstände des Potentiometers $R_1 : R_2 = 2 : 3$.
   a) Wie groß ist der Widerstand R_3, wenn $R_4 = 150\ \Omega$ beträgt und das Ableichpotentiometer insgesamt $1000\ \Omega$ hat?
   a) Wie groß ist der Widerstand R_3, wenn $R_4 = 150\ \Omega$ beträgt und das Abgleichpotentiometer insgesamt $1000\ \Omega$ hat?
   b) Welche Stärke haben die Ströme in den beiden Brückenzweigen, wenn die Speisespannung $U = 12\ \mathrm{V}$ beträgt?

2.2.4.4 Dreieck-Stern- und Stern-Dreieck-Umwandlung

Die beschriebene Schaltungsvereinfachung stößt auf Schwierigkeiten, wenn bei der Schaltungsumwandlung Dreieck- oder Sternschaltungen von Widerständen oder Ersatzwiderständen auftreten (Bild **2**.41). Diese beiden Grundschaltungen lassen sich nicht in eine der beiden anderen (Reihenschaltung oder Parallelschaltung) oder einen Ersatzwiderstand überführen. Es ist jedoch möglich, eine Dreieckschaltung in eine gleichwertige Sternschaltung umzuwandeln und umgekehrt eine Sternschaltung in eine gleichwertige Dreieckschaltung. Damit läßt sich die Schaltungsvereinfachung zum Ziel führen. Voraussetzung ist, daß die beiden Grundschaltungen Dreieck und Stern elektrisch völlig austauschbar sind.

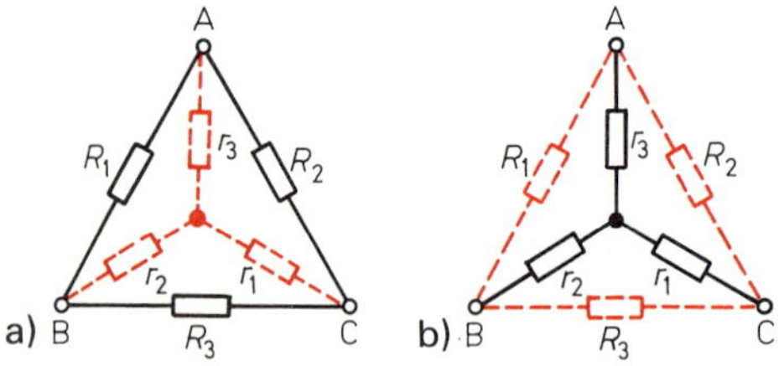

2.41 Schaltungsumwandlung
a) Dreieck-Stern, b) Stern-Dreieck

Wir gehen davon aus, daß bei einem beliebigen Widerstandsnetzwerk drei Klemmen A, B und C zugänglich sind. Zwischen jeweils zwei Klemmen (bei offener dritter Klemme) sollen sich dann Ersatzwiderstände messen lassen, die jedoch weder Null noch unendlich groß sind (sonst läge nur eine Parallelschaltung bzw. eine Reihenschaltung von Ersatzwiderständen vor). Für das Widerstandsnetzwerk läßt sich sowohl ein Dreieck (Großbuchstaben R) als auch ein Stern (Kleinbuchstaben r) von Ersatzwiderständen angeben, wobei deren Ersatzschaltung die gleichen Ersatzwiderstände zwischen den Klemmen liefert wie die Messung. Mit anderen Worten:

$$R_{AB} = r_{AB}\ , \quad R_{BC} = r_{BC}\ , \quad R_{CA} = r_{CA}\ .$$

Aus diesem Ansatz werden die Umwandlungsformeln für die beiden Ersatzschaltungen entwickelt. In Bild **2.41** sind die Dreieckwiderstände mit großen Buchstaben, die Sternwiderstände mit kleinen Buchstaben bezeichnet. Wir betrachten jeweils eine Schaltung als gegeben, die andere (gestrichelt gezeichnet) als gesucht. Es ergeben sich die folgenden Gleichungen

$$\text{(I)} \qquad R_{AB} = \frac{R_1(R_2 + R_3)}{R_1 + R_2 + R_3} = r_{AB} = r_2 + r_3$$

$$\text{(II)} \qquad R_{BC} = \frac{R_3(R_1 + R_2)}{R_1 + R_2 + R_3} = r_{BC} = r_1 + r_2$$

$$\text{(III)} \qquad R_{CA} = \frac{R_2(R_1 + R_3)}{R_1 + R_2 + R_3} = r_{CA} = r_1 + r_3$$

Zur Vereinfachung der Schreibweise wird $R_1 + R_2 + R_3 = \sum R$ eingeführt.
Durch Addition der Gl. (I) und Gl. (II) bekommt man

$$\frac{R_1(R_2 + R_3) + R_3(R_1 + R_2)}{\sum R} = r_1 + r_3 + 2r_2 \Rightarrow$$

$$2r_2 = \frac{R_1(R_2 + R_3) + R_3(R_1 + R_2)}{\sum R} - (r_1 + r_3).$$

Setzt man für $(r_1 + r_3)$ Gl. (III) ein, erhält man schließlich

$$2r_2 = 2\frac{R_1 \cdot R_3}{\sum R} \quad \Rightarrow \quad r_2 = \frac{R_1 \cdot R_3}{\sum R}.$$

Durch Einsetzen dieses Wertes in Gl. (I) bekommt man r_3 und durch Einsetzen in Gl. (II) r_1. Es gelten damit die folgenden Umwandlungsformeln für die

Umwandlung Dreieck–Stern

$$r_1 = \frac{R_2 \cdot R_3}{\sum R}, \quad r_2 = \frac{R_1 \cdot R_3}{\sum R}, \quad r_3 = \frac{R_1 \cdot R_2}{\sum R}. \qquad (2.22)$$

Der von einer Klemme ausgehende Sternwiderstand ist gleich dem Produkt der von derselben Klemme ausgehenden Dreieckwiderstände, dividiert durch die Summe der drei Dreieckwiderstände.

Für die Umwandlung Stern–Dreieck gehen wir von Gl. (2.22) aus und erhalten daraus

$$\frac{R_3}{\sum R} = \frac{r_1}{R_2} = \frac{r_2}{R_1} \quad \Rightarrow \quad \frac{r_1}{r_2} = \frac{R_2}{R_1}$$

$$\frac{R_2}{\sum R} = \frac{r_1}{R_3} = \frac{r_3}{R_1} \quad \Rightarrow \quad \frac{r_1}{r_3} = \frac{R_3}{R_1}$$

$$\frac{R_1}{\sum R} = \frac{r_2}{R_3} = \frac{r_3}{R_2} \quad \Rightarrow \quad \frac{r_2}{r_3} = \frac{R_3}{R_2}.$$

Stellen wir andererseits Gl. (2.22) um, z. B. in

$$R_1 + R_2 + R_3 = \frac{R_2 \cdot R_3}{r_1},$$

dividieren durch R_3 und setzen die abgeleiteten Verhältnisgleichungen ein, ergibt sich

$$R_2 = r_1 \left(1 + \frac{r_3}{r_1} + \frac{r_3}{r_2}\right)$$

und schließlich

$$R_2 = r_1 + r_3 + \frac{r_1 \cdot r_3}{r_2}.$$

Entsprechend lassen sich aus den beiden anderen Gl. (2.22) die Widerstände R_1 und R_3 berechnen. Man erhält für die

Umwandlung Stern–Dreieck

$$R_1 = r_2 + r_3 + \frac{r_2 r_3}{r_1}, \quad R_2 = r_1 + r_3 + \frac{r_1 r_3}{r_2}, \quad R_3 = r_1 + r_2 + \frac{r_1 r_2}{r_3}. \tag{2.23}$$

Ein zwischen zwei Klemmen liegender Dreieckswiderstand ist gleich der Summe der von denselben Klemmen ausgehenden Sternwiderständen und dem Quotienten aus deren Produkt und dem dritten Sternwiderstand.

Widerstandsnetzwerk mit mehr als drei Klemmen. Die beschriebenen Umwandlungen führen bei einem Widerstandsnetzwerk mit drei zugänglichen Klemmen auf unterschiedlichem Potential zu einer Dreieck- bzw. Stern-Ersatzschaltung als einfachster Schaltung. Bei vier oder mehr Klemmen ist das jedoch nicht möglich, es lassen sich mehr als zwei Ersatzschaltungen finden. Soll die Spannungs- und Stromverteilung in einem solchen Netzwerk untersucht werden (wie in den folgenden Abschnitten erläutert), kann die Stern- bzw. Dreieck-Stern-Umwandlung zu Ersatzschaltungen führen, die einfacher zu berechnen sind als das ursprüngliche Netzwerk.

Übungen zu Abschnitt 2.2.4.4

Beispiel 2.20 Das Netzwerk in Bild **2.**42a enthält nur scheinbar vier zugängliche Klemmen A, B, C, D. Da B und D auf gleichem Potential liegen, handelt es sich tatsächlich nur um drei Klemmen, und die Schaltung muß sich in eine Dreieck- bzw. Stern-Ersatzschaltung überführen lassen. Bei der Umwandlung bleiben die Klemmen, zwischen denen sich die Dreieck- bzw. Sternwiderstände befinden, erhalten. Nur die Sternpunkte entstehen bzw. verschwinden. Soll z. B. der Stern aus R_1, R_2 und R_3 in ein Dreieck überführt werden, liegen die entsprechenden Dreieckwiderstände R_{E1}, R_{E2} und R_{E3} zwischen den gleichen Klemmen A, B und E_1 (**2.**42b). Bei Sternwiderständen unterschiedlichen Betrags erhält man

$$R_{E1} = R_1 + R_2 + \frac{R_1 \cdot R_2}{R_3}$$

$$R_{E2} = R_1 + R_3 + \frac{R_1 \cdot R_3}{R_2}$$

$$R_{E3} = R_2 + R_3 + \frac{R_2 \cdot R_3}{R_1}.$$

Beispiel 2.20, Fortsetzung

Die beiden Widerstände R_{E3} und R_4 werden zu einem Ersatzwiderstand zusammengefaßt:

$$R_{E4} = \frac{R_{E3} \cdot R_4}{R_{E3} + R_4}$$

Der entstandene Stern aus R_{E2}, R_5 und R_{E4} in Bild **2.**42c zwischen den Klemmen A, C, und B/D wird in ein Dreieck umgewandelt, wobei der Sternpunkt E_1 verschwindet. Man bekommt die Schaltung Bild **2.**42d mit den Ersatzwiderständen

$$R_{E5} = R_{E2} + R_{E4} + \frac{R_{E2} \cdot R_{E4}}{R_5}$$

$$R_{E6} = R_{E2} + R_5 + \frac{R_{E2} \cdot R_5}{R_{E4}}$$

$$R_{E7} = R_{E4} + R_5 + \frac{R_{E4} \cdot R_5}{R_{E2}}.$$

Schließlich erhält man

$$R_{E8} = \frac{R_{E1} \cdot R_{E5}}{R_{E1} + R_{E5}} \quad \text{und} \quad R_{E9} = \frac{R_{E7} \cdot R_6}{R_{E7} + R_6}$$

und die Ersatzschaltung Bild **2.**42e.

Sind z.B. die Widerstände und die Spannung U_{AB} gegeben, läßt sich U_{CD} wie bei einem unbelasteten Spannungsteiler berechnen:

$$U_{CD} = \frac{U_{AB} \cdot R_{E9}}{R_{E6} + R_{E9}}.$$

Der Ersatzwiderstand zwischen den Klemmen A/B bei offenen Klemmen C/D beträgt

$$R_{AB} = \frac{R_{E8}(R_{E6} + R_{E9})}{R_{E6} + R_{E8} + R_{E9}}.$$

Als Zahlenbeispiel seien gegeben:

$R_1 = R_3 = R_5 = 300\,\Omega \qquad U_{AB} = 24\,\text{V}$

$R_2 = R_4 = R_6 = 150\,\Omega$

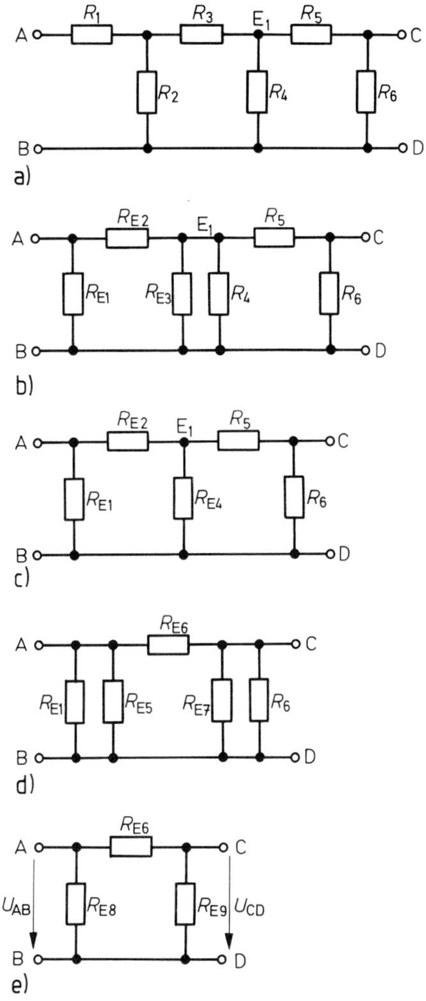

2.42 Zu Beispiel 2.20

Man erhält damit $R_{E1} = 600\,\Omega$, $R_{E2} = 1200\,\Omega$, $R_{E3} = 600\,\Omega$, $R_{E4} = 120\,\Omega$, $R_{E5} = 1800\,\Omega$, $R_{E6} = 4500\,\Omega$, $R_{E7} = 450\,\Omega$, $R_{E8} = 450\,\Omega$, $R_{E9} = 112{,}5\,\Omega$. Für die gesuchten Größen ergibt sich damit

$R_{AB} = \mathbf{410\,\Omega}$ und $U_{CD} = \mathbf{0{,}5854\,V}$.

Vergleichen wir dieses Beispiel mit Aufgabe 2b zu Abschn. 2.2.4.3, erkennen wir, daß es oft mehrere Möglichkeiten gibt, eine Schaltung zu berechnen. Während beim Rechengang nach Abschn. 2.2.4.3 jedoch die Klemmen C und D in den Ersatzschaltungen verlorengehen, bleiben sie bei den Umwandlungen des Beispiels 2.20 erhalten. Das hat zur Folge, daß z.B. Aufgabe 2c nach Abschn. 2.2.4.3 eine umfangreichere Berechnung erfordert als die Beantwortung der gleichen Frage im Beispiel.

Wir erkennen daraus, daß es nur von Vorteil sein kann, wenn man die wichtigsten Verfahren zur Berechnung von Schaltungen beherrscht. Welches man in einem bestimmten Fall am zweckmäßigsten anwendet, hängt weitgehend von der Fragestellung ab.

Beispiel 2.21 In der Schaltung Bild **2.**43a liegen die vier zugänglichen Klemmen auf verschiedenem Potential. Eine einfache Dreieck- bzw. Stern-Ersatzschaltung wie im vorigen Beispiel läßt sich hier also nicht finden. Man kann die Schaltung jedoch so umwandeln, daß sie sich leicht berechnen läßt, wenn für verschiedene Widerstandskombinationen z.B. das Verhältnis von U_{AB} zu U_{CD} bestimmt werden soll.

Zunächst werden die beiden Sterne aus R_1, R_2, R_3 bzw. R_4, R_5, R_6 in Dreiecke umgerechnet. Dabei verschwinden die beiden Sternpunkte E_1 und E_2 und man erhält die Schaltung Bild **2.**43b mit

$$R_{E1} = R_1 + R_3 + \frac{R_1 \cdot R_3}{R_2},$$

$$R_{E2} = R_1 + R_2 + \frac{R_1 \cdot R_2}{R_3},$$

$$R_{E3} = R_2 + R_3 + \frac{R_2 \cdot R_3}{R_1},$$

$$R_{E4} = R_4 + R_5 + \frac{R_4 \cdot R_5}{R_6},$$

$$R_{E5} = R_5 + R_6 + \frac{R_5 \cdot R_6}{R_4},$$

$$R_{E6} = R_4 + R_6 + \frac{R_4 \cdot R_6}{R_5}.$$

Die Ersatzwiderstände R_{E3} und R_{E4} werden zusammengefaßt zu

$$R_{E7} = \frac{R_{E3} \cdot R_{E4}}{R_{E3} + R_{E4}}.$$

In der Schaltung Bild **2.**43c wird das Dreieck aus R_{E5}, R_{E6} und R_{E7} in einen Stern umgerechnet:

$$R_{E8} = \frac{R_{E6} \cdot R_{E7}}{R_{E5} + R_{E6} + R_{E7}},$$

$$R_{E9} = \frac{R_{E5} \cdot R_{E7}}{R_{E5} + R_{E6} + R_{E7}},$$

$$R_{E10} = \frac{R_{E5} \cdot R_{E6}}{R_{E5} + R_{E6} + R_{E7}}.$$

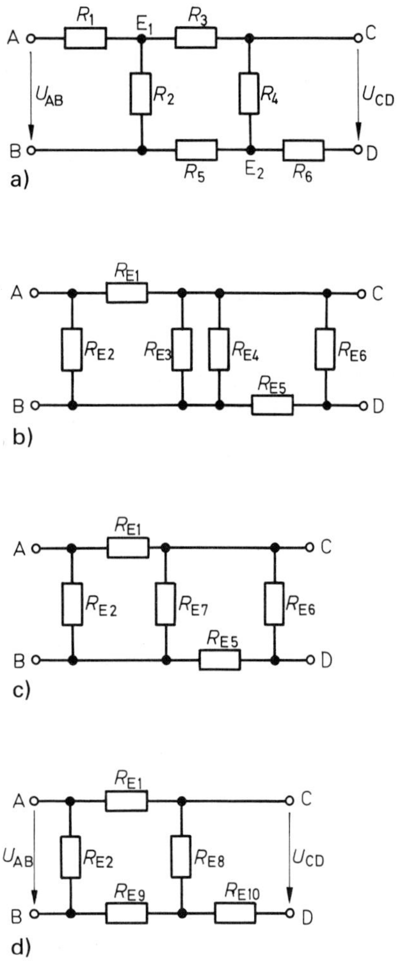

2.43 Zu Beispiel 2.21

Man erhält die Schaltung Bild **2.**43d und für das gesuchte Spannungsverhältnis

$$U_{CD} = \frac{U_{AB} \cdot R_{E8}}{R_{E1} + R_{E8} + R_{E9}} \Rightarrow$$

$$\frac{U_{AB}}{U_{CD}} = \frac{R_{E1} + R_{E8} + R_{E9}}{R_{E8}} = 1 + \frac{R_{E1} + R_{E9}}{R_{E8}}.$$

Aufgaben zu Abschnitt 2.2.4.4

1. Der Ersatzwiderstand der Schaltung Bild **2.**44 zwischen den Klemmen A und B ist zu bestimmen, wenn alle Widerstände die gleichen Werte haben.

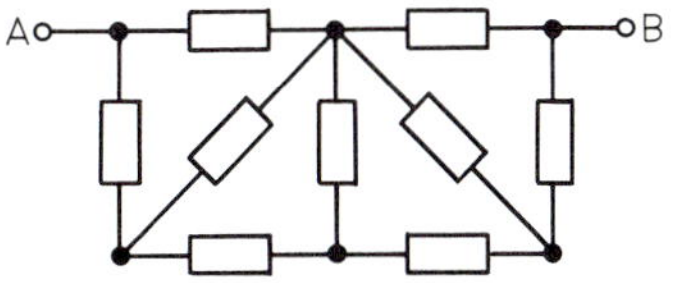

2.44 Zu Aufgabe 1

2. Die Umwandlung der Schaltung Bild **2.**42a in eine Dreieck- bzw. Stern-Ersatzschaltung ist auf andere Weise durchzuführen, als in Beispiel 2.20 beschrieben.
3. Der Ersatzwiderstand der Schaltung Bild **2.**45 ist zu bestimmen. Dabei sind $R_1 = 120\,\Omega$, $R_2 = 150\,\Omega$, $R_3 = 180\,\Omega$, $R_4 = 220\,\Omega$, $R_5 = 270\,\Omega$, $R_6 = 330\,\Omega$.

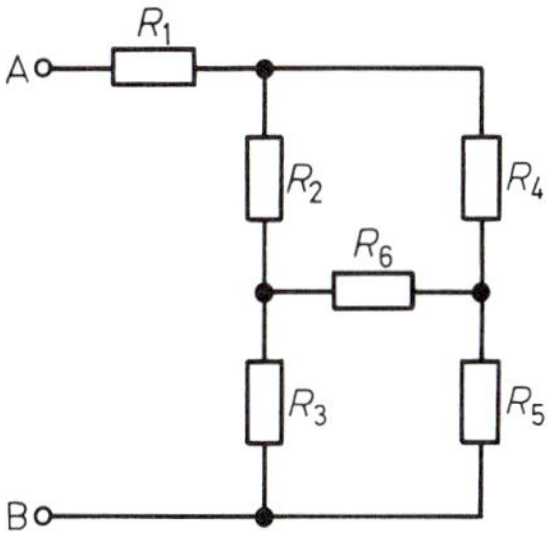

2.45 Zu Aufgabe 3

4. a) Wie groß sind die Ersatzwiderstände der Schaltung Bild **2.**46 zwischen den Klemmen A/B, B/C und C/A?
   b) Welcher Ersatzwiderstand ergibt sich zwischen den Klemmen A/D, B/D und C/D?

   Die Widerstände betragen $R_1 = R_3 = R_5 = 270\,\Omega$ und $R_2 = R_4 = R_6 = 560\,\Omega$.

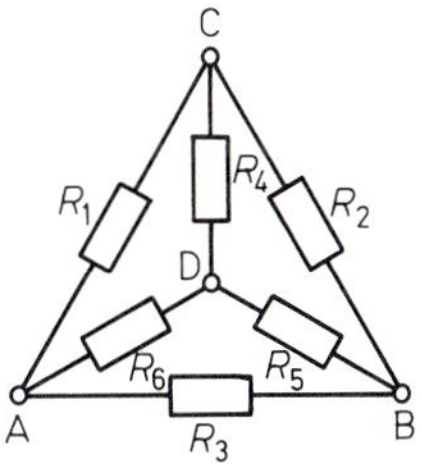

2.46 Zu Aufgabe 4

5. Der Ersatzwiderstand der Schaltung Bild **2.**47 zwischen den Klemmen A und B ist zu bestimmen. Dabei sind $R_1 = R_3 = R_5 = R_7 = 270\,\Omega$ und $R_2 = R_4 = R_6 = R_8 = 470\,\Omega$.

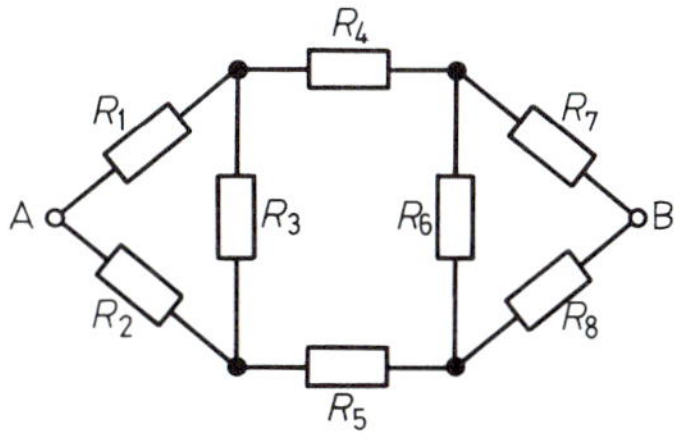

2.47 Zu Aufgabe 5

6. Von einem Widerstandsnetzwerk sind drei Klemmen zugänglich. Wird eine Spannungsquelle von 24 V abwechselnd mit den Klemmen A/B, B/C und C/A verbunden, werden die Ströme $I_{AB} = 0{,}6$ A, $I_{BC} = 1{,}2$ A und $I_{CA} = 0{,}8$ A gemessen. Welche Ersatzschaltungen lassen sich für das Widerstandsnetzwerk angeben?

2.3 Energiesatz in Netzwerken

2.3.1 Kirchhoffsche Regeln

Eine gemischte Schaltung wie in Bild **2.**48, die ausschließlich aus Verbrauchern besteht, nennt man auch passives Netzwerk. Entsprechend der konventionellen Stromrichtung bewegen sich die Ladungsträger vom höheren zum niedrigeren Potential durch das Netzwerk und geben dabei ausschließlich potentielle Energie ab. Nach den in Abschn. 2.1.2 angestellten Überlegungen können wir jedem Punkt des Netzwerks ein bestimmtes Potential φ zuordnen. Herrschen an der

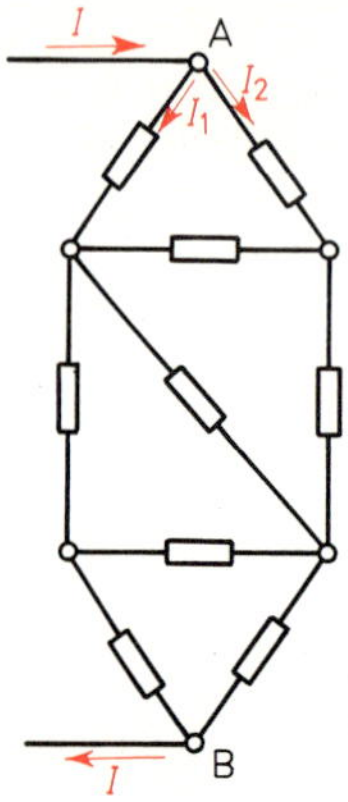

2.48 Widerstandsnetzwerk

Klemme A das Potential φ_A und an der Klemme B das Potential φ_B, verlieren die Ladungsträger auf ihrem Weg durch das Netzwerk die Energiemenge

$$\Delta W_{AB} = Q_+ \Delta\varphi = Q_+ (\varphi_A - \varphi_B) = Q_+ U_{AB}.$$

Dabei ist es gleichgültig, auf welchem Weg die Ladungsmenge Q_+ von A nach B gelangt. Um diese zeitlich nicht veränderliche Strömung der Ladungsträger und daher auch ein zeitlich nicht veränderliches Potential jedes Netzwerkpunkts aufrechtzuerhalten, müssen jedoch zwei Voraussetzungen erfüllt sein.

Knotenpunktregel. Die Ladungsmenge ΔQ, die während der Zeit Δt von der Klemme A aus in das Netzwerk strömt, muß der Klemme A auch wieder zufließen. Andernfalls würde sich die Ladung in A verändern und damit auch das Potential φ_A. Bringen wir in A für die zu- und abfließenden Ladungsmengen im konventionellen Sinn Richtungspfeile an, können wir schreiben

$$\Delta Q_{zu} = I \cdot \Delta t = \Delta Q_{ab} = I_1 \cdot \Delta t + I_2 \cdot \Delta t$$

und weiter $I = I_1 + I_2$ oder allgemein $\sum I_{zu} = \sum I_{ab}$ oder

$$\boxed{\sum I_{zu} - \sum I_{ab} = 0.} \tag{2.24}$$

Dieses ist die erste Kirchhoffsche Regel oder Knotenpunktregel:

> In jedem Stromverzweigungspunkt ist die Summe aus zufließenden und abfließenden Strömen stets Null. Dabei werden üblicherweise die zufließenden Ströme positiv, die abfließenden Ströme negativ gerechnet.

Beispiel 2.22 In Bild **2.**49 betragen die Ströme $I_1 = 1$ A, $I_2 = 2$ A, $I_3 = 1{,}5$ A, $I_4 = 0{,}5$ A und $I_5 = 0{,}8$ A. Wie groß ist I_6?

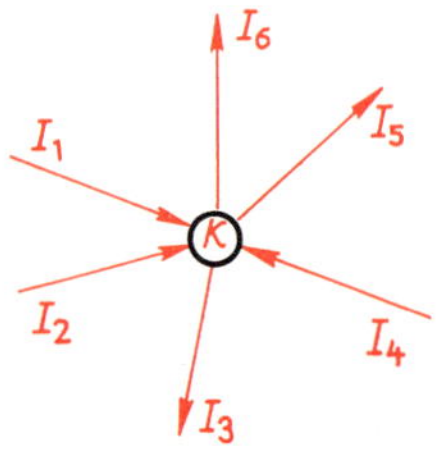

2.49 Knotenpunktregel (Beispiel 2.22)

Lösung Nach der Knotenpunktregel ist

$$\sum I_A = I_1 + I_2 - I_3 + I_4 - I_5 - I_6 = 0 \quad \Rightarrow$$
$$I_6 = I_1 + I_2 + I_4 - (I_3 + I_5) = 3{,}5\text{ A} - 2{,}3\text{ A} = \mathbf{1{,}2\text{ A}}.$$

Der eingetragene Pfeil für I_6 ist hier ein Bezugspfeil, da der konventionelle Richtungssinn für I_6 zunächst nicht bekannt ist. Als „abfließender Strom" wird er mit negativem Vorzeichen in die Knotenpunktgleichung eingesetzt. Die Rechnung ergibt für I_6 einen positiven Zahlenwert. Das bedeutet, daß konventioneller Richtungssinn und Bezugspfeil übereinstimmen. Wäre I_6 als zufließender Strom (also positiv) angesetzt worden, hätte die Rechnung einen negativen Zahlenwert geliefert: Bezugssinn und konventioneller Richtungssinn stimmen nicht überein.

Maschenregel. Wie wir für den Grundstromkreis schon erörtert haben, können wir die Voraussetzung gleichbleibender Ladung bzw. konstanten Potentials in A nur erfüllen, wenn wir die Ladungsmenge Q_+ von der Klemme B unter Energiezufuhr wieder zur Klemme A bringen, also

$$-\Delta W_{AB} = -Q_+ (\varphi_A - \varphi_B) = -Q_+ U_{AB} = Q_+ U_{BA}.$$

Damit hat die Ladungsmenge Q_+ in A die gleiche potentielle Energie wie vorher. Es gilt darum stets $\Delta W = 0$, wenn wir einen in sich geschlossenen Weg durch das Netzwerk betrachten. Die durchlaufenen Potentialdifferenzen können wir in konventionellem Sinn durch Spannungspfeile darstellen, so daß wir diese entweder in Pfeilrichtung (von den Ladungsträgern abgegebene Leistung) oder gegen die Pfeilrichtung (von den Ladungsträgern aufgenommene Leistung) durchlaufen. Bei gleichem Sinn wird die betreffende Spannung positiv gerechnet, bei ungleichem negativ. Wir können allgemein schreiben

$$\boxed{\sum U = 0.} \tag{2.25}$$

Dieser Sachverhalt entspricht der zweiten Kirchhoffschen Regel oder Maschenregel:

> Die auf einem beliebigen, geschlossenen Weg in einem Netzwerk gebildete Summe der Teilspannungen ist unter Beachtung ihrer Vorzeichen stets gleich Null.

Beispiel 2.23 Nach dem Schaltbild **2.**50 gilt

$$U_1 + U_2 + U_3 - U_4 - U_5 = 0\,.$$

Sind U_1, U_2, U_3 und U_4 bekannt und mit ihrem konventionellen Richtungssinn in das Schaltbild eingetragen, gilt der Spannungspfeil U_5 als Bezugspfeil. Das Vorzeichen für U_5 entscheidet wieder darüber, ob der gewählte Bezugspfeil mit dem konventionellen Richtungssinn übereinstimmt oder nicht.

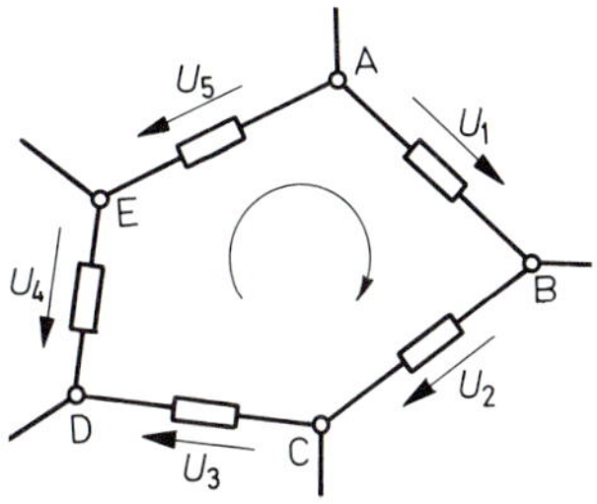

2.50 Maschenregel (Beispiel 2.23)

Lösung Für $U_1 = 2\,\text{V}$, $U_2 = 3\,\text{V}$, $U_3 = 1\,\text{V}$, $U_4 = 7\,\text{V}$ ist $U_5 = U_1 + U_2 + U_3 - U_4 = \mathbf{-1\,V}$. Das Potential in Klemme E ist also um 1 V positiver als in Klemme A.

Beide Kirchhoffschen Regeln ergeben sich aus dem Energieerhaltungssatz. Entsprechend der Energiebilanz im Grundstromkreis (s. Abschn. 2.1.2) gilt auch für jeden geschlossenen Weg durch ein Netzwerk, daß die Summe der Energieänderungen der Ladungsträger Null ist. Da der Erhaltungssatz der Energie für jeden Augenblick und damit auch für eine kleine Zeitspanne Δt gilt, erhalten wir mit $\Delta W/\Delta t = P$

$$\Delta W_{\text{abgegeben}} + \Delta W_{\text{zugeführt}} = 0 \quad \Rightarrow \quad P_{\text{abgegeben}} + P_{\text{zugeführt}} = 0.$$

Wir können die beiden Kirchhoffschen Regeln deshalb auch formal aus den Leistungsbilanzen der Reihenschaltung bzw. Parallelschaltung ableiten. Für die Reihenschaltung ergibt sich die Maschenregel, wenn wir die Gleichung

$$I(U_1 + U_2 + U_3 + \cdots + U_n) - I \cdot U = 0$$

durch den gemeinsamen Strom dividieren. Entsprechend bekommen wir für die Parallelschaltung

$$U(I_1 + I_2 + I_3 + \cdots + I_n) - U \cdot I = 0$$

und durch Division durch die gemeinsame Spannung die Knotenpunktregel.

Aktive und passive Netzwerke. Netzwerke, in denen den Ladungsträgern nur Energie entnommen wird, heißen passiv. Leistung und Teilleistungen in den Verbrauchern sind stets positiv zu rechnen, da die konventionellen Richtungen von Spannung und Stromstärke gleich sind. Von aktiven Netzwerken spricht man, wenn den Ladungsträgern auch Energie zugeführt wird, Leistungen also auch mit negativem Vorzeichen auftreten (konventionelle Richtungen von Spannung und Strom sind verschieden). Die Kirchhoffschen Regeln gelten allgemein für passive und aktive Netzwerke aus Verbrauchern und Erzeugern.

Die Berechnung solcher Netzwerke mit Hilfe der Kirchhoffschen Regeln soll im folgenden erläutert werden.

2.3.2 Berechnung einzelner Netzmaschen

Wir befassen uns zunächst mit der Berechnung von Schaltungen, in denen passive Ersatzwiderstände und aktive Spannungsquellen so zusammengeschaltet sind, daß sich im Sinne der Kirchhoffschen Maschenregel nur ein geschlossener Umlauf bilden läßt. Abgesehen vom einfachen Grundstromkreis sind das Schaltungen mit drei oder mehr Klemmen, zwischen denen jeweils Reihenschaltungen von Spannungsquellen (aktiven Zweipolen) und Widerständen bzw. Ersatzwiderständen (passive Zweipole) liegen. Bei drei Klemmen liegt z. B. eine Schaltung nach Bild **2.**51 vor.

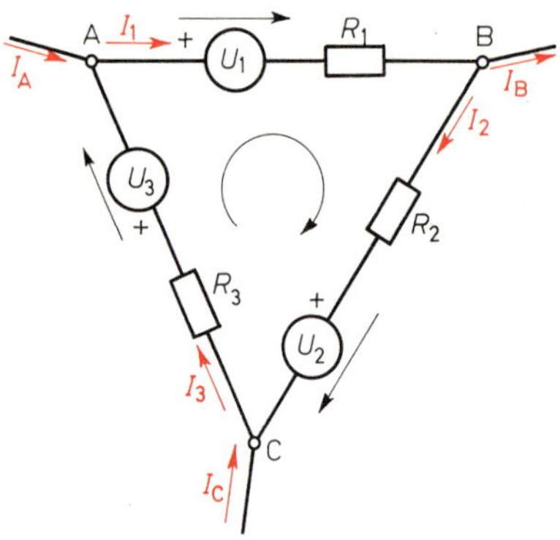

2.51 Netzmasche mit Einströmungen (Beispiel)

Die Stromverteilung in einer solchen Netzmasche läßt sich nur dann angeben, wenn die Polarität der Gleichspannungsquellen bekannt ist. Bei jeder Spannungsquelle ist deshalb zunächst im konventionellen Sinn ein Spannungspfeil von ihrer positiven Klemme zu ihrer negativen Klemme einzuzeichnen. Als nächstes legen wir in der Masche einen Umlaufsinn fest, in dem gewissermaßen die gedachte Ladungsmenge Q_+ bewegt werden soll, also entweder im oder entgegen dem Uhrzeigersinn. Dann wird zwischen je zwei Stromverzweigungspunkten der Masche ein Strom-Bezugspfeil eingezeichnet, der zweckmäßig dem eben festgelegten Umlaufsinn entspricht. Es sei nochmals betont, daß die Bezugspfeile noch keine Auskunft über die tatsächlichen (konventionellen) Pfeilrichtungen geben. Sie sind jedoch für den Ansatz der den Kirchhoffschen Regeln entsprechenden Gleichungen erforderlich.

Nach den Regeln der Mathematik können wir in der Netzmasche ebenso viele unbekannte Größen berechnen, wie uns voneinander unabhängige Gleichungen zur Verfügung stehen. Solche Gleichungen erkennt man daran, daß sie mindestens ein Glied enthalten, das in den anderen Gleichungen nicht auftritt. Bei einer Masche mit k Klemmen, an denen Einströmungen vorhanden sind, können ebenso viele Knotenpunktgleichungen aufgestellt werden. Eine davon ist in den anderen jedoch schon enthalten, so daß sich $(k - 1)$ voneinander unabhängige Gleichungen ergeben. Dazu kommt noch eine Gleichung, wenn wir die gesamte Masche als einen Stromverzweigungspunkt für die Einströmungen betrachten. Mit der Maschengleichung stehen uns also bei k Klemmen mit Einströmungen insgesamt $k + 1$ voneinander unabhängige Gleichungen zur Verfügung. Wir können damit nach Betrag und konventionellen Richtungssinn auch $k + 1$ unbekannte Größen berechnen.

Beispiel 2.24 In der Masche nach Bild **2.**51 mit drei Knotenpunkten können wir also vier unbekannte Größen (z.B. vier Ströme) bestimmen. Außer den Spannungen der Spannungsquellen und den Widerständen müssen z.B. I_A und I_B nach Betrag und Richtungssinn gegeben sein. Gesucht sind damit I_1, I_2, I_3 und I_C.

Lösung Wir stellen zunächst die Maschengleichung auf. Dazu beginnen wir den Umlauf im festgelegten Sinn z.B. an der Klemme A. Stimmen Umlaufsinn und Pfeilsinn der Spannungen der Quellen bzw. der Ströme in den Widerständen überein, bekommt die entsprechende Spannung ein positives Vorzeichen, sonst ein negatives. Es ergibt sich danach

Lösung, Fortsetzung

(I) $U_1 + I_1 R_1 + I_2 R_2 + U_2 + I_3 R_3 + U_3 = 0$.

Dazu kommen die Knotenpunktgleichungen

(II) $\sum I_M = 0 = I_A - I_B + I_C$ (für die gesamte Masche)

(III) $\sum I_A = 0 = I_A - I_1 + I_3$ (für Klemme A)

(IV) $\sum I_B = 0 = I_1 - I_B - I_2$ (für Klemme B).

Es seien gegeben

$U_1 = 24\ \text{V}$, $U_2 = 12\ \text{V}$, $U_3 = 6\ \text{V}$, $R_1 = 220\ \Omega$, $R_2 = 150\ \Omega$,

$R_3 = 330\ \Omega$, $I_A = 0{,}25\ \text{A}$, $I_B = 0{,}4\ \text{A}$.

Nach Gl. (II) ergibt sich $I_C = I_B - I_A = 0{,}4\ \text{A} - 0{,}25\ \text{A} = \mathbf{0{,}15\ A}$.

Die Gl. (I), (III) und (IV) bilden ein Gleichungssystem mit drei Unbekannten, die alle in der Maschengleichung auftreten. Die Knotenpunktgleichungen (III) und (IV) werden in die Maschengleichung (I) eingesetzt. Diese wird jetzt mit der einzigen Unbekannten I_1 zur Bestimmungsgleichung:

(III) $I_3 = I_1 - I_A$ (IV) $I_2 = I_1 - I_B$

in (I) $U_1 + I_1 R_1 + (I_1 - I_B) R_2 + U_2 + (I_1 - I_A) R_3 + U_3 = 0$

$U_1 + I_1 R_1 + I_1 R_2 - I_B R_2 + U_2 + I_1 R_3 - I_A R_3 + U_3 = 0$

$$I_1 (R_1 + R_2 + R_3) = I_B R_2 + I_A R_3 - (U_1 + U_2 + U_3)$$

$$I_1 = \frac{I_B R_2 + I_A R_3 - (U_1 + U_2 + U_3)}{R_1 + R_2 + R_3}$$

$$I_1 = \frac{0{,}4\ \text{A} \cdot 150\ \Omega + 0{,}25\ \text{A} \cdot 330\ \Omega - 42\ \text{V}}{700}$$

$$I_1 = 0{,}1436\ \text{A} = \mathbf{143{,}6\ mA}$$

Aus den Gl. (III) und (IV) werden die Ströme I_3 bzw. I_2 berechnet:

$I_3 = 143{,}6\ \text{mA} - 250\ \text{mA} = \mathbf{-106{,}4\ mA}$

$I_2 = 143{,}6\ \text{mA} - 400\ \text{mA} = \mathbf{-256{,}4\ mA}$

Bei I_3 und I_2 stimmen der gewählte Bezugspfeil und der konventionelle Richtungssinn des Stroms nicht überein. Es ist nun nicht erforderlich, die zunächst gewählten Bezugspfeile für I_2 und I_3 nachträglich umzudrehen. Der Ansatz der Gleichungen würde der neuen Pfeilfestlegung nicht mehr entsprechen und müßte wie die Rechnung geändert werden. Die Rechnung würde I_2 und I_3 mit positivem Vorzeichen liefern, was ja die Bestätigung für die Übereinstimmung von Bezugsrichtung und Stromrichtung bedeuten würde. Es ist jedoch zu beachten, daß bei der Berechnung von z.B. U_{BC} die der Rechnung zugrunde gelegten Bezugspfeile und die Vorzeichen der berechneten Größen richtig berücksichtigt werden:

$U_{BC} = I_2 R_2 + U_2 = -0{,}2564\ \text{A} \cdot 150\ \Omega + 12\ \text{V} = \mathbf{-26{,}46\ V}$.

Die Klemme C hat also ein um 26,46 V positiveres Potential als Klemme B. Entsprechend ist $U_{BC} = -U_{CB} \Rightarrow U_{CB} = \mathbf{26{,}46\ V}$.

Eine Änderung der ursprünglich gewählten Bezugspfeile nach dem Ergebnis der Rechnung in konventionelle Richtungspfeile ist nur dann sinnvoll, wenn man mit dem Schaltbild auch ein anschauliches Bild der Potential- und Stromverteilung haben will.

Aufgaben zu Abschnitt 2.3

1. In der Schaltung Bild **2.**42a ist die Spannungs- und Stromverteilung für $U_{AB} = 48\ V$ zu berechnen. Dabei sind $R_1 = R_3 = R_5 = 270\ \Omega$ und $R_2 = R_4 = R_6 = 120\ \Omega$.
2. In der Schaltung Bild **2.**43a sind für $U_{AB} = 24$ V Teilspannungen und -ströme zu bestimmen. Es betragen $R_1 = R_3 = R_5 = 330\ \Omega$, $R_2 = R_4 = R_6 = 150\ \Omega$.
3. In der Schaltung Bild **2.**44 beträgt die Spannung $U_{AB} = 60$ V. Die Spannungs- und Stromverteilung bei gleichen Widerständen R_1 bis $R_9 = 470\ \Omega$ ist zu berechnen.
4. In der Brückenschaltung Bild **2.**45 ist bei $U_{AB} = 12$ V die Spannungs- und Stromverteilung zu ermitteln. Die Widerstände betragen $R_1 = 120\ \Omega$, $R_2 = 150\ \Omega$, $R_3 = 180\ \Omega$, $R_4 = 220\ \Omega$, $R_5 = 270\ \Omega$ und $R_6 = 330\ \Omega$.
5. In der Schaltung Bild **2.**46 sind für $U_{AB} = 12$ V Teilspannungen und -ströme zu berechnen. Es sind $R_1 = R_3 = R_5 = 150\,\Omega$ und $R_2 = R_4 = R_6 = 330\,\Omega$.
6. In der Schaltung Bild **2.**47 beträgt die Spannung $U_{AB} = 60$ V. Welche Spannungs- und Stromverteilung ergibt sich für $R_1 = R_3 = R_5 = R_7 = 270\,\Omega$ und $R_2 = R_4 = R_6 = R_8 = 470\,\Omega$?
7. Gegeben in Bild **2.**52: $U_1 = 12$ V, $U_2 = 6$ V, $I_A = 2$ A, $I_C = 2{,}5$ A, $I_D = 1{,}5$ A, $R_1 = 47\ \Omega$, $R_2 = 68\ \Omega$, $R_3 = 56\ \Omega$, $R_4 = 33\ \Omega$. Gesucht: I_B, I_1, I_2, I_3, I_4, U_{AB}, U_{AC}, U_{BD}.
8. In Bild **2.**53 betragen $I_A = 1{,}5\ A$, $I_B = 2{,}5$ A, $I_C = 3$ A, $R_1 = 18\ \Omega$, $R_2 = 33\ \Omega$, $R_3 = 47\ \Omega$, $R_4 = 22\ \Omega$. Gesucht sind I_D, I_1, I_2, I_3, I_4, U_{AC}, U_{BD}.

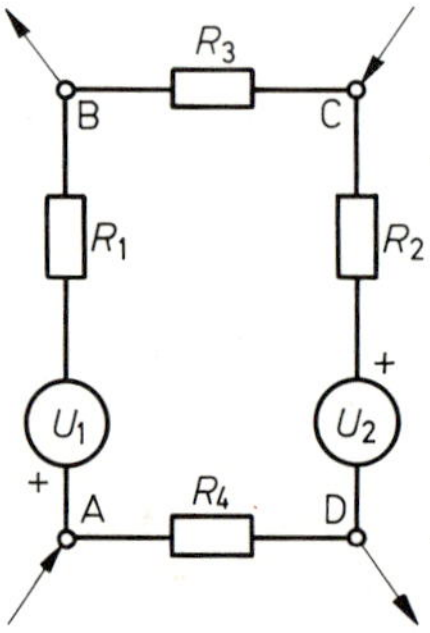

2.52 Zu Aufgabe 7

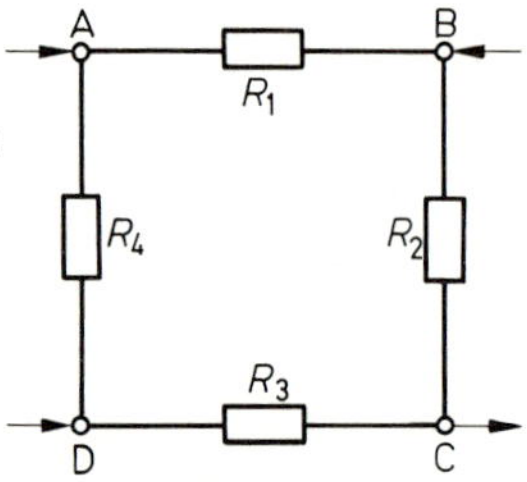

2.53 Zu Aufgabe 8

9. In Bild **2.**54 betragen $I_A = 3\ A$, $I_B = 2$ A, $U_1 = 12$ V, $U_2 = 6$ V, $U_3 = 8$ V, $R_1 = 22\ \Omega$, $R_2 = 18\ \Omega$, $R_3 = 27\ \Omega$, $R_4 = 33\ \Omega$. Gesucht sind I_C, I_1, I_2, I_3, U_{AB}, U_{AC}, U_{BC}.

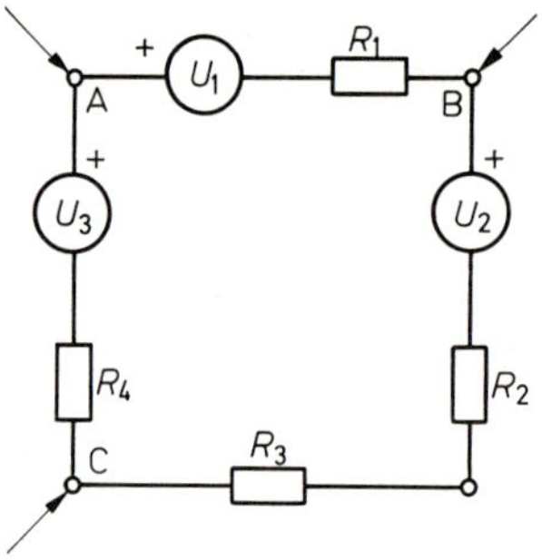

2.54 Zu Aufgabe 9

2.3.3 Berechnung geschlossener Netze

2.3.3.1 Anwendung der Kirchhoffschen Regeln

Einströmungen in eine Netzmasche, wie wir sie in Abschn. 2.3.2 kennengelernt haben, ersetzen die an die interessierende Netzmasche anschließenden Teile eines Netzwerks. Wenn diese Einströmungen nicht bekannt sind, muß die Berechnung im allgemeinen auf das gesamte Netzwerk ausgedehnt werden. Dieses ist jetzt in sich geschlossen und enthält keine Einströmungen mehr. Seine k Knotenpunkte liefern nur $(k-1)$ unabhängige Gleichungen zur Berechnung der z Zweigströme zwischen den Stromverzweigungspunkten. Die restlichen $m = z - (k-1)$ erforderlichen Maschengleichungen müssen voneinander unabhängig sein. Jede muß also mindestens ein Glied enthalten, das in den anderen Maschengleichungen nicht vorkommt.

Die vorbereitenden Festlegungen von Umlaufsinn in den Maschen sowie von Pfeilen für Spannungen und Ströme erfolgen wie in Abschn. 2.3.2. Dabei ist vor allem die Polarität der Spannungsquellen zu beachten.

Die Lösung der erhaltenen Gleichungssysteme mit elementaren rechnerischen Mitteln wird dabei mit steigender Maschenzahl aufwendiger. Wir wollen uns deshalb hier auf einige einfache Beispiele beschränken. Auf die Anwendung der Kirchhoffschen Regeln zur Berechnung von Netzwerken werden wir später noch zurückkommen.

Beispiel 2.25 Es sind in der Schaltung Bild **2.**55 die Ströme I_1, I_2, I_3 und die Spannungsverteilung gesucht. Es ist eine Knotenpunktgleichung möglich, und zur Ermittlung der drei Teilströme sind daher noch zwei Maschengleichungen erforderlich. Es sind z.B.

$$\text{(I)} \quad \sum I_A = I_1 - I_2 - I_3 = 0$$

$$\text{(II)} \quad \sum U_I = I_3 R_3 + I_1(R_1 + R_2) - U_1 = 0$$

$$\text{(III)} \quad \sum U_{II} = -U_2 + I_2(R_4 + R_5) - I_3 R_3 = 0.$$

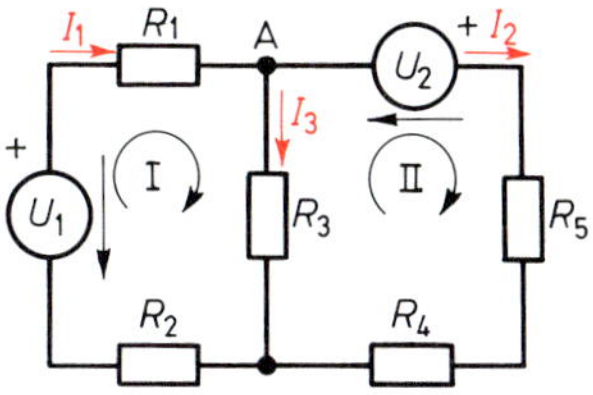

2.55 Geschlossenes Netzwerk mit zwei Maschen (Beispiel 2.25)

Durch Addition von (II) und (III) erhält man

$$\text{(IV)} \quad I_1(R_1 + R_2) + I_2(R_4 + R_5) = U_1 + U_2$$

und durch Einsetzen von (I) in (III)

$$(I_2 - I_1)R_3 + I_2(R_4 + R_5) = U_2 = I_2(R_3 + R_4 + R_5) - I_1 R_3 \quad \Rightarrow$$

$$\text{(V)} \quad I_1 = \frac{I_2(R_3 + R_4 + R_5) - U_2}{R_3}.$$

Aus den Gleichungen (IV) und (V) ergibt sich nach dem Umstellen

$$I_2 = \frac{U_1 R_3 + U_2(R_1 + R_2 + R_3)}{R_3(R_1 + R_2) + (R_4 + R_5)(R_1 + R_2 + R_3)}.$$

Sind z.B. $U_1 = 12$ V, $U_2 = 6$ V, $R_1 = 120\,\Omega$, $R_2 = 180\,\Omega$, $R_3 = 150\,\Omega$, $R_4 = 220\,\Omega$ und $R_5 = 270\,\Omega$, erhält man

$$I_2 = \frac{12\text{ V} \cdot 150\,\Omega + 6\text{ V} \cdot 450\,\Omega}{150\,\Omega \cdot 300\,\Omega + 490\,\Omega \cdot 450\,\Omega} \quad \text{und durch Kürzen mit } 150\,\Omega$$

$$I_2 = \frac{12\text{ V} + 6\text{ V} \cdot 3}{300\,\Omega + 490\,\Omega \cdot 3} = \mathbf{16{,}95\ mA}. \quad \text{Damit ergeben sich}$$

$$I_1 = \frac{16{,}95\text{ mA} \cdot 640\,\Omega - 6\text{ V}}{150\,\Omega} = \mathbf{32{,}32\ mA}$$

aus Gl. (V) und aus $I_3 = I_1 - I_2$ schließlich $I_3 = \mathbf{15{,}37\ mA}$.

Für alle Ströme ergeben sich positive Vorzeichen. Die konventionelle Stromrichtung stimmt also mit den angenommenen Bezugspfeilen überein. Auch die Spannungsabfälle an den Widerständen entsprechen in ihrem konventionellen Richtungssinn den Bezugspfeilen.

Beispiel 2.26 In der Schaltung Bild **2.**56 sind gegeben:
$U_1 = 12$ V, $U_2 = 18$ V, $U_3 = 24$ V, R_1 bis $R_6 = 15\,\Omega$.
Gesucht sind die Ströme I_1 bis I_6 sowie U_{AC}, U_{AD}, U_{DC}.
Bei vier Knotenpunkten sind drei unabhängige Knotenpunktgleichungen möglich und demnach noch drei Maschengleichungen erforderlich.

Beispiel 2.26, Fortsetzung

(I) $\sum I_A = I_1 - I_3 - I_4 = 0$

(II) $\sum I_B = I_4 - I_2 - I_6 = 0$

(III) $\sum I_D = I_3 + I_6 - I_5 = 0$

(IV) $\sum U_I = I_4 R_4 + I_2 R_2 - U_2 + U_1 + I_1 R_1 = 0$

(V) $\sum U_{II} = U_3 + I_3 R_3 - I_6 R_6 - I_4 R_4 = 0$

(VI) $\sum U_{III} = I_6 R_6 + I_5 R_5 + U_2 - I_2 R_2 = 0\,.$

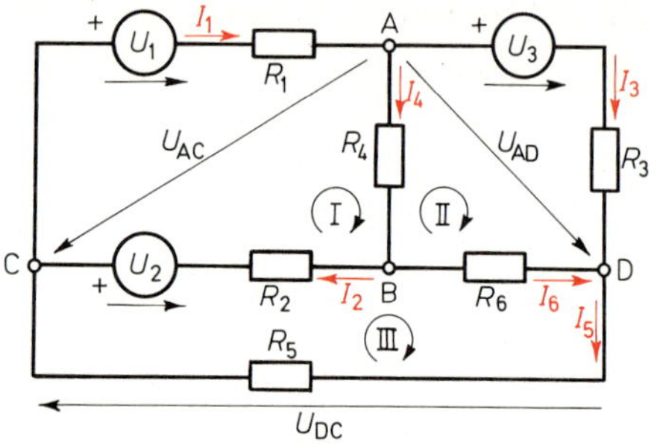

2.56 Geschlossenes Netzwerk mit drei Maschen

Es ergibt sich ein Gleichungssystem mit den sechs unbekannten Strömen. Die Knotenpunktgleichungen werden so in die Maschengleichungen eingesetzt, daß sich drei Gleichungen mit drei Unbekannten daraus ableiten lassen.

(III in VI) $I_6 R_6 + (I_3 + I_6) R_5 - I_2 R_2 = -U_2 \quad \Rightarrow$

(VII) $-I_2 R_2 + I_3 R_5 + I_6 (R_5 + R_6) = -U_2$

(II in V) $-(I_2 + I_6) R_4 + I_3 R_3 - I_6 R_6 = -U_3 \quad \Rightarrow$

(VIII) $-I_2 R_4 + I_3 R_3 - I_6 (R_4 + R_6) = -U_3$

(I in IV) $I_4 R_4 + I_2 R_2 + (I_3 + I_4) R_1 = U_2 - U_1 \quad \Rightarrow \quad I_2 R_2 + I_3 R_1 + I_4 (R_1 + R_4) = U_2 - U_1$

und daraus mit (II) $I_2 R_2 + I_3 R_1 + (I_2 + I_6)(R_1 + R_4) = U_2 - U_1 \quad \Rightarrow$

(IX) $I_2 (R_1 + R_2 + R_4) + I_3 R_1 + I_6 (R_1 + R_4) = U_2 - U_1\,.$

Die drei Gleichungen (VII), (VIII) und (IX) werden zunächst nach I_3 umgestellt. Danach wird (VII) mit (VIII) bzw. mit (IX) gleichgesetzt. Daraus bekommt man

$$\frac{I_2 R_2 - I_6 (R_5 + R_6) - U_2}{R_5} = \frac{I_2 R_4 + I_6 (R_4 + R_6) - U_3}{R_3} \tag{X}$$

$$\frac{I_2 R_2 - I_6 (R_5 + R_6) - U_2}{R_5} = \frac{U_2 - U_1 - I_2 (R_1 + R_2 + R_4) - I_6 (R_1 + R_4)}{R_1}. \tag{XI}$$

Man erkennt, daß die allgemeine Lösung der Netzwerkberechnung für beliebige Spannungs- und Widerstandswerte zwar grundsätzlich nur elementare Rechenoperationen erfordert, daß sie aber auch zu umfangreicheren Ausdrücken führt, je größer die Anzahl der Maschengleichungen wird. In diesem Beispiel können wir die Ausdrücke dadurch vereinfachen, daß R_1 bis $R_6 = R$ gesetzt wird. Die beiden Gleichungen (X) und (XI) bekommen wir dann in der Form

$$I_2 R - I_6 2R - U_2 = I_2 R + I_6 2R - U_3 \quad \Rightarrow \quad I_6 4R = U_3 - U_2$$

$$I_2 R - I_6 2R - U_2 = U_2 - U_1 - I_2 3R - I_6 2R \quad \Rightarrow \quad I_2 4R = 2U_2 - U_1\,.$$

Aus (IX) $I_2 3R + I_3 R + I_6 2R = U_2 - U_1$ erhält man

$I_3 4R = -U_1 - 2U_3$ und aus den Knotenpunktgleichungen

$I_4 4R = U_2 + U_3 - U_1$; $I_1 4R = U_2 - U_3 - 2U_1$; $I_5 4R = -U_1 - U_2 - U_3$.

Mit den gegebenen Werten erhält man schließlich

$I_1 = \mathbf{-0{,}5\,A}$; $I_2 = \mathbf{0{,}4\,A}$; $I_3 = \mathbf{-1\,A}$; $I_4 = \mathbf{0{,}5\,A}$; $I_5 = \mathbf{-0{,}9\,A}$; $I_6 = \mathbf{0{,}1\,A}$.

Die gesuchten Spannungen ergeben sich z. B. aus

$U_{AC} = -U_1 - I_1 R = \mathbf{-4{,}5\,V}$; $U_{DC} = I_5 \cdot R = \mathbf{-13{,}5\,V}$;

$U_{AD} = U_{AC} - U_{DC} = -4{,}5\,V + 13{,}5\,V = \mathbf{9\,V}$.

2.3.3.2 Maschenstromverfahren

Bei dem eben geschilderten Berechnungsverfahren können die Bezugsrichtungen der Ströme ganz beliebig angenommen werden. Zur Vereinfachung der Berechnung liegt es daher nahe, in den einzelnen Zweigen des Netzwerks diese Bezugsrichtungen so zu wählen, daß sie mit dem Umlaufsinn der Masche zusammenfallen. D.h. man nimmt in jeder Masche einen Kreisstrom an, der alle Elemente der Masche durchfließt. Da in dem ganzen Netzwerk dann nur noch solche gedachten Maschenströme fließen, ist an den einzelnen Knoten des Netzes die Knotenpunktregel durch diese Annahme bereits erfüllt. Man braucht also die Knotenpunktsgleichungen gar nicht mehr aufzuschreiben und kann so das Berechnungsverfahren vereinfachen.

Während z.B. in Bild **2**.55 die Pfeile für den Umlaufsinn in den Maschen I und II lediglich zum Vergleich mit den Bezugspfeilen für Spannungen und Ströme erforderlich sind, haben sie beim Maschenstromverfahren zusätzlich den Charakter von Maschenströmen im Sinne von Bezugspfeilen. Gehört ein Widerstand zwei Maschen an (wie in Bild **2**.55 z.B. R_3), muß man beim Berechnen der an ihm auftretenden Spannung beide Maschenströme entsprechend ihrer Bezugsrichtung berücksichtigen. Spannungen werden auch hier positiv in die Gleichungen eingesetzt, wenn ihr Richtungspfeil mit der Bezugsrichtung des Maschenstroms übereinstimmt, sonst negativ.

Nach dem Berechnen der Maschenströme werden die eigentlichen Zweigströme aus jeweils zwei Maschenströmen bestimmt. Dabei können wir die Bezugspfeile der Zweigströme so festlegen, daß sich bei der Berechnung aus den Maschenströmen positive Werte ergeben. Die Bezugspfeile entsprechen dann der konventionellen Stromrichtung und liefern ein anschauliches Bild der im Netzwerk auftretenden Potentialverhältnisse.

In den folgenden Beispielen werden bei gleichen gegeben Größen wie in den Beispielen 2.25 bzw. 2.26 in Abschn. 2.3.3.1 die Zweigströme nach dem Maschenstromverfahren berechnet.

Beispiel 2.27 In der Schaltung Bild **2**.55 sind die Zweigströme I_1, I_2 und I_3 zu bestimmen.

Lösung Mit den Bezugspfeilen für die Maschenströme I und II ergeben sich die Gleichungen

$$R_3(I_\mathrm{I} - I_\mathrm{II}) + I_\mathrm{I} R_2 - U_1 + I_\mathrm{I} R_1 = 0$$

$$-U_2 + I_\mathrm{II}(R_5 + R_4) + R_3(I_\mathrm{II} - I_\mathrm{I}) = 0.$$

Daraus erhalten wir

$$I_\mathrm{I}(R_1 + R_2 + R_3) - I_\mathrm{II} R_3 = U_1$$

$$-I_\mathrm{I} R_3 + I_\mathrm{II}(R_3 + R_4 + R_5) = U_2,$$

und zur Vereinfachung der Schreibweise mit

$$R_{\mathrm{E}1} = R_1 + R_2 + R_3 = 450\,\Omega; \quad R_{\mathrm{E}2} = R_3 + R_4 + R_5 = 640\,\Omega$$

bekommen wir die beiden Gleichungen in der Form

$$I_\mathrm{I} R_{\mathrm{E}1} - I_\mathrm{II} R_3 = U_1 \quad \text{und} \quad -I_\mathrm{I} R_3 + I_\mathrm{II} R_{\mathrm{E}2} = U_2.$$

$$\text{Mit} \quad I_\mathrm{I} = \frac{U_1 + I_\mathrm{II} R_3}{R_{\mathrm{E}1}} \quad \text{erhalten wir} \quad I_\mathrm{II} R_{\mathrm{E}2} - \frac{(U_1 + I_\mathrm{II} R_3) R_3}{R_{\mathrm{E}1}} = U_2 \quad \Rightarrow$$

$$I_\mathrm{II} R_{\mathrm{E}2} R_{\mathrm{E}1} - U_1 R_3 - I_\mathrm{II} R_3^2 = U_2 R_{\mathrm{E}1} \quad \Rightarrow$$

$$I_\mathrm{II}(R_{\mathrm{E}1} R_{\mathrm{E}2} - R_3^2) = U_2 R_{\mathrm{E}1} + U_1 R_3 \quad \Rightarrow$$

$$I_\mathrm{II} = \frac{U_2 R_{\mathrm{E}1} + U_1 R_3}{R_{\mathrm{E}1} R_{\mathrm{E}2} - R_3^2} = \frac{6\,\mathrm{V} \cdot 450\,\Omega + 12\,\mathrm{V} \cdot 150\,\Omega}{450\,\Omega \cdot 640\,\Omega - (150\,\Omega)^2} = 0{,}016949\,\mathrm{A}.$$

Lösung, Fortsetzung

Damit erhalten wir $I_{\mathrm{I}} = \dfrac{12\ \mathrm{V} + 0{,}016949\ \mathrm{A} \cdot 150\ \Omega}{450\ \Omega} = 0{,}032316\ \mathrm{A}$.

Für die Zweigströme entsprechend Bild **2.**55 ergeben sich

$I_1 = I_{\mathrm{I}} \qquad = 0{,}032316\ \mathrm{A} = \mathbf{32{,}32\ mA}$

$I_2 = I_{\mathrm{II}} \qquad = 0{,}016949\ \mathrm{A} = \mathbf{16{,}95\ mA}$

$I_3 = I_{\mathrm{I}} - I_{\mathrm{II}} = 0{,}015367\ \mathrm{A} = \mathbf{15{,}37\ mA}$.

Beispiel 2.28 In dem Netzwerk nach Bild **2.**56 sind die Zweigströme gesucht.

Lösung Mit den Bezugspfeilen für die Maschenströme I_{I}, I_{II} und I_{III} erhalten wir die Gleichungen

$(I_{\mathrm{I}} - I_{\mathrm{II}})R_4 + (I_{\mathrm{I}} - I_{\mathrm{III}})R_2 - U_2 + U_1 + I_{\mathrm{I}}R_1 = 0$

$U_3 + I_{\mathrm{II}}R_3 + (I_{\mathrm{II}} - I_{\mathrm{III}})R_6 + (I_{\mathrm{II}} - I_{\mathrm{I}})R_4 = 0$

$I_{\mathrm{III}}R_5 + U_2 + (I_{\mathrm{III}} - I_{\mathrm{I}})R_2 + (I_{\mathrm{III}} - I_{\mathrm{II}})R_6 = 0$

und daraus

(1) $I_{\mathrm{I}}(R_1 + R_2 + R_4) - I_{\mathrm{II}}R_4 - I_{\mathrm{III}}R_2 = U_2 - U_1$

(2) $-I_{\mathrm{I}}R_4 + I_{\mathrm{II}}(R_3 + R_4 + R_6) - I_{\mathrm{III}}R_6 = -U_3$

(3) $-I_{\mathrm{I}}R_2 - I_{\mathrm{II}}R_6 + I_{\mathrm{III}}(R_2 + R_5 + R_6) = -U_2$.

Auch bei unterschiedlichen Werten der Widerstände läßt sich die Schreibweise des Gleichungssystems vereinfachen, wenn wir wie im Beispiel 2.27 Ersatzwiderstände einführen. Da hier jedoch die Widerstände gleiche Werte haben, können wir schreiben

(1) $I_{\mathrm{I}} \cdot 3R - I_{\mathrm{II}} \cdot R - I_{\mathrm{III}} \cdot R = U_2 - U_1$

(2) $-I_{\mathrm{I}} \cdot R + I_{\mathrm{II}} \cdot 3R - I_{\mathrm{III}} \cdot R = -U_3$

(3) $-I_{\mathrm{I}} \cdot R - I_{\mathrm{II}} \cdot R + I_{\mathrm{III}} \cdot 3R = -U_2$.

Multiplizieren wir Gl. (2) und (3) jeweils mit 3 und addieren sie zu Gl. (1) bekommen wir die beiden Gleichungen

(1a) $I_{\mathrm{II}} \cdot 8R - I_{\mathrm{III}} \cdot 4R = U_2 - U_1 - 3U_3$

(2a) $-I_{\mathrm{II}} \cdot 4R + I_{\mathrm{III}} \cdot 8R = U_2 - U_1 - 3U_2 = -U_1 - 2U_2$.

Multiplizieren wir Gl. (2a) mit 2 und addieren, ergibt sich

$$I_{\mathrm{III}} \cdot 12R = -2U_1 - 4U_2 + U_2 - U_1 - 3U_3 = -3(U_1 + U_2 + U_3)$$

und daraus schließlich

$$I_{\mathrm{III}} = -\frac{3(U_1 + U_2 + U_3)}{12R} = -\frac{54\ \mathrm{V}}{60\ \Omega} = -0{,}9\ \mathrm{A}.$$

Gl. (1a) liefert $I_{\mathrm{II}} = -1{,}0\ \mathrm{A}$ und Gl. (1) $I_{\mathrm{I}} = -0{,}5\ \mathrm{A}$. Mit den Bezugspfeilen nach Bild **2.**56 erhalten wir schließlich für die gesuchten Zweigströme

$I_1 = I_{\mathrm{I}} \quad = \mathbf{-0{,}5\ A}$; $\quad I_2 = I_{\mathrm{I}} \ - I_{\mathrm{III}} = \mathbf{0{,}4\ A}$

$I_3 = I_{\mathrm{II}} \quad = \mathbf{-1{,}0\ A}$; $\quad I_4 = I_{\mathrm{I}} \ - I_{\mathrm{II}} \ = \mathbf{0{,}5\ A}$

$I_5 = I_{\mathrm{III}} = \mathbf{-0{,}9\ A}$; $\quad I_6 = I_{\mathrm{III}} - I_{\mathrm{II}} \ = \mathbf{0{,}1\ A}$.

Aufgaben zu Abschnitt 2.3.3

Die Aufgaben sind nach den in Abschn. 2.3.3.1 und 2.3.3.2 beschriebenen Berechnungsverfahren zu lösen.

1. In der Schaltung Bild **2.**57 sind gegeben: $U_1 = 6\,\text{V}$, $U_2 = 12\,\text{V}$, $U_3 = 18\,\text{V}$, $R_1 = 27\,\Omega$, $R_2 = 33\,\Omega$, $R_3 = 47\,\Omega$. Gesucht sind die Stromstärken I_1, I_2 und I_3.

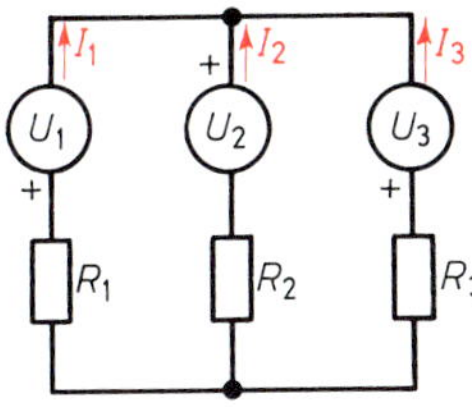

2.57 Zu Aufgabe 1

2. In der Schaltung Bild **2.**58 sind $U_1 = 18\,\text{V}$, $U_2 = 12\,\text{V}$, $U_3 = 6\,\text{V}$, $R_1 = R_2 = R_3 = 56\,\Omega$ und $R_4 = R_5 = R_6 = 68\,\Omega$. Gesucht sind die Stromstärken I_1 bis I_6 sowie die Spannungen U_{AB}, U_{AC}, U_{BC}. Es ist zu prüfen, welche Auswirkung eine Stern-Dreieck-Umwandlung auf die Netzwerkberechnung hat.

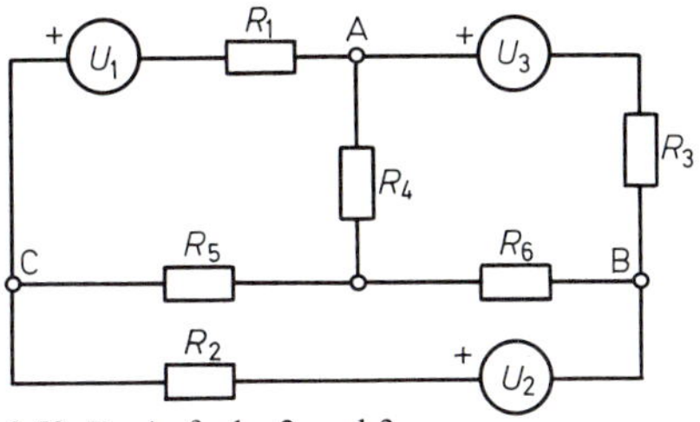

2.58 Zu Aufgabe 2 und 3

3. Bei sonst gleichen gegebenen Daten wie in Aufgabe 2 sind in Bild **2.**58 die Spannungen $U_1 = U_2 = U_3 = 12\,\text{V}$, wobei U_2 die andere Polarität hat. Welche Stromstärken I_1 bis I_6 ergeben sich nun, und welche Werte haben die Spannungen U_{AB}, U_{BC} und U_{CA}?

4. In der Schaltung Bild **2.**59 betragen $U_1 = 24\,\text{V}$, $U_2 = 12\,\text{V}$, $R_1 = 56\,\Omega$, $R_2 = 33\,\Omega$, $R_3 = R_4 = R_5 = 68\,\Omega$. Gesucht sind die Stromstärken I_1 bis I_5. Es ist ferner zu prüfen, ob eine Dreieck-Stern-Umwandlung Vorteile beim Berechnen der Stromverteilung bringt.

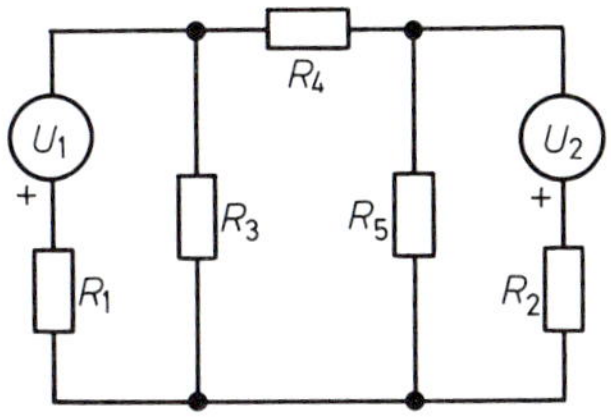

2.59 Zu Aufgabe 4

2.4 Erzeugerteil

Wir haben in Abschn. 2.3 gesehen, daß bei einer gleichbleibenden elektrischen Strömung in einem beliebigen Netzwerk Energieabgabe und Energiezufuhr stets im Gleichgewicht stehen müssen. Die Energiezufuhr an die Ladungsträger erfolgt z.B. in Form potentieller elektrischer Energie in einer Spannungsquelle (Erzeuger) auf Kosten irgendeiner anderen Energieform. Diese Energieumformung im Erzeuger ist stets mit Umwandlungsverlusten verbunden (**2.**1) und gehorcht dem Energieerhaltungssatz, der in jedem Augenblick gültig ist. Wir stellen die folgenden Betrachtungen deshalb nicht für die Energie (Arbeit) an, sondern für die Leistung. Wegen der physikalischen Gleichwertigkeit verschiedener Energie- bzw. Leistungsformen können wir ohne Rücksicht auf die tatsächlich vorliegenden Energieformen elektrische Größen verwenden und damit das Verhalten des Erzeugers beschreiben.

2.4.1 Ersatzspannungsquelle

Im Grundstromkreis stellt der Widerstand R_E den Ersatzwiderstand des Verbrauchers dar, den wir z.B. nach den besprochenen Verfahren ermittelt haben. An den Klemmen A und B führen wir ihm bei einer Klemmenspannung U_{AB} und der Stromstärke I die Leistung $P = U_{AB}I$ zu, die wir einem

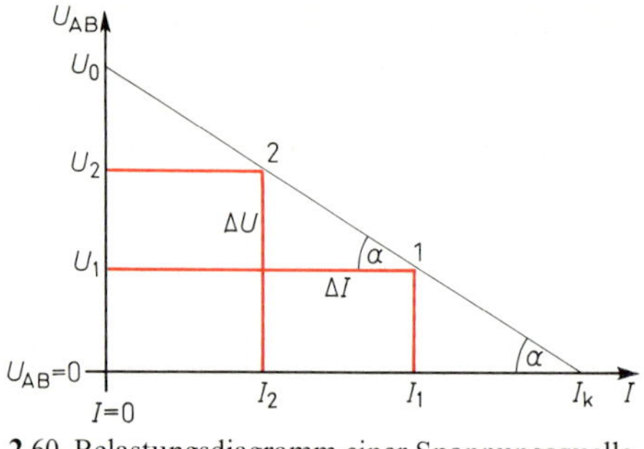

2.60 Belastungsdiagramm einer Spannungsquelle

Erzeuger entnehmen. Verändern wir nun den Belastungsstrom (z.B. durch Änderung des Lastwiderstands R_E), verändert sich im allgemeinen die Klemmenspannung. Sie ist belastungsabhängig. Die Art der Abhängigkeit läßt sich meßtechnisch ermitteln. Im einfachsten Fall, der in der Praxis jedoch häufig vorkommt, nimmt die Klemmenspannung mit zunehmendem Belastungsstrom linear ab. Für zwei Belastungsfälle erhalten wir z.B. die Meßpunkte 1 und 2 in Bild **2.**60.

Leerlaufspannung. Verbindet man die Meßpunkte 1 und 2 durch eine Gerade und verlängert diese, erhält man mit den beiden Achsen zwei Schnittpunkte. Diese entsprechen den Betriebsfällen $I = 0$ bei offenen Klemmen A/B bzw. der Spannung $U_{AB} = 0$ bei kurzgeschlossenen Klemmen. Im Fall $I = 0$ ist die Bewegungsenergie der Ladungsträger Null, und ihre potentielle Energie an den Klemmen erreicht ihren höchsten Wert. Dementsprechend hat auch die Klemmenspannung den größten möglichen Betrag. Sie wird als Leerlaufspannung U_l, Quellenspannung U_q oder auch als Urspannung U_0 bezeichnet.

Kurzschlußstrom. Der Belastungsstrom kann nicht beliebig groß werden. Auch er hat einen größten möglichen Wert, wenn die potentielle Energie der Ladungsträger bei kurzgeschlossenen Klemmen ihren niedrigsten Wert im Stromkreis hat und die Ladungsträger nur noch Bewegungsenergie enthalten. Es fließt der sogenannte Kurzschlußstrom I_k.

Alle praktisch möglichen Betriebsfälle liegen zwischen diesen beiden Grenzwerten. Entsprechend irgendeinem Punkt auf der Geraden gehört zu einem bestimmten Belastungsstrom I eine bestimmte Klemmenspannung U_{AB}.

Innerer Widerstand. Der Spannungsabfall $\Delta U = U_2 - U_1$ läßt sich formal als Wirkung eines Widerstands denken, der sich innerhalb der Spannungsquelle befindet und deshalb als „innerer Widerstand R_i" bezeichnet wird. Entsprechend heißt der Spannungsabfall ΔU auch „innerer Spannungsabfall U_i". Den Betrag des inneren Widerstands bekommt man aus dem Diagramm als Steigung der Geraden

$$\tan\alpha = \frac{\Delta U}{\Delta I} = \frac{U_2 - U_1}{I_1 - I_2} = \frac{U_0}{I_k}. \qquad (2.26)$$

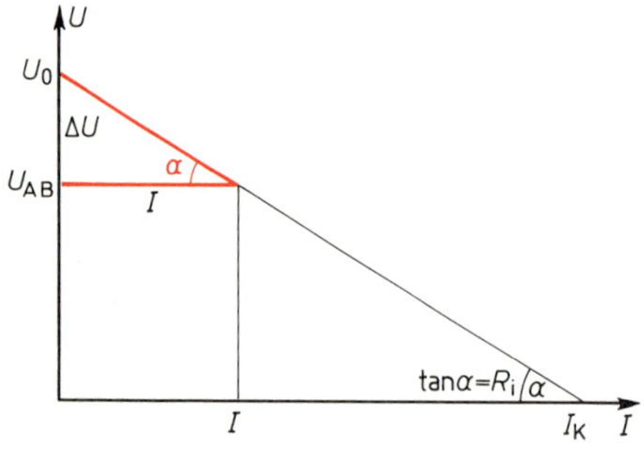

2.61 Belastungsdiagramm der Ersatzspannungsquelle

Bei linearer Abhängigkeit $U_{AB} = f(I)$ ist der innere Widerstand unabhängig vom Belastungsstrom konstant.

Wie man dem Diagramm die Klemmenspannung für einen beliebigen Belastungsfall entnehmen kann, so läßt sie sich auch berechnen. Man entnimmt Bild **2.**61

$U_{AB} = U_0 - \Delta U$ und mit $\Delta U = I \cdot R_i$ auch

$$U_{AB} = U_0 - I \cdot R_i. \qquad (2.27)$$

Ersatzspannungsquelle. Es läßt sich nun eine Ersatzschaltung angeben, deren Verhalten dieser Gleichung entspricht und in der eine Spannungsquelle mit der belastungsunabhängigen Spannung U_0 mit dem inneren Widerstand R_i in Reihe geschaltet ist. Diese Ersatzschaltung heißt „Ersatzspannungsquelle“ und der mit dem Ersatzwiderstand R_E des Verbrauchers vervollständigte Stromkreis der „Ersatzstromkreis“ (**2**.62). Der Strom I im Ersatzstromkreis läßt sich allgemein berechnen nach der Gleichung.

$$\boxed{I = \frac{U_0}{R_i + R_E}.} \tag{2.28}$$

Die Ersatzspannungsquelle, die wir formal aus dem Verhalten einer realen Spannungsquelle abgeleitet haben, hat auch eine physikalische Bedeutung. Die Leistung $P = U_{AB} I$, die wir an den Klemmen dem Erzeuger entnehmen können, ist stets kleiner als die diesem zugeführte Leistung $P_0 = U_0 \cdot I$. Dieser Sachverhalt entspricht der Tatsache, daß jede Energieumformung mit Verlusten verbunden ist. (Natürlich bedeutet das nur, daß ein Teil der zugeführten Leistung für den beabsichtigten Zweck nicht nutzbar ist.) Dieser Anteil der Leistung wird in der Ersatzschaltung des Erzeugers gewissermaßen am inneren Widerstand nicht umkehrbar in Wärme umgesetzt.

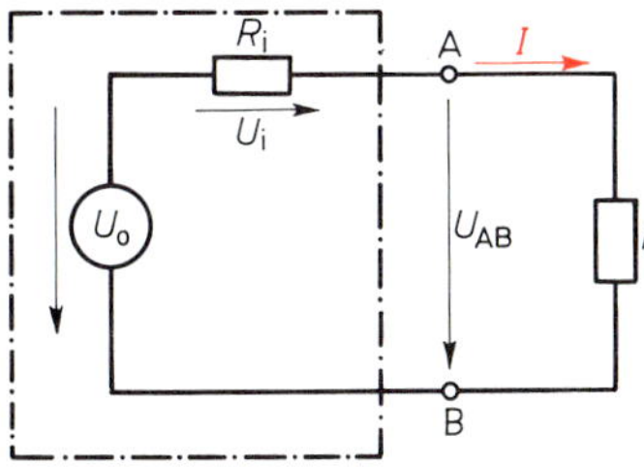

2.62 Ersatzstromkreis mit Ersatzspannungsquelle

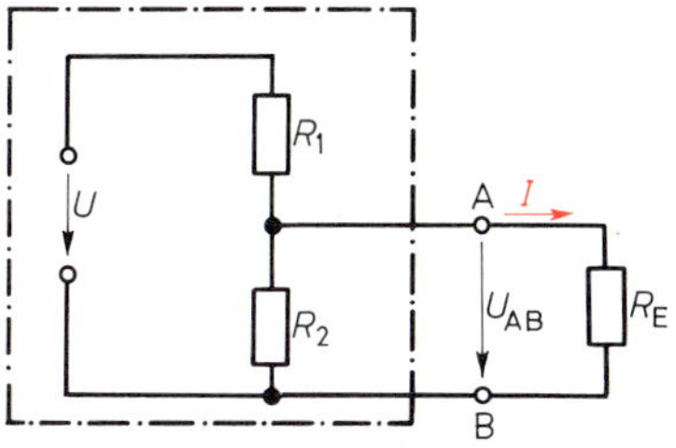

2.63 Belasteter Spannungsteiler als Ersatzspannungsquelle

Spannungsteiler als Ersatzspannungsquelle. Man kann nicht nur einen Erzeuger als Ersatzspannungsquelle darstellen, sondern auch jedes andere lineare, aktive Netzwerk so im einfachsten Fall den Spannungsteiler mit Quelle. Legt man nach Bild **2**.63 an einen Spannungsteiler aus den Widerständen R_1 und R_2 eine konstante Gleichspannung U, erhält man bei offenen Klemmen A/B an R_2 die Leerlaufspannung

$$U_{AB0} = \frac{U \cdot R_2}{R_1 + R_2}.$$

Bei Belastung des Spannungsteilers mit einem Widerstand R_E sinkt die Spannung an R_2. Die Klemmenspannung U_{AB} und den in R_E fließenden Strom könnten wir nach den Berechnungsregeln der gemischten Schaltung ermitteln. Wir wollen hier jedoch einen anderen Weg zur Bestimmung dieser Größen wählen. Dazu berechnen wir zunächst den größtmöglichen Strom zwischen den Klemmen A und B, wenn wir diese kurzschließen. Es ergibt sich

$$I_k = \frac{U}{R_1}.$$

Damit erhalten wir für den Innenwiderstand des Spannungsteilers

$$R_i = \frac{U_0}{I_k} = \frac{U \cdot R_2 \cdot R_1}{(R_1 + R_2)U} = \frac{R_1 \cdot R_2}{R_1 + R_2}. \tag{2.29}$$

Der Innenwiderstand eines Spannungsteilers ist gleich dem Ersatzwiderstand der Parallelschaltung seiner beiden Teilwiderstände.

Ist der Spannungsteiler z.B. ein Schiebewiderstand oder ein Drehwiderstand, dessen Teilwiderstände durch den Schleifer gebildet werden, so sind Leerlaufspannung und Innenwiderstand nur von der Stellung des Schleifers abhängig, wenn das Potentiometer mit konstanter Gleichspannung gespeist wird. Mit den Größen U_0 und R_i der Ersatzspannungsquelle lassen sich die Klemmenspannung U_{AB} bzw. der Belastungsstrom I nach Gl. (2.27) bzw. Gl. (2.28) für einen beliebigen Belastungsfall leicht berechnen.

Aufgaben zu Abschnitt 2.4.1

1. Aus zwei Belastungsmessungen einer Spannungsquelle ergeben sich die folgenden Meßwerte: $U_1 = 5{,}8$ V; $I_1 = 0{,}2$ A; $U_2 = 5{,}9$ V; $I_2 = 0{,}18$ A.
   a) Welche Werte ergeben sich für Innenwiderstand, Leerlaufspannung und Kurzschlußstrom der Ersatzspannungsquelle?
   b) Welche Klemmenspannung und welcher Strom stellen sich bei Belastung mit $R_E = 5\ \Omega$ ein?
2. Bei einer Spannungsquelle mit $R_i = 0{,}4\ \Omega$ stellt sich bei einem Belastungsstrom von 0,3 A die Klemmenspannung 5,4 V ein. Wie groß sind Leerlaufspannung und Kurzschlußstrom?
3. Bei Kurzschluß einer Spannungsquelle durch einen Strommesser mit dem Eigenwiderstand 0,1 Ω fließen 4 A. Bei offenen Klemmen werden an der Spannungsquelle 11,8 V gemessen. Wie groß sind Leerlaufspannung, Innenwiderstand und Kurzschlußstrom der Spannungsquelle?
4. Ein Spannungsteiler (**2.**63) besteht aus den beiden Teilwiderständen $R_1 = 120\ \Omega$ und $R_2 = 56\ \Omega$. Die Spannung U beträgt 12 V.
   a) Welche Leerlaufspannung stellt sich ein, und wie groß ist der innere Widerstand des Spannungsteilers?
   b) Bei Belastung beträgt die Klemmenspannung $U_{AB} = 3$ V. Wie groß sind Belastungsstrom und Widerstand R_E?
5. Ein Spannungsteiler (**2.**63) besteht aus den beiden Teilwiderständen $R_1 = 86\ \Omega$ und $R_2 = 10\ \Omega$. Er liegt an einer konstanten Spannung $U = 6$ V.
   a) Welche Leerlaufspannung und welchen Innenwiderstand hat der Spannungsteiler?
   b) Welche Spannung und welcher Belastungsstrom ergeben sich für eine Belastung mit $R_E = 15\ \Omega$?
6. Ein Spannungsteiler aus den beiden Widerständen R_1 und R_2 liegt an einer Spannung $U = 100$ V (**2.**63). Die bei offenen Klemmen am Widerstand R_2 gemessene Spannung beträgt 25 V. Bei Belastung mit $R_E = 250\ \Omega$ beträgt die Klemmenspannung noch $U_{AB} = 20$ V.
   a) Wie groß ist der Innenwiderstand des Spannungsteilers?
   b) Wie groß sind die Teilwiderstände R_1 und R_2?
7. Ein Spannungsteiler aus $R_2 = 47\ \Omega$ und R_1 (**2.**63) liegt an der konstanten Spannung $U = 12$ V. Bei Belastung mit $I = 10$ mA soll die Klemmenspannung $U_{AB} = 0{,}35$ V betragen.
   a) Wie groß muß der Widerstand R_1 sein?
   b) Welche Leerlaufspannung ergibt sich, und wie groß ist der Innenwiderstand des Spannungsteilers?
8. Ein Spannungsteiler (**2.**63) mit einem Schleifer liegt an einer Spannung von 220 V. Der Schleifer wird so eingestellt, daß sich eine Leerlaufspannung von 50 V ergibt. Bei einem Belastungsstrom von $I = 0{,}4$ A fällt die Klemmenspannung auf 30 V ab.
   a) In welchem Verhältnis stehen die Teilwiderstände R_1 und R_2 zueinander?
   b) Wie groß sind die Teilwiderstände?
   c) Welche Klemmenspannung und welcher Belastungsstrom ergeben sich bei Belastung mit $R_E = 50\ \Omega$?

9. Ein Spannungsteiler mit Schleifer hat einen Gesamtwiderstand von 100 Ω und liegt an einer Spannung $U = 100$ V (**2.**63). Der Schleifer wird so eingestellt, daß sich R_1 von 0 bis 100 Ω verändert.
   a) Es sind in ein Koordinatensystem die beiden Funktionen $U_0 = f(R_1)$ und $R_i = f(R_1)$ einzutragen.
   b) Für die Belastungswiderstände $R_{E1} = 20\ \Omega$ und $R_{E2} = 200\ \Omega$ ist der jeweilige Belastungsstrom zu berechnen und in ein Koordinatensystem mit gleichem Abszissenmaßstab wie in 9. a) einzutragen.
   c) Mit den Belastungsströmen $I = f(R_1)$ und den Innenwiderständen sind die jeweiligen Werte $\Delta U = f(R_1)$ zu bestimmen und von der Leerlaufkennlinie in 9. a) nach unten abzutragen.

   Es ergeben sich die Kennlinien $U_{AB} = f(R_1)$ des belasteten Spannungsteilers für die beiden Belastungsfälle.

10. Mit einem Spannungsmesser mit einem Eigenwiderstand von 10 kΩ wird an einem Spannungsteiler, der an einer konstanten Spannung $U = 12$ V liegt, ohne zusätzlichen Belastungswiderstand eine Ausgangsspannung von 4,255 V gemessen. Dabei beträgt der Widerstand $R_2 = 47$ kΩ (**2.**63).
    a) Wie groß ist der Widerstand R_1?
    b) Wie groß ist die Ausgangsspannung des Spannungsteilers bei offenen Klemmen?
    c) Welche Ausgangsspannung stellt sich ein, wenn der Spannungsteiler mit 10 mA belastet wird?
    d) Welche Ausgangsspannung ergibt sich, wenn die Belastung $R_E = 12$ kΩ beträgt?

2.4.2 Ersatzstromquelle

Aus der Gleichung für die Ersatzspannungsquelle

$$U_{AB} = U_0 - I R_i \qquad (2.27)$$

bekommt man durch Umstellung nach I

$$I = \frac{U_0 - U_{AB}}{R_i} = \frac{U_0}{R_i} - \frac{U_{AB}}{R_i} \quad \Rightarrow$$

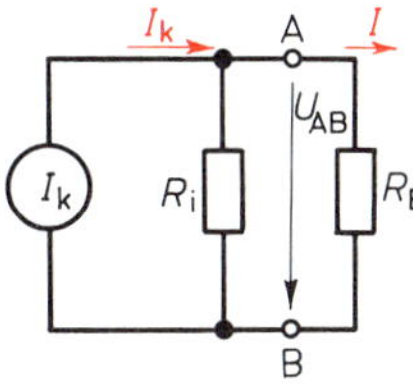

2.64 Stromkreis mit Ersatzstromquelle

$$I = I_k - \frac{U_{AB}}{R_i}. \qquad (2.30)$$

Wie die Ersatzspannungsquelle einer Spannungsteilung durch Innenwiderstand und Verbraucherwiderstand entspricht, bedeutet diese Gleichung eine Stromteilung zwischen Innenwiderstand und Verbraucherwiderstand. Entsprechend Gl. (2.30) erhält man als Ersatzschaltung die sogenannte „Ersatzstromquelle" nach Bild **2.**64, die den von der Belastung unabhängigen Strom I_k liefert. Dieser strömt in die Parallelschaltung aus R_i und R_E ein, wo er sich entsprechend den Leitwerten aufteilt. Als Klemmenspannung U_{AB} erhält man

$$U_{AB} = I_k \cdot \frac{R_i \cdot R_E}{R_i + R_E}. \qquad (2.31)$$

Beide Ersatzschaltungen, die Ersatzstrom- und die Ersatzspannungsquelle, sind gleichwertig. Sie lassen sich als Modell realer Erzeuger in beliebigen linearen aktiven Netzwerken verwenden. Solche Ersatzschaltungen sind z. B. für die Berechnung aktiver elektronischer Schaltungen von großer Bedeutung. Welche von beiden Ersatzschaltungen man dabei benutzt, ist wegen ihrer Gleichwertigkeit nur eine Frage der Zweckmäßigkeit. So kann z. B. die leichtere Bestimmbarkeit von Leerlaufspannung bzw. Kurzschlußstrom bei Verstärkern mit Röhren bzw. Transistoren die Wahl der Ersatzschaltung entscheiden.

Aufgaben zu Abschnitt 2.4.2

1. Eine Stromquelle hat einen Innenwiderstand von 10 kΩ und gibt einen Kurzschlußstrom von 100 mA ab. Die Ausgangsspannung beträgt $U_{AB} = 5$ V (**2**.64).
   a) Wie groß sind Belastungsstrom und Belastungswiderstand?
   b) Welche Leerlaufspannung müßte bei gleichem Innenwiderstand eine Ersatzspannungsquelle haben, die bei gleicher Belastung den gleichen Ausgangsstrom liefert?
2. Eine elektronische Stromquelle nach Bild **2**.64 mit dem Innenwiderstand 10 kΩ liefert einen Kurzschlußstrom von 20 mA. Die höchste zulässige Klemmenspannung beträgt 2 V. Wie groß ist dabei der Belastungswiderstand, und welchen Wert hat der Belastungsstrom?
3. Eine Stromquelle gibt einen Kurzschlußstrom von 10 mA ab. Bei Belastung mit einem Widerstand R_E stellt sich eine Klemmenspannung von 4,9 V ein, bei Belastung mit $R_E/2$ eine solche von 2,5 V (**2**.64).
   a) Wie groß ist der Innenwiderstand?
   b) Wie groß sind in beiden Fällen die Belastungswiderstände?
   c) Wie groß ist die Ausgangsspannung bei offenen Klemmen?
4. Eine elektronische Stromquelle mit dem Innenwiderstand 100 kΩ liefert bei einer Klemmenspannung $U_{AB} = 5$ V die Stromstärke 20 mA. Wie groß ist der Belastungswiderstand, und welche Leerlaufspannung müßte eine Ersatzspannungsquelle haben, die bei gleichem R_i die gleiche U_{AB} und den gleichen Belastungsstrom liefert? (**2**.64).

2.4.3 Leistung und Wirkungsgrad

Wir haben gesehen, daß an den Klemmen einer belasteten Ersatzspannungsquelle nur ein Teil der dem Erzeuger zugeführten Leistung zur Verfügung steht.

$$P_{AB} = P_0 - P_i$$

Wirkungsgrad. Die nutzbare Leistung P_{AB} ist um die Umwandlungsverluste P_i geringer als die zugeführte Leistung P_0. Man bezeichnet als Wirkungsgrad das Verhältnis

$$\boxed{\frac{P_{AB}}{P_0} = \frac{P_{\text{nutzbar}}}{P_{\text{zugeführt}}} = \eta.} \tag{2.32}$$

Für die Ersatzspannungsquelle mit $P_{AB} = U_{AB} I$ und $P_0 = U_0 I$ bekommt man

$$\boxed{\eta_u = \frac{P_{AB}}{P_0} = \frac{U_{AB} \cdot I}{U_0 \cdot I} = \frac{U_{AB}}{U_0} = \frac{I \cdot R_E}{I(R_E + R_i)} = \frac{R_E}{R_E + R_i}.} \tag{2.33}$$

Ist der Innenwiderstand sehr klein und im Grenzfall Null, nähert sich der Wirkungsgrad dem Wert eins.

Für die Ersatzstromquelle erhält man als Wirkungsgrad

$$\eta_i = \frac{P_{AB}}{P_0} = \frac{U_{AB} \cdot I}{U_{AB} \cdot I_k} = \frac{I}{I_k} = \frac{U_{AB}}{R_E} \cdot \frac{R_i \cdot R_E}{U_{AB}(R_i + R_E)} \quad \Rightarrow$$

$$\boxed{\eta_i = \frac{R_i}{R_E + R_i}.} \tag{2.34}$$

Zusammen mit Gl. (2.33) ergibt sich daraus

$$\boxed{\eta_u + \eta_i = 1.} \tag{2.35}$$

Wird hier der Innenwiderstand sehr groß, so daß R_E sehr klein gegenüber R_i wird und in deren Summe vernachlässigt werden kann, nähert sich der Wirkungsgrad dem Wert eins. Das bedeutet hier, daß in R_i nur ein geringer Strom fließt und die Umwandlungsverluste in der Ersatzstromquelle entsprechend niedrig sind.

Wenn keine besonderen Gründe dagegen sprechen, verwendet man als Ersatzschaltung die Ersatzspannungsquelle. Auch wir wollen die folgenden Betrachtungen mit ihrer Hilfe anstellen.

Spannungsanpassung. In der Energietechnik, deren Aufgabe in der Erzeugung und Verteilung elektrischer Energie besteht, strebt man wegen der ständig steigenden Energiekosten einen möglichst großen Wirkungsgrad an. Der Ersatzschaltung des Generators als Ersatzspannungsquelle kann man entnehmen, daß sein Innenwiderstand dann möglichst klein gemacht werden muß. Nach Gl. (2.33) ist die Klemmenspannung

$$U_{AB} = U_0 \cdot \eta_u$$

nahezu gleich der lastunabhängigen Leerlaufspannung. Sie ändert sich bei Belastung nur wenig. Die Verbraucher müssen zur Leistungsaufteilung deshalb an die eingeprägte Spannung U_0 des Generators angepaßt werden. Man spricht deshalb in dem Fall $R_i \ll R_E$ von Spannungsanpassung.

Stromanpassung. Ist bei einer Spannungsquelle der Innenwiderstand sehr groß gegenüber dem Lastwiderstand, also $R_i \gg R_E$, richtet sich die Stromstärke im wesentlichen nach dem Innenwiderstand der Quelle. Es fließt praktisch der Kurzschlußstrom I_k, und der Verbraucher muß an diesen eingeprägten Strom angepaßt werden. Solche Stromquellen kommen z. B. in der Elektronik und Meßtechnik häufig vor.

Aufgaben zu Abschnitt 2.4.3

1. Ein Gleichstrommotor nimmt aus dem Netz die Leistung 15 kW auf. Welche Leistung gibt er bei einem Wirkungsgrad von 85 % ab?
2. Welche Leistung muß ein Motor aus dem Netz aufnehmen, der eine Pumpe mit der Nennleistung 8 kW und dem Wirkungsgrad 76 % antreiben soll, und dessen Wirkungsgrad 84 % beträgt?
3. Aus einer Lehmgrube sollen innerhalb von 3 Tagen 15000 m^3 Wasser über eine Förderhöhe von 8 m abgepumpt werden. Die tägliche Arbeitszeit beträgt 7 Stunden. Der Wirkungsgrad der Kreiselpumpe beträgt 74 %, der des Antriebsmotors 86 %.
   a) Welchen Gesamtwirkungsgrad hat die Anlage?
   b) Welche Leistung nimmt der Motor aus dem Netz auf?
4. Mittels einer Winde wird eine Last von 45 kN in 2,8 min um 9,5 m gehoben. Der Antriebsmotor mit dem Wirkungsgrad 84 % nimmt dabei aus dem Netz eine Leistung von 3,7 kW auf.
   a) Welchen Gesamtwirkungsgrad hat die Anlage?
   b) Welchen Wirkungsgrad hat die Winde?
   c) Welche Leistung nimmt die Winde auf?
5. Bei einem Belastungswiderstand von 500 Ω hat eine Ersatzspannungsquelle einen Wirkungsgrad von 95 %. Ihre Leerlaufspannung beträgt 220 V.
   a) Wie groß ist der innere Widerstand der Spannungsquelle?
   b) Welche Klemmenspannung stellt sich ein?
   c) Mit welcher Leistung muß der Generator angetrieben werden?
6. An das Netz mit vernachlässigbarem Innenwiderstand wird über eine zweiadrige Zuleitung ein Verbraucher mit 15 kW Leistung angeschlossen.
   a) Welche Leistung geht in der Zuleitung verloren, wenn der Wirkungsgrad der Übertragung 90 % beträgt?

b) Welchen Widerstand hat die Zuleitung, wenn der Verbraucherwiderstand 3,25 Ω beträgt?

c) Welche Spannung liegt am Verbraucher, und wie hoch ist die Spannung des Netzes?

7. Die Leistung eines Heizgeräts soll verdoppelt werden. Welche relative Spannungserhöhung ist dafür erforderlich?

8. Zu einer Lampe 220 V/40 W wird eine weitere Lampe parallel geschaltet, wodurch der Widerstand um 864 Ω abnimmt. Welche Nennleistung hat die zweite Lampe?

9. Eine 150-W-Projektionslampe für eine Nennspannung von 125 V wird über einen Vorschaltwiderstand an die Netzspannung 220 V gelegt.
   a) Wie groß muß der Vorschaltwiderstand sein?
   b) Welche Leistung muß er aufnehmen können?
   c) Wie groß ist der Wirkungsgrad der Schaltung?

10. a) Welche Leistung geht infolge des inneren Widerstands von 1,4 Ω eines Generators verloren, wenn seine Quellenspannung 85 V und seine Klemmenspannung 78 V betragen?
    b) Wie groß ist der Wirkungsgrad des Generators?

11. a) Um wieviel Prozent sinkt die Leistung eines Heizgeräts, wenn die Netzspannung von 220 V auf 210 V absinkt?
    b) Wie groß ist dabei die relative Spannungsänderung?
    c) Welche relative Leistungsänderung tritt auf, wenn die Spannung um 10% gegenüber dem Nennwert von 220 V ansteigt?

12. Werden zwei für je 12 V bestimmte Lampen L_1 und L_2 in Reihe geschaltet und an 12 V angeschlossen, beträgt die Stromstärke 0,06 A. Die Lampe L_1 hat einen Widerstand von 80 Ω.
    a) Welche Nennleistungen haben die Lampen?
    b) Welche Betriebsleistungen haben die beiden Lampen in der Reihenschaltung?
    Von der Widerstandsänderung durch die unterschiedliche Temperatur soll abgesehen werden.

13. An einer Spannung von 125 V liegen 90 Glühlampen von je 40 W. Beim Abschalten einer Lampengruppe steigt der Gesamtwiderstand um $\Delta R \approx$ 20 Ω. Wieviel Lampen sind noch in Betrieb?

14. Einer Spannungsquelle mit der Quellenspannung 60 V und dem inneren Widerstand 1,5 Ω soll eine Leistung von 60 W entnommen werden (Quadratische Gleichung).
    a) Welche Widerstandswerte kann der Verbraucher haben?
    b) Wie groß sind in beiden Fällen Klemmenspannung und Stromstärke?
    c) Welche Wirkungsgrade ergeben sich?

15. Eine Lampe mit den Nenndaten 125 V/40 W wird über einen Vorwiderstand R_v an 220 V angeschlossen.
    a) Wie groß muß R_v sein, wenn die Lampe mit ihren Nenndaten betrieben werden soll? Wie groß sind in diesem Fall Leistung in R_v und Wirkungsgrad der Schaltung?
    b) In R_v soll eine Leistung von 20 W auftreten. Dabei wird angenommen, daß der Widerstand R_L der Lampe konstant bleibt.
    Welchen Betrag muß R_v haben, damit die Lampe nicht zerstört wird? (Quadratische Gleichung).
    Wie groß sind die Teilspannungen und welche Leistungen treten in der Schaltung auf?
    Wie groß ist der Wirkungsgrad?

2.4.4 Leistungsanpassung

Während man in der Energietechnik einen Wirkungsgrad nahe eins anstrebt, ist das z. B. in der Fernmeldetechnik nicht der Fall. Die übertragene Energie ist vergleichsweise klein, und man möchte im Verbraucher eine möglichst große Leistung erzielen. Der Wirkungsgrad spielt dabei nur eine untergeordnete Rolle. Es ist also zu prüfen, unter welchen Umständen die Ersatzspannungsquelle an den Verbraucher die größte Leistung liefert.

Kurzschlußleistung. Die Leistung im Verbraucher ist $P_{AB} = U_{AB} I$. Mit den Gleichungen für den Stromkreis mit Ersatzspannungsquelle

$$U_{AB} = U_0 - I \cdot R_i \tag{2.27}$$

und

$$I = \frac{U_0}{R_i + R_E} \tag{2.28}$$

erhalten wir

$$P_{AB} = \left(U_0 - U_0 \cdot \frac{R_i}{R_i + R_E}\right) \cdot \frac{U_0}{R_i + R_E} = \frac{U_0^2}{R_i + R_E} - \frac{U_0^2 \cdot R_i}{(R_i + R_E)^2}\,.$$

Jeder der beiden Terme wird mit R_i erweitert, und es ergibt sich

$$P_{AB} = \frac{U_0^2}{R_i}\left[\frac{R_i}{R_i + R_E} - \left(\frac{R_i}{R_i + R_E}\right)^2\right].$$

Mit Gl. (2.34) wird der Klammerausdruck umgeformt, und man erhält

$$P_{AB} = P_k(\eta_i - \eta_i^2) \tag{2.36}$$

$$P_k = \frac{U_0^2}{R_i} = U_0 \cdot I_k = I_k^2 \cdot R_i\,. \tag{2.37}$$

Dabei ist P_k die Kurzschlußleistung der Quelle. Sie ist die größte Leistung, die überhaupt in der Spannungsquelle in elektrische Leistung umgeformt werden kann. Sie tritt als innere Verlustleistung bei Kurzschluß der Klemmen A/B auf. Wie Gl. (2.37) zeigt, ist sie nur von den Eigenschaften des Erzeugers abhängig. Es ist leicht einzusehen, daß die Leistung im Verbraucher bei gegebener Kurzschlußleistung dann ihren größten Wert erreicht, wenn der Klammerausdruck in Gl. (2.36) seinen größten Zahlenwert hat. Es werden für η_i die Werte 0,1 bis 0,9 angenommen und $(\eta_i - \eta_i^2)$ berechnet:

η_i	0,1	0,2	0,3	0,4	0,5	0,6	0,7	0,8	0,9
η_i^2	0,01	0,04	0,09	0,16	0,25	0,36	0,49	0,64	0,81
$\eta_i - \eta_i^2$	0,09	0,16	0,21	0,24	0,25	0,24	0,21	0,16	0,09

Leistungsanpassung. Wegen der Symmetrie der Funktion $P_{AB} = f(\eta_i)$ liegt das Maximum der an den Verbraucher übertragenen Leistung eindeutig bei $\eta_i = 0{,}5$. Sie beträgt 25% der Kurzschlußleistung P_k. Dieser Wirkungsgrad ergibt sich nach Gl. (2.35) auch für die Ersatzstromquelle:

$$\eta_i = 1 - \eta_u = 0{,}5\,.$$

In diesem Fall ist also

$$\eta_u = \frac{R_E}{R_i + R_E} = \eta_i = \frac{R_i}{R_i + R_E} \quad \Rightarrow \quad R_E = R_i\,. \tag{2.38}$$

Dieser Betriebsfall der Anpassung des Verbrauchers an den Generator heißt Leistungsanpassung. Er ist in der Nachrichtentechnik und Elektronik von großer Bedeutung.

Die Klemmenspannung am Verbraucher ist bei Leistungsanpassung gerade halb so groß wie die Leerlaufspannung der Quelle, und der Strom ist gleich dem halben Kurzschlußstrom:

$$U_{AB} = \frac{U_0}{2}, \quad I = \frac{I_k}{2}, \quad P_{AB} = \frac{U_0 I_k}{4} \tag{2.39}$$

Die beschriebenen Zusammenhänge lassen sich anschaulich im Belastungsdiagramm der Ersatzspannungsquelle darstellen (**2**.65).

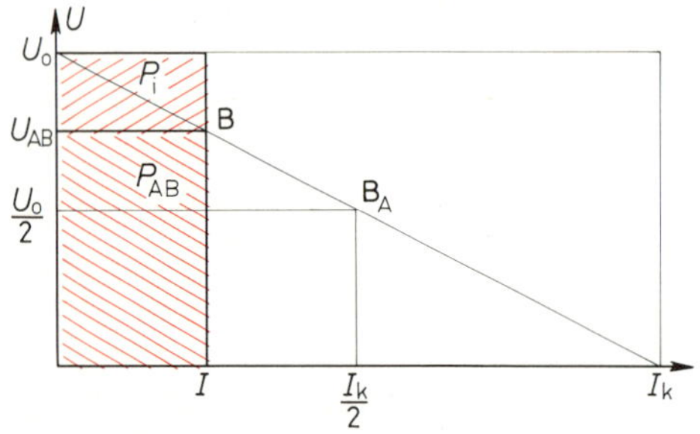

2.65
Leistungsanpassung im Ersatzstromkreis mit einer Ersatzspannungsquelle

Die Kurzschlußleistung der Quelle entspricht dem Flächeninhalt des Rechtecks $P_k = U_0 I_k$, die Steigung der Diagonalen dem Innenwiderstand $R_i = U_0/I_k$. Zeichnet man durch den Betriebspunkt B eine Parallele zur senkrechten Koordinatenachse, stellt das Rechteck $P_0 = U_0 I$ die Leistung dar, die der Quelle zugeführt wird. Diese wird durch eine Parallele zur waagerechten Achse durch B in die Nutzleistung $P_{AB} = U_{AB} \cdot I$ und die Verlustleistung in der Quelle $P_i = (U_0 - U_{AB})I$ aufgeteilt. Für $U_{AB} = U_0/2$ und damit auch $I = I_k/2$ bekommt man die Nutzleistung als flächengrößtes Rechteck unter der Diagonalen. Das entspricht der maximal erzielbaren Verbraucherleistung bei Leistungsanpassung mit $P_{AB\,max} = (U_0 \cdot I_k)/4$. Die Verlustleistung in der Quelle hat den gleichen Betrag, und beide zusammen sind halb so groß wie die Kurzschlußleistung P_k.

Aufgaben zu Abschnitt 2.4.4

1. Der Leitungsverstärker einer Fernmeldeleitung hat einen inneren Widerstand von 600 Ω. Er kann bei Leistungsanpassung eine Leistung $P_{AB} = 20$ W abgeben.
   a) Wie groß ist seine Leerlaufspannung?
   b) Welche Leistung gibt er ab, wenn der Verbraucherwiderstand 400 Ω beträgt, und wie groß ist dabei der Wirkungsgrad?
2. Die Leerlaufspannung eines Verstärkers beträgt 80 V, sein innerer Widerstand 500 Ω. Die angeschlossene Fernmeldeleitung hat 100 Ω, der Eingangswiderstand des Verbrauchers 600 Ω.
   a) Wie groß ist die Kurzschlußleistung, wenn die Eingangsklemmen des Verbrauchers kurzgeschlossen werden?
   b) Welche Leistung nimmt der Verbraucher auf, wenn der Kurzschluß an seinen Eingangsklemmen aufgehoben wird?
   c) Welche Verlustleistung tritt im Verstärker auf und welche auf der Leitung?
3. Eine Spannungsquelle mit dem inneren Widerstand 50 Ω liefert bei Kurzschluß ihrer Ausgangsklemmen die Stromstärke 1 A.
   a) Wie groß ist die Kurzschlußleistung?
   b) Welche Leistung gibt die Quelle ab, wenn der angeschlossene Verbraucher einen Widerstand von 50 Ω hat?
   c) Welche Leistung nimmt die Quelle bei Leistungsanpassung auf?
4. Eine Spannungsquelle liefert den Kurzschlußstrom 2 A bei einem inneren Widerstand 10 Ω.
   a) Welche Leistung nimmt sie auf, wenn der Belastungsstrom 0,5 A beträgt?
   b) Wie groß sind Verlustleistung, abgegebene Leistung und Wirkungsgrad?
   c) Wie groß muß der Verbraucherwiderstand bei Leistungsanpassung sein, und welche Leistung nimmt er dabei auf?
5. Eine Spannungsquelle mit einer Kurzschlußleistung von 20 W speist mit einem Wirkungsgrad 0,8 einen Verbraucher.
   a) Welche Leistung nimmt der Verbraucher auf?
   b) Wie groß ist die Klemmenspannung, wenn der Strom im Verbraucher 0,1 A beträgt?
   c) Wie groß sind Verbraucherwiderstand, Leerlaufspannung und innerer Widerstand der Quelle?

2.5 Berechnung von Netzwerken mit der Ersatzspannungsquelle

Wie wir schon in Abschn. 2.4.1 am Beispiel des Spannungsteilers gesehen haben, lassen sich nicht nur Generatoren als Ersatzspannungsquelle darstellen, sondern auch lineare, aktive Netzwerke bzw. Netzwerksteile, die zwei Ausgangsklemmen A/B haben. Wir wollen uns diesen Sachverhalt bei der Berechnung einiger häufig vorkommenden Netzwerke zunutze machen.

2.5.1 Aufteilung eines geschlossenen Netzwerks

In einem Netzwerk, das außer Widerständen (passiven Elementen) auch Spannungsquellen (aktive Elemente) enthält, soll nicht die gesamte Stromverteilung berechnet werden, sondern nur ein bestimmter Zweigstrom in einem Widerstand bzw. Ersatzwiderstand R_E. Durch zwei Klemmen A/B wird zunächst der Widerstand R_E vom restlichen aktiven Netzwerksteil getrennt. Diesen rechnet man in eine Ersatzspannungsquelle mit U_{AB0} und R_i um. Mit Hilfe der Gl. (2.28) läßt sich dann der Strom in R_E bestimmen.

Zur Ermittlung der Leerlaufspannung U_{AB0} denkt man sich R_E aus der Schaltung entfernt und berechnet bei jetzt offenen Klemmen A/B die Spannung, die sich hier einstellt. Sie wird in bekannter Weise mit Hilfe der Kirchhoffschen Regeln bestimmt.

Der Innenwiderstand R_i der Ersatzspannungsquelle ergibt sich, wenn man zunächst den Kurzschlußstrom I_k zwischen den kurzgeschlossenen Klemmen A/B berechnet, aus $R_i = U_{AB0}/I_k$. In vielen Fällen kommt man jedoch auf andere Weise schneller zum Ziel. Jede Spannungsquelle innerhalb des aktiven Netzwerks wird zunächst durch ihre Ersatzspannungsquelle dargestellt. Sämtliche Quellenspannungen werden dann durch einen Kurzschluß ersetzt, so daß das ursprünglich aktive Netzwerk in ein passives Netzwerk übergeht. Der Ersatzwiderstand dieses Netzwerks zwischen den offenen Klemmen A/B ist der gesuchte Innenwiderstand.

Die Berechnung von U_{AB0} und nach beiden Verfahren für R_i wird bei dem folgenden Beispiel durchgeführt.

Beispiel 2.29 In dem Netzwerk Bild **2.**66 wird der Strom im Ersatzwiderstand R_E gesucht. Durch die Klemmen A/B wird R_E zunächst vom übrigen, aktiven Netzwerk abgegrenzt. Dieses wird in eine Ersatzspannungsquelle umgerechnet, so daß sich der Ersatzstromkreis ergibt.

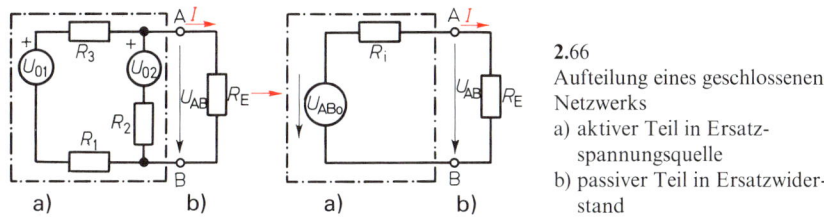

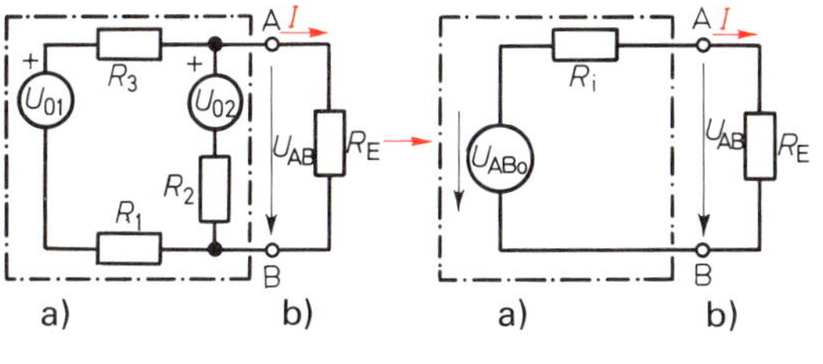

2.66 Aufteilung eines geschlossenen Netzwerks
a) aktiver Teil in Ersatzspannungsquelle
b) passiver Teil in Ersatzwiderstand

Lösung **Bestimmung von U_{AB0}.** Da nach Abtrennung von R_E nur eine Masche ohne Einströmungen vorhanden ist, ergibt sich nach Bild **2.**67a der Strom I aus der Maschengleichung

$$U_{02} + I(R_1 + R_2 + R_3) - U_{01} = 0 \quad \Rightarrow$$

$$I = \frac{U_{01} - U_{02}}{R_1 + R_2 + R_3} \quad U_{AB0} = U_{02} + IR_2 \quad \Rightarrow$$

$$U_{AB0} = \frac{U_{01} \cdot R_2 + U_{02}(R_1 + R_3)}{R_1 + R_2 + R_3}.$$

Lösung, Fortsetzung

Berechnung von I_k. Nach Bild **2.**67 b erhält man den Kurzschlußstrom I_k aus der Knotenpunktgleichung

$$\sum I_A = I_1 - I_2 - I_k = 0 \quad \Rightarrow \quad I_k = I_1 - I_2.$$

Die Maschengleichung $I_1(R_1 + R_3) - U_{01} = 0$ liefert $I_1 = \dfrac{U_{01}}{R_1 + R_3}$

sowie eine zweite Maschengleichung $I_2 R_2 + U_{02} = 0 \quad \Rightarrow \quad I_2 = -\dfrac{U_{02}}{R_2}$.

Damit ergibt sich $I_k = \dfrac{U_{01}}{R_1 + R_3} + \dfrac{U_{02}}{R_2} = \dfrac{U_{01} R_2 + U_{02}(R_1 + R_3)}{R_2(R_1 + R_3)}$.

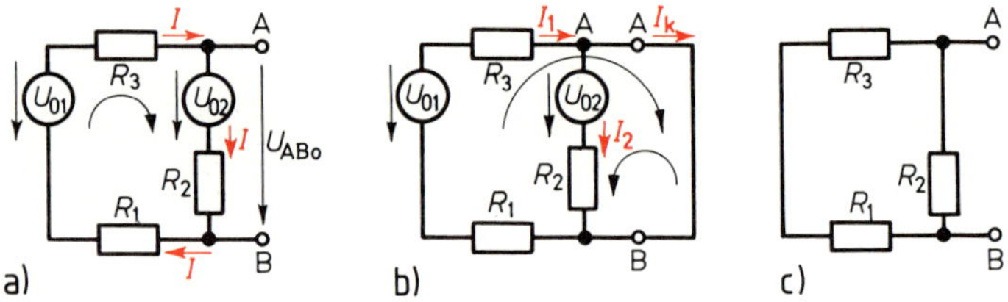

2.67 Ermitteln der Elemente der Ersatzspannungsquelle

Ermittlung von R_i. Aus $R_i = U_{AB0}/I_k$ erhält man

$$R_i = \frac{U_{01} R_2 + U_{02}(R_1 + R_3)}{R_1 + R_2 + R_3} \cdot \frac{R_2(R_1 + R_3)}{U_{01} R_2 + U_{02}(R_1 + R_3)} = \frac{R_2(R_1 + R_3)}{R_1 + R_2 + R_3}.$$

Berechnet man R_i als Ersatzwiderstand des passiven Netzwerks zwischen den offenen Klemmen A/B, erhält man nach Bild **2.**67 c direkt

$$R_i = \frac{R_2(R_1 + R_3)}{R_1 + R_2 + R_3}.$$

Strom durch R_E. Da die Elemente der Ersatzspannungsquelle bekannt sind, läßt sich der Strom durch R_E nach Gl. (2.28) berechnen:

$$I = \frac{U_{AB0}}{R_i + R_E} = \frac{U_{01} R_2 + U_{02}(R_1 + R_3)}{R_2(R_1 + R_3) + R_E(R_1 + R_2 + R_3)}.$$

Der gleiche Wert ergibt sich, wenn man die Ersatzstromquelle für den aktiven Netzwerksteil verwendet.

2.5.2 Belastete Brückenschaltung

Zur Bestimmung des Stroms in einem Ersatzwiderstand kann es zweckmäßig sein, mehr als eine Ersatzspannungsquelle einzuführen. Als Beispiel für einen solchen Fall soll eine belastete Brückenschaltung untersucht werden.

Beispiel 2.30 In der Brückenschaltung nach Bild **2.**68 a soll der Strom I_M berechnet werden. Die beiden Spannungsteiler aus R_1 und R_2 bzw. R_3 und R_4 haben die Ausgangsklemmen A/B bzw. C/B, und werden durch jeweils eine Ersatzspannungsquelle dargestellt. Es ergibt sich damit die Ersatzschaltung Bild **2.**68 b. Dabei sind die Leerlaufspannungen

$$U_{01} = \frac{U \cdot R_2}{R_1 + R_2} \quad \text{und} \quad U_{02} = \frac{U \cdot R_4}{R_3 + R_4}$$

sowie die Innenwiderstände nach Gl. (2.29)

$$R_{i1} = \frac{R_1 \cdot R_2}{R_1 + R_2} \quad \text{und} \quad R_{i2} = \frac{R_3 \cdot R_4}{R_3 + R_4}.$$

Beispiel 2.30, Fortsetzung

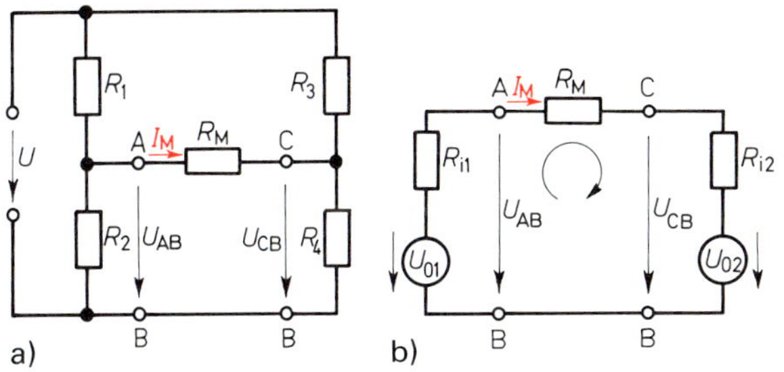

2.68 Belastete Brückenschaltung als Ersatzspannungsquelle
a) Schaltbild,
b) Ersatzschaltbild

Der Strom I_M ergibt sich aus der Maschengleichung

$$I_M \cdot R_M + U_{02} + I_M \cdot R_{i2} - U_{01} + I_M \cdot R_{i1} = 0 \quad \Rightarrow$$

$$I_M(R_M + R_{i1} + R_{i2}) = U_{01} - U_{02}$$

$$I_M = \frac{U_{01} - U_{02}}{R_M + R_{i1} + R_{i2}}.$$

Setzt man die Leerlaufspannungen und Innenwiderstände ein, erhält man

$$I_M = \frac{U(R_2 \cdot R_3 - R_1 \cdot R_4)}{R_M(R_1 + R_2)(R_3 + R_4) + R_1 \cdot R_2(R_3 + R_4) + R_3 \cdot R_4(R_1 + R_2)}.$$

Wie wir schon in Abschn. 2.2.4.3 festgestellt haben, verschwindet der Strom I_M für $R_2 \cdot R_3 - R_1 \cdot R_4 = 0$ oder $R_2 \cdot R_3 = R_1 \cdot R_4$ (abgeglichene Brückenschaltung).

2.5.3 Spannungsquellen in Parallelschaltung

Häufig kommen Schaltungen vor, bei denen zwei Spannungserzeuger parallel geschaltet werden und gemeinsam eine Verbraucherschaltung mit elektrischer Energie versorgen. In Bild **2.**69a erscheinen beim Ansatz der Maschengleichung mit beiden Spannungsquellen diese mit entgegengesetztem Vorzeichen. Man spricht deshalb auch von einer Gegenreihenschaltung von Spannungsquellen im Gegensatz zur Summenreihenschaltung, bei der beide Spannungsquellen das gleiche Vorzeichen bekommen.

Bei bekannten Quellenspannungen U_{01} und U_{02} sowie bekannten Innenwiderständen R_{i1} und R_{i2} läßt sich die Erzeugerschaltung zu einer Ersatzspannungsquelle entsprechend Bild **2.**69b zusammenfassen. Der Strom I und die Klemmenspannung U_{AB} in der Verbraucherschaltung lassen sich dann leicht berechnen.

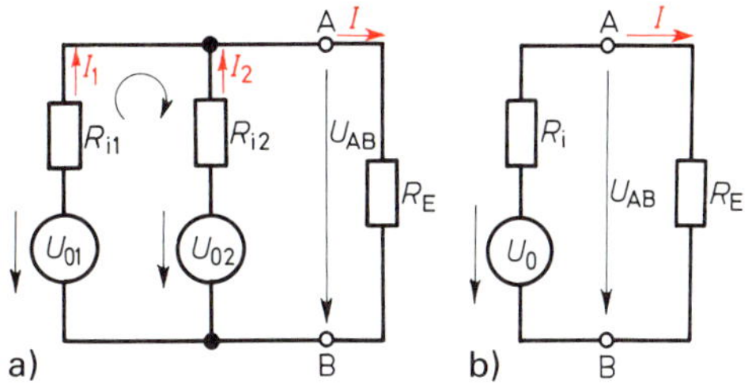

2.69 Spannungsquellen in Gegenreihenschaltung
a) Schaltbild, b) Ersatzschaltbild

Beispiel 2.31 Zwei parallel geschaltete Generatoren haben die Leerlaufspannungen $U_{01} = 60\,V$ und $U_{02} = 59\,V$ sowie die Innenwiderstände $R_{i1} = 15\,m\Omega$ und $R_{i2} = 10\,m\Omega$ (**2.**69). Welche Ströme fließen in der Erzeugerschaltung, wenn sie a) unbelastet ist, und wenn b) ein Laststrom $I = 10A$ fließt? Welche Klemmenspannung U_{AB} stellt sich dabei ein?

Lösung a) Bei Leerlauf sind $I = 0$ und $I_1 + I_2 = 0$ bzw. $I_2 = -I_1$. Aus der Maschengleichung

$U_{02} - U_{01} + I_1 R_{i1} - I_2 R_{i2} = 0$ bekommt man damit

Beispiel 2.31, Fortsetzung $I_1 = \dfrac{U_{01} - U_{02}}{R_{i1} + R_{i2}}$ und mit den gegebenen Zahlenwerten

$$I_1 = \frac{60\,\text{V} - 59\,\text{V}}{25 \cdot 10^{-3}\,\Omega} = \frac{1000}{25}\,\text{A} = \mathbf{40\,A.}$$

Will man diesen nutzlos fließenden Strom und die damit verbundenen Verluste vermeiden, müssen die Leerlaufspannungen der beiden Generatoren gleich sein.

b) Für die Leerlaufspannung der Ersatzspannungsquelle U_0 erhält man

$$U_0 = U_{AB0} = U_{01} - I_1 R_{i1} = U_{01} - \frac{(U_{01} - U_{02}) R_{i1}}{R_{i1} + R_{i2}} \quad \text{bzw.}$$

$$U_0 = 60\,\text{V} - 40\,\text{A} \cdot 0{,}015\,\Omega = 59{,}4\,\text{V}.$$

Der Innenwiderstand ergibt sich zu $R_i = R_{i1} R_{i2}/(R_{i1} + R_{i2}) = 6\,\text{m}\Omega$. Bei dem Laststrom $I = 10\,\text{A}$ wird die Klemmenspannung damit $U_{AB} = U_0 - I R_i = 59{,}4\,\text{V} - 0{,}06\,\text{V}$ $-$ **59,34 V.**

Die Ströme I_1 und I_2 ergeben sich nach Bild **2.**69a aus

$$U_{AB} - U_{01} + I_1 R_{i1} = 0 \quad \text{zu} \quad I_1 = \frac{U_{01} - U_{AB}}{R_{i1}} \quad \text{und aus}$$

$$U_{AB} - U_{02} + I_2 R_{i2} = 0 \quad \text{zu} \quad I_2 = \frac{U_{02} - U_{AB}}{R_{i2}}.$$

Man bekommt

$$I_1 = \frac{60\,\text{V} - 59{,}34\,\text{V}}{15 \cdot 10^{-3}\,\Omega} = \mathbf{44\,A} \quad \text{und} \quad I_2 = \frac{59\,\text{V} - 59{,}34\,\text{V}}{10 \cdot 10^{-3}\,\Omega} = \mathbf{-34\,A}.$$

Aufgaben zu Abschnitt 2.5

1. In dem Netzwerk Bild **2.**70 ist der Strom im Widerstand R_4 zu bestimmen (Berechnung mit zwei Ersatzspannungsquellen). Dabei sind $U_{01} = 60\,\text{V}$, $U_{02} = 24\,\text{V}$, $U_{03} = 12\,\text{V}$, $R_1 = 56\,\Omega$, $R_2 = 47\,\Omega$, $R_3 = 33\,\Omega$, $R_4 = 100\,\Omega$, $R_5 = 27\,\Omega$, $R_6 = 33\,\Omega$, $R_7 = 82\,\Omega$.

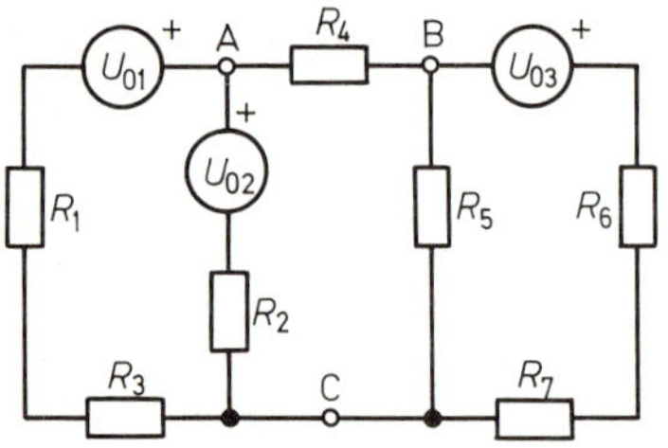

2.70 Zu Aufgabe 1

2. In dem Netzwerk Bild **2.**71 sind die Ströme I_3 und I_4 zu berechnen (mit zwei Ersatzspannungsquellen).

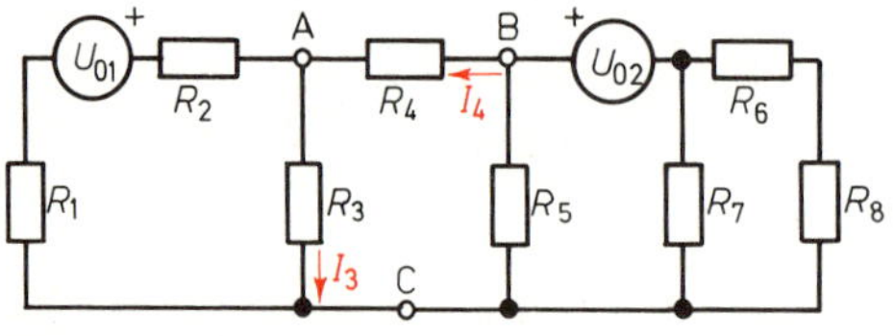

2.71 Zu Aufgabe 2

Es betragen $U_{01} = 48\,\text{V}$, $U_{02} = 24\,\text{V}$, $R_1 = 27\,\Omega$, $R_2 = 33\,\Omega$, $R_3 = 82\,\Omega$, $R_4 = 100\,\Omega$, $R_5 = 56\,\Omega$, $R_6 = 47\,\Omega$, $R_7 = 68\,\Omega$, $R_8 = 27\,\Omega$.

3. In einer Brückenschaltung (**2.**68) sind I_M, U_{AB}, U_{CB} sowie die Teilströme in den Widerständen und der Gesamtstrom zu bestimmen (Berechnung mit zwei Ersatzspannungsquellen). Gegeben sind $U = 12\,\text{V}$, $R_1 = 270\,\Omega$, $R_2 = 470\,\Omega$, $R_3 = 330\,\Omega$, $R_4 = 680\,\Omega$, $R_M = 1000\,\Omega$. Zum Vergleich ist die Berechnung nur mit Hilfe der Kirchhoffschen Regeln durchzuführen.

4. Ein Gleichstromgenerator mit dem Innenwiderstand $R_{i1} = 20\,\Omega$ lädt mit dem Strom 20 A eine parallel geschaltete Batterie mit der Leerlaufspannung $U_{02} = 12\,\text{V}$ und dem Innenwiderstand $R_{i2} = 10\,\text{m}\Omega$ (**2.**69).
   a) Wie groß sind Leerlaufspannung und Klemmenspannung U_{AB} des Gleichstromgenerators, wenn kein Belastungsstrom fließt?
   b) Wie groß sind bei gleicher Leerlaufspannung U_{01} Klemmenspannung und Ladestrom I_2, wenn der Belastungsstrom $I = 5\,\text{A}$ beträgt?
   c) Bei welcher Belastung ist der Ladestrom der Batterie Null?
   d) Welche Klemmenspannung und welche Stromstärken stellen sich bei Belastung mit $I = 50\,\text{A}$ ein?

3 Elektrisches Strömungsfeld

3.1 Driftbewegung der Ladungsträger

In einem metallischen Leiter interessieren uns für den Leitungsvorgang nur die quasifreien Elektronen des Metalls, die den zur Verfügung stehenden Raum des Metallgitters gleichmäßig erfüllen. Die Elektronen befinden sich in ständiger ungeordneter Bewegung, deren Intensität von der Temperatur des Leitermaterials abhängt. Dieser thermisch bedingten Bewegung der Elektronen überlagert sich eine Driftbewegung, wenn ein Strom durch das Metall fließt, d.h. ein Ladungstransport stattfindet. Der Driftbewegung setzt das Metallgitter einen Widerstand entgegen, den wir uns als einen Reibungswiderstand vorstellen können. Zur Überwindung dieses Widerstands ist daher eine ständige Kraft auf die Elektronen erforderlich.

Zu Anfang der Bewegung ist ein kleiner Teil der Kraft zur Beschleunigung der Elektronen notwendig. Er kann bei der geringen Masse der Elektronen und der geringen Geschwindigkeit, mit der sie sich bewegen, vernachlässigt werden.

Feldlinien. Wie wir schon früher festgestellt haben, entsteht eine Kraft durch die Einwirkung eines elektrischen Felds auf die Ladungsträger. Das elektrische Feld im Innern des Leiters und damit auch die Driftbewegung der Ladungsträger im Stromkreis werden durch den Generator als „Ladungspumpe" aufrechterhalten. Betrachtet man den gesamten Stromkreis, so bewegen sich die Ladungsträger dabei stets auf in sich geschlossenen Bahnen, auch wenn die Strömung in ein Material mit einer anderen Leitfähigkeit γ oder in einen Leiter mit beliebiger räumlicher Ausdehnung eintritt. Die einzelnen Bahnen der Ladungsträger kann man dabei als Feldlinien und die Gesamtheit dieser Feldlinien als das Feldbild der elektrischen Strömung ansehen.

Vektorfeld der Driftgeschwindigkeit. Ordnen wir den Ladungsträgern oder einer in einem kleinen Volumenelement ΔV enthaltenen Ladung ΔQ den Vektor $\vec{v}$ ihrer Driftgeschwindigkeit zu, bekommen wir ein Vektorfeld mit $\vec{v}$ als Feldgröße. Unter einem Feld versteht man einen Raumbereich, in dem man jedem Raumpunkt eine physikalische Größe zuordnen kann. Ist diese Größe ein Skalar (z. B. Masse m, Ladung Q, Temperatur T, Potential φ), spricht man von einem Skalarfeld. Handelt es sich jedoch um eine Vektorgröße wie im vorliegenden Fall, ist das Feld ein Vektorfeld. Dieses kann durch die schon erwähnten Feldlinien anschaulich dargestellt werden. Dabei gibt die Richtung der Feldlinien bzw. ihrer Tangente in einem bestimmten Raumpunkt die Richtung des Feldvektors in diesem Raumpunkt an.

Strömungsfeld des geraden Leiters. Das Strömungsfeld in einem drahtförmigen, geraden Leiter mit konstantem Querschnitt A und überall gleicher Leitfähigkeit γ ist durch ein recht einfaches Feldbild zu beschreiben. Die Feldlinien verlaufen parallel (der Feldvektor $\vec{v}$ hat überall die gleiche Richtung), und auch der Betrag von $\vec{v}$ ist im gesamten Feldraum gleich. Das kommt dadurch zum Ausdruck, daß die Feldlinien mit überall gleicher Dichte verlaufen. Dabei ist die Anzahl der gezeichneten Feldlinien an sich beliebig. Ihre Anzahl bzw. ihre Dichte liefern keinen absoluten, sondern nur einen relativen Maßstab für den Betrag der Feldgröße. Ein Feld mit den geschilderten Eigenschaften heißt homogen.

Driftgeschwindigkeit und Stromdichte. In Bild 3.1 ist das Volumenstück $\Delta V = (\vec{A} \cdot \Delta\vec{s})$ ein Ausschnitt aus dem homogenen Strömungsfeld eines Kupferdrahts, in dem sich ΔQ mit der Driftgeschwindigkeit $\vec{v}$ durch den Leiter bewegt. In dem Volumenelement ist die quasifreie Ladungsmenge

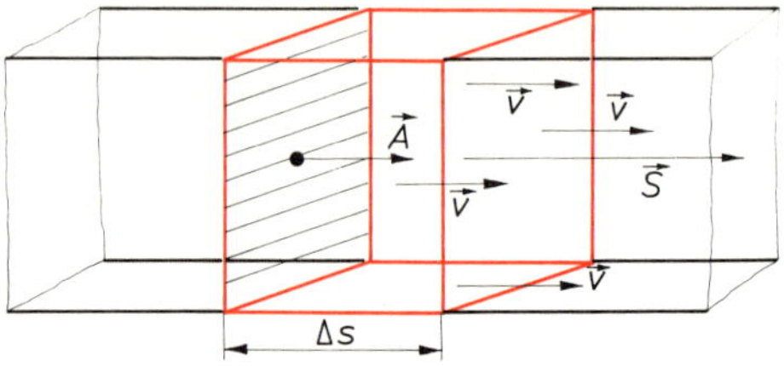

3.1 Driftgeschwindigkeit und Stromdichte

$\Delta Q = \eta \cdot \Delta V$ enthalten, wobei η die im gesamten Feldraum gleichbleibende Dichte der beweglichen Ladungsträger bedeutet. Damit kann man für die Stromstärke $I = \Delta Q/\Delta t$ schreiben:

$$I = \frac{\eta (\vec{A} \cdot \Delta \vec{s})}{\Delta t} = \eta (\vec{A} \cdot \vec{v})$$

Das Produkt

$$\eta \cdot \vec{v} = \vec{S} \tag{3.1}$$

heißt Stromdichte und ist ein Vektor mit der gleichen Richtung wie $\vec{v}$. Mit dem Stromdichtevektor kann das Strömungsfeld ebenso wie mit $\vec{v}$ beschrieben werden. Für die Stromstärke durch die Fläche $\vec{A}$ erhält man schließlich

$$\boxed{I = (\vec{A} \cdot \vec{S}).} \tag{3.2}$$

Die SI-Einheit der Stromdichte ergibt sich zu $[S] = \frac{\text{A}}{\text{m}^2}$.

Beispiel 3.1 Die Driftgeschwindigkeit der Elektronen im Kupferleiter mit der Stromdichte $S = 2\ \text{A/mm}^2$ soll berechnet werden.

In jedem Grammatom eines Elements befinden sich nach Loschmidt $L = 6{,}023 \cdot 10^{23}$ Atome. Ein Grammatom Kupfer hat eine Masse von 63,54 g und nimmt wegen der Dichte $\varrho = 8{,}93\ \text{g/cm}^3$ ein Volumen $V = m/\varrho$ ein. Da Kupfer in seiner äußersten Elektronenschale ein Elektron besitzt, das als Leitungselektron im Metallgitter beweglich ist, hat ein Grammatom Kupfer auch L quasifreie Elektronen mit jeweils der Elementarladung $|e| = 1{,}602 \cdot 10^{-19}$ As. Die Ladungsdichte η im Kupfer wird damit

$$\eta = \frac{\Delta Q}{\Delta V} = \frac{L \cdot |e| \cdot \varrho}{m} = \frac{6{,}023 \cdot 10^{23} \cdot 1{,}602 \cdot 10^{-19}\,\text{As} \cdot 8{,}93\,\text{g}}{63{,}54\,\text{g}\,\text{cm}^3} = 13{,}6\,\frac{\text{As}}{\text{mm}^3}.$$

Bei einer Stromdichte von $S = 2\ \text{A/mm}^2$ erhält man die Driftgeschwindigkeit zu

$$\vec{v} = \frac{\vec{S}}{\eta} = \mathbf{0{,}147\ mm/s}.$$

Die Driftgeschwindigkeit der Elektronen ist also außerordentlich gering.

3.2 Feldgleichung des elektrischen Strömungsfelds

Elektrische Feldstärke. Die Driftbewegung der Ladungsträger ist mit einer ständigen Abnahme ihrer potentiellen Energie verbunden. Diese wird in Form von Wärmeenergie an das Metallgitter abgegeben, das die Driftbewegung mit der Kraft $-\vec{F}_{\text{R}} = \vec{F}$ behindert, wenn $\vec{F}$ die zur Aufrechterhaltung der Driftbewegung erforderliche Kraft bedeutet. Die von den Ladungsträgern für den Weg $\Delta\vec{s}$ aufzubringende Arbeit entspricht der Abnahme ihrer potentiellen Energie, also

$$\Delta W = (\vec{F} \cdot \mathrm{d}\vec{s}) = Q\,\Delta U.$$

Daraus ergibt sich für die auf die Ladungsträger wirkende Kraft

$$\vec{F} = Q \cdot \frac{\Delta U}{\Delta \vec{s}}.$$

Dabei ist

$$\boxed{\frac{\Delta U}{\Delta \vec{s}} = \vec{E}} \qquad (3.3)$$

die am Ort der Ladung herrschende elektrische Feldstärke. Deren SI-Einheit bekommt man in bekannter Weise zu $[E] = V/m$. Die elektrische Feldstärke ist ebenso wie die Kraft $\vec{F}$ eine Vektorgröße. Um eine eindeutige Zuordnung zwischen den Vektorgrößen $\vec{F}$ und $\vec{E}$ zu bekommen, ist noch das Vorzeichen der Ladung Q zu beachten. Nach allgemeiner Übereinkunft (DIN 1324) gilt:

> Die positive Richtung der elektrischen Feldstärke $\vec{E}$ ist gleich der Kraftrichtung auf eine positive Ladung Q_+.

Damit ergibt sich für die Kraft auf die Ladungsträger

$$\boxed{\vec{F} = Q_+ \vec{E} \quad \text{bzw.} \quad -\vec{F} = Q_- \vec{E}.} \qquad (3.4)$$

Feldgleichung. Die Kraft auf die negativen Elektronen ist also der elektrischen Feldstärke entgegen gerichtet. Wie wir schon früher festgestellt haben, ist es für die Wirkung des Stroms gleichgültig, ob die Bewegung (gedachter) positiver Ladungsträger oder die entgegengesetzte negativer Ladungsträger betrachtet wird. Wir wollen deshalb ohne Rücksicht auf die stoffliche Natur des Leiters auch weiterhin eine Bewegung positiver Ladung in konventioneller Stromrichtung annehmen.

Aus dem Ohmschen Gesetz Gl. (2.6) und der Formel für den Leitwert Gl. (2.7) eines drahtförmigen Leiters (homogenes Strömungsfeld) erhält man

$$I = G \cdot U = \frac{\gamma \cdot \vec{A}}{\vec{s}} \cdot U \quad \Rightarrow \quad \frac{I}{\vec{A}} = \gamma \cdot \frac{U}{\vec{s}}$$

oder, wenn man die Vektoren $\vec{S}$ und $\vec{E}$ einsetzt

$$\boxed{\vec{S} = \gamma \cdot \vec{E}.} \qquad (3.5)$$

Dies ist die Feldgleichung des elektrischen Strömungsfelds, die auch als Elementarform des Ohmschen Gesetzes bezeichnet wird.

Ebenso wie man die elektrische Stromstärke I als Folge einer Spannung U ansehen kann, ist das Strömungsfeld des Vektors $\vec{S}$ eine Folge des elektrischen Felds der Feldstärke $\vec{E}$. Beide Vektoren haben stets die gleiche Richtung, wenn die elektrische Leitfähigkeit γ unabhängig von der Stromrichtung stets den gleichen Wert hat.

3.3 Inhomogenes Strömungsfeld

Während wir für einen geraden, drahtförmigen Leiter bei konstantem Querschnitt ein homogenes Strömungsfeld mit einem nach Richtung und Betrag überall gleichen Stromdichtevektor erhalten haben, ändern sich Betrag und Richtung, wenn sich der Querschnitt des Leiters ändert. Bild **3**.2 zeigt einen flächenhaften Leiter mit konstanter Dicke, bei dem sich die Breite ändert. Wir können Bereiche von homogenen Strömungsfeldern in den Querschnitten 1 bzw. 2 mit den Stromdichten

$$\vec{S}_1 = \frac{I_1}{\vec{A}_1} \quad \Rightarrow \quad I_1 = (\vec{S}_1 \cdot \vec{A}_1) \quad \text{bzw.} \quad \vec{S}_2 = \frac{I_2}{\vec{A}_2} \quad \Rightarrow \quad I_2 = (\vec{S}_2 \cdot \vec{A}_2)$$

unterscheiden von einem Bereich, in dem sich Betrag und Richtung der Feldvektoren stetig ändern. Solche Vektorfelder heißen inhomogen. Der Abstand der Feldlinien wird hier um so größer, je kleiner der Betrag der Feldgröße wird. Feldlinienbilder liefern jedoch immer nur anschauliche Modelle eines Vektorfelds. In Wirklichkeit ist der Feldraum kontinuierlich von der betreffenden Feldgröße erfüllt, also auch zwischen den Feldlinien. Ein anderes Beispiel eines inhomogenen Strömungsfeldes zeigt Bild **3**.3.

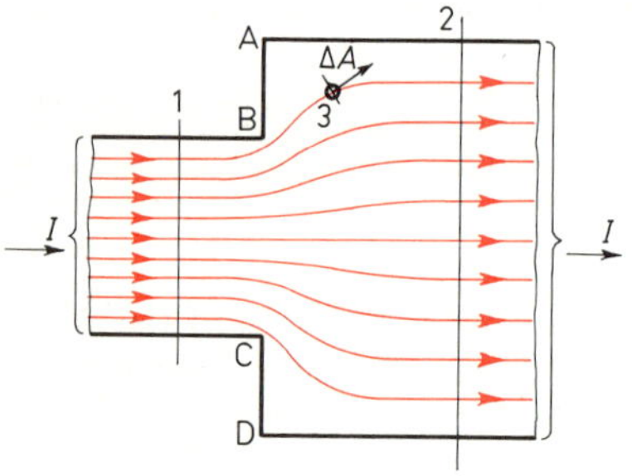

3.2 Inhomogenes Strömungsfeld

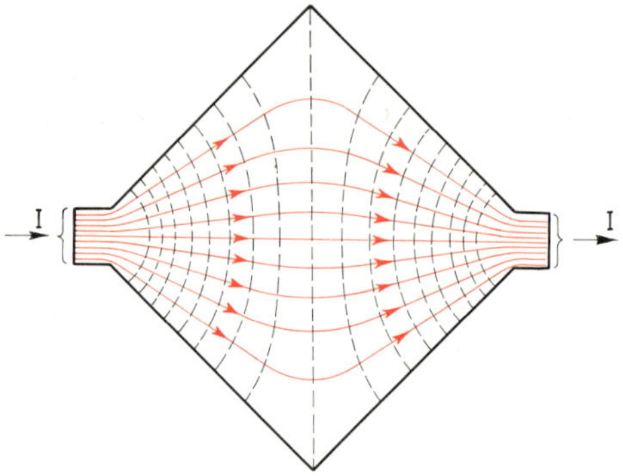

3.3 Strömungsfeld eines flächenhaften Leiters
rot: Feldlinien des Vektorfelds $\vec{S}$,
schwarz gestrichelt: Äquipotentiallinien des skalaren Potentials

Die Feldgleichung (3.5) des Strömungsfelds gilt auch im inhomogenen Feld. Stellt z. B. das Bild **3**.3 das nur $35 \cdot 10^{-3}$ mm dicke Kupferblech einer Leiterplatte dar, kann man die Struktur des Strömungsfelds untersuchen, indem man mit Hilfe einer Sonde auf dem Kupferblech Punkte gleicher Spannung aufsucht. Das entspricht der meßtechnischen Ermittlung von Äquipotentiallinien (Linien gleichen Potentials, gestrichelt in Bild **3**.3). Da die Feldvektoren $\vec{S}$ und $\vec{E}$ stets darauf senkrecht stehen, lassen sich die Feldlinien leicht zeichnen.

3.4 Grundbegriffe der Feldtheorie

Bevor wir uns weiteren (elektrischen und magnetischen) Feldern zuwenden, wird es nützlich sein, einige Grundbegriffe der Feldtheorie an dem oben betrachteten Beispiel des homogenen Strömungsfelds in einem drahtförmigen Leiter zu erläutern.

Zwei Feldvektoren sind, wie wir oben gesehen haben, zur Beschreibung des Strömungsfelds erforderlich: Die elektrische Feldstärke $\vec{E}$ ist die Folge der außen an den Leiter angelegten elektrischen Spannung. Sie bewirkt eine Kraft auf die elektrischen Ladungen im Innern des Leiters. Wie stark die Strömung ist, die sich daraus ergibt, wird durch den zweiten Vektor, die Stomdichte $\vec{S}$, beschrieben.

Das Prinzip der Feldbeschreibung besteht also darin, daß ein Vektor die Felderregung kennzeichnet, der andere die materialabhängige Wirkung beschreibt. Der erste Vektor hat stets den Charakter eines räumlich verteilten Spannungszustands. Der zweite ist eine Flußdichte, d. h. das Skalarprodukt dieses Vektors mit einem Flächenvektor ergibt den durch die zugehörige Fläche hindurchtretenden Fluß. Dieses Prinzip findet sich wieder beim elektrostatischen Feld (Abschn. 4), beim magnetischen Feld (Abschn. 5) und beim elektromagnetischen Feld (Abschn. 6).

Äquipotentialflächen. Nach Gl. (3.3) ist die elektrische Feldstärke die bezogene Spannungsänderung ΔU, die man beobachtet, wenn man um das Wegstück $\Delta\vec{s}$ in Richtung der Strömung fortschreitet. Dabei ist ΔU ein Maß für die Arbeit, die notwendig ist, um die Ladung ΔQ über das Wegstück $\Delta\vec{s}$ zu transportieren. Um zum Begriff der Äquipotentialfläche zu kommen, betrachten wir die Spannungsänderung bzw. die zu leistende Arbeit, wenn der Vektor $\Delta\vec{s}$ nicht in Richtung der Strömung weist, sondern senkrecht dazu steht, also in der Querschnittsfläche des hier betrachteten Leiters liegt. Da in dieser Richtung keine Strömung stattfindet, wird keine Energie auf diesem Wegstück verbraucht, d. h. es tritt keine Spannungsänderung ΔU ein.

Die Flächen, senkrecht zum Stromdichtevektor oder umgekehrt, auf denen der Stromdichtevektor senkrecht steht, sind also Äquipotentialflächen. Nach Gl. (3.5) sind Stromdichte und elektrische Feldstärke stets parallel gerichtet, so daß man auch sagen kann:

Die elektrische Feldstärke steht senkrecht auf den Äquipotentialflächen.

Dieser Satz gilt nicht nur für das hier als Beispiel betrachtete homogene Strömungsfeld, sondern für alle Felder, soweit sie Äquipotentialflächen haben. In diesen Feldern sind dann als Spannungen einfach die Potentialunterschiede zwischen den verschiedenen Äquipotentialflächen definiert.

Beispiel 3.2 In der kupfernen Leiterbahn einer „gedruckten“ Schaltung besteht ein homogenes Strömungsfeld mit der Stromdichte $|\vec{S}| = 1\ \text{A/mm}^2$. Welche Spannung herrscht zwischen Äquipotentialflächen, die um $|\vec{s}_{12}| = 10$ cm voneinander entfernt sind?

Lösung $\vec{E}$ und $\vec{s}_{12}$ liegen in Strömungsrichtung, also parallel.

$$U = \vec{E} \cdot \vec{s}_{12} = \frac{1}{56} \frac{\text{V}}{\text{m}}\ 0{,}1\ \text{m} = 1{,}786 \cdot 10^{-3}\ \text{V} = \mathbf{1{,}786\ mV}$$

Feldfluß. Im Strömungsfeld erhält man die Stromstärke, die durch einen drahtförmigen Leiter fließt, nach Gl. (3.2) als skalares Produkt aus der Stromdichte $\vec{S}$ und dem Flächenvektor $\vec{A}$ der Querschnittsfläche. Die Stromstärke ist ein Beispiel für einen Feldfluß. Im elektrostatischen und im magnetischen Feld treten Größen auf, die ganz ähnlich berechnet werden, nämlich als Skalarprodukt aus einem Flußdichtevektor und einem Flächenvektor. Die physikalische Bedeutung dieser Größen ist aber eine ganz andere als im Strömungsfeld.

Im homogenen Feld, bei dem die Feldvektoren überall gleich sind, läßt sich der Feldfluß, den ein Flußdichtevektor durch eine bestimmte ebene Fläche führt, als Skalarprodukt entsprechend Gl. (3.2) einfach berechnen. Bei inhomogenen Feldern oder gekrümmten Flächen sind dagegen kompliziertere Rechenmethoden erforderlich, die hier außer Betracht bleiben.

Quellen- und Wirbelfelder. Bei den Feldbildern gibt es zwei grundsätzlich verschiedene Typen: Quellenfelder sind daran zu erkennen, daß die Feldlinien von bestimmten Körpern, den Quellen, ausgehen und auf anderen Körpern, den Senken, enden. Felder dieser Art zeigen die Bilder **4**.2 und **4**.3 des folgenden Abschnitts. Der zweite Feldtyp sind die Wirbelfelder. Bei diesen Feldern sind die Feldlinien in sich geschlossen. Sie haben weder Anfang noch Ende. Typischer Vertreter dieses Feldtyps ist das elektrische Strömungsfeld eines Gleichstroms. Die Elektronen sind überall vorhanden und werden durch das vom Generator erzeugte elektrische Feld in eine Driftbewegung versetzt, so daß im gesamten Stromkreis der gleiche Strom fließt. Die Feldlinien der Stromdichte sind daher in sich geschlossene Ringe. Ein anderes Beispiel für ein Wirbelfeld bilden die magnetischen Feldlinien in der Umgebung eines vom Strom durchflossenen Drahtes, wie Bild **5.4** zeigt.

Aufgaben zu Abschnitt 3

1. In einem Kupferleiter mit 1,38 mm Durchmesser fließt ein Strom mit der Stärke 5 A.
   a) Wie groß sind Stromdichte und Driftgeschwindigkeit der Elektronen?
   b) Welche elektrische Feldstärke ist im Draht erforderlich?
   c) Wie groß ist die Kraft, die auf einen Ladungsträger wirkt?
2. Eine Spule aus Kupferdraht hat 8000 Windungen und den mittleren Windungsdurchmesser 5 cm. An der Spule liegt eine Spannung von 12 V.
   a) Welche elektrische Feldstärke herrscht im Draht?
   b) Welche Stromdichte stellt sich ein?
3. In einem Kupferdraht von 2 mm Durchmesser herrscht die Feldstärke 40 mV/m.
   a) Wie groß sind Stromdichte und Driftgeschwindigkeit der Elektronen?
   b) Wie groß ist die Stromstärke?
   c) Welche Kraft wirkt auf die Ladungsträger?
4. Welche Dicke muß ein Aluminiumdraht mit quadratischem Querschnitt haben, wenn er bei einer Feldstärke von 15 mV/m einen Strom von 13,125 A führen soll?
5. In einer 2 mm breiten und 35 μm dicken Leiterbahn einer kupferkaschierten Leiterplatte herrscht die Stromdichte 10 A/mm^2.
   a) Wie groß ist die Stromstärke in der Leiterbahn?
   b) Welche Feldstärke ist wirksam?
   c) Welcher Spannungsabfall tritt bei 5 cm Leiterbahnlänge auf?

---

4 Elektrisches Feld

4.1 Elektrostatisches Quellenfeld

Wir haben in Abschn. 3 die Wirkung eines elektrischen Felds der Feldstärke $\vec{E}$ in einem Material mit der elektrischen Leitfähigkeit γ kennengelernt. Entsprechend Gl. (3.5) wird die auftretende Stromdichte $\vec{S}$ um so kleiner, je geringer die Leitfähigkeit des Materials wird. Im Grenzfall mit $\gamma = 0$ (idealer Isolator) ist trotz des elektrischen Felds kein Strömungsfeld mehr vorhanden. In diesem Fall spricht man von einem elektrostatischen Feld oder von einem Feld ruhender Ladungen. Auch in einem idealen (stofflichen) Isolator sind elektrische Ladungen beiderlei Vorzeichens vorhanden und entsprechend Gl. (3.4) Kräfte auf die Ladungen zu erwarten, die hier jedoch mangels Driftbewegung kein Strömungsfeld zur Folge haben. Schließlich können wir uns noch einen isolierenden Feldraum vorstellen, der völlig frei von Materie ist (Vakuum oder leerer Raum), also auch keine elektrische Ladungen mehr enthält (abgesehen von den Begrenzungen des Feldraums).

In diesem Sinn werden wir uns zunächst mit dem elektrostatischen Feld im ladungsfreien Raum beschäftigen und dann mit den Wirkungen des elektrischen Felds in nichtleitender Materie.

Coulombsches Gesetz. Schon bei den einführenden Überlegungen in Abschn. 1.7.2 haben wir festgestellt, daß die Masse m eine Wirkung auf den umgebenden Raum hat, die wir als Gravitationsfeld oder Massenanziehungsfeld bezeichnen. Nach dem Grundsatz, daß nur Wechselwirkungen zwischen gleichartigen Feldern auftreten, können wir die Wirkung des Gravitationsfelds der Masse m_1 auf eine Masse m_2 auch als gegenseitige Anziehung der Massen m_1 und m_2 auffassen. Die auftretende Anziehungskraft kann z.B. mit Hilfe des allgemeinen Gravitationsgesetzes

$$|\vec{F}| = f\frac{m_1 \cdot m_2}{r^2} \quad \text{mit} \quad f = 66{,}7 \cdot 10^{-12}\,\frac{\mathrm{m}^3}{\mathrm{kg} \cdot \mathrm{s}^2}$$

bestimmt werden. Ist m_2 eine Probemasse, die also das Gravitationsfeld der Masse m_1 nicht beeinflußt, erhalten wir die uns schon bekannte Gleichung $\vec{F} = m\vec{g}$, wenn wir $|\vec{g}| = f \cdot m_1/r^2$ schreiben.

Auch eine elektrische Ladungsmenge übt auf den umgebenden Raum eine Wirkung aus, eben das elektrische Feld. Für zwei Ladungen Q_1 und Q_2 bekommen wir für die Kraft zwischen ihnen eine dem allgemeinen Gravitationsgesetz entsprechende Beziehung das Coulombsche Gesetz:

$$\boxed{|\vec{F}| = k\frac{Q_1 \cdot Q_2}{r^2}} \tag{4.1 a}$$

Dabei ist r der Abstand zwischen den beiden Ladungen Q_1 und Q_2. Für die Konstante k, deren Wert später abgeleitet wird, gilt im leeren Raum

$$k = \frac{1}{\varepsilon_0 \cdot 4\pi}.$$

Elektrische Feldstärke. Man definiert:

> Unter einem elektrischen Feld ist der Raumbereich zu verstehen, in dem auf elektrische Ladungen Kräfte ausgeübt werden. Dabei ist das Verhältnis $\vec{E} = \vec{F}/Q_+$ die am Ort der Ladung Q_+ herrschende elektrische Feldstärke (vgl. Gl. (1.40)).

Nach dieser Definition können wir im Coulombschen Gesetz die Ladung Q_1 als die felderzeugende Ladung betrachten und Q_2 als die Probeladung, mit der wir das Feld von Q_1 untersuchen. (Ebensogut könnten wir die Rollen von Q_1 und Q_2 vertauschen, d.h. Q_2 als Feld- und Q_1 als Probeladung betrachten.) Dieser Vorstellung entsprechend schreiben wir Gl. (4.1a) um in

$$|\vec{F}| = |\vec{E}| \cdot Q_2 \qquad |\vec{E}| = \frac{Q_1}{4\pi\varepsilon_0 r^2}. \tag{4.1b}$$

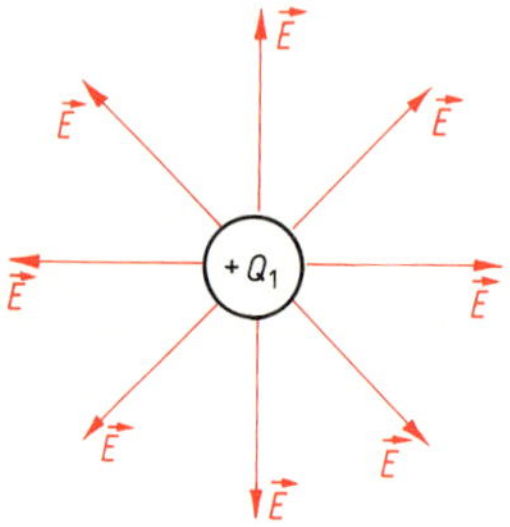

4.1 Feld einer positiven Ladung

Die räumliche Richtung der elektrischen Feldstärke ergibt sich daraus, daß die Wirkungslinie der Kraft $\vec{F}$ immer die Verbindungslinie der beiden Ladungen ist, unabhängig davon, wie diese im Raum liegt. Bei einer positiven Ladung Q_1 ist daher die elektrische Feldstärke überall sternförmig von Q_1 weg nach außen gerichtet (**4.**1), bei negativer Ladung zielen alle Feldstärkevektoren auf den Ladungsmittelpunkt.

Bei zwei und mehr Ladungen findet man das elektrische Feld durch vektorielle Addition der Kräfte bzw. Feldstärken.

Bringt man in den leeren Raum zwischen der positiven Ladung Q_+ und der negativen Ladung Q_- eine Probeladung q, kann man mit Hilfe des Coulombschen Gesetzes die am Ort der Probeladung wirksame resultierende Kraft $\vec{F}$ bestimmen und damit auch die elektrische Feldstärke $\vec{E}$. Diese entsteht aus den beiden Kraftkomponenten, die als Wirkung zwischen den Ladungen Q_+ bzw. Q_- und der Probeladung q auftreten (**4.**2). Die Ladungen Q_+ und Q_- sind dabei Punktladungen, die sich auf einer kleinen Kugeloberfläche befinden.

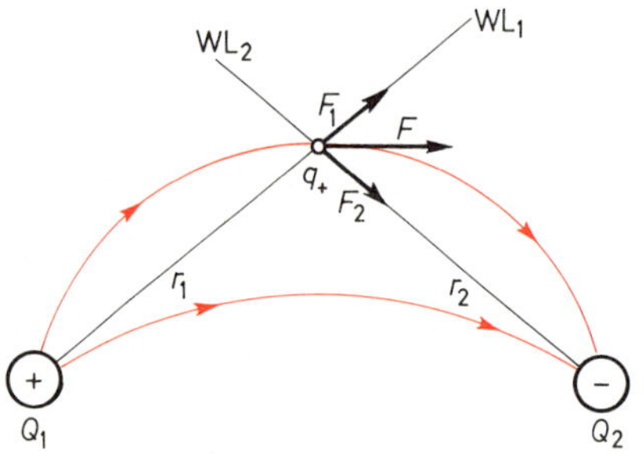

4.2 Kraftermittlung im elektrischen Feld nach dem Coulombschen Gesetz

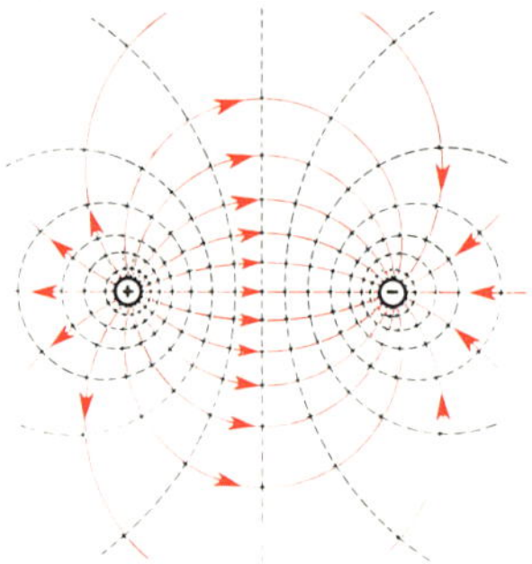

4.3 Elektrisches Feld zwischen parallelen Leitern

Stellt man sich Q_+ und Q_- auf der Oberfläche von langen, zylindrischen und parallelen Leitern vor, erhält man ein elektrisches Feld entsprechend Bild **4.**3. Da auch innerhalb der im Querschnitt dargestellten metallischen Leiter keine elektrische Strömung auftreten soll, müssen die Leiteroberflächen Äquipotentialflächen sein. Dies bedeutet, daß der Vektor der elektrischen Feldstärke auf der Leiteroberfläche senkrecht steht. Sonst riefe eine Komponente der Feldstärke im Leiter eine Störung hervor.

Weitere Äquipotentialflächen des elektrischen Felds bzw. im Querschnitt Äquipotentiallinien sind in Bild **4.**3 durch gestrichelte Linien angedeutet.

Man entnimmt diesen Feldbildern **4.**1, **4.**2 und **4.**3 unmittelbar, daß das elektrische Feld ein Quellenfeld ist. Die Feldlinien entspringen auf positiven Ladungen und enden auf negativen. Bei dem Feldbild **4.**1 müssen wir uns die negativen Ladungen, die das Ende der Feldlinien bilden, unendlich weit entfernt vorstellen.

Inhomogenes und homogenes elektrisches Feld. Wir entnehmen Bild **4.**3 zunächst, daß es sich offenbar um ein inhomogenes Feld zwischen den beiden Leitern handelt. Die Feldstärke $\vec{E}$ hat auf der Verbindungslinie der beiden Leiter ihren größten Wert, wird dann entsprechend der gezeichneten Feldliniendichte dem Betrag nach kleiner und ändert außerdem ihre Richtung. Da die Oberflächen der Leiter Äquipotentialflächen sind, ist andererseits der räumliche Aufbau des Vektorfelds $\vec{E}$ von der Form der metallischen Elektroden abhängig. Wir können also diesen eine solche Form geben, daß das Feld zwischen ihnen homogen wird. Das ist z. B. in Bild **4.**4 der Fall, wenn wir von den Randbereichen einmal absehen. Eine solche Elektrodenanordnung nennt man Plattenkondensator. Sie hat eine große praktische Bedeutung.

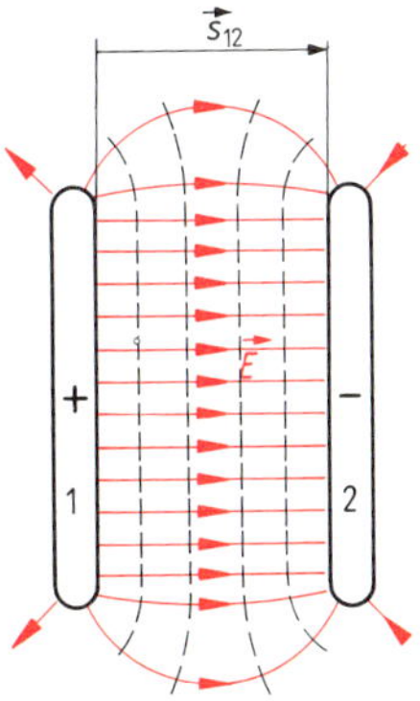

4.4 Elektrisches Feld in einem Plattenkondensator

Wir können die zwischen den Kondensatorplatten herrschende Spannung leicht ermitteln. Da das Feld zwischen ihnen homogen ist, erhalten wir die Spannung als Skalarprodukt aus elektrischer Feldstärke und dem als Vektor aufgefaßten Abstand $\vec{s}_{12}$ zwischen den Platten.

$$U_{12} = (\vec{E} \cdot \vec{s}_{12})$$

Andererseits können wir das elektrische Feld mit der Feldstärke

$$\vec{E} = \frac{U_{12}}{\vec{s}_{12}} \tag{4.2}$$

leicht durch Anlegen einer entsprechenden Spannung an die Kondensatorplatten erzeugen.

Elektrische Flußdichte und elektrischer Fluß. Bringen wir einen metallischen Körper in das Feld eines Plattenkondensators (**4.**5), erfolgt unter dem Einfluß der elektrischen Feldstärke eine Ladungstrennung im Prüfkörper. Diesen Vorgang bezeichnet man als Influenz (s. Abschn. 1.8.1). Nimmt man den Prüfkörper aus dem Feld heraus, gleichen sich die Ladungen wieder aus, und er erscheint ungeladen. Um den Influenzvorgang zu erfassen, verwenden wir einen Prüfkörper, der aus zwei Scheiben besteht. Diese Scheiben werden in gegenseitiger Berührung in das Feld eingeführt und dort getrennt. Die Influenzladungen können sich so beim Herausnehmen nicht mehr ausgleichen und einzeln gemessen werden.

Diesen Vorgang der Influenzladungsmessung verwendet man zur Definition der elektrischen Flußdichte $\vec{D}$, der zweiten Vektorgröße, die man zur Beschreibung eines Feldes braucht (s. Abschn. 3.4). Für die Messung verwenden wir ein Plattenpaar mit den Flächen $\Delta\vec{A}$ und halten sie vor der Trennung so, daß die Influenzladungen ΔQ möglichst groß ausfallen. Als Flußdichte definiert man das Verhältnis von Influenzladung zur Plattenfläche und läßt den Vektor senkrecht auf der positiven Prüfplatte stehen.

$$\vec{D} = \frac{\Delta Q_+}{\Delta\vec{A}} \tag{4.3}$$

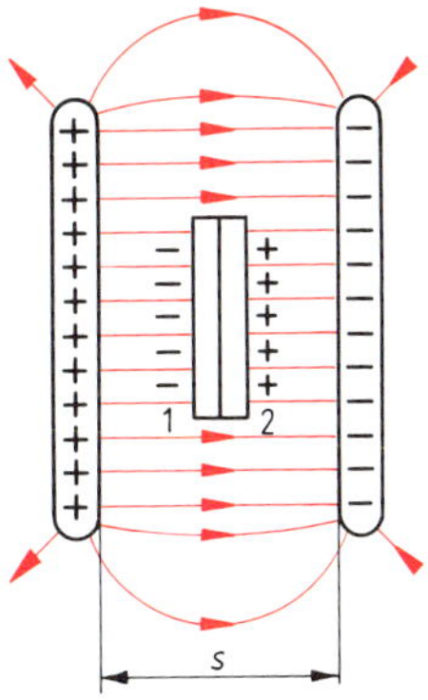

4.5 Influenz im elektrischen Feld

Dieser Flußdichte des elektrostatischen Felds entspricht im Strömungsfeld die Stromdichte. Daraus ergibt sich, daß der elektrische Fluß Ψ die dem Strom entsprechende Größe ist.

Die Feldgleichung des elektrostatischen Felds gibt den Zusammenhang zwischen den beiden Vektoren $\vec{D}$ und $\vec{E}$ an. Experimentell findet man, daß die beiden Vektoren stets die gleiche Richtung haben und daß ihre Beträge verhältnisgleich sind. Das drückt sich in der Gleichung

$$\vec{D} = \varepsilon_0 \cdot \vec{E} \tag{4.4}$$

aus. Die Proportionalitätskonstante ε_0 heißt Feldkonstante des elektrischen Felds. In dieser Form gilt die Gleichung für den materiefreien Raum (Vakuum). Die Einheit der Feldkonstanten leiten wir in bekannter Weise ab:

$$[\varepsilon_0] = \frac{[D]}{[E]} = \frac{\text{As}}{\text{m}^2} \frac{\text{m}}{\text{V}} = \frac{\text{As}}{\text{Vm}} \tag{4.5}$$

Der aus der Messung der Lichtgeschwindigkeit im Vakuum abgeleitete Wert für ε_0 (s. dazu Abschn. 4.2.1) beträgt nach DIN 1357

$$\varepsilon_0 = 8{,}8542 \cdot 10^{-12} \frac{\text{As}}{\text{Vm}}. \tag{4.6}$$

Kapazität. Mit Hilfe der Gl. (4.2) und (4.3) können wir die Ladungsmenge berechnen, die wir auf den Platten eines Plattenkondensators speichern können. Diese sollen den Abstand $\vec{s}$ haben und die ladungstragende Oberfläche $\vec{A}$. Zwischen den Platten liege die Spannung U. Im homogenen Feld erhalten wir, wenn wir in Gl. (4.6) die Größen $\vec{E}$ bzw. $\vec{E}$ ersetzen

$$\vec{E} = \frac{U}{\vec{s}}; \quad \vec{D} = \frac{Q}{\vec{A}}; \quad \frac{Q}{\vec{A}} = \varepsilon_0 \frac{U}{\vec{s}}.$$

Durch Umstellen der Gleichung ergibt sich

$$Q = \frac{\varepsilon_0 \cdot \vec{A}}{\vec{s}} \cdot U$$

oder, wenn man $C_0 = \dfrac{\varepsilon_0 \cdot \vec{A}}{\vec{s}}$ einführt, (4.7)

$$\boxed{Q = C_0 \cdot U.} \tag{4.8}$$

Die Größe C_0 nennt man Kapazität (Fassungsvermögen) des Kondensators. Der Index o bedeutet, daß es sich um die Kapazität im Vakuum handelt. Bei der Berechnung von C aus den Abmessungen des Kondensators haben die Vektoren $\vec{A}$ (Flächennormale) und $\vec{s}$ (Plattenabstand) die gleiche Richtung.

Als Einheit für die Kapazität erhalten wir

$$[C] = \frac{[Q]}{[U]} = \frac{\text{A} \cdot \text{s}}{\text{V}} = \text{F} \quad (\text{Farad}). \tag{4.9}$$

Polarisation und Permittivität. Gebrauchskondensatoren haben keine Luft zwischen ihren Platten, sondern einen besonderen Isolierstoff. Diesen nennt man das Dielektrikum. Hat das elektrische Feld die gleiche Feldstärke wie ohne Dielektrikum, läßt sich eine größere Ladungsmenge auf den Platten speichern als vorher. Die Ladungsdichte auf den Kondensatorplatten ist größer geworden und mit ihr die im Feldraum vorhandene elektrische Flußdichte. Diese Vergrößerung beschreibt der Faktor ε_r, den wir in Gl. (4.4) einführen.

$$\vec{D} = \varepsilon_0 \cdot \varepsilon_r \cdot \vec{E} \tag{4.10}$$

Das Produkt $\varepsilon = \varepsilon_0 \cdot \varepsilon_r$ heißt Permittivität. Sie ist bei manchen dielektrischen Materialien auch von der elektrischen Feldstärke abhängig, also keine reine Stoffkonstante. Der Faktor ε_r heißt Dielektrizitätszahl, Permittivitätszahl oder auch relative Permittivität. Sie gibt an, um welchen Faktor die Kapazität eines Plattenkondensators mit Dielektrikum größer ist als die des gleichen Kondensators im Vakuum. Die Kapazität des Plattenkondensators wird damit allgemein

$$C = \varepsilon_0 \cdot \varepsilon_r \frac{\vec{A}}{\vec{s}}. \tag{4.11}$$

Die Wirkung, die das elektrische Feld dabei offenbar auf das Material des Dielektrikums hat, bezeichnet man als Polarisation. Als Folge der durch das elektrische Feld bedingten Kräfte auf die Molekülladungen des Materials werden die Ladungsschwerpunkte in den Molekülen verschoben. Es bilden sich elektrische Dipole aus. Je nach ihrer chemischen Natur bzw. dem Aufbau ihrer Moleküle sind die Stoffe unterschiedlich stark polarisierbar. Die Moleküle mancher Stoffe sind auch ohne ein äußeres elektrisches Feld schon Dipole (z. B. Wasser). Deren relative Permittivität ist daher besonders groß. Tab. **4.6** zeigt die relative Permittivität ε_r einiger fester und flüssiger Isolierstoffe. Da der Betrag des Vektors D offenbar von der „Verschiebbarkeit" der inneren Ladungen der Moleküle des Dielektrikums abhängig ist, wird D auch als „Verschiebungsdichte" bezeichnet.

Tabelle **4.6** **Relative Permittivität fester und flüssiger Isolierstoffe**

	ε_r		ε_r
Azeton	21,5	Mikanit	5
Benzol	2,25	Paraffin	2,1
Bernstein	2,8	Pertinax	4,8
Crownglas	6 bis 7	Phenolharz	4 bis 6
Diamant	16,5	Polyäthylen	2,2
Flintglas	7	Polystyrol	2,7
Glimmer	7	Polyvinylchlorid	3,2 bis 5,5
Hartpapier	5 bis 6	Quarz	3,8 bis 5
Kabelisolation		Transformatorenöl	2,2 bis 2,5
– Starkstromkabel (Jute und getr. Papier)	4,3	Toluol	2,35
		Wasser dest.	80
– Fernmeldekabel (Papier und Luft)	1,6	Zellulose	6,6

Dipole im elektrischen Feld. Befinden sich ungeladene Körper mit so kleinen Abmessungen im elektrischen Feld, daß wir sie als Probekörper auffassen können, lassen sich je nach Aufbau des elektrischen Felds unterschiedliche Erscheinungen feststellen. Je nach der stofflichen Natur des Probekörpers bilden sich durch Influenz oder Polarisation elektrische Dipole aus, und zwar durch Ladungstrennung im leitenden Material, durch Verschiebung der Ladungsschwerpunkte im nichtleitenden oder auch durch beide Einflüsse. Ebensowenig wie ideale Leiter gibt es ideale Nichtleiter, so daß auch im Isolator eine gewisse Beweglichkeit von Elektronen angenommen werden muß.

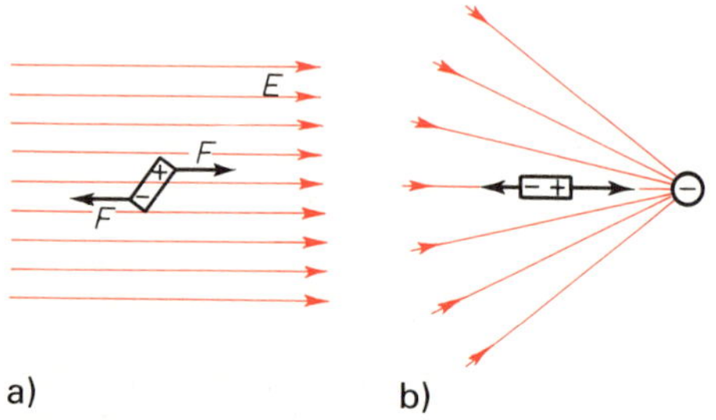

4.7 Dipole im elektrischen Feld
a) homogenes Feld
b) inhomogenes Feld

Im homogenen elektrischen Feld entsteht durch die Wechselwirkung zwischen der am Ort des Dipols herrschenden elektrischen Feldstärke und den Dipolladungen ein Drehmoment. Dieses versucht, den Probekörper so lange zu drehen, bis beide Dipolladungen auf der Wirkungslinie des Feldstärkevektors liegen (**4**.7). Benutzt man als Probekörper z. B. kurze und leichte Kunststoffasern, ordnen sie sich bei genügend hoher Feldstärke und ausreichend geringer Reibung zu Feldlinienbildern, die ein anschauliches Modell des elektrostatischen Felds darstellen. Die Bilder **4**.8 bis **4**.10 zeigen einige Beispiele.

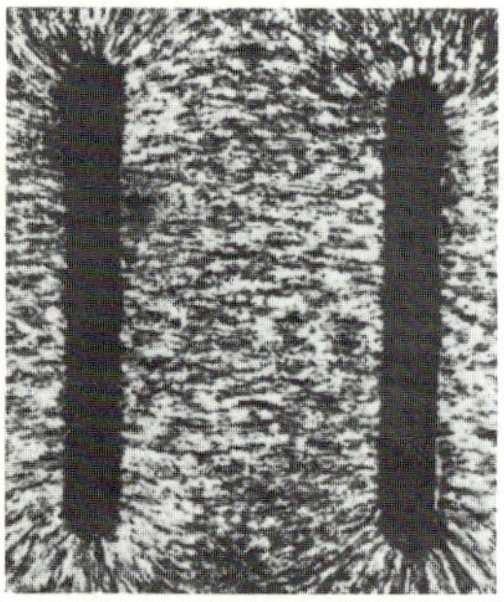

4.8 Feldbild eines Plattenkondensators

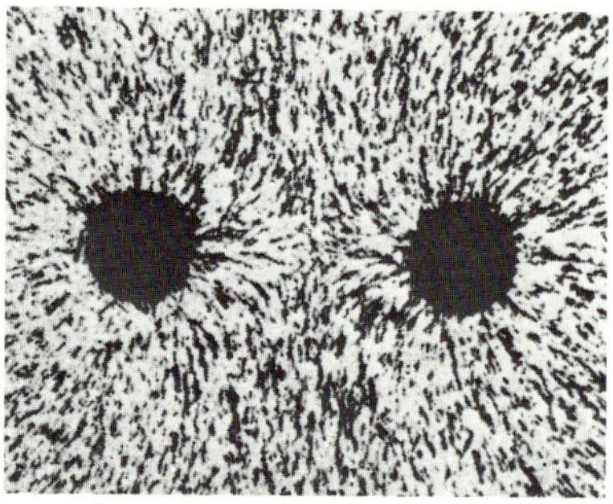

4.9 Feldbild gleichnamig geladener Kugeln

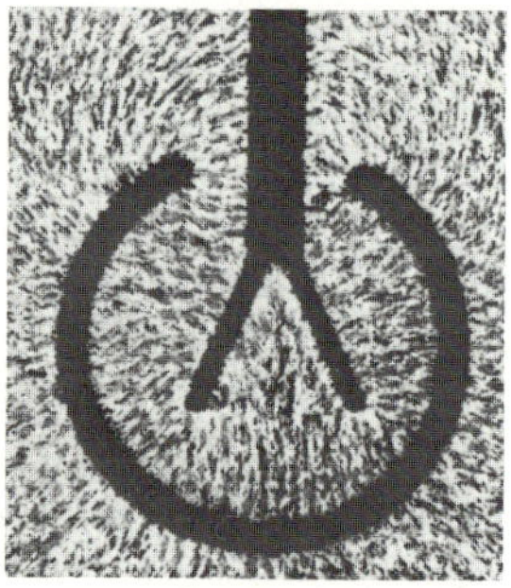

4.10 Feldbild eines Blättchen-Elektroskops

Im inhomogenen Feld versucht der elektrische Dipol wegen des entstehenden Drehmoments ebenfalls eine Lage einzunehmen, bei der die Ladungsschwerpunkte auf der Wirkungslinie des Feldstärkevektors liegen. Da aber auf dieser WL ein um so stärkeres Feldstärkegefälle besteht, je ausgeprägter die Inhomogenität des elektrischen Felds ist, entsteht außer dem Drehmoment noch eine resultierende Kraft, die stets in Richtung zunehmender Feldstärke weist. Diese Kraft kann leichte Probekörper in Richtung zunehmenden Betrags der elektrischen Flußdichte beschleunigen, und zwar unabhängig vom Vorzeichen des geladenen Körpers, der das elektrische Feld hervorruft. Die elektrische Feldstärke bzw. Flußdichte sind besonders groß, wenn der Krümmungsradius der Oberfläche der geladenen Elektrode klein ist, also z. B. bei kleinen Kugeln, an Spitzen oder dünnen Stäben. Hier besteht bei hohen Feldstärken besonders Überschlag- bzw. in Isolierstoffen Durchschlaggefahr. Geringer ist die Feldstärke dagegen bei schwach gewölbten oder ebenen Flächen. Ein Beispiel für die Beschleunigung ungeladener Probekörper im inhomogenen Feld ist die Anziehung von Papierschnitzeln durch einen geriebenen Hartgummistab.

Die geschilderten Kraftwirkungen zwischen geladenen und ungeladenen Körpern im elektrischen Feld lassen sich auch mit einem Drehstab zeigen, wie wir ihn bei den Versuchen in Abschn. 1.8.1 verwendet haben. Die vom geladenen Körper hervorgerufenen influenzierten Ladungen stören oft bei elektrostatischen Versuchen und können das Versuchsergebnis verfälschen.

4.2 Kondensator

4.2.1 Kapazität und Permittivität

Die Kapazität eines Plattenkondensators hängt nach Gl. (4.11) nicht nur von den geometrischen Abmessungen ab, sondern auch vom Betrag der Größe ε, die durch die Polarisierbarkeit des Dielektrikums mitbestimmt wird. Den geringsten Betrag der Kapazität erhält man, wenn sich zwischen den Platten keinerlei polarisierbare Atome oder Moleküle befinden, also im Vakuum. Die in diesem Fall geltende Proportionalitätskonstante in Gl. (4.11) ist die elektrische Feldkonstante ε_0:

$$C_0 = \varepsilon_0 \cdot \frac{A}{s} \tag{4.12}$$

Permittivität. Bei gleichen wirksamen Abmessungen A und s wird die Kapazität des Plattenkondensators größer, wenn zwischen den Platten ein Dielektrikum aus polarisierbarem Material vorhanden ist. Das Verhältnis

$$\frac{C}{C_0} = \frac{\varepsilon \cdot \frac{A}{s}}{\varepsilon_0 \cdot \frac{A}{s}} = \varepsilon_r \tag{4.13}$$

ist die schon in Abschn. 4.1 erwähnte relative Permittivität, die auch als Elektrisierungszahl des Materials bezeichnet wird. Sie ist als relative Größe eine reine Zahl. Entsprechend der Definition von ε_r bekommt man für die Permittivität nach Gl. (4.10)

$$\boxed{\varepsilon = \varepsilon_0 \cdot \varepsilon_r.}$$

Für Vakuum ist $\varepsilon_r = 1$, und für Luft als Dielektrikum ergibt sich praktisch ebenfalls $\varepsilon_r \approx 1$. Den schon erwähnten Zahlenwert für ε_0 erhält man aus dem Zusammenhang

$$\boxed{\varepsilon_0 \cdot \mu_0 = \frac{1}{c_0^2},} \tag{4.14}$$

wobei c_0 die Vakuum-Lichtgeschwindigkeit bedeutet und μ_0 die Feldkonstante des magnetischen Felds. Ihr Wert ist in Zusammenhang mit der Definition der Stromstärkeeinheit A als Basiseinheit des SI auf

$$\mu_0 = 0{,}4\pi \cdot 10^{-6}\,\frac{\text{Vs}}{\text{Am}}$$

festgelegt worden (s. Abschn. 5.2.5). Mit dem z.Z. gültigen Meßwert für die Lichtgeschwindigkeit

$$c_0 = 299\,792\,456{,}2\,\frac{\text{m}}{\text{s}} \pm 1{,}1\,\frac{\text{m}}{\text{s}}$$

ergibt sich der Zahlenwert für die elektrische Feldkonstante zu

$$\varepsilon_0 = 8{,}85419 \cdot 10^{-12}\,\frac{\text{As}}{\text{Vm}}$$

oder mit einer für die Praxis völlig ausreichenden Genauigkeit

$$\varepsilon_0 \approx 8{,}854 \cdot 10^{-12} \frac{\mathrm{F}}{\mathrm{m}}. \tag{4.15}$$

Die Kapazität des Plattenkondensators läßt sich damit nach

$$C_{\mathrm{Pl}} = \varepsilon_0 \cdot \varepsilon_{\mathrm{r}} \frac{A}{s} \tag{4.16}$$

berechnen. Dabei ist zu beachten, daß mit A nur der Teil der Platten gemeint ist, der die elektrischen Ladungen trägt, die das elektrische Feld hervorrufen.

4.2.2 Bauformen von Kondensatoren

Die Gl. (4.16) gilt auch für die Kapazität eines Kondensators, bei dem sich zwei Aluminiumfolien gegenüberstehen, die durch ein Dielektrikum aus Isoliermaterial getrennt sind (**4**.11). In diesem Zustand tragen nur die Teile der Oberflächen der Metallbeläge Ladungen, die sich direkt gegenüberstehen. Wenn man jedoch die Folien entsprechend Bild **4**.12 aufwickelt, trägt praktisch die gesamte Oberfläche der Metallbeläge elektrische Ladungen, und die Kapazität dieses Wickelkondensators wird doppelt so groß wie im nicht gewickelten Zustand:

$$C_{\mathrm{w}} = 2\varepsilon_0 \cdot \varepsilon_{\mathrm{r}} \frac{A}{s}. \tag{4.17}$$

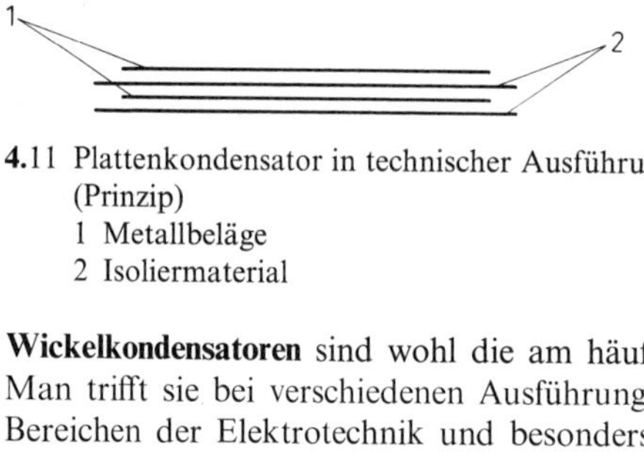

4.11 Plattenkondensator in technischer Ausführung (Prinzip)
1 Metallbeläge
2 Isoliermaterial

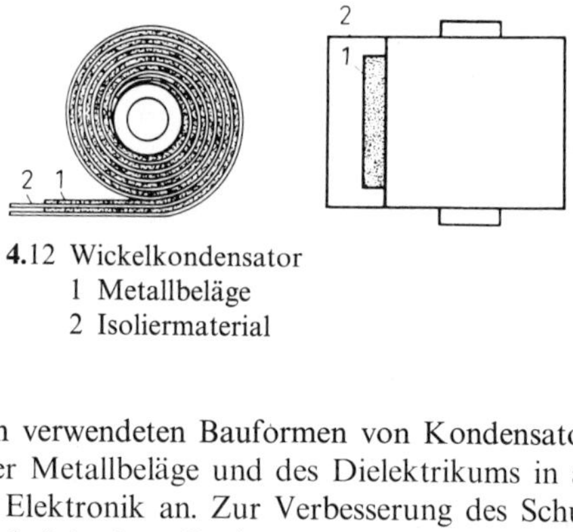

4.12 Wickelkondensator
1 Metallbeläge
2 Isoliermaterial

Wickelkondensatoren sind wohl die am häufigsten verwendeten Bauformen von Kondensatoren. Man trifft sie bei verschiedenen Ausführungen der Metallbeläge und des Dielektrikums in allen Bereichen der Elektrotechnik und besonders der Elektronik an. Zur Verbesserung des Schutzes gegen mechanische Beschädigung werden die Wickel oft in einem Becher aus Metall oder Kunststoff untergebracht und mit Kunstharz vergossen. Auf diese Weise sind sie auch vor Feuchtigkeit geschützt. Als Dielektrikum werden neben imprägniertem Spezialpapier (Papierkondensatoren) Folien aus verschiedenen Kunststoffen (Folienkondensatoren) benutzt, z.B. Polyester, Polykarbonat oder Polypropylen. Als Metallbeläge nimmt man entweder Aluminiumfolien oder im Vakuum auf das Dielektrikum aufgedampfte Metallschichten. Die letzte Ausführung ist in der Regel ausheilfähig. Dies bedeutet, daß bei einem Durchschlag des Dielektrikums infolge zu hoher Feldstärke (Zener-Effekt) durch den Stromstoß die Metallisierung in der Umgebung der Durchschlagstelle verdampft. Damit ist die Isolierung der Metallbeläge wiederhergestellt und der Kondensator wieder betriebsbereit.

Aluminium-Elektrolyt-Kondensatoren sind eine besondere Ausführung von Wickelkondensatoren. Die Aluminiumfolien werden dabei durch Streifen aus Spezialpapier getrennt, die aber nicht das Dielektrikum darstellen. Sie sind mit einem Elektrolyten getränkt und daher elektrisch leitfähig.

Das Dielektrikum besteht aus einer sehr dünnen Schicht von elektrisch isolierendem Aluminiumoxid, das bei der Herstellung des Kondensators elektrochemisch erzeugt wird (Formierung). Damit diese Isolierschicht beim Betrieb des Kondensators nicht abgebaut wird, dürfen Elektrolytkondensatoren nur mit einer bestimmten Polung der angelegten Spannung betrieben werden. Neben dem dünnen Dielektrikum trägt auch die Vergrößerung der wirksamen Oberfläche durch Aufrauhen der Aluminiumfolien zur Erhöhung der Kapazität bei.

Blockkondensatoren sind eine weitere, häufig verwendete Bauform. Es sind Plattenkondensatoren, bei denen zur Vergrößerung der Kapazität insgesamt n Platten zu jeweils zwei Gruppen mit $n/2$ Platten zusammengefaßt werden (**4**.13). Für die Kapazität des Blockkondensators erhält man

$$C_{\mathrm{Bl}} = (n-1)\,\varepsilon_0 \cdot \varepsilon_r \frac{A}{s}. \tag{4.18}$$

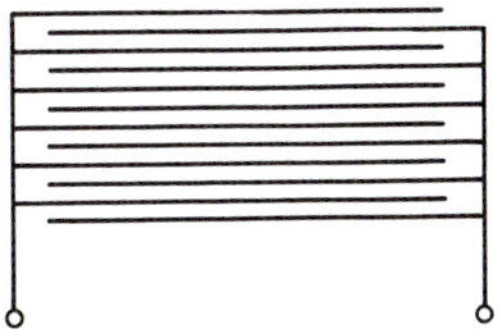

4.13 Blockkondensator

Bei $n = 2$ ergibt sich daraus Gl. (4.16) für den einfachen Plattenkondensator. In Bild **4**.13 beträgt die Gesamtzahl der gezeichneten Platten $n = 12$. Die ladungstragende Oberfläche der Metallbeläge ist jedoch nur das $(n-1)$fache der wirksamen Fläche eines einfachen Plattenkondensators.

Andere Bauformen sind z. B. die Scheiben- und Röhrchenkondensatoren. Sie haben in der Regel Dielektrika aus keramischem Material mit hoher relativer Permittivität. Eine besondere Bauform des Blockkondensators bildet z. B. der Drehkondensator, bei dem eine Plattengruppe isoliert und fest mit dem Gehäuse des Kondensators verbunden ist, während die andere Plattengruppe an einer drehbaren Welle befestigt ist, die gegen das Gehäuse meistens nicht isoliert ist. Durch Verdrehen der Welle läßt sich die wirksame Oberfläche der gegenüberstehenden Plattengruppen und damit die Kapazität des Kondensators verändern.

4.2.3 Auf- und Entladen eines Kondensators

Zum Aufladen eines ungeladenen Kondensators ist eine Ladungsverschiebung $\Delta Q = i_c \cdot \Delta t$ erforderlich. Als Folge entsteht entsprechend der Gleichung $U = Q/C$ zwischen den Belägen des Kondensators eine Spannung $u_c = f(t)$. Zeitabhängige Größen, wie hier z. B. Spannnung und Stromstärke, werden üblicherweise durch Kleinbuchstaben gekennzeichnet. Dabei entspricht u_c dem jeweiligen Augenblickswert, Zeitwert oder auch Momentanwert der Spannung am Kondensator.

Zur Untersuchung von Spannung und Stromstärke während des Auflade- bzw. Entladevorgangs kann die Schaltung Bild **4**.14 verwendet werden.

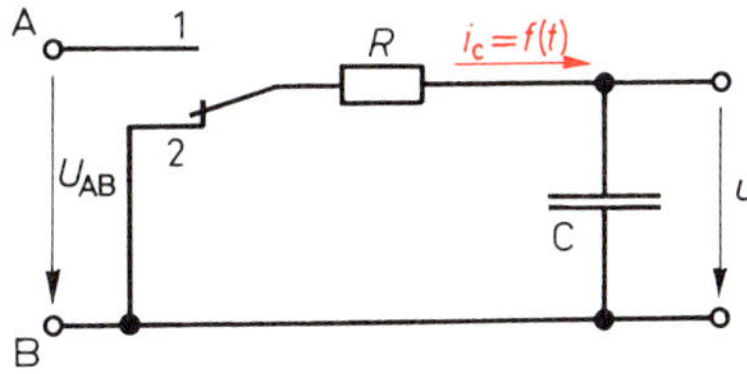

4.14 Schaltung zum Laden und Entladen eines Kondensators
1 Aufladung
2 Entladung

Spannung u_c. Um den Verlauf der Spannung $u_c = f(t)$ zunächst näherungsweise zu untersuchen, wird angenommen, daß sich während der kurzen Zeitspanne Δt die Stromstärke im Kondensator nicht verändert. Unmittelbar nach dem Umschalten des Schalters in Stellung 1 fließt wegen $u_c = 0$ der Strom $i_{c\,max} = U_{AB}/R$, so daß der Kondensator dadurch die Ladungsmenge $\Delta Q = i_{c\,max}\Delta t$ aufnimmt. Die Spannung hat nach Ablauf der Zeit Δt um den Betrag $\Delta u_c = i_{c\,max}\Delta t/C$ zugenommen. Mit $i_{c\,max} = U_{AB}/R$ erhält man daraus

$$\Delta u_c = \frac{U_{AB}\Delta t}{R \cdot C} \quad \Rightarrow \quad \frac{\Delta u_c}{\Delta t} = \frac{U_{AB}}{R \cdot C} = \frac{U_{AB}}{\tau}. \tag{4.19}$$

Beim weiteren Aufladen ist zu berücksichtigen, daß der Kondensator schon eine bestimmte Spannung u_c hat. Für den Ladestrom i_c ist dann also die Spannungsdifferenz $U_{AB} - u_c$ maßgeblich.

$$\Delta u_c = \frac{(U_{AB} - u_c)\,\Delta t}{R \cdot C} \quad \rightarrow \quad \frac{\Delta u_c}{\Delta t} = \frac{U_{AB} - u_c}{R \cdot C} = \frac{U_{AB} - u_c}{\tau} \tag{4.20}$$

Der Quotient $\Delta u_c / \Delta t$ entspricht dem jeweiligen Anstieg der Spannung in einem bestimmten Zeitpunkt des Aufladevorgangs. Er ist stets gleich dem Verhältnis der am Ladewiderstand R liegenden Spannung $U_{AB} - u_c$ zu dem Produkt

$$\boxed{R \cdot C = \tau,} \tag{4.21}$$

das als Zeitkonstante bezeichnet wird. Mit Hilfe der Gl. (4.20) für den Spannungsanstieg soll der Verlauf der Funktion $u_c = f(t)$ in einem Beispiel näherungsweise ermittelt werden.

Beispiel 4.1 Auf einem Blatt Millimeterpapier DIN A4 quer wird nach Bild **4**.15 ein Koordinatenkreuz gezeichnet. Auf der Abszisse trägt man die Zeit mit der Zeitkonstanten als Einheit auf, der z. B. eine Länge von 5 cm zugeordnet wird. Die Spannung u_c wird auf der Ordinate abgetragen, wobei der Spannung U_{AB} z. B. 15 cm entsprechen. Die zu Gl. (4.19) gehörende Gerade wird in das Diagramm eingetragen.

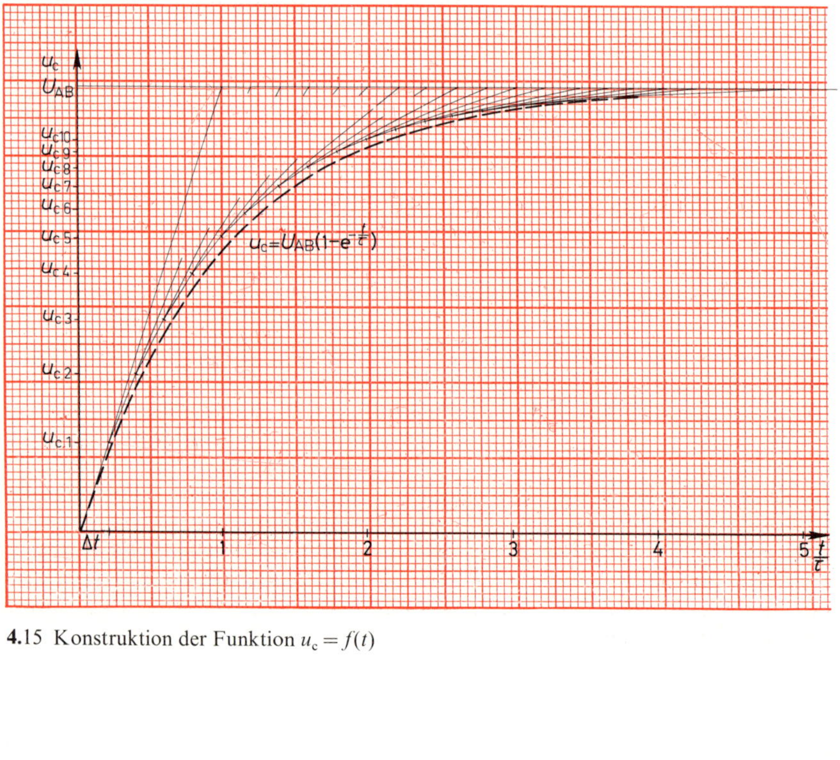

4.15 Konstruktion der Funktion $u_c = f(t)$

Beispiel 4.1, Fortsetzung

Wählt man als Zeitspanne Δt, in der also der Ladestrom als konstant angenommen werden soll, einen bestimmten Bruchteil der Zeitkonstanten (z.B. $\Delta t = \tau/5$), läßt sich die nach dieser Zeit erreichte Spannung u_{c1} dem Diagramm entnehmen. Die am Widerstand R verbleibende Spannung $U_{AB} - u_{c1}$ bewirkt während der folgenden Zeitspanne Δt einen geringeren Strom, der wieder für die Zeitspanne Δt als konstant angenommen wird. Die neue Gerade des Spannungsanstiegs erhält man zu

$$\Delta u_c = \frac{\Delta Q}{C} = \frac{i_c \Delta t}{C} = \frac{U_{AB} - u_{c1}}{R \cdot C} \Delta t \quad \Rightarrow \quad \frac{\Delta u_c}{\Delta t} = \frac{U_{AB} - u_{c1}}{\tau} .$$

Nach Ablauf der Zeit Δt hat die am Kondensator liegende Spannung den Wert u_{c2} erreicht. Die für den folgenden Zeitabschnitt geltende Gerade erhält man mit der verbleibenden Spannung an R zu

$$\frac{\Delta u_c}{\Delta t} = \frac{U_{AB} - u_{c2}}{\tau}$$

usw. Diese Näherungskonstruktion liefert um so bessere Werte, je kleiner der Zeitabschnitt Δt gewählt wird. Wie die Gl. (4.20) zeigt, ist die Steigung der Funktion $u_c = f(t)$ in einem beliebigen Zeitpunkt von der in diesem Augenblick erreichten Spannung u_c abhängig.

Grenzwert des Differenzenquotienten. Differenzenquotienten wie z.B. $\Delta u_c/\Delta t$ entsprechen der Steigung einer Sekante für die Funktion $u_c = f(t)$. Diese Sekante schneidet die Funktion in zwei Punkten, die z.B. den Funktionswerten u_{c2} und u_{c1} entsprechen (**4.**16). Die Verbindungsgerade der beiden Schnittpunkte liefert die Hypothenuse, Parallelen zu den Koordinatenachsen durch die Punkte u_{c2} und u_{c1} bilden die Katheten eines rechtwinkligen Dreiecks. Dabei sind $\Delta u_c = u_{c2} - u_{c1}$ und $\Delta t = t_2\; t_1$. Wenn man das Zeitintervall Δt immer kleiner wählt, nähern sich die beiden Funktionswerte u_{c2} und u_{c1} einander und fallen im Grenzfall $\Delta t \rightarrow 0$ zusammen. Aus der Sekante ist eine Tangente an die Funktion geworden. Mathematisch wird das durch den Übergang von Differenzenquotienten zum Differentialquotienten ausgedrückt:

$$\lim_{\Delta t \rightarrow 0} \frac{\Delta u_c}{\Delta t} = \frac{du_c}{dt} = \frac{U_{AB} - u_c}{\tau}$$

Durch Umstellen der Gleichung erhält man schließlich

$$u_c + \tau \frac{du_c}{dt} = U_{AB} , \qquad (4.22)$$

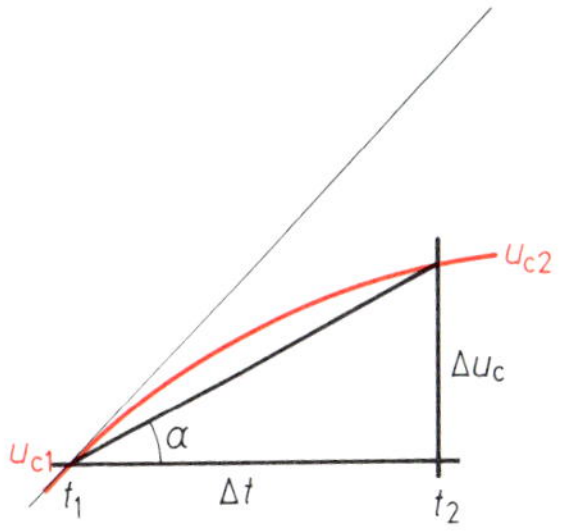

4.16 Grenzwert des Differenzenquotienten

eine Differentialgleichung. Sie beschreibt den genauen Verlauf der Funktion $u_c = f(t)$. Solche Differentialgleichungen spielen für die Beschreibung des Ablaufs von vielen Naturvorgängen eine große Rolle. Die Lösungsmethoden für Differentialgleichungen, die also außer Variablen (wie hier u_c) auch deren Differentialquotienten enthalten, gehören in den Bereich der höheren Mathematik. In diesem Fall erhält man als Lösung der Gl. (4.22) für die Aufladung eines Kondensators

$$\boxed{u_c = U_{AB}(1 - e^{-\frac{t}{\tau}}).}$$

Die Zeit t zählt dabei vom Augenblick des Umschaltens an. Mit Hilfe des Taschenrechners lassen sich die genauen Funktionswerte des Verlaufs $u_c = f(t)$ leicht bestimmen. Zum Vergleich werden diese in das Diagramm Bild **4.**15 eingetragen. Mit Hilfe eines Kurvenlineals kann die e-Funktion dann gezeichnet werden.

Beim Entladen des Kondensators in Schalterstellung 2 fließt im Augenblick des Umschaltens der größte Strom $i_{c\,max} = U_{AB}/R$, jedoch mit umgekehrtem Vorzeichen wie bei der Aufladung. Bei unverminderter Stärke dieses Stroms wäre die gesamte Ladung des Kondensators nach Ablauf der Zeit $t = \tau$ abgeflossen und seine Spannung auf Null abgesunken. In Wirklichkeit dauert der Entladevorgang wegen des ständig abnehmenden Betrags des Entladestroms länger. Sowohl für die absinkende Kondensatorspannung als auch für den Verlauf des Auflade- bzw. Entladestroms erhält man als Lösung der entsprechenden Differentialgleichungen e-Funktionen, die in Tab. **4.**17 zusammengestellt sind.

Wählt man als Einheit für die Zeit die Zeitkonstante τ, bekommt man für ganzzahlige Vielfache davon für die e-Funktionen z. B. die Werte der Tab. **4.**18.

Tabelle **4.**17 **Funktionsgleichungen $i_c = f(t)$ und $u_c = f(t)$**

	Aufladung	Entladung
Strom	$i_c = \frac{U_{AB}}{R} e^{-\frac{t}{\tau}}$	$-i_c = \frac{U_{AB}}{R} e^{-\frac{t}{\tau}}$
Spannung	$u_c = U_{AB}(1 - e^{-\frac{t}{\tau}})$	$u_c = U_{AB} e^{-\frac{t}{\tau}}$

Tabelle **4.**18 **Zahlenwerte von $e^{-\frac{t}{\tau}}$ für ganzzahlige Vielfache von τ**

$t =$	τ	2τ	3τ	4τ	5τ
$e^{-\frac{t}{\tau}}$	0,3679	0,1353	0,0498	0,0183	0,0067

Für den Aufladevorgang erhält man z. B. für die Spannung am Kondensator nach Ablauf der Zeit $t = \tau$

$$u_c = U_{AB}(1 - 0{,}3679) = U_{AB} \cdot 0{,}6321.$$

Die Kondensatorspannung beträgt also nach Ablauf der Zeit $t = \tau$ etwa 63% des Endwerts. Bei der Entladung ergeben sich nach Ablauf einer Zeitkonstanten noch ungefähr 37% des ursprünglich vorhandenen Werts. Nach Ablauf von $t = 5\tau$ erhält man für die Aufladung 99,33% des Endwerts und für die Entladung 0,67% des Anfangswerts. Mit einer bei praktischen Fällen ausreichenden Genauigkeit gelten Auflade- und Entladevorgang nach Ablauf von $t = 5\tau$ jeweils als abgeschlossen.

Versuch 4.1 Die beschriebenen Vorgänge beim Auf- bzw. Entladen eines Kondensators sollen mit Hilfe eines Zweikanal-Oszilloskops untersucht werden. In einer Schaltung nach Bild **4.**14 wird die Gleichspannungsquelle mit Umschalter durch einen Funktionsgenerator FG ersetzt, der eine rechteckförmige Wechselspannung einstellbarer Frequenz liefert. Als Kondensator C wird ein Plattenkondensator verwendet, bei dem der Plattenabstand verstellbar ist. Als Dielektrikum benutzt man dünne Platten aus Isoliermaterial. In der Schaltung Bild **4.**19 wird über Kanal I des Zweikanal-Oszillografen der Verlauf der Rechteckspannung, über Kanal II der Verlauf der Spannung $u_c = f(t)$ dargestellt.

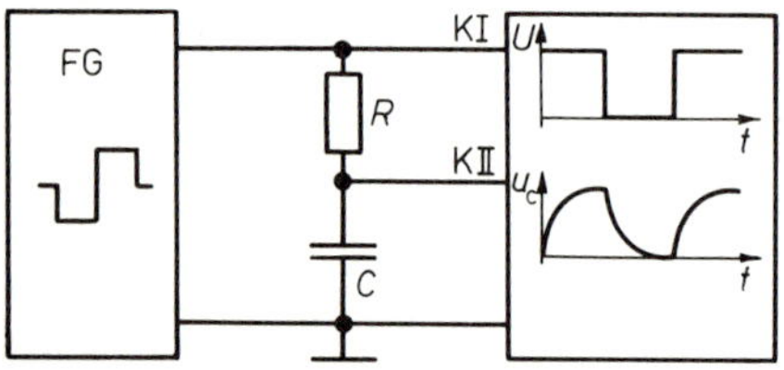

4.19 Darstellung von $U_{AB} = f(t)$ und $u_c = f(t)$ mit dem Zweikanal-Oszilloskop

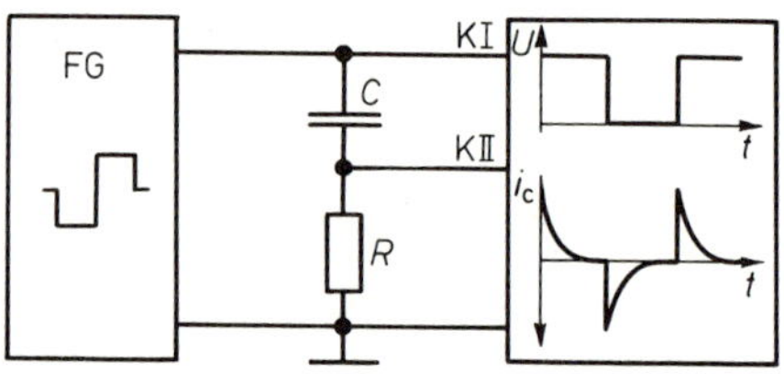

4.20 Darstellung von $U_{AB} = f(t)$ und $i_c = f(t)$ mit dem Zweikanal-Oszilloskop

Für einen Plattenkondensator mit 255 mm Plattendurchmesser und z.B. 1 mm Plattenabstand ergibt sich eine Kapazität von etwa 452 pF. Mit einem Widerstand $R = 560\,\text{k}\Omega$ erhält man eine Zeitkonstante $\tau \approx 0{,}250\,\text{ms}$. Wählt man für die Periodendauer der Rechteckspannung $T = 10\tau = 2{,}5\,\text{ms}$, ergibt sich eine am Funktionsgenerator einzustellende Frequenz von $f = 1/T = 400\,\text{Hz}$. Durch Verändern des Widerstands R bzw. der Kapazität C (durch Ändern des Plattenabstands bzw. des Dielektrikums) nimmt die Zeitkonstante τ andere Beträge an. Das zeigt sich durch den steileren bzw. flacheren Verlauf der e-Funktion für $u_c = f(t)$. Zur Darstellung des Verlaufs $i_c = f(t)$ wird die Schaltung durch Vertauschen von R und C abgeändert, so daß sich eine Schaltung nach Bild **4**.20 ergibt. Über Kanal I wird wieder der Verlauf der Rechteckspannung und über Kanal II der Verlauf des Stroms im Kondensator abgebildet. Die Spannung an R ist ja dem Strom i_c proportional. Da der Oszillograph nur Spannungen messen kann, ist jede Größe im Oszillogramm darstellbar, wenn man sie in eine analoge elektrische Spannung umformt. Auch bei dieser Darstellung läßt sich wieder durch Verändern der Zeitkonstanten der Einfluß von R und C zeigen.

4.2.4 Schaltungen von Kondensatoren

Parallelschaltung. Wird eine Parallelschaltung der Kondensatoren C_1, C_2, C_3 und C_4 über einen Widerstand R auf die Gleichspannung U aufgeladen (**4**.21), setzt sich der Gesamtstrom i nach der ersten Kirchhoffschen Regel aus den Teilströmen i_1, i_2, i_3 und i_4 zusammen. Die Teilströme transportieren in die Kondensatoren die Ladungsmengen Q_1, Q_2, Q_3 und Q_4. Die insgesamt in die Parallelschaltung fließende Ladungsmenge ist damit

$$Q = Q_1 + Q_2 + Q_3 + Q_4 \,.$$

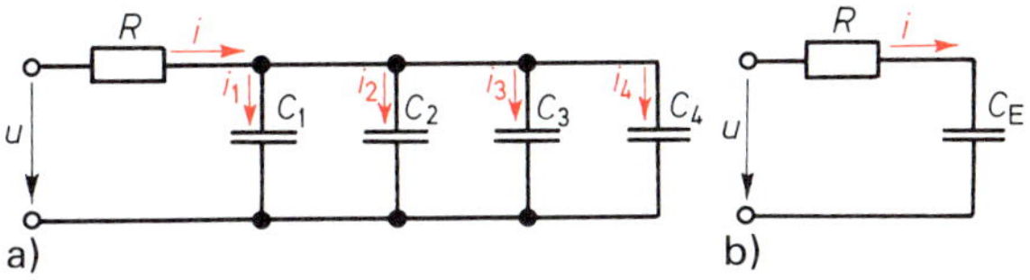

4.21 Parallelschaltung von Kapazitäten
a) Schaltbild, b) Ersatzschaltbild

Denkt man sich die Parallelschaltung durch eine Ersatzkapazität C_E ersetzt, muß nach Beziehung $Q = CU$ gelten:

$$Q = C_E U = C_1 U + C_2 U + C_3 U + C_4 U \quad \Rightarrow$$

$$C_E = C_1 + C_2 + C_3 + C_4 \qquad (4.23)$$

Die Ersatzkapazität einer Parallelschaltung von Kondensatoren ist gleich der Summe der Kapazitäten der Einzelkondensatoren.

Reihenschaltung. Wird eine Reihenschaltung der Kondensatoren C_1, C_2, C_3 und C_4 (**4**.22) durch den gemeinsamen Strom i aufgeladen, ist nach beendeter Aufladung in alle Kondensatoren die gleiche Ladungsmenge geflossen, also

$$Q_1 = Q_2 = Q_3 = Q_4 = Q \,.$$

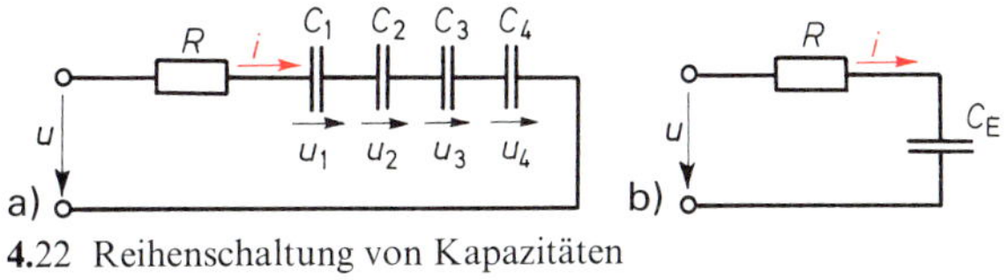

4.22 Reihenschaltung von Kapazitäten
a) Schaltbild, b) Ersatzschaltbild

Nach der Beziehung $U = Q/C$ sind die Kondensatoren auf die Spannungen

$$U_1 = \frac{Q}{C_1}, \quad U_2 = \frac{Q}{C_2}, \quad U_3 = \frac{Q}{C_3}, \quad U_4 = \frac{Q}{C_4}$$

aufgeladen. Nach der zweiten Kirchhoffschen Regel gilt

$$U = U_1 + U_2 + U_3 + U_4 \,.$$

Denkt man sich für die Reihenschaltung der Kondensatoren eine Ersatzkapazität C_E, die auf die Gesamtspannung U mit der gleichen Ladungsmenge Q aufgeladen wird, gilt

$$U = \frac{Q}{C_E} = \frac{Q}{C_1} + \frac{Q}{C_2} + \frac{Q}{C_3} + \frac{Q}{C_4} \quad \Rightarrow$$

$$\frac{1}{C_E} = \frac{1}{C_1} + \frac{1}{C_2} + \frac{1}{C_3} + \frac{1}{C_4}. \tag{4.24}$$

Der Kehrwert der Ersatzkapazität einer Reihenschaltung von Kondensatoren ist gleich der Summe aus den Kehrwerten ihrer Einzelkapazitäten.

4.3 Energie des elektrischen Felds

Energie des aufgeladenen Kondensators. Entsprechend der Beziehung $U = Q/C$ nimmt beim Aufladen eines Kondensators seine Spannung im gleichen Maße zu wie die aufgenommene Ladungsmenge. Für die Funktion $u_c = f(Q)$ ergibt sich daher ein linearer Zusammenhang (**4**.23). Als Näherung nehmen wir wieder an, daß während der Ladungszunahme ΔQ die Spannung bei einem mittleren Wert u_c konstant bleibt. Dann sind $\Delta Q = i_c \Delta t$ die zugeflossene Ladungsmenge und

$$u_c \Delta Q = u_c \cdot i_c \cdot \Delta t = \Delta W$$

eine Energie, die der Kondensator während der Zeit Δt aufgenommen hat. Wird der Kondensator mit der Ladungsmenge $Q = \Sigma \Delta Q$ bis zu der zugehörigen Spannung $U = Q/C$ aufgeladen, entspricht die insgesamt aufgenommene Energie $W = \Sigma \Delta W$ offensichtlich der Fläche unter der Geraden $U = f(Q)$. Es ergibt sich daher

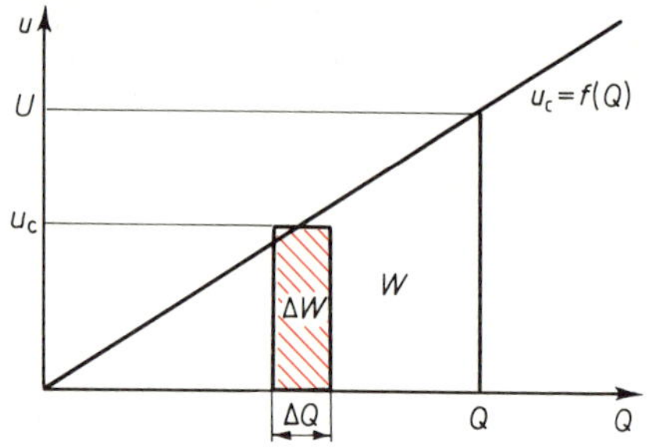

4.23 Energie des elektrischen Felds

$$W = \Sigma \Delta W = \frac{1}{2} Q \cdot U = \frac{1}{2} C \cdot U^2. \tag{4.25}$$

Energie und Energiedichte des elektrischen Felds. In einem geladenen Plattenkondensator mit der Kapazität $C = \varepsilon A/s$ ist die elektrische Energie $W = CU^2/2$ gespeichert. Sitz dieser Energie ist das elektrische Feld im Dielektrikum, also im Feldraum zwischen den Belägen. Das Volumen des Feldraums beträgt $V = A \cdot s$. Bei einem homogenen Feld wird

$$\frac{W}{V} = \frac{C \cdot U^2}{2 \cdot A \cdot s},$$

und man erhält durch Einsetzen von C und $U = E \cdot s$

$$\frac{W}{V} = \frac{1}{2} \varepsilon_0 \cdot \varepsilon_r \cdot E^2 = \frac{1}{2} (\vec{D} \cdot \vec{E}) \tag{4.26}$$

als Energiedichte des homogenen Feldes. Wie Gl. (4.26) zeigt, ist sie außer vom Material des Feldraumes nur von der elektrischen Feldstärke abhängig.

Anziehungskraft zwischen den Platten eines Kondensators. Zwischen den Platten eines geladenen Kondensators herrscht wegen der unterschiedlichen Vorzeichen der Ladungen eine Anziehungskraft $\vec{F}$, deren Betrag mit Hilfe der Energiedichte berechnet werden soll. Zieht man bei konstanter Ladung auf den Platten und damit konstanter Ladungsdichte und Feldstärke im Feldraum die Platten um die Strecke Δs auseinander, muß man dazu die Arbeit $\Delta W = F \cdot \Delta s$ aufwenden. Wegen des Erhaltungssatzes der Energie muß die Energie des elektrischen Felds um den gleichen Betrag zunehmen. Die Volumenzunahme des Feldraums ist $\Delta V = A \cdot \Delta s$, und man bekommt damit

$$\Delta W = \frac{1}{2} \varepsilon_0 \cdot \varepsilon_r \cdot E^2 A \cdot \Delta s = F \cdot \Delta s\,.$$

Für die Anziehungskraft ergibt sich daraus

$$F = \frac{1}{2} \cdot \varepsilon_0 \cdot \varepsilon_r \cdot E^2 A\,.$$

Führt man $E = U/s$ ein, erhält man schließlich

$$F = \frac{1}{2} \varepsilon_0 \cdot \varepsilon_r \cdot A \frac{U^2}{s^2} = \frac{1}{2} C \cdot \frac{U^2}{s}. \tag{4.27}$$

Die im Plattenkondensator gespeicherte elektrische potentielle Energie ist genau so groß wie die mechanische Energie, die beim Auseinanderziehen der Platten um die Strecke s bei der konstanten Anziehungskraft F zwischen den Platten hätte aufgewendet werden müssen.

Aufgaben zu Abschnitt 4.2 und 4.3

1. Ein Plattenkondensator besteht aus zwei kreisförmigen Platten mit dem Durchmesser 255 mm, die sich mit einem Abstand von 1 mm gegenüberstehen.
   a) Wie groß ist seine Kapazität, wenn sich Luft zwischen den Platten befindet?
   b) Bei einem Dielektrikum aus einer 1 mm dicken Tafel aus Polystyrol steigt die Kapazität auf 1,26 nF. Wie groß ist die relative Permittivität des Polystyrols?
2. Ein Wickelkondensator enthält als Dielektrikum zwei Streifen aus paraffiniertem Spezialpapier ($\varepsilon_r = 2{,}18$) von 0,03 mm Dicke. Die Beläge bilden zwei Aluminiumfolien von jeweils 15 m Länge und 3,5 cm Breite. Wie groß ist seine Kapazität?
3. Ein Blockkondensator enthält 12 Aluminiumfolien mit der wirksamen Fläche von jeweils 15 mm × 30 mm. Das Dielektrikum besteht aus Glimmerscheiben (Tab. **4.**5) von je 0,05 mm Dicke. Welche Kapazität hat der Kondensator?
4. Ein Plattenkondensator mit einer Folie aus Polyäthylen als Dielektrikum hat zwei quadratische Platten mit der Seitenlänge 15 cm. Seine Kapazität beträgt 4,38 pF. Wie dick ist die Folie?
5. Ein Kondensator mit der Kapazität $C = 2{,}2\,\mu F$ wird über einen Widerstand 33 kΩ aufgeladen (**4.**14). Die Gleichspannung beträgt $U = 24$ V.
   a) Wie groß ist die Zeitkonstante?
   b) Wie groß ist die Kondensatorspannung nach einer Ladezeit von $t = 0{,}2$ s?
   c) Wie groß ist der Ladestrom nach einer Ladezeit von $t = 0{,}15$ s?
6. Ein auf $U = 60$ V aufgeladener Kondensator mit einer Kapazität $C = 20\,\mu F$ wird über einen Widerstand von 27 kΩ entladen.
   a) Wie groß ist die Spannung nach einer Entladezeit von 0,3 s, 0,6 s, 0,9 s, 1,2 s, 1,62 s?
   b) Nach welcher Zeit ist die Entladung praktisch abgeschlossen?
   c) Wie groß ist der Entladestrom nach 0,5 s, 1,0 s, 1,5 s, 2,0 s?
   d) Auf welchen Prozentsatz des Anfangswerts sind Stromstärke bzw. Spannung nach Ablauf von 2,5 Zeitkonstanten abgesunken?

7. Ein Kondensator mit der Kapazität 22 µF ist auf eine Spannung $U = 24\,\text{V}$ aufgeladen. Durch die Selbstentladung des Kondensators über seinen Isolationswiderstand ist die Spannung nach 20 min auf die Hälfte abgesunken.
   a) Wie groß ist die Eigenzeitkonstante des Kondensators?
   b) Welchem Ersatzwiderstand entspricht der Isolationswiderstand des Kondensators?
   c) Nach welcher Zeit liegen noch etwa 37% der Anfangsspannung am Kondensator?
   d) Welche Spannung liegt nach einer Entladezeit von 35 min noch am Kondensator?
8. Drei Kondensatoren haben die Kapazitäten $C_1 = 220\,\text{pF}$, $C_2 = 330\,\text{pF}$ und $C_3 = 470\,\text{pF}$.
   a) Welche Ersatzkapazität entspricht der Reihenschaltung von C_1, C_2 und C_3?
   b) Welche Ersatzkapazität erhält man bei der Parallelschaltung von C_1, C_2 und C_3?
9. In der Schaltung Bild **4**.24 betragen $C_1 = 2{,}2\,\text{nF}$, $C_2 = 4{,}7\,\text{nF}$, $C_3 = 6{,}8\,\text{nF}$ und $C_4 = 2{,}7\,\text{nF}$. Wie groß sind die Ersatzkapazitäten zwischen den Klemmen A/B, B/C, C/D, D/A, A/C und B/D? (Die anderen Klemmen sind jeweils offen.)

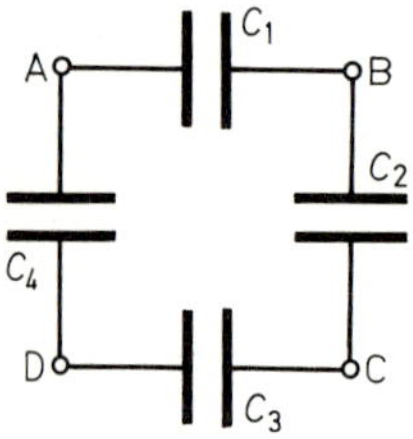

4.24 Zu Aufgabe 9

10. Die beiden Platten eines Plattenkondensators mit der wirksamen Fläche $A = 250\,\text{cm}^2$ haben den Abstand $s = 10\,\text{mm}$.
    a) Welche Kapazität hat der Kondensator, wenn sich nur Luft zwischen den Platten befindet?
    b) Zwischen die Platten wird eine 2 mm dicke Tafel aus Polystyrol geschoben. Wie groß ist die Kapazität jetzt? Die allgemeine Formel für die Kapazität in diesem Fall ist abzuleiten.
11. Ein Kondensator mit einer Kapazität 15 µF ist auf eine Spannung $U = 48\,\text{V}$ aufgeladen. Er wird über einen Widerstand $R = 560\,\Omega$ entladen.
    a) Welche Energie wird im Widerstand bei völliger Entladung des Kondensators in Wärme umgesetzt?
    b) Wie groß müßte ein Gleichstrom sein, der in der praktisch gültigen Entladezeit die gleiche Wärmeenergie im Widerstand erzeugt?
12. Welche Kapazität müßte ein Kondensator haben, der bei 60 V die gleiche Energiemenge speichern soll wie ein NiCd-Akkumulator bei 6 V und 24 Ah?
13. Ein Luftkondensator hat zwei Platten mit jeweils einer Fläche von $250\,\text{cm}^2$. Bei einem Plattenabstand von 1 mm wird er auf eine Spannung $U = 500\,\text{V}$ aufgeladen.
    a) Wie groß ist die Anziehungskraft zwischen den Platten?
    b) Nach dem Abklemmen der Spannungsquelle werden die Platten auf einen Abstand von 0,5 mm bzw. 2 mm eingestellt. Wie groß ist die Anziehungskraft jetzt?
    c) Bei angeschlossener Spannungsquelle beträgt der Abstand der Platten 0,5 mm bzw. 2 mm. Welche Anziehungskraft ist jetzt wirksam?

5 Magnetisches Feld

Als allgemein bekannt kann die Richtwirkung des magnetischen Felds der Erde auf eine drehbar gelagerte Kompaßnadel – einen kleinen Stabmagneten – gelten. Ebenso bekannt ist die Anziehung von Eisen durch Magnete. In der Natur kommen Eisenerzsorten vor, in deren Nähe z. B. auf eine Kompaßnadel Kraftwirkungen auftreten. Solche Kraftwirkungen treten aber auch in der Umgebung stromdurchflossener Leiter auf. Auch hier wird wie in der Elektrostatik das Vektorfeld der auftretenden Kraft auf Vektorfelder von Feldgrößen zurückgeführt. Mit Hilfe dieser Feldgrößen lassen sich die Eigenschaften des magnetischen Felds beschreiben. Wie die Ursache des elektrostatischen Felds die ruhende elektrische Ladung ist, so ist die bewegte elektrische Ladung (also der elektrische Strom) die Ursache des magnetischen Felds. Auch der Dauermagnetismus, der scheinbar ohne Bewegung elektrischer Ladungen zustande kommt, läßt sich auf die Wirkung von Elementarströmen in den Molekülen der Stoffe zurückführen.

5.1 Magnetostatisches Feld magnetischer Dipole

Dauermagnetismus. Natürliche und vor allem künstliche Magnete, die ihren Magnetismus dauernd behalten heißen Dauermagnete oder Permanentmagnete. Sie werden in vielen Formen in der Technik verwendet, etwa als Hufeisenmagnete, Ringmagnete, Stabmagnete. Die bekannte Kompaßnadel ist ein keiner Stabmagnet, der mit Hilfe eines eingearbeiteten Lagersteins auf einem Nadelfuß frei drehbar gelagert ist. Im magnetischen Feld sind die Kraftwirkungen auf die ferromagnetischen Stoffe besonders groß. Zu diesen Stoffen gehören vor allem die reinen Metalle Eisen, Kobalt und Nickel wie auch ihre Legierungen. Lassen wir z. B. einen Stabmagneten auf Eisenfeilspäne einwirken, haften an seinen Enden besonders viele Späne, in der Mitte halten sich jedoch nur wenige. Die Bereiche eines Magneten mit der größten Anziehungskraft bezeichnet man als seine Pole.

Bezeichnung magnetischer Pole. Eine Kompaßnadel ist ein Stabmagnet mit ausgeprägten Polen. Sie stellt sich stets etwa in die geografische Nord-Süd-Richtung ein. Dabei ist immer derselbe Pol der Nadel nach Norden gerichtet. Dieser wird deshalb als magnetischer Nordpol, der andere als magnetischer Südpol bezeichnet.

Der magnetische Nordpol der Kompaßnadel weist etwa in die Richtung zum geografischen Nordpol.

Kennzeichnet man den Nordpol einer Kompaßnadel, lassen sich die magnetischen Pole anderer Magnete unterscheiden. Durch die auftretenden Kraftwirkungen zwischen den Magneten stellen wir fest:

Gleichnamige magnetische Pole stoßen sich ab, ungleichnamige ziehen sich an.

Demnach zeigt der magnetische Nordpol der Kompaßnadel zu einem magnetischen Südpol, dessen geografische Lage jedoch nicht mit dem geografischen Nordpol übereinstimmt (Mißweisung).

Elementarmagnete. Setzt man eine Anzahl kleiner Stabmagnete zu einem langen Stabmagneten zusammen (**5**.1), zeigt sich, daß seine magnetische Kraftwirkung in der Mitte erheblich schwächer ist als an den Enden. Hier befinden sich also die Pole des langen Stabmagneten, in der Mitte liegt eine magnetisch neutrale Zone. Teilen wir den langen Stabmagneten, treten an den Trennstellen sofort magnetische Pole auf, und zwar stets paarweise als Nord- und Südpol. Magnetische Pole kommen nie einzeln vor, sondern sind stets vom magnetischen Gegenpol begleitet. Man kann sich auf Grund des beschriebenen Sachverhalts vorstellen, daß jeder Magnet aus einer Vielzahl von sehr kleinen Magneten besteht, die sich schließlich nicht weiter teilen lassen. Diese bezeichnet man als Elementarmagnete.

5.1 Teilung eines Stabmagneten

Remanenz. Wenn ein Stab aus Eisen (also einem ferromagnetischen Stoff) keinerlei Wirkung auf Eisenfeilspäne oder andere leichte Eisenstückchen zeigt, kann man sich vorstellen, daß seine Elementarmagnete alle möglichen räumlichen Orientierungen haben. Ihre magnetischen Wirkungen heben sich nach außen hin auf. Auf Eisenfeilspäne wird deshalb auch von den Enden des Eisenstabs keine Kraft ausgeübt. Nähert man dem einen Ende des Eisenstabs jedoch einen Pol eines starken Dauermagneten, zieht das andere Ende leichte Eisenstückchen an und hält sie beim Anheben des Eisenstabs fest. Wenn wir den Dauermagneten entfernen, fallen die meisten wieder ab. Dieser Sachverhalt läßt sich dadurch erklären, daß die Elementarmagnete des Eisenstabs durch die Wirkung des Dauermagneten ausgerichtet werden, so daß sich ihre magnetischen Felder nach außen hin nicht mehr aufheben. Der Eisenstab ist damit selbst zum Magneten geworden. Die zum Teil elastische Ausrichtung der Elementarmagnete geht großenteils wieder verloren, wenn der Dauermagnet entfernt wird. Ein Teil der Elementarmagnete kann ausgerichtet bleiben, so daß der Eisenstab nun an seinen Enden z.B. Eisenfeilspäne anzieht. Dieser zurückbleibende Magnetismus heißt Restmagnetismus oder Remanenz (lat.: remanere = zurückbleiben). Ferromagnetische Stoffe verlieren ihren remanenten Magnetismus z.B. durch Erwärmung über die sogenannte Curie-Temperatur. Diese hat für alle ferromagnetischen Stoffe verschiedene Werte. Sie beträgt z.B. für Eisen 769 °C, Nickel 356 °C, Kobalt 1075 °C. Ferromagnetismus tritt nur bei festen Stoffen auf.

Feldlinienbilder (**5**.2). Das magnetische Feld z.B. eines Hufeisenmagneten bewirkt durch seine Richtwirkung auf die Elementarmagnete von Eisenfeilspänen, daß diese zu magnetischen Dipolen werden.

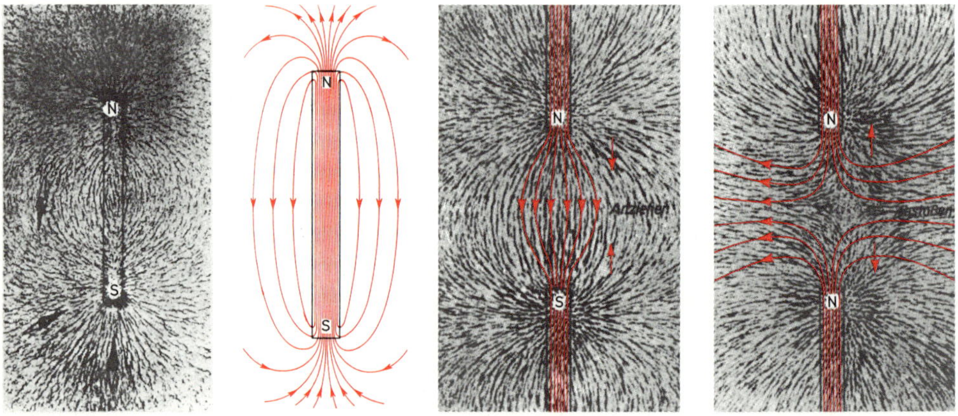

5.2 Feldbilder von Dauermagneten

Sie ordnen sich auf einem auf den Hufeisenmagneten gelegten Zeichenkarton bei genügend kleiner Reibung so an, daß sich ein anschauliches Bild des Kraftfelds ergibt. Diese mit Hilfe magnetischer Dipole gewonnenen Feldlinienbilder entsprechen den Feldlinienbildern des elektrischen Felds, die man mit Hilfe elektrischer Dipole bekommt. In beiden Feldern werden Dipole also durch magnetische bzw. elektrische Polarisation erzeugt.

Einige Beispiele für Feldlinienbilder zeigt Bild **5**.2.

Feldrichtung. Während man dem Verlauf der Wirkungslinien der auftretenden Kräfte in den Feldlinienbildern den Verlauf vektorieller Feldgrößen zuordnen kann und der Dichte der Wirkungslinien deren Betrag, muß für die positive Zählrichtung noch eine Festlegung getroffen werden:

> Der magnetische Nordpol einer Kompaßnadel zeigt stets in die positive Richtung der Feldlinien des magnetischen Feldes.

Statische Felder heißen Felder, die zu ihrer Aufrechterhaltung keiner Energiezufuhr bedürfen. Das magnetische Feld eines Dauermagneten ist also ein statisches Feld. Man nennt es auch magnetostatisch. Das elektrische Feld ruhender elektrischer Ladungen ist ebenfalls statisch. Die Lehre von diesen Feldern wird daher auch Elektrostatik genannt. Im Unterschied zu den statischen heißen Felder stationär, wenn sie zeitlich konstant bleiben, zu ihrer Aufrechterhaltung aber einer ständigen Energiezufuhr bedürfen. So gehören die Felder von Gleichströmen zu den stationären Feldern.

5.2 Stationäres magnetisches Feld

Elektromagnetismus. Magnetische Felder lassen sich nicht nur durch Dauermagnete herstellen, sondern auch durch elektrische Ströme. Jeder Strom hat ein magnetisches Feld zur Folge. Dieser Satz gilt ohne Einschränkung. Wenn man das dauermagnetische Feld als Folge von Elementarströmen z. B. in den Eisenatomen ansieht, kann man auch umgekehrt behaupten: Jedes magnetische Feld hat seine Ursache in bewegten elektrischen Ladungen. Da elektrisches Strömungsfeld und magnetisches Feld stets miteinander verbunden sind, nennt man die Erscheinung insgesamt auch das elektromagnetische Feld. Ist der felderzeugende Strom ein Gleichstrom, ist auch das magnetische Feld zeitlich konstant, also stationär.

Technisch bedeutsam sind die magnetischen Felder von Strömen u. a., weil man dem stromführenden Leiter eine beliebige Form geben und dadurch den räumlichen Aufbau des magnetischen Felds beeinflussen kann.

5.2.1 Magnetisches Feld des geraden Leiters

Feldstruktur. Durchstößt ein stromdurchflossener gerader Leiter senkrecht eine ebene Fläche aus Zeichenkarton, läßt sich durch aufgestreute Eisenfeilspäne die Struktur des magnetischen Felds untersuchen (**5**.3). Die Wirkungslinien der auftretenden Kräfte sind offenbar konzentrische Kreise mit dem elektrischen Leiter als Mittelpunkt. Die Intensität dieses magnetischen Zirkularfelds nimmt mit steigender Stromstärke zu und wird mit zunehmendem Abstand vom Leiter geringer (**5**.4).

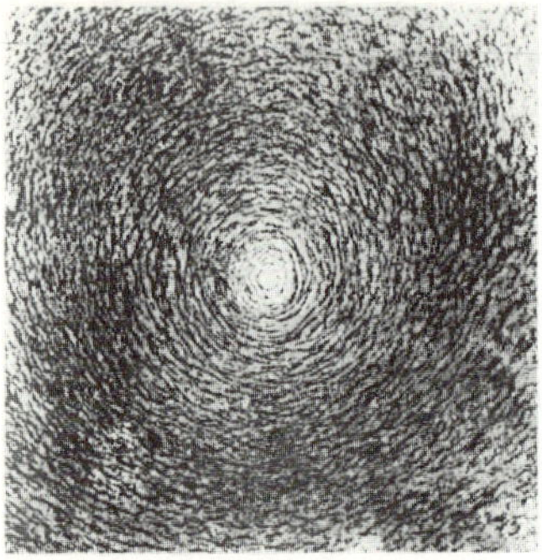

5.3 Feldbild eines geraden stromdurchflossenen Leiters

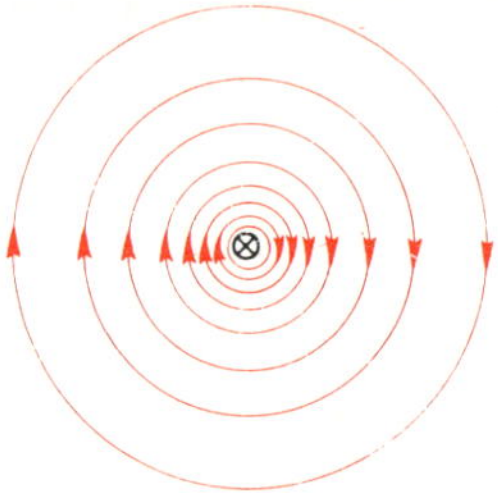

5.4 Feldlinienbild zu Bild 5.3

Feldrichtung. Prüft man das Feld mit Hilfe einer Kompaßnadel, erhält man zwischen der positiven Stromrichtung im Leiter und der Feldrichtung folgende Zuordnung:

Die positive Feldrichtung des magnetischen Zirkularfelds eines geraden Leiters und die positive Stromrichtung entsprechen Drehrichtung und Fortschreitrichtung einer Rechtsschraube.

5.2.2 Magnetisches Feld einer Leiterwindung

Wenn der stromdurchflossene Leiter eine kreisförmige Windung bildet, zeigt die Untersuchung mit Eisenfeilspänen, daß die Intensität des magnetischen Felds in der umfaßten Windungsfläche sehr viel stärker ist als außerhalb (**5**.5). Aus dem Versuchsergebnis in Bild **5**.5 läßt sich das Feldlinienbild **5**.6 ableiten. Wie bei der Feldliniendarstellung üblich, entspricht die gezeichnete Feldliniendichte der Feldintensität. Alle Feldlinien sind in sich geschlossen (s. a. Bild **5**.4). In Bild **5**.6 müssen sie durch die von der Leiterwindung umfaßte Fläche treten, während sie sich außerhalb auf den umgebenden Raum verteilen. Dabei wird die Feldliniendichte mit zunehmendem Abstand von der Leiterwindung geringer.

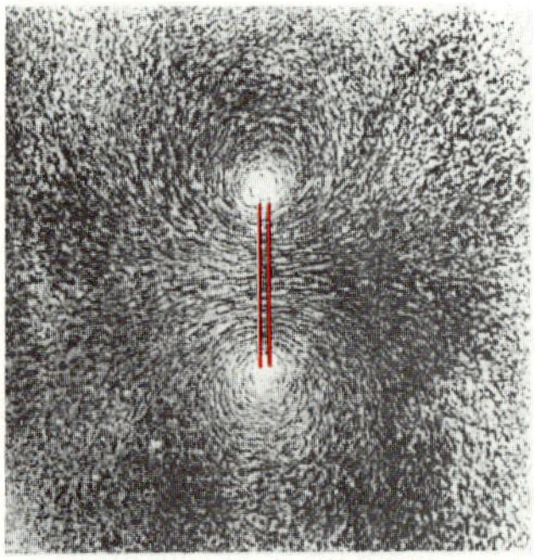

5.5 Feldbild einer stromdurchflossenen Leiterwindung

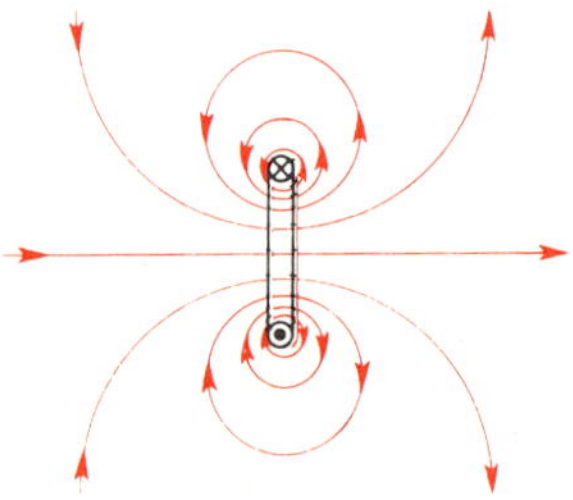

5.6 Feldlinienbild zu Bild 5.5

5.2.3 Magnetisches Feld einer gestreckten Spule

Magnetische Feldstärke $\vec{H}$, Durchflutung Θ. Bildet man aus dem stromdurchflossenen Leiter mehrere nebeneinanderliegende Windungen wie in Bild **5.**7 oder eine gestreckte Zylinderspule wie in Bild **5.**8 verstärkt sich die Konzentration des Feldes. Im Innenraum der Spule steigt die Feldintensität mit steigender Stromstärke in der Wicklung und mit steigender Windungszahl je Spulenlänge.

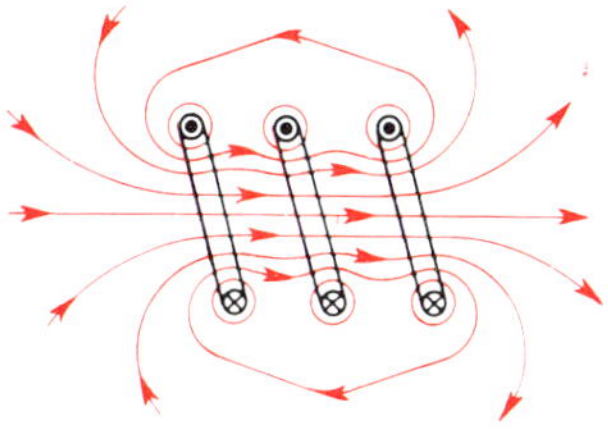

5.7 Feldlinienbild von drei Leiterwindungen

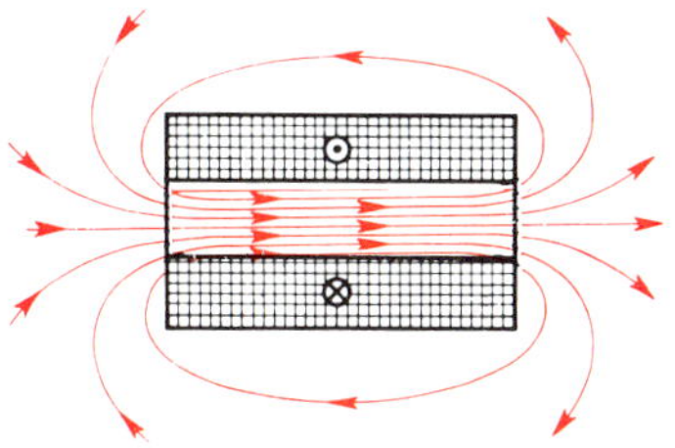

5.8 Feldlinienbild einer Zylinderspule

Man bezeichnet die Größe

$$I_+ \cdot \frac{N}{\vec{l}} = \vec{H} \tag{5.1}$$

als magnetische Feldstärke. Der Vektor $\vec{l}$ in der Spulenachse ist dabei der positiven Stromrichtung in der Wicklung im Sinn von Dreh- und Fortschreitrichtung einer Rechtsschraube zugeordnet. Der Vektor der magnetischen Feldstärke hat im Innern der Spule überall die gleiche Richtung. Das Produkt

$$I \cdot N = \Theta \tag{5.2}$$

heißt Durchflutung. Man kann die magnetische Feldstärke auch als eine auf die Spulenlänge bezogene Durchflutung bezeichnen. Die Durchflutung ist die Ursache des magnetischen Felds.

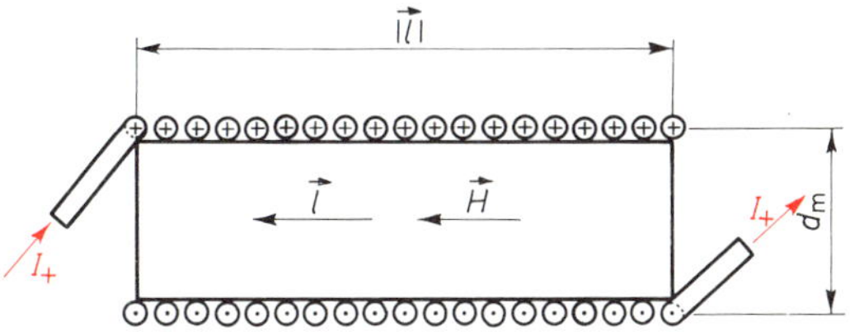

5.9 Magnetische Feldstärke in einer Zylinderspule

Das magnetische Feld innerhalb der Zylinderspule ist weitgehend homogen, d. h., die magnetische Feldstärke hat überall die gleiche Richtung und praktisch auch den gleichen Betrag. Mit Gl. (5.1) läßt sich die Feldstärke im Innenraum einer langen Zylinderspule mit einem gegen die Länge geringen Durchmesser jedoch nur näherungsweise berechnen.

5.2.4 Magnetisches Feld der Kreisringspule

Feldstruktur. Biegt man die offenen Enden einer langgestreckten Zylinderspule zu einem geschlossenen Ring, verläuft das magnetische Feld nur noch im Innern der Ringspule (Toroidspule). Außerhalb der Spule ist der Raum praktisch feldfrei. Ein anschauliches Bild des Feldverlaufs ergibt sich wieder mit Hilfe von Eisenfeilspänen (**5.**10). Die Feldlinien bilden konzentrische Kreise (Kreise mit gemeinsamem Mittelpunkt).

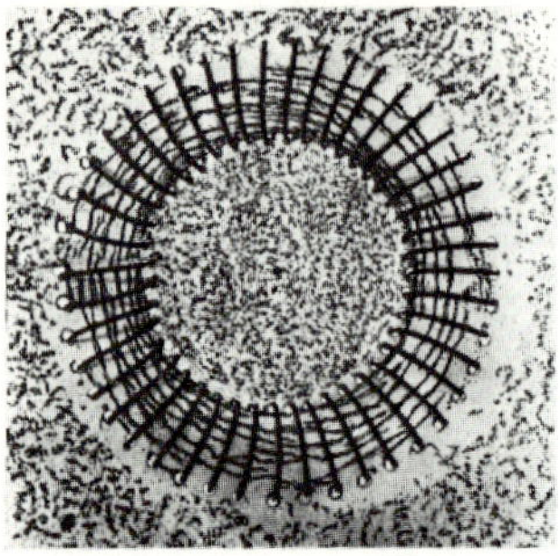

5.10 Feldbild einer Kreisringspule

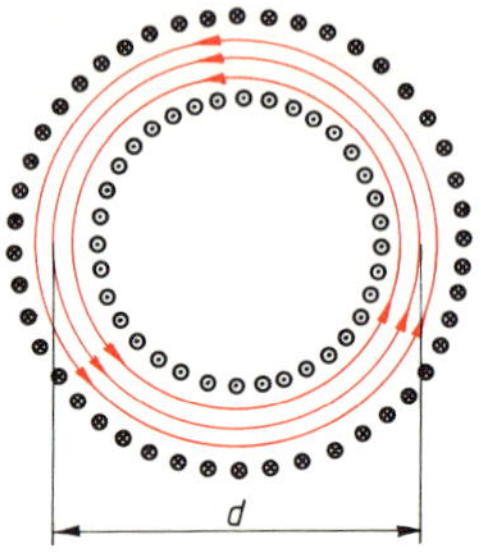

5.11 Feldstärke in einer Kreisringspule

Am Beispiel dieser Feldstruktur läßt sich die Benennung „Durchflutung" gut erläutern: Wir betrachten die Kreisfläche, deren Rand eine Feldlinie ist. Die Durchflutung ist dann die Summe aller Ströme, die durch diese Fläche hindurchtreten.

Feldstärke. Im Gegensatz zur gestreckten Zylinderspule ist bei der Kreisringspule die Feldlinienlänge l bekannt. Sie ist gleich dem Umfang des Feldlinienkreises. Entsprechend Gl. (5.1) erhält man

$$\boxed{H = \frac{I \cdot N}{l} = \frac{I \cdot N}{d \cdot \pi}\,.} \qquad (5.3)$$

5.2.5 Feldgrößen des magnetischen Felds

Magnetische Feldstärke. Die Kreisringspule gibt uns die Möglichkeit, im Feldraum im Innern der Spule eine genau bekannte magnetische Feldstärke $\vec{H}$ zu erzeugen. Wir können ihren Betrag für jeden Punkt des Feldraums nach Gl. (5.3) berechnen. Die Feldlinien sind kreisförmig. Die Richtung der Feldstärke ergibt sich aus der positiven Stromrichtung in der Spule und der Rechtsschraubenregel.

Die magnetische Feldstärke entspricht der Feldstärke des elektrischen Felds. Während diese aber durch Anlegen einer Spannung an den Feldraum (z. B. zwischen den Kondensatorplatten) zustande kommt, ist zur Erzeugung einer magnetischen Feldstärke ein elektrischer Strom erforderlich, der im Fall der Ringspule in Windungen um den ganzen Feldraum herumgeführt wird. Beim elektrischen Feld ist der Betrag der Feldstärke $E = U/l$. Beim magnetischen Feld tritt an die Stelle der Spannung U die Durchflutung $I \cdot N$, wie man aus Gl. (5.1) und (5.3) erkennt. Wegen dieser Entsprechung nennt man die Durchflutung auch die magnetische Spannung, genauer: die magnetische Umlaufspannung, weil diese Spannung stets für einen in sich geschlossenen Umlauf gilt, der die Durchflutung IN umfaßt.

Magnetische Flußdichte. Die Wirkung der Feldstärke $\vec{H}$ wird durch magnetische Flußdichte $\vec{B}$ beschrieben. Sie ist ein Maß für die Intensität des Felds. Gemessen wird sie durch die Kraft, die an einen stromdurchflossenen Leiter im magnetischen Feld auftritt. Näheres dazu im Abschn. 5.4.

Die magnetische Flußdichte ist die Größe, die der Stromdichte $\vec{S}$ des Strömungsfelds und der Flußdichte $\vec{D}$ des elektrischen Felds entspricht. Wie diese Größen hängt sie nicht nur von der Feldstärke ab, sondern auch von den Eigenschaften der Stoffe, die den Feldraum erfüllen. Genaueres dazu in den Abschn. 5.2.6 und 5.2.7. Mit der Stromdichte des Strömungsfelds hat die Flußdichte gemeinsam, daß die Flußdichtelinien stets in sich geschlossene Linien sind, die weder einen Anfang noch ein Ende haben.

Das Flußdichtefeld ist also ein Wirbelfeld.

Man erkennt dies unmittelbar aus den Feldbildern **5**.3 und **5**.10. Bei den Feldbildern von Zylinderspulen **5**.5 bis **5**.8 muß man sich alle Feldlinien in großen Bögen geschlossen denken. Dagegen haben die Linien der elektrischen Flußdichte des elektrostatischen Felds Anfänge und Enden auf den positiven und negativen elektrischen Ladungen.

Die Tatsache, daß die magnetischen Flußdichtelinien stets in sich geschlossen sind, kann man also auch dadurch beschreiben, daß man sagt: Magnetische Ladungen gibt es nicht. Tatsächlich hatten wir bei der Teilung eines Stabmagneten gesehen, daß stets nur magnetische Dipole entstehen, nie einzelne magnetische Ladungen.

Bei vergleichenden Betrachtungen zwischen den Feldern muß man stets im Auge behalten, daß es sich um eine formale Analogie (Entsprechung) handelt. Physikalisch handelt es sich um ganz verschiedene Dinge: Die Stromdichte beschreibt die Drift der Elektronen im Metallgitter. Die elektrische Flußdichte ist ein Maß für die Influenzwirkung des elektrischen Felds, und die magnetische Flußdichte ist eine Größe, die durch eine Kraft auf einen stromführenden Leiter nachgewiesen wird.

Die Feldgleichung des magnetischen Felds stellt den Zusammenhang zwischen der Feldstärke und der Flußdichte her.

$$\vec{B} = \mu_0 \vec{H} \tag{5.4}$$

Sie gilt in dieser Form nur für das Vakuum. Sie zeigt, daß die beiden Feldvektoren des magnetischen Felds stets die gleiche Richtung haben und sich im Betrag durch den konstanten Faktor μ_0 unterscheiden. Daher können die Feldlinien in den Bildern **5**.4, **5**.6, **5**.7 und **5**.8 die magnetische Feldstärke oder die Flußdichte darstellen. Der Faktor μ_0 heißt die *magnetische Feldkonstante*. Ihr Wert ist nach DIN 1357 auf

$$\mu_0 = 0{,}4\pi\, 10^{-6}\, \frac{\text{Vs}}{\text{Am}} \tag{5.5}$$

festgelegt. Die Einheit der Feldkonstanten folgt aus den Einheiten für $\vec{H}$ und $\vec{B}$

$$[H] = \frac{\text{A}}{\text{m}} \quad \text{und} \quad [B] = \frac{\text{Vs}}{\text{m}^2}. \tag{5.6}$$

Dabei ergibt sich die Einheit der Flußdichte aus dem später zu besprechenden Induktionsgesetz. Die Feldgleichung des magnetischen Felds steht wiederum in formaler Analogie zu den Feldgleichungen des Strömungsfelds (3.5) und des elektrostatischen Felds (4.6).

Der magnetische Fluß Φ wird beim homogenen Magnetfeld als skalares Produkt aus magnetischer Flußdichte und den Vektor der Querschnittsfläche gebildet, durch die die Flußdichte hindurchtritt.

$$\Phi = (\vec{B} \cdot \vec{A}) \tag{5.7}$$

Dem Bildungsgesetz nach entspricht der magnetische Fluß daher der Stromstärke im Strömungsfeld oder dem elektrischen Fluß im elektrostatischen Feld. Die Einheit des Flusses ist $[\Phi] = 1$ Vs, die auch Weber, Kurzzeichen Wb, genannt wird.

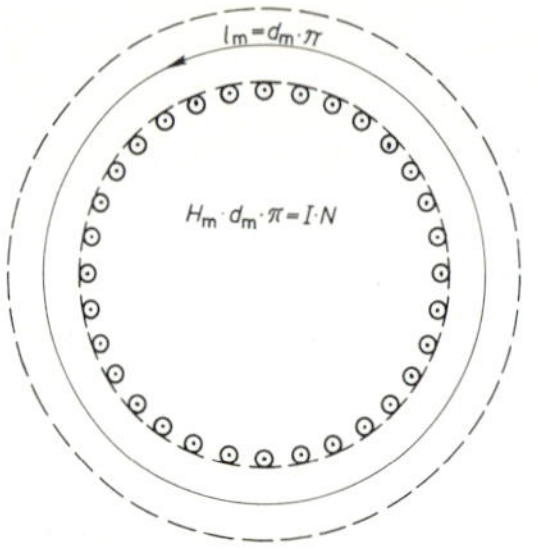

5.12 Durchflutungssatz in einer Kreisringspule

Durchflutungsgesetz. Im Zusammenhang mit der Kreisringspule war in Gl. (5.3) die magnetische Feldstärke als die auf die Feldlinienlänge verteilte Durchflutung oder magnetische Spannung definiert worden. Umgekehrt heißt dies, daß das Produkt aus dem Betrag der magnetischen Feldstärke und der Feldlinienlänge l_F die Durchflutung ergibt (**5**.12).

$$|\vec{H}| \cdot l_F = IN = \Theta \tag{5.8}$$

Dieser Durchflutungssatz gilt nicht nur für das Beispiel der Kreisringspule, sondern ganz allgemein für jedes magnetische Feld. Um aus diesem Gesetz den Betrag der magnetischen Feldstärke auch in anderen Feldern berechnen zu können, muß man die Feldlinienlänge genau kennen und wissen, wie die Feldstärke auf der ganzen Länge verteilt ist. Dies ist offensichtlich bei der Kreisringspule der Fall, nicht aber bei der offenen Zylinderspule nach Bild **5**.9. Dort schließen sich die Feldlinien in weitem Bogen über den Außenraum der Spule, wie in Bild **5**.8 angedeutet, so daß man keine Feldlinienlänge angeben kann. Der in Gl. (5.1) angegebene Näherungswert für die Feldstärke beruht auf der Annahme, daß die magnetische Feldstärke längs des Feldlinienbogens im Außenraum gleich Null ist.

In den meisten technischen Anwendungen wird der magnetische Fluß im Eisen geführt, so daß ein magnetischer Kreis entsteht, ähnlich dem Innenraum der Kreisringspule. Damit ist dann auch die Feldlinienlänge bekannt, also eine wichtige Voraussetzung für die Berechnung der Feldstärke aus dem Durchflutungsgesetz gegeben. Näheres s. Abschn. 5.3.

5.2.6 Materie im magnetischen Feld

Die Flußdichte $\vec{B}$ hängt im Vakuum nach Gl. (5.4) nur von der herrschenden Feldstärke $\vec{H}$ ab. Das ändert sich, wenn das magnetische Feld Materie durchsetzt. Dieser Einfluß des Materials des Feldraums wird durch einen Faktor μ_r berücksichtigt, so daß sich damit die allgemeine Feldgleichung des magnetischen Feldes ergibt.

$$\boxed{\vec{B} = \mu_0 \cdot \mu_r \vec{H}} \tag{5.9}$$

Diese Gleichung entspricht den Feldgleichungen anderer Vektorfelder, wie z. B. $\vec{D} = \varepsilon_0 \cdot \varepsilon_r \cdot \vec{E}$ (Gl. 4.10) bzw. $\vec{S} = \gamma \cdot \vec{E}$ (Gl. 3.5). Analog zur Permittivität $\varepsilon = \varepsilon_0 \cdot \varepsilon_r$ wird hier

$$\boxed{\mu_0 \cdot \mu_r = \mu.} \tag{5.10}$$

Dabei heißen μ absolute Permeabilität und μ_r relative Permeabilität. Die SI-Einheit ergibt sich zu

$$[\mu] = \frac{[B]}{[H]} = \frac{\text{Vs m}}{\text{m}^2\,\text{A}} = \frac{\text{Vs}}{\text{Am}} = \frac{\Omega\text{s}}{\text{m}}. \tag{5.11}$$

Die relative Permeabilität ist ein reiner Zahlenwert, der bei allen nicht ferromagnetischen Stoffen sehr dicht bei 1 liegt. Man unterscheidet dabei diamagnetische und paramagnetische Stoffe.

Permeabilität dia- bzw. paramagnetischer Stoffe. Während die relative Permeabilität diamagnetischer Stoffe wenig kleiner als eins ist (z. B. bei Wismut $\mu_r = 1 - 0{,}16 \cdot 10^{-3}$), ist sie bei paramagnetischen wenig größer als eins (z. B. bei Palladium $\mu_r = 1 + 0{,}78 \cdot 10^{-3}$). Sowohl bei dia- als auch bei paramagnetischen Stoffen ist μ_r eine Materialkonstante, die nicht vom Betrag der herrschenden magnetischen Feldstärke abhängt. Auch flüssige und gasförmige Stoffe zeigen entweder dia- oder paramagnetische Eigenschaften, die sich auf die Wirkung von Elementarströmen in den Molekülen zurückführen lassen. Das in der Luft enthaltene Gasgemisch hat z. B. insgesamt eine relative Permeabilität $\mu_r = 1$.

Permeabilität ferromagnetischer Stoffe. Hier kann μ_r beträchtliche Werte erreichen (10^5 und höher), und zwar nur in festem Material unterhalb der Curie-Temperatur (s. Abschn. 5.1). Die schon erwähnten Elementarmagnete sind hier in mehr oder weniger großen Kristallbereichen zu suchen, die magnetische Dipole bilden (Weißsche Bezirke). Im Dampfzustand ist z. B. Eisen paramagnetisch. Die relative Permeabilität ferromagnetischer Stoffe hängt von der erregenden Feldstärke ab. Sie ist deshalb nicht als eine bestimmte Zahl angebbar, sondern nur als Funktion der Feldstärke.

5.2.7 Magnetisches Feld in Eisen

Die magnetischen Eigenschaften des Eisens und anderer ferromagnetischer Stoffe lassen sich nur meßtechnisch erfassen. Man stellt in Abhängigkeit von der Feldstärke H in entsprechenden Diagrammen meist nicht die Permeabilität dar, sondern die Flußdichte B. Diese Darstellungsweise ist im allgemeinen für die Berechnung magnetischer Felder im Eisen zweckmäßiger. Die Permeabilität läßt sich jedoch berechnen aus

$$\mu = \frac{B}{H} \quad \text{bzw.} \quad \mu_r = \frac{B}{\mu_0 H}\,. \tag{5.12}$$

Hystereseschleife. Enthält eine Kreisringspule einen Eisenkern, dessen magnetische Eigenschaften ermittelt werden sollen, ergibt sich für die aus der Stromstärke und den Spulendaten leicht berechenbare Feldstärke ein Verlauf der Flußdichte, wie er in Bild **5**.13 dargestellt ist.

War der Eisenkern zunächst unmagnetisch, erhält man bei steigender Feldstärke die Neukurve.

Der anfänglich starke Anstieg der Flußdichte bei zunehmender Feldstärke wird schwächer, wenn die magnetische Sättigung des Eisens erreicht wird, d. h., wenn alle Elementarmagnete in die Richtung des erregenden Feldes umgeklappt sind. Bei weiterer Steigerung steigt die Flußdichte wie im nicht ferromagnetischen Material – eine verstärkende Wirkung des Eisens ist vernachlässigbar gering, da praktisch keine Elementarmagnete mehr ausgerichtet werden können.

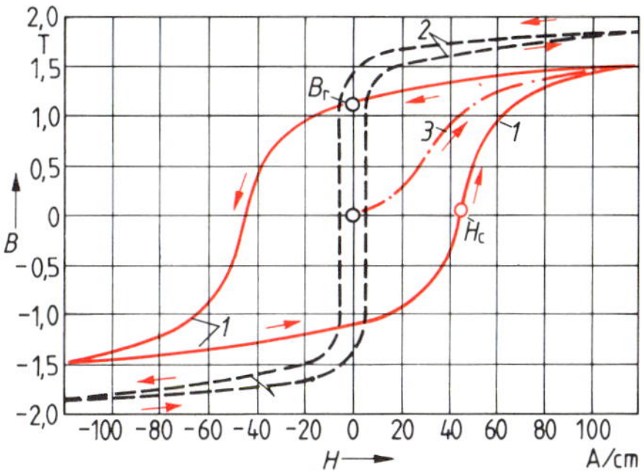

5.13 Hystereseschleifen ferromagnetischen Materials
1 hartmagnetisch
2 weichmagnetisch
3 Neukurve

Bei Verminderung der Feldstärke geht auch die Flußdichte in gleichem Maß zurück, bis sich unterhalb der Sättigung eine Hysterese („Nachhinken“) der Flußdichte gegenüber der Feldstärke zeigt. Schließlich verbleibt bei der Feldstärke Null eine restliche Flußdichte, die Remanenzflußdichte B_r oder einfach Remanenz (s. Abschn. 5.1). Steigert man nun die Feldstärke wieder in umgekehrter Richtung durch Umkehrung des erregenden Stroms in der Wicklung, erreicht man die Flußdichte Null bei der Koerzitivfeldstärke H_c. Bei weiterem Ansteigen der Feldstärke stellt sich schließlich wieder Sättigung ein, bei Verringerung bis zum Wert Null erneut eine remanente Flußdichte B_r. Kehrt man wieder die Stromrichtung um, sinkt der Betrag der Flußdichte weiter bis auf Null bei H_c, steigt dann wieder, aber nicht entsprechend der Neukurve, sondern bei gleichen Werten für die Feldstärke mit geringeren Beträgen für die Flußdichte. Bei Erreichen der Sättigung schließt sich schließlich die Hystereseschleife.

Weich- bzw. hartmagnetische Stoffe. Für verschiedene ferromagnetische Stoffe ergeben sich auch unterschiedliche Hystereseschleifen. Schmale Hystereseschleifen mit geringer Koerzitivfeldstärke sind charakteristisch für ein Material, das sich leicht ummagnetisieren läßt (weichmagnetisches Material). Breite Hystereseschleifen mit hoher Koerzitivfeldstärke und meist einer Remanenzflußdichte, die nur wenig unterhalb der Sättigungsflußdichte liegt, gehören zu Stoffen, die sich nur schwer entmagnetisieren lassen (hartmagnetisches Material).

Magnetisierungskurve. Bei weichmagnetischem Material, wie man es z.B. bei technischen Anwendungen für ständige Ummagnetisierung durch Wechselstrom braucht (z.B. Transformator), wird oft nicht die gesamte Hystereseschleife dargestellt, sondern nur eine mittlere Kurve, die Magnetisierungskurve (**5**.14).

Entmagnetisierungskurve. Hartmagnetisches Material wird für Dauermagnete gebraucht. Auch hier stellt man meist nur den interessierenden Teil der Hystereseschleife dar, nämlich die Entmagnetisierungskurve im zweiten Quadranten des vollständigen Diagramms. Einige Beispiele zeigt Bild **5**.15.

Entmagnetisierung. Die Hystereseschleife zeigt, daß es nicht möglich ist, den Eisenkern einer Spule zu entmagnetisieren, indem man nur den Gleichstrom abschaltet. Läßt man in der Wicklung jedoch Wechselstrom fließen, wird der Kern ständig ummagnetisiert. Wenn man die Höchstwerte des Stroms allmählich bis auf Null verringert, ergeben sich auch immer kleinere Höchstwerte der Feldstärke. Die entsprechenden Hystereseschleifen werden kleiner (**5**.14), bis schließlich der unmagnetische Zustand des Eisenkerns erreicht ist.

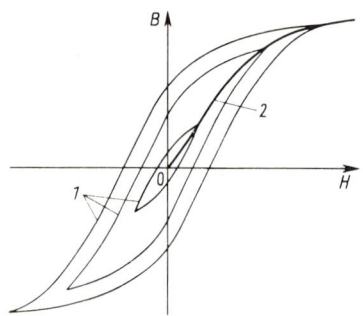

5.14 *1* Hystereseschleife
2 Magnetisierungskurve

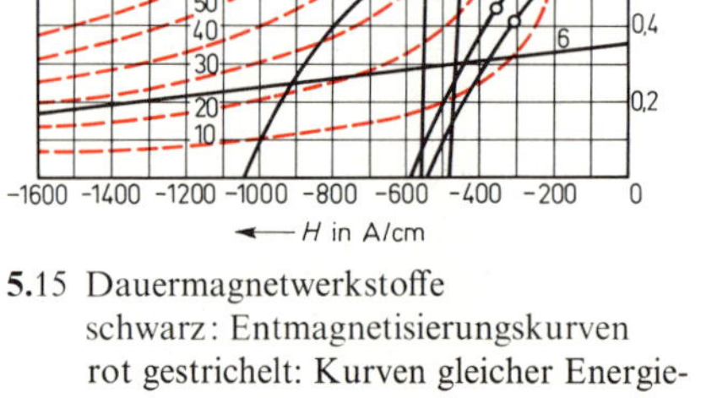

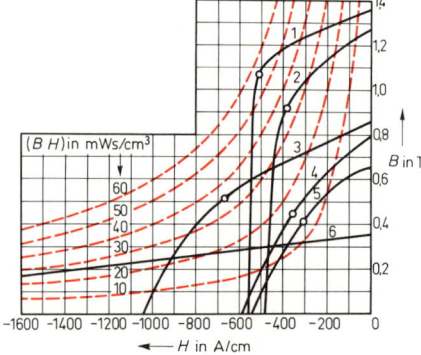

5.15 Dauermagnetwerkstoffe
schwarz: Entmagnetisierungskurven
rot gestrichelt: Kurven gleicher Energiedichte (s. Abschn. 5.5.2)

Aufgaben zu Abschnitt 5.2

1. Der Wickelkern einer Zylinderspule nach Bild **5.9** (Keramikrohr) hat die Länge $l = 25$ cm. Der mittlere Durchmesser unter Berücksichtigung der einlagigen Wicklung von 220 Windungen beträgt $d_m = 30$ mm. Wie groß sind im Innenraum des Keramikrohrs magnetische Feldstärke, magnetische Flußdichte und magnetischer Fluß, wenn die Stromstärke in der Wicklung 2,5 A beträgt?

2. In einer Zylinderspule, deren Wickelkern (Keramikrohr) die Länge 50 mm und einen Außendurchmesser von 6 mm hat, fließt in der einlagigen, lückenlosen Wicklung aus lackiertem Kupferdraht (CuL) mit 0,2 mm Durchmesser ein Strom der Stärke 150 mA (**5.9**).
   a) Wie groß sind magnetische Feldstärke, magnetische Flußdichte und magnetischer Fluß im Innenraum des Wickelkerns?
   b) Wie groß ist die Stromstärke, wenn der Fluß $3{,}5 \cdot 10^{-8}$ Vs betragen soll?
   c) Wie groß sind dabei Feldstärke und Flußdichte des magnetischen Felds im Innenraum?

3. Eine Zylinderspule nach Bild **5.9** hat einen mittleren Durchmesser von 25 mm. Die einlagige, lückenlose Wicklung hat je cm Länge 18 Windungen und erregt im Innenraum einen magnetischen Fluß von $4 \cdot 10^{-7}$ Vs. Wie groß ist die Stromstärke in der Wicklung?

4. Eine Kreisringspule nach Bild **5.11** mit kreisförmigem Querschnitt hat einen Holzkern mit $d_a = 150$ mm und $d_i = 110$ mm. Die Wicklung mit 320 Windungen besteht aus CuL-Draht mit 1 mm Durchmesser.
   a) Wie groß sind im magnetischen Feld Feldstärke, Flußdichte und Fluß, wenn die Stromstärke in der Wicklung 0,4 A beträgt?
   b) Die Flußdichte soll $6 \cdot 10^{-4}$ Vs/m² betragen. Wie groß sind dann magnetischer Fluß, magnetische Feldstärke und Stromstärke?

5. Eine Kreisringspule nach Bild **5.11** hat einen Kunststoff-Hohlkern mit quadratischem Querschnitt nach Bild **5.16**. Der Kern hat $d_a = 100$ mm, $d_i = 70$ mm. Die Wanddicke des kastenförmigen Profils beträgt allseitig 1 mm.

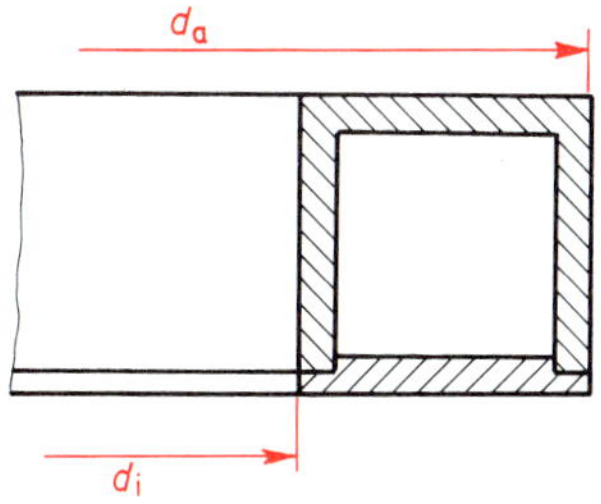

5.16 Zu Aufgabe 5

   a) Der Ring ist mit CuL-Draht von 1 mm Außendurchmesser einlagig und lückenlos bewickelt. Wieviel Windungen lassen sich höchstens unterbringen?
   b) In der Wicklung mit 210 Windungen beträgt die Stromstärke 0,85 A. Wie groß sind magnetische Feldstärke, magnetische Flußdichte und Fluß im Innenraum des Wickelkerns?
   c) Welche Flußdichte und welcher magnetische Fluß stellen sich ein, wenn der gesamte Innenraum des Wickelkerns mit einem Bandkern aus ferromagnetischem Material mit $\mu_r = 1200$ gefüllt ist?

6. Ein Stahlgußring mit kreisförmigem Querschnitt nach Bild **5.11** ist gleichmäßig mit 560 Windungen CuL-Draht bewickelt. Dabei sind $d_a = 120$ mm und $d_i = 80$ mm. Der magnetische Fluß im Eisenkern beträgt $\Phi = 3{,}77 \cdot 10^{-4}$ Vs. Wie groß sind magnetische Feldstärke und Stromstärke in der Wicklung? Die Magnetisierungskurve für Stahlguß zeigt Bild **5.17** auf S. 141.

5.3 Berechnung magnetischer Kreise

5.3.1 Ohmsches Gesetz des magnetischen Kreises

Ferromagnetische Stoffe kann man als gute „magnetische Leiter" ansehen mit einer spezifischen magnetischen Leitfähigkeit μ, die um den Faktor μ_r größer ist als die der Luft. Vergleicht man den magnetischen Kreis einer Kreisringspule mit geschlossenem Eisenkern mit dem elektrischen Stromkreis, lassen sich aus den Feldgleichungen des magnetischen Felds im Eisenkern bzw. des Strömungsfelds im elektrischen Leiter der Wicklung ähnliche Beziehungen gewinnen. Aus den Gleichungen

$$\vec{S} = \gamma \cdot \vec{E} \quad \text{bzw.} \quad \vec{B} = \mu \cdot \vec{H}$$

erhält man durch Multiplikation mit der Querschnittsfläche $\vec{A}$ des Drahts bzw. des Eisenkerns

$$(\vec{S} \cdot \vec{A}) = \gamma \cdot \vec{E} \cdot \vec{A} \quad \text{bzw.} \quad (\vec{B} \cdot \vec{A}) = \mu \cdot \vec{H} \cdot \vec{A}$$

und durch Einführen der Spannungen $U = \vec{E} \cdot \vec{s}$ bzw. $\Theta = V_o = \vec{H} \cdot \vec{l}_m$ schließlich

$$I = \frac{\gamma \cdot \vec{A}}{\vec{s}} \cdot U \quad \text{bzw.} \quad \Phi = \frac{\mu \cdot \vec{A}}{\vec{l}_m} \cdot \Theta. \tag{5.13}$$

Dabei sind

$$G = \frac{\gamma \cdot \vec{A}}{\vec{s}}$$

der elektrische Leitwert des Drahts und

$$\boxed{\Lambda = \frac{\mu \cdot \vec{A}}{\vec{l}_m}} \tag{5.14}$$

der magnetische Leitwert des Eisenkerns. Die Kehrwerte sind der elektrische Widerstand

$$R = 1/G = \frac{\vec{s}}{\gamma \cdot \vec{A}},$$

bzw. der magnetische Widerstand

$$\boxed{R_m = \frac{1}{\Lambda} = \frac{\vec{l}_m}{\mu \cdot \vec{A}}.} \tag{5.15}$$

Die Beziehung

$$\boxed{R_m = \frac{\Theta}{\Phi} \quad \text{bzw.} \quad \Theta = \Phi \cdot R_m} \tag{5.16}$$

nennt man in Anlehnung an die entsprechende Beziehung im elektrischen Stromkreis „Ohmsches Gesetz des magnetischen Kreises“. Die SI-Einheiten für Λ bzw. R_m ergeben sich in bekannter Weise zu

$$[R_m] = \frac{[\Theta]}{[\Phi]} = \frac{\text{A}}{\text{V} \cdot \text{s}} = \frac{1}{\Omega \cdot \text{s}} = \frac{1}{\text{H}} \quad \text{und} \quad [\Lambda] = \Omega\text{s} = \text{H}.$$

Die SI-Einheit Ωs = H heißt Henry.

Bei elektrischen Widerständen ist in der Regel γ eine reine Stoffkonstante. Bei ohmschen Widerständen ist das Verhältnis $U/I = R$ konstant und weder von der Spannung noch vom Strom abhängig. Das ist bei magnetischen Widerständen nur bei dia- und paramagnetischem Material der Fall. Für diese Stoffe gilt in guter Näherung

$$R_m = \frac{l}{\mu_0 \cdot A}. \qquad (5.17)$$

Anders ist es jedoch bei den für elektrische Maschinen so wichtigen ferromagnetischen Stoffen. Hier ist μ_r keine Stoffkonstante, sondern hängt in starkem Maß von der im Material herrschenden Feldstärke bzw. Flußdichte ab. Da man in der Regel diese Abhängigkeit als Magnetisierungskurve $B = f(H)$ darstellt (**5**.17), schreibt man den ferromagnetischen Widerstand zweckmäßig

$$R_{mFe} = \frac{\vec{l} \cdot \vec{H}}{\vec{B} \cdot \vec{A}}. \qquad (5.18)$$

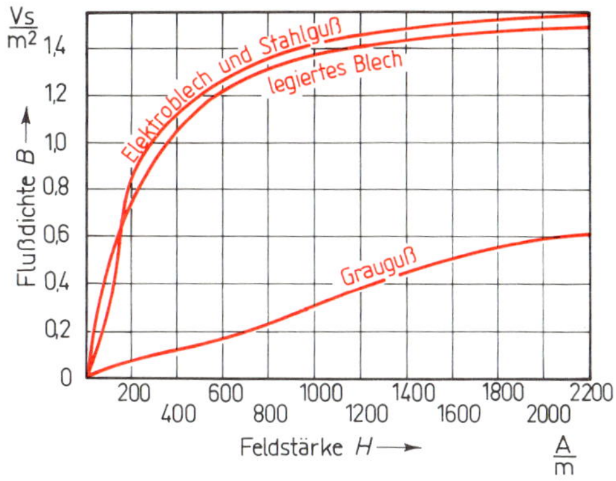

5.17 Magnetisierungskurven

Zur praktischen Durchführung der Berechnung muß ein näherungsweise homogenes Feld vorliegen, d. h. B und A müssen konstant und entweder B oder H bekannt sein.

Während man in linearen Netzwerken elektrischer Widerstände die Strom- und Spannungsverteilung verhältnismäßig einfach berechnen kann, ist die entsprechende Ermittlung des Feldverlaufs in Netzwerken mit nichtlinearen (d. h. von der Feldstärke abhängigen) ferromagnetischen Widerständen nicht ohne weiteres möglich. Ebenso stößt man ja auch beim Bestimmen der Strom- bzw. Spannungsverteilung in Netzwerken mit nichtlinearen elektrischen Widerständen auf Schwierigkeiten. In beiden Fällen lassen sich jedoch einfache Reihen- bzw. Parallelschaltungen mit Hilfe der betreffenden Kennlinien berechnen (s. Abschn. 2.2.4.1). Während bei elektrischen Widerständen die Kennlinien $I = f(U)$ vorliegen und entweder Strom oder Spannung bekannt sein müssen, sind es bei ferromagnetischen Widerständen (wie schon erwähnt) die Magnetisierungskurven und Feldgrößen wie B oder H bzw. Größen des magnetischen Kreises wie Φ oder Θ.

Wir wollen uns hier auf die Betrachtung einiger für elektrische Maschinen bzw. Geräte besonders wichtiger Fälle beschränken. Die angegebenen Berechnungsverfahren lassen sich natürlich von magnetischen Kreisen auf entsprechende Stromkreise mit nichtlinearen elektrischen Widerständen übertragen.

5.3.2 Reihenschaltung magnetischer Widerstände

Kreisringspule mit Luftspalt. Bei einer Kreisringspule mit geschlossenem Eisenkern und eng gewickelter Erregerspule über den gesamten Umfang verläuft das magnetische Feld praktisch ausschließlich im Innern der Wicklung. Der magnetische Widerstand des Kerns läßt sich nach Gl. (5.18) berechnen. Unterbrechen wir nun den Eisenkern durch einen schmalen Luftspalt, bildet sich hier ein magnetisches Polpaar aus. Ist die Luftspaltlänge δ genügend klein gegenüber den Abmessungen der Querschnittsfläche A des Eisenkerns, ist die vom magnetischen Fluß durchsetzte Fläche im Luftspalt ebenso groß (**5**.18). Wegen der Quellenfreiheit des magnetischen Flusses sind also Fluß im Eisen und Luftspalt wie auch die Flußdichte gleich. Unter diesen Voraussetzungen lassen sich für die Teilabschnitte Eisenkern und Luftspalt die magnetischen Widerstände nach den Gleichungen (5.17) bzw. (5.18) berechnen.

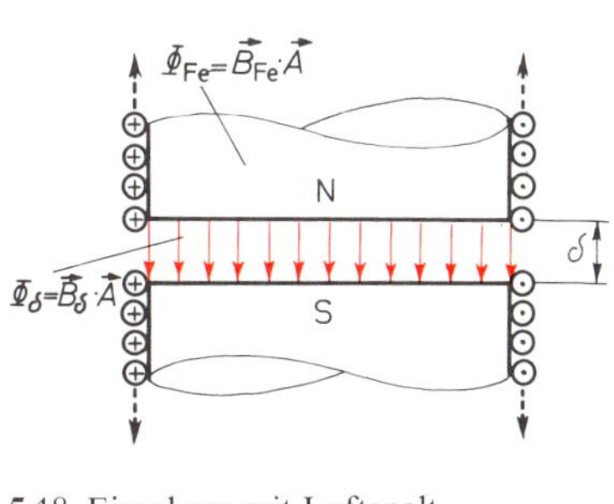

5.18 Eisenkern mit Luftspalt

Durchflutungssatz für abschnittsweise homogene Felder. Im Abschn. 5.2.5 haben wir am Beispiel der Kreisringspule den Durchflutungssatz Gl. (5.8) abgeleitet. Um ihn auf abschnittsweise homogene magnetische Felder anwenden zu können, teilen wir die Durchflutung oder magnetische Umlaufspannung in Teilspannungen auf, von denen jede für einen Abschnitt gilt.

$$\Theta = I \cdot N = H_1 l_1 + H_2 l_2 + \cdots H_n l_n \tag{5.19}$$

Die Summe der auf einem geschlossenen Weg (z. B. Feldlinie) erhaltenen magnetischen Teilspannungen ist gleich der von diesem Weg umfaßten Gesamtdurchflutung.

Im vorliegenden Fall ist $n = 2$, und mit δ für die Luftspaltlänge erhalten wir

$$\Theta = I \cdot N = H_{Fe} \cdot l_{Fe} + H_\delta \cdot \delta \tag{5.20}$$

und weiter

$$\Theta = \Phi \left(\frac{\vec{H}_{Fe} \cdot \vec{l}_{Fe}}{\vec{B} \cdot \vec{A}} + \frac{H_\delta \cdot \delta}{\vec{B} \cdot \vec{A}} \right) \tag{5.21}$$

$$\Theta = \Phi \left(\frac{\vec{H}_{Fe} \cdot \vec{l}_{Fe}}{\vec{B} \cdot \vec{A}} + \frac{\delta}{\mu_0 \cdot \vec{A}} \right) \tag{5.22}$$

und schließlich

$$\Theta = \Phi (R_{mFe} + R_{m\delta}). \tag{5.23}$$

Maschenregel im magnetischen Kreis. Gl. (5.23) entspricht einer Reihenschaltung magnetischer Widerstände, die man durch eine der Reihenschaltung elektrischer Widerstände analoge Ersatzschaltung darstellen kann (**5**.19). Wendet man darauf in gewohnter Weise die Kirchhoffsche Maschenregel an, erhält man mit den angegebenen Bezugspfeilen den Durchflutungssatz Gl. (5.20) in der Form

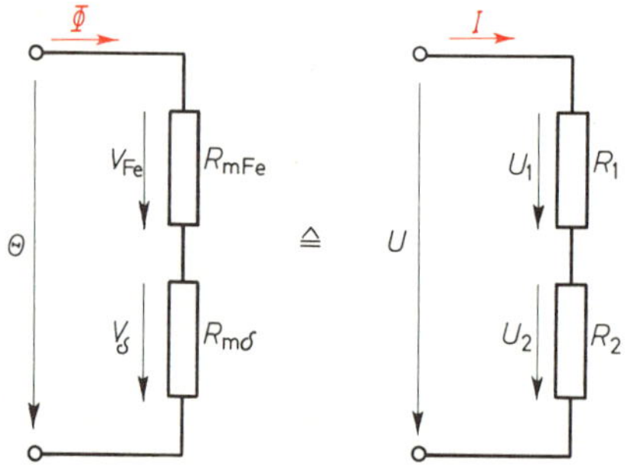

5.19 Reihenschaltung magnetischer Widerstände und analoger elektrischer Stromkreis

$$\Phi \cdot R_{mFe} + \Phi \cdot R_{m\delta} - \Theta = 0$$

oder

$$V_{Fe} + V_\delta - \Theta = 0. \tag{5.24}$$

Obwohl nicht so offensichtlich wie im elektrischen Stromkreis, sind auch hier die Maschenregel Gl. (5.24) bzw. der Durchflutungssatz Gl. (5.20) Folgen des Energieerhaltungssatzes. Wie wir später noch erläutern werden, enthält auch das magnetische Feld Energie.

Magnetische Streuung. Kreisringspulen verwendet man nur in besonderen Fällen als Erregerspulen magnetischer Kreise, da die Wicklung auf besonders für diese Spulen konstruierten Wickelmaschinen hergestellt werden muß. Im allgemeinen werden als Erregerwicklungen Zylinderspulen benutzt. Der magnetische Kreis kann dann wie z. B. bei dem Elektromagneten nach Bild **5**.20 aus mehreren Teilen bestehen. Oft werden auch aus konstruktiven Gründen die Eisenkerne aus

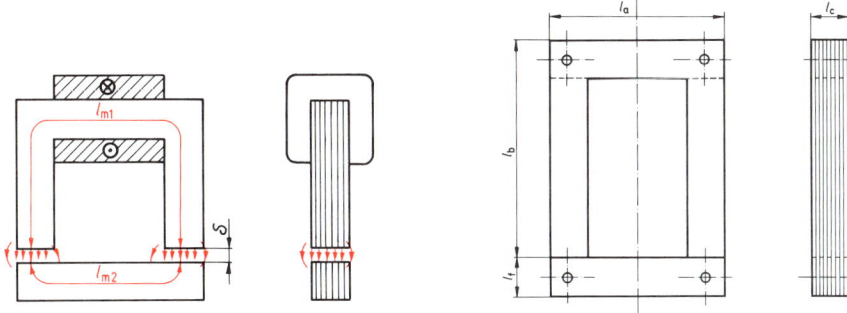

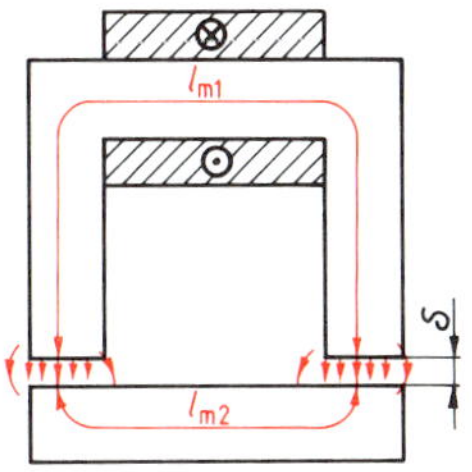

5.20 Elektromagnet

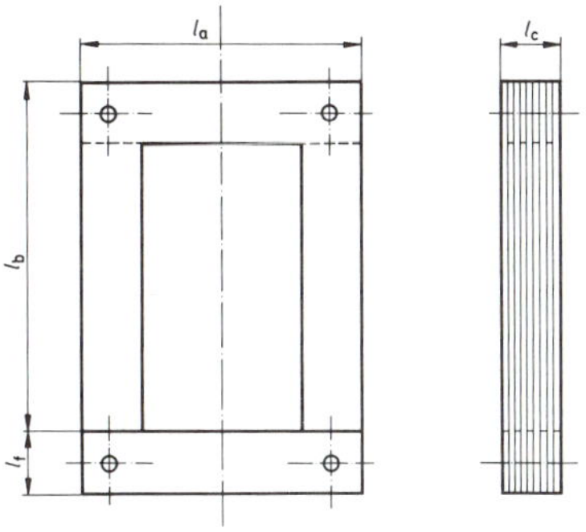

5.21 UI-Eisenkern

Blechen hergestellt, die man wechselseitig so schichtet, daß sich Luftspalte und Bleche überlappen. Als Beispiel zeigt Bild **5**.21 einen UI-Blechschnitt. Bei dem geschichteten Kern können beide Schenkel eine Wicklung tragen. Auch wenn man diese Bleche wechselseitig schichtet, wird sich ein unvermeidlicher Luftspalt durch erhöhten magnetischen Widerstand des Kreises über R_{mFe} hinaus bemerkbar machen. Stärker als bei diesem Ersatzluftspalt prägt sich dies aus, wenn die Bleche so geschichtet werden, daß zwischen Schenkeln und Joch ein wirklicher Luftspalt entsteht. Dabei bilden sich wieder Paare magnetischer Pole aus. Hier liegen jedoch nicht die gleichen Voraussetzungen für den Feldverlauf vor wie bei der voll bewickelten Kreisringspule, und der Fluß durchsetzt im Luftspalt einen größeren Querschnitt als im Eisen – es bildet sich ein magnetisches Streufeld (s. Bild **5**.20). Mit anderen Worten: Die Flußdichte im Luftspalt verringert sich im gleichen Maße, wie die wirksame Fläche im Luftspalt größer wird; der Fluß bleibt aber konstant.

$$\Phi = B_{Fe} \cdot A_{Fe} = B_\delta \cdot A_\delta \tag{5.25}$$

Streufaktor σ. Diese magnetische Streuung macht sich um so stärker bemerkbar, je länger der Luftspalt wird. Wird z. B. im Luftspalt eine bestimmte Induktion B_δ gefordert, ergibt sich nach Gl. (5.25)

$$B_{Fe} = B_\delta \frac{A_\delta}{A_{Fe}} \tag{5.26}$$

für die erforderliche Flußdichte im Eisen ein höherer Wert als ohne Streuung. Zerlegt man die wirksame Fläche A_δ im Luftspalt in eine Nutzfläche $A_N = A_{Fe}$ und eine Streufläche A_σ, erhält man mit

$$A_\delta = A_N + A_\sigma \tag{5.27}$$

und mit Gl. (5.26)

$$B_{Fe} = B_\delta \frac{A_N + A_\sigma}{A_N} = B_\delta \left(1 + \frac{A_\sigma}{A_N}\right) \tag{5.28}$$

Das Verhältnis

$$\frac{A_\sigma}{A_N} = \sigma \tag{5.29}$$

heißt Streufaktor. Multipliziert man Gl. (5.28) mit $A_{Fe} = A_N$, erhält man schließlich

$$\Phi_{Fe} = \Phi_N(1 + \sigma) = \Phi_N + \Phi_\sigma. \tag{5.30}$$

Dabei bezeichnet man Φ_N als Nutz- oder Hauptfluß und Φ_σ als Streufluß. Der Streufaktor hängt vom Aufbau des magnetischen Kreises ab und liegt im allgemeinen bei $\sigma \approx 0{,}1$ bis 0,3. Nach Gl. (5.30) kann man den Streufaktor auch so schreiben:

$$\sigma = \frac{\Phi_\sigma}{\Phi_N} = \frac{\Phi_{Fe} - \Phi_N}{\Phi_N} \tag{5.31}$$

Scherung der Hystereseschleife. Bei einem Eisenkern aus geschichteten Blechen (z. B. aus UI-Blechschnitten nach Bild **5**.21) zeigt sich je nach Art der Schichtung eine mehr oder weniger starke Veränderung des magnetischen Widerstands, die man als Wirkung eines Ersatzluftspalts auffassen kann. Bei Vernachlässigung der Streuung können wir davon ausgehen, daß im gesamten Eisenkern der gleiche magnetische Fluß vorhanden ist und bei überall gleichem Querschnitt auch die gleiche Flußdichte. Es ist zweckmäßig, eine Hystereseschleife zu betrachten, die den Fluß in Abhängigkeit von der Durchflutung darstellt. Wir erhalten sie, indem wir auf der waagerechten Achse $H l_m = \Theta$ statt H und auf der Hochachse $B \cdot A = \Phi$ statt B auftragen. Mit diesen Skalen auf den Achsen gilt die Hystereseschleife nun nicht mehr für ein bestimmtes Material, sondern für einen Eisenkern mit den Abmessungen A und l_m. Jedem Punkt der Hystereseschleife bzw. der Magnetisierungskurve entspricht nun ein bestimmter magnetischer Widerstand $R_{mFe} = \Theta/\Phi$. Nehmen wir einen im Eisenkern wirksamen Ersatzluftspalt der Länge δ an, ist die Kennlinie seines magnetischen Widerstands $R_{m\delta}$ eine Gerade. Die für die Reihenschaltung von R_{mFe} und $R_{m\delta}$ geltende Kennlinie bekommt man wie bei dem entsprechenden Verfahren für die Reihenschaltung linearer und nichtlinearer elektrischer Widerstände durch Scherung der Kennlinie $R_{mFe} = f(\Theta)$ (s. Abschn. 2.2.4.1). Man zeichnet in das Diagramm $\Phi = f(\Theta)$ die Widerstandsgerade für den magnetischen Widerstand des Luftspalts ein, die durch den Nullpunkt geht und im ersten und dritten Quadranten des Diagramms liegt (**5**.22). Dann entnimmt man die für einen bestimmten Fluß Φ_1 erforderliche Luftspaltdurchflutung (magnetische Teilspannung) V_δ dem Diagramm und trägt die entsprechende Strecke von der Hystereseschleife bzw. Magnetisierungskennlinie aus bei positivem Fluß nach rechts bzw. bei negativem Fluß nach links ab. Nach diesem Verfahren erhalten wir die mit $R_{m\delta}$ gescherte Hystereseschleife bzw. Magnetisierungskurve, die für die Reihenschaltung von R_{mFe} und $R_{m\delta}$ gilt. Sie ist durch die Wirkung des konstanten magnetischen Widerstands $R_{m\delta}$ gegenüber der Widerstandskenn linie des Eisens linearisiert worden. Offensichtlich ist diese Wirkung um so stärker ausgeprägt, je größer die Luftspaltlänge wird. Mit der gescherten Magnetisierungskennlinie läßt sich für eine bestimmte Durchflutung der Fluß im Eisen bestimmen (s. Beispiel 5.2 der Übungen zu Abschn. 5.3).

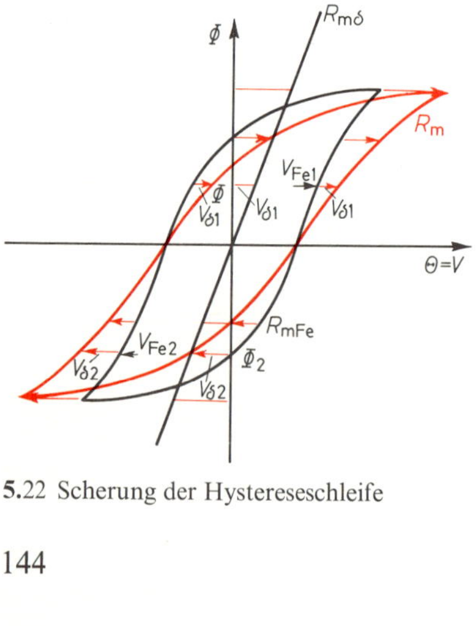

5.22 Scherung der Hystereseschleife

5.3.3 Parallelschaltung magnetischer Widerstände

Bei den technischen Anwendungen magnetischer Kreise treten auch Parallelschaltungen magnetischer Widerstände auf. Wird z. B. in dem Transformatorkern mit drei Schenkeln nach Bild **5**.23 die Streuung vernachlässigt, lassen sich drei magnetische Widerstände R_{m1}, R_{m2} und R_{m3} entsprechend den Längenabschnitten l_{m1}, l_{m2} und l_{m3} unterscheiden, in denen die Flüsse Φ_1, Φ_2 und Φ_3 auftreten. Soll der Schenkel I die erregende Wicklung mit der Durchflutung Θ tragen, können wir eine Ersatzschaltung nach Bild **5**.24 entsprechend einem analogen elektrischen Stromkreis angeben. In den

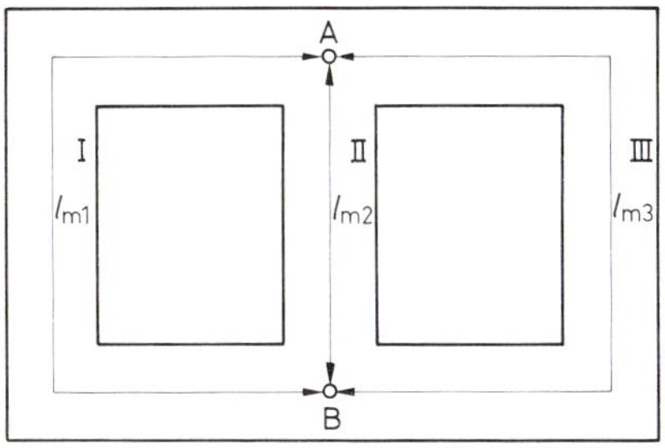

5.23 Dreischenkliger Eisenkern

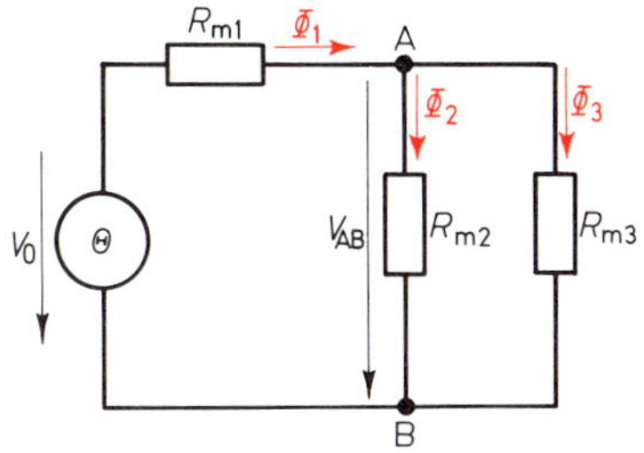

5.24 Parallelschaltung magnetischer Widerstände

Verzweigungspunkten der Flüsse A bzw. B gilt wegen der Quellenfreiheit des magnetischen Flusses die Knotenpunktregel:

$$\Phi_1 = \Phi_2 + \Phi_3. \tag{5.32}$$

Dabei tritt der größte Fluß (hier Φ_1) in dem Schenkel auf, der die Erregerwicklung trägt. R_{m1} bildet in der Ersatzschaltung gewissermaßen den magnetischen Innenwiderstand, die Durchflutung entspricht der magnetischen Quellenspannung. Beim Berechnen des magnetischen Kreises ist zu beachten, daß die magnetischen Widerstände von den Beträgen der Flüsse bzw. von der Flußdichte abhängig sind. Die magnetischen Widerstände betragen also

$$R_{m1} = \frac{l_{m1} \cdot H_1}{B_1 \cdot A_1}, \quad R_{m2} = \frac{l_{m2} \cdot H_2}{B_2 \cdot A_2}, \quad R_{m3} = \frac{l_{m3} \cdot H_3}{B_3 \cdot A_3}.$$

Beispiel 5.1 Für den Eisenkern nach Bild **5**.23 soll die erforderliche Durchflutung berechnet werden, wobei die Magnetisierungskurve Bild **5**.17 für Dynamoblech zugrunde liegt. Schenkel I trägt die Erregerwicklung. Der Fluß im Schenkel III soll 1 mVs betragen.

Lösung Die Abmessungen des Kerns betragen $l_{m1} = 400$ mm, $l_{m2} = 160$ mm, $l_{m3} = 400$ mm, $A_1 = A_2 = A_3 = 2400$ mm^2 bzw. mit den Basiseinheiten des SI-Systems $l_{m1} = 0{,}4$ m, $l_{m2} = 0{,}16$ m, $l_{m3} = 0{,}4$ m, $A_1 = A_2 = A_3 = 2{,}4 \cdot 10^{-3}$ m^2.

Man bekommt für

$$B_3 = \Phi_3/A_3 = \frac{1 \cdot 10^{-3}\ \text{Vs}}{2{,}4 \cdot 10^{-3}\ \text{m}^2} = 0{,}417\ \frac{\text{Vs}}{\text{m}^2}$$

und aus der Magnetisierungskurve $H_3 = 80$ A/m.

Damit ließe sich der magnetische Widerstand R_{m3} im Schenkel III berechnen. Dieser wird für die weitere Rechnung jedoch nicht gebraucht. Mit Hilfe der Maschenregel bekommt man weiter

$$\Phi_3 \cdot R_{m3} - \Phi_2 \cdot R_{m2} = 0$$

Lösung, Fortsetzung

bzw. mit dem entsprechenden Durchflutungsgesetz

$$H_3 \cdot l_{m3} - H_2 \cdot l_{m2} = 0\,.$$

Daraus wird H_2 berechnet:

$$H_2 = \frac{H_3 \cdot l_{m3}}{l_{m2}} = \frac{80\,\mathrm{A} \cdot 0{,}4\,\mathrm{m}}{\mathrm{m}\ 0{,}16\,\mathrm{m}} = 200\,\frac{\mathrm{A}}{\mathrm{m}}\,.$$

Die Magnetisierungskurve liefert für diese Feldstärke $B_2 = 0{,}825\,\mathrm{Vs/m^2}$. Damit wird

$$\Phi_2 = B_2 \cdot A_2 = \frac{0{,}825\,\mathrm{Vs} \cdot 2{,}4 \cdot 10^{-3}\,\mathrm{m^2}}{\mathrm{m^2}} = 1{,}98 \cdot 10^{-3}\,\mathrm{Vs}\,.$$

Mit der Knotenpunktregel wird der Fluß im Schenkel I ermittelt:

$$\Phi_1 = \Phi_2 + \Phi_3 = 1{,}98 \cdot 10^{-3}\,\mathrm{Vs} + 1 \cdot 10^{-3}\,\mathrm{Vs} = 2{,}98 \cdot 10^{-3}\,\mathrm{Vs}\,.$$

Man erhält weiter

$$B_1 = \frac{\Phi_1}{A_1} = \frac{2{,}98 \cdot 10^{-3}\,\mathrm{Vs}}{2{,}4 \cdot 10^{-3}\,\mathrm{m^2}} = 1{,}24\,\frac{\mathrm{Vs}}{\mathrm{m^2}} \quad \text{und} \quad H_1 = 560\,\frac{\mathrm{A}}{\mathrm{m}}\,.$$

Damit sind alle Flüsse und magnetischen Widerstände des Ersatzkreises nach Bild **5**.24 bekannt. Die gesuchte Durchflutung ergibt sich nach der Maschenregel

$$\Phi_1 R_{m1} + \Phi_2 R_{m2} - \Theta = 0 \quad \text{oder} \quad \Phi_1 R_{m1} + \Phi_3 R_{m3} - \Theta = 0 \quad \text{bzw.}$$

$$H_1 \cdot l_{m1} + H_2 \cdot l_{m2} - \Theta = 0 \quad \text{oder} \quad H_1 \cdot l_{m1} + H_3 \cdot l_{m3} - \Theta = 0\,.$$

Man bekommt

$$\Theta = H_1 \cdot l_{m1} + H_2 \cdot l_{m2} = \frac{560\,\mathrm{A} \cdot 0{,}4\,\mathrm{m}}{\mathrm{m}} + \frac{200\,\mathrm{A} \cdot 0{,}16\,\mathrm{m}}{\mathrm{m}} = \mathbf{256\,A.}$$

Damit läßt sich die Erregerwicklung berechnen, wobei jedoch noch konstruktive Daten zu berücksichtigen sind (Fenstergröße, Kupferfüllfaktor, Stromdichte usw.). Darauf soll hier jedoch nicht eingegangen werden.

Die Lösung der umgekehrten Aufgabe, nämlich aus einer gegebenen Durchflutung die Flußverteilung bzw. die magnetischen Widerstände zu bestimmen, stößt wegen der nichtlinearen magnetischen Widerstände auf Schwierigkeiten. Im elektrischen Stromkreis bekommt man bei konstanten Widerständen für die entsprechende Aufgabe ein System linearer Gleichungen, das sich grundsätzlich lösen läßt. Hier ist das wegen der vom Fluß abhängigen magnetischen Widerstände nicht der Fall. Man kann sich jedoch helfen, indem man z. B. den magnetischen Kreis mit gegebenen Abmessungen und bekannten Magnetisierungskurven wie im angeführten Beispiel für mehrere angenommene Flüsse berechnet und die Ergebnisse zunächst in Form einer Tabelle zusammenstellt. Mit Diagrammen läßt sich dann auch für eine gegebene Durchflutung die Flußverteilung im Eisenkern ermitteln. Wir wollen uns hier auf diese Anmerkungen beschränken.

Anwendung. Eine wichtige technische Anwendung des magnetischen Kreises mit dem Ersatzschaltbild **5**.24 ist der Schweißtransformator. Durch einen von außen einstellbaren Luftspalt im Schenkel II wird der magnetische Widerstand verändert und damit die Flußverteilung auf die Schenkel II und III. Einen veränderlichen magnetischen Nebenschluß verwendet man auch zur Einstellung des Flusses bzw. der Flußdichte im Luftspalt des magnetischen Kreises eines Drehspulmeßwerks.

Übungen zu Abschnitt 5.3

Ermitteln des magnetischen Flusses bzw. der Flußdichte bei gegebener Durchflutung. Zum Berechnen magnetischer Kreise bei gegebener Flußdichte verwendet man die Magnetisierungskurve $B_{Fe} = f(H_{Fe})$. Multipliziert man für einen bestimmten Kern die Flußdichte B_{Fe} mit dem Eisenquerschnitt A_{Fe} und die Feldstärke H_{Fe} mit der Länge des Eisenwegs l_{Fe}, ändern sich nur die Skalen der Koordinatenachsen, nicht aber der Verlauf der Magnetisierungskurve. Man kann diese daher für einen bestimmten Kern auch als Kennlinie des nichtlinearen ferromagnetischen Widerstands $\Phi_{Fe} = f(\Theta_{Fe})$ auffassen. Die Verbindungsgerade zwischen dem Nullpunkt des Koordinatensystems und einem Punkt der Magnetisierungskurve entspricht mit ihrer Steigung dann dem stationären wirksamen magnetischen Widerstand R_{mFe} des Eisenwegs.

Enthält der Eisenkern einen Luftspalt mit der Länge δ und der wirksamen Fläche A_δ (gegebenenfalls unter Berücksichtigung der Streuung), läßt sich daraus bei konstanter Streuung ein konstanter magnetischer Widerstand $R_{m\delta}$ berechnen. Da der gleiche Fluß wie im Eisen auch diesen wirksamen Luftspaltwiderstand durchsetzt, kann man entsprechend der Reihenschaltung beider magnetischer Widerstände die Widerstandsgerade für den Luftspalt in das Diagramm $\Phi = f(\Theta)$ einzeichnen.

Bei sehr kleinen Luftspaltlängen δ, wie sie als Ersatzluftspalt bei wechselseitig geschichteten Kernblechen vorkommen, kann eine Scherung der Magnetisierungskurve entsprechend Bild **5.22** zweckmäßig sein. Die Beträge der beiden magnetischen Widerstände liegen in diesem Fall in der gleichen Größenordnung. Für eine gegebene Durchflutung kann dann mit Hilfe der gescherten Kennlinie der Fluß im Eisen ermittelt werden (s. Beispiel 5.2).

Bei größeren Luftspaltlängen und entsprechend größeren magnetischen Luftspaltwiderständen ist oft ein anderes Verfahren zweckmäßiger. Man betrachtet den Luftspaltwiderstand als den konstanten Innenwiderstand einer magnetischen Ersatzspannungsquelle mit der gegebenen Durchflutung als Quellenspannung. Entsprechend dem Kurzschlußstrom I_k im analogen elektrischen Stromkreis wird hier der „Kurzschlußfluß" Φ_{max} für den magnetischen Eisenwiderstand $R_{mFe} = 0$ bestimmt. Mit den beiden Punkten für Θ und Φ_{max} läßt sich die Innenwiderstandsgerade zeichnen. Der Schnittpunkt mit der Magnetisierungskurve liefert den gesuchten Fluß Φ_{Fe} (s. Beispiel 5.3).

Bei der praktischen Durchführung der beiden Verfahren ist es nicht erforderlich, die Bezifferung der Koordinatenachsen für B und H zu ändern. Man berechnet aus den Größen Φ und Θ für Eisen bzw. Luftspalt die entsprechenden Beträge für B und H mittels Division durch A_{Fe} bzw. l_{Fe}. Die Luftspaltgeraden werden dann in ein Diagramm $B = f(H)$ nach Bild **5.17** eingezeichnet.

Beispiel 5.2 Um in einem UI-Kern aus wechselseitig geschichteten Elektroblechen mit $A_{Fe} = 5\,\text{cm}^2$ und $l_{Fe} = 0{,}2\,\text{m}$ einen Fluß von $5 \cdot 10^{-4}$ Vs zu erzeugen, ist eine Durchflutung von $\Theta = 100$ A erforderlich. Welcher Fluß ergibt sich bei einer Durchflutung von 50 A?

Lösung Aus den gegebenen Werten für Φ und Θ werden B bzw. H berechnet.

$$B_{Fe} = \frac{\Phi_{Fe}}{A_{Fe}} = \frac{5 \cdot 10^{-4}\,\text{Vs}}{5 \cdot 10^{-4}\,\text{m}^2} = 1\,\frac{\text{Vs}}{\text{m}^2}$$

$$H = \frac{\Theta}{l_{Fe}} = \frac{100\,\text{A}}{0{,}2\,\text{m}} = 500\,\frac{\text{A}}{\text{m}}$$

Nach der Magnetisierungskurve **5.17** ist für das Eisen bei $B = 1\,\text{Vs/m}^2$ nur eine Feldstärke von $H_{Fe} = 300\,\text{A/m}$ bzw. eine Durchflutung $\Theta_{Fe} = H_{Fe} l_{Fe} = 60\,\text{A}$ erforderlich. Der Differenzbetrag $\Theta_\delta = \Theta - \Theta_{Fe} = 40\,\text{A}$ entspricht der magnetischen Spannung an einem Ersatzluftspaltwiderstand $R_{m\delta} = \Theta_\delta/\Phi$. Die entsprechende Feldstärke erhalten wir zu $H_\delta = \Theta_\delta/l_{Fe} = 200\,\text{A/m}$. Die Verbindung des Punkts $B = 1\,\text{Vs/m}^2$ und $H = 200\,\text{A/m}$ mit dem Nullpunkt liefert die Scherungsgerade S. Damit ergibt sich schließlich die gescherte Kennlinie $B' = f(H')$ in Bild **5.25**. Für eine gegebene Durchflutung läßt sich nun die Flußdichte im Kern leicht ablesen bzw. für eine gegebene Flußdichte die erforderliche Durchflutung. Für $\Theta = 50\,\text{A}$ bzw. $H' = \Theta/l_{Fe} = 250\,\text{A/m}$ erhalten wir $B' = 0{,}58\,\text{Vs/m}^2$ und damit schließlich

$$\Phi = B' \cdot A_{Fe} = \mathbf{2{,}9 \cdot 10^{-4}\,Vs}\,.$$

Lösung,
Fortsetzung

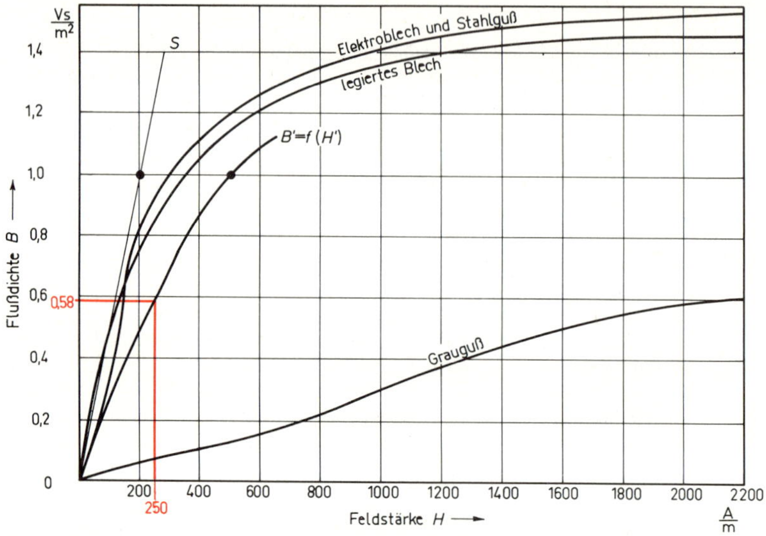

5.25 Scherung der Magnetisierungskurve (Beispiel 5.2)

Beispiel 5.3 Ein UI-Kern aus legiertem Blech mit $A_{Fe} = 4\,cm^2$ und $l_{Fe} = 15\,cm$ hat einen Luftspalt $\delta = 0{,}5$ mm. Die Streuung wird mit $\sigma = 0{,}05$ angenommen.

a) Welche Durchflutung ist bei $B_{Fe} = 1{,}2\,Vs/m^2$ erforderlich?

b) Welche Flußdichte B_{Fe1} ergibt sich bei $\Theta_1 = 150$ A?

c) Welche Flußdichte B_{Fe2} ergibt sich bei $\Theta_2 = 400$ A?

Lösung a) Bei Berücksichtigung der Streuung wird $A_\delta = A_{Fe}(1 + \sigma)$.

Damit erhalten wir den Luftspaltwiderstand zu

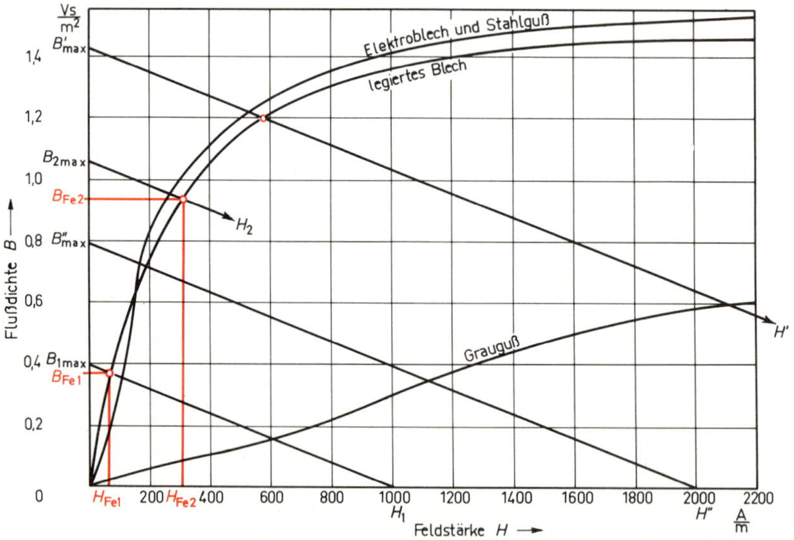

5.26 Bestimmen des magnetischen Flusses bei gegebener Durchflutung und größerem Luftspalt (Beispiel 5.3)

Lösung, Fortsetzung

Daraus ergibt sich $\Theta_\delta = \Phi R_{m\delta} = 455$ A. Für den Eisenweg ist die erforderliche Durchflutung $H_{Fe} l_{Fe} = \Theta_{Fe} = 87$ A, so daß wir schließlich eine Gesamtdurchflutung von **542 A** bekommen.

b) Die entsprechende Feldstärke $H' = \Theta/l_{Fe} = 542$ A/0,15 m = 3613 A/m liegt außerhalb des Wertebereichs von Bild **5**.17. Der zweite Punkt für die Innenwiderstandsgerade des Luftspalts ergibt sich zu $B'_{max} = \Phi'_{max}/A_{Fe} = \Theta/R_{m\delta}A_{Fe} = \mu_0(1+\sigma)\Theta/\delta = 1{,}43$ Vs/m² (**5**.26).

Weil H' außerhalb des Wertebereichs von Bild **5**.17 liegt, wird nicht die Innenwiderstandsgerade selbst gezeichnet, sondern eine Parallele dazu. Man bekommt z.B. für eine Feldstärke $H'' = 2000$ A/m den zweiten Punkt

$$B''_{max} = B'_{max} \cdot H''/H' = 0{,}791 \frac{\text{Vs}}{\text{m}^2}.$$

Die entsprechende Innenwiderstandsgerade für die Durchflutung $\Theta_1 = 150$ A ($\Rightarrow H_1 = \Theta_1/l_{Fe} = 1000$ A/m) liegt parallel dazu, wenn wir die Streuung als konstant annehmen. Sie liefert mit der Magnetisierungskurve einen Schnittpunkt bei $B_{Fe1} =$ **0,37 Vs/m²** und $H_{Fe1} = 60$ A/m. Daraus lassen sich weitere Werte bestimmen.

c) Für die Durchflutung 400 A bzw. $H_2 = \Theta_2/l_{Fe} = 2667$ A/m (außerhalb des Wertebereichs) berechnen wir wie in b) $B_{2max} = H_2\, l_{Fe}\mu_0(1+\sigma)/\delta = 1{,}055$ Vs/m² $= B'_{max} \cdot H_2/H'$. Durch diesen Punkt zeichnen wir die Parallele zur Innenwiderstandsgeraden von b) und erhalten einen Schnittpunkt mit der Magnetisierungskurve bei $B_{Fe2} =$ **0,93 Vs/m²** und $H_{Fe2} = 310$ A/m.

Aufgaben zu Abschnitt 5.3

1. Eine Kreisringspule mit einem Eisenkern aus Elektroblech hat 350 Windungen, in denen ein Strom von 0,5 A fließt. Der Ringkern hat einen quadratischen Querschnitt bei $d_a = 100$ mm und $d_i = 60$ mm.
   a) Wie groß sind magnetische Feldstärke, magnetische Flußdichte und Fluß, wenn die Magnetisierungskurve Bild **5**.17 zugrundegelegt wird?
   b) Wie groß sind der magnetische Widerstand und die relative Permeabilität?
   c) Der Kern bekommt einen Luftspalt von $\delta =$ 1 mm Länge (**5**.18). Welche Werte ergeben sich bei einer Flußdichte von $B = 1{,}0$ T für die magnetische Feldstärke im Luftspalt und im Eisen? Welche Stromstärke ist nun erforderlich?
   d) Wie groß sind R_{mFe} und $R_{m\delta}$?
2. Ein UI-Kern aus Elektroblech nach Bild **5**.21 hat die Abmessungen $l_a = 60$ mm, $l_b = 80$ mm, $l_f = 20$ mm und $l_c = 30$ mm. Ein Schenkel trägt eine Wicklung mit 1210 Windungen.
   a) Bei wechselseitiger Schichtung des Kerns und angezogenen Montageschrauben (kein Luftspalt) wurde im gesamten Eisenkern ein Fluß von $5{,}55 \cdot 10^{-4}$ Vs ermittelt. Wie groß ist die Stromstärke in der Wicklung? Wie groß sind R_{mFe} und μ_r?
   b) Bei Lockerung der Montageschrauben muß der Strom um 20% erhöht werden, um im Eisenkern die gleiche Flußdichte wie vorher zu erreichen. Wie groß ist die Länge δ des Ersatzluftspalts?
3. Der UI-Kern mit Abmessungen und Wicklung wie in Aufgabe 2 wird einseitig geschichtet. In den beiden Luftspalten von jeweils $\delta = 0{,}5$ mm wird eine Flußdichte von 0,8 T gemessen. Wie groß ist die erforderliche Stromstärke in der Wicklung, wenn ein Streufaktor $\sigma = 0{,}1$ angenommen wird?
4. Ein UI-Kern aus legiertem Blech nach Bild **5**.21 hat die Abmessungen $l_a = 30$ mm, $l_b = 40$ mm, $l_f = 10$ mm, $l_c = 18$ mm. Der Kern ist einseitig geschichtet und hat zwei Luftspalte von jeweils 1 mm Länge. Die Erregung wird so eingestellt, daß sich im Eisenkern ein Fluß von $2{,}52 \cdot 10^{-4}$ Vs ergibt. Im Luftspalt wird jedoch nur eine Flußdichte von 1,25 T gemessen.
   a) Wie groß ist der Streufaktor?
   b) Welche Fläche hat der wirksame Luftspalt?
   c) Wie groß sind die magnetischen Widerstände des wirksamen Luftspalts, des „Nutzluftspalts“ und des „Streuluftspalts“?
   d) Wie groß ist der magnetische Widerstand des Eisenwegs?
   e) Mit den berechneten Werten nach c) und d) ist ein Ersatzschaltbild des magnetischen Kreises zu zeichnen. Wie groß sind die magnetischen Teilspannungen V_{Fe} und V_δ, und wie groß ist die erforderliche Durchflutung in der Wicklung?
5. Eine Spule mit einem UI-Kern aus Elektroblech mit $l_{Fe} = 22$ cm ist wechselseitig geschichtet. Die Wicklung mit 700 Windungen wird von einem Strom $I = 0{,}3$ A durchflossen. Im Eisen wird dabei eine Flußdichte $B = 1{,}2$ Vs/m² gemessen.
   a) Welchen Durchflutungsanteil hat der Eisenweg?
   b) Die Scherungsgerade ist zu zeichnen und die Flußdichte bei den Durchflutungen $\Theta = 180$, 150, 120, 90, 60 A zu ermitteln.
   c) Welche Länge δ hat der Ersatzluftspalt?

6. Eine Drosselspule mit einem UI-Kern aus Elektroblech hat bei einseitig geschichteten Blechen in einem Fall einen Luftspalt von $2 \cdot 0{,}25$ mm und im anderen Fall von $2 \cdot 0{,}5$ mm Länge. Der Eisenweg des Kerns beträgt 18 cm.
   a) Welche Flußdichte stellt sich ein, wenn in beiden Fällen die Durchflutung 270 A beträgt?
   b) Welche Durchflutungen sind in beiden Fällen für den Eisenweg erforderlich?
7. Ein Eisenkern aus Elektroblech nach Bild **5.23** hat die Abmessungen $l_{m1} = l_{m3} = 200$ mm, $l_{m2} = 80$ mm, $A_I = A_{III} = A_{II}/2 = 4\ \text{cm}^2$. Der mittlere Schenkel trägt eine Wicklung mit 550 Windungen, die von 180 mA durchflossen werden. Es wird angenommen, daß wegen der wechselseitigen Schichtung kein Luftspalt berücksichtigt werden muß.
   a) Welche magnetischen Flußdichten und welche Flüsse treten in den Schenkeln I, II und III auf?
   b) Der mittlere Schenkel bekommt einen Luftspalt von 0,5 mm Länge. Die Magnetisierungskurve ist durch Scherung zu konstruieren. Welche Durchflutung ist nun erforderlich, um die gleiche Flußdichte wie vorher zu erzielen?
   c) Welche Flußdichte tritt bei $\Theta = 450$ A auf?
8. Ein Eisenkern aus Elektroblech nach Bild **5.23** hat die Abmessungen $l_{m1} = l_{m3} = 240$ mm, $l_{m2} = 80$ mm, $A_I = A_{II} = A_{III} = 6\ \text{cm}^2$. Der Schenkel I trägt eine Wicklung mit 650 Windungen. Die Flußdichte im mittleren Schenkel, der einen Luftspalt von 0,5 mm aufweist, beträgt $0{,}8\ \text{Vs/m}^2$. Der Streufaktor wird mit $\sigma = 0{,}15$ angenommen.
   a) Welche Flüsse und welche Flußdichten treten in den drei Schenkeln auf?
   b) Welche Stromstärke ist erforderlich, wenn die Flußdichte im mittleren Schenkel 0,4 T, die Luftspaltlänge 0,2 mm und $\sigma = 0{,}1$ betragen?

5.4 Kräfte im magnetischen Feld

Die Kräfte an Permanentmagneten oder an ferromagnetischen Stoffen, die wir im Abschn. 5.1 kennengelernt haben, ähneln den Anziehungs- oder Abstoßungskräften der Elektrostatik. Ganz anders verhält es sich mit den Kräften, die im magnetischen Feld an bewegten elektrischen Ladungen auftreten. Solche bewegten Ladungen sind in stromdurchflossenen Leitern vorhanden oder können frei durch das Vakuum fliegen. Das Besondere an diesen Kräften ist, daß ihre Wirkungslinie nicht in die Verbindungslinie der beiden beteiligten Körper (etwa des Leiters und des Magneten) fällt, sondern daß sie quer zur Geschwindigkeit der Ladung und zur Flußdichte des Magneten liegt. Diese Sachverhalt ist für die technische Anwendung dieser Kräfte z. B. in elektrischen Maschinen von zentraler Bedeutung.

5.4.1 Gestreckter, stromdurchflossener Leiter im magnetischen Feld

Wir bringen in das als homogen angenommene magnetische Feld eines Dauermagneten mit der Flußdichte B_A einen stromdurchflossenen Leiter, der seinerseits ein magnetisches Zirkularfeld mit der Flußdichte B_I bewirkt (s. Abschn. 5.2.1). In vielen Fällen tritt an dem Leiter eine Kraft auf.

Leiter parallel zum Feldvektor. Denken wir uns wie in Bild **5.27** den stromdurchflossenen Leiter so in das Feld gelegt, daß der Stromdichtevektor $\vec{S}$ bzw. die Leiterachse in der gleichen Wirkungslinie liegt wie der Flußdichtevektor $\vec{B}_A$, so stehen $\vec{B}_I$ und $\vec{B}_A$ im gesamten Feldraum aufeinander senkrecht. Es treten keine Komponenten der Feldvektoren beider Felder mit einer gemeinsamen Wirkungslinie auf. Beide Teilfelder $\vec{B}_A$ und $\vec{B}_I$ überlagern sich zu einem gemeinsamen Feld $\vec{B}$, dessen Struktur sich aus Symmetriegründen auch dann nicht verändert, wenn wir den Leiter z.B. senkrecht zu seiner Achse bewegen. Wie wir in Abschn. 5.5 noch erläutern werden, enthält das magnetische Feld Energie, deren Betrag sich durch die angegebene Bewegung des Leiters nicht verändert. Es tritt in diesem Fall keine auf den Leiter wirkende Kraft auf.

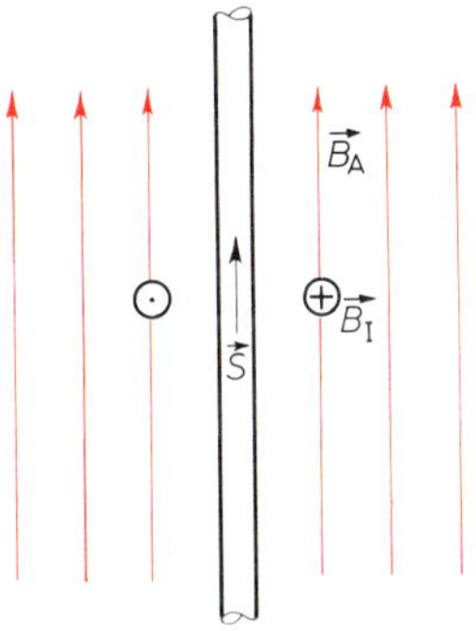

5.27 Stromdurchflossener Leiter im magnetischen Feld parallel zum Feldvektor

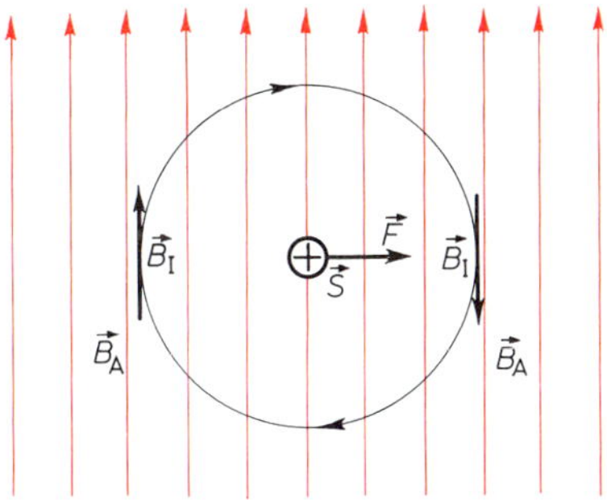

5.28 Stromdurchflossener Leiter im magnetischen Feld senkrecht zum Feldvektor

Leiter senkrecht zum Feldvektor. Legen wir den stromdurchflossenen Leiter nach Bild **5**.28 jedoch so, daß der Stromdichtevektor $\vec{S}$ und der Flußdichtevektor $\vec{B}_A$ senkrecht zueinander gerichtet sind, enthalten das Zirkularfeld $\vec{B}_I$ und das äußere Feld $\vec{B}_A$ Vektorkomponenten, die in gemeinsamen Wirkungslinien liegen. Die Richtungen der Komponenten sind jedoch auf der einen Seite des Leiters gleich, auf der anderen verschieden. Durch die Überlagerung beider Felder entsteht ein resultierendes inhomogenes Feld, bei dem auf der einen Seite des Leiters ein Gebiet höherer Flußdichte entsteht (die Komponenten von $\vec{B}_A$ und $\vec{B}_I$ auf einer Wirkungslinie haben die gleiche Richtung) und auf der anderen Seite ein Gebiet niedrigerer Flußdichte (die Richtungen der Komponenten von $\vec{B}_I$ und $\vec{B}_A$ in einer Wirkungslinie sind verschieden). Als Folge davon tritt eine Kraft auf den Leiter auf, die in die Richtung abnehmbarer Flußdichte weist (**5**.29), weil durch eine entsprechende Bewegung des Leiters die Energie des Systems abnimmt.

Befindet sich der Leiter mit der wirksamen Länge $\vec{l}_w$ im magnetischen Feld $\vec{B}_A$, und rechnet man den Vektor $\vec{l}_w$ in der konventionellen Stromrichtung positiv, ergibt sich die Kraft in Übereinstimmung mit den vorstehenden Überlegungen zu

$$\vec{F} = (\vec{l}_w \times \vec{B}_A) I \qquad (5.33)$$

für den einzelnen Leiter. Dabei bilden die Vektoren $\vec{l}_w$, $\vec{B}_A$, und $\vec{F}$ ein Rechtssystem (s. Abschn. 1.6).

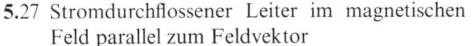

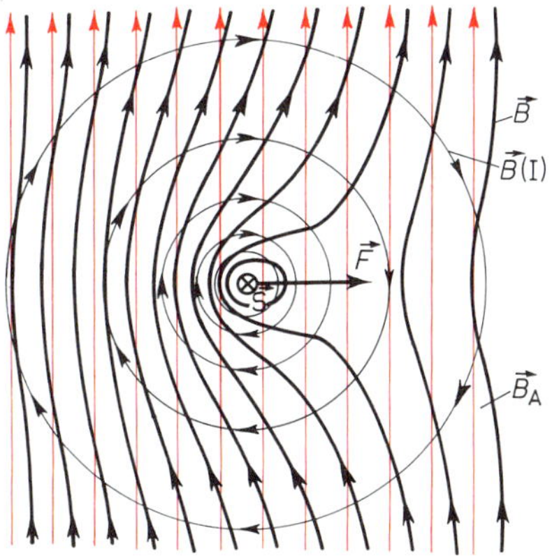

5.29 Resultierendes Feldlinienbild zu **5**.28

Bei wichtigen technischen Anwendungen von Gl. (5.33) z. B. bei Elektromotoren sind oft mehrere parallele Leiter in derselben Richtung $\vec{l}_w$ vom gleichen Strom durchflossen, so daß sich auf das Leiterbündel z. B. bei N Leitern die N-fache Kraft ergibt. Außerdem sind durch die Konstruktion der Maschine die Vektoren $\vec{l}_w$ und $\vec{B}_A$ stets senkrecht zueinander gerichtet, so daß man mit den Beträgen rechnen kann. Man erhält dann für die Kraft auf N parallele Leiter.

$$F = l_w \cdot B_A \cdot I \cdot N \qquad (5.34)$$

Mit den SI-Einheiten bekommt man

$$[F] = \frac{\mathrm{m \cdot Vs \cdot A}}{\mathrm{m^2}} = \frac{\mathrm{W \cdot s}}{\mathrm{m}} = \frac{\mathrm{N \cdot m}}{\mathrm{m}} = \mathrm{N}.$$

Die Richtung der Kraft wird in einfacher Weise durch die „Linke-Hand-Regel" oder „Motor-Regel" bestimmt:

> Hält man die linke Hand so, daß der Flußdichtevektor des äußeren Felds in die Handfläche und die ausgestreckten Finger in die Stromrichtung zeigen, weist der abgespreizte Daumen in die Richtung der Kraft.

Die Richtung der Kraft kann man auch durch ein einfaches Feldlinienbild wie in Bild **5**.28 ermitteln, da sie stets in die Richtung abnehmender Flußdichte zeigt.

5.4.2 Bewegte Ladungen im magnetischen Feld

Die durch das Zusammenwirken der beiden Felder entstehende Kraft wird im Grunde genommen nicht auf den Leiter ausgeübt, sondern auf die darin bewegten elektrischen Ladungen. Deshalb gilt Gl. (5.33) auch, wenn sich z. B. im Vakuum elektrische Ladungen ohne materiellen Stromleiter frei im Raum bewegen.

Führt man in Gl. (5.33) $I = Q/t$ ein, erhält man

$$\vec{F} = (\vec{l} \times \vec{B})\frac{Q}{t} = \left(\frac{\vec{l}}{t} \times \vec{B}\right)Q \quad \text{und mit} \quad \frac{\vec{l}}{t} = \vec{v} \quad \text{schließlich}$$

$$\boxed{\vec{F} = Q_+(\vec{v} \times \vec{B})} \tag{5.35}$$

für die Kraft auf eine mit der Geschwindigkeit $\vec{v}$ bewegte positive Ladungsmenge Q_+. Da die Kraft senkrecht zur Bewegungsrichtung der Ladungsträger wirkt, ändert sich nicht der Betrag der Geschwindigkeit, sondern nur ihre Richtung.

Praktische Anwendungen der Gl. (5.35) ergeben sich bei der Führung von Elektronenstrahlen durch magnetische Felder, z. B. bei Fernsehbildröhren und Kameraröhren zum Bündeln und Ablenken des Elektronenstrahls beim Überstreichen des Bildschirms sowie in ähnlicher Weise im Elektronenmikroskop. In Beschleunigeranlagen physikalischer Großlaboratorien werden elektromagnetische Felder zur Führung der Teilchenstrahlen aus positiven bzw. negativen Ladungsträgern gebraucht. Auch die Blaswirkung magnetischer Felder auf den Lichtbogen beim Elektroschweißen oder beim Schalten hoher Ströme läßt sich auf Gl. (5.35) zurückführen.

Elektrische Ersatzfeldstärke. Im Gegensatz zur Ablenkung bewegter elektrischer Ladungen in einem elektrischen Feld, dessen Feldstärke senkrecht zur Bewegungsrichtung der Ladungen gerichtet ist, hängt hier die Ablenkkraft nicht nur von der Ladungsmenge Q ab, sondern auch von deren Geschwindigkeit $\vec{v}$. Die gleiche Wirkung erhält man, wenn man für das Vektorprodukt eine elektrische Ersatzfeldstärke

$$\boxed{\vec{E}_{\mathrm{m}} = (\vec{v} \times \vec{B})} \tag{5.36}$$

einführt. Aus Gl. (5.35) erhalten wir dann eine zu Gl. (3.4) im elektrostatischen Feld analoge Form

$$\vec{F} = Q_{+} \cdot \vec{E}_{\mathrm{m}}. \tag{5.37}$$

Gl. (5.36) bedeutet, daß die Ablenkkraft auf eine mit der Geschwindigkeit $\vec{v}$ in einem magnetischen Feld mit der magnetischen Flußdichte $\vec{B}$ bewegte Ladungsmenge Q_{+} die gleiche ist wie die der elektrischen Feldstärke $\vec{E}_{\mathrm{m}}$, deren Feldvektor auf der durch $\vec{v}$ und $\vec{B}$ gebildeten Ebene senkrecht steht. Zu beachten ist hier also, daß die Kraft $\vec{F}$ senkrecht zur Bewegungsrichtung der Ladungsträger wirkt und deshalb den Betrag der Geschwindigkeit nicht beeinflußt. Die elektrische Ersatzfeldstärke $\vec{E}_{\mathrm{m}}$ nach Gl. (5.36) wirkt nur bei bewegten elektrischen Ladungen, nicht bei ruhenden ($v = 0$). In zeitlich konstanten magnetischen Feldern tritt damit auf ruhende Ladungen keine Ablenkkraft auf. Man kann die nach Gl. (5.37) auftretende Kraft mit der Zentripetalkraft bei einer kreisförmigen Bewegung vergleichen, die auch nur eine Richtungsänderung der Bahngeschwindigkeit bewirkt, nicht aber eine Änderung ihres Betrags.

Die Ablenkwirkung des magnetischen Felds auf bewegte Ladungsträger nach Gl. (5.36) ist bei hohen Geschwindigkeiten erheblich stärker als die in einem elektrostatischen Feld mit der Feldstärke $\vec{E}$ senkrecht zur Bewegungsrichtung erreichbare. Der Betrag der elektrischen Feldstärke $\vec{E}$ kann z. B. wegen Überschlaggefahr im Vakuum (z. B. Fernsehbildröhre) nicht beliebig groß gemacht werden.

Mit der Kraftwirkung der Ersatzfeldstärke $\vec{E}_{\mathrm{m}}$ nach Gl. (5.37) läßt sich eine Kreisbewegung der Ladungsträger erreichen, wenn der Geschwindigkeitsvektor $\vec{v}$ genau senkrecht zum Flußdichtevektor $\vec{B}$ des homogenen magnetischen Felds gerichtet ist. Das wird z. B. beim Zyklotron (einem Teilchenbeschleuniger) gemacht. Enthält dagegen der Geschwindigkeitsvektor eine Komponente in der Wirkungslinie von $\vec{B}$, tritt eine schraubenförmige Bewegung der Ladungsträger auf.

5.4.3 Kraft zwischen zwei parallelen Leitern

Eine weitere Anwendung findet Gl. (5.33) für die Berechnung der Kraft zwischen zwei parallelen, stromdurchflossenen Leitern. Die Leiter L_1 und L_2 haben nach Bild **5**.30 den Abstand r und werden von den Gleichströmen I_1 bzw. I_2 durchflossen. Um die an beiden Leitern mit gleichem Betrage auftretende Kräfte zu berechnen, muß zunächst die Flußdichte bestimmt werden, die am Ort der Leiter wirksam ist. Es sei B_1 die Flußdichte, die durch den Strom I_1 am Ort des Leiters L_2 hervorgerufen wird:

$$B_1 = \mu_0 \cdot \mu_{\mathrm{r}} \cdot H_1.$$

Die Feldstärke H_1 bekommt man nach dem Durchflutungsgesetz, wenn man für einen den Leiter L_1 umfassenden Weg die Feldlinie des Zirkularfelds von I_1 wählt, die durch den Leiter L_2 geht.

Danach ergibt sich

$$H_1 \cdot l_{\mathrm{m}1} = I_1 \quad \Rightarrow \quad H_1 = \frac{I_1}{l_{\mathrm{m}1}} = \frac{I_1}{2\pi r}$$

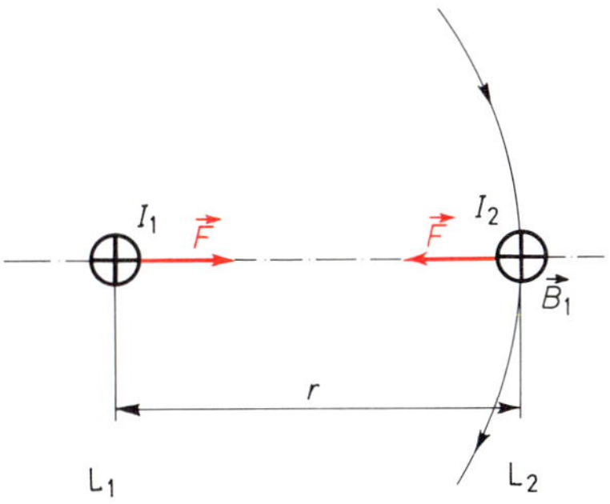

5.30 Kraft zwischen zwei parallelen Leitern

und für die Flußdichte bei $\mu_r = 1$

$$B_1 = \frac{\mu_0 \cdot I_1}{2\pi \cdot r}.$$

Nach Gl. (5.33) erhält man mit der Leiterlänge $\vec{l}$, die wieder in Stromrichtung positiv gezählt wird

$$\vec{F} = (\vec{l} \times \vec{B}_1) I_2 \tag{5.38}$$

oder (weil $\vec{l}$ und $\vec{B}_1$ senkrecht aufeinander stehen) für die auf die Leiterlänge bezogene Kraft

$$\boxed{\frac{F}{l} = B_1 \cdot I_2 = \frac{\mu_0 \cdot I_1 \cdot I_2}{2\pi r}.} \tag{5.39}$$

Die Kraftrichtung bekommt man nach Gl. (5.38), wenn man den Vektor $\vec{l}$ auf dem kürzesten Weg in die Richtung von $\vec{B}_1$ dreht, als Fortschreitrichtung einer Rechtsschraube. Für Ströme gleichen Vorzeichens in den beiden Leitern erhält man anziehende Kräfte, bei verschiedenen Vorzeichen ergeben sich abstoßende Kräfte zwischen den Leitern. Entsprechende Feldlinienbilder zeigt Bild **5.**31.

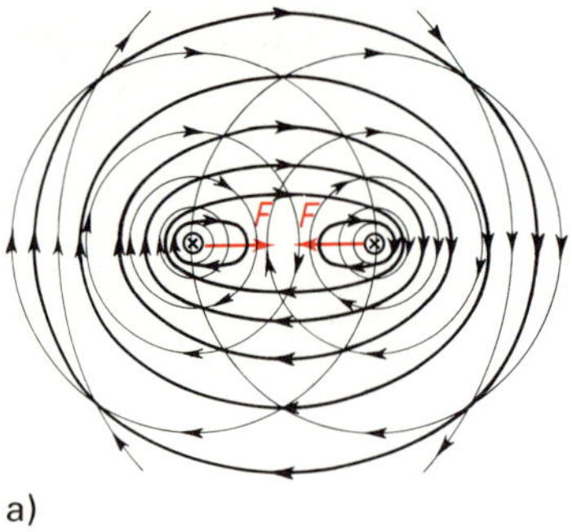

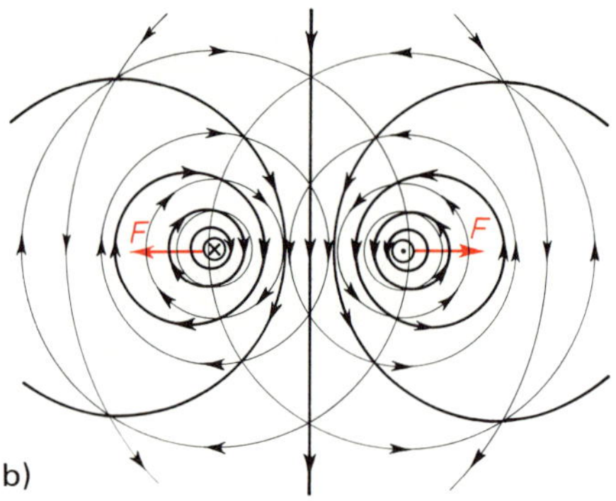

5.31 Feldlinienbilder paralleler Leiter
a) Stromrichtung gleich, b) Stromrichtung entgegengesetzt

Definition der Stromstärkeeinheit. Wie schon erwähnt, wird z.Z. Gl. (5.39) zur Definition der Basiseinheit A des SI verwendet. Grundsätzlich läßt sich diese Gleichung für eine Definition anwenden, wenn man die Irrationalzahl durch Kürzen entfernt. Darum ist es zweckmäßig, die magnetische Feldkonstante μ_0 mit π als Faktor zu schreiben (Gl. 5.5). Wählt man für $r = 1$ m und für die gleichen Ströme I_1 und I_2 die Stromstärke 1 A, ergibt sich

$$\frac{F}{l} = \frac{0{,}4 \cdot \pi \cdot 10^{-6}\,\text{Vs} \cdot 1\,\text{A} \cdot 1\,\text{A}}{\text{A} \cdot \text{m} \cdot 2\pi \cdot 1\,\text{m}} = 0{,}2 \cdot 10^{-6}\,\frac{\text{VsA}}{\text{m}^2} =$$

$$= 0{,}2 \cdot 10^{-6}\,\frac{\text{Ws}}{\text{m}^2} = 0{,}2 \cdot 10^{-6}\,\frac{\text{Nm}}{\text{m}^2} = 0{,}2 \cdot 10^{-6}\,\frac{\text{N}}{\text{m}}.$$

Beträgt umgekehrt unter den beschriebenen Voraussetzungen

$$\frac{F}{l} = 0{,}2 \cdot 10^{-6}\,\frac{\text{N}}{\text{m}} = 0{,}2\,\frac{\mu\text{N}}{\text{m}},$$

ist eben die Stromstärke in den parallelen Leitern 1 A (s. Abschn. 1.3). Mit der Festlegung von μ_0 und dem Meßwert der Lichtgeschwindigkeit

$$c_0 \approx 2{,}997925 \cdot 10^8 \text{ m/s}$$

ergibt sich aus

$$\varepsilon_0 = \frac{1}{\mu_0 \cdot c_0^2}$$

der Zahlenwert der elektrischen Feldkonstante (DIN 1357).

Übungen zu Abschnitt 5.4

Beispiel 5.4 Der Trommelanker einer Gleichstrommaschine (**5**.32) hat einen wirksamen Durchmesser $d =$ 30 cm. Das erzeugte Drehmoment beträgt $M_{el} = 150$ Nm. Am Ankerumfang liegen stets insgesamt 2200 vom Strom durchflossene Leiter unter den beiden Polen in dem radial gerichteten Feld mit der Flußdichte $B = 0{,}75$ Vs/m². Wie groß ist die Stromstärke in der Ankerwicklung der Maschine, wenn die wirksame Länge $l_w = 0{,}18$ m beträgt?

Lösung Das erzeugte Drehmoment des Motors beträgt

$$\vec{M}_{el} = (\vec{F} \times \vec{d}),$$

wobei der Vektor $\vec{d}$ auf den Drehpunkt weist. Hier interessieren nur die Beträge, also

$$M_{el} = F \cdot d \quad \Rightarrow \quad F = M_{el}/d.$$

Nach Gl. (5.34) erhält man für die resultierende Kraft auf die jeweils unter einem Pol liegenden Leiter

$$F = l_w B I N\,.$$

Damit bekommt man

$$\frac{M_{el}}{d} = l_w B I N$$

oder für die gesuchte Stromstärke

$$I = \frac{M_{el}}{d \cdot l_w \cdot B \cdot N} = \frac{150 \text{ Nm} \cdot \text{m}^2}{0{,}3 \text{ m} \cdot 0{,}18 \text{ m} \cdot 0{,}75 \text{ Vs} \cdot 1100} = \mathbf{3{,}37\ A}.$$

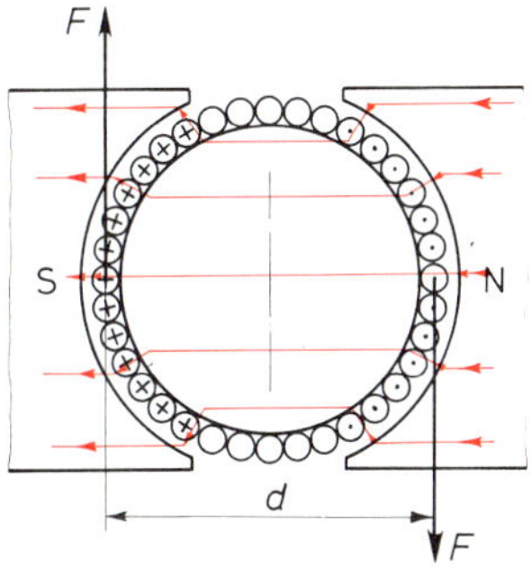

5.32 Trommelanker einer Gleichstrommaschine (Beispiel 5.4)

Beispiel 5.5 Bei einem Drehspulinstrument nach Bild **5**.33 beträgt die Flußdichte in dem radial gerichteten Feld $B = 0{,}8$ Vs/m². Die Wicklung der Drehspule besteht aus 500 Windungen, die vom Meßstrom durchflossen werden. Die wirksame Leiterlänge (Spulenhöhe) im magnetischen Feld beträgt 18 mm, der wirksame Durchmesser der Drehspule 12 mm. Das vom Ausschlagwinkel unabhängige Drehmoment M_{el} wird von einem mechanischen Gegendrehmoment $M_{mech} = D \cdot \alpha$ einer Spiralfeder aufgewogen. Dabei ist D die Drehfederkonstante.

a) Wie groß ist die Drehfederkonstante, wenn beim Meßstrom $I_M = 1$ mA Vollausschlag bei $\alpha = 2$ rad herrscht? (Zur Zähleinheit „rad" des SI s. Abschn. 1.3)

b) Wie groß ist die Meßwerkskonstante $k_M = I_M/\alpha$?

c) Wie groß ist der Meßstrom bei $\alpha = 70°$?

Lösung a) Das Drehmoment M_{el} beträgt

$$M_{el} = F \cdot d = l_w \cdot B \cdot I_M \cdot N \cdot d.$$

Bei Drehmomentgleichgewicht gilt $M_{el} = M_{mech}$ ⇒

$$D\alpha = l_w \cdot B \cdot I_M \cdot N \cdot d$$

$$D = \frac{l_w \cdot B \cdot I_M \cdot N \cdot d}{\alpha} = \frac{0{,}018\ \text{m} \cdot 0{,}8\ \text{Vs} \cdot 0{,}001\ \text{A} \cdot 500 \cdot 0{,}012\ \text{m}}{\text{m}^2 \cdot 2\ \text{rad}}$$

$$D = 4{,}32 \cdot 10^{-5}\ \frac{\text{Ws}}{\text{rad}} = \mathbf{4{,}32 \cdot 10^{-5}\ \frac{Nm}{rad}}$$

b) $$k_M = \frac{I_M}{\alpha} = \frac{D}{l_w \cdot B \cdot N \cdot d}$$

$$= \frac{4{,}32\ \text{AVs m}^2\ 10^{-5}}{0{,}018\ \text{m} \cdot 0{,}8\ \text{Vs} \cdot 500 \cdot 0{,}012\ \text{m} \cdot \text{rad}}$$

$$k_M = \mathbf{5{,}00 \cdot 10^{-4}\ \frac{A}{rad}}$$

c) $$I = k_M \alpha \quad \text{mit} \quad \alpha = 70^\circ = \frac{70\pi}{180}\ \text{rad}$$

$$I = \frac{5{,}00 \cdot 10^{-4}\ \text{A} \cdot 70\pi\ \text{rad}}{\text{rad} \cdot 180} = \mathbf{0{,}61\ mA}$$

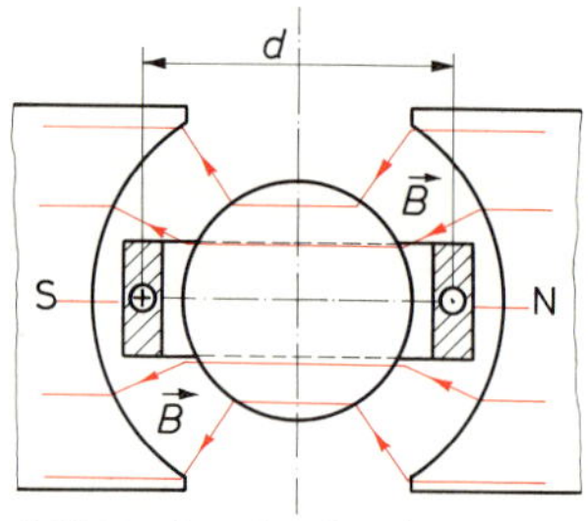

5.33 Drehspulmeßwerk (Beispiel 5.5)

Aufgaben zu Abschnitt 5.4

1. Durch das Feld eines Dauermagneten mit $B = 0{,}05\ \text{Vs/m}^2$ verläuft entsprechend Bild **5.**28 ein Leiter, dessen wirksame Länge im magnetischen Feld 80 mm beträgt. Mit welcher Kraft wird er abgelenkt, wenn die Stromstärke im Leiter 2,5 A ist?
2. An einer Waage hängt ein Drahtbügel (**5.**28), dessen wirksame Länge im Feld 50 mm beträgt und der von 1,5 A durchflossen wird. Um die Ablenkkraft auszugleichen, muß die Waagschale mit 3,5 g belastet werden ($g = 9{,}81\ \text{m/s}^2$). Welche Flußdichte hat das magnetische Feld?
3. Ein stromdurchflossener Leiter läuft unter dem Winkel 45° durch ein magnetisches Feld mit $B = 0{,}085\ \text{Vs/m}^2$ und einer wirksamen Breite von 5 cm. Am Leiter tritt eine Kraft $F = 10$ mN auf. Wie groß ist die Stromstärke im Leiter?
4. Die Hin- und Rückleitung einer 100 m langen Doppelleitung mit einem Leiterabstand von 20 cm wird von $I = 150$ A durchflossen (**5.**30). Welche Ablenkkraft wirkt auf die beiden Leiter?
5. Welche Kraft entsteht in der Leitung nach Aufgabe 4 bei einem Kurzschlußstrom von 6000 A?
6. Der Trommelanker eines Elektromotors (**5.**32) hat den wirksamen Durchmesser $d = 25$ cm. Unter jedem der beiden Pole befinden sich im radialgerichteten Feld mit $B = 0{,}8\ \text{Vs/m}^2$ jeweils 240 Leiter mit der wirksamen Länge $l_w = 30$ cm, die von 1,8 A durchflossen werden.
   a) Welches Drehmoment liefert der Motor?
   b) Welche Kraft ist tangential am Ankerumfang erforderlich, wenn eine Drehung des Ankers verhindert werden soll?
   c) Welche Stromstärke ist erforderlich, wenn der Motor ein Drehmoment von 30 Nm entwickeln soll?
7. Ein Drehspulinstrument (**5.**33) hat im Luftspalt ein radialgerichtetes Feld mit $B = 0{,}75\ \text{Vs/m}^2$ bei einer wirksamen Breite von 18 mm. Der Durchmesser der Drehspule mit 200 Windungen beträgt 15 mm, die Stromstärke 20 mA.
   a) Welches Drehmoment erzeugt die Drehspule?
   b) Das Gegendrehmoment wird durch zwei gegensinnig gewickelte Spiralfedern erzeugt. Welche Drehfederkonstante D muß jede der beiden gleichen Federn haben, wenn das Instrument bei 30 mA Vollausschlag bei $\alpha = 1{,}8$ rad zeigt?
8. Am 5 cm langen Zeiger des Drehspulinstruments nach Aufgabe 7 wird eine unter 90° angreifende Kraft von 15 mN gemessen. Wie groß ist die Stromstärke?

9. Im Luftspalt eines Lautsprechermagneten (**5**.34) mit den Abmessungen $d_1 = 25$ mm und $d_2 = 23$ mm herrscht ein Feld mit der Flußdichte $B = 1{,}0\ \text{Vs/m}^2$. Von der zentrisch beweglichen Schwingspule der Membran befinden sich jeweils 30 Windungen im Feld. Wie groß ist die auf die Membran wirkende Kraft, wenn in der Spule 0,12 A fließen?

10. Ein Lautsprechermagnet (**5**.34) hat die Abmessungen $d_1 = 30$ mm und $d_2 = 27$ mm. Im Feld liegen stets 40 Windungen der Schwingspule. Bei der Stromstärke $I = 523{,}5$ mA wird eine Ablenkkraft $F = 1{,}5$ N gemessen. Wie groß ist die Flußdichte im Luftspalt?

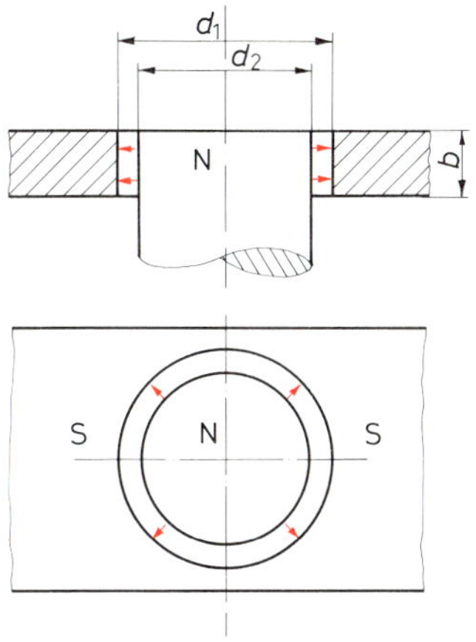

5.34 Lautsprechermagnet (Aufgabe 9 und 10)

5.5 Energie des magnetischen Felds

Wenn das magnetische Feld eines Dauermagneten auf Eisen einwirkt, entstehen neben der Anziehungskraft selbst auch deren Wirkungen wie z. B. Beschleunigung oder Arbeit, wenn ein Eisenstückchen durch die Wirkung der Anziehungskraft einen Weg zurücklegt. Die entsprechende Energie kann nur aus dem magnetischen Feld des Dauermagneten stammen, das sich während der Bewegung des Eisenstückchens verändert. Es zeigt sich damit, daß das magnetische Feld wie auch das elektrische Feld Energie enthält. Es kann deshalb ebenso wie dieses als Energiespeicher dienen.

5.5.1 Energie des magnetischen Felds einer Spule

Tragen wir in einem Diagramm $\Phi = f(\Theta)$ für eine Luftspule (Kreisringspule) nach dem Ohmschen Gesetz des magnetischen Kreises den Zusammenhang zwischen Durchflutung und magnetischem Fluß auf, ergeben sich wegen des konstanten magnetischen Widerstands nach Bild **5**.35 Geraden.

Für den Aufbau des magnetischen Felds bis zu einem bestimmten Fluß Φ bei der entsprechenden Durchflutung $\Theta = IN$ ist offenbar Energie erforderlich, die in diesem Fall aus elektrischer Energie entstehen muß. Deren Betrag nimmt also mit zunehmender Durchflutung ebenfalls zu. Die Energie des magnetischen Felds wird jedoch auch größer, wenn wir den magnetischen Fluß bei gleichbleibender Durchflutung durch Verringern des magnetischen Widerstands (Eisenkern) vergrößern. Mit anderen Worten: Der Wert der magnetischen Energie einer Spule ist

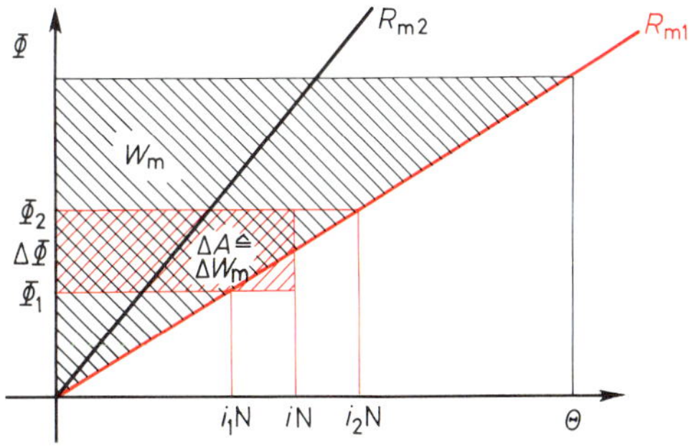

5.35 Energie des magnetischen Felds

sowohl dem Fluß als auch der dafür erforderlichen Durchflutung proportional. Mit einer Proportionalitätskonstanten k können wir also schreiben

$$W_m = k \cdot \Phi \cdot \Theta. \tag{5.40}$$

Wie jede Energieumformung erfordert auch hier der Aufbau der magnetischen Feldenergie aus elektrischer Energie Zeit. Zur Änderung des Flusses $\Delta\Phi$ bzw. der Änderung der Durchflutung $\Delta\Theta$ ist damit eine Zeitspanne Δt erforderlich, da sich die von Φ und Θ abhängige magnetische Energie des Felds nicht sprunghaft ändern kann. Durch die Änderung der beiden Größen Φ und Θ zwischen den Punkten Φ_1, Θ_1 und Φ_2, Θ_2 während der Zeit Δt ändert sich in Bild **5**.35 die Fläche unter der Zustandsgeraden um das Stück ΔA:

$$\Delta A \mathrel{\hat{=}} \frac{\Phi_2 \cdot \Theta_2}{2} - \frac{\Phi_1 \cdot \Theta_1}{2}$$

Da wir nach Gl. (5.40) jedem Punkt der Zustandsgeraden eine bestimmte magnetische Energie zuordnen können, ist

$$W_{m2} = k \cdot \Phi_2 \cdot \Theta_2 \quad \text{und} \quad W_{m1} = k \cdot \Phi_1 \cdot \Theta_1.$$

Setzen wir die Proportionalitätskonstante $k = 1/2$, erhalten wir

$$\Delta W_m = W_{m2} - W_{m1} = k(\Phi_2 \cdot \Theta_2 - \Phi_1 \cdot \Theta_1) = \frac{1}{2}(\Phi_2\Theta_2 - \Phi_1\Theta_1) \mathrel{\hat{=}} \Delta A.$$

Die Energieänderung des magnetischen Felds ΔW_m entspricht damit der Flächenänderung ΔA unter der Kennlinie $\Phi = f(\Theta)$ in Bild **5**.35. Bei konstantem magnetischen Widerstand wie in Bild **5**.35 können wir auch schreiben

$$\Delta A \mathrel{\hat{=}} \Theta \cdot \Delta\Phi \quad \text{mit} \quad \Theta = \frac{\Theta_2 + \Theta_1}{2} \quad \text{und} \quad \Delta\Phi = \Phi_2 - \Phi_1$$

oder entsprechend

$$\Delta A \mathrel{\hat{=}} i N \Delta\Phi = \Delta W_m = \Delta W_{el} = u_L \cdot i \cdot \Delta t. \tag{5.41}$$

Die Änderung ΔW_m der magnetischen Energie, die im Zeitraum Δt eintritt, muß dem Generator entstammen, der den Strom durch die Spule treibt. Um dies beweisen zu können, verwenden wir das Induktionsgesetz.

$$u_L = N \frac{\Delta\Phi}{\Delta t} \tag{6.5}$$

(Näheres dazu im Abschn. 6.) Darin bedeuten N die Windungszahl der Spule und u_L die während der Zeit Δt an der Spule auftretende Spannung. Nach Gl. (6.5) ist $N\Delta\Phi = u_L \Delta t$. Eingesetzt in Gl. (5.41) ergibt sich

$$\Delta W_m = u i \Delta t = \Delta W_{el}. \tag{5.42}$$

Dies ist nach Gl. (2.3) die Energiemenge, die der Generator während der Zeit Δt in die Spule einspeist.

Energie des Spulenfelds. Zum Aufbau des magnetischen Spulenfelds bis zur Durchflutung $\Theta = IN$ und dem entsprechenden Fluß Φ ist offenbar eine Energie erforderlich, die der Fläche des schraffierten Dreiecks in Bild **5**.35 entspricht:

$$W_m = \sum \Delta W_m = \frac{1}{2} I \cdot N \cdot \Phi. \tag{5.43}$$

Führen wir $I N = \Theta = \Phi R_m$ ein, erhalten wir als Energie des magnetischen Felds

$$\boxed{W_m = \frac{1}{2} \Phi^2 \cdot R_m.} \tag{5.44}$$

Selbstinduktivität *L*. Eine andere Form der Gl. (5.43) bekommen wir mit $\Phi = \Theta/R_m$ zu

$$W_m = \frac{1}{2} I \cdot N \frac{I \cdot N}{R_m} = \frac{1}{2} \frac{N^2}{R_m} \cdot I^2. \tag{5.45}$$

Die Größe

$$\boxed{\frac{N^2}{R_m} = N^2 \Lambda = L} \tag{5.46}$$

heißt Selbstinduktivität und ist wie R_m bei konstanter Permeabilität μ_r des Feldraums nur vom Aufbau des magnetischen Kreises abhängig. Wir erhalten damit für die Energie des magnetischen Felds

$$\boxed{W_m = \frac{1}{2} L \cdot I^2.} \tag{5.47}$$

Für die Einheit der Selbstinduktivität L ergibt sich daraus mit SI-Einheiten in bekannter Weise

$$[L] = \frac{[W]}{[I^2]} = \frac{\mathrm{W \cdot s}}{\mathrm{A \cdot A}} = \frac{\mathrm{V \cdot A \cdot s}}{\mathrm{A \cdot A}} = \frac{\mathrm{V \cdot s}}{\mathrm{A}} = \Omega\mathrm{s} = \mathrm{H}$$

mit dem Einheitennamen Henry.

Spulenfluß. Setzen wir in Gl. (5.46) für den magnetischen Widerstand R_m nach dem Ohmschen Gesetz des magnetischen Kreises das Verhältnis Θ/Φ ein, ergibt sich

$$L = \frac{N^2}{R_m} = \frac{N^2 \cdot \Phi}{\Theta} = \frac{N^2 \cdot \Phi}{I \cdot N} = \frac{N \cdot \Phi}{I} = \frac{\Psi_m}{I}. \tag{5.48}$$

Die Größe $\Psi_m = N\Phi$ ist der mit der Wicklung der Spule verkettete Spulenfluß. Die Gl. (5.48) entspricht damit der Gleichung $\Psi_{el}/U = C$ des elektrostatischen Felds.

5.5.2 Energiedichte des magnetischen Felds

Um die Energiedichte des magnetischen Felds zu bestimmen, betrachten wir eine Anordnung nach Bild **5**.36. In einem (z. B. von einem Dauermagneten) erregten magnetischen Kreis stehen sich zwei Eisenflächen gegenüber mit einem Luftspalt dazwischen. Das magnetische Feld im Luftspalt wird als homogen ohne Streuung angesehen. Infolge der unterschiedlichen magnetischen Polarität besteht zwischen den Eisenpolen eine Anziehungskraft $\vec{F}$. Bewegt sich nun durch deren Wirkung ein Eisenpol um die kleine Strecke $\Delta\vec{s}$, bringt das magnetische Feld die Arbeit

$$\Delta W = \vec{F} \cdot \Delta\vec{s}$$

auf. Sie ist mit einer Änderung der magnetischen Energie des Felds verbunden, wenn andere Formen der Energiezufuhr ausgeschlossen werden. Nehmen wir an, daß sich Fluß und Flußdichte im Eisen bzw. Luftspalt während der Verkürzung des Luftspalts um die Strecke Δs nicht ändern, beträgt nach Gl. (5.44) die Energieänderung des magnetischen Felds

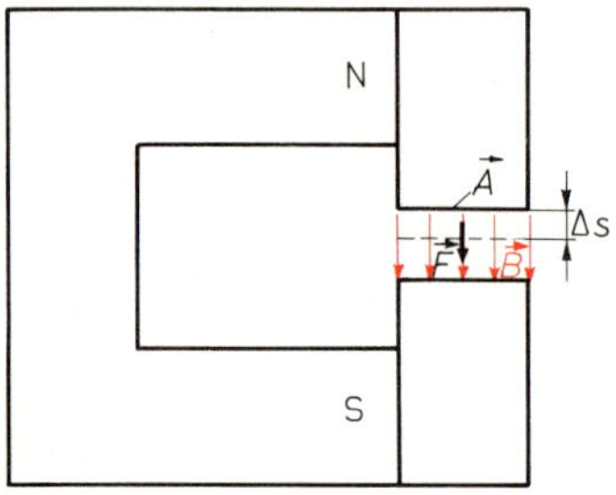

5.36 Kraft und Energiedichte im magnetischen Feld

$$\Delta W_m = \frac{1}{2} \Phi^2 \cdot \Delta R_m. \tag{5.49}$$

Entsprechend $R_m = s/(\mu \cdot A)$ ändert sich der magnetische Widerstand des Kreises nur durch die Verkürzung des Luftspalts um die Strecke Δs. Wir bekommen daher

$$\Delta R_m = \frac{\Delta s}{\mu_0 \cdot A}$$

und für die Änderung der Feldenergie

$$\Delta W_m = \frac{1}{2} \Phi^2 \frac{\Delta s}{\mu_0 \cdot A}.$$

Haben die Eisenpole wie der Luftspalt die wirksame Fläche A, erhalten wir mit $\Phi = B \cdot A$

$$\Delta W_m = \frac{1}{2} \frac{B^2 \cdot A^2 \cdot \Delta s}{\mu_0 \cdot A} = \frac{1}{2} \frac{B^2}{\mu_0} \cdot A \cdot \Delta s$$

oder mit der Volumenänderung $\Delta V = A \cdot \Delta s$ des Felds im Luftspalt

$$\Delta W_m = \frac{1}{2} \frac{B^2}{\mu_0} \cdot \Delta V \tag{5.50}$$

und für die Energiedichte

$$\frac{\Delta W_m}{\Delta V} = \frac{1}{2} \frac{B^2}{\mu_0} = \frac{1}{2} H \cdot B = \frac{1}{2} \mu_0 \cdot H^2. \tag{5.51}$$

In dieser Form gilt Gl. (5.51) auch für inhomogene Felder. Im homogenen Feld mit konstanter Permeabilität im Feldraum ergibt sich

$$\frac{W_m}{V} = \frac{1}{2} \frac{B^2}{\mu} = \frac{1}{2} H \cdot B = \frac{1}{2} \mu \cdot H^2. \tag{5.52}$$

Anziehungskraft im Luftspalt. Mit Gl. (5.50) läßt sich die Anziehungskraft auf einen Eisenanker im Feld eines Elektromagneten berechnen. Man erhält

$$\Delta W = \vec{F} \cdot \Delta \vec{s} = \frac{1}{2} \frac{B^2}{\mu_0} \cdot \vec{A} \cdot \Delta \vec{s} \quad \text{und daraus}$$

$$\vec{F} = \frac{1}{2} \frac{B^2}{\mu_0} \cdot \vec{A}. \tag{5.53}$$

5.5.3 Ummagnetisierungsenergie im Eisen

Bei konstantem magnetischem Widerstand lassen sich Energie bzw. Energiedichte eines magnetischen Spulenfelds berechnen nach den Gleichungen

$$W_m = \frac{1}{2}\Theta \cdot \Phi \quad \text{bzw.} \quad \frac{\Delta W_m}{\Delta V} = \frac{1}{2} H \cdot B .$$

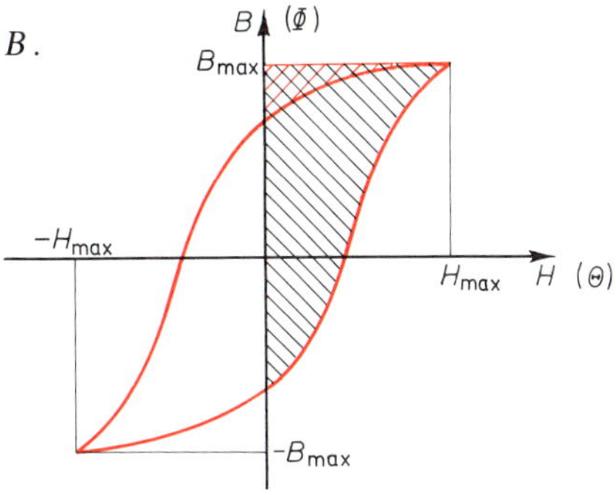

5.37 Ummagnetisierungsenergie im Eisen

Bei veränderlichem R_m ferromagnetischen Materials kann man diese Größen jedoch nur aus den meßtechnisch gewonnenen Diagrammen $\Phi = f(\Theta)$ bzw. $B = f(H)$ ermitteln. Liegt z.B. die Hystereseschleife eines bestimmten ferromagnetischen Materials nach Bild **5**.37 vor, entspricht die für das Magnetisieren des Kerns von $H = 0$ bis H_{max} erforderliche Energie der einfach schraffierten Fläche. Beim Rückgang der Feldstärke von H_{max} bis $H = 0$ wird jedoch nicht die ganze aufgewendete Energie zurückgewonnen, sondern nur der oberhalb der Hystereseschleife liegende Anteil (doppelt schraffiert). Entsprechend ist die bei der Magnetisierung von $H = 0$ bis $-H_{max}$ aufzuwendende Energie größer als die bei der Änderung der Feldstärke von $-H_{max}$ bis $H = 0$ zurückgewonnene.

Danach entspricht der Flächeninhalt der Hystereseschleife der für einen Ummagnetisierungszyklus des Kerns erforderlichen Energie, die im Kern nicht umkehrbar in Wärmeenergie umgewandelt wird. Diese als Hystereseverluste bezeichnete Wärmeenergie ist von Bedeutung bei der ständigen Ummagnetisierung ferromagnetischer Kerne durch Wechselstrom (z. B. bei Drosselspulen, Transformatoren oder umlaufenden elektrischen Maschinen).

Die Energie für einen Ummagnetisierungszyklus ergibt sich allerdings nur, wenn die Hystereseschleife als Funktion $\Phi = f(\Theta)$ dargestellt wird. Aus dem Diagramm $B = f(H)$ bekommt man entsprechend dem Flächeninhalt A_H der Hystereseschleife die Energiedichte W_m/V. Sie muß noch mit dem Volumen des ferromagnetischen Materials multipliziert werden (das sich z.B. aus Gewicht m und Dichte ϱ des Kerns bestimmen läßt), um die Energie zu erhalten. Berücksichtigt man, daß bei einer Ummagnetisierung durch Wechselstrom die Hystereseschleife in der Sekunde f-mal durchlaufen wird (f ist die Frequenz des Wechselstroms, s. Abschn. 7), erhält man

$$f \cdot \frac{W_m}{V} \cdot \frac{m}{\varrho} = P_v$$

als den Hystereseverlusten entsprechende Verlustleistung. Die auf das Gewicht bezogene Verlustleistung ferromagnetischen Materials wird vom Hersteller als Verlustkennzahl in W/kg angegeben, wobei diese natürlich noch von der erreichten maximalen Flußdichte abhängig ist.

Aufgaben zu Abschnitt 5.5

1. Eine Zylinderspule hat die Induktivität $L = 0{,}5$ H bei einer Windungszahl $N = 1200$.
   a) Wie groß ist der magnetische Widerstand?
   b) Welcher Fluß wird durch die Spule erzeugt, wenn die Stromstärke 0,5 A beträgt?
   c) Wie groß ist die dabei gespeicherte magnetische Energie?
2. Eine Kreisringspule (**5**.11) mit einem kreisförmigen Querschnitt hat einen Holzkern mit $d_a = 120$ mm und $d_i = 80$ mm. Die Wicklung mit 240 Windungen besteht aus CuL-Draht mit 1 mm Durchmesser.
   a) Wie groß ist der magnetische Widerstand der Spule?
   b) Wie groß ist die Induktivität?
   c) Welche Energie läßt sich in der Spule bei einem Strom von 5 A speichern?
   d) Wie groß ist die Energiedichte des magnetischen Feldes?
3. Eine Kreisringspule hat einen Bandkern mit quadratischem Querschnitt mit $d_a = 100$ mm und $d_i = 70$ mm. Die 210 Windungen der Wicklung werden von 0,85 A durchflossen. Dabei beträgt die Permeabilität des Kerns $\mu_r = 1200$.

a) Wie groß ist die Induktivität der Spule?
b) Welche Energie ist im Feld gespeichert?
c) Wie groß sind magnetischer Fluß und Flußdichte?
d) Wie groß ist die Energiedichte im Kern?

4. Ein Elektromagnet nach Bild **5.20** trägt eine Zylinderspule, die in den Luftspalten mit der Länge $\delta = 1$ mm eine Flußdichte von $B = 0{,}8\ \mathrm{Vs/m^2}$ erzeugt. Der geblechte Eisenkern hat überall den gleichen Querschnitt von 22 mm × 22 mm. Mit welcher Kraft wird das Eisenjoch angezogen?

5. Ein UI-Kern aus Elektroblech (**5.**21) mit den Abmessungen $l_a = 60$ mm, $l_b = 80$ mm, $l_f = 20$ mm und $l_c = 30$ mm ist einseitig geschichtet. Die beiden Luftspalte haben jeweils $\delta = 2$ mm Länge. Beide Schenkel tragen je eine Zylinderspule, deren Durchflutung zusammen 4000 A beträgt. Der Streufaktor wird mit $\sigma = 0{,}1$ angenommen.
a) Welche Flußdichte stellt sich in den beiden Luftspalten ein?
b) Mit welcher Kraft wird das Joch angezogen?
c) Wie groß sind die Beträge der magnetischen Energie, die jeweils in den beiden Luftspalten und im Eisen gespeichert sind?

6 Elektromagnetische Wechselwirkungen

Unter diesem Begriff werden alle Erscheinungen zusammengefaßt, die bei Energieumwandlungen zwischen elektrischen und magnetischen Feldern auftreten. Wie alle Energieumwandlungen erfordern sie Zeit. So unterscheidet man langsam veränderliche und rasch veränderliche Felder.

Bei langsam veränderlichen Feldern ist die Änderungsgeschwindigkeit der Feldgrößen so gering gegenüber ihrer Ausbreitungsgeschwindigkeit (Lichtgeschwindigkeit), daß sie überall im interessierenden Feldraum praktisch gleichzeitig vorhanden sind. Ändert sich also z. B. eine Generatorspannung oder eine Durchflutung, tritt diese Änderung ohne Zeitverzug im gesamten Stromkreis ein. In diesen Bereich fallen die technisch besonders wichtigen Energieumformungen in elektrischen Maschinen (z. B. Motoren, Generatoren und Transformatoren). Die für stationäre Felder geltenden Zusammenhänge können auch bei langsam veränderlichen (quasistationären) Vorgängen angenommen werden.

In Hinsicht auf die Wirkungsweise elektrischer Maschinen beschreibt man die Wechselwirkung zwischen elektrischen und magnetischen Größen zweckmäßig mit dem Durchflutungsgesetz und dem Induktionsgesetz.

Bei rasch veränderlichen Feldern sind die endliche Ausbreitungsgeschwindigkeit bzw. die räumliche Ausdehnung des Feldraums zu berücksichtigen. Als Beispiel sei die Ausbreitung elektromagnetischer Wellen auf Leitungen oder auch im freien Raum genannt. Hier brauchen wir zur Beschreibung die Zusammenhänge zwischen zeitlich veränderlichen elektrischen und magnetischen Vektorfeldern, d. h. die Maxwellschen Feldgleichungen. Wir werden uns in diesem Buch aber auf die Betrachtung langsam veränderlicher Felder beschränken.

6.1 Grundgesetze elektromagnetischer Wechselwirkungen

Bisher haben wir uns im wesentlichen mit Gleichvorgängen (Gleichströme, elektrostatische und stationäre Magnetfelder) beschäftigt. Bei den elektromagnetischen Wechselwirkungen ist die zeitliche Änderung der Feldgrößen von zentraler Bedeutung. Nach DIN 5483 werden für zeitlich veränderliche Größen die gleichen Buchstaben verwendet wie für Gleichgrößen. Wenn die zeitliche Änderung betont werden soll, kann man die Zeit als unabhängige Variable in Klammern an das Größensymbol anfügen z. B. $\Phi(t)$, $F(t)$, $I(t)$, $U(t)$, $P(t)$. Um diese komplizierte Schreibweise zu vermeiden, ist es in der Elektrotechnik üblich, zeitveränderliche Ströme, Spannungen und Leistungen mit kleinen Buchstaben zu bezeichnen: i, u, p.

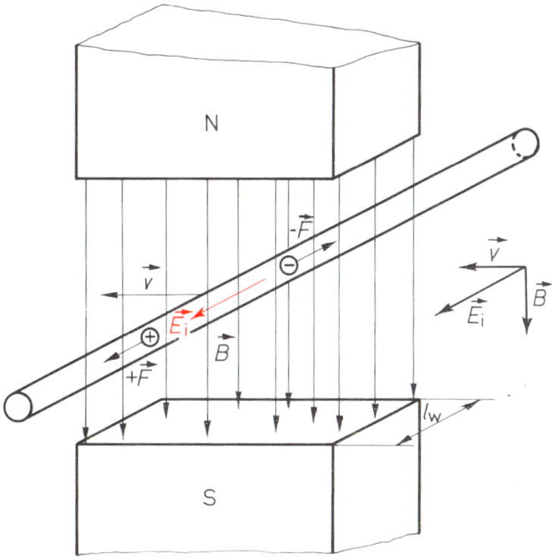

6.1 Induzierte elektrische Feldstärke E_i in einem bewegten Leiter im magnetischen Feld

6.1.1 Induktionsgesetz bei mechanischer Bewegung

Wird der Leiter in Bild **6.**1 in einem magnetischen Feld bewegt, so daß der Geschwindigkeitsvektor $\vec{v}$ senkrecht zum Flußdichtevektor

$\vec{B}$ gerichtet ist, treten an den elektrischen Ladungen, die mit dem Leiter mitbewegt werden, Kraftwirkungen auf (s. Abschn. 5.4.2). Für diese Kraft gilt bei positiven Ladungen

$$\boxed{\vec{F} = Q_+ (\vec{v} \times \vec{B}).} \tag{5.35}$$

Die gleiche Kraft wirkt in entgegengesetzter Richtung auf die negativen Ladungsträger. Dieser Sachverhalt führt zum Induktionsgesetz bei mechanischer Bewegung.

Induzierte elektrische Feldstärke. Durch die Kraft nach Gl. (5.35) entsteht eine Driftbewegung, die wir in gewohnter Weise als Bewegung positiver Ladungsträger in positiver Stromrichtung auffassen. Wie Schon in Abschn. 5.4.2 können wir auch hier das Vektorprodukt in Gl. (5.35) durch eine elektrische Ersatzfeldstärke ersetzen, die induzierte elektrische Feldstärke

$$\boxed{\vec{E}_{\mathrm{i}} = (\vec{v} \times \vec{B}).} \tag{6.1}$$

Ihre Richtung ergibt sich im Sinne von Drehung und Fortschreitrichtung einer Rechtsschraube, wenn man den Vektor $\vec{v}$ auf dem kürzesten Weg in Richtung des Vektors $\vec{B}$ dreht (**6.**1).

Wirksame Leiterlänge l_{w}. Die induzierte elektrische Feldstärke entsteht nur in dem Teil des Leiters, der sich im magnetischen Feld befindet. Diese wirksame Leiterlänge l_{w} entspricht also der Breite des magnetischen Feldes in Bild **6.**1.

Induzierte Spannung u_{i}. Das skalare Produkt

$$\vec{E}_{\mathrm{i}} \cdot \vec{l}_{\mathrm{w}} = u_{\mathrm{i}} = \vec{l}_{\mathrm{w}}(\vec{v} \times \vec{B}) \tag{6.2}$$

aus wirksamer Leiterlänge und induzierter elektrischer Feldstärke heißt induzierte Spannung.

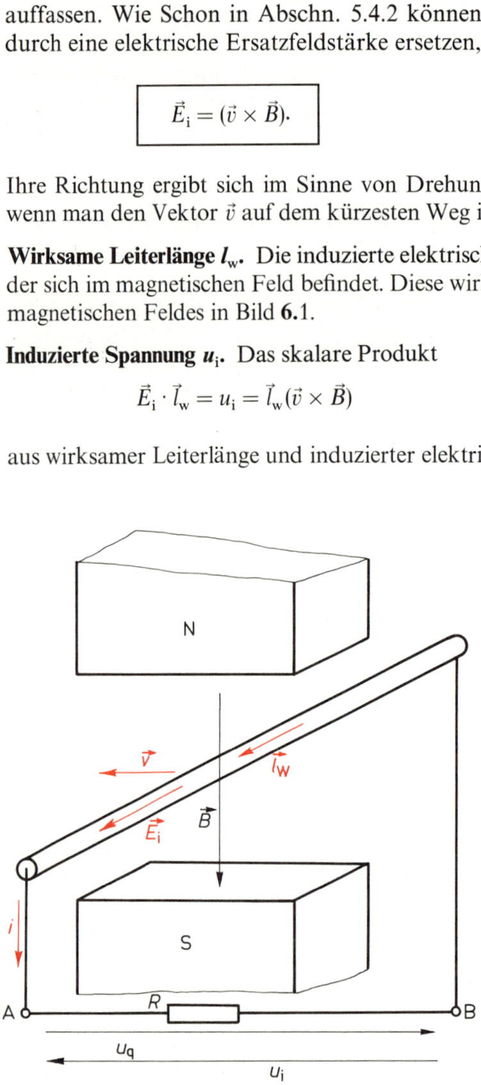

6.2 Bewegter Leiter im magnetischen Feld mit angeschlossenem Verbraucher

Bei offener Leiterschleife entsteht im Innern des Leiters infolge der durch E_{i} bedingten Ladungstrennung ein elektrisches Feld, dessen Feldstärke $\vec{E}$ die entgegengesetzte Richtung von $\vec{E}_{\mathrm{i}}$ hat. Damit wird der Leiter im Innern feldfrei, und es kann keine weitere Driftbewegung auftreten.

Induktive Quellenspannung u_{q}. Ist jedoch wie in Bild **6.**2 die Leiterschleife durch einen äußeren Stromkreis geschlossen, tritt durch die Wirkung von $\vec{E}_{\mathrm{i}}$ eine ständige Driftbewegung, d.h. ein Strom, auf, dessen Betrag von der induzierten Spannung und dem Gesamtwiderstand des Stromkreises bestimmt wird. Bild **6.**2 gibt das Prinzip der Erzeugung elektrischer Energie durch mechanische Bewegungsenergie wieder. Bei der Anordnung als Ersatzspannungsquelle (**6.**3) zeigt sich, daß u_{i} das entgegengesetzte Vorzeichen wie die elektrische Quellenspannung u_{q} hat (s. Abschn. 2.4.1) und wie eine elektromotorische Kraft wirkt (EMK). Da wir grundsätzlich die Quellenspannung verwenden wollen, erhalten wir entsprechend Gl. (6.2)

$$u_q = -u_i = l_w(\vec{B} \times \vec{v}). \tag{6.3}$$

Diese Gleichung ist eine Form des Induktionsgesetzes bei mechanischer Bewegung.

Die nutzbare elektrische Energie, die im Verbraucherkreis wieder in andere Energieformen umgesetzt wird, muß ebenso wie die dem inneren Widerstand der Ersatzspannungsquelle entsprechende Umwandlungsenergie durch mechanische Bewegungsenergie gedeckt werden. Weil das Energieerhaltungsgesetz in jedem Augenblick erfüllt sein muß, gilt dies auch für die Leistungen. Bei der praktischen Ausführung umlaufender Maschinen ändern sich bei gleichförmiger Drehung ständig Betrag und Richtung des Flußdichtevektors $\vec{B}$ in Gl. (6.3), damit auch Betrag und Vorzeichen der Quellenspannung u_q. Es ändert sich jedoch nichts daran, daß die in der Ersatzspannungsquelle entstehende elektrische Leistung $-u_q i$ ständig durch mechanische Leistung gedeckt werden muß und deshalb ihr negatives Vorzeichen behält. Zweckmäßig verwendet man für diese Art der Energieumformung wie bei Gleichstrom das Pfeilsystem von Bild **6**.3. Dabei handelt es sich nun um Bezugspfeile für Spannung und Stromstärke und nicht mehr um konventionelle Richtungspfeile (die sich wegen des Vorzeichenwechsels ständig ändern würden).

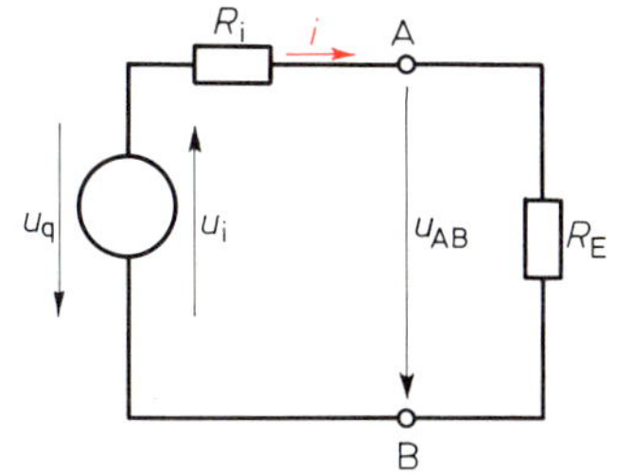

6.3 Ersatzstromkreis für Bild **6**.2

Beim Berechnen der induktiven Quellenspannung einer Maschine muß noch die Anzahl der Leiter berücksichtigt werden, die sich gleichzeitig im magnetischen Feld bewegen. Sind die Leiter elektrisch in Reihe geschaltet, muß die nach Gl. (6.3) erhaltene Quellenspannung noch mit der Leiterzahl N multipliziert werden. Damit ergibt sich

$$u_q = N \cdot \vec{l}_w(\vec{B} \times \vec{v}). \tag{6.4}$$

Wir werden später noch eine andere Form des Induktionsgesetzes bei mechanischer Bewegung kennenlernen.

Im beschriebenen Fall der Induktion wird die mechanische Bewegungsenergie zunächst entsprechend der induzierten elektrischen Feldstärke $\vec{E}_i$ nach Gl. (6.1) bzw. der entsprechenden Quellenfeldstärke $\vec{E}$ in potentielle elektrische Energie umgewandelt. Die als Folge in der geschlossenen Leiterschleife entstehende Stromstärke ist der dem Generator entnommenen elektrischen Leistung proportional. Beachten wir, daß die Stromrichtung (genau genommen die Richtung des Stromdichtevektors) gleich der Richtung von $\vec{E}_i$ bzw. von $\vec{l}_w$ ist (s. Abschn. 5.4.1), entsteht eine auf den einzelnen Leiter wirkende, von der entnommenen Leistung abhängige Kraft

$$\vec{F}_p = (\vec{l}_w \times \vec{B}) I. \tag{5.33}$$

Sie sucht die Bewegung des Leiters zu behindern. Um die Geschwindigkeit $\vec{v}$ des Leiters aufrechtzuerhalten, muß also stets eine in Richtung der Geschwindigkeit $\vec{v}$ wirkende Kraft $-\vec{F}_p$ wirksam sein. Dabei ist die mechanische Leistung p_m

$$-\vec{F}_p \cdot \vec{v} = p_m = -u_q \cdot i = -p_{el}$$

stets gleich der in der Ersatzspannungsquelle entstehenden elektrischen Leistung $-p_{el}$.

Der beschriebene Sachverhalt folgt direkt aus dem Erhaltungsgesetz der Energie bzw. Leistung. Anschaulich macht diese Erfahrung jeder Radfahrer, der den Fahrraddynamo durch Einschalten der Beleuchtung belastet. Je größer die Leistung der angeschalteten Lampen ist, desto anstrengender wird das Treten, wenn die ursprüngliche Geschwindigkeit beibehalten werden soll.

6.1.2 Induktionsgesetz ohne mechanische Bewegung

Auch bei einem in Ruhe befindlichen Leiter können Spannungen induziert werden. Um den Grundvorgang zu beschreiben, betrachten wir die in Bild **6.4** skizzierte Anordnung. Sie besteht aus einer Leiterschleife, an die ein Spannungsmesser angeschlossen ist. Der Flächenvektor $\vec{A}$ der Schleifenfläche ist nach unten gerichtet. Durch die Leiterschleife tritt ein magnetischer Fluß $\Phi = (\vec{B} \cdot \vec{A})$, der von einem (nicht gezeichneten) Magneten erzeugt wird und in Abhängigkeit von der Zeit wächst ($\Delta B/\Delta t > 0$). Der Spannungsmesser zeigt dann die induktive Spannung $u_L = \Delta\Phi/\Delta t$ mit der in Bild **6.4** eingezeichneten Richtung an.

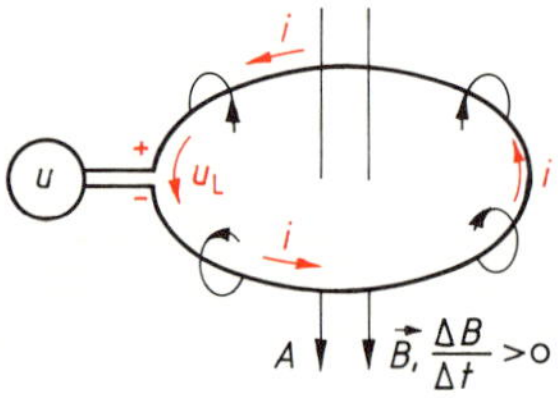

6.4. Zum Induktionsgesetz

Wegen der Übersichtlichkeit haben wir hier zur Darstellung des Induktionsgesetzes eine Leiterschleife verwendet. In technischen Anwendungen wird statt dessen meist eine ganze Spule verwendet, die man als eine Reihenschaltung vom N Leiterschleifen oder Windungen betrachten kann. Da in jeder Windung die Spannung $u_L = \Delta\Phi/\Delta t$ induziert wird, erhalten wir für die ganze Spule eine induktive Spannung

$$u_L = N \frac{\Delta\Phi}{\Delta t}. \tag{6.5}$$

D. h. die induktive Spannung tritt in jedem Stromkreis auf, wenn sich der mit ihm verkettete magnetische Fluß Φ ändert.

Die Lenzsche Regel beschreibt die Zuordnung von Spannungsrichtung und Flußänderung beim Induktionsgesetz. In allgemeiner Form lautet diese Regel:

Die durch die Änderung des magnetischen Flusses in der Spule auftretende Spannung bewirkt stets einen Strom, der durch sein magnetisches Feld der ursächlichen Feldänderung entgegenwirkt.

Angewendet auf den in Bild **6.4** dargestellten Induktionsvorgang heißt dies: Der in der Leiterschleife fließende Induktionsstrom i hat die eingezeichnete Richtung, weil das von ihm erzeugte Magnetfeld die Windungsfläche von unten nach oben durchsetzt und damit der ursächlichen Flußdichteänderung, die nach unten gerichtet ist, entgegenwirkt. Dieser Induktionsstrom erzeugt am Widerstand des Spannungsmessers die Spannung mit der eingezeichneten Richtung.

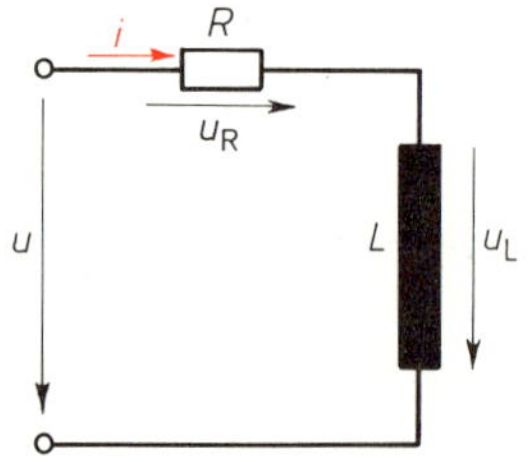

6.5 Ersatzschaltung der Spule

Ersatzschaltung der Spule. Induktionsvorgänge treten nicht nur auf, wenn eine Spule einer von außen herbeigeführten Flußänderung ausgesetzt ist, sondern auch wenn die Flußänderung durch die Spule selbst hervorgebracht wird. In diesem Fall spricht man von Selbstinduktion. Wir betrachten den Aufbau des magnetischen Felds einer Spule und können dazu die Ersatzschaltung Bild **6.5** verwenden. Sie enthält eine Induktivität L, die das magnetische Feld bzw. den Sitz der magnetischen Energie bildet, und einen Widerstand R, in dem die anfallenden Verluste auftreten. In Bild **6.5** sind die Bezugspfeile für Spannungen und Strom eingetragen und wegen der zeitlichen Veränderlichkeit der Größen durch Kleinbuchstaben gekennzeichnet. Mit Gl. (6.5) und der in einem bestimmten Augenblick vorhandenen Stromstärke erhalten wir für die während des Feldaufbaus auftretende Leistung den Augenblickswert

$$p_m = i \cdot u_L = i \cdot N \frac{\Delta \Phi}{\Delta t}.$$

Die positive elektrische Leistung entspricht der zunehmenden Energie des magnetischen Felds.

Bei dieser Betrachtungsweise verhält sich das magnetische Feld der Induktivität L im Stromkreis wie ein Widerstand (Blindwiderstand X_L im Wechselstromkreis s. Abschn. 7). Nach der Kirchhoffschen Maschenregel erhalten wir

$$u - i \cdot R - u_L = 0 \quad \Rightarrow \quad i = \frac{u - u_L}{R}. \tag{6.6}$$

Ohne die induktive Spannung u_L würde der Strom $i = u/R$ betragen. Da u_L von der treibenden Spannung u abgezogen wird, können wir uns vorstellen, daß u_L den Stromanstieg und damit das Anwachsen des magnetischen Felds behindert. Dies steht in Übereinstimmung mit der Lenzschen Regel.

Induzierte elektrische Feldstärke. Eine andere Darstellung des Induktionsvorgangs geht von folgender Vorstellung aus: Die Behinderung des Stromanstiegs läßt sich auch als Wirkung eines in der Drahtwindung wirksamen elektrischen Felds mit der Feldstärke $\vec{E}_i$ ansehen, das während der Flußänderung auftritt. Die sich entsprechend der positiven Stromrichtung bewegenden positiven (als beweglich gedachten) Ladungsträger müssen gegen das induzierte elektrische Feld $\vec{E}_i$ anlaufen. Diese Vorstellung wird in Bild **6.6** veranschaulicht.

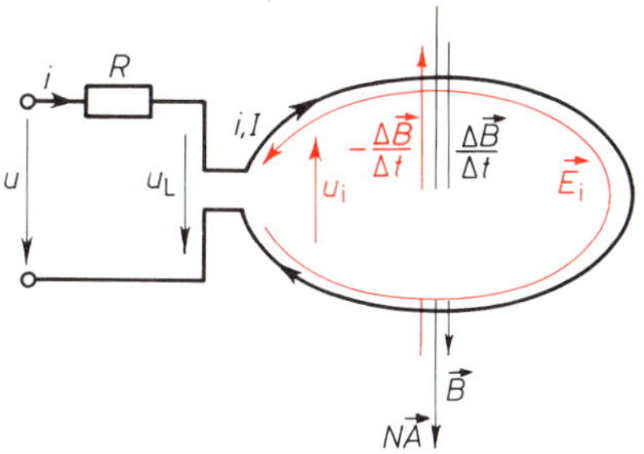

6.6 Zuordnung der Vorzeichen skalarer Stromkreisgrößen zu den Richtungen der vektoriellen Feldgrößen im magnetischen Feld bei der Induktion

Induzierte Spannung u_i. Die dieser Feldstärke $\vec{E}_i$ entsprechende Spannung

$$u_i = -u_L = -N \frac{\Delta \Phi}{\Delta t} \tag{6.7}$$

ist die in der Leiterwindung wirksame induzierte Spannung, die den gleichen Betrag hat wie u_L, aber das entgegengesetzte Vorzeichen. Während der ansteigende Strom i und die induktive Spannung u_L der positiven Flußänderung $\Delta\Phi/\Delta t$ rechtswendig zugeordnet sind, erhalten wir für die induzierte elektrische Feldstärke bzw. die induzierte Spannung u_i in der Leiterwindung eine linkswendige Zuordnung zur positiven Flußänderung. Diesen Sachverhalt kann man auch als rechtswendige Zuordnung der induzierten Größen zum abnehmenden Fluß $-\Delta\Phi/\Delta t$ ausdrücken (**6.6**). Da wir grundsätzlich Rechtssysteme anwenden wollen, gilt:

> Die induzierten Größen $\vec{E}_i$ bzw. u_i sind dem abnehmenden magnetischen Fluß innerhalb der Leiterschleife, die induktive Spannung u_L bzw. die Quellenfeldstärke $\vec{E}$ dem zunehmenden magnetischen Fluß rechtswendig zugeordnet.

Hat der Strom in der Leiterwindung einen zeitlich konstanten Wert I erreicht, bleiben Fluß Φ und magnetische Energie konstant – die Flußänderung ist Null. Nimmt der Strom ab, ändern

Flußänderung und alle davon abhängigen Größen ($\vec{E}_i$, u_i und u_L) das Vorzeichen. Weil der Strom sein Vorzeichen beibehält, wird der Augenblickswert der Leistung in der Induktivität L negativ. Dies entspricht einer vom magnetischen Feld während der Flußänderung an den elektrischen Stromkreis abgegebenen Energie. In der Induktivität L des Ersatzschaltbildes **6**.5 bzw. einem entsprechenden „Blindwiderstand" treten also Leistungen beiderlei Vorzeichens auf. Dagegen kann die Leistung im Widerstand R nur positiv sein, weil hier Strom und Spannung stets das gleiche Vorzeichen haben.

Das magnetische Feld mit seiner Energie $W_m = LI^2/2$ kann ebenso wie das elektrische Feld mit seiner Energie $W_{el} = CU^2/2$ im Stromkreis als Energiespeicher verwendet werden.

Wir werden auf diesen Sachverhalt im Abschn. 7 (Wechselstromkreis) zurückkommen.

6.1.3 Allgemeines Induktionsgesetz

Anwendung der induktiven Spannungen u_q und u_L. Sowohl bei der in Abschn. 6.1.1 besprochenen Induktion bei mechanischer Bewegung eines Leiters in einem zeitlich konstanten magnetischen Feld als auch bei der in Abschn. 6.1.2 behandelten Induktion ohne mechanische Bewegung bei ruhender Spule und zeitlich veränderlichem Feld tritt die induzierte elektrische Feldstärke E_i auf bzw. die in der Spule oder im Leiter wirksame Spannung u_i. Entsprechendes gilt von den induktiven Spannungen u_q bzw. u_L, die sich von der induzierten Spannung nur durch das Vorzeichen unterscheiden. Wir verwenden in Ersatzschaltbildern zweckmäßig nur die induktive Quellenspannung u_q, wenn es sich um eine Umwandlung mechanischer oder magnetischer Energie in elektrische Energie handelt. Die induktive Spannung u_L dagegen benutzen wir, wenn elektrische Energie wie im Verbraucherstromkreis in magnetische Energie umgeformt wird.

Anwendungsbeispiele für die angeführten Fälle bei elektrischen Maschinen mit und ohne mechanische Bewegung werden wir in Abschn. 6.2 behandeln.

Elektrisches Wirbelfeld. Das induzierte elektrische Feld hat andere Eigenschaften als das in Abschn. 4 behandelte elektrostatische Quellenfeld. Während sich das Quellenfeld durch Feldlinien mit Anfang und Ende und einer (durch das Vorzeichen der Ladungen) festgelegten Feldrichtung beschreiben läßt, sind hier die Feldlinien in sich geschlossen. Es handelt sich hier im Gegensatz zum statischen Quellenfeld um ein dynamisches Feld, da sein Auftreten an die zeitliche Änderung des magnetischen Flusses gebunden ist und nicht an das Vorhandensein elektrischer Ladungen. Das induzierte elektrische Feld ist quellenfrei (s. Abschn. 3.4). Das Vorzeichen der Feldrichtung des induzierten elektrischen Felds E_i wird durch die angegebene Zuordnung zur Änderung des magnetischen Flusses bestimmt (**6**.6).

Formen des Induktionsgesetzes. Ersetzen wir in Gl. (6.7) den magnetischen Fluß Φ durch das skalare Produkt $(\vec{B} \cdot \vec{A})$, bekommen wir das allgemeine Induktionsgesetz:

$$u_L = N \cdot \frac{\Delta(\vec{B} \cdot \vec{A})}{\Delta t}. \tag{6.8}$$

Im Fall der Induktion bei mechanischer Bewegung und zeitlich konstanter Flußdichte B erhält man daraus

$$u_L = N \cdot \vec{B} \cdot \frac{\Delta \vec{A}}{\Delta t}. \tag{6.9}$$

In dieser Form werden wir das Induktionsgesetz bei mechanischer Bewegung verwenden, wenn wir in Abschn. 6.2.1 die Spannungserzeugung in umlaufenden elektrischen Maschinen untersuchen.

Durch Einführung von $\Delta A = (\vec{l}_w \times \Delta\vec{s})$ und mit $\Delta\vec{s}/\Delta t = \vec{v}$ läßt sich aus Gl. (6.9) das Induktionsgesetz in der Form Gl. (6.4) ableiten, worauf wir hier jedoch verzichten wollen.

Läßt man in Gl. (6.8) die vom Flußdichtevektor $\vec{B}$ senkrecht durchsetzte Fläche $\vec{A}$ zeitlich unverändert (wie z.B. bei einer Spule mit Eisenkern), erhält man

$$u_L = N \cdot \vec{A} \cdot \frac{\Delta\vec{B}}{\Delta t}. \qquad (6.10)$$

Weil die Änderung der Flußdichte bzw. der magnetischen Feldstärke letztlich durch die Stromänderung in der Spulenwicklung bedingt ist, können wir dieses Induktionsgesetz ohne mechanische Bewegung auf die Stromänderung $\Delta i/\Delta t$ zurückführen.

Mit $B = \mu \cdot H$ und $H = i \cdot N/l_m$ bekommen wir $B = \mu \cdot N \cdot i/l_m$ und – wenn die Permeabilität μ als konstant angesehen wird –

$$\frac{\Delta B}{\Delta t} = \frac{\mu \cdot N}{l_m} \cdot \frac{\Delta i}{\Delta t}.$$

Führen wir dies in Gl. (6.10) ein, erhalten wir

$$u_L = \frac{\mu \cdot N^2 \cdot A}{l_m} \frac{\Delta i}{\Delta t}$$

und mit $\dfrac{\mu \cdot A \cdot N^2}{l_m} = \dfrac{N^2}{R_m} = L$ schließlich

$$u_L = L \frac{\Delta i}{\Delta t} \qquad (6.11)$$

für das Induktionsgesetz ohne mechanische Bewegung. In dieser Form werden wir es in Abschn. 6.2.2 bei der Energieumwandlung in einen Transformator verwenden.

Für die verschiedenen Fälle von Energieumwandlungen leitet man zweckmäßige Formen des Induktionsgesetzes aus dem allgemeinen Induktionsgesetz Gl. (6.8) ab. Es beschreibt daher grundsätzlich alle z.B. in elektrischen Maschinen auftretende Formen der Induktion.

Aufgaben zu Abschnitt 6.1

1. Nach Bild **6.**2 wird ein Draht durch ein magnetisches Feld mit der Flußdichte $B = 0{,}25\ \mathrm{Vs/m^2}$ geführt. Dabei betragen die Geschwindigkeit des Drahts $v = 10\ \mathrm{cm/s}$ und die wirksame Leiterlänge $l_w = 8$ cm.

   Wie groß ist die im Leiter induzierte Spannung?

2. Der Trommelanker einer Gleichstrommaschine nach Bild **5.**32 hat die Drehfrequenz $850\ \mathrm{min^{-1}}$. Das Feld ist radial-homogen und hat die Flußdichte $B = 1{,}0\ \mathrm{Vs/m^2}$. Der wirksame Durchmesser der Wicklung beträgt $d = 30$ cm. Das Feld hat die wirksame Breite 20 cm. Unter jedem der beiden Pole befinden sich stets 130 Leiter.

a) Wie groß ist die induzierte Quellenspannung u_q der Maschine, wenn alle Leiter in Reihe geschaltet sind?

b) Die Maschine wird mit einem Verbraucherwiderstand belastet, so daß der Gesamtwiderstand des Stromkreises 50 Ω beträgt. Welche Leistung wird der Maschine entnommen, und welcher Strom fließt?

c) Wie groß ist das Drehmoment, das durch den Belastungsstrom bewirkt wird, und mit welcher mechanischen Leistung muß die Maschine angetrieben werden, wenn der Wirkungsgrad 80% beträgt?

3. Die Drehspule eines Strommessers nach Bild **5**.33 hat 250 Windungen und einen wirksamen Durchmesser $d = 18$ mm. Das radial-homogene Feld hat die Flußdichte $B = 0{,}8\ \mathrm{Vs/m^2}$ und die wirksame Breite $l_w = 25$ mm. In der gezeichneten Stellung hat die Drehspule eine Winkelgeschwindigkeit $\Delta\alpha/\Delta t = 600°/\mathrm{s}$.

a) Wie groß ist die in der Spule wirksame induzierte Spannung?

b) Welcher Strom fließt, wenn bei kurzgeschlossenen Klemmen der Gesamtwiderstand der Drehspule 10 Ω beträgt?

c) Wie groß ist das durch den Strom erzeugte Gegendrehmoment?

4. Eine Aluminiumscheibe rotiert nach Bild **6**.7 im praktisch homogenen Feld im Innern einer langen Zylinderspule. Diese hat eine Länge von 20 cm und trägt 250 Windungen, die von 2,5 A durchflossen werden. Die Scheibe hat einen Durchmesser von 50 mm und dreht sich mit 3000 $\mathrm{min^{-1}}$.

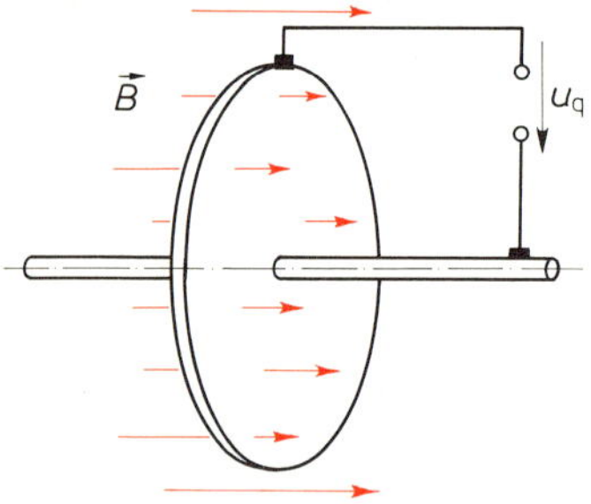

6.7 Induktion einer Gleichspannung (Aufgabe 4)

a) Welche Spannung läßt sich an den Klemmen messen?

b) Welche Drehrichtung muß die Scheibe haben, wenn u_q positiv sein soll? (Hinweis: Die Scheibe kann als Parallelschaltung aus einer sehr großen Zahl von Einzelleitern betrachtet werden mit dem Radius der Scheibe als wirksamer Länge.)

5. In einer Zylinderspule mit 500 Windungen befindet sich ein Eisenkern mit Luftspalt. Der Kern hat die Querschnittsfläche 20 mm × 30 mm.

a) Wie groß ist der Höchstwert der induzierten Spannung, wenn sich die magnetische Flußdichte im Kern nach Bild **6**.8 ändert?

b) Der Verlauf von $u_q = f(t)$ ist grafisch darzustellen.

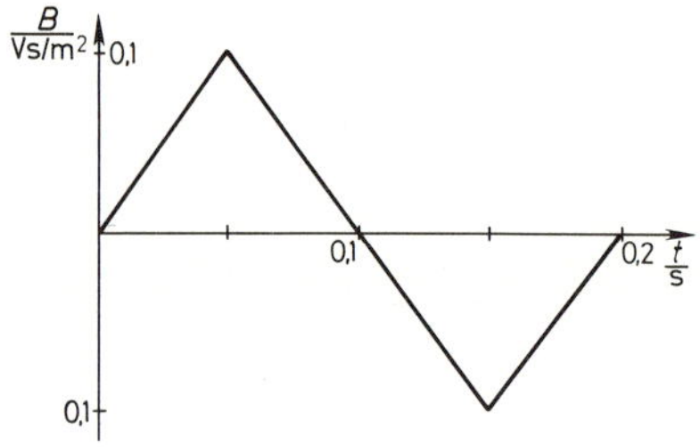

6.8 Zu Aufgabe 5

6. In der Spule von Aufgabe 5 verläuft die magnetische Flußdichte nach Bild **6**.9. Der Höchstwert der induzierten Spannung ist zu berechnen und der Verlauf von $u_q = f(t)$ grafisch darzustellen.

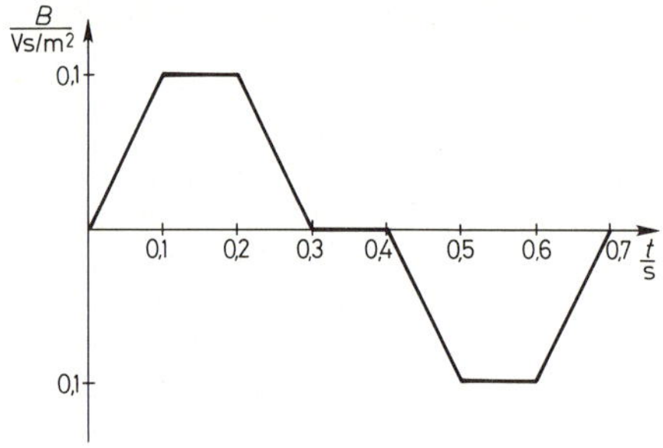

6.9 Zu Aufgabe 6

7. In der Spule nach Aufgabe 5 verläuft die magnetische Flußdichte nach Bild **6**.10. Der Verlauf der Spannung $u_q = f(t)$ ist grafisch darzustellen und ihr Betrag zu berechnen.

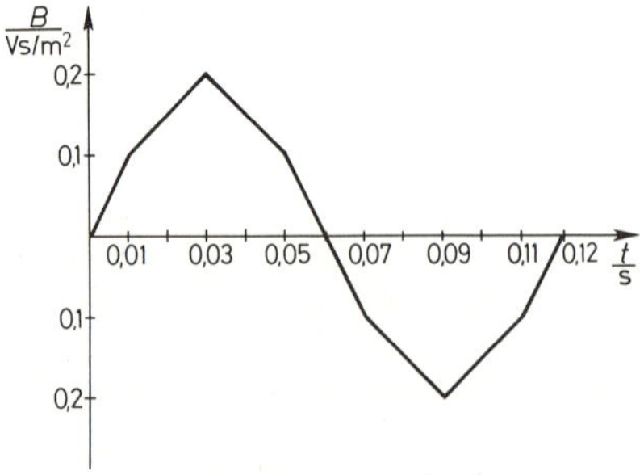

6.10 Zu Aufgabe 7

8. Eine Kreisringspule mit Eisenkern trägt eine Wicklung mit 25 Windungen. An ihren Klemmen wird eine Spannung nach Bild **6**.11 festgestellt. Der Verlauf des magnetischen Flusses ist zu berechnen und grafisch darzustellen.

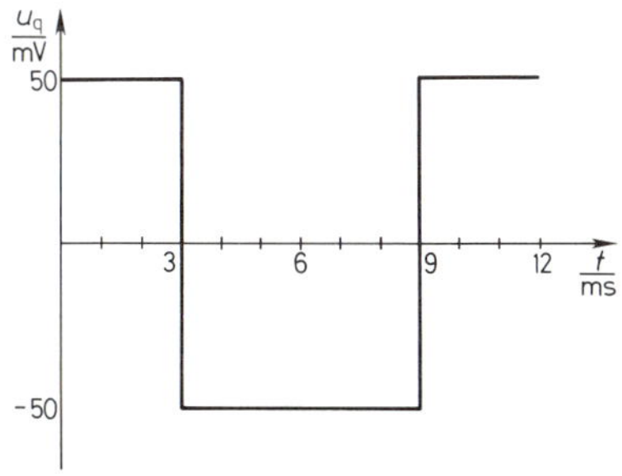

6.11 Zu Aufgabe 8

9. In einer Kreisringspule mit 80 Windungen hat der Eisenkern einen Querschnitt von 4 cm². Welchen Verlauf hat die magnetische Flußdichte im Kern, wenn an den Klemmen der Wicklung eine Spannung nach Bild **6**.12 gemessen wird?

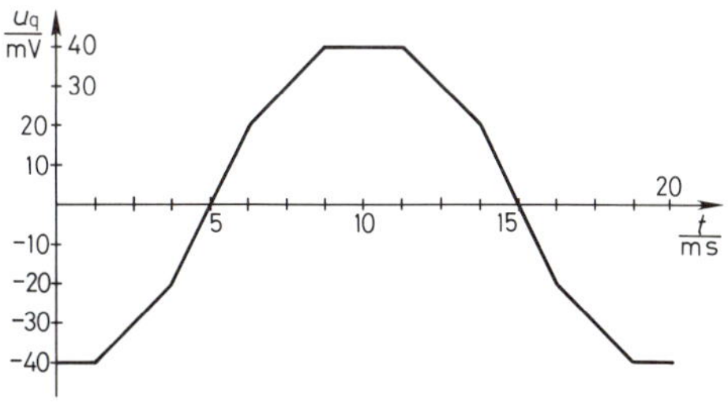

6.12 Zu Aufgabe 9

6.2 Induktion in elektrischen Maschinen

6.2.1 Spannungserzeugung in umlaufenden Maschinen

Magnetischer Kreis. Zur Untersuchung der grundsätzlichen Induktionsvorgänge bei umlaufenden Maschinen betrachten wir einen magnetischen Kreis (**6**.13 a). Der von einer Erregerwicklung oder einem Dauermagneten erzeugte magnetische Fluß wird in einen Eisenkern mit zwei Luftspalten geführt. Zwischen diesen befindet sich ein zylindrischer, drehbarer Eisenkern. Den feststehenden Teil des magnetischen Kreises bezeichnet man als Ständer, den drehbaren als Läufer. Der Läufer trägt in einem Paar gegenüberliegender Nuten eine Wicklung, deren Anfang und Ende an zwei Schleifringe geführt sind, so daß eine in der Wicklung induzierte Spannung von außen meßbar ist. Der Windungsfläche ordnen wir den Flächenvektor $\vec{A}$ zu.

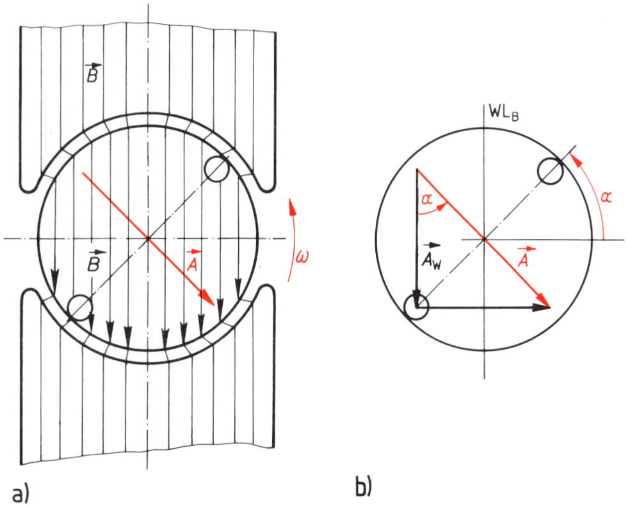

6.13
Induktion in umlaufenden Maschinen
a) Vektoren $\vec{A}$ und $\vec{B}$ im Läufer
b) Zerlegen von $\vec{A}$ in Komponenten

Wir wollen annehmen, die Polschuhe des Ständers seien so ausgebildet, daß sich im Läufer ein homogenes magnetisches Feld mit konstantem Flußdichtevektor $\vec{B}$ ausbildet. Den Einfluß der Nutung auf den magnetischen Widerstand des Läufers wollen wir vernachlässigen, so daß auch bei Drehung des Läufers der Flußdichtevektor zeitlich konstant bleibt.

Induktionsvorgang. Beim Drehen des Läufers ändert sich die vom Vektor $\vec{B}$ senkrecht durchsetzte Fläche. Zerlegen wir den Flächenvektor $\vec{A}$ in eine Komponente $\vec{A}_w$ in Richtung der Wirkungslinie WL_B der Flußdichte und eine Komponente senkrecht dazu, bekommen wir nach Bild **6.**13b für die wirksame Fläche $\vec{A}_w$

$$|\vec{A}_w| = |\vec{A}| \cos\alpha .$$

Diese ändert mit der Drehung des Läufers Betrag und Vorzeichen. Hat der Läufer die konstante Winkelgeschwindigkeit ω, sind $\alpha = \omega t$ und $\Delta\alpha = \omega \Delta t$. Mit dem Induktionsgesetz nach Gl. (6.9) bekommen wir dann

$$u_q = N \cdot \vec{B} \frac{\Delta \vec{A}_w}{\Delta t} = \omega N \cdot \vec{B} \frac{\Delta \vec{A} \cdot \cos\alpha}{\Delta\alpha} = \omega N \cdot \vec{B} \cdot \vec{A} \frac{\Delta \cos\alpha}{\Delta\alpha} =$$

$$\boxed{u_q = \omega \cdot N \cdot \Phi_{max} \frac{\Delta \cos\alpha}{\Delta\alpha}} . \qquad (6.12)$$

Funktion $\Delta\cos\alpha/\Delta\alpha$. Wie zeichnen in ein rechtwinkliges Koordinatensystem zunächst die Funktion $y = \cos\alpha$, wobei α in Winkelgeraden und in Radiant auf der waagerechten Achse aufgetragen wird (**6.**14). Der maximale Funktionswert y bei 0° bzw. 180° ist 1 bzw. –1. Den Funktionswert 0 erhalten wir bei $\alpha = 90°$ und 270° bzw. bei $\pi/2$ und $3\pi/2$. Zwischenwerte ergeben sich grafisch durch Projektion des Radiusvektors eines Einheitskreises ($|\vec{r}| = 1$) wie z. B. in Bild **6.**14 für $\alpha = 60°$ oder durch Berechnen der Funktionswerte mit einem Taschenrechner.

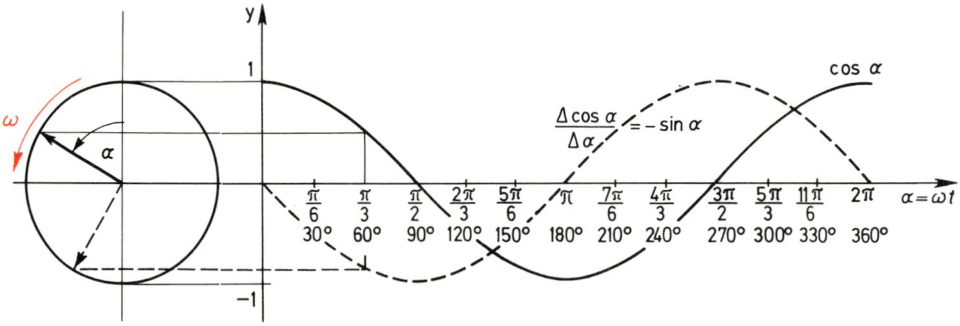

6.14 Entstehen einer sinusförmigen Spannung bei der Induktion

Die Funktion $\Delta\cos\alpha/\Delta\alpha$ ist die Steigung der Tangenten der Kosinusfunktion. Bei waagerechtem Verlauf ist die Steigung der Tangente Null, bei fallendem Verlauf negativ und bei ansteigendem Verlauf der Funktion positiv. Den größten Betrag der Steigung bekommen wir bei $\alpha = 90°$ bzw. $\pi/2$ und $\alpha = 270°$ bzw. $3\pi/2$. Diese Eigenschaften hat die Sinusfunktion, die ebenfalls in das Diagramm **6.**14 eingezeichnet ist. Zwischenwerte der Sinusfunktion ergeben sich durch Projektion eines Radiusvektors des Einheitskreises, der um 90° bzw. $\pi/2$ gegenüber dem für die Zeichnung der Kosinusfunktion verwendeten vorgedreht ist.

Die Funktion $\Delta\cos\alpha/\Delta\alpha$ läßt sich mit guter Näherung auch mit dem Taschenrechner berechnen. Für ein kleines Winkelintervall $\Delta\alpha$ in Radiant, in dessen Mitte der Winkel α liegt, berechnen wir an den Grenzen des Intervalls jeweils $\cos(\alpha - \Delta\alpha/2)$ und $\cos(\alpha + \Delta\alpha/2)$. Der Quotient aus der Differenz dieser beiden Werte und dem konstanten Intervall $\Delta\alpha$ liefert die gesuchte Steigung der Funktion $\cos\alpha$ beim Funktionswert α. Vergleicht man die so erhaltenen Werte mit den Sinuswerten für die betreffenden Winkel α, zeigen sich um so kleinere Abweichungen, je kleiner das gewählte Intervall $\Delta\alpha$ ist (**6**.15).

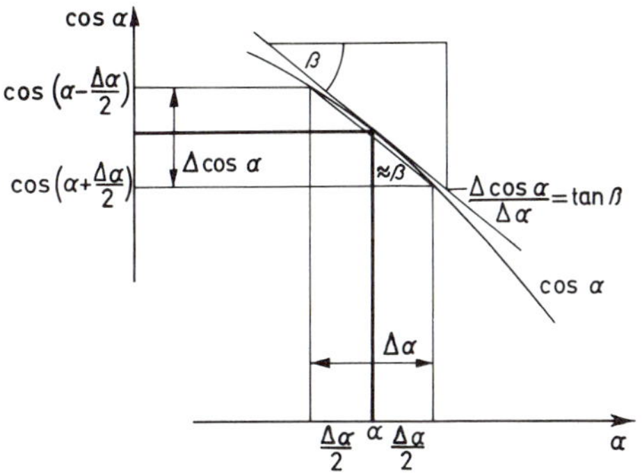

6.15 Berechnen der Steigung der Kosinusfunktion

Beispiel 6.1 Man erhält für ein Intervall $\Delta\alpha = 10^\circ = \frac{10\pi}{180}$ rad $= 0{,}174533$ rad bei $\alpha = 90^\circ = \pi/2$ rad:

$$\Delta\cos\alpha = \cos\left(\frac{\pi}{2} - \frac{0{,}174533}{2}\right) - \cos\left(\frac{\pi}{2} + \frac{0{,}174533}{2}\right) =$$
$$= \cos 1{,}483530 \text{ rad} - \cos 1{,}658063 \text{ rad} =$$
$$= 0{,}087156 - (-0{,}087156) = 0{,}174311 \quad \Rightarrow$$
$$\Delta\cos\alpha/\Delta\alpha = \mathbf{0{,}998731} \quad (\sin\alpha = \sin 90^\circ = 1)$$

Wählt man $\Delta\alpha = 2^\circ = \frac{2\pi}{180}$ rad $= 0{,}034907$ rad, bekommt man entsprechend

$$\Delta\cos\alpha = \cos\left(\frac{\pi}{2} - \frac{0{,}034907}{2}\right) - \cos\left(\frac{\pi}{2} + \frac{0{,}034907}{2}\right) =$$
$$= \cos 1{,}553343 \text{ rad} - \cos 1{,}588250 \text{ rad} =$$
$$= 0{,}017452 - (-0{,}017452) = 0{,}034905 \quad \Rightarrow$$
$$\Delta\cos\alpha/\Delta\alpha = \mathbf{0{,}999949}$$

Als Ergebnis erhalten wir demnach

$$\frac{\Delta\cos\alpha}{\Delta\alpha} = -\sin\alpha \tag{6.13}$$

oder, wenn wir $\alpha = \omega t$ einsetzen,

$$\boxed{\frac{\Delta\cos\omega t}{\Delta\omega t} = -\sin\omega t.} \tag{6.14}$$

Induzierte Spannung. Damit ergibt sich schließlich für die in der Wicklung induzierte Spannung

$$\boxed{u_q = \omega N \cdot B_{max} A \sin\omega t = \omega N \Phi_{max} \cdot \sin\omega t,} \tag{6.15}$$

wenn wir den Vorgang bei $\alpha = 180^\circ = \pi$ rad beginnen lassen mit $t = 0$ (**6**.14).

Die Augenblickswerte der induzierten Spannung wiederholen sich periodisch, weil $\sin\omega t = \sin(\omega t + n \cdot 2\pi)$ ist (s. Abschn. 7).

Ersatzschaltung. Wenn die betrachtete Maschine z. B. ein Generator ist, muß ihr zur Aufrechterhaltung der Winkelgeschwindigkeit ω bzw. der Spannung nach Gl. (6.15) stets in gleichem Maße mechanische Energie zugeführt werden, wie ihr elektrische Energie entnommen wird. Wir können die induzierte Spannung nach Gl. (6.15) dann als Quellenspannung einer Ersatzspannungsquelle ansehen, die unabhängig von der Belastung ist. Die Energieumwandlungsverluste werden dabei durch den Innenwiderstand R_i dargestellt. Die abgegebene Leistung erscheint mit negativem Vorzeichen, wenn wir das in Bild **6.**16 dargestellte Bezugspfeilsystem verwenden. Wird der Maschine elektrische Energie zugeführt (arbeitet sie also als Motor), entspricht dies der umgekehrten Stromrichtung und positiver, aufgenommener Leistung. In jedem Fall hat die Quellenspannung den durch Gl. (6.15) bestimmten Wert.

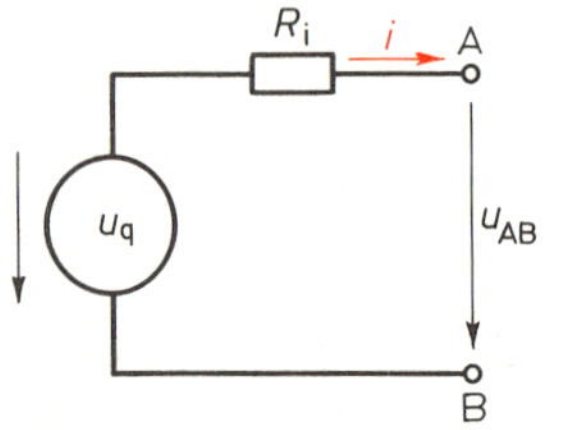

6.16 Generator als Ersatzspannungsquelle

6.2.2 Energieumwandlung im Transformator

In einer Anordnung nach Bild **6.**17 trägt ein geschlossener Eisenkern zwei Spulen I und II mit den Windungszahlen N_1 bzw. N_2. Die Spule I kann durch einen Schalter S an eine Gleichspannung U geschaltet werden. Die Spule I, die im wesentlichen Energie aus einer äußeren Spannungsquelle aufnimmt, wird als Primärspule bezeichnet, Spule II als Sekundärspule. Diese liefert die elektrische Energie an einen Verbraucher R_E. Größen, die sich auf die Primärseite beziehen, werden mit dem Index 1 versehen, die zur Sekundärseite gehörenden mit dem Index 2.

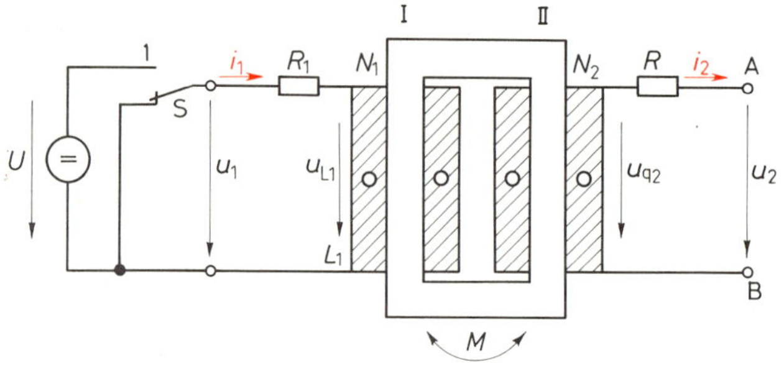

6.17 Energieumwandlungen im Transformator

6.2.2.1 Energieumwandlungen auf der Primärseite (Selbstinduktion)

Wird der Schalter S in Stellung 1 geschaltet, liegt an der Spule I die Gleichspannung U_1. Wie in Abschn. 6.1.2 erläutert, können wir die Spule als Ersatzschaltung aus einem Widerstand R_1 und einer Induktivität L_1 auffassen. Dabei treten in R_1 die bei der Energieumformung anfallenden Umwandlungsverluste auf, während L_1 das magnetische Feld der Spule darstellt. Beim Aufbau des magnetischen Felds bis zur Durchflutung $\Theta = I_1 N_1$ (wobei I_1 durch die angelegte Gleichspannung und den Wicklungswiderstand der Spule bestimmt wird) findet eine Umformung potentieller elektrischer Energie der Spannungsquelle in magnetische Energie statt.

Selbstinduktion. Während dieser Zeit tritt nach der Lenzschen Regel bzw. dem Induktionsgesetz in der Wicklung eine Spannung

$$u_{L1} = L_1 \frac{\Delta i_1}{\Delta t} \tag{6.11}$$

auf, die dem Anwachsen des Stroms auf den Endwert I_1 entgegenwirkt. Dabei ist $L_1 = N_1^2/R_m$ die Selbstinduktivität der Primärspule. Das Auftreten einer induzierten Spannung in der Erregerspule des magnetischen Felds selbst bezeichnet man als Selbstinduktion.

Durch Anwendung der Kirchhoffschen Maschenregel bekommen wir für den Augenblickswert des in der Primärspule fließenden Stroms

$$i_1 = \frac{U_1 - u_{L1}}{R_1} = I_1 - \frac{u_{L1}}{R_1}. \tag{6.16}$$

Damit ein allmählicher und nicht sprunghafter Übergang des Stroms i_1 vom Wert $i_1 = 0$ bei $t = 0$ im Augenblick des Anschaltens an die Gleichspannung bis zum Endwert I_1 erfolgt, muß bei $t = 0$ die induktive Spannung u_{L1} nach Gl. (6.11) den gleichen Betrag wie U_1 haben.

Damit bekommen wir für $t = 0$

$$L_1 \frac{\Delta i_1}{\Delta t} = U_1 = I_1 R_1 \quad \Rightarrow \quad \frac{\Delta i_1}{\Delta t} = I_1 \frac{R_1}{L_1} = \frac{I_1}{\tau} \tag{6.17}$$

mit

$$\boxed{\tau = \frac{L}{R}.} \tag{6.18}$$

Der Anstieg der Funktion $i_1 = f(t)$ wird durch die Steigerung der Tangente dargestellt, die im Augenblick $t = 0$ gleich dem Verhältnis des Stromendwerts I_1 zur Zeitkonstante $\tau = L/R$ der Spule ist.

Stromverlauf beim Einschalten. Der Verlauf des Stroms $i_1 = f(t)$ läßt sich grafisch durch eine Näherungskonstruktion ermitteln, wie wir sie in Abschn. 4.2.3 beim Aufladen eines Kondensators durchgeführt haben. Wir bekommen entsprechend Gl. (4.21) hier, wenn wir in Gl. (6.16) die induktive Spannung nach Gl. (6.11) und die Zeitkonstante nach Gl. (6.18) einführen.

$$i_1 = I_1 - \frac{L_1}{R_1} \cdot \frac{\Delta i_1}{\Delta t} \quad \Rightarrow \quad \boxed{\frac{\Delta i_1}{\Delta t} = \frac{I_1 - i_1}{\tau}}. \tag{6.19}$$

Die Steigung der Tangente an die Funktion $i_1 = f(t)$ ergibt sich also stets für einen bestimmten Augenblickswert i_1 als das Verhältnis der noch verbleibenden Differenz bis zum Endwert I_1 zur Zeitkonstanten τ. Auch hier bekommt man für die Konstruktion der gesuchten Funktion um so genauere Werte, je kleiner das Zeitintervall Δt gewählt wird (s. Abschn. 4.2.3).

Für den genauen Verlauf der Funktion $i_1 = f(t)$ ergibt sich auch hier wieder eine Differentialgleichung entsprechend Gl. (6.19) – wenn wir den Quotienten $\Delta i_1/\Delta t$ durch den Quotienten aus differentiell kleinen Änderungen $\mathrm{d}i/\mathrm{d}t$ ersetzen – zu

$$I_1 = i_1 + \tau \frac{\mathrm{d}i_1}{\mathrm{d}t} \tag{6.20}$$

deren Lösung man zu

$$\boxed{i_1 = I_1\left(1 - e^{-\frac{t}{\tau}}\right)} \tag{6.21}$$

erhält. Dabei ist t die Zeit nach dem Anschalten der Spule an die Gleichspannung U_1.

Stromverlauf beim Abschalten. Hier gilt nach der Kirchhoffschen Regel

$$i_1 R_1 + u_{L1} = 0 = i_1 R_1 + L_1 \frac{\Delta i_1}{\Delta t}.$$

bzw. der entsprechenden Differentialgleichung

$$i_1 + \tau \frac{\mathrm{d}i_1}{\mathrm{d}t} = 0. \tag{6.22}$$

Diese hat die Lösung

$$\boxed{i_1 = I_1 e^{-\frac{t}{\tau}}.} \tag{6.23}$$

Dabei ist hier t die Zeit nach dem Abschalten der Gleichspannung U_1.

Der Strom i_1 in einer Spule muß nach dem Abschalten von einer Gleichspannung weiterfließen können, damit sich die im magnetischen Feld gespeicherte Energie abbaut.

Ersatzschaltung. Es zeigt sich also, daß die im magnetischen Feld gespeicherte Energie

$$W = \frac{1}{2} L \cdot I^2 \tag{5.45}$$

nach dem Abschalten der Spannungsquelle hier im Widerstand R_1 in Wärmeenergie umgewandelt wird. Benutzen wir für die Primärspule des Transformators ein Reihenersatzschaltbild und ein Bezugspfeilsystem für Strom und Spannungen entsprechend dem VZS, erhalten wir nach Bild **6.**5 beim Anschalten der Spule an die Gleichspannung positive Werte für die Spannung am Widerstand R_1 und für die induktive Spannung u_{L1}. Auch die Vorzeichen der beiden Leistungen werden positiv. Beim Abschalten der Gleichspannung behält der Strom sein Vorzeichen wie auch Spannung und Leistung im Widerstand (aufgenommene Leistung). Entsprechend dem abnehmenden Fluß in der Spule ändert die induktive Spannung ihr Vorzeichen, und auch die Leistung wird negativ. Die Spule bzw. ihr magnetisches Feld geben Energie ab. Das Vorzeichen der induktiven Spannung u_L gegenüber dem Strom i in der Spule gibt also an, ob das magnetische Feld aufgebaut oder abgebaut wird. Auf diesen Sachverhalt werden wir beim Verhalten der Spule bzw. Induktivität im Wechselstromkreis (s. Abschn. 7) zurückkommen.

Praktische Auswirkungen der Selbstinduktionsspannung. Wie Gl. (6.11) zeigt, kann die beim Abschalten des Stroms in der Spule auftretende Selbstinduktionsspannung um so größere Beträge annehmen, je größer die Selbstinduktivität und der fließende Gleichstrom sind (je größer also W_m ist) und je kürzer die Abschaltzeit ist, in der der Strom noch weiterfließen kann. Die Folge davon ist, daß zwischen den sich öffnenden Kontakten eines mechanischen Schalters ein Lichtbogen entsteht, der die Kontakte in kurzer Zeit zerstören kann.

Die bei elektronischem Abschalten des Stroms verwendeten Halbleiter-Bauelemente (Transistoren, Thyristoren) können durch die Selbstinduktionsspannung selbst unbrauchbar werden. Um zu hohe Beträge dieser Spannung zu vermeiden, kann man z.B. nach Bild **6.**18 die im magnetischen Feld gespeicherte Energie über einen Widerstand in einen Kondensator umladen (Funkenlöschschaltung).

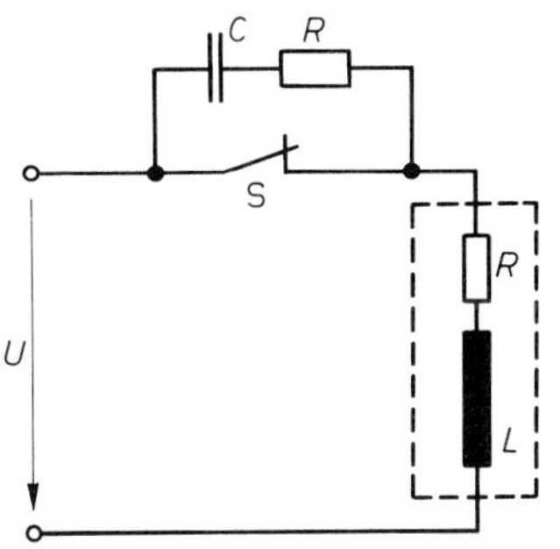

6.18 Abschalten einer stromdurchflossenen Spule (Funkenlöschung)

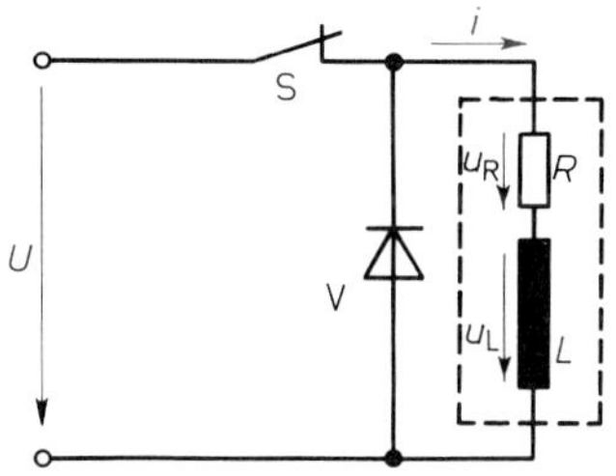

6.19 Abschalten einer stromdurchflossenen Spule (Freilaufdiode)

Dabei verhindert der Widerstand einen beim nachfolgenden Schließen der Schalterkontakte zu hohen Entladestrom des Kondensators. Diese Schaltung wird in der Vermittlungstechnik häufig verwendet. Auch bei elektronischen Schaltern wird sie zum Schutz gegen zu hohe Spannungen eingesetzt (z. B. bei Gleichrichtern mit Dioden oder Thyristoren).

Falls die Dauer der Abschaltung nicht von Bedeutung ist, kann man auch nach Bild **6.**19 parallel zur Spule eine Freilaufdiode schalten. Diese sperrt bei geschlossenem Schalter die Gleichspannung U, wird aber bei öffnendem mechanischen oder elektronischen Schalter durch die Selbstinduktionsspannung in den leitenden Zustand versetzt. Der Strom kann durch die Diode weiterfließen, wobei die Selbstinduktionsspannung nicht größer werden kann, als dem Spannungsabfall an Widerstand und Diode entspricht.

6.2.2.2 Energieumwandlungen auf der Sekundärseite (Gegeninduktion)

Da der geschlossene Eisenkern den magnetischen Fluß bzw. die Flußänderung auch durch die Sekundärspule II führt, tritt während der Stromänderung in der Primärspule bzw. der Flußänderung in der Sekundärspule auch hier eine induktive Spannung auf. Sie beträgt entsprechend Gl. (6.10)

$$u_{q2} = N_2 \cdot \vec{A}_2 \frac{\Delta \vec{B}_2}{\Delta t}. \tag{6.24}$$

Gegeninduktivität. Nehmen wir zunächst an, daß der gesamte von der Spule I erzeugte magnetische Fluß auch die Spule II durchsetzt. Dann sind bei gleichem Eisenquerschnitt $\vec{A}_1 = \vec{A}_2$ auch die Flußdichten $\vec{B}_1$ und $\vec{B}_2$ gleich sowie auch die entsprechenden Feldstärken $\vec{H}_1$ und $\vec{H}_2$. Wir bekommen dann mit

$$B = \mu H \quad \text{und} \quad H = \frac{i_1 N_1}{l_m} \Rightarrow B = \frac{\mu N_1}{l_m} i_1$$

und bei konstanter Permeabilität

$$\frac{\Delta B}{\Delta t} = \frac{\mu N_1}{l_m} \frac{\Delta i_1}{\Delta t}.$$

Damit erhalten wir aus Gl. (6.24)

$$u_{q2} = \frac{\mu \cdot N_1 \cdot N_2 \cdot A}{l_m} \cdot \frac{\Delta i_1}{\Delta t} = \frac{N_1 \cdot N_2}{R_m} \cdot \frac{\Delta i_1}{\Delta t} \tag{6.25}$$

oder mit
$$\boxed{\frac{N_1 \cdot N_2}{R_m} = M} \tag{6.26}$$

$$\boxed{u_{q2} = M \frac{\Delta i_1}{\Delta t}.} \tag{6.27}$$

Dabei wird M als Gegeninduktivität bezeichnet. Ihre Einheit ist die gleiche wie die der Selbstinduktivität L. Der Induktionsvorgang zwischen den beiden durch den gemeinsamen Fluß verketteten Spulen heißt Gegeninduktion.

Sekundärspannung. Nach Gl. (6.27) erhalten wir auf der Sekundärseite eine Spannung u_{q2}, die der Änderungsgeschwindigkeit des primärseitigen Stromes proportional ist. Nach Gl. (6.19) beträgt diese

$$\frac{\Delta i_1}{\Delta t} = \frac{I_1}{\tau} - \frac{i_1}{\tau}$$

und mit Gl. (6.21) beim Anschalten der Gleichspannung

$$\frac{\Delta i_1}{\Delta t} = \frac{I_1}{\tau} - \frac{I_1}{\tau}(1 - e^{-\frac{t}{\tau}}) = \frac{I_1}{\tau} e^{-\frac{t}{\tau}}.$$

Damit ergibt sich schließlich für die Zeit t nach dem Einschalten des Stroms i_1

$$\boxed{u_{q2} = \frac{M I_1}{\tau} e^{-\frac{t}{\tau}}.} \tag{6.28}$$

Beim Abschalten der Gleichspannung bzw. des Stroms i_1 erhält man den gleichen Spannungsverlauf, jedoch mit umgekehrtem Vorzeichen, also

$$\boxed{u_{q2} = -\frac{M I_1}{\tau} e^{-\frac{t}{\tau}}.} \tag{6.29}$$

Versuch 6.1 Zur Darstellung des Stromverlaufs in der Primärspule und der Spannung auf der Sekundärseite wird eine Schaltung nach Bild **6.**20 verwendet, mit deren Hilfe beide Vorgänge durch ein Zweikanal-Oszilloskop abgebildet werden. Die Gleichspannungsquelle mit Schalter wird wie bei dem Versuch in Abschn. 4.2.3

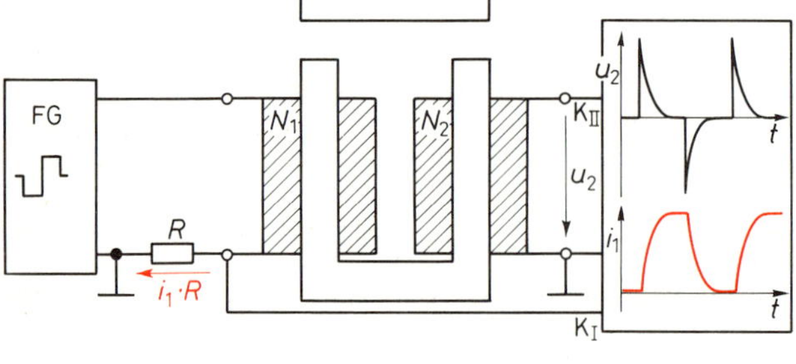

6.20
Darstellung des Verlaufs $u_2 = f(t)$ und $i_1 = f(t)$ bei der Gegeninduktion mit dem Oszilloskop

durch einen Funktionsgenerator ersetzt, der eine rechteckförmige Wechselspannung (ca. 60 Hz) erzeugen kann. Der magnetische Fluß wird durch einen zunächst offenen Eisenkern durch die beiden Spulen mit z. B. $N_1 = 900$ und $N_2 = 600$ Windungen geführt. Der Strom i_1 erzeugt am Widerstand $R = 100\,\Omega$ eine proportionale Spannung, die Kanal I des Oszillographen zugeführt wird, die Sekundärspannung Kanal II.

Ablenkzeit und Verstärkung des Oszillographen werden so eingestellt, daß die Oszillogramme etwa Bild **6.**20 entsprechen. Die Zeitkonstante $L/R = \tau$ und die Gegeninduktivität M lassen sich durch Auflegen des Eisenjochs verändern. Dadurch ändern sich sowohl die Form der e-Funktion als auch der Betrag der Sekundärspannung.

Ergebnis Gl. (6.27) wie auch der Versuch zeigen, daß auf der Sekundärseite eines Transformators nur dann eine Spannung induziert wird, wenn sich der Strom in der Primärspule ändert:

> Energieübertragung durch einen Transformator ist nur bei Wechselstrom möglich.

Schalten wir die Ausgangsspannung des Funktionsgenerators auf andere Kurvenformen um (z. B. Dreieck, Sägezahn, Sinus), zeigt sich, daß nur bei sinusförmiger Eingangsspannung des Transformators Primärstrom und Sekundärspannung den gleichen, sinusförmigen Verlauf haben. Nur bei dieser Kurvenform sind Netzwerke bzw. Spannungen und Ströme in verhältnismäßig einfacher Weise berechenbar.

Ersatzschaltung. Da die Sekundärseite des Transformators bei Belastung stets Energie abgibt, liegt es nahe, diese als Ersatzspannungsquelle mit u_{q2} als Quellenspannung darzustellen. Die bei Belastung des Transformators abfallende Klemmenspannung u_{AB} ergibt sich wieder durch die Wirkung des Innenwiderstands, der hier nicht nur die Energieumwandlungsverluste darstellt, sondern auch die Streuung des Transformators berücksichtigt (s. Abschn. 7 bzw. Band „Elektrische Maschinen" dieser Reihe). Für die Sekundärseite verwenden wir daher zweckmäßig nach Bild **6.**16 das Bezugspfeilsystem des EZS. Auf eine allgemeine Ersatzschaltung des gesamten Transformators werden wir in Abschn. 7 zurückkommen.

Aufgaben zu Abschnitt 6.2

1. In einem Generator entsprechend Bild **6.**13 befinden sich auf dem Trommelanker in zwei gegenüberliegenden Nuten 10 Leiterwindungen. Der wirksame Durchmesser des Läufers beträgt 10 cm, die wirksame Breite des magnetischen Feldes $l_w = 15$ cm. Das als homogen angenommene Feld im Läufer hat die Flußdichte 0,8 Vs/m^2.
   a) Wie groß ist der Höchstwert der induktiven Quellenspannung, wenn sich der Läufer mit 3000 min^{-1} dreht?
   b) Wie groß ist der Fluß, der die wirksame Fläche der Leiterschleifen durchsetzt, wenn der Höchstwert der Spannung induziert wird? Wie groß ist dabei der Winkel α?
   c) Welche Spannungen werden in der Leiterschleife induziert, wenn der Winkel α jeweils 10°, 30°, 50°, 70°, 90°, 110°, 130°, 150° und 170° beträgt?
2. Der Läufer der Maschine nach Aufgabe 1 hat 9 Nutenpaare mit insgesamt 90 wirksamen Leiterschleifen, die in Reihe geschaltet sind. Anfang und Ende der Wicklung sind an Schleifringe geführt.
   a) Wie groß ist der mit der gesamten Wicklung verkettete Fluß, wenn der Höchstwert der Spannung induziert wird, und welche Stellung hat demnach in diesem Augenblick der Läufer? (Symmetrie der Flächenvektoren $\vec{A}$ beachten!)
   b) Wie groß ist der Höchstwert der induktiven Quellenspannung des Generators?
   c) Wie groß ist der maximal durch die Wicklung tretende Fluß, und welche Stellung hat jetzt der Läufer?
3. In der Wicklung eines Generators wird an den Schleifringen der Höchstwert der Wechselspannung zu $u_{max} = 311$ V ermittelt. Der Läufer hat die Drehfrequenz 3000 min^{-1}. Wie groß ist der Spulenfluß Ψ_m (s. Abschn. 5.5.1)?
4. Eine Drosselspule mit Eisenkern hat die Ersatzwerte $R = 15\,\Omega$ und $L = 10$ H (**6.**18). Sie wird an eine Gleichspannung von 12 V geschaltet.
   a) Wie groß ist die im Augenblick des Anschaltens in der Wicklung induzierte Spannung?
   b) Wie groß ist der Strom in der Wicklung nach $t = 1{,}5$ s?

c) Nach welcher Zeit hat der Strom praktisch seinen Endwert erreicht?

d) Wie groß ist die im magnetischen Feld gespeicherte Energie?

e) Welche Spannung kann am Funkenlöschkondensator auftreten, wenn dieser eine Kapazität von 0,1 μF hat?

5. Ein Elektromagnet mit $L = 6{,}2$ H und $R = 80\ \Omega$ wird an einer Gleichspannung von 24 V betrieben. Der Öffnungsfunke beim Abschalten soll mit einem Kondensator unterdrückt werden, dessen Spannung nicht größer als 250 V werden darf. Wie groß muß seine Kapazität mindestens sein?

6. Ein Transformator hat eine Primärspule mit 900 Windungen und eine Sekundärspule mit 600 Windungen. Die Induktivität der Primärspule beträgt $L_1 = 0{,}5$ H.

a) Wie groß ist die Gegeninduktivität M, wenn keine Streuung auftritt?

b) Welche Spannung u_{q2} wird im Augenblick des Anschaltens der Primärspule an eine Gleichspannung von 12 V in der Sekundärspule induziert?

c) Nach welcher Zeit ist die Sekundärspannung praktisch auf Null abgesunken, wenn der Widerstand der Primärspule $R_1 = 2{,}5\ \Omega$ beträgt?

7. In einer Spule tritt bei einer konstanten Änderungsgeschwindigkeit des Stroms von 1 A/s eine Selbstinduktionsspannung von 1 V auf. Welche Induktivität hat die Spule?

8. Ein Relais hat den Widerstand 600 Ω und wird an 24 V betrieben. Seine Induktivität beträgt 15 H. Der Öffnungsfunke beim Abschalten soll durch einen Löschkondensator unterdrückt werden.

a) Welche Kapazitäten sind bei einer maximal zulässigen Spannung von 250 V bzw. 500 V des Kondensators erforderlich?

b) Wie groß muß der Widerstand der Funkenlöschung mindestens sein, wenn der Strom über die Kontakte beim Anschalten des Relais höchstens 0,2 A sein darf?

7 Wechselstromkreis

7.1 Stromarten

Bei der Betrachtung von Spannung und Stromstärke in einem Stromkreis muß man grundsätzlich zwischen Vorgängen unterscheiden, bei denen Spannung und Stromstärke zeitlich konstant sind, und solchen, bei denen sich Beträge und gegebenenfalls Vorzeichen ändern. Zeitlich konstante Größen (z. B. Gleichspannung und Gleichstrom) werden mit Großbuchstaben U bzw. I bezeichnet, zeitlich veränderliche mit Kleinbuchstaben u bzw. i. Faßt man den elektrischen Strom als Driftbewegung elektrischer Ladung auf (s. Abschn. 3.1.1), handelt es sich bei Gleichstrom offenbar um eine zeitlich konstante Wanderung der Elektronen. Verändert sich jedoch im Leiter Wert und Richtung der Stromstärke, bedeutet dies entsprechende Änderungen der Driftgeschwindigkeit der Elektronen. Dabei sind vor allem Vorgänge von Bedeutung, bei denen die Augenblickswerte von Stromstärke und Spannung periodische Funktionen der Zeit sind, wie z. B. in Bild 7.1. Als Periodendauer T wird dabei die Zeit bezeichnet, nach der sich der zeitliche Verlauf der Augenblickswerte wiederholt. Der in Bild 7.1 dargestellte Strom ist ein Mischstrom, d. h. er besteht aus einem Wechsel- und einem Gleichstromanteil. Der Gleichstromanteil ist der zeitliche Mittelwert $\bar{i}$ des Stromes i. Der Wechselstromanteil schwankt um diesen Mittelwert. Da die Fläche unter der Stromfunktion $i = f(t)$ die transportierte Ladungsmenge ist, kann man auch so sagen: Der Gleichstromanteil transportiert Ladungen, der Wechselstromanteil läßt sie nur hin und her schwingen. Zusammenfassend stellen wir fest:

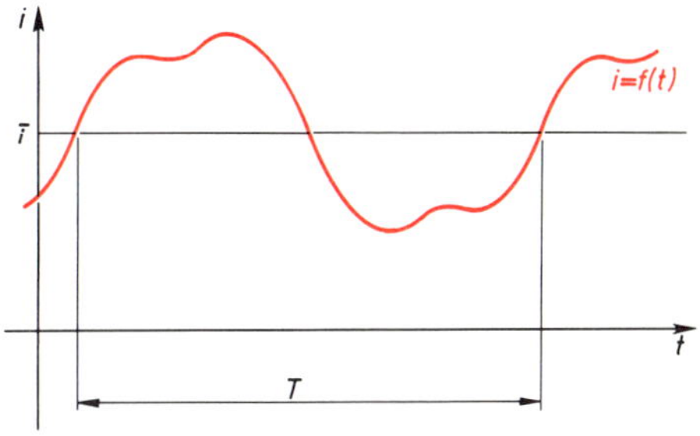

7.1 Periodischer Mischstrom

> Ein periodischer Wechselstrom ist ein Strom, dessen Werte sich im Abstand einer Periodendauer stets wiederholen und dessen zeitlicher Mittelwert null ist.

Entsprechende Überlegungen gelten auch für die Spannung.

Von besonderer Bedeutung sind periodische Wechselströme bzw. Wechselspannungen, bei denen der Augenblickswert nach einer sinusförmigen Funktion der Zeit verläuft. Sie werden nach DIN 5483 Sinusströme bzw. Sinusspannungen oder zusammenfassend Sinusvorgänge genannt. In Stromkreisen, in denen ausgeprägte Energiespeicher wie Kapazitäten oder Induktivitäten vorkommen, haben alle Spannungen und Ströme nur bei Sinusform den gleichen zeitlichen Verlauf. Nur in diesem Fall lassen sich Spannungs- und Stromverteilung in einem Wechselstromkreis verhältnismäßig einfach berechnen. Wir wollen uns daher im folgenden auf die Betrachtung sinusförmiger Wechselgrößen beschränken. Dies auch mit Rücksicht auf die elektrische Energieversorgung. Dort werden vor allem aus wirtschaftlichen Gründen ausschließlich Sinusvorgänge verwendet. Genaue Bestimmungen (DIN EN 50006/VDE 0838) wachen darüber, daß Abweichungen von der Sinusform in engen Grenzen bleiben.

7.2 Eigenschaften von Sinusgrößen

7.2.1 Entstehung einer Sinusspannung

Die Entstehung einer Sinusspannung durch Induktion in umlaufenden Maschinen nach Gl. (6.9) wurde schon in Abschn. 6.2.1 beschrieben. Wir wollen hier zur Herleitung des Spannungsverlaufs an Hand von Bild **7**.2 vom Induktionsgesetz in der Form der Gl. (6.4) ausgehen, also

$$u_q = N \cdot \vec{l}_w (\vec{B} \times \vec{v}).$$

Das Vektorprodukt $(\vec{B} \times \vec{v})$ entspricht einer elektrischen Ersatzfeldstärke $\vec{E}$ in der Leiterachse mit der wirksamen Länge $\vec{l}_w$. Beachten wir, daß die Vektoren $\vec{B}$ und $\vec{v}_w$ (die wirksame Geschwindigkeit des Leiters in Bild **7**.2) senkrecht aufeinander stehen, $\vec{E}$ und $\vec{l}_w$ in einer Wirkungslinie liegen und somit die wirksamen Vektorkomponenten stets einen rechten Winkel einschließen, können wir mit den Beträgen rechnen:

$$u_q = N \cdot l_w \cdot B \cdot v_w. \tag{7.1}$$

Wir setzen voraus, daß sich nach Bild **7**.2 die N Leiterseiten mit konstanter Winkelgeschwindigkeit ω in einem homogenen magnetischen Feld mit der Flußdichte B bewegen. Die an den Klemmen der Wicklung meßbare Spannung wird mit $v_w = v \cdot \sin \omega t$

$$u_q = 2N \cdot l_w \cdot B \cdot v \cdot \sin \omega t = \hat{u}_q \cdot \sin \omega t. \tag{7.2}$$

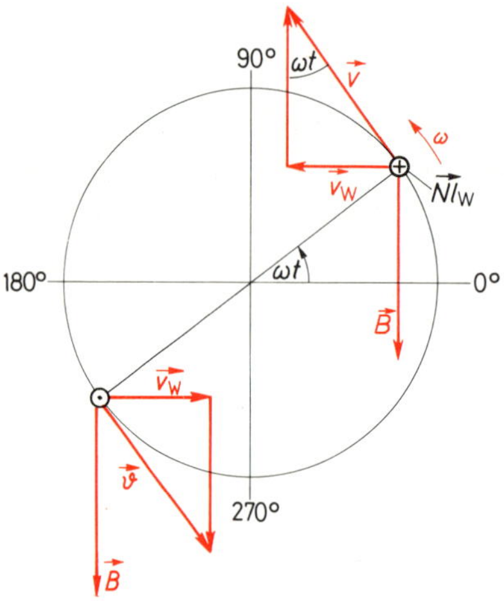

7.2 Entstehen einer sinusförmigen Wechselspannung

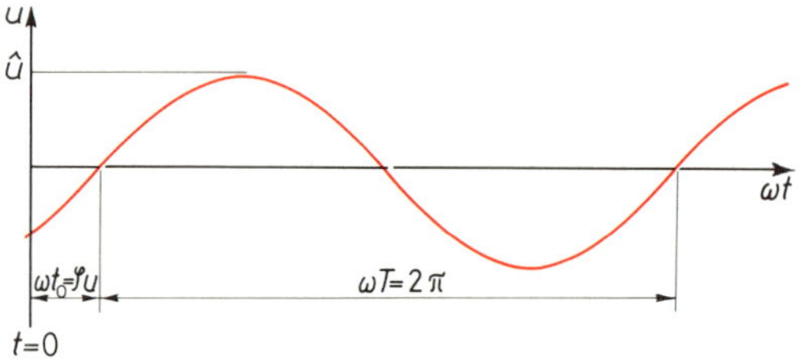

7.3 Liniendiagramm einer sinusförmigen Wechselspannung

7.2.2 Kennwerte

Frequenz. Entsprechend Bild **7**.3 erhalten wir eine sinusförmige Wechselspannung mit $\hat{u}$ als Scheitelwert. Dieser höchste während einer Periode auftretende Augenblickswert wird auch als Maximalwert u_{max} oder Amplitude der Sinusspannung bezeichnet, während die sich ständig verändernden Werte der Spannung auch Augenblickswerte oder Zeitwerte heißen. Die Spannung u ist zwar eine Funktion der Zeit, doch muß das Argument einer Winkelfunktion stets ein Winkel sein. Dieser hat nach seiner Definition als Verhältnis zweier Längen (Radiant) im Gegensatz zur Größe t keine Einheit. Der Periodendauer T der Wechselspannung entspricht der Vollwinkel 2π. Der Kehrwert der Periodendauer heißt Frequenz f.

$$\frac{1}{T} = f \quad \text{mit der Einheit} \quad [f] = \frac{1}{[T]} = \frac{1}{\text{s}} = \text{Hz}$$

Die SI-Einheit der Frequenz hat den Einheitennamen Hertz. Sie gibt die Anzahl der Wechselspannungsperioden in einer Sekunde an.

Aus $\omega T = 2\pi$ erhält man $\omega = 2\pi/T = 2\pi f$. Der auf der waagerechten Achse aufgetragene Winkel ωt heißt elektrischer Winkel, ω Kreisfrequenz. Auch für ω gilt $[\omega] = 1/\text{s}$.

Frequenz oder Polpaarzahl. Der geometrische Drehwinkel α der Wicklungsachse und der elektrische Winkel ωt stimmen nur dann zahlenmäßig überein, wenn die Sinusspannung in einer Maschine erzeugt wird, die für eine Periode auch eine vollständige Umdrehung des Läufers braucht. Das ist bei Maschinen mit je einem Nord- und Südpol (Polpaar) der Fall. Wenn die Maschine jedoch mehrere magnetische Polpaare hat, sind Drehwinkel und elektrischer Winkel verschieden. Ist die Polpaarzahl p, entsteht eine Periode der Wechselspannung bei einer Drehung $\Delta\alpha = 2\pi/p = 360°/p$. Bei einer vollen Umdrehung des Läufers erhält man p Perioden der Wechselspannung. Bezeichnet man mit f_L die Anzahl der Läuferumdrehungen in einer Sekunde, gilt also $f = p \cdot f_L$. Häufig wird statt f_L auch n als Formelzeichen für die Drehzahl (besser: Drehfrequenz, denn es handelt sich um eine Größe) verwendet.

Beispiel 7.1 Die Drehzahl des Läufers mit $p = 2$ beträgt $n = 1500\ \text{min}^{-1}$. Für die Frequenz gilt dann

$$f = p \cdot f_L = p \cdot n = \frac{2 \cdot 1500}{60\ \text{s}} = 50 \frac{1}{\text{s}} = \mathbf{50\ Hz}.$$

Da uns bei der Untersuchung eines Wechselstromkreises die Art und Weise der Wechselspannungserzeugung durch umlaufende Maschinen weniger interessiert, ist mit einem Winkel im folgenden stets der elektrische Winkel ωt gemeint, der als Produkt der konstanten Kreisfrequenz ω und der vom Augenblick $t = 0$ ablaufenden Zeit t entsteht.

7.2.3 Darstellung von Sinusvorgängen

Liniendiagramm. Die Darstellung der Sinusgröße wie in Bild 7.3. heißt Liniendiagramm. Die Lage des Zeitpunkts $t = 0$ bzw. $\omega t = 0$ ist beliebig. Die Zeit t_0 vom Zeitpunkt $t = 0$ bis zum ersten positiven Nulldurchgang der Sinusspannung entspricht einem Winkel $\omega t_0 = \varphi_u$, der Nullphasenwinkel der Sinusspannung heißt. Im Liniendiagramm können mehrere, gleichzeitig ablaufende Vorgänge gleicher Frequenz in Abhängigkeit vom Winkel ωt, Vorgänge beliebiger Frequenz dagegen nur in Abhängigkeit von der Zeit t dargestellt werden. Zwei Sinusspannungen gleicher Frequenz zeigt Bild 7.4, deren Scheitelwerte und Nullphasenwinkel jedoch verschieden sind. Hier sind beide positiv. Ein positiver Nullphasenwinkel bedeutet also, daß zum Zeitpunkt $t = 0$ bereits ein

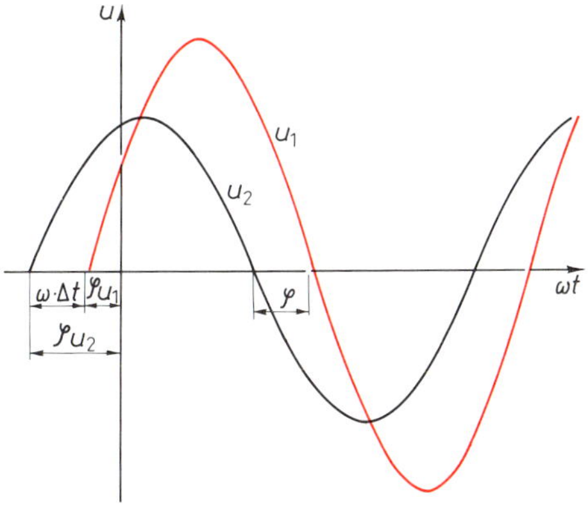

7.4 Liniendiagramm phasenverschobener Sinusspannungen

Teil der Sinuswelle abgelaufen ist oder – mit anderen Worten – daß der positive Nulldurchgang der Sinuswelle vor dem Zeitnullpunkt liegt. Die Differenz der Nullphasenwinkel heißt Phasenverschiebung. Sie ist gleich dem Winkel zwischen zwei gleichsinnigen Nulldurchgängen der beiden Sinusspannungen. In Bild **7.4** geht die Spannung u_2 gegenüber der Spannung u_1 um den Winkel $\varphi = \varphi_{u2} - \varphi_{u1}$ bzw. um die entsprechende Zeit $\Delta t = \varphi/\omega$ früher durch Null. Man sagt: Die Spannung u_2 eilt der Spannung u_1 um den Winkel φ voraus. Wählen wir dagegen als Bezugsspannung u_2, wird $\varphi = \varphi_{u1} - \varphi_{u2}$ negativ, wie man aus **7.4** erkennt. D. h. u_1 eilt der Spannung u_2 um den Winkel φ nach.

Zusammenfassend können wir feststellen:

> Zur Kennzeichnung von Sinusvorgängen gleicher Frequenz müssen die Scheitelwerte, die gemeinsame Frequenz und die Nullphasenwinkel der einzelnen Sinusvorgänge bzw. ihre gegenseitige Phasenlage bekannt sein.

Haben die Sinusgrößen nicht die gleiche Frequenz, ist im Liniendiagramm zwar eine Darstellung in Abhängigkeit von der Zeit t möglich, Begriffe wie Nullphasenwinkel und Phasenverschiebung können jedoch nicht mehr zur Kennzeichnung der Sinusgrößen verwendet werden. Wir werden uns im folgenden auf die Darstellung von Sinusgrößen gleicher Frequenz beschränken.

Man erhält z. B. zwei Sinusspannungen gleicher Frequenz wie in Bild **7.4**, wenn man im homogenen Feld einer zweipoligen Maschine zwei getrennte Wicklungen umlaufen läßt, die gegeneinander um den Winkel $\alpha = \varphi$ versetzt sind (**7.5**). Dabei sind Anfang und Ende jeder Wicklung so an Schleifringe geführt, daß die Spannungen an den entsprechenden Klemmen meßbar sind. Sind die Windungszahlen N_1 bzw. N_2 unterschiedlich, bekommt man für die in den Wicklungen induzierten Spannungen auch unterschiedliche Scheitelwerte. Bei $N_1 = N_2$ erhält man auch $\hat{u}_1 = \hat{u}_2$.

Es ist offensichtlich, daß die Spannung in der Wicklung 1 ihren Scheitelwert um die Zeit Δt später erreicht als die Spannung in der Wicklung 2. Dabei sind $\alpha = \omega\Delta t$ und $\Delta t = \alpha/\omega$. Die Spannung u_2 eilt daher der Spannung u_1 um die Zeit Δt bzw. um den entsprechenden elektrischen Winkel $\varphi = \omega\Delta t$ vor.

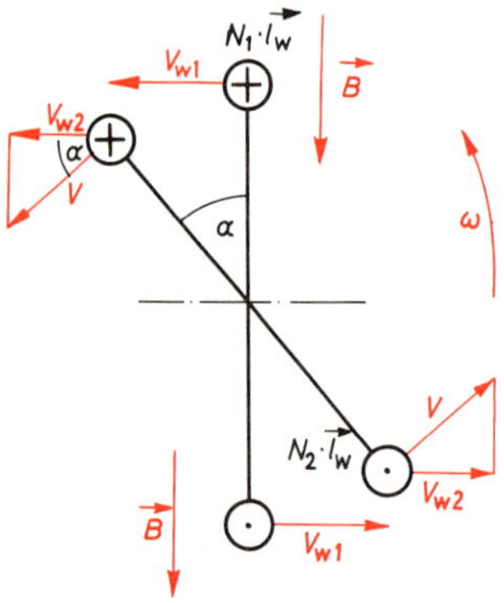

7.5 Entstehen phasenverschobener Wechselspannungen

Funktionsgleichung. Man kann das Liniendiagramm Bild **7.4** auch als grafische Darstellung von Funktionsgleichungen der beiden Spannungen $u_1 = f(\omega t)$ und $u_2 = f(\omega t)$ ansehen. Wir bekommen

$$u_1 = \hat{u}_1 \cdot \sin(\omega t + \varphi_{u1}) \quad \text{und}$$

$$u_2 = \hat{u}_2 \cdot \sin(\omega t + \varphi_{u2}). \tag{7.3}$$

Darin sind die Scheitelwerte durch ein Dach über dem Formelzeichen gekennzeichnet. Die Richtigkeit der Gleichungen vor allem hinsichtlich des Vorzeichens der Nullphasenwinkel läßt sich prüfen, indem man $t = 0$ bzw. $\omega t = 0$ einsetzt. Die sich dann ergebenden Augenblickswerte

$$u_{10} = \hat{u}_1 \cdot \sin\varphi_{u1} \quad \text{und} \quad u_{20} = \hat{u}_2 \cdot \sin\varphi_{u2}$$

müssen mit denen in Bild **7.4** für $t = 0$ übereinstimmen.

Natürlich kann man die Zeitlinie $t = 0$ so legen, daß ein Nullphasenwinkel verschwindet. Wählt man z. B. u_1 als Bezugsspannung mit $u_1 = \hat{u}_1 \cdot \sin\omega t$, erhält man $u_2 = \hat{u}_2 \cdot \sin(\omega t + \varphi)$. Entsprechend ergeben sich für u_2 als Bezugsspannung $u_2 = \hat{u}_2 \cdot \sin\omega t$ und $u_1 = \hat{u}_1 \cdot \sin(\omega t - \varphi)$. Es zeigt sich damit:

Das Vorzeichen des Phasenverschiebungswinkels hängt von der Wahl der Bezugsgröße ab. Ein negativer Phasenwinkel beschreibt eine Größe, die dem Bezugsvorgang nacheilt. Ein positiver Phasenwinkel bedeutet Voreilung der Sinusgröße gegenüber dem Bezugsvorgang.

Drehzeigerdarstellung. Das Liniendiagramm verschiedener Sinusgrößen gleicher Frequenz wie in Bild **7.4** können wir auch aus dem Drehzeigerdiagramm (kurz: Zeigerbild) ableiten. Jeder Sinusgröße wird ein Pfeil zugeordnet, dessen Länge dem Scheitelwert entspricht. Diese als Drehzeiger (früher Zeiger) bezeichneten Pfeile denkt man sich mit der gemeinsamen Winkelgeschwindigkeit ω um ein gemeinsames Drehzentrum umlaufend, und zwar im mathematisch positiven Sinn entgegen der Uhrzeigerdrehung. Wie Bild **7.6** zeigt, sind dabei die einzelnen Drehzeiger gegeneinander um den Phasenverschiebungswinkel versetzt. Wählt man einen als Bezugszeiger, ist dessen Verlängerung die Zeitachse des zugehörigen Liniendiagramms. Auf der zur Zeitachse senkrechten Zeitlinie $t = 0$ erhält man als Projektionen der Pfeilspitzen die Augenblickswerte der einzelnen Sinusgrößen. Dreht man nun das gesamte Zeigerdiagramm bei gleichbleibender gegenseitiger Lage der Drehzeiger um den Winkel ωt im positiven Sinn (gegen den Uhrzeiger), verschiebt sich die Zeitlinie ebenfalls um den gleichen Winkel im Liniendiagramm im positiven Sinn (also nach rechts). Die Projektionen der Pfeilspitzen auf die Zeitlinie liefern die jetzt gültigen Augenblickswerte der Sinusgrößen.

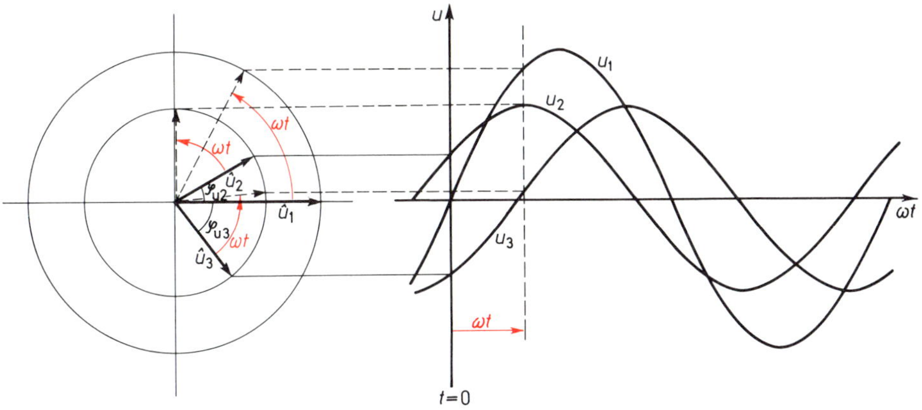

7.6 Phasenverschobene Sinusspannungen im Linien- und Drehzeigerdiagramm

Umgekehrt erhält man das Zeigerdiagramm aus dem Liniendiagramm, wenn man z. B. von der Zeitlinie $t = 0$ und den zu diesem Zeitpunkt geltenden Augenblickswerten ausgeht. Die Parallelen zur Zeitachse schneiden die mit den einzelnen Drehzeigern als Radien gezeichneten Kreise. Die Verbindungen des Zentrums mit diesen Schnittpunkten liefern das gesuchte Zeigerdiagramm mit den Nullphasenwinkeln der einzelnen Drehzeiger bzw. Sinusgrößen. Dabei liegt der Drehzeiger der Bezugsgröße in der Verlängerung der Zeitachse des Liniendiagramms (Bild **7.6**).

Das Drehzeigerdiagramm liefert die gleichen Informationen über die dargestellten Sinusgrößen wie das Liniendiagramm und die Funktionsgleichung.

Das Zeigerbild als symbolische Darstellung von Sinusgrößen gleicher Frequenz hat wegen seiner Einfachheit eine besondere Bedeutung. Die Bestimmungsgrößen der Funktionsgleichungen, die zum Berechnen von Augenblickswerten nötig sind (z. B. Scheitelwert und Nullphasenwinkel), lassen sich leicht dem Zeigerbild entnehmen. Um den Charakter einer Größe als Drehzeiger zu kennzeichnen, wird das Formelzeichen unterstrichen, z. B. $\underline{\hat{u}}$, $\underline{\hat{i}}$.

7.2.4 Addition von Sinusgrößen

Im Liniendiagramm. Beim Addieren von Sinusgrößen unterschiedlicher Frequenz addiert man die Augenblickswerte im Liniendiagramm. Haben die Sinusgrößen jedoch die gleiche Frequenz, ist die Addition im Zeigerdiagramm einfacher. Dieser Fall tritt z. B. bei der Reihenschaltung der in Bild **7.5** dargestellten beiden Wicklungen auf. Ihre Spannungen sind gegeneinander phasenverschoben und können auch unterschiedliche Scheitelwerte haben. Die Regel der Reihenschaltung bei Gleichstrom, wonach die Gesamtspannung der Reihenschaltung gleich der Summe der Teilspannungen ist, gilt auch bei beliebigen zeitlich veränderlichen Spannungen für die Augenblickswerte.

In Bild **7.6** sind drei phasenverschobene Spannungen im Zeigerdiagramm und im Liniendiagramm dargestellt. Ihre Funktionsgleichungen sind

$$u_1 = \hat{u}_1 \cdot \sin\omega t, \quad u_2 = \hat{u}_2 \cdot \sin(\omega t + \varphi_{u2}), \quad u_3 = \hat{u}_3 \cdot \sin(\omega t + \varphi_{u3}).$$

Die Augenblickswerte der Gesamtspannung $u = u_1 + u_2 + u_3$ lassen sich daraus für jeden Zeitpunkt t berechnen.

Drehzeigerdiagramm. Die Addition der drei Spannungen läßt sich auch im Zeigerdiagramm durchführen (Bild **7.7**). In das Drehzentrum der drei Drehzeiger wird der Nullpunkt eines rechtwinkligen x/y-Systems gelegt, so daß der Bezugszeiger in der x-Achse liegt. Dies ist hier $\underline{\hat{u}}_1$ ohne Nullphasenwinkel. Die Augenblickswerte der drei Wechselspannungen für $t = 0$ erhält man als y-Komponenten ihrer Drehzeiger, also

$$u_1 = \hat{u}_{1y} = 0, \quad u_2 = \hat{u}_{2y} = \hat{u}_2 \sin\varphi_{u2}, \quad u_3 = \hat{u}_{3y} = \hat{u}_3 \sin\varphi_{u3}.$$

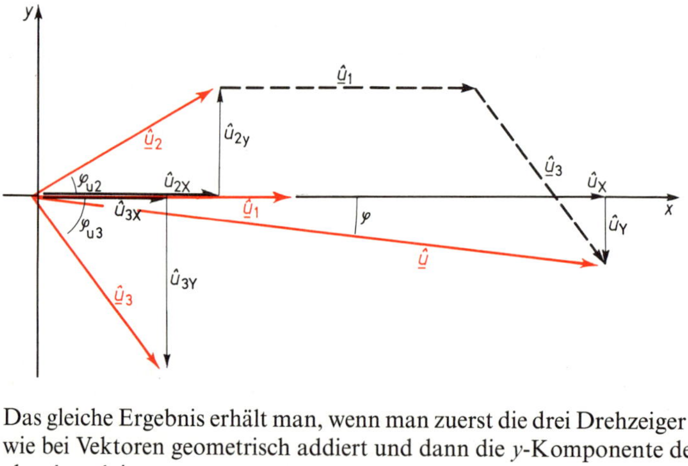

7.7
Addition phasenverschobener Sinusspannungen

Das gleiche Ergebnis erhält man, wenn man zuerst die drei Drehzeiger durch Parallelverschiebung wie bei Vektoren geometrisch addiert und dann die y-Komponente des Summenzeigers ermittelt, also $\hat{u}_y = \hat{u} \sin\varphi = u$.

Die y-Komponente des Summenzeigers (Augenblickswert der Summenspannung) ist gleich der Summe der y-Komponenten der Drehzeiger (Augenblickswerte der Teilspannungen).

Zum Bestimmen der Funktionsgleichung der Summenspannung $u = \hat{u}\sin(\omega t + \varphi)$ müssen noch $\hat{u}$ und φ ermittelt werden. Aus Bild **7.7** ergibt sich

$$\hat{u}_x = \hat{u}_{1x} + \hat{u}_{2x} + \hat{u}_{3x} \quad \text{entsprechend} \quad \hat{u}_y = \hat{u}_{1y} + \hat{u}_{2y} + \hat{u}_{3y}.$$

Aus $\hat{u} = \sqrt{\hat{u}_x^2 + \hat{u}_y^2}$ und $\tan\varphi = \hat{u}_y/\hat{u}_x$ erhält man die gesuchten Größen.

Beispiel 7.2 Die Scheitelwerte der drei Sinusspannungen nach Bild **7.7** betragen $\hat{u}_1 = 70$ V, $\hat{u}_2 = \hat{u}_3 = 58$ V. Die Nullphasenwinkel sind $\varphi_{u1} = 0$, $\varphi_{u2} = 30°$, $\varphi_{u3} = -52°$. Die Summenspannung $u = \hat{u} \cdot \sin(\omega t + \varphi_u)$ ist zu bestimmen.

Lösung Die x-Komponente der Summenspannung ergibt sich aus

$\hat{u}_x = \hat{u}_{x1} + \hat{u}_{x2} + \hat{u}_{x3}$ mit $\hat{u}_{x1} = \hat{u}_1 \cdot \cos\varphi_{u1}$, $\hat{u}_{x2} = \hat{u}_2 \cos\varphi_{u2}$, $\hat{u}_{x3} = \hat{u}\cos\varphi_{u3}$.

Mit den gegebenen Werten bekommt man

$\hat{u}_{x1} = \hat{u}_1 = 70\text{ V}$, $\hat{u}_{x2} = 58\text{ V} \cdot \cos 30° = 50{,}23\text{ V}$, $\hat{u}_{x3} = 58\text{ V} \cdot \cos(-52°) = 35{,}71\text{ V}$ und daraus

$\underline{\hat{u}_x} = 70\text{ V} + 50{,}23\text{ V} + 35{,}71\text{ V} = \mathbf{155{,}94\text{ V}}.$

Für die y-Komponente der Summenspannung erhält man

$\hat{u}_{y1} + \hat{u}_{y2} + \hat{u}_{y3} = \hat{u}_y$ mit $\hat{u}_{y1} = \hat{u}_1 \cdot \sin\varphi_{u1}$, $\hat{u}_{y2} = \hat{u}_2 \cdot \sin\varphi_{u2}$

$\hat{u}_{y3} = \hat{u}_3 \cdot \sin\varphi_{u3}$ und mit den gegebenen Werten

$\underline{\hat{u}_y} = 58\text{ V} \cdot \sin 30° - 58\text{ V} \cdot \sin 52° = 29\text{ V} - 45{,}7\text{ V} = \mathbf{-16{,}7\text{ V}}.$

Daraus ergeben sich für $\underline{\hat{u}} = \sqrt{\hat{u}_x^2 + \hat{u}_y^2} = \mathbf{156{,}83\text{ V}}$ und

$\tan\varphi_u = -16{,}7\text{ V}/155{,}94\text{ V} = -0{,}1071 \quad \Rightarrow \quad \varphi_u = -\operatorname{arctan} 0{,}1071 = \mathbf{-6{,}11°}.$

Die gesuchte Funktionsgleichung wird damit

$u = \mathbf{156{,}83\text{ V} \sin(\omega t - 6{,}11°)}.$

Die geometrische Addition der Drehzeiger von $\underline{u}_1$, $\underline{u}_2$ und $\underline{u}_3$ in Bild **7.7** liefert offensichtlich wieder einen Drehzeiger. Da wir die Augenblickswerte auch der Summenspannung durch Projektion der Zeigerspitzen auf eine Zeitlinie bekommen, haben auch deren Augenblickswerte im Liniendiagramm einen zeitlich sinusförmigen Verlauf. Umgekehrt können wir einen Drehzeiger z. B. in zwei rechtwinklig aufeinander stehende Komponenten zerlegen, die ebenfalls Drehzeiger sind. Es gilt deshalb folgende Merkregel:

> Die Summe von Sinusgrößen gleicher Frequenz ist stets wieder eine Sinusgröße der gleichen Frequenz.
>
> Jede Sinusgröße kann man als Summe aus zwei Sinusgrößen gleicher Frequenz auffassen, die z. B. eine gegenseitige Phasenverschiebung von 90° aufweisen.

Drehzeiger und Vektor. Obwohl die geometrische Addition bzw. Subtraktion von Drehzeigern auf die gleiche Weise erfolgt wie bei Vektoren und entsprechend auch ihre Zerlegung in Komponenten, kennzeichnen die Pfeile bei Drehzeigern und Vektoren völlig verschiedene Größeneigenschaften. Während der Vektorcharakter die räumliche Orientierung einer Größe bedeutet, stellt der Drehzeiger den zeitlich sinusförmig veränderlichen Wert einer Größe dar. Die Größe selbst kann sowohl skalar (z. B. Spannung, Strom, magnetischer Fluß) als auch vektoriell sein (z. B. magnetische Flußdichte).

Es gibt also Größen, denen man beide Eigenschaften zuschreiben kann. Wir wollen deshalb die Begriffe Drehzeiger und Vektor streng unterscheiden.

7.2.5 Bezugspfeilsystem

Auch zum Berechnen von Wechselstromkreisen sind für Spannungen und Ströme Bezugspfeile nötig, mit denen wir für die Augenblickswerte der Spannungen bzw. der Ströme wie im Gleichstromkreis die Kirchhoffschen Regeln anwenden können. Mit anderen Worten: Wir können die Bezugspfeile bei gerade positiven Beträgen der Augenblickswerte auch als Richtungspfeile im konventionellen Sinn auffassen. Obwohl sich bei Wechselgrößen ständig Beträge und Vorzeichen der Augenblickswerte ändern, können wir mit den festgelegten Bezugspfeilen wie beim Gleichstromkreis rechnen.

Positive und negative Leistung. In Bild **7**.8 ist ein einfacher Wechselstromkreis dargestellt, um die Anwendung der Bezugspfeile zu erläutern. Die Wechselspannungsquelle ist hier eine Ersatzspannungsquelle mit der Quellenspannung u_0 und dem inneren Widerstand R_i. In der Quelle ergibt sich bei entgegengesetzter Lage der Bezugspfeile von Quellenspannung und Strom und stets gleichen Vorzeichen der Augenblickswerte immer eine negative Leistung, also eine abgegebene. Im Innenwiderstand R_i wie auch im dargestellten Verbraucher R bekommt man bei gleicher Lage der Bezugspfeile und wiederum stets gleichen Vorzeichen der Augenblickswerte eine positive, also eine aufgenommene Leistung.

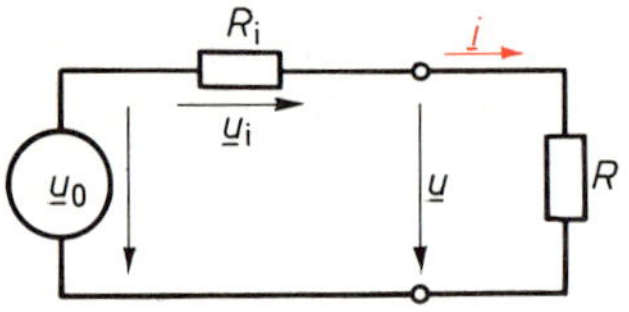

7.8 Bezugspfeilsystem

Der Erhaltungssatz der Energie gilt in jedem Augenblick, also auch für die Leistungen. Das heißt, daß auch im Wechselstromkreis die Summe der Teilleistungen stets Null sein muß. Während im Gleichstromkreis für das Vorzeichen einer Teilleistung nur die gegenseitige Lage der Richtungspfeile von Spannung und Strom bestimmend ist, müssen im Wechselstromkreis außer der Lage der Bezugspfeile auch die Vorzeichen der Augenblickswerte beachtet werden. Wir werden im folgenden sehen, daß bei gleicher Lage der Bezugspfeile im Verbraucherteil dennoch gleiche und unterschiedliche Vorzeichen der Augenblickswerte auftreten können. Mit anderen Worten: Die Leistung im Verbraucher kann je nach seiner Art sowohl positiv (aufgenommene Leistung) als auch negativ sein (abgegebene Leistung). Welche Vorzeichen der Augenblickswerte von Spannung und Strom gleichzeitig auftreten, hängt von der gegenseitigen Phasenlage ab. Wir wollen zunächst Wechselstromwiderstände betrachten, bei denen entweder keine Phasenverschiebung zwischen Spannung und Strom auftritt oder bei denen die Phasenverschiebung 90° beträgt. Diese werden als ideale Wechselstromwiderstände bezeichnet.

Aufgaben zu Abschnitt 7.2

1. Ein sinusförmiger Wechselstrom erreicht 1 ms nach dem Nulldurchgang

   a) 50%, b) 60% seines Scheitelwerts.
   Wie groß sind Frequenz und Periodendauer?

2. Eine sinusförmige Wechselspannung mit der Frequenz 50 Hz hat den Nullphasenwinkel $\varphi_u = 20°$ und den Scheitelwert 90 V (**7**.3).
   a) Welchen Augenblickswert hat sie bei $t = 0$?
   b) Nach welcher Zeit treten die ersten drei Nulldurchgänge auf?
   c) Welche Beträge hat die Spannung bei $t = 5$; 7,5; 15; 20 ms?

3. Eine sinusförmige Wechselspannung mit der Frequenz 50 Hz erreicht bei $t = 2{,}5$ ms ihren positiven Scheitelwert von 150 V.
   a) Welchen Nullphasenwinkel hat die Spannung?
   b) Wie groß ist der Augenblickswert bei $t = 0$?

4. Eine sinusförmige Wechselspannung mit der Frequenz 400 Hz und dem Scheitelwert 150 V hat zur Zeit $t = 0$ den Augenblickwert 75 V.
   a) Wie groß ist der Nullphasenwinkel?
   b) Welchen Augenblickswert hat die Spannung bei $t = 0{,}5$ ms?

5. In welchen Zeitabständen von einem Nulldurchgang erreicht eine sinusförmige Wechselspannung 70% ihres Scheitelwerts bei einer Frequenz von a) $16\frac{2}{3}$ Hz, b) 50 Hz, c) 100 Hz, d) 150 Hz?

6. Welche Frequenz hat ein sinusförmiger Wechselstrom, wenn zwischen dem Erreichen von 50% und 55% des Scheitelwerts eine Zeitspanne von 0,1 ms liegt?

7. Zwei Sinusspannungen gleicher Frequenz haben die Phasenverschiebung $\varphi = 30°$. Eine Spannung mit dem Scheitelwert 180 V hat den Augenblickswert 70 V. Welchen Betrag hat in diesem Moment die andere mit dem Scheitelwert 120 V? (**7.4**).

8. Ein sinusförmiger Wechselstrom mit dem Scheitelwert 6 A hat den positiven Augenblickswert 1,5 A, wenn eine Wechselspannung gleicher Frequenz mit dem Scheitelwert 250 V den ebenfalls positiven Augenblickswert 180 V hat.
   a) Welche Beträge unter 180° können die elektrischen Winkel beider Größen haben?
   b) Welche Phasenverschiebung (unter 90°) haben Spannung und Strom?

9. Von zwei Sinusspannungen gleicher Frequenz hat die eine den Scheitelwert $\hat{u}_1 = 120$ V, die andere $\hat{u}_2 = 180$ V. Sie haben eine Phasenverschiebung von a) 15°, b) 30°, c) 45°, d) 60°, e) 90°, f) 120°.
   Welchen Wert hat die Summenspannung und welche Phasenlage hat sie gegenüber der Bezugsspannung u_2? Die Aufgabe ist zeichnerisch und rechnerisch zu lösen.

10. In der Zuleitung zu einer Parallelschaltung fließt ein sinusförmiger Wechselstrom mit dem Scheitelwert $\hat{i} = 6$ A, der sich in zwei Teilströme aufteilt. Ein Teilstrom hat den Scheitelwert $\hat{i}_1 = 4$ A und gegenüber dem Gesamtstrom eine Phasenverschiebung $\varphi = -40°$. Welchen Scheitelwert und welche Phasenlage hat der andere Teilstrom? (Zeichnerische und rechnerische Lösung)

11. Die Wellen von zwei zweipoligen Wechselstromgeneratoren sind starr miteinander gekuppelt, wobei der Verdrehungswinkel einstellbar ist. Ihre Wicklungen liefern sinusförmige Wechselspannungen gleicher Frequenz mit gleichen Scheitelwerten $\hat{u}_1 = \hat{u}_2 = 160$ V. Beide Wicklungen werden in Reihe geschaltet. Die Summenspannung $\hat{u}$ ist a) 320 V, b) 290 V, c) 250 V, d) 210 V, e) 180 V. Wie groß müssen die Verdrehungswinkel der beiden Generatorwellen sein?
    (Zeichnerische und rechnerische Lösung)

12. Welche Gesamtspannungen erhält man, wenn die beiden Generatoren von Aufg. 11 einen Verdrehungswinkel von a) 30°, b) 60°, c) 90° haben und bei der Reihenschaltung der beiden Wechselspannungen die Wicklungsanschlüsse auch vertauscht werden?

13. Zwei Wechselspannungserzeuger liefern sinusförmige Wechselspannungen u_1 und u_2 gleicher Frequenz mit einer Phasenverschiebung von 90° und einstellbaren Scheitelwerten. Die Summenspannung hat den Scheitelwert $\hat{u} = 250$ V. Wie groß müssen die Scheitelwerte $\hat{u}_2$ sein, wenn $\hat{u}_1$ a) 20 V, b) 40 V, c) 80 V, d) 120 V, e) 180 V, f) 220 V beträgt?

14. Drei sinusförmige Wechselströme gleicher Frequenz mit den Scheitelwerten $\hat{i}_1 = 2$ A, $\hat{i}_2 = 3$ A und $\hat{i}_3 = 4$ A sowie einer Phasenverschiebung gegenüber i_2 von $\varphi_1 = 30°$ bzw. $\varphi_3 = -70°$ überlagern sich zu einem Gesamtstrom i. Welchen Scheitelwert hat dieser und wie groß ist seine Phasenverschiebung φ gegenüber dem Bezugsstrom i_2? (Zeichnerische und rechnerische Lösung)

7.3 Ideale Wechselstromwiderstände

7.3.1 Wirkwiderstand

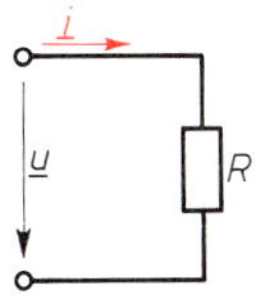

7.9 Wirkwiderstand

Ideale Wechselstromwiderstände im Verbraucherteil des Stromkreises unterscheiden sich durch die Art der in ihnen ablaufenden Energieumformung. Die nicht umkehrbare Umwandlung elektrischer Energie im Augenblick ihrer Entstehung in Wärmeenergie haben wir schon im Gleichstromkreis kennengelernt. Auch im Wechselstromkreis wird diese Art der Energieumformung ersatzweise durch einen Widerstand R dargestellt (**7.9**).

Wesentlich für diesen Wirkwiderstand ist, daß er ohne Speicherung elektrischer oder magnetischer Energie Leistung aufnimmt und sie gleichzeitig in andere Energieformen wie Wärmeenergie oder mechanische Energie umwandelt. Wegen der stets positiven (aufgenommenen)

Wirkleistung müssen bei gleicher Lage der Bezugspfeile im Verbraucher die Augenblickswerte von Spannung und Strom immer gleiche Vorzeichen haben – sie sind gleichphasig. Gleichsinnige Nulldurchgänge und Höchstwerte treten stets im gleichen Augenblick auf. Die je nach Wahl des Augenblicks $t=0$ in Liniendiagramm, Funktionsgleichung bzw. Zeigerdiagramm auftretenden Nullphasenwinkel für Spannung und Strom sind gleich. Für $t=0$ im positiven Nulldurchgang von Spannung und Strom erhalten wir eine Darstellung entsprechend Bild **7.10**. Die zugehörigen Funktionsgleichungen sind

$$u = \hat{u} \cdot \sin\omega t \quad \text{und} \quad i = \hat{i} \cdot \sin\omega t\,.$$

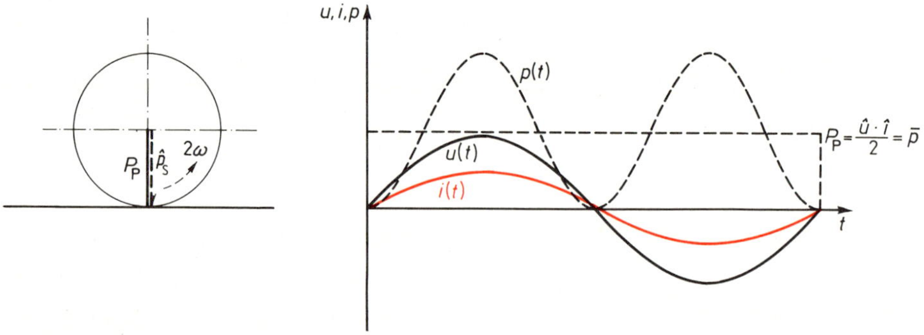

7.10 Wirkleistung im Linien- und Zeigerdiagramm bei Gleichphasigkeit von Spannung und Strom

Das Verhältnis der Augenblickswerte von Spannung und Strom ist hier auch gleich dem Verhältnis der gleichzeitig auftretenden Scheitelwerte, das als Wirkwiderstand R bezeichnet wird.

$$\frac{u}{i} = \frac{\hat{u} \cdot \sin\omega t}{\hat{i} \cdot \sin\omega t} = \frac{\hat{u}}{\hat{i}} = R \tag{7.4}$$

Wirkleitwert. Der Kehrwert des Wirkwiderstands R ist der Wirkleitwert G. Die Einheiten sind wie im Gleichstromkreis

$$[R] = \Omega \quad \text{bzw.} \quad [G] = \frac{1}{\Omega} = \text{S}.$$

Leistung. Der Augenblickswert p der aufgenommenen Wirkleistung im Wirkwiderstand ergibt sich als Produkt der Augenblickswerte aus Spannung und Strom

$$p = u \cdot i = \hat{u} \cdot \sin\omega t \cdot \hat{i} \cdot \sin\omega t = \hat{u} \cdot \hat{i} \cdot \sin^2\omega t\,.$$

Die Funktion $\sin^2\omega t$ wird ersetzt durch die äquivalente Funktion

$$\frac{1}{2}(1 - \cos 2\omega t) = \sin^2\omega t. \tag{7.5}$$

Damit erhalten wir

$$p = \frac{\hat{u}\hat{i}}{2}(1 - \cos 2\omega t) = \frac{\hat{u}\hat{i}}{2} - \frac{\hat{u}\hat{i}}{2}\cos 2\omega t. \tag{7.6}$$

Wirkleistung. Wir können uns die Leistung aus zwei Anteilen zusammengesetzt denken, und zwar aus einem zeitlich konstanten Anteil P_p, der einer Gleichstromleistung entspricht, und einem überlagerten Anteil, der zeitlich sinusförmig verläuft und die doppelte Frequenz wie Spannung und Strom hat. Der zeitliche Mittelwert des zeitabhängigen Anteils ist Null. So beträgt schließlich der zeitliche Mittelwert der aufgenommenen Leistung im Wirkwiderstand

$$\bar{p} = P_\mathrm{p} = \frac{\hat{u} \cdot \hat{i}}{2}. \tag{7.7}$$

Dieser Wert heißt Wirkleistung.

Scheinleistung. Wegen der hier vorliegenden Gleichphasigkeit von Spannung und Strom stimmt der Betrag der Wirkleistung überein mit dem Scheitelwert $\hat{p}_\mathrm{s}$ des zeitabhängigen Anteils. Dieser Scheitelwert wird nach DIN 40 110 als Scheinleistung bezeichnet. Wegen seines sinusförmigen Verlaufs läßt sich der zeitabhängige Anteil der Leistung auch symbolisch als Drehzeiger darstellen, wegen der doppelten Frequenz natürlich nicht in einem Zeigerbild zusammen mit Spannung und Strom. Beachten wir, daß der Augenblickswert der Leistung niemals negativ werden darf, erhalten wir die Darstellung der Leistung in Bild **7.**10 im Liniendiagramm und dem dazugehörigen Zeigerdiagramm.

Die Formelzeichen $P_\mathrm{p} = \bar{p}$ für die Wirkleistung und $P_\mathrm{s} = \hat{p}_\mathrm{s}$ für die Scheinleistung entsprechen DIN 1304. Wir wählen sie an Stelle der ebenfalls erlaubten Bezeichnungen P für die Wirkleistung und S für die Scheinleistung, um vor allem bei später noch zu erörternden Zusammenhängen zwischen Leistungen Mißverständnisse zu vermeiden. Sind diese nicht zu befürchten (wie im vorliegenden Fall), kann Gl. (7.6) auch in folgender Weise geschrieben werden:

$$p = P_\mathrm{p} - \hat{p}_\mathrm{s} \cdot \cos 2\omega t = P - S \cdot \cos 2\omega t$$

7.3.2 Mittelwerte

Effektivwert, quadratischer Mittelwert. Der Augenblickswert der Leistung im Widerstand R beträgt

$$p = u_\mathrm{R} \cdot i_\mathrm{R} = i_\mathrm{R}^2 \cdot R = \frac{u_\mathrm{R}^2}{R}.$$

Mit $u_\mathrm{R} = \hat{u}_\mathrm{R} \cdot \sin\omega t$ und $i_\mathrm{R} = \hat{i}_\mathrm{R} \cdot \sin\omega t$ erhalten wir

$$p = \frac{\hat{i}_\mathrm{R}^2}{2} R(1 - \cos 2\omega t) = \frac{\hat{u}_\mathrm{R}^2}{2R}(1 - \cos 2\omega t),$$

also die gleiche Zeitfunktion wie in Bild **7.**10. Der zeitliche Mittelwert entspricht dem zeitunabhängigen Anteil, also

$$\bar{p} = \frac{\hat{i}_\mathrm{R}^2}{2} R = \frac{\hat{u}_\mathrm{R}^2}{2R} = \frac{\hat{u}_\mathrm{R} \cdot \hat{i}_\mathrm{R}}{2} = I_\mathrm{R}^2 \cdot R = \frac{U_\mathrm{R}^2}{R} = U_\mathrm{R} \cdot I_\mathrm{R}$$

und ist gleichwertig einer Gleichstromleistung mit

$$I_\mathrm{R}^2 = \frac{\hat{i}_\mathrm{R}^2}{2} \quad \text{bzw.} \quad U_\mathrm{R}^2 = \frac{\hat{u}_\mathrm{R}^2}{2} \quad \text{oder}$$

$$\boxed{I_\mathrm{R} = \frac{\hat{i}_\mathrm{R}}{\sqrt{2}} \quad \text{bzw.} \quad U_\mathrm{R} = \frac{\hat{u}_\mathrm{R}}{\sqrt{2}}.} \tag{7.8}$$

U_R bzw. I_R sind die Effektivwerte der sinusförmigen Wechselspannung bzw. des sinusförmigen Wechselstroms. Sie entsprechen einer Gleichspannung bzw. einem Gleichstrom, die in einem Wirkwiderstand R die gleiche Wirkleistung erzeugen würden wie die Sinusgrößen mit den Scheitelwerten $\hat{u}$ bzw. $\hat{i}$. Als zeitunabhängige Werte werden Effektivwerte mit Großbuchstaben bezeichnet.

Auch bei nichtsinusförmigem Verlauf der Leistungskurve läßt sich der Effektivwert des zugehörigen Stroms bzw. der Spannung ermitteln. Während der kurzen Zeitspanne Δt ist die vom Wirkwiderstand aufgenommene Energie $\Delta W = p\Delta t$, wobei p der Augenblickswert der Leistung in der Mitte des Zeitintervalls Δt ist. Summieren wir diese Energiebeträge ΔW für eine Periode des Leistungsverlaufs, erhalten wir

$$W = \sum \Delta W = \sum p \cdot \Delta t = \bar{p} \cdot T$$

entsprechend dem Flächeninhalt unter der Leistungskurve für eine Periodendauer bzw. einem flächengleichen Rechteck mit den Seiten $\bar{p}$ und T (**7**.11).

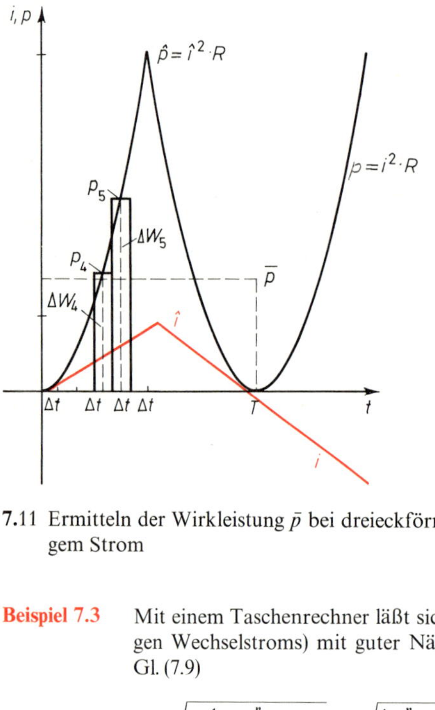

7.11 Ermitteln der Wirkleistung $\bar{p}$ bei dreieckförmigem Strom

Aus diesem Sachverhalt können wir allgemeingültige Gleichungen zum Bestimmen der Effektivwerte von Wechselspannungen bzw. Wechselströmen herleiten. Setzen wir z. B. $p = i^2 R$, erhalten wir für n Intervalle Δt

$$R \sum_{z=1}^{n} i_z^2 \cdot \Delta t = W = I^2 \cdot R \cdot T \Rightarrow I^2 \cdot T = \sum_{z=1}^{n} i_z^2 \cdot \Delta t$$

und daraus als quadratischen Mittelwert oder Effektivwert des Wechselstroms

$$\boxed{I = \sqrt{\frac{1}{T} \sum_{z=1}^{n} i_z^2 \cdot \Delta t.}} \qquad (7.9)$$

Beispiel 7.3 Mit einem Taschenrechner läßt sich die Bestimmung des Effektivwerts (z. B. eines sinusförmigen Wechselstroms) mit guter Näherung leicht durchführen. Für $T = n\Delta t$ erhalten wir aus Gl. (7.9)

$$I = \sqrt{\frac{1}{n \cdot \Delta t} \sum_{z=1}^{n} i_z^2 \cdot \Delta t} = \sqrt{\frac{1}{n} \sum_{z=1}^{n} i_z^2}$$

Wegen der Symmetrieverhältnisse berechnen wir den Effektivwert mit einer Viertelperiode des Stroms und teilen diese z. B. in 9 gleiche Intervalle $\Delta\omega t = 10°$ (**7**.12). Wählen wir für i_z bzw. i_z^2 den Funktionswert in der Mitte eines Intervalls, erhalten wir

$$i_z = \hat{i} \cdot \sin\left[\Delta\omega t\left(z - \frac{1}{2}\right)\right] = \hat{i} \cdot \sin\left(\Delta\omega t\,\frac{2z-1}{2}\right) \quad \text{bzw.} \quad i_z^2 = \hat{i}^2 \cdot \sin^2\left(\Delta\omega t\,\frac{2z-1}{2}\right).$$

Für z sind nacheinander die Zahlen 1 bis 9 einzusetzen und die Funktionswerte zu summieren:

$$I = \hat{i}\sqrt{\frac{1}{9} \sum_{z=1}^{9} \sin^2\left(10°\,\frac{2z-1}{2}\right)} = \hat{i}\sqrt{0{,}5} = \frac{\hat{i}}{\sqrt{2}}$$

Arithmetischer Mittelwert, Gleichrichtwert. Der zeitliche Mittelwert $\bar{i}$ eines periodischen Stroms beliebiger Kurvenform wird dadurch bestimmt, daß die Fläche unter der Stromkurve für eine Periodendauer in ein flächengleiches Rechteck umgewandelt wird. Sein Flächeninhalt entspricht der während einer Periode transportierten Ladungsmenge. Zu seiner näherungsweisen Bestimmung teilen wir die Periodendauer T in n gleiche Intervalle Δt bzw. bei Sinusform ωT in n Intervalle $\Delta\omega t$. Mit dem in der Mitte des jeweiligen Intervalls gültigen Augenblickswert i_z (wobei der Index z wieder von 1 bis n läuft) ergeben sich kleine Rechtecksflächen $i_z \Delta t$ bzw. $i_z \Delta\omega t$, deren Summe den gesuchten Flächeninhalt liefert:

$$\bar{i} \cdot T = \sum_{z=1}^{n} i_z \cdot \Delta t$$

Damit wird der arithmetische Mittelwert des Stroms

$$\boxed{\bar{i} = \frac{1}{T} \sum_{z=1}^{n} i_z \cdot \Delta t.} \tag{7.10}$$

Je größer die Anzahl n der Intervalle gewählt wird, desto genauer entspricht der berechnete Wert dem arithmetischen Mittelwert des Stroms. Im Grenzfall differentiell kleiner Intervalle werden die Summen in Gl. (7.9) und (7.10) zu Integralen.

Der arithmetische Mittelwert eines Wechselstroms ist Null, weil die Flächen unter der Stromkurve im positiven und negativen Bereich der Augenblickswerte gleich sind. Wird der Wechselstrom jedoch gleichgerichtet, entsteht ein Mischstrom, dessen arithmetischer Mittelwert sich nach Gl. (7.10) berechnen läßt. Dieser Wert heißt Gleichrichtwert. Er ist der Mittelwert aus den Beträgen der Augenblickswerte des Wechselstroms.

Beispiel 7.4 Der Gleichrichtwert eines Sinusstroms $i = \hat{i} \cdot \sin \omega t$ soll berechnet werden. Aus Gl. (7.10) erhalten wir für $T = n \Delta t$

$$\bar{i} = \frac{1}{n} \sum_{z=1}^{n} i_z.$$

Wegen der Symmetrieverhältnisse berechnen wir den Gleichrichtwert mit einer Viertelperiode des Stroms, und zwar zwischen dem positiven Nulldurchgang und dem folgenden Scheitelwert (7.12). Wählen wir wieder $n = 9$ Intervalle $\Delta\omega t = 10^\circ$ und den Funktionswert des Stroms i_z in der Mitte des jeweiligen Intervalls, erhalten wir mit

$$i_z = \hat{i} \sin\left(\Delta\omega t \frac{2z-1}{2}\right)$$

$$\overline{|i|} = \hat{i} \cdot \frac{1}{9} \sum_{z=1}^{9} \sin\left(10^\circ \frac{2z-1}{2}\right) \approx \boldsymbol{\hat{i} \cdot 0{,}6368}\,.$$

Für eine bestimmte Genauigkeit des Zahlenwerts muß die Zahl n genügend groß gewählt werden. Als Grenzwert für sehr große n ergibt sich $\overline{|i|} = \hat{i}\, 2/\pi$. Bei der Näherungslösung ist also die letzte Dezimalstelle unsicher.

Weitere Näherungsverfahren zur Berechnung des Flächeninhalts unter einer Stromkurve ergeben sich z. B., wenn wir zur Berechnung der Flächenstreifen mit der Intervallbreite Δt bzw. $\Delta\omega t$ die Funktionswerte des Stroms an den Intervallgrenzen heranziehen. Mit dem Mittelwert aus zwei Stromwerten und der Intervallbreite bekommen wir kleine Rechteckflächen. Diese entsprechen flächengleichen Trapezen, deren Summe die gesuchte Fläche ist. Mit n Intervallen $\Delta\omega t$ und $n+1$ Augenblickswerten an den Intervallgrenzen erhalten wir z.B. für den arithmetischen Mittelwert des Stroms

$$\bar{i} \cdot n\Delta\omega t = \Delta\omega t\left(\frac{i_o + i_1}{2} + \frac{i_1 + i_2}{2} + \frac{i_2 + i_{n-1}}{2} + \frac{i_{n-1} + i_n}{2}\right) \Rightarrow$$

$$\boxed{\bar{i} = \frac{1}{n}\left(\frac{i_o}{2} + i_1 + i_2 + i_3 + \cdots + i_{n-1} + \frac{i_n}{2}\right).}$$

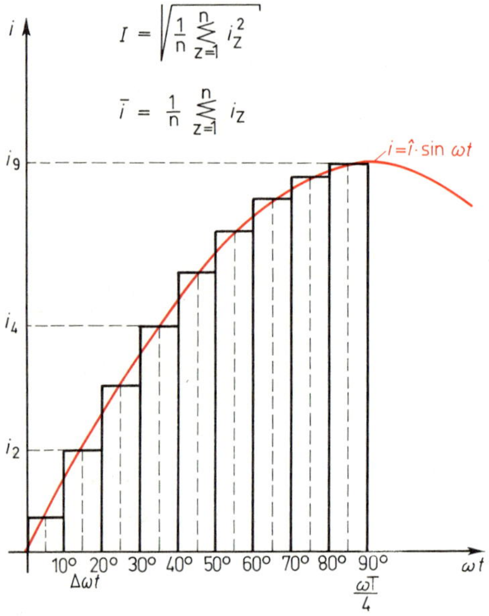

7.12 Ermitteln von Gleichrichtwert und Effektivwert eines sinusförmigen Wechselstroms

Nach dieser Trapezregel erhalten wir z.B. für den Gleichrichtwert des sinusförmigen Wechselstroms mit $n = 9$ Intervallen $\Delta\omega t = 10°$ für eine Viertelperiode (**7**.12) und 10 Augenblickswerten des Stroms an den Intervallgrenzen ($i_o = 0$, $i_n = \hat{i}$)

$$\overline{|i|} = \frac{1}{9}\left[\frac{1}{2} + \sum_{z=1}^{8} \sin(z \cdot 10°)\right]\hat{i} \approx$$

$$\boldsymbol{\hat{i} \cdot 0{,}6350.}$$

Der Zahlenwert ist hier also schon in der dritten Dezimalstelle unsicher.

Eine bessere Annäherung des Funktionsverlaufs des Stroms durch Parabelbögen an Stelle von geradlinigen Sehnen wie bei der Trapezregel erhält man nach der Simpsonschen Regel, auf deren Ableitung wir jedoch verzichten wollen. Danach ist das zu bestimmende Flächenstück in eine gerade Anzahl von Intervallen zu zerlegen mit $n+1$ Augenblickswerten des Stroms an den Intervallgrenzen. Dann ist z.B. der Gleichrichtwert (**7**.12) mit $n = 10$ und $\Delta\omega = 9°$

$$\overline{|i|} \cdot n \cdot \Delta\omega t = \frac{\Delta\omega t}{3}\,(i_o + 4i_1 + 2i_2 + 4i_3 + 2i_4 + \ldots + 4i_{n-1} + i_n) \Rightarrow$$

$$\boxed{\overline{|i|} = \frac{1}{3n}\left[i_o + i_n + 4\hat{i}\sum_{z=1}^{n/2} \sin\Delta\omega t(2z-1) + 2\hat{i}\sum_{z=1}^{\frac{n-2}{2}} \sin\Delta\omega t \cdot 2z\right]}$$

und mit $i_o = 0$ sowie $i_n = \hat{i}$ schließlich

$$\overline{|i|} = \frac{\hat{i}}{30}\left[1 + 4\sum_{z=1}^{5} \sin 9°(2z-1) + 2\sum_{z=1}^{4} \sin 9° \cdot 2z\right]$$

$$\overline{|i|} = \frac{\hat{i}}{30}(1 + 4 \cdot 3{,}196227 + 2 \cdot 2{,}656876) \approx \boldsymbol{\hat{i} \cdot 0{,}63662.}$$

Ein Vergleich mit dem genauen Wert $\overline{|i|} = \hat{i}2/\pi = \hat{i} \cdot 0{,}6366197\ldots$ zeigt, daß der mit der Simpsonschen Regel erhaltene Zahlenwert erst in der fünften Dezimalstelle geringfügig vom genauen Wert abweicht.

Der Formfaktor eines Wechselstroms bzw. einer Wechselspannung ist das Verhältnis des Effektivwerts zum Gleichrichtwert, also

$$F = \frac{I}{\overline{|i|}}. \tag{7.11}$$

Für einen sinusförmigen Wechselstrom ergibt sich mit $I = \hat{i}/\sqrt{2}$ und $\overline{|i|} = \hat{i}2/\pi$

$$F_{\text{sin}} = \frac{\pi}{2\sqrt{2}} \approx 1{,}1107.$$

Der Formfaktor muß z.B. beim Messen von Wechselströmen mit Drehspulmeßwerken und im Meßgerät eingebauten Gleichrichter beachtet werden. Der Ausschlag des Zeigers ist vom Gleichrichtwert des Wechselstroms abhängig, also vom arithmetischen Mittelwert des durch die Drehspule fließenden Stroms. Man trägt jedoch nicht diesen Wert auf der Skale auf, sondern den mit F_{sin} multiplizierten Gleichrichtwert. Beim Messen sinusförmigen Wechselstroms wird deshalb auf der Skale der Effektivwert richtig abgelesen. Weicht der Meßstrom jedoch von der Sinusform ab, ergibt sich wegen des jetzt anderen Formfaktors des Meßstroms ein Anzeigefehler.

Um ihn zu vermeiden, muß die Anzeige durch $F_{\text{sin}} = 1{,}11$ dividiert und mit dem Formfaktor des Meßstroms multipliziert werden. Mißt man z.B. einen rechteckförmigen Wechselstrom (Formfaktor = 1), ist der angezeigte Wert mit 0,9 zu multiplizieren.

7.3.3 Ideale Spule, induktiver Blindwiderstand

Strom und Spannung an der idealen Spule. Eine Spule nennt man ideal, wenn sie keine Energieumwandlungsverluste aufweist. Ihre Eigenschaften im Stromkreis werden daher allein durch ihre Induktivität gekennzeichnet. Das magnetische Feld der Spule mit seiner Energie

$$w_{\text{m}} = \frac{1}{2} L \cdot i_{\text{L}}^2 \tag{7.12}$$

nimmt bei zunehmenden Augenblickswerten des Stroms Energie auf und gibt sie bei abnehmenden Augenblickswerten wieder ab (s. Abschn. 5.5).

Die Bezugspfeile für den Strom und die induktive Spannung u_{L} werden wie in Bild **7**.13 festgelegt. Wegen der gleichen Richtung der Bezugspfeile bekommen wir eine positive (aufgenommene) Leistung, wenn die Augenblickswerte von Strom und Spannung gleiche Vorzeichen haben, eine negative (abgegebene) Leistung dagegen, wenn die Vorzeichen der Augenblickswerte unterschiedlich sind.

Den genauen zeitlichen Verlauf von Strom und Spannung erhalten wir, wenn wir für einen gegebenen Strom i die auftretende Spannung u_{L} nach dem Induktionsgesetz ermitteln:

$$i_{\text{L}} = \hat{i}_{\text{L}} \cdot \sin\omega t \qquad u_{\text{L}} = L \frac{\Delta i_{\text{L}}}{\Delta t}$$

Wegen der Darstellung des Stroms in Abhängigkeit von ωt wird das Induktionsgesetz mit ω erweitert.

$$u_{\text{L}} = \omega L \frac{\Delta i_{\text{L}}}{\Delta \omega t} \tag{7.13}$$

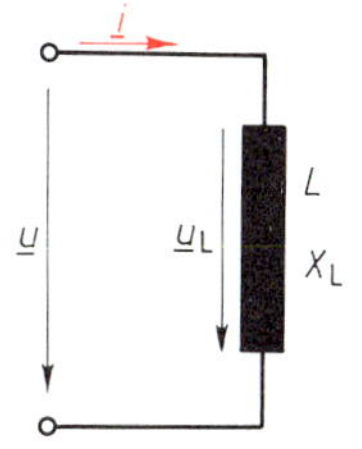

7.13 Induktiver Blindwiderstand

Setzen wir den Strom i_L in das Induktionsgesetz Gl. (7.13) ein, bekommen wir

$$u_L = \hat{i}_L \cdot \omega L \frac{\Delta \sin \omega t}{\Delta \omega t}.$$

Die Untersuchung der Funktion $\Delta \sin \omega t / \Delta \omega t$ können wir in der gleichen Weise vornehmen wie in Abschn. 6.2.1 die Ermittlung der Funktion $\Delta \cos \omega t / \Delta \omega t$. Wir erhalten hier als Ergebnis

$$\frac{\Delta \sin \omega t}{\Delta \omega t} = \sin\left(\omega t + \frac{\pi}{2}\right) = \cos \omega t. \tag{7.14}$$

Als Steigung der Sinusfunktion erhalten wir also eine Kosinusfunktion und umgekehrt. Beide Funktionen heißen harmonische Funktionen.

Mit Gl. (7.14) bekommen wir schließlich für die induktive Spannung u_L, die in Bild **7**.13 gleich der Klemmenspannung u ist,

$$u_L = \hat{i}_L \cdot \omega L \cdot \cos \omega t = \hat{i}_L \cdot \omega L \cdot \sin\left(\omega t + \frac{\pi}{2}\right) = \hat{u}_L \cdot \sin\left(\omega t + \frac{\pi}{2}\right). \tag{7.15a}$$

Strom und Spannung sind im Liniendiagramm und im Zeigerdiagramm in Bild **7**.14 dargestellt.

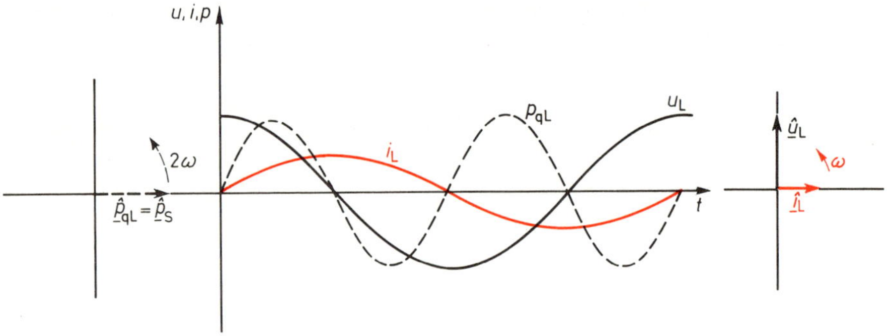

7.14 Induktive Blindleistung im Linien- und Zeigerdiagramm bei 90° Phasenverschiebung von Strom und Spannung

Bei der Ableitung der Funktionsgleichung (7.15a) sind wir von der Stromfunktion $i_L = \hat{i}_L \sin \omega t$ ausgegangen. Wählt man den Zeitnullpunkt um $T/4$, d.h. um $\omega t = \pi/2$ später, lautet die Stromfunktion

$$i_L = \hat{i}_L \cos \omega t.$$

Damit finden wir nach Gl. (7.13) und Gl. (6.14)

$$u_L = i_L \omega L \cdot \frac{\Delta \cos \omega t}{\Delta t} = -\omega L \hat{i} \sin \omega t. \tag{7.15b}$$

Durch Vergleich mit Gl. (7.15a) erkennt man: Die Spannungsfunktion kann unterschiedliche Formen annehmen, je nachdem von welcher Stromfunktion man ausgegangen ist. Für das

Zeigerbild bedeuten diese veränderten Funktionsgleichungen, daß Strom- und Spannungszeiger um $+\pi/2$ gedreht sind. Dies hat eine Drehung des Leistungszeigers um $+\pi$ zur Folge. Im Liniendiagramm erscheint die Zeitlinie $t = 0$ um $T/4$ nach rechts verschoben.

Induktiver Blindwiderstand und -leitwert. Den Funktionsgleichungen (7.15) entnimmt man

$$\hat{i}_L \cdot \omega L = \hat{u}_L \quad \Rightarrow \quad \boxed{\frac{\hat{u}_L}{\hat{i}_L} = \omega L = X_L = \frac{U_L}{I_L}.} \tag{7.16}$$

X_L heißt induktiver Blindwiderstand, sein Kehrwert $1/X_L = B_L$ induktiver Blindleitwert. Beides sind Rechengrößen mit den Einheiten Ω bzw. S. Da es sich hier wie beim Wirkwiderstand um das Verhältnis von Scheitelwerten handelt, ist auch der Blindwiderstand ein zeitlich konstanter Wert und damit im Gegensatz zu Spannung oder Strom kein Drehzeiger. Im Unterschied zum Wirkwiderstand findet im Blindwiderstand eine umkehrbare Energieumformung statt. Die im magnetischen Feld nach Gl. (7.12) gespeicherte Energie wird vollständig wieder abgegeben. Die Aufnahme von Energie erfolgt stets bei zunehmenden Augenblickswerten des Stroms, die Abgabe bei abnehmenden Werten. Der Zyklus von Aufnahme und Abgabe der magnetischen Energie ergibt sich also jeweils während einer Halbwelle des Stroms.

Entsprechend Bild **7**.14 können wir zusammenfassend feststellen:

An der idealen Spule eilt die induktive Blindspannung dem Strom um 90° voraus. Das Verhältnis der Scheitelwerte bzw. Effektivwerte von Spannung zu Strom wird als induktiver Blindwiderstand bezeichnet. Sein Kehrwert ist der induktive Blindleitwert.

Der Blindwiderstand nach seiner Definition in Gl. (7.16) darf nicht verwechselt werden mit dem Verhältnis der Augenblickswerte von Spannung und Strom u_L/i_L. Dieses ist mit der Zeit veränderlich, und zwar nach einer Tangensfunktion. Nur beim Wirkwiderstand ist das Verhältnis der Augenblickswerte auch gleich dem Verhältnis der gleichzeitig auftretenden Scheitelwerte von Spannung und Strom.

Blindleistung. Den zeitlichen Verlauf der Leistung erhalten wir als Produkt der Augenblickswerte von Strom und Spannung, also

$$p_L = i_L \cdot u_L = \hat{i}_L \cdot \sin \omega t \cdot \hat{u}_L \cdot \cos \omega t.$$

Mit der äquivalenten Funktion

$$\sin \omega t \cdot \cos \omega t = \frac{1}{2} \cdot \sin 2\omega t$$

ergibt sich daraus

$$\boxed{p_{qL} = \frac{\hat{u}_L \cdot \hat{i}_L}{2} \cdot \sin 2\omega t = \hat{p}_{qL} \cdot \sin 2\omega t.} \tag{7.17}$$

Dabei ist $\quad \hat{p}_{qL} = \dfrac{\hat{u}_L \cdot \hat{i}_L}{2} = U_L \cdot I_L = I_L^2 \cdot X_L = \dfrac{U_L^2}{X_L} = P_{qL} = \hat{p}_s.$ (7.18)

Der zeitliche Mittelwert der Leistung ist wegen des umkehrbaren Energieaustauschs in der Induktivität Null. Die im vollständigen Stromkreis zwischen Generator und Verbraucher hin- und herpendelnde Energie heißt Blindenergie, die entsprechende Leistung **Blindleistung** P_{qL}. Sie ist hier gleich der Scheinleistung mit dem Scheitelwert $\hat{p}_s = UI$. Die induktive Blindleistung hat die gleiche Frequenz wie der zeitabhängige Anteil der Leistung im Wirkwiderstand. Beide können deshalb als Zeiger im gleichen Zeigerdiagramm dargestellt werden. Dabei zeichnet man üblicherweise die induktive Blindleistung stets gegenüber der Wirkleistung um 90° voreilend. Bild **7.**14 zeigt neben dem zeitlichen Verlauf von Spannung, Strom und Leistung die zugehörigen Zeigerdiagramme.

Die Bezeichnung der Leistungen erfolgt in diesem Buch nach DIN 1304 mit P_p für die Wirkleistung, P_{qL} bzw. P_{qC} für induktive bzw. kapazitive Blindleistung und P_s für die Scheinleistung. Entsprechende Indizes werden auch bei den zeitabhängigen Leistungen bzw. den Zeigern verwendet. So vermeiden wir vor allem Verwechslungen mit der Güte Q, die ein Leistungsverhältnis darstellt (s. Abschn. 7.4.3.1).

7.3.4 Idealer Kondensator, kapazitiver Blindwiderstand

Ein Kondensator ohne Energieumwandlungsverluste mit der Kapazität C ist ebenfalls ein idealer Wechselstromwiderstand. Sein elektrisches Feld enthält bei zeitlich veränderlicher Spannung die Energie

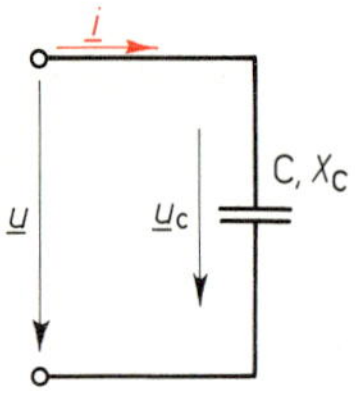

7.15 Kapazitiver Blindwiderstand

$$w_{el} = \frac{1}{2} C \cdot u_C^2. \tag{7.19}$$

Bei einer Wechselspannung wird bei zunehmenden Beträgen der Augenblickswerte Energie gespeichert, bei abnehmenden wieder abgegeben. Mit den in Bild **7.**15 festgelegten Bezugspfeilen bekommen wir wegen ihrer gleichen Richtung im Verbraucher C wieder eine positive (aufgenommene) Leistung bei gleichen Vorzeichen der Augenblickswerte von Spannung und Strom. Bei der Entladung des Kondensators und der damit verbundenen Vorzeichenumkehr des Stroms erhalten wir bei gleichbleibendem Vorzeichen der Spannung eine negative (abgegebene) Leistung.

Den genauen zeitlichen Verlauf bekommen wir z. B. bei einer sinusförmig verlaufenden Spannung u_C, wenn wir den Strom nach seiner Definition als $i_C = \Delta Q_C/\Delta t$ ermitteln. Die Ladungsänderung auf den beiden Belägen des verlustlosen Kondensators entspricht einer Spannungsänderung $\Delta Q_C = C \cdot \Delta u_C$ (s. Abschn. 4.1.5). Damit wird der Strom

$$i_C = C \frac{\Delta u_C}{\Delta t}. \tag{7.20}$$

Für eine Spannung $u_C = \hat{u}_C \sin \omega t$ erweitern wir Gl. (7.20) wieder mit ω und bekommen entsprechend Gl. (7.14)

$$\begin{aligned} i_C &= \omega C \cdot \hat{u}_C \frac{\Delta \sin \omega t}{\Delta \omega t} = \omega C \cdot \hat{u}_C \cdot \cos \omega t = \omega C \cdot \hat{u}_C \cdot \sin\left(\omega t + \frac{\pi}{2}\right) \\ i_C &= \hat{i}_C \cdot \sin\left(\omega t + \frac{\pi}{2}\right). \end{aligned} \tag{7.21 a}$$

Ähnlich wie bei der idealen Spule können wir auch hier von einem Kondensator-Spannungs-Verlauf der Form $u_C = -\hat{u}_C \cos \omega t$ ausgehen und finden entsprechend

$$i_C = -\omega C \hat{u}_C \frac{\Delta \cos \omega t}{\Delta t} = \omega C u_C \sin \omega t. \qquad (7.21\,b)$$

Das zugehörige Liniendiagramm und die Zeigerbilder für Strom, Spannung und Leistung sind in Bild **7.16** dargestellt.

Kapazitiver Blindwiderstand und -leitwert. Den Gl. (7.21) entnehmen wir $\omega C \hat{u}_C = \hat{i}_C$ und erhalten

$$\boxed{\frac{\hat{u}_C}{\hat{i}_C} = \frac{1}{\omega C} = X_C = \frac{U_C}{I_C}} \qquad (7.22)$$

als kapazitiven Blindwiderstand X_C bzw. seinen Kehrwert $1/X_C = B_C$ als kapazitiven Blindleitwert. Auch hier sind beide Größen als Rechengrößen anzusehen. Ihre Beträge sind frequenzabhängig. Zusammenfassend können wir feststellen:

> Der kapazitive Blindstrom eilt der am idealen Kondensator liegenden Spannung um 90° vor. Das Verhältnis der Scheitelwerte bzw. Effektivwerte von Spannung zu Strom ist gleich dem kapazitiven Blindwiderstand. Der Kehrwert ist der kapazitive Blindleitwert.

Blindleistung. Den zeitlichen Verlauf der Leistung erhalten wir wieder als Produkt der Augenblickswerte von Spannung und Strom (**7.16**)

$$p_C = u_C \cdot i_C = \hat{u}_C \sin\left(\omega t - \frac{\pi}{2}\right) \hat{i}_C \sin \omega t = -\hat{u}_C \cdot \hat{i}_C \cdot \cos \omega t \sin \omega t$$

und mit

$$-\sin \omega t \cos \omega t = -\frac{1}{2} \sin 2\omega t$$

$$\boxed{p_{qC} = -\frac{\hat{u}_C \cdot \hat{i}_C}{2} \sin 2\omega t = -\hat{p}_{qC} \sin 2\omega t.} \qquad (7.23)$$

Dabei ist

$$\hat{p}_{qC} = \frac{\hat{u}_C \cdot \hat{i}_C}{2} = U_C \cdot I_C = I_C^2 \cdot X_C = \frac{U_C^2}{X_C} = P_{qC} = \hat{p}_s. \qquad (7.24)$$

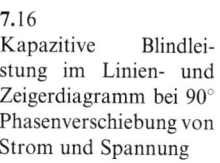

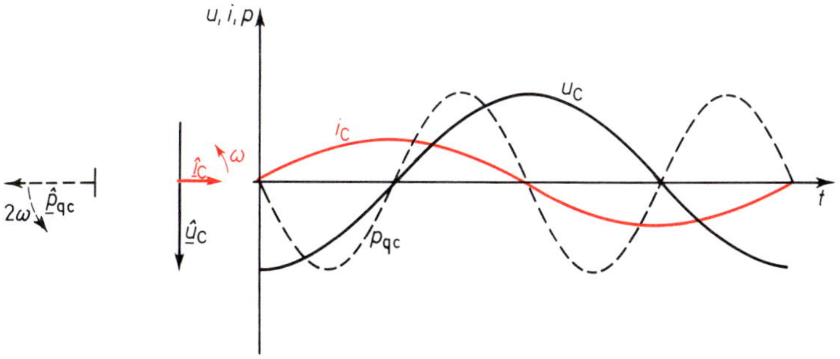

7.16 Kapazitive Blindleistung im Linien- und Zeigerdiagramm bei 90° Phasenverschiebung von Strom und Spannung

Der zeitliche Mittelwert der Leistung ist wegen der umkehrbaren Energieumformung Null. Im vollständigen Stromkreis pendelt auch hier die Blindenergie bzw. die entsprechende Leistung zwischen Erzeuger und Verbraucher hin und her.

Die kapazitive Blindleistung kann zusammen mit dem zeitabhängigen Anteil der Leistung im Wirkwiderstand und der induktiven Blindleistung wegen der gleichen Frequenz in einem Zeigerdiagramm dargestellt werden. In den Bildern **7.14** und **7.16** liegen die Zeitlinien für $t = 0$ jeweils im positiven Nulldurchgang des Stroms. Es zeigt sich, daß induktive und kapazitive Blindleistung stets gegenphasig sind. Im Zeigerdiagramm der Leistungen wird die kapazitive Blindleistung gegenüber dem Zeiger der Wirkleistung stets um 90° nacheilend gezeichnet.

Leistungseinheiten. Die SI-Einheit der Leistung W = VA wird bei der Angabe von Wirkleistungen Watt, bei der Angabe von elektrischen Scheinleistungen nach DIN 1301 auch Voltampere (Einheitenzeichen VA) und bei der Angabe von elektrischen Blindleistungen auch Var (Einheitenzeichen var) genannt.

Aufgaben zu Abschnitt 7.3

1. Ein sinusförmiger Wechselstrom hat den Scheitelwert $\hat{i} = 1{,}5$ A. Wie groß muß ein Gleichstrom sein, der in einem Widerstand die gleiche Wärmewirkung hat?
2. Bei einer sinusförmigen Wechselspannung wird der Effektivwert $U = 220$ V gemessen. Wie groß ist ihr Scheitelwert?
3. An einem Kondensator mit der zulässigen Spannung 180 V liegt eine sinusförmige Wechselspannung. Welchen Effektivwert darf diese höchstens haben?
4. In einem Widerstand $R = 10\,\Omega$ tritt eine sinusförmig verlaufende Leistung auf, deren Augenblickswert zwischen Null und dem Höchstwert 90 W schwankt. Wie groß sind Effektivwert, Scheitelwert und Gleichrichtwert des Stroms und der Spannung am Widerstand?
5. Ein Elektrowärmegerät mit dem Widerstand $R = 48{,}4\ \Omega$ wird von einem sinusförmigen Wechselstrom durchflossen.
   a) Welchen Effektivwert und Scheitelwert hat die Stromstärke, wenn die Anschlußspannung 220 V beträgt?
   b) Welche Nennleistung hat das Gerät?
   c) Welchen höchsten Augenblickswert hat die Leistung?
   d) Wie groß sind Scheitelwert und Frequenz der Scheinleistung, wenn die Frequenz der Anschlußspannung 50 Hz ist?
6. Wie groß sind Effektivwert, Gleichrichtwert und Formfaktor eines rechteckförmigen Wechselstroms (Gleichstrom)?
7. Ein dreieckförmiger Wechselstrom hat die Periodendauer $T = 20$ ms und den Maximalwert $\hat{i} = 0{,}5$ A.
   a) Wie groß ist der Gleichrichtwert?
   b) Nach einem Näherungsverfahren ist der Effektivwert zu bestimmen.
   c) Wie groß ist der Formfaktor des Wechselstroms?
8. In einem Widerstand steigt die Stromstärke während der Zeit t_1 linear von Null auf einen Höchstwert $\hat{i}$ an und nimmt während der Zeit t_2 linear auf Null ab. Dieser sägezahnförmige Stromverlauf wiederholt sich periodisch mit $T = t_1 + t_2$. Wie groß sind zeitlicher Mittelwert und Effektivwert für $\hat{i} = 2$ A und $t_2/t_1 = 0{,}1; 0{,}5; 1$?
9. Bei einer Anschlußspannung 220 V hat eine Glühlampe den Höchstwert der Leistung von a) 50 W, b) 80 W, c) 120 W, d) 150 W, e) 200 W. Wie groß sind die Scheitelwerte des Stroms?
10. Bei der Frequenz 400 Hz hat eine Induktivität den Blindwiderstand 3,77 Ω. Wie groß ist die Induktivität?
11. Durch einen induktiven Blindwiderstand mit $L = 2{,}5$ mH fließt ein sinusförmiger Wechselstrom mit $f = 800$ Hz und dem Effektivwert 0,1 A.
    a) Wie groß ist der Höchstwert der in der Induktivität gespeicherten Energie?
    b) Wie groß ist der Scheitelwert der Spannung?
12. Der induktive Blindwiderstand einer Spule beträgt $X_L = 30{,}16\ \Omega$ bei $f = 1200$ Hz. Bei welcher Frequenz ist er a) 40 Ω, b) 75 Ω, c) 180 Ω?
13. Wie groß ist die Induktivität, wenn bei der Frequenz 10 kHz ein sinusförmiger Wechselstrom mit $\hat{i} = 20$ mA eine Blindspannung mit dem Effektivwert 800 mV erzeugt?
14. Welchen Blindwiderstand hat eine Kapazität $C = 5$ nF bei der Frequenz a) 10 kHz, b) 25 kHz, c) 40 kHz?

15. Der kapazitive Blindwiderstand eines Kondensators hat bei einer Frequenz von a) 50 Hz, b) 400 Hz, c) 1 kHz den Betrag 3 kΩ. Wie groß ist jeweils die Kapazität?

16. An einem verlustlosen Kondensator mit der Nennkapazität 2,2 µF liegt eine sinusförmige Wechselspannung von 220 V. Wie groß sind Blindwiderstand und Stromstärke bei der Frequenz a) 50 Hz, b) 400 Hz, c) 1 kHz, d) 3 kHz?

17. Auf einem Kondensator mit der Nennkapazität 2,2 µF steht eine Toleranzangabe ±20%. Bei der Frequenz 50 Hz fließt ein sinusförmiger Wechselstrom mit dem Scheitelwert 0,15 A.
    a) Wie groß sind Scheitelwert und Effektivwert der Spannung am Kondensator?
    b) Welche Energiemenge wird beim Nennwert der Kapazität und den Toleranzgrenzen maximal im Kondensator gespeichert?
    c) Wie groß ist die Blindleistung?

18. In einem Kondensator mit der Kapazität von 3,3 µF tritt eine maximale Energiemenge von 84,5 mWs auf. Wie groß ist der Effektivwert der sinusförmigen Wechselspannung?

19. Welche Scheitelwerte von Stromstärke und Spannung treten bei Sinusform und einer Frequenz von 50 Hz in der Induktivität 1,5 H auf, deren Blindleistung a) 50 var, b) 100 var, c) 250 var beträgt?

20. Bei der Frequenz 400 Hz hat die sinusförmige Wechselspannung an einer Kapazität den Scheitelwert 450 V. Wie groß sind Kapazität und Effektivwert des Stroms bei einer Blindleistung von a) 50 var, b) 250 var, c) 1000 var?

21. Nach Gl. (7.22) kann der kapazitive Blindwiderstand als Quotient der Scheitelwerte von Strom und Spannung berechnet werden oder als Quotient der Effektivwerte. Warum erhält man in beiden Fällen das gleiche Ergebnis?

22. Läßt sich aus den Liniendiagrammen von Strom und Spannung erkennen, weshalb der Mittelwert der kapazitiven Blindleistung – im Gegensatz zum Mittelwert der Wirkleistung an einem Wirkwiderstand – Null ist? Vergleichen Sie die Bilder **7.10** und **7.16**.

23. Erläutern Sie, warum die Liniendiagramme der Leistung in den Bildern **7.10**, **7.14** und **7.16** eine doppelt so hohe Frequenz zeigen wie die Spannung und der Strom. Stützen Sie Ihre Erklärung allein auf die Diagramme und die Definition der Leistung $p = u \cdot i$.

7.4 Reihenschaltung idealer Wechselstromwiderstände

7.4.1 Ideale Spule und Wirkwiderstand

Bei der Reihenschaltung eines Wirkwiderstands R und eines induktiven Blindwiderstands X_L stellt sich bei sinusförmiger Wechselspannung an den Klemmen auch ein sinusförmiger Strom ein (**7.17**). Er bewirkt an Wirkwiderstand und Blindwiderstand entsprechende Teilspannungen, deren Summe in jedem Augenblick gleich der angelegten Klemmenspannung ist. Da die Spannungen u_R und u_L um 90° gegeneinander phasenverschoben sind, müssen wir sie entsprechend Abschn. 7.2.4 addieren. Das geschieht am einfachsten durch geometrische Addition der Drehzeiger im Zeigerbild. Daraus kann man dann leicht Funktionsgleichung und Liniendiagramm ableiten.

Drehzeigerbild. Alle im Stromkreis auftretenden Spannungen und auch der gemeinsame Strom werden als Drehzeiger $\underline{U}$, $\underline{U}_R$, $\underline{U}_L$ und $\underline{I}$ dargestellt. Zuerst wird der Bezugszeiger $\underline{I}$ gezeichnet und phasengleich damit der Zeiger $\underline{U}_R$. Die induktive Blindspannung $\underline{U}_L$ eilt dem Strom um 90° vor und schließt sich entsprechend Bild **7.18** an $\underline{U}_R$ an. Die Summe von $\underline{U}_R$ und $\underline{U}_L$ ist die Verbindung vom Anfang des Zeigers $\underline{U}_R$ mit dem Ende des Zeigers $\underline{U}_L$. Sie ist gleich der Klemmenspannung $\underline{U}$.

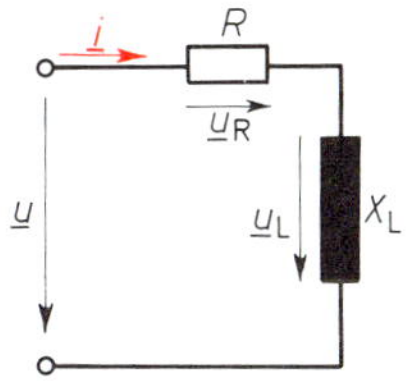

7.17 Reihenschaltung von Wirkwiderstand und idealer Spule

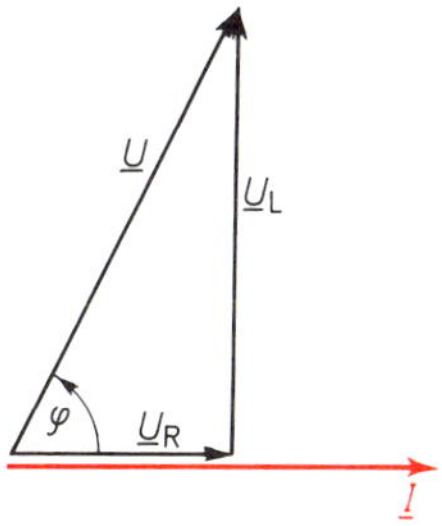

7.18 Drehzeigerbild zu Bild **7.17**

Als Länge der Pfeile, die die Drehzeiger darstellen, wählt man den Scheitelwert, wenn man den Zusammenhang zwischen Zeigerbild und Augenblickswerten (Liniendiagramm) darstellen möchte. Sonst wird die Pfeillänge nach dem Effektivwert bemessen, weil das die übliche Größenwertangabe ist. Da sich die Effektivwerte von den Scheitelwerten durch den Faktor $1/\sqrt{2}$ unterscheiden, ändert sich in den Zeigerbildern nur der Maßstab.

Spannungsdreieck. Das nur aus den Drehzeigern der Teilspannungen und der Gesamtspannung bestehende Zeigerbild heißt Spannungsdreieck. Nach Bild **7.**18 bekommen wir den Scheitelwert oder den Effektivwert der Klemmenspannung nach dem Satz des Pythagoras

$$\hat{u} = \sqrt{\hat{u}_R^2 + \hat{u}_L^2} \quad \text{bzw.} \quad U = \sqrt{U_R^2 + U_L^2} \tag{7.25}$$

und für den Phasenverschiebungswinkel

$$\tan\varphi = \frac{\hat{u}_L}{\hat{u}_R} = \frac{U_L}{U_R} \quad \Rightarrow \quad \varphi = \arctan\frac{U_L}{U_R}. \tag{7.26}$$

Für die Funktionsgleichung der Klemmenspannung ergibt sich bei $i = \hat{i}\sin\omega t$

$$\boxed{u = \hat{u} \cdot \sin(\omega t + \varphi) = \hat{u}_R \cdot \sin\omega t + \hat{u}_L \cdot \cos\omega t.} \tag{7.27}$$

Der Augenblickswert der Klemmenspannung ist die Summe der Augenblickswerte von Wirk- und Blindspannung.

Scheinwiderstand. Das Verhältnis der Scheitelwerte bzw. Effektivwerte der an idealen Wechselstromwiderständen auftretenden Spannungen zum Strom wurde in Abschn. 7.3 als Wirkwiderstand R bzw. als Blindwiderstand X definiert. Entsprechend wird das Verhältnis von Scheitelwert bzw. Effektivwert der Klemmenspannung zu den entsprechenden Werten des Stroms als Scheinwiderstand Z bezeichnet.

$$\boxed{\frac{\hat{u}}{\hat{i}} = \frac{U}{I} = Z} \tag{7.28}$$

Widerstandsdreieck. Dividiert man die Funktionsgleichung (7.27) durch den Scheitelwert des gemeinsamen Stroms, ergibt sich

$$\frac{\hat{u}}{\hat{i}}\sin(\omega t + \varphi) = \frac{\hat{u}_R}{\hat{i}}\sin\omega t + \frac{\hat{u}_L}{\hat{i}}\cos\omega t.$$

Diese Gleichung erweckt den Eindruck, als ob es sich auch bei den Widerständen Z, R und X_L um Zeigergrößen mit zeitlich sinusförmigem Verlauf handle. Das ist nach ihrer Definition als Verhältnis der Scheitelwerte oder Effektivwerte von Spannung und Strom jedoch keineswegs der Fall. Ändert man also im Zeigerbild **7.**18 den Spannungsmaßstab durch Division der Spannungen durch den Strom in einen Widerstandsmaßstab, geht der Charakter des Dreiecks als Zeigerbild verloren, und wir erhalten ein Widerstandsdreieck. Widerstandsdreiecke sind den entsprechenden Spannungsdreiecken zwar geometrisch ähnlich, doch haben die nur im Drehzeigerbild geltenden Regeln über die Phasenbeziehungen von Spannungen und Strömen hier keine physikalisch sinnvolle Bedeutung.

Die Darstellung von Wechselstromwiderständen durch Pfeile ist im Rahmen der symbolischen oder komplexen Berechnung von Wechselstromschaltungen begründet. Dabei bedeuten die Pfeile ruhende Zeiger, also nicht zeitlich sinusförmig verlaufende Größen. Wir werden im Abschnitt 9 darauf zurückkommen, in dem wir die komplexe Berechnung von Wechselstromschaltungen darstellen.

In Anlehnung daran werden wir das Widerstandsdreieck mit Pfeilspitzen versehen. Die Pfeile haben die Bedeutung von Vorzeichen in einem rechtwinkligen Koordinatensystem. Dementsprechend liegt der Wirkwiderstand in der positiven x-Achse, der induktive Blindwiderstand parallel der positiven y-Achse, der kapazitive Blindwiderstand parallel der negativen y-Achse.

Dem Widerstandsdreieck Bild **7.**19 entnehmen wir

$$Z^2 = R^2 + X_L^2 \quad \Rightarrow \quad Z = \sqrt{R^2 + X_L^2} \tag{7.29}$$

$$\tan\varphi = \frac{X_L}{R} \quad \Rightarrow \quad \varphi = \arctan\frac{X_L}{R}\,. \tag{7.30}$$

Außer den genannten Beziehungen gelten sowohl im Spannungsdreieck als auch im Widerstandsdreieck die im rechtwinkligen Dreieck definierten Winkelfunktionen, z. B.

$$U_L = U \cdot \sin\varphi \quad U_R = U \cdot \cos\varphi \quad X_L = Z \cdot \sin\varphi \quad R = Z \cdot \cos\varphi\,. \tag{7.31}$$

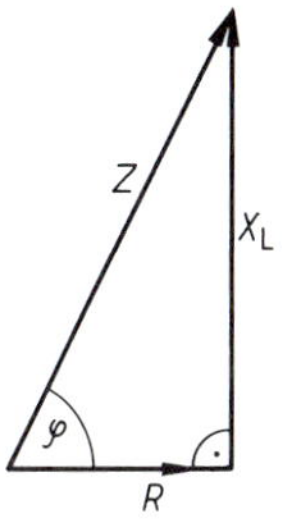

7.19 Widerstandsdreieck zu Bild **7.**17

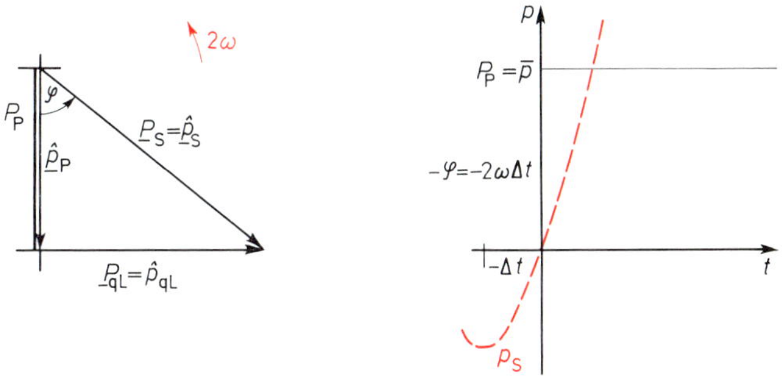

7.20 Leistungszeigerbild zu Bild **7.**17 und Ermitteln des Liniendiagramms der Scheinleistung

Leistung. Nach Abschn. 7.3 treten im Wirkwiderstand R Wirkleistung bzw. im Blindwiderstand X_L induktive Blindleistung auf. Der zeitliche Mittelwert der Wirkleistung $\bar{p}_p = P_p$ ist gleich dem Scheitelwert des zeitabhängigen Leistungsanteils $\hat{p}_p$ (der ebenfalls als Wirkleistung bezeichnet wird). Der Augenblickswert der zeitabhängigen induktiven Blindleistung $p_{qL} = \hat{p}_{qL} \sin 2\omega t$ setzt sich mit dem der Wirkleistung $p_p = -\hat{p}_p \cos 2\omega t$ zum Augenblickswert der Scheinleistung p_s zusammen. Als Summe von zwei sinusförmigen Wechselgrößen ist auch der Verlauf der Scheinleistung zeitlich sinusförmig mit dem Scheitelwert $\hat{p}_s$.

Wir führen die Addition der beiden Teilleistungen nach Bild **7.**20 zweckmäßig im Drehzeigerbild durch.

Dabei sind $\hat{p}_p = P_p = I^2 \cdot R = I \cdot U_R$; $\hat{p}_{qL} = I^2 \cdot X_L = I \cdot U_L$; $\hat{p}_s = P_s = I^2 \cdot Z = I \cdot U$.

Wir erhalten für das Zeigerbild der Leistungen

$$P_s^2 = P_p^2 + P_{qL}^2 \quad \text{bzw.} \quad P_s = \sqrt{P_p^2 + P_{qL}^2}$$

als Betrag der Scheinleistung. Der Phasenverschiebungswinkel ergibt sich aus

$$\tan\varphi = \frac{P_{qL}}{P_p} = \frac{U_L}{U_R} = \frac{X_L}{R} \quad \Rightarrow \quad \varphi = \arctan\frac{P_{qL}}{P_p}\,.$$

Der Phasenverschiebungswinkel φ zwischen Schein- und Wirkleistung im Leistungszeigerbild ist der gleiche wie zwischen Klemmenspannung und Strom im Zeigerbild **7.**18 und gleich dem Winkel zwischen Schein- und Wirkwiderstand im Widerstandsdreieck Bild **7.**19. Der zeitunabhängige Anteil der Leistung wird im allgemeinen im Leistungszeigerbild nicht berücksichtigt. Wir können Bild **7.**20 entnehmen, daß der Augenblickswert der Scheinleistung zwischen einem negativen Wert (abgegebene Leistung) $P_{ab} = P_s - P_p$ und einem positiven Höchstwert (aufgenommene Leistung) $P_{zu} = P_s + P_p$ schwankt. Mit $P_p = P_s \cos\varphi$ erhalten wir für den negativen Scheitelwert $P_{ab} = P_s(1 - \cos\varphi)$ und als positiven Höchstwert $P_{zu} = P_s(1 + \cos\varphi)$.

Beispiel 7.5 In der Reihenschaltung eines Wirkwiderstands $R = 100\,\Omega$ und eines induktiven Blindwiderstands $X_L = 250\,\Omega$ beträgt die Klemmenspannung $U = 220\,\text{V}/50\,\text{Hz}$. Zu berechnen sind Induktivität L, Scheinwiderstand Z, Stromstärke I, Wirk- und Blindspannung U_R bzw. U_L, Phasenverschiebungswinkel φ, Scheinleistung P_s, Blindleistung P_q und Wirkleistung P_p.

Lösung

$$X_L = \omega L \quad \Rightarrow \quad L = \frac{X_L}{\omega} = \frac{X_L}{2\pi f} = \frac{250\,\Omega\text{s}}{100\,\pi} = \mathbf{0{,}7958\ H}$$

$$Z = \sqrt{R^2 + X_L^2} = \sqrt{100^2 + 250^2}\,\Omega = \mathbf{269{,}3\ \Omega}$$

$$\underline{I} = \frac{\underline{U}}{Z} = \frac{220\,\text{V}}{269{,}3\,\Omega} = \mathbf{0{,}8169\ A}$$

$$\underline{U}_R = \underline{I} \cdot R = 0{,}8169\,\text{A}\ 100\,\Omega = \mathbf{81{,}69\ V} \qquad \underline{U}_L = \underline{I} \cdot X_L = 0{,}8169\,\text{A}\ 250\,\Omega = \mathbf{204{,}2\ V}$$

$$\tan\varphi = U_L/U_R = 204{,}2\,\text{V}/81{,}69\,\text{V} = 2{,}4997 \quad \Rightarrow \quad \varphi = \arctan 2{,}4997 \approx \mathbf{68{,}2^\circ}$$

$$\underline{P}_s = U^2/Z = (220\,\text{V})^2/269{,}3\,\Omega = \mathbf{179{,}7\ VA}$$

$$\underline{P}_L = U_L^2/X_L = (204{,}2\,\text{V})^2/250\,\Omega = \mathbf{166{,}8\ var}$$

$$\underline{P}_p = U_R^2/R = (81{,}69\,\text{V})^2\ 100\,\Omega = \mathbf{66{,}73\ W}$$

Die Einheiten der Scheinleistung, Blindleistung und Wirkleistung stimmen überein, weil es sich um die gleiche Größenart handelt. Die Einheit der Leistung ist das Watt. Nach DIN 40110 wird sie jedoch bei der Angabe von Scheinleistungen auch Voltampere (Einheitenzeichen VA) und bei der Angabe von Blindleistungen auch Var (Einheitenzeichen var) genannt.

7.4.2 Idealer Kondensator und Wirkwiderstand in Reihenschaltung

Für die Reihenschaltung von R und X_C (**7.**21) gelten grundsätzlich die gleichen Überlegungen wie für die Reihenschaltung von R und X_L (s. Abschn. 7.4.1). Die Konstruktion des Drehzeigerbilds entsprechend Bild **7.**22 beginnt wieder mit dem Bezugszeiger $\underline{I}$ und der phasengleichen Spannung $\underline{U}_R$. Die dem Strom um 90° nacheilende Spannung $\underline{U}_C$ schließt wieder an $\underline{U}_R$ an, und die Klemmenspannung $\underline{U}$ ergibt sich als deren geometrische Summe. Der Phasenverschiebungswinkel ist jetzt jedoch negativ. Entsprechend dem Spannungsdreieck bekommt man aus Z, R und X_C ein geometrisch ähnliches Widerstandsdreieck. Die Bestimmungsgrößen der Funktionsgleichung der Klemmenspannung u in Bild **7.**21 bei $i = \hat{i} \cdot \sin\omega t$ erhält man entsprechend Abschn. 7.4.1 zu

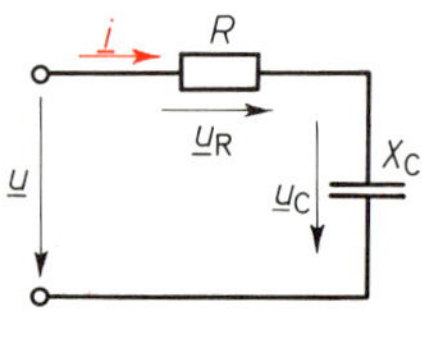

7.21 Reihenschaltung von Wirkwiderstand und idealem Kondensator

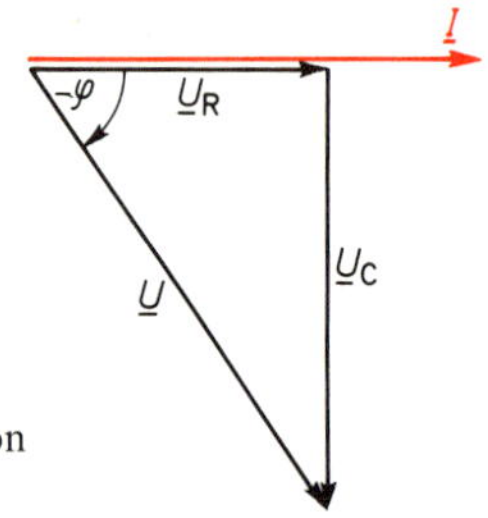

7.22 Drehzeigerbild zu Bild **7.**21

$$u = \hat{u} \cdot \sin(\omega t - \varphi) = \hat{u}_R \cdot \sin\omega t - \hat{u}_C \cdot \cos\omega t. \tag{7.32}$$

Beispiel 7.6 Ein Wirkwiderstand $R = 150\ \Omega$ liegt mit einem idealen Kondensator der Kapazität $C = 10\ \mu F$ in Reihe an der Klemmenspannung 220 V/50 Hz.

a) Wie groß sind Blindwiderstand X_C, Scheinwiderstand Z, Strom I, Wirkspannung U_R, Blindspannung U_C, Phasenverschiebungswinkel φ?

b) Wie lautet die Funktionsgleichung des Stroms, wenn die Klemmenspannung $u = \hat{u} \sin \omega t$ ist?

Lösung a) $X_C = \dfrac{1}{\omega C} = \dfrac{1}{2\pi f C} = \dfrac{1\ \text{sV}}{100\,\pi\, 10 \cdot 10^{-6}\ \text{As}} = \dfrac{1000}{\pi}\Omega = \mathbf{318{,}3\ \Omega}$

$Z = \sqrt{R^2 + X_C^2} = \sqrt{150^2 + 318{,}3^2}\ \Omega = \mathbf{351{,}9\ \Omega}$

$\underline{I} = \dfrac{\underline{U}}{\underline{Z}} = \dfrac{220\ \text{V}}{351{,}9\ \Omega} = \mathbf{0{,}6252\ A}$

$\underline{U}_R = \underline{I} \cdot R = 0{,}252\ \text{A}\ 150\ \Omega = \mathbf{93{,}78\ V}$ $\quad \underline{U}_C = \underline{I} \cdot X_C = 0{,}6252\ \text{A}\ 318{,}3\ \Omega = \mathbf{199{,}0\ V}$.

$\tan\varphi = X_C/R = 318{,}3\ \Omega/150\ \Omega = 2{,}122 \quad \Rightarrow \quad \varphi = \arctan 2{,}122 \approx \mathbf{64{,}8°}$

b) Das Zeigerbild entsprechend Bild **7.**22 wird so gedreht, daß der Zeiger der Klemmenspannung waagerecht liegt. Die Klemmenspannung hat dann keinen Nullphasenwinkel. Der Phasenverschiebungswinkel ist jetzt positiv und gleich dem Nullphasenwinkel des Stroms, also

$i = \hat{i} \sin(\omega t + \varphi)$ mit $\hat{i} = \hat{u}/Z = U\sqrt{2}/Z$ und $\varphi \approx 64{,}8°$.

Leistung. Das Drehzeigerbild der Leistungen entsprechend Bild **7.**23 unterscheidet sich von Bild **7.**20 durch die zur induktiven Blindleistung gegenphasige kapazitive Blindleistung. Bezogen auf die Wirkleistung $\hat{p}_p = P_p$ wird der Phasenverschiebungswinkel φ auch hier negativ. Die Scheinleistung $\hat{p}_s = P_s$ ergibt sich wieder als geometrische Summe der Teilleistungszeiger. Die Beträge der Leistungen werden berechnet mit den Gleichungen

$$P_p = I^2 \cdot R = U_R^2/R = U_R \cdot I$$
$$P_C = I^2 \cdot X_C = U_C^2/X_C = U_C \cdot I$$
$$P_s = I^2 \cdot Z = U^2/Z = U \cdot I.$$

Im Leistungsdreieck, das dem Spannungsdreieck und Widerstandsdreieck geometrisch ähnlich ist, können ebenfalls Berechnungen nach dem Satz des Pythagoras oder mit Hilfe der Winkelfunktionen durchgeführt werden.

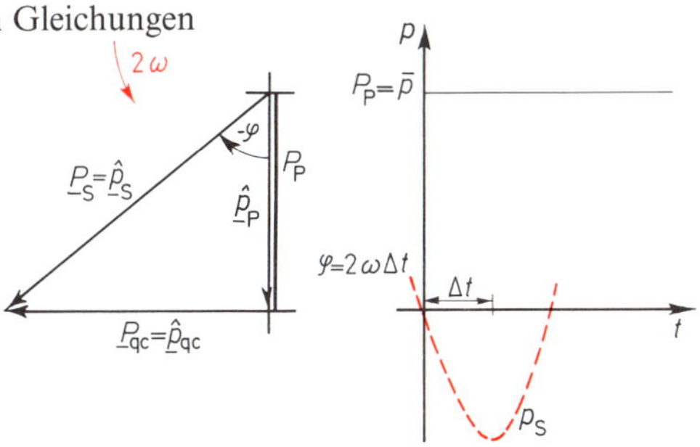

7.23 Leistungszeigerbild zu Bild **7.**21 und Ermitteln des Liniendiagramms der Scheinleistung

Aufgaben zu Abschnitt 7.4.1 und 7.4.2

1. In einer Reihenschaltung von idealer Spule und Wirkwiderstand (**7.**17) betragen
   a) $R = 3\ \Omega$, $L = 2$ mH, $f = 400$ Hz;
   b) $R = 5\ \Omega$, $L = 1{,}5$ mH, $f = 1200$ Hz;
   c) $R = 800\ \Omega$, $L = 2{,}5$ mH, $f = 8$ kHz;
   d) $R = 1500\ \Omega$, $L = 4{,}5$ H, $f = 50$ Hz;
   e) $R = 850\ \Omega$, $L = 0{,}8$ H, $f = 20$ kHz.
   Wie groß sind Scheinwiderstand, Phasenverschiebung und Stromstärke bei einer Klemmenspannung von 60 V?
2. Am Wirkwiderstand einer Reihenschaltung aus R und X_L (**7.**17) liegt eine Spannung von 24 V. Der aufgenommene Strom beträgt 0,1 A, die Klemmenspannung 60 V/50 Hz. Wie groß sind Blindwiderstand, Induktivität, Scheinwiderstand, Blindspannung und Phasenverschiebungswinkel?
3. Mit der idealen Spule mit $L = 2{,}5$ mH soll ein Wirkwiderstand in Reihe geschaltet werden, so daß die Phasenverschiebung 30° beträgt. Die Spannung an der Reihenschaltung ist 48 V/800 Hz.
   a) Wie groß sind R, Z, X_L, I, U_R, U_L?
   b) Wie groß sind P_s, P_p und P_q?

4. Bei einer Reihenschaltung aus R und X_L beträgt bei $R = 20\,\Omega$ und $f = 400$ Hz die Phasenverschiebung 80°.
   a) Welchen Betrag hat L?
   b) Bei konstanter Induktivität soll durch einen zusätzlichen Widerstand R_x die Phasenverschiebung auf 40° gebracht werden. Wie groß ist R_x, und wie ist er zu schalten?
5. In einer Reihenschaltung aus R und X_L betragen bei der Klemmenspannung 60 V/50 Hz die Stromstärke 0,15 A und die Phasenverschiebung $\varphi = 50°$.
   a) Wie groß sind R und L?
   b) Wie groß muß ein Zusatzwiderstand R_x sein, und wie muß er geschaltet werden, wenn der Strom bei gleichbleibender Klemmenspannung 0,17 A betragen soll?
6. Eine Glühlampe 110 V/40 W soll unter Vorschaltung eines Kondensators mit ihren Nenndaten an der Klemmenspannung 220 V/50 Hz betrieben werden (**7**.21).
   a) Welche Kapazität muß der Kondensator haben, und welche Phasenverschiebung tritt auf?
   b) Welche Beträge haben die Leistungen P_s, P_p und P_q?
   c) Wie groß sind Scheinwiderstand und Stromstärke?
7. In der Reihenschaltung eines Wirkwiderstands $R = 30\,\Omega$ mit dem Kondensator mit $C = 5\,\mu F$ (**7**.21) beträgt bei der Klemmenspannung 24 V die Stromstärke $I = 0{,}1$ A. Wie groß sind Frequenz und Phasenverschiebung?
8. In einer Reihenschaltung aus idealem Kondensator und Wirkwiderstand $R = 500\,\Omega$ hat bei $f =$ 50 Hz die Spannung am Wirkwiderstand 50% des Blindspannungsbetrags. Wie groß sind die Phasenverschiebung und die Kapazität des Kondensators?
9. Ein Wirkwiderstand und ein idealer Kondensator mit 5,6 nF sind in Reihe geschaltet. Bei einer Klemmenspannung 24 V/1200 Hz soll die Phasenverschiebung zwischen Spannung und Strom 45° betragen.
   a) Wie groß muß der Widerstand sein?
   b) Wie groß sind Scheinwiderstand und Stromstärke?
   c) Wie groß werden Scheinwiderstand und Stromstärke bei verdoppeltem Wirkwiderstand?
   d) Welche Beträge ergeben sich für Z und I, wenn der ursprüngliche Wirkwiderstand auf die Hälfte verringert wird?
10. In einer Reihenschaltung aus Wirkwiderstand und idealem Kondensator beträgt bei der Klemmenspannung 60 V/50 Hz die Stromstärke 0,1 A. Wird der Wirkwiderstand durch einen Zusatzwiderstand auf die Hälfte verringert, steigt die Stromstärke auf 0,15 A. Wie groß sind der ursprüngliche Wirkwiderstand und die Kapazität?

Stimmt nicht!!

7.4.3 Ideale Spule, idealer Kondensator und Wirkwiderstand in Reihenschaltung

Die Schaltung nach Bild **7**.24 ist der allgemeine Fall der Reihenschaltung idealer Wechselstromwiderstände. Mit dem gemeinsamen Strom als Bezugsgröße bekommen wir für die Teilspannungen die Funktionsgleichungen

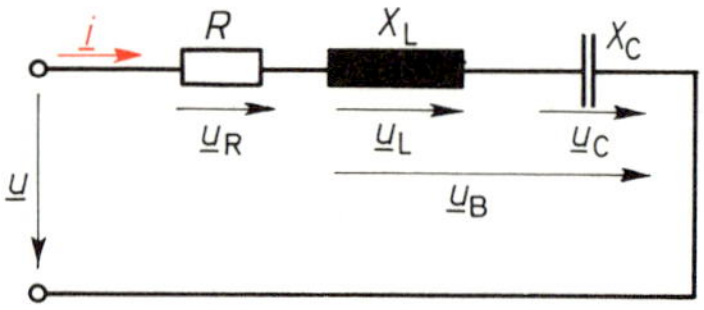

7.24 Allgemeine Reihenschaltung idealer Wechselstromwiderstände

$$i = \hat{i} \cdot \sin\omega t \qquad u_R = \hat{u}_R \cdot \sin\omega t$$

$$u_L = \hat{u}_L \cdot \cos\omega t \qquad u_C = -\hat{u}_C \cdot \cos\omega t.$$

Die Blindspannungen u_L und u_C mit entgegengesetzter Phasenlage werden zusammengefaßt. So ergibt sich für die Klemmenspannung die Funktionsgleichung

$$u = \hat{u}_R \cdot \sin\omega t + (\hat{u}_L - \hat{u}_C)\cos\omega t = \hat{u} \cdot \sin(\omega t \pm \varphi). \qquad (7.33)$$

Die resultierende Blindspannung und die Spannung am Wirkwiderstand ergeben nach dem Satz des Pythagoras den Scheitelwert bzw. Effektivwert der Klemmenspannung

$$\hat{u} = \sqrt{\hat{u}_R^2 + \hat{u}_B^2} \quad \text{mit} \quad \hat{u}_B = \hat{u}_L - \hat{u}_C \tag{7.34}$$

$$U = \sqrt{U_R^2 + U_B^2} \quad \text{mit} \quad U_B = U_L - U_C. \tag{7.35}$$

Die Phasenverschiebung zwischen Strom und Klemmenspannung erhalten wir aus

$$\tan\varphi = \frac{U_B}{U_R} = \frac{U_L - U_C}{U_R} = \frac{I(X_L - X_C)}{I \cdot R} = \frac{X}{R}. \tag{7.36}$$

Vorzeichen und Wert des resultierenden Blindwiderstands und der resultierenden Blindspannung hängen von der Frequenz ab

$$X = X_L - X_C = \omega L - \frac{1}{\omega C} \quad U_B = I(X_L - X_C). \tag{7.37}$$

Sie können je nach dem Betrag der Frequenz positiv, Null oder negativ sein. Bild **7.25** zeigt für diese drei Fälle die Drehzeigerbilder.

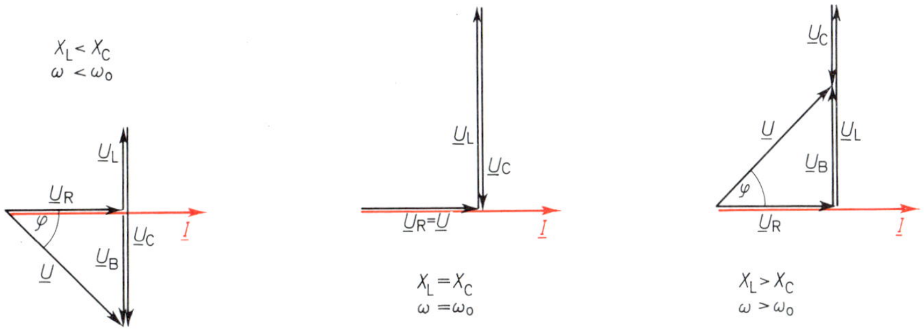

7.25 Drehzeigerbilder zu Bild **7.24** bei verschiedenen Frequenzen

7.4.3.1 Reihenschwingkreis bei Resonanz ($X = 0$, $X_L = X_C$)

Resonanzfrequenz f_o. Der resultierende Blindwiderstand und die resultierende Blindspannung werden bei einer bestimmten Frequenz, der Resonanzfrequenz f_o, zu Null. Aus dieser Bedingung ergibt sich für $\omega_o = 2\pi f_o$

$$\omega_o L = \frac{1}{\omega_o C} \quad \Rightarrow \quad \omega_o^2 = \frac{1}{LC} \quad \Rightarrow \quad 2\pi f_o = \frac{1}{\sqrt{LC}}$$

$$\boxed{f_o = \frac{1}{2\pi\sqrt{LC}}.} \tag{7.38}$$

Resonanzwiderstand Z_o. Bei der Resonanzfrequenz f_o wird der Scheinwiderstand mit $X = X_L - X_C = 0$. Daraus folgt:

$$Z = \sqrt{R^2 + X^2} = Z_o = R \tag{7.39}$$

Z_0 ist der Resonanzwiderstand, der gleich dem Wirkwiderstand ist. Die Schaltung nimmt als Verbraucher vom Erzeuger nur Wirkleistung auf, Klemmenspannung und Strom sind phasengleich.

Resonanzstrom I_0. Da der Scheinwiderstand nach Gl. (7.39) bei der Resonanzfrequenz seinen kleinsten Wert hat, hat der Strom bei gleicher Klemmenspannung dann seinen größten Effektivwert:

$$I_0 = \frac{U}{Z_0} = \frac{U}{R} \tag{7.40}$$

Resonanzblindwiderstand X_0. Der Resonanzstrom bewirkt an den Blindwiderständen X_L bzw. X_C gleichgroße Blindspannungen. Die bei Resonanz gleichen Blindwiderstände X_L und X_C haben den Betrag

$$\boxed{X_0 = \omega_0 L = \frac{1}{\omega_0 C}.} \tag{7.41}$$

Er heißt Resonanzblindwiderstand. Setzen wir in Gl. (7.41) $\omega_0 = 1/\sqrt{LC}$ ein, ergibt sich

$$\boxed{X_0 = \frac{L}{\sqrt{LC}} = \sqrt{\frac{L^2}{LC}} = \sqrt{\frac{L}{C}}.} \tag{7.42}$$

Blindleistung P_{q0}. Die bei der Resonanzfrequenz in den Blindwiderständen umgesetzte Blindleistung beträgt

$$P_{q0} = I_0^2 \cdot X_0 = \frac{U_{L0}^2}{X_0} = -\frac{U_{C0}^2}{X_0} = U_{L0} \cdot I_0 = -U_{C0} \cdot I_0. \tag{7.43}$$

Sie macht sich jedoch außerhalb der Schaltung nicht bemerkbar, weil die Summe der in der Induktivität und der Kapazität auftretenden Blindleistungen in jedem Augenblick Null ist. Die von einem der beiden Energiespeicher aufgenommene Energie wird im gleichen Augenblick von dem anderen geliefert. Die gespeicherte Energie schwingt zwischen Induktivität und Kapazität hin und her. Eine solche Schaltung heißt deshalb Schwingkreis (in diesem Fall Reihenschwingkreis). Bei der Resonanzfrequenz f_0 liegt am Reihenschwingkreis nur eine Spannung, die zusammen mit dem phasengleichen Strom die im Wirkwiderstand auftretenden Verluste deckt.

Wenn der Schwingkreis an Gleichspannung liegt, wird ihm durch Aufladung des Kondensators Energie in Form potentieller elektrischer Energie zugeführt. Verbindet man nun die Klemmen des Schwingkreises miteinander, entlädt sich der Kondensator, und die gespeicherte Energie wird zum Teil in magnetische Energie in der Induktivität umgesetzt. Bei einem nur aus Induktivität und Kapazität bestehenden Schwingkreis würde ein ständiger Energieaustausch zwischen Induktivität und Kapazität in Form einer ungedämpften Schwingung zustande kommen. Mit Wirkwiderstand bildet die Schaltung einen gedämpften Schwingkreis, denn ohne Energiezufuhr von außen würde der Wirkwiderstand die Energie im Schwingkreis mit der Zeit in Wärmeenergie umwandeln. Der Betrag der im Schwingkreis bei Resonanz gespeicherten Energie ergibt sich aus

$$W_{q0} = L\frac{\hat{i}_0^2}{2} = C\frac{\hat{u}_{C0}^2}{2} = L I_0^2 = C U_{C0}^2. \tag{7.44}$$

Güte Q_o. Das Verhältnis der in einem Schwingkreis umgesetzten Resonanzblindleistung zur aufgenommenen Wirkleistung nennt man seine Güte

$$Q_o = \frac{P_{qo}}{P_p}. \tag{7.45}$$

Im Fall des Reihenschwingkreises erhalten wir dafür

$$Q_o = \frac{I_o^2 \cdot X_o}{I_o^2 \cdot R} = \frac{\omega_o \cdot L}{R} = \frac{1}{\omega_o \cdot RC} = \frac{1}{R}\sqrt{\frac{L}{C}} = \frac{X_o}{R}. \tag{7.46}$$

Wegen der hohen Resonanzspannungen an den Blindwiderständen spricht man beim Reihenschwingkreis auch von Spannungsresonanz. Die Güte Q_o wird wegen

$$Q_o = \frac{I_o \cdot X_o}{I_o \cdot R} = \frac{U_{qo}}{U} \quad \Rightarrow \quad U_{qo} = Q_o \cdot U \tag{7.47}$$

auch als Spannungsüberhöhung bezeichnet. Sie ist bei Schwingkreisen nur für den Resonanzfall definiert, deshalb kann man den Index o weglassen. Sonst werden die bei Resonanz auftretenden Größen mit diesem Index gekennzeichnet.

Verlustfaktor *d*. Das Verhältnis von Wirkleistung P_p zur Resonanz-Blindleistung P_{qo} heißt Verlustfaktor d. Er ist der Kehrwert der Güte

$$d = \frac{1}{Q} = \frac{P_p}{P_{qo}} = \frac{R}{X_o} = \frac{R}{\omega_o L} = \omega_o \cdot RC = R\sqrt{\frac{C}{L}}. \tag{7.48}$$

Beispiel 7.7 Eine Reihenschaltung aus $R = 80\,\Omega$, $L = 3$ mH und einem Kondensator hat eine Resonanzfrequenz $f_o = 320$ kHz.

a) Zu berechnen sind Kapazität, Resonanzblindwiderstand, Güte, Verlustfaktor.

b) Welchen Betrag haben bei einer Klemmenspannung von $U = 6$ V Resonanzstrom, Blindspannungen, Wirk- und Blindleistung?

Lösung

a) $f_o = \dfrac{1}{2\pi \cdot \sqrt{LC}} \quad \Rightarrow \quad C = \dfrac{1}{(2\pi \cdot f_o)^2 L} = \dfrac{1}{(2\pi \cdot 3{,}2 \cdot 10^5)^2} \, \dfrac{F}{3 \cdot 10^{-3}}$

$C = \mathbf{82{,}455 \cdot 10^{-12}\,F}$ $\qquad Z_o = R = \mathbf{80\,\Omega}$

$X_o = \sqrt{\dfrac{L}{C}} = \sqrt{\dfrac{3 \cdot 10^{-3}}{82{,}455 \cdot 10^{-12}}}\,\Omega = \mathbf{6{,}032\,k\Omega}$

$Q = X_o/R = 6{,}032 \cdot 10^3/80 = \mathbf{75{,}4}$

$d = 1/Q = \mathbf{13{,}26 \cdot 10^{-3}}$

b) $I_o = U/R = 6\,V/80\,\Omega = \mathbf{75\,mA}$

$U_{qo} = I_o X_o = \mathbf{452{,}4\,V} = UQ$

$P_p = I_o^2 R = \mathbf{0{,}45\,W}$

$P_{qo} = Q\,P_p = \mathbf{33{,}93\,var}$

7.4.3.2 Reihenschwingkreis außerhalb der Resonanz ($X = X_L - X_C \neq 0$)

Entsprechend den Zeigerbildern **7.25** für $\omega < \omega_o$ und $\omega > \omega_o$ erhalten wir geometrisch ähnliche Widerstandsdreiecke, wenn wir statt des Spannungsmaßstabs für die Teilspannungen einen geeigneten Widerstandsmaßstab verwenden. Die beiden Widerstandsdreiecke für $\varphi = -45°$ und $\varphi = +45°$ zeigt Bild **7.26**.

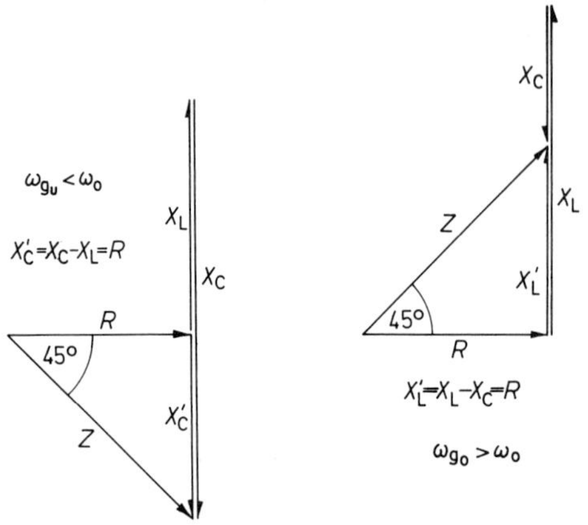

7.26 Widerstandsdreiecke zu Bild **7.24** bei den Grenzfrequenzen

Untere Grenzfrequenz f_{gu}. Unterhalb der Resonanzfrequenz ist der kapazitive Blindwiderstand X_C stets größer als der induktive Blindwiderstand X_L. Der resultierende Blindwiderstand $X = X_L - X_C$ ist negativ, entsprechend auch der Phasenverschiebungswinkel φ. Der Schwingkreis wirkt insgesamt wie eine Reihenschaltung aus einem Wirkwiderstand und einem kapazitiven Blindwiderstand X_C'.

Dabei gilt für dessen Betrag

$$|-X_C'| = X_C - X_L = \frac{1}{\omega C} - \omega L. \tag{7.49}$$

Die Frequenz, bei der die Phasenverschiebung $\varphi = -45°$ beträgt und der resultierende Blindwiderstand X_C' gleich dem Wirkwiderstand R ist, heißt untere Grenzfrequenz f_{gu}. Wir bekommen sie aus dem Ansatz

$$X_C' = \frac{1}{\omega_{gu} C} - \omega_{gu} L = R. \tag{7.50}$$

Der Ansatz führt auf eine quadratische Gleichung:

$$\begin{aligned} &-\omega_{gu}^2 LC + 1 = \omega_{gu} \cdot RC \quad \Rightarrow \quad \omega_{gu}^2 \cdot LC + \omega_{gu} RC = 1 \quad \Rightarrow \\ &\omega_{gu}^2 + \omega_{gu} \frac{R}{L} = \frac{1}{L \cdot C} = \omega_o^2. \end{aligned} \tag{7.51}$$

Aus Gl. (7.51) erhalten wir weiter

$$\left(\omega_{gu} + \frac{R}{2L}\right)^2 = \omega_o^2 + \left(\frac{R}{2L}\right)^2 \quad \Rightarrow \quad \omega_{gu} = -\frac{R}{2L} \pm \sqrt{\omega_o^2 + \left(\frac{R}{2L}\right)^2}.$$

Da aus physikalischen Gründen die Wurzel positiv sein muß, ergibt sich schließlich

$$\omega_{gu} = \sqrt{\omega_o^2 + \left(\frac{R}{2L}\right)^2} - \frac{R}{2L}$$

bzw.
$$\boxed{f_{gu} = \frac{1}{2\pi}\left(\sqrt{\omega_o^2 + \left(\frac{R}{2L}\right)^2} - \frac{R}{2L}\right).} \tag{7.52}$$

Obere Grenzfrequenz f_{go}. Oberhalb der Resonanzfrequenz ist der induktive Blindwiderstand X_L stets größer als der kapazitive X_C. Der resultierende Blindwiderstand $X'_L = X_L - X_C$ und auch der Phasenverschiebungswinkel φ sind positiv. Der Schwingkreis wirkt insgesamt wie eine Reihenschaltung aus einem Wirkwiderstand R und dem induktiven Blindwiderstand X'_L. Sein Wert ist

$$X'_L = \omega \cdot L - \frac{1}{\omega C}.$$

Die obere Grenzfrequenz, bei der der Phasenverschiebungswinkel $\varphi = 45°$ beträgt, erhalten wir aus dem Ansatz

$$X'_L = \omega_{go} \cdot L - \frac{1}{\omega_{go} C} = R. \tag{7.53}$$

Auch hier ergibt sich wieder eine quadratische Gleichung:

$$\omega_{go}^2 \cdot LC - 1 = \omega_{go} \cdot RC \quad \Rightarrow \quad \omega_{go}^2 \cdot LC - \omega_{go} \cdot RC = 1 \quad \Rightarrow$$

$$\omega_{go}^2 - \omega_{go} \frac{R}{L} = \frac{1}{L \cdot C} = \omega_o^2. \tag{7.54}$$

Aus Gl. (7.54) bekommen wir

$$\left(\omega_{go} - \frac{R}{2L}\right)^2 = \omega_o^2 + \left(\frac{R}{2L}\right)^2 \quad \Rightarrow \quad \omega_{go} = \sqrt{\omega_o^2 + \left(\frac{R}{2L}\right)^2} + \frac{R}{2L} \qquad \text{bzw.}$$

$$\boxed{f_{go} = \frac{1}{2\pi}\left(\sqrt{\omega_o^2 + \left(\frac{R}{2L}\right)^2} + \frac{R}{2L}\right).} \tag{7.55}$$

Bandbreite f_B. Die Differenz der Grenzfrequenzen heißt Bandbreite. Wir erhalten dafür mit den Gl. (7.52) und (7.55)

$$f_B = f_{go} - f_{gu} = \frac{1}{2\pi}\left(\sqrt{\omega_o^2 + \left(\frac{R}{2L}\right)^2} + \frac{R}{2L} - \sqrt{\omega_o^2 + \left(\frac{R}{2L}\right)^2} + \frac{R}{2L}\right)$$

$$f_B = \frac{1}{2\pi} \cdot \frac{R}{L}. \tag{7.56}$$

Führt man die Güte mit $Q = P_q/P_p = \omega_o L/R$ ein, bekommt man

$$\frac{L}{R} = \frac{Q}{\omega_o} \quad \Rightarrow \quad f_B = \frac{2\pi \cdot f_o}{Q \cdot 2\pi} = \frac{f_o}{Q}$$

$$\boxed{f_B = \frac{R}{2\pi \cdot L} = \frac{f_o}{Q} = f_o \cdot d.} \tag{7.57}$$

Mit $R/2L = f_o \pi d$ erhalten wir aus den Gl. (7.52) und (7.55) nach einigen Umformungen für die Grenzfrequenzen

$$f_g = f_o \sqrt{1 + \left(\frac{d}{2}\right)^2} \pm \frac{f_o \cdot d}{2}. \qquad (7.58)$$

Die beiden Grenzfrequenzen liegen danach symmetrisch zu einer Bandmittenfrequenz, die bei geringer Dämpfung bzw. hoher Güte des Schwingkreises praktisch gleich der Resonanzfrequenz ist.

Bei den Grenzfrequenzen gilt

$$Z_g^2 = 2R^2 \quad \text{bzw.} \quad Z_g = R\sqrt{2}. \qquad (7.59)$$

Damit wird die Stromstärke

$$I_g = U/Z_g = U/R\sqrt{2} = I_o/\sqrt{2} = I_o \cdot 0{,}707 \ldots \qquad (7.60)$$

Gegenüber dem Resonanzwiderstand R hat der Scheinwiderstand bei den Grenzfrequenzen um den Faktor $\sqrt{2}$ zugenommen, und der Strom beträgt nur noch etwa 70,7% des Resonanzstroms.

Frequenzgang. Die Darstellung von Größen in Abhängigkeit von der Frequenz nennt man ihren Frequenzgang. Solche Diagramme sind vor allem in der Nachrichtentechnik von Bedeutung. Bei den Frequenzgängen des Stroms und der beiden Blindspannungen eines Reihenschwingkreises stellt man fest, daß sich die Beträge dieser Größen zwischen den Grenzfrequenzen besonders stark ändern, besonders bei großen Werten für Q bzw. bei geringer Dämpfung d. I, U_C und U_L haben in diesem Fall bei f_o ihre größten Beträge.

Beispiel 7.8 Ein Reihenschwingkreis mit der Resonanzfrequenz 1 kHz hat die Güte $Q = 10$ bzw. den Dämpfungsfaktor $d = 0{,}1$. Die Induktivität beträgt $L = 0{,}1$ H. Er liegt an einem Generator veränderlicher Frequenz mit der konstanten Klemmenspannung $U = 628{,}3$ mV.

a) Wie groß sind Kapazität C, Resonanzblindwiderstand X_o, Wirkwiderstand R, Resonanzstrom I_o und die Blindspannungen U_C bzw. U_L bei der Resonanzfrequenz f_o des Stroms?

b) Wie groß sind die Grenzfrequenzen und die Bandbreite?

c) Im Bereich von 945 Hz bis 1055 Hz ist der Frequenzgang der Größen I, U_C und U_L zu zeichnen.

Lösung a) Nach Gl. (7.38)

$$C = 1/(2\pi f_o)^2 L = 1/(2\pi \cdot 10^3)^2 0{,}1\,\text{F} = \mathbf{253{,}3\,nF}$$

$$X_o = 2\pi f_o L = 2\pi \cdot 10^3 \cdot 0{,}1\,\Omega = \mathbf{628{,}3\,\Omega}$$

$$R = d \cdot X_o = 628{,}3\,\Omega \cdot 0{,}1 = \mathbf{62{,}83\,\Omega}$$

$$I_o = U/R = \frac{0{,}6283\,\text{V}}{62{,}83\,\Omega} = 0{,}01\,\text{A} = \mathbf{10\,mA}$$

$$U_{Co} = U_{Lo} = I_o \cdot X_o = 628{,}3\,\Omega \cdot 0{,}01\,\text{A} = \mathbf{6{,}283\,V}$$

b) Nach Gl. (7.58)

$$f_g = f_o\left(\sqrt{1 + \left(\frac{d}{2}\right)^2} \pm \frac{d}{2}\right) = f_o(1{,}0012 \pm 0{,}05) \quad \Rightarrow \quad f_{gu} = f_o \cdot 0{,}951 = \mathbf{951\,Hz}$$

$$f_{go} = f_o \cdot 1{,}051 = \mathbf{1051\,Hz}$$

$$f_B = f_{go} - f_{gu} = 1051\,\text{Hz} - 951\,\text{Hz} = \mathbf{100\,Hz}$$

c) $$I = \frac{U}{\sqrt{R^2 + (X_L - X_C)^2}} \qquad U_C = I \cdot X_C \qquad U_L = I \cdot X_L$$

Den Frequenzgang zeigt Bild **7**.27.

Lösung,
Fortsetzung

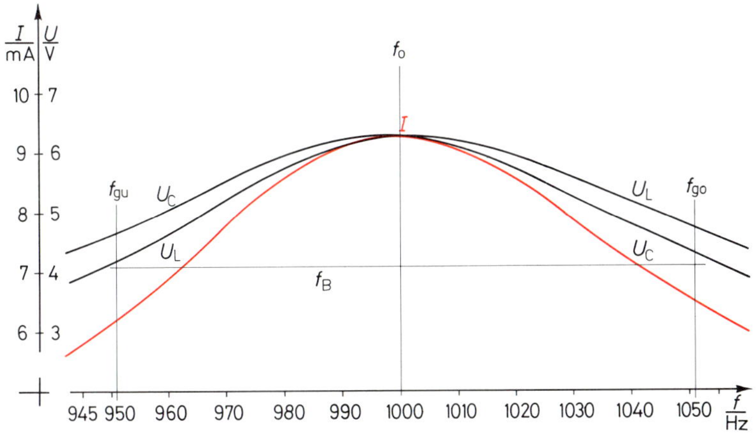

7.27 Reihenschwingkreis mit $Q = 10$; Frequenzgang

Genau genommen liegen die Höchstwerte der Stromstärke bei f_o und die von U_C bei einer etwas niedrigeren und U_L bei einer etwas höheren Frequenz. Diese Abweichung macht sich jedoch nur bei stark gedämpften Schwingkreisen bemerkbar. Aus dem Ansatz

$$\frac{U}{U_C} = \frac{\sqrt{R^2 + X^2}}{X_C} \quad \text{bzw.} \quad \frac{U}{U_L} = \frac{\sqrt{R^2 + X^2}}{X_L} \quad \text{erhalten wir}$$

$$\left(\frac{U}{U_C}\right)^2 - 1 = (\omega^2 \cdot LC)^2 + \omega^2 (R^2 \cdot C^2 - 2LC). \text{ Mit } LC = \frac{1}{\omega_o^2} \text{ und } \left(\frac{R}{X_o}\right)^2 = \frac{R^2 \cdot C}{L} = d^2$$

bekommen wir nach einigen Umformungen

$$\left(\frac{U}{U_C}\right)^2 - 1 = \left(\frac{f^2}{f_o^2}\right)^2 + \frac{f^2}{f_o^2}(d^2 - 2) \text{ bzw. } \left(\frac{U}{U_L}\right)^2 - 1 = \left(\frac{f_o^2}{f^2}\right)^2 + \frac{f_o^2}{f^2}(d^2 - 2). \tag{7.61}$$

Für die Frequenzen f_ϱ, bei denen die Höchstwerte von U_C bzw. U_L auftreten, ergeben sich daraus die Gl. (7.62), auf deren Ableitung wir hier jedoch verzichten müssen:

$$U_{C\max}: \frac{f_\varrho}{f_o} = \sqrt{1 - \frac{d^2}{2}}; \quad U_{L\max}: \frac{f_o}{f_\varrho} = \sqrt{1 - \frac{d^2}{2}} \tag{7.62}$$

Die Beträge für die Höchstwerte der beiden Blindspannungen erhalten wir aus Gl. (7.61) durch Einsetzen der Gl. (7.62):

$$U_{C\max} = U_{L\max} = U \frac{2}{d\sqrt{4 - d^2}} \tag{7.63}$$

Berücksichtigen wir, daß $U/d = UQ$ die Blindspannung $U_{Co} = U_{Lo}$ bei der Resonanzfrequenz des Stroms ist, ist die Abweichung gegenüber diesem Wert gering. Bei $Q = 10$ bzw. $d = 0{,}1$ ist z.B. der Höchstwert der Blindspannungen um $1{,}3\,^0/_{00}$ höher als bei f_o.

Beispiel 7.9 Der Reihenschwingkreis des vorigen Beispiels wird durch zusätzliche Widerstände so gedämpft, daß die Güte $Q = 5$ ($d = 0{,}2$) bzw. $Q = 2$ ($d = 0{,}5$) wird.

a) Welche Widerstände sind dazu erforderlich?

b) Wie groß sind Resonanzstrom und die Blindspannungen U_C und U_L bei der Resonanzfrequenz des Stroms?

c) Wie groß sind die Grenzfrequenzen und die Bandbreite?

d) Bei welcher Frequenz treten die Höchstwerte der Spannung an der Kapazität bzw. der Induktivität auf?

e) Wie groß sind U_{Cmax} und U_{Lmax}?

f) Die Frequenzgänge des Stroms sowie der beiden Blindspannungen sind im Bereich 750 Hz bis 1300 Hz zu zeichnen.

Lösung a) $Q_1 = 5;\ d_1 = 0{,}2 \qquad R_1 = X_o d_1 = 628{,}3\,\Omega \cdot 0{,}2 = 125{,}66\,\Omega$

Zusatzwiderstand $R_{1zus'} = 125{,}66\,\Omega - 62{,}83\,\Omega = \mathbf{62{,}83\,\Omega}$

$Q_1 = 2;\ d_2 = 0{,}5 \qquad R_2 = X_o d_2 = 628{,}3\,\Omega \cdot 0{,}5 = 314{,}15\,\Omega$

Zusatzwiderstand $R_{2zus'} = 314{,}15\,\Omega - 62{,}83\,\Omega = \mathbf{251{,}32\,\Omega}$

b) $I_{o1} = U/R_1 = 0{,}6283\,\text{V}/125{,}66\,\Omega = 0{,}005\,\text{A} = \mathbf{5\,mA}$

$I_{o2} = U/R_2 = 0{,}6283\,\text{V}/314{,}15\,\Omega = 0{,}002\,\text{A} = \mathbf{2\,mA}$

$U_{q1} = I_{o1} X_o = 628{,}3\,\Omega \cdot 0{,}005\,\text{A} = \mathbf{3{,}1415\,V}$

$U_{q2} = I_{o2} X_o = 628{,}3\,\Omega \cdot 0{,}002\,\text{A} = \mathbf{1{,}2566\,V}$

c) $f_g = f_o\left(\sqrt{1 + \left(\frac{d}{2}\right)^2} \pm \frac{d}{2}\right) \Rightarrow f_{gu1} = (\sqrt{1 + 0{,}1^2} - 0{,}1)\,\text{kHz} = 0{,}90499\,\text{kHz} = \mathbf{905\,Hz}$

$f_{go1} = \mathbf{1105\,Hz}$

$f_{B1} = f_{go1} - f_{gu1} = 1105\,\text{Hz} - 905\,\text{Hz} = \mathbf{200\,Hz} = f_o \cdot d_1$

$f_{gu2} = (\sqrt{1 + 0{,}25^2} - 0{,}25)\,\text{kHz} = 0{,}78078\,\text{kHz} = \mathbf{781\,Hz}$

$f_{go2} = \mathbf{1281\,Hz}$

$f_{B2} = f_{go2} - f_{gu2} = 1281\,\text{Hz} - 781\,\text{Hz} = \mathbf{500\,Hz} = f_o \cdot d_2$

d) $\sqrt{1 - \frac{d_1^2}{2}} = \sqrt{1 - 0{,}02} = \sqrt{0{,}98} = 0{,}9899$

$\sqrt{1 - \frac{d_2^2}{2}} = \sqrt{1 - 0{,}125} = \sqrt{0{,}875} = 0{,}9354$

U_{Cmax} bei $f_\varrho = f_o \cdot 0{,}9899 = 989{,}95\,\text{Hz} = \mathbf{990\,Hz}$
U_{Lmax} bei $f_\varrho = f_o / 0{,}9899 = 1010{,}15\,\text{Hz} = \mathbf{1010\,Hz}$ } $d = 0{,}2$

U_{Cmax} bei $f_\varrho = f_o \cdot 0{,}9354 = 935{,}41\,\text{Hz} = \mathbf{935\,Hz}$
U_{Lmax} bei $f_\varrho = f_o / 0{,}9354 = 1069{,}04\,\text{Hz} = \mathbf{1069\,Hz}$ } $d = 0{,}5$

e) $U_{C1max} = U_{L1max} = U \frac{2}{d_1 \sqrt{4 - d_1^2}} = 0{,}6283\,\text{V} \frac{2}{0{,}2 \cdot 1{,}99} \Rightarrow$

$U_{C1max} = U_{L1max} = \mathbf{3{,}157\,V}$

$U_{C2max} = U_{L2max} = 0{,}6283\,\text{V} \frac{2}{0{,}5 \cdot 1{,}936} = \mathbf{1{,}298\,V}$

f) $I = \frac{U}{\sqrt{R^2 + (X_L - X_C)^2}} \qquad U_C = I X_C \qquad U_L = I X_L$

Den Frequenzgang zeigt Bild **7.28**.

Die Frequenzgänge von I, U_C und U_L verlaufen unsymmetrisch zur Resonanzfrequenz f_o und sind bei geringer Güte bzw. starker Dämpfung flacher. Die Bandbreite des Reihenschwingkreises nimmt mit der Dämpfung zu, und die Resonanzeigenschaften sind weniger stark ausgeprägt.

Lösung,
Fortsetzung

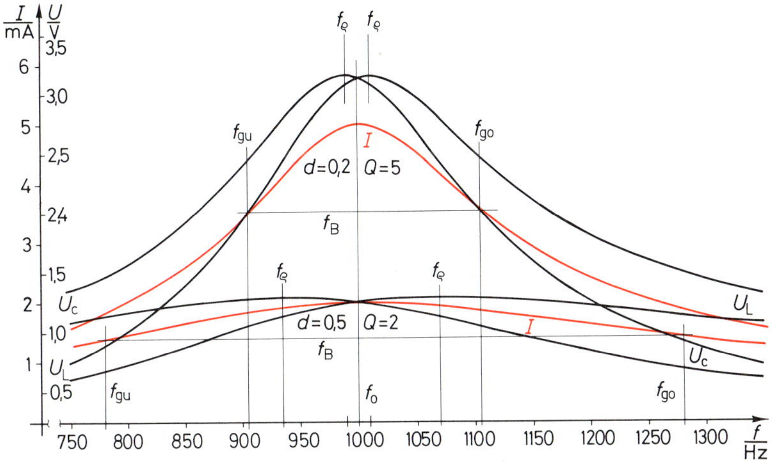

7.28 Reihenschwingkreis geringer Güte; Frequenzgang

Normierter Frequenzgang. Um bei der Darstellung z. B. des Stromfrequenzgangs von den Schwingkreisgrößen R, C und L sowie der jeweiligen Resonanzfrequenz unabhängig zu sein, verwenden wir zur Beschreibung der Schwingkreiseigenschaften die Funktion

$$\frac{I}{I_o} = f\left(\frac{\omega}{\omega_o}\right).$$

Als bezogene Größen erscheinen die Variablen als reine Zahlenwerte. Aus dem Ansatz

$$\frac{I}{I_o} = \frac{U \cdot \sqrt{R^2}}{U \cdot \sqrt{R^2 + (X_L - X_C)^2}}$$

bilden wir zunächst den Kehrwert. Nach einigen weiteren Umformungen bekommen wir daraus

$$\frac{I_o}{I} = \sqrt{1 + \left[\frac{1}{R}\left(\frac{\omega^2 \cdot LC - 1}{\omega C}\right)\right]^2} \qquad \text{und mit } LC = \frac{1}{\omega_o^2}$$

$$\frac{I_o}{I} = \sqrt{1 + \left[\frac{1}{\omega RC}\left(\frac{\omega^2}{\omega_o^2} - 1\right)\right]^2}.$$

Wir multiplizieren in der eckigen Klammer mit ω/ω_o und in der runden mit dem Kehrwert ω_o/ω, so daß sich der Term insgesamt nicht verändert. Damit erhalten wir

$$\frac{I_o}{I} = \sqrt{1 + \left[\frac{1}{\omega_o \cdot RC}\left(\frac{\omega}{\omega_o} - \frac{\omega_o}{\omega}\right)\right]^2}$$

und schließlich mit der Güte $Q = 1/\omega_o RC$ und der Verstimmung $v = \omega/\omega_o - \omega_o/\omega = f/f_o - f_o/f$

$$\frac{I}{I_o} = \frac{1}{\sqrt{1 + (vQ)^2}}. \qquad (7.64)$$

Der Verlauf von I/I_0 hängt nur noch von der Verstimmung v und der Güte bzw. Dämpfung des Schwingkreises ab. Aus dem normierten Frequenzgang nach Gl. (7.64) mit Q bzw. d als Parameter lassen sich die anderen Schwingkreisgrößen leicht bestimmen.

Beispiel 7.10 a) Wie groß ist die Verstimmung an den Grenzen des Frequenzbereichs 750 Hz bis 1300 Hz ($f_0 = 1000$ Hz)?

b) Wie groß ist die Verstimmung bei den Grenzfrequenzen?

c) Bei welcher Verstimmung beträgt der Strom 50% des Resonanzstroms, wenn die Dämpfung gegeben ist?

d) Wie groß ist bei gegebener Dämpfung das Verhältnis f/f_0, wenn der Strom im Schwingkreis 50% des Resonanzstroms beträgt?

e) Bei welcher Verstimmung liegt bei $Q_1 = 10$, $Q_2 = 5$ und $Q_3 = 2$ das Maximum von U_C/U_{q0} bzw. U_L/U_{q0}?

f) Für die Verstimmung $v = -0{,}6$ bis $v = 0{,}6$ des Reihenschwingkreises und die Güte $Q_1 = 10$, $Q_2 = 5$ und $Q_3 = 2$ ist der normierte Frequenzgang des Stroms zu zeichnen.

g) Aus dem normierten Frequenzgang des Stroms $I/I_0 = f(v)$ ist für eine gegebene Verstimmung v die Größengleichung $U_C/U_{q0} = f(v)$ bzw. $U_L/U_{q0} = f(v)$ zu bestimmen.

Lösung a) $v = \dfrac{f}{f_0} - \dfrac{f_0}{f}$. $v_u = \dfrac{750\,\text{Hz}}{1000\,\text{Hz}} - \dfrac{1000\,\text{Hz}}{750\,\text{Hz}} = \mathbf{-0{,}58333}$

$$v_o = \frac{1300\,\text{Hz}}{1000\,\text{Hz}} - \frac{1000\,\text{Hz}}{1300\,\text{Hz}} = \mathbf{0{,}53077}$$

b) $v_g = \dfrac{f_g}{f_0} - \dfrac{f_0}{f_g}$. Mit Gl. (7.58) $\dfrac{f_g}{f_0} = \sqrt{1 + \left(\dfrac{d}{2}\right)^2} \pm \dfrac{d}{2} = x \Rightarrow$

$$v_g = x - \frac{1}{x} = \frac{x^2 - 1}{x} = \frac{\left[\sqrt{1 + \left(\frac{d}{2}\right)^2} \pm \frac{d}{2}\right]^2 - 1}{\sqrt{1 + \left(\frac{d}{2}\right)^2} \pm \frac{d}{2}} \Rightarrow$$

$\pm v_g = \boldsymbol{d}$

c) Nach Gl. (7.64) wird $\dfrac{I}{I_0} = 0{,}5 \Rightarrow \sqrt{1 + \left(\dfrac{v}{d}\right)^2} = 2 \Rightarrow \pm v = \boldsymbol{d\sqrt{3}}$

d) $\dfrac{f}{f_0} = x \Rightarrow v = x - \dfrac{1}{x} \Rightarrow x^2 - v \cdot x = 1 \Rightarrow x = \dfrac{v}{2} \pm \sqrt{1 + \left(\dfrac{v}{2}\right)^2}$

Da der Betrag der Quadratwurzel stets größer als $v/2$ ist und x aus physikalischen Gründen positiv sein muß, gilt nur das positive Vorzeichen. Damit ist

$\dfrac{f}{f_0} = \sqrt{1 + \left(\dfrac{v}{2}\right)^2} + \dfrac{v}{2}$. Mit $\pm v = d\sqrt{3}$ nach c) wird

$$\frac{f}{f_0} = \sqrt{\mathbf{1 + \frac{3d^2}{4}}} \pm \mathbf{\frac{d\sqrt{3}}{2}}.$$

e) Nach Gl. (7.62) ist bei $U_{C\max}$: $\dfrac{f_\varrho}{f_0} = \sqrt{1 - \dfrac{d^2}{2}} = x$.

Für $d_1 = 1/Q_1 = 0{,}1$ bzw. $d_2 = 1/Q_2 = 0{,}2$ bzw. $d_3 = 1/Q_3 = 0{,}5$ werden $x_1 = 0{,}997497$; $x_2 = 0{,}989949$; $x_3 = 0{,}935414$

$v_\varrho = x - \dfrac{1}{x} \Rightarrow v_{\varrho 1} = \mathbf{-0{,}005013}$; $v_{\varrho 2} = \mathbf{-0{,}020204}$; $v_{\varrho 3} = \mathbf{-0{,}133631}$

Für $U_{L\max}$ sind $\dfrac{f_\varrho}{f_0} = \dfrac{1}{x} \Rightarrow v_\varrho = \dfrac{1}{x} - x \Rightarrow v_{\varrho 1} = \mathbf{0{,}005013}$; $v_{\varrho 2} = \mathbf{0{,}020204}$; $v_{\varrho 3} = \mathbf{0{,}133631}$

f) Nach Gl. (7.64) wird der Frequenzgang $I/I_0 = f(v)$ mit Q bzw. d als Parameter bestimmt und gezeichnet (**7.**29).

Lösung, Fortsetzung

g) $\frac{U_C}{U_{qo}} = \frac{I}{I_o} \cdot \frac{X_C}{X_o} = \frac{I \cdot \omega_o}{I_o \cdot \omega} = \frac{I \cdot f_o}{I_o \cdot f}$; $\frac{f_o}{f} = x \Rightarrow v = \frac{1}{x} - x \Rightarrow x^2 + v x = 1 \Rightarrow$

$\Rightarrow x = -\frac{v}{2} \pm \sqrt{1 + \left(\frac{v}{2}\right)^2}$. Da x positiv sein muß, gilt auch hier nur das positive Vorzeichen der Wurzel: $f_o/f = \sqrt{1 + (v/2)^2} - v/2$. Damit wird

$$\frac{U_C}{U_{qo}} = \frac{\sqrt{1 + (v/2)^2} - v/2}{\sqrt{1 + (v/d)^2}}$$ und mit $\frac{U_L}{U_{qo}} = \frac{I \cdot f}{I_o \cdot f_o}$ und f/f_o nach d) $$\frac{U_L}{U_{qo}} = \frac{\sqrt{1 + (v/2)^2} + v/2}{\sqrt{1 + (v/d)^2}}$$

Für negative Verstimmung wird $U_C/U_{qo} > U_L/U_{qo}$, für positive Verstimmung ist $U_L/U_{qo} > U_C/U_{qo}$.

Wie Bild **7**.29 zeigt, ist der Frequenzgang des relativen Stroms I/I_o in Abhängigkeit von der Verstimmung v symmetrisch zur Verstimmung $v = 0$ bei der Resonanzfrequenz. Trägt man die relative Frequenz f/f_o für verschiedene Beträge von v ebenfalls auf der waagerechten Achse auf, erhalten wir dafür einen unsymmetrischen Verlauf (**7**.29). Die Funktionen $f/f_o = f(v)$, $U_C/U_{qo} = f(v)$ und $U_L/U_{qo} = f(v)$ lassen sich leicht mit einem programmierbaren Taschenrechner berechnen. Für weitere Einzelheiten über Schwingkreise sei hier auf deren nachrichtentechnische Anwendung verwiesen.

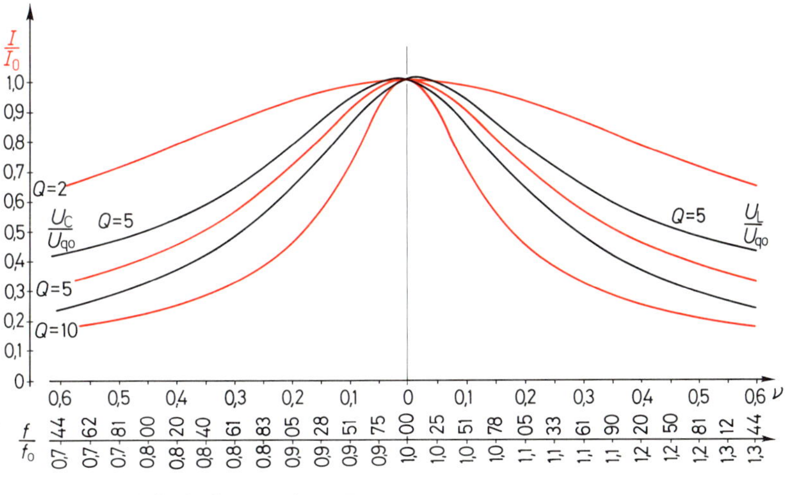

7.29 Reihenschwingkreis. Normierter Frequenzgang

Aufgaben zu Abschnitt 7.4.3

1. In einer Reihenschaltung von R, X_L und X_C (**7**.24) beträgt bei einer Frequenz $f = 800$ Hz die Stromstärke $I = 0{,}05$ A. Es sind $R = 50\,\Omega$, $L = 1{,}5$ mH, $C = 1\,\mu$F.
   a) Wie groß sind X_L, X_C, X?
   b) Wie groß sind die Teilspannungen U_R, U_L, U_C, U_B und die Gesamtspannung U?
   c) Wie groß sind Phasenverschiebung und Scheinwiderstand?

2. An einem Generator mit der Klemmenspannung $U = 12$ V und veränderlicher Frequenz liegt eine Reihenschaltung aus $R = 400\,\Omega$, X_L mit $L = 0{,}5$ mH und X_C mit $C = 1{,}5$ nF.

a) Bei welcher Frequenz fließt der größte Strom, und welchen Betrag hat er?
b) Wie groß sind die Spannungen an Induktivität und Kapazität bei f_o?
c) Welchen Betrag haben Güte Q und Dämpfungsfaktor d?
d) Wie groß sind die im Schwingkreis umgesetzten Leistungen?

3. Welcher Kondensator muß zu einer Reihenschaltung aus Wirkwiderstand $R = 250\ \Omega$ und einem induktiven Blindwiderstand mit $L = 2$ H in Reihe geschaltet werden, damit die Phasenverschiebung bei $f = 400$ Hz a) 75°, b) 50°, c) 25°, d) 0° beträgt?

4. Bei einer Frequenz $f = 1500$ Hz fließt durch eine Reihenschaltung aus R, X_L und X_C (7.24) ein Wirkstrom von 20 mA bei einer Gesamtspannung am Reihenschwingkreis von 6 V.
a) Wie groß ist die Kapazität, wenn $L = 1{,}2$ mH beträgt?
b) Welche Stromstärke und welche Teilspannungen ergeben sich, wenn die Frequenz verdoppelt wird?
c) Welche Stromstärke und welche Teilspannungen treten bei einer Frequenz $f = 750$ Hz auf?

5. Bei einer Reihenschaltung aus R und X_L beträgt bei einer Frequenz $f = 200$ Hz die Phasenverschiebung $\varphi = 70°$. Durch Reihenschaltung eines Kondensators mit $C = 0{,}1\ \mu$F wird φ auf 15° verringert.
a) Welche Beträge haben R und L?
b) Welche Stromstärke tritt in beiden Fällen bei einer Spannung am Schwingkreis von 24 V auf?

6. Ein Reihenschwingkreis liegt an einem Generator mit konstanter Klemmenspannung und veränderlicher Frequenz. Bei $U = 12$ V und $f_o = 2400$ Hz wird die Stromstärke $I = 0{,}1$ A gemessen. Bei der Frequenz 2350 Hz hat der Strom auf 70,7 % dieses Betrags abgenommen.
a) Wie groß sind L und C?
b) Welche Wirk- und Blindspannungen treten bei den angegebenen Frequenzen und der oberen Grenzfrequenz f_{go} auf?
c) Welche Beträge haben Güte Q und Dämpfungsfaktor d?

7. Bei einem Reihenschwingkreis mit $C = 1{,}8$ nF betragen die Resonanzfrequenz 12 kHz und der Wirkwiderstand 50 Ω.
a) Wie groß sind Bandbreite, Güte und Dämpfungsfaktor?
b) Wie groß sind die Grenzfrequenzen?

8. Eine Reihenschaltung von R, X_L und X_C mit $C = 2{,}2\ \mu$F hat bei der Frequenz 50 Hz den Scheinwiderstand 450 Ω. Wird die Kapazität verdoppelt, ist $Z = 280\ \Omega$
a) Welche Beträge haben R und L?
b) Wie groß sind in beiden Fällen Resonanzfrequenz, Güte und Dämpfungsfaktor?

9. Bei einem Reihenschwingkreis beträgt die Resonanzfrequenz $f_o = 450$ Hz, die Güte $Q = 2$.
a) Bei welcher Frequenz ist $I/I_o = 0{,}707$?
b) Wie groß ist die Bandbreite?
c) Wie groß ist die relative Abweichung der Bandmittenfrequenz von der Resonanzfrequenz?

10. Bei einem Reihenschwingkreis mit $Q = 2{,}5$ hat die Stromstärke bei $f_o = 10$ kHz ihren größten Wert. Dabei ist die Klemmenspannung des Generators 3 V.
a) Wie groß sind die Grenzfrequenzen und die Bandbreite?
b) Bei welchen Frequenzen treten die Höchstwerte der Spannungen an Induktivität bzw. Kapazität auf?
c) Wie groß können die Blindspannungen U_L bzw. U_C werden?

11. In einem Reihenschwingkreis fließt bei $f_o = 15$ kHz der Resonanzstrom $I_o = 0{,}08$ A. Bei der Frequenz $f = 13{,}5$ kHz hat die Stromstärke auf 60 mA abgenommen.
a) Wie groß sind Verstimmung v und Güte Q des Kreises?
b) Bei welchen Frequenzen beträgt die Stromstärke 75 % bzw. 50 % des Resonanzstroms?

12. Bei einem Reihenresonanzkreis mit der Güte $Q = 5$ betragen die Resonanzfrequenz $f_o = 10$ kHz und die Resonanzstromstärke $I_o = 20$ mA.
a) Welche Beträge ergeben sich für die Stromstärke bei den Frequenzen 8,5 kHz, 9 kHz, 9,5 kHz?
b) Bei welcher Verstimmung v und bei welchen Frequenzen beträgt die Stromstärke 12 mA?
c) Welche Bandbreite hat der Schwingkreis?
d) Welche Bandbreite ergibt sich, wenn der Wirkwiderstand verdoppelt wird?
e) Wie groß ist die Verstimmung in den beiden Fällen bei den Grenzfrequenzen?
f) Bei welchen Verstimmungen treten bei verdoppeltem Wirkwiderstand U_{Lmax} und U_{Cmax} auf, und welchen Betrag haben die beiden Blindspannungen bei einer Klemmenspannung des Generators von 5 V?

7.5 Parallelschaltung idealer Wechselstromwiderstände

7.5.1 Ideale Spule und Wirkwiderstand

Bei der Parallelschaltung eines Wirkwiderstands R und eines induktiven Blindwiderstands X_L ist die sinusförmige Klemmenspannung U die gemeinsame Bezugsgröße. Von ihr gehen wir deshalb für die Entwicklung der Funktionsgleichungen und des entsprechenden Zeigerbilds **7.**31 aus.

Stromdreieck. Die Stromstärke in den Widerständen bekommen wir zu

$$I_R = \frac{U}{R} \quad \text{und} \quad I_L = \frac{U}{X_L}.$$

Entsprechend der Kirchhoffschen Knotenpunktregel setzt sich der Gesamtstrom in der Schaltung **7.**30 aus den beiden Teilströmen I_R und I_L zusammen. Für die Funktionsgleichungen bekommen wir

$$u = \hat{u} \cdot \sin \omega t \qquad i = \hat{i}_R \cdot \sin \omega t - \hat{i}_L \cdot \cos \omega t = \hat{i} \cdot \sin(\omega t - \varphi). \tag{7.65}$$

Dabei gilt $\hat{i} = \sqrt{\hat{i}_R^2 + \hat{i}_L^2}$ bzw. $I = \dfrac{\hat{i}}{\sqrt{2}} = \sqrt{I_R^2 + I_L^2}$

$$\tan \varphi = -\frac{\hat{i}_L}{\hat{i}_R} = -\frac{I_L}{I_R} \quad \Rightarrow \quad -\varphi = \arctan \frac{I_L}{I_R}.$$

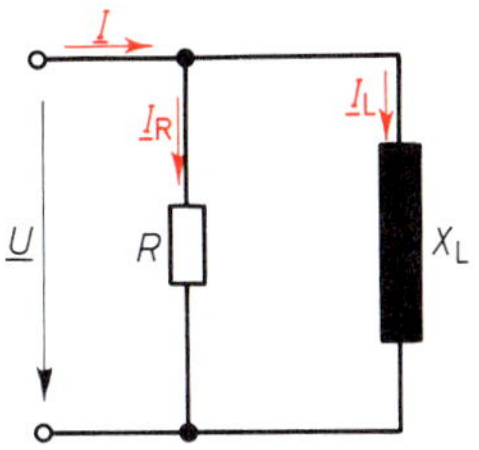

7.30 Parallelschaltung von Wirkwiderstand und idealer Spule

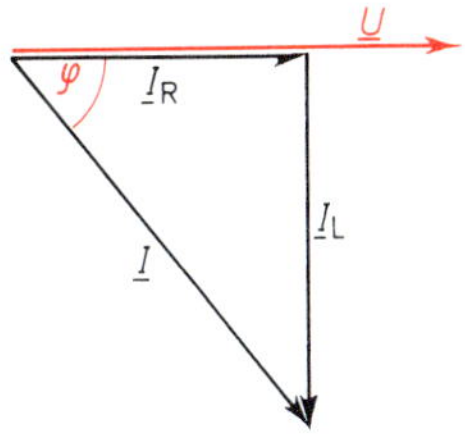

7.31 Drehzeigerbild zu Bild **7.30**

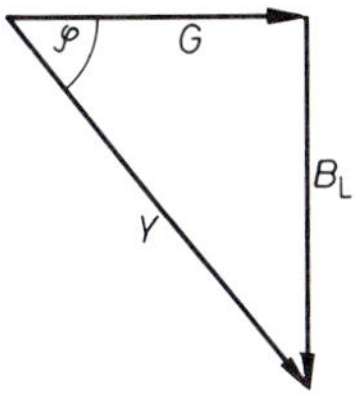

7.32 Leitwertdreieck zu Bild **7.30**

Der induktive Blindstrom ist nacheilend gegenüber der Bezugsspannung und bekommt deshalb ein negatives Vorzeichen. Entsprechend der Funktionsgleichung (7.65) zeichnen wir das Zeigerbild **7.**31. Durch geometrische Addition der Teilströme I_R und I_L erhalten wir den Gesamtstrom, der der Bezugsspannung U um den Winkel φ nacheilt. Das Zeigerbild der Ströme allein ist das Stromdreieck.

Leitwertdreieck. Aus dem Stromdreieck erhalten wir durch Division der Ströme durch die gemeinsame Klemmenspannung das Leitwertdreieck (**7.**32). Die Leitwerte ergeben sich aus

$$\frac{I_R}{U} = \frac{1}{R} = \mathrm{G} \qquad \frac{I_L}{U} = \frac{1}{X_L} = B_L \qquad \frac{I}{U} = \frac{1}{U} = \frac{1}{Z} = Y. \tag{7.66}$$

Wirkleitwert G und Blindleitwert B_L entsprechen den Kehrwerten der Wechselstromwiderstände R bzw. X_L. Der Kehrwert des Scheinwiderstands Z der Schaltung heißt Scheinleitwert Y. Für die Zusammenhänge zwischen den Leitwerten bzw. den Kehrwerten der entsprechenden Widerstände gilt wieder

$$Y = \sqrt{G^2 + B_L^2}, \quad \tan\varphi = -\frac{B_L}{G} = -\frac{R}{X_L} \tag{7.67}$$

$$G = Y \cdot \cos\varphi, \; -B_L = Y \cdot \sin\varphi, \quad \frac{1}{R} = \frac{\cos\varphi}{Z} \Rightarrow R = \frac{Z}{\cos\varphi}$$

$$\frac{1}{X_L} = \frac{\sin\varphi}{Z} \Rightarrow X_L = \frac{Z}{\sin\varphi}.$$

Der induktive Blindleitwert $B_L = 1/\omega L$ wird negativ gerechnet, weil wir im entsprechenden Stromdreieck zwischen dem Wirkstrom bzw. der Klemmenspannung und dem nacheilenden Blindstrom einen negativen Phasenverschiebungswinkel haben. Der Betrag von φ ist von der Frequenz abhängig. Sind die beiden Teilströme I_R und I_L bzw. die beiden Leitwerte G und B_L und damit auch R und X_L gleich groß, beträgt der Phasenverschiebungswinkel $\varphi = 45°$. Die zugehörige Frequenz heißt Grenzfrequenz.

Leistung. Die vom Wirkwiderstand aufgenommene Leistung ist stets positiv wie in Abschn. 7.3.1 beschrieben. Den zeitabhängigen Anteil, dessen Scheitelwert gleich dem zeitlichen Mittelwert $P_p = \bar{p}$ der Wirkleistung ist, setzen wir im Leistungszeigerbild mit dem Zeiger der auftretenden Blindleistung zusammen. Die Beträge der beiden Teilleistungen erhalten wir aus

$$P_p = U^2 \cdot G = \frac{U^2}{R} \qquad P_{qL} = U^2 \cdot B_L = \frac{U^2}{X_L}. \tag{7.68}$$

Wir zeichnen das Leistungszeigerbild in der gleichen Weise wie bei der Reihenschaltung aus R und X_L, den induktiven Blindleistungszeiger also voreilend gegenüber der Wirkleistung.

An sich bekommen wir aus Gl. (7.65) durch Multiplikation der Funktionsgleichung der Ströme mit der der Spannung eine Leistungsgleichung

$$p = \hat{p}_p(1 - \cos 2\omega t) - \hat{p}_{qL} \cdot \sin 2\omega t = P_p - \hat{p}_p \cdot \cos 2\omega t - \hat{p}_{qL} \cdot \sin 2\omega t, \tag{7.69}$$

die auf ein Leistungszeigerbild entsprechend Bild **7.33** führt. Durch Umformung von Gl. (7.69) erhalten wir für den Augenblickswert der Leistung

$$p = P_p - \hat{p}_s \cdot \cos(2\omega t - \varphi) \quad \text{mit} \quad \hat{p}_s = \sqrt{\hat{p}_p^2 + \hat{p}_{qL}^2}. \tag{7.70}$$

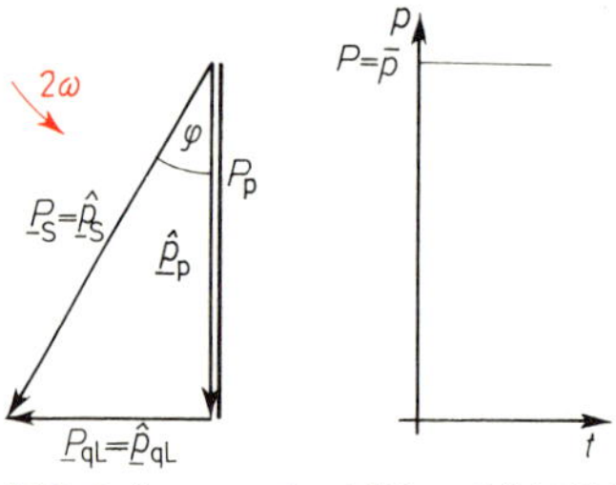

7.33 Leistungszeigerbild zu Bild **7.30**

Der auch hier auftretende negative Phasenverschiebungswinkel φ zwischen den zeitabhängigen Anteilen der Leistung hat jedoch für Berechnungen nach dem Leistungszeigerbild im allgemeinen keine Bedeutung, vor allem keine physikalische. Dafür ist nur zu beachten, daß die kapazitive Blindleistung wie bei der Reihenschaltung mit dem entgegengesetzten Vorzeichen zu versehen ist wie die induktive. Weil also die Aufteilung der Gesamtleistung in der Schaltung in Wirkleistung und Blindleistung bei beiden Schaltungsarten zu geometrisch ähnlichen Zeigerbildern führt, verwendet man üblicherweise das der Reihenschaltung von R und X_L entsprechende.

Beispiel 7.11 An einer Wechselspannung $U = 220\,\text{V}/50\,\text{Hz}$ liegen parallel eine Lampe 220 V/40 W, die als Wirkwiderstand angesehen werden kann, und eine Induktivität, die eine Blindleistung von 60 var aufnimmt. Wie groß sind I_R, I_L, I, φ, Z?

Lösung

$$I_R = \frac{P_p}{U} = \frac{40\,\text{W}}{220\,\text{V}} = \mathbf{0{,}1818\,A} \qquad I_L = \frac{P_{qL}}{U} = \frac{60\,\text{VA}}{220\,\text{V}} = \mathbf{0{,}2727\,A}$$

$$I = \sqrt{I_R^2 + I_L^2} = \sqrt{0{,}1818^2 + 0{,}2727^2}\,\text{A} = \mathbf{0{,}3278\,A}$$

$$\tan\varphi = -\frac{I_L}{I_R} = -1{,}5 \Rightarrow -\varphi = \mathbf{56{,}31°} \qquad Z = \frac{U}{I} = \frac{220\,\text{V}}{0{,}3278\,\text{A}} = \mathbf{671{,}1\,\Omega}$$

Bei der Grenzfrequenz f_g ist auch bei der Parallelschaltung aus Wirkwiderstand und idealer Spule die aufgenommene Wirkleistung gleich der Blindleistung. Die Phasenverschiebung zwischen der Spannung U und dem von der Schaltung nach Bild **7.30** aufgenommenen Strom beträgt $\varphi_g = 45°$. Im Zeigerbild **7.31** sind die Beträge von Wirk- und Blindstrom, im Leitwertsdreieck **7.32** die von Wirk- und Blindleitwert gleich

$$G = B_L = \frac{1}{R} = \frac{1}{X_L} \quad \Rightarrow \quad \frac{1}{R} = \frac{1}{2\pi \cdot f_g \cdot L} \quad \Rightarrow \quad \boxed{f_g = \frac{R}{2\pi \cdot L}}.$$

Für den Scheinleitwert Y gilt bei der Grenzfrequenz

$$Y = \sqrt{\left(\frac{1}{R}\right)^2 + \left(\frac{1}{X_L}\right)^2} \Rightarrow Y_g = \sqrt{2\left(\frac{1}{R}\right)^2} = \frac{\sqrt{2}}{R} = G\sqrt{2} \tag{7.71}$$

und für den Scheinwiderstand Z

$$Z = \frac{1}{Y} \quad \Rightarrow \quad Z_g = \frac{1}{Y_g} = \frac{R}{\sqrt{2}}.$$

Beispiel 7.12 Wie groß muß der zu einer Induktivität $L = 2{,}5\,\text{H}$ parallelgeschaltete Wirkwiderstand sein, wenn die Grenzfrequenz $f_g = 50\,\text{Hz}$ betragen soll? Welchen Betrag haben bei f_g Scheinleitwert und Scheinwiderstand?

Lösung $R = 2\pi \cdot f_g \cdot L = 100\pi \cdot 2{,}5\,\Omega = \mathbf{785{,}4\,\Omega}$

$$Y_g = \frac{\sqrt{2}}{R} = \frac{\sqrt{2}}{785{,}4\,\Omega} = \mathbf{1{,}8\,mS} \qquad Z_g = \frac{1}{Y_g} = \frac{1}{1{,}8\,\text{mS}} = \mathbf{555{,}4\,\Omega}$$

7.5.2 Idealer Kondensator und Wirkwiderstand in Parallelschaltung

In der Schaltung **7.34** und dem entsprechenden Drehzeigerbild **7.35** ist die gemeinsame Klemmenspannung Bezugsgröße. Der Zeiger des Wirkstroms I_R durch den Widerstand R hat damit die gleiche Phasenlage. Da der Strom I_C in einer Kapazität immer der anliegenden Spannung voreilt, ist er wie in Bild **7.35** zu zeichnen und durch geometrische Addition mit I_R zum Gesamtstrom I zusammenzufassen. Nach Division der Teilströme durch die gemeinsame Klemmenspannung (Scheitelwerte oder Effektivwerte) erhalten wir ein Leitwertsdreieck. Der kapazitive Blindleitwert $B_C = \omega C$ wird dabei positiv gerechnet. Wie sich aus dem Stromdreieck ergibt, ist der Phasenverschiebungswinkel des Gesamtstroms gegenüber der Bezugsspannung positiv. Der Blindleitwert B_C ist wie auch der Phasenverschiebungswinkel φ von der Frequenz abhängig.

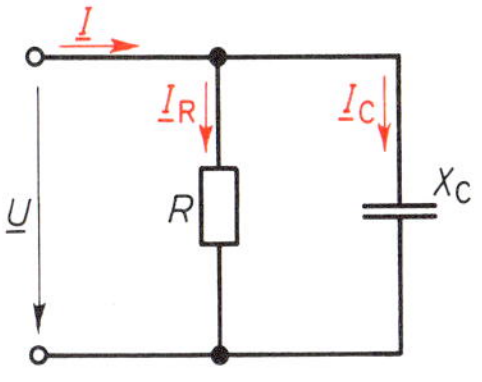

7.34 Parallelschaltung von Wirkwiderstand und idealem Kondensator

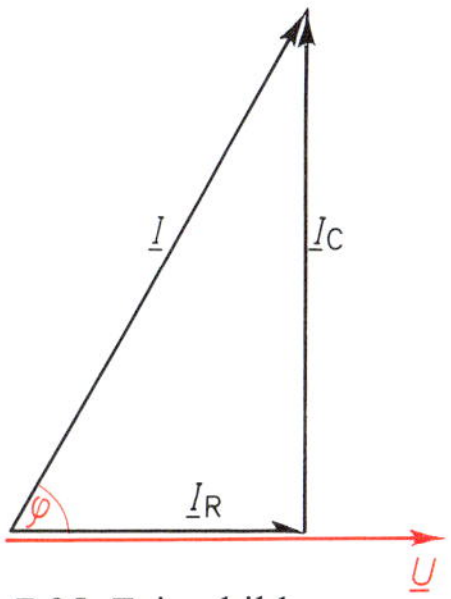

7.35 Zeigerbild zu Bild 7.34

Bei der Grenzfrequenz f_g sind die Beträge der Teilströme I_R und I_C bzw. der Leitwerte G und B_C gleich, und der Phasenverschiebungswinkel ist $\varphi_g = 45°$:

$$G = B_C = \frac{1}{R} = \frac{1}{X_C} = 2\pi \cdot f_g \cdot C \quad \Rightarrow \quad \boxed{f_g = \frac{1}{2\pi \cdot RC}} \tag{7.72}$$

Leistungszeigerbild. Bei der Konstruktion des geometrisch ähnlichen Leistungszeigerbilds wird der Zeiger der kapazitiven Blindleistung P_{qC} stets nacheilend gegenüber der Wirkleistung P_p gezeichnet, also entgegengesetzt zur induktiven Blindleistung P_{qL}. Beim Aufstellen der Funktionsgleichung der Ströme entsprechend Gl. (7.65) bzw. der Funktionsgleichung der Leistungen entsprechend Gl. (7.69) und beim Vergleich mit dem Zeigerbild **7.**33 wird man jedoch feststellen, daß der Zeiger der kapazitiven Blindleistung dem Zeiger der Wirkleistung voreilt. Das Leistungszeigerbild der Parallelschaltung ist also achsensymmetrisch zum Leistungszeigerbild der Reihenschaltung mit dem Zeiger der Wirkleistung als Symmetrieachse. Für Berechnungen nach dem Leistungszeigerbild ist das jedoch im allgemeinen ohne Bedeutung. Deshalb verwendet man üblicherweise auch für die Parallelschaltung von Wechselstromwiderständen das Leistungszeigerbild der Reihenschaltung.

Beispiel 7.13 Parallel zu einem Wirkwiderstand $R = 80\,\Omega$ liegt eine Kapazität $C = 20\,\mu\text{F}$. Die Klemmenspannung U beträgt 24 V. Welchen Betrag haben I_R, I_C, I, Z, Y, G und B_C bei der Frequenz $f = 50$ Hz und bei der Grenzfrequenz?

Lösung

$$I_R = \frac{U}{R} = \frac{24\,\text{V}}{80\,\Omega} = \mathbf{0{,}3\,A}$$

$$I_C = \frac{U}{X_C} = U 2\pi f C = 24 \cdot 2\pi\, 50 \cdot 20 \cdot 10^{-6}\,\text{A} = \mathbf{0{,}1508\,A}$$

$$I = \sqrt{I_R^2 + I_C^2} = \sqrt{0{,}3^2 + 0{,}1508^2}\,\text{A} = \mathbf{0{,}3358\,A}$$

$$Z = \frac{U}{I} = \frac{24\,\text{V}}{0{,}3358\,\text{A}} = \mathbf{71{,}48\,\Omega}$$

$$Y = \frac{1}{Z} = \frac{1}{71{,}48\,\Omega} = \mathbf{14\,mS}$$

$$G = \frac{1}{R} = \frac{1}{80\,\Omega} = \mathbf{12{,}5\,mS}$$

$$B_C = 2\pi f C = 2\pi\, 50 \cdot 20 \cdot 10^{-6}\,\text{S} = \mathbf{0{,}628\,mS}$$

Bei f_g gilt $I_C = I_R = \mathbf{0{,}3\,A}$

$$I = \sqrt{2}\, I_R = \sqrt{2} \cdot 0{,}3\,\text{A} = \mathbf{0{,}4243\,A}$$

$$Z_g = \frac{U}{I} = \frac{24\,\text{V}}{0{,}4243\,\text{A}} = \mathbf{56{,}57\,\Omega}$$

$$Y_g = \frac{1}{Z_g} = \frac{1}{56{,}57\,\Omega} = \mathbf{17{,}7\,mS}$$

$$G = B_C = \frac{1}{R} = \frac{1}{80\,\Omega} = \mathbf{12{,}5\,mS}$$

Aufgaben zu Abschnitt 7.5.1 und 7.5.2

1. An der Spannung 220 V/50 Hz liegen in Parallelschaltung der Wirkwiderstand $R = 800\,\Omega$ und ein induktiver Blindwiderstand mit $L = 5$ H.
   a) Wie groß sind Wirk-, Blind- und Gesamtstromstärke in der Zuleitung?
   b) Welchen Betrag haben Scheinwiderstand und Scheinleitwert?
   c) Welche Phasenverschiebung tritt zwischen Spannung und Gesamtstrom auf?

2. In einer Parallelschaltung aus idealer Spule und Wirkwiderstand betragen $I_R = 0{,}2$ A und $I_L = 0{,}15$ A. Die Induktivität ist $L = 1{,}5$ H, die Frequenz $f = 400$ Hz.
   a) Wie groß ist die Klemmenspannung?
   b) Welche Phasenverschiebung haben Spannung und Gesamtstrom?
   c) Welche Beträge haben R, X_L, Z, Y, G, B_L?
   d) Welche Werte ergeben sich für P_s, P_p und P_q?

3. An einer Spannung 60 V/800 Hz liegt ein Kondensator mit $C = 0{,}22\,\mu F$. Welcher Widerstand muß parallelgeschaltet werden, und welche Phasenverschiebung zwischen Spannung und Gesamtstrom tritt auf, wenn dieser
   a) 300 mA, b) 200 mA, c) 160 mA, d) 120 mA, e) 80 mA betragen soll?
4. In der Zuleitung zu einer Parallelschaltung aus Kondensator mit $C = 1{,}5\,\mu F$ und Widerstand fließt ein Gesamtstrom $I = 0{,}25$ A bei einer sinusförmigen Wechselspannung $U = 48$ V und einer Phasenverschiebung $\varphi = 55°$.
   a) Welche Beträge haben die Teilströme?
   b) Wie groß ist die Frequenz?
   c) Welche Beträge ergeben sich für Z, R, X_C, Y, G, B_C?
   d) Wie groß sind die Leistungen P_s, P_p und P_q?
   e) Welcher Widerstand muß zugeschaltet werden, damit die Phasenverschiebung zwischen Spannung und Gesamtstrom $\varphi = 45°$ beträgt?
5. Ein Kondensator $C = 3{,}3\,\mu F$ liegt an einem Generator mit der sinusförmigen Klemmenspannung $U = 6$ V und veränderlicher Frequenz.
   a) Welcher Widerstand muß parallelgeschaltet werden, damit die Grenzfrequenz $f_g = 800$ Hz beträgt?
   b) Wie groß sind Gesamtstrom und Teilströme?
   c) Welche Beträge haben P_s, P_p und P_q?
6. Die Parallelschaltung eines Widerstands $R = 550\,\Omega$ und eines Kondensators nimmt bei einer Spannung 24 V/80 Hz einen Strom $I = 0{,}25$ A auf.
   a) Welchen Betrag hat die Kapazität?
   b) Wie groß ist die Grenzfrequenz?

7.5.3 Ideale Spule, idealer Kondensator und Wirkwiderstand in Parallelschaltung

Die Schaltung **7.36** entspricht dem allgemeinen Fall der Parallelschaltung idealer Wechselstromwiderstände. Mit der gemeinsamen Spannung als Bezugsgröße ergeben sich für die Teilströme die Funktionsgleichungen

$$u = \hat{u} \cdot \sin\omega t;\; i_R = \hat{i}_R \cdot \sin\omega t;\; i_L = -\,\hat{i}_L \cdot \cos\omega t;\; i_C = \hat{i} \cdot \cos\omega t.$$

Fassen wir die beiden Blindströme zusammen, erhalten wir als Funktionsgleichung des Gesamtstroms

$$i = \hat{i}_R \cdot \sin\omega t + (\hat{i}_C - \hat{i}_L)\cos\omega t = \hat{i} \cdot \sin(\omega t \pm \varphi). \tag{7.73}$$

Den Scheitelwert $\hat{i}$ des Gesamtstroms erhalten wir nach dem Satz des Pythagoras aus den Scheitelwerten $\hat{i}_R$ des Wirkstroms und des resultierenden Blindstroms $\hat{i}_B$

$$\hat{i} = \sqrt{\hat{i}_R^2 + \hat{i}_B^2} \quad \text{mit} \quad \hat{i}_B = \hat{i}_C - \hat{i}_L$$

$$I = \sqrt{I_R^2 + I_B^2} \quad \text{mit} \quad I_B = I_C - I_L. \tag{7.74}$$

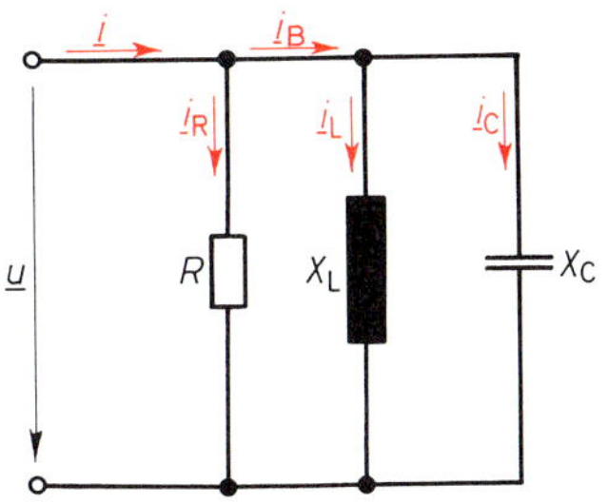

7.36 Allgemeine Parallelschaltung idealer Wechselstromwiderstände

Der Phasenverschiebungswinkel φ in Gl. (7.73) zwischen Bezugsspannung U und dem Gesamtstrom ergibt sich aus

$$\tan\varphi = \frac{\hat{i}_B}{\hat{i}_R} = \frac{I_B}{I_R} = \frac{I_C - I_L}{I_R} = \frac{U(B_C - B_L)}{U \cdot G} = \frac{B}{G}. \tag{7.75}$$

Weil Art und Betrag des resultierenden Blindstroms I_B bzw. des resultierenden Blindleitwerts B von der Frequenz abhängen, werden auch Vorzeichen und Betrag des Phasenverschiebungswinkels durch die Frequenz bestimmt.

$$B = B_C - B_L = \omega C - \frac{1}{\omega L} \quad \Rightarrow \quad \tan\varphi = \frac{(\omega^2 \cdot LC - 1)R}{\omega L} \tag{7.76}$$

Es ergeben sich entsprechend den Drehzeigerbildern **7**.37 drei mögliche Fälle für den resultierenden Blindstrom bzw. den resultierenden Blindleitwert. Er kann

Null sein (Resonanz, $\varphi = 0$),
positiv sein bei $B_C > B_L$ und kapazitivem (der Bezugsspannung voreilenden) Gesamtstrom ($\varphi > 0$),
negativ sein bei $B_L > B_C$ und induktivem (der Bezugsspannung nacheilenden) Gesamtstrom ($\varphi < 0$).

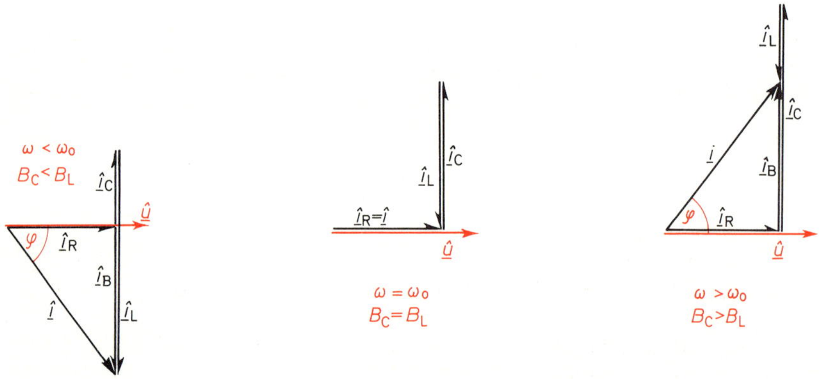

7.37 Drehzeigerbilder zu Bild **7**.36 bei verschiedenen Frequenzen

7.5.3.1 Parallelschwingkreis bei Resonanz ($B = B_C - B_L = 0$)

Resonanzfrequenz f_o. Bei der Resonanzfrequenz wird der resultierende Blindleitwert Null. Wir erhalten sie entsprechend Bild **7**.36 aus

$$B = B_C - B_L = 0 \quad \Rightarrow \quad B_C = B_L \quad \Rightarrow \quad \omega_o \cdot C = \frac{1}{\omega_o \cdot L}.$$

Wie beim Reihenschwingkreis ergibt sich

$$\omega_o^2 = \frac{1}{L \cdot C} \quad \Rightarrow \quad \omega_o = \frac{1}{\sqrt{L \cdot C}} \quad \Rightarrow \quad \boxed{f_o = \frac{1}{2\pi\sqrt{L \cdot C}}}. \tag{7.38}$$

Resonanzwiderstand Z_o. Der Gesamtstrom ist bei Resonanz gleich dem Wirkstrom I_R und wir erhalten $Z_o = U/I_R = R$. Dieser Wert wird auch als Resonanz-Sperrkreiswiderstand bezeichnet. Der Resonanzwiderstand ist wie beim Reihenschwingkreis gleich dem Wirkwiderstand der Schaltung. Sie nimmt auch hier aus dem Generatorteil des Gesamtstromkreises nur Wirkleistung auf. Die im Schwingkreis enthaltene Blindleistung macht sich außerhalb der Schaltung nicht bemerkbar. Da der Gesamtstrom bei Resonanz deshalb seinen geringsten Wert hat, ist der Scheinwiderstand Z des Parallelschwingkreises bei der Resonanzfrequenz am größten.

Resonanzstrom I_o. Der Resonanzstrom ist wie auch beim Reihenschwingkreis ein reiner Wirkstrom. Während I_o beim Reihenschwingkreis jedoch dem größten Betrag des Stroms entspricht, ist beim Parallelschwingkreis der Resonanzstrom der kleinste Gesamtstrom. Er beträgt $I_o = U/Z_o = U/R$.

Resonanzblindleitwert B_o, Resonanzblindwiderstand X_o. Die beiden Blindleitwerte haben den gleichen Betrag und sind gleich dem Resonanzblindleitwert

$$B_C = B_L = B_o = \omega_o C = \frac{1}{\omega_o L}$$

oder wenn man $\omega_o = \dfrac{1}{\sqrt{LC}}$ einsetzt

$$B_o = \frac{C}{\sqrt{LC}} = \sqrt{\frac{C^2}{L \cdot C}} = \sqrt{\frac{C}{L}} \quad \text{bzw.} \quad \frac{1}{B_o} = X_o = \sqrt{\frac{L}{C}}. \tag{7.77}$$

Blindströme $I_{Lo} = I_{Co} = I_{qo}$. Mit dem Resonanzblindleitwert B_o bzw. dem Resonanzblindwiderstand X_o ergibt sich der innerhalb der Schaltung fließende Blindstrom zu

$$I_{qo} = U \cdot B_o = \frac{U}{X_o} = U \sqrt{\frac{C}{L}}. \tag{7.78}$$

Beide Blindströme haben die gleichen Augenblickswerte mit stets entgegengesetzten Vorzeichen. Ihre Summe ist in jedem Augenblick gleich Null.

Blindleistung P_{qo}. Die bei Resonanz auftretende Blindleistung ergibt sich zu

$$P_{qo} = U \cdot I_{qo} = U^2 \cdot B_o = \frac{U^2}{X_o} = U^2 \sqrt{\frac{C}{L}}.$$

Wie die Blindströme haben auch induktive und kapazitive Blindleistung stets gleiche Beträge der Augenblickswerte bei entgegengesetzten Vorzeichen. Jeder der beiden Energiespeicher Induktivität (magnetisches Feld) und Kapazität (elektrisches Feld) liefert die Energie, die der andere gerade aufnimmt. Auch beim Parallelschwingkreis pendelt die gespeicherte Energie zwischen Induktivität und Kapazität hin und her. Während jedoch beim Reihenschwingkreis die innerhalb der Schaltung pendelnde Energie bei Resonanz besonders hoch ist, ist sie beim Parallelschwingkreis bei gleicher Klemmenspannung U vergleichsweise gering. Den Höchstwert der in der Induktivität bzw. der Kapazität auftretenden Energie erhalten wir zu

$$w_m = \frac{1}{2} L \cdot i^2 \quad \Rightarrow \quad \hat{w}_m = \frac{1}{2} L \cdot \hat{i}^2 = L \cdot I^2 \qquad \text{bzw.}$$

$$w_{el} = \frac{1}{2} C \cdot u^2 \quad \Rightarrow \quad \hat{w}_{el} = \frac{1}{2} C \cdot \hat{u}^2 = C \cdot U^2.$$

Die Spannung am Kondensator ist unabhängig von der Frequenz und durch die Klemmenspannung vorgegeben. Entsprechend ist auch die im Kondensator auftretende Energie nicht von der Frequenz abhängig. Bei Resonanz hat die in der Induktivität gespeicherte Energie den gleichen Höchstwert wie in der Kapazität. Außerhalb weicht sie jedoch davon ab. Der Differenzbetrag gegenüber der Energie in der Kapazität wird zwischen Generator und Schwingkreis mit der entsprechenden Frequenz ständig ausgetauscht.

Güte Q. Das Verhältnis der Resonanzblindleistung P_{qo} zur Wirkleistung P_p beträgt beim Parallelschwingkreis

$$Q = \frac{P_{qo}}{P_p} = \frac{U^2 \cdot R}{X_o \cdot U^2} = \frac{R}{X_o} \quad \Rightarrow \quad \boxed{Q = \frac{R}{\omega_o \cdot L} = R \cdot \omega_o \cdot C = R \sqrt{\frac{C}{L}}.} \tag{7.79}$$

Bei Resonanz gilt ferner

$$Q = \frac{U \cdot R}{U \cdot X_o} = \frac{I_{qo}}{I_R} \quad \Rightarrow \quad \boxed{I_{qo} = Q \cdot I_R.} \tag{7.80}$$

Die Güte wird beim Parallelschwingkreis auch als Stromüberhöhung bezeichnet.

Verlustfaktor *d*. Der Kehrwert der Güte ist der Verlustfaktor des Parallelschwingkreises und ergibt sich zu

$$\boxed{\frac{1}{Q} = d = \frac{P_p}{P_{qo}} = \frac{X_o}{R} = \frac{\omega_o L}{R} = \frac{1}{\omega_o \cdot RC} = \frac{1}{R}\sqrt{\frac{L}{C}}.} \tag{7.81}$$

Es ist zu beachten, daß die Berechnungsgleichungen für die Güte bzw. den Verlustfaktor aus den Wechselstromwiderständen von der Art der Schaltung abhängen. Dagegen ist die Berechnung mit den darin umgesetzten Leistungen unabhängig von der Art der betrachteten Schaltung. Die Definitionsgleichungen $Q = P_q/P_p$ bzw. $d = P_p/P_q$ wie auch $Q = \tan\varphi$ bzw. $d = 1/\tan\varphi$ beziehen sich auf das Leistungszeigerbild und gelten damit sowohl für die Reihenschaltung als auch für die Parallelschaltung.

Beispiel 7.14 Ein Parallelschwingkreis aus einer Induktivität $L = 3\,\text{mH}$ und einer Kapazität $C = 80\,\text{pF}$ hat die Güte $Q = 80$. Die Klemmenspannung beträgt bei der Resonanzfrequenz $U = 6\,\text{V}$. Wie groß sind f_o, Z_o, X_o, R, I_o, I_L, I_C, P_p und P_{qo}?

Lösung

$$f_o = \frac{1}{2\pi\sqrt{LC}} = \frac{1}{2\pi\sqrt{3 \cdot 10^{-3} \cdot 8 \cdot 10^{-11}}}\,\text{Hz} = \mathbf{324{,}9\,kHz}$$

$$Z_o = R = Q\sqrt{\frac{L}{C}} = 80 \cdot \sqrt{\frac{3 \cdot 10^{-3}}{8 \cdot 10^{-11}}}\,\Omega = 80\sqrt{\frac{3}{8}} \cdot 10^4\,\Omega = \mathbf{489{,}9\,k\Omega}$$

$$X_o = \sqrt{\frac{L}{C}} = \frac{R}{Q} = \sqrt{\frac{3}{8}} \cdot 10^4\,\Omega = \mathbf{6{,}124\,k\Omega}$$

$$I_o = I_R = \frac{U}{R} = \frac{6\,\text{V}}{489{,}9 \cdot 10^3\,\Omega} = \mathbf{12{,}25\,\mu A}$$

$$I_L = I_C = I_R \cdot Q = \frac{U}{X_o} = \frac{6\,\text{V}}{6{,}124 \cdot 10^3\,\Omega} = \mathbf{979{,}8\,\mu A}$$

$$P_p = \frac{U^2}{R} = U \cdot I_R = 6\,\text{V} \cdot 12{,}25 \cdot 10^{-6}\,\text{A} = \mathbf{73{,}50\,\mu W}$$

$$P_{qo} = P_p \cdot Q = 73{,}50 \cdot 10^{-6}\,\text{W}\; 80 = \mathbf{5{,}88\,mvar}$$

7.5.3.2 Parallelschwingkreis außerhalb der Resonanz ($B = B_C - B_L \neq 0$)

Wie z. B. die Zeigerbilder **7.37** zeigen, wird der vom Parallelschwingkreis aufgenommene Strom ober- und unterhalb der Resonanzfrequenz größer als I_o. Entsprechend nehmen auch der Scheinleitwert Y zu bzw. der Scheinwiderstand $Z = 1/Y$ ab.

$$Y = \sqrt{G^2 + (B_C - B_L)^2} = \sqrt{\left(\frac{1}{R}\right)^2 + \left(\omega \cdot C - \frac{1}{\omega \cdot L}\right)^2} \tag{7.82}$$

Grenzfrequenz f_{go}. Oberhalb der Resonanzfrequenz wird der Phasenverschiebungswinkel wegen des gegenüber der Klemmenspannung voreilenden Gesamtstroms positiv. Bei der oberen Grenzfrequenz f_{go} beträgt $\varphi = 45^\circ$, der resultierende Blindleitwert ist gleich dem Wirkleitwert.

$$G = B_C - B_L = \frac{1}{R} = \omega_{go} C - \frac{1}{\omega_{go} L} \quad \Rightarrow \quad \frac{1}{R} = \frac{\omega_{go}^2 LC - 1}{\omega_{go} L} \quad \Rightarrow$$

$$\frac{\omega_{go} L}{R} = \omega_{go}^2 LC - 1 \quad \Rightarrow \quad \omega_{go}^2 LC - \omega_{go} \frac{L}{R} = 1 \quad \Rightarrow \quad \omega_{go}^2 - \omega_{go} \frac{1}{R \cdot C} = \frac{1}{L \cdot C} = \omega_o^2$$

Aus dieser quadratischen Gleichung erhalten wir

$$\left(\omega_{go} - \frac{1}{2RC}\right)^2 = \omega_o^2 + \left(\frac{1}{2RC}\right)^2$$

$$\omega_{go} - \frac{1}{2RC} = \pm \sqrt{\omega_o^2 + \left(\frac{1}{2RC}\right)^2}$$

$$\omega_{go} = \sqrt{\omega_o^2 + \left(\frac{1}{2RC}\right)^2} + \frac{1}{2RC} \, .$$

Da der Betrag der Wurzel größer ist als $1/2RC$ und die Frequenz nicht negativ sein kann, gilt für die Wurzel das positive Vorzeichen. Schließlich ergibt sich für die obere Grenzfrequenz

$$f_{go} = \frac{1}{2\pi} \left(\sqrt{\omega_o^2 + \left(\frac{1}{2RC}\right)^2} + \frac{1}{2RC} \right). \tag{7.83}$$

Grenzfrequenz f_{gu}. Unterhalb der Resonanzfrequenz bekommen wir entsprechend dem Zeigerbild **7.**37 einen gegenüber der Bezugsspannung nacheilenden Strom mit einem negativen Phasenverschiebungswinkel. Während sich der Parallelschwingkreis oberhalb seiner Resonanzfrequenz wie eine Parallelschaltung aus einem Wirkwiderstand und einer Kapazität verhält, entspricht er unterhalb der Resonanzfrequenz einer Parallelschaltung aus Wirkwiderstand und Induktivität. Dabei sind natürlich die Ersatzkapazität bzw. die Ersatzinduktivität nicht konstant, sondern von der Frequenz abhängig.

Bei der Grenzfrequenz f_{gu} ist der resultierende Blindleitwert induktiv und gleich dem Wirkleitwert bei $-\varphi = 45°$.

$$G = B_L - B_C = \frac{1}{R} = \frac{1}{\omega_{gu} L} - \omega_{gu} C$$

Aus diesem Ansatz erhalten wir wieder eine quadratische Gleichung für f_{gu} mit der Lösung

$$f_{gu} = \frac{1}{2\pi} \left(\sqrt{\omega_o^2 + \left(\frac{1}{2RC}\right)^2} - \frac{1}{2RC} \right). \tag{7.84}$$

Bandbreite f_B. Die Bandbreite erhalten wir als Differenz der beiden Grenzfrequenzen zu

$$f_B = f_{go} - f_{gu} = \frac{1}{2\pi \cdot RC} \, . \tag{7.85}$$

Durch Einführung der Güte $Q = \omega_o RC$ in Gl. (7.85) erhalten wir

$$\boxed{f_B = \frac{1}{2\pi \cdot RC} = \frac{f_o}{Q} = f_o \cdot d} \tag{7.86}$$

Mit der Güte Q bzw. mit dem Dämpfungsfaktor d erhalten wir also für den Parallelschwingkreis die gleiche Beziehung für die Bandbreite wie für den Reihenschwingkreis. Auch für die Grenzfrequenzen bekommen wir mit $1/2RC = f_o \pi d$ aus den Gl. (7.83) und (7.84) dieselbe Beziehung wie beim Reihenschwingkreis:

$$f_g = f_o \sqrt{1 + \left(\frac{d}{2}\right)^2} \pm f_o \cdot \frac{d}{2} \tag{7.58}$$

Bei den Grenzfrequenzen gilt mit $|G| = |B|$

$$Y_g^2 = G^2 + B^2 = 2G^2 \Rightarrow Y_g = \sqrt{2}\, G = \frac{1}{Z_g} = \sqrt{2}\, \frac{1}{R} \Rightarrow$$

$$Z_g = \frac{R}{\sqrt{2}} = \frac{Z_o}{\sqrt{2}} \approx Z_o \cdot 0{,}707 \tag{7.87}$$

Der Scheinwiderstand beträgt nur noch etwa 70,7 % des Resonanzwiderstands. Die Stromstärke in der Zuleitung zum Parallelschwingkreis ist

$$I_g = \frac{U}{Z_g} = \frac{U\sqrt{2}}{Z_o} = I_o \sqrt{2}. \tag{7.88}$$

Frequenzgang. Auch beim Parallelschwingkreis ist es zweckmäßig, für die Darstellung des Frequenzgangs relative (bezogene) Größen zu benutzen. Bezugsgrößen sind dabei die bei Resonanz auftretenden Beträge der Variablen. Der Vorteil liegt darin, daß der Funktionsverlauf von den Beträgen für R, L und C eines bestimmten Schwingkreises ebenso unabhängig ist wie von einem bestimmten Frequenzbereich. Soll z.B. der Frequenzgang Z/Z_o in Abhängigkeit von f/f_o bestimmt werden, machen wir den Ansatz

$$\frac{Z_o}{Z} = \frac{Y}{Y_o} = \sqrt{\frac{G^2 + (B_C - B_L)^2}{G^2}}$$

Nach einigen Umformungen erhalten wir daraus

$$\frac{Z_o}{Z} = \sqrt{1 + \left[\frac{R}{2\pi \cdot f_o \cdot L}\left(\frac{f}{f_o} - \frac{f_o}{f}\right)\right]^2}$$

und mit der Güte $Q = R/2\pi f_o L$ und der Verstimmung $v = f/f_o - f_o/f$ schließlich

$$\frac{Z}{Z_o} = \sqrt{\frac{1}{1 + (v \cdot Q)^2}} \tag{7.89}$$

Für den Frequenzgang von Z/Z_o in Abhängigkeit von der Verstimmung v mit der Güte Q als Parameter bekommen wir die gleiche Darstellung wie in Bild **7**.29 für I/I_o beim Reihenschwingkreis (s. Abschn. 7.4.3.2), also erhalten wir einen zur Resonanz symmetrischen Verlauf.

Auch hier sei für weitere Einzelheiten auf die nachrichtentechnische Anwendung des Parallelschwingkreises verwiesen.

Aufgaben zu Abschnitt 7.5.3

1. Ein Parallelschwingkreis (**7**.36) besteht aus dem Wirkwiderstand $R = 1\ \text{k}\Omega$, der idealen Spule mit $L = 0{,}2$ H und einem Kondensator. Er hat eine Resonanzfrequenz von a) 400 Hz, b) 900 Hz, c) 1500 Hz, d) 20 kHz, e) 35 kHz. Wie groß ist jeweils die Kapazität?

2. Ein Parallelschwingkreis (**7**.36) aus $R = 500\,\Omega$, $L = 150$ mH und $C = 2{,}2\,\mu\text{F}$ liegt an den Klemmen eines Generators mit einer sinusförmigen Ausgangsspannung $U = 6$ V und veränderlicher Frequenz.
   a) Welche Beträge haben die im Schwingkreis auftretenden Leistungen P_p, P_{qL} und P_{qC} bei der Resonanzfrequenz?
   b) Welchen Strom nimmt der Schwingkreis bei f_0 vom Generator auf, und wie groß sind die Ströme innerhalb des Kreises?
   c) Welche Beträge haben Güte und Dämpfungsfaktor?
   d) Welche Grenzfrequenzen und welche Bandbreite hat der Schwingkreis?

3. Eine Parallelschaltung von R, X_L und X_C (**7**.36) nimmt an der Klemmenspannung $U = 12$ V/4000 Hz den Gesamtstrom $I = 240$ mA bei einer induktiven Phasenverschiebung $\varphi = 50°$ auf.
   a) Welche Beträge haben Wirk- und Blindstromstärke bzw. Z, R und X?
   b) Wie groß ist die Induktivität, wenn die Kapazität $C = 2{,}2\,\mu\text{F}$ beträgt?
   c) Bei welcher Frequenz ist $\varphi = 0$?
   d) Welche Wirkleistung und welche Blindleistungen treten innerhalb des Schwingkreises bei Resonanz auf?
   e) Wie groß sind Güte Q und Dämpfungsfaktor d?

4. Ein Parallelschwingkreis hat einen Wirkwiderstand $R = 2\,\text{k}\Omega$ (**7**.36). In der Zuleitung fließt bei einer sinusförmigen Klemmenspannung $U = 50$ V/1200 Hz der Strom $I = 50$ mA.
   a) Wie groß ist die kapazitive Phasenverschiebung?
   b) Wie groß ist die Kapazität, wenn die Induktivität $L = 0{,}3$ H beträgt?
   c) Wie groß sind die Resonanzfrequenz f_0 und die Grenzfrequenzen f_{gu} und f_{go}?

5. Ein Parallelschwingkreis mit der Resonanzfrequenz $f_0 = 800$ kHz und dem Verlustfaktor $d = 5\%$ enthält einen Kondensator $C = 220$ pF.
   a) Wie groß sind L und R?
   b) Welche Bandbreite und welche Grenzfrequenzen hat der Schwingkreis?
   c) Welchen Strom nimmt er bei f_0 und den Grenzfrequenzen auf, wenn die Klemmenspannung $U = 0{,}5$ V beträgt?
   d) Wie groß sind bei f_0 Blindstrom und Blindleistung innerhalb des Schwingkreises und die zwischen Induktivität und Kapazität ausgetauschte Blindenergie?

6. Die elektrischen Daten eines Parallelschwingkreises sind Induktivität $L = 20$ mH, Kapazität $C = 560$ pF und Kreisgüte $Q_1 = 120$.
   a) Wie groß sind Resonanzfrequenz und Bandbreite?
   b) Durch Zuschalten eines Widerstands soll die Güte auf $Q_2 = 70$ vermindert werden. Welchen Betrag muß dieser Widerstand haben, und welche Bandbreite hat der zusätzlich bedämpfte Schwingkreis?
   c) Wie groß sind die Grenzfrequenzen ohne und mit zusätzlichem Dämpfungswiderstand?

7. Für einen Parallelschwingkreis mit der Güte $Q = 20$ soll die relative Änderung des aufgenommenen Gesamtstroms bezogen auf den Resonanzstrom bestimmt werden, wenn die Frequenz gegenüber der Resonanzfrequenz um a) $\pm 15\%$, b) $\pm 25\%$, c) $\pm 50\%$ geändert wird. (Berechnung mit der Verstimmung v.)

8. Ein Parallelschwingkreis (**7**.36) liegt an einer sinusförmigen Klemmenspannung $U = 2{,}4$ V und nimmt bei $f_0 = 12$ kHz den Strom $I_0 = 1{,}2$ mA auf bei einer wirksamen Induktivität 5 mH.
   a) Wie groß ist die Güte des Kreises?
   b) Welche Verstimmungen liegen vor, wenn die Frequenz des Generators um $\pm 10\%$, $\pm 40\%$ gegenüber der Resonanzfrequenz geändert wird?
   c) Welches Verhältnis Z/Z_0 ergibt sich für $v = d$?

9. Bei einem Parallelschwingkreis mit der Resonanzfrequenz $f_0 = 25$ kHz und einem Resonanzstrom $I_0 = 2{,}2$ mA beträgt bei einer Frequenz $f = 24{,}5$ kHz der aufgenommene Gesamtstrom $I = 3{,}6$ mA.
   a) Wie groß sind Kreisgüte und Dämpfungsfaktor?
   b) Welchen Strom nimmt der Schwingkreis bei $f = 25{,}5$ kHz auf?

7.6 Reale Wechselstromwiderstände

Reale Wechselstromwiderstände sind Verbraucher im Wechselstromkreis wie z. B. Spulen, Kondensatoren, Widerstände und Schaltungen aus diesen Bauelementen sowie Elektromotoren und Transformatoren. Bei allen realen Wechselstromwiderständen treten Wirk- und Blindleistungen stets nebeneinander auf. Dabei hängt deren Verhältnis sowohl von der Frequenz der Wechselspannung bzw. des -stroms als auch von der Bauform der Bauelemente ab. Um solche Verbraucher im Wechselstromkreis berechnen zu können, stellt man sie ersatzweise als eine mehr oder weniger komplizierte Schaltung aus idealen Wechselstromwiderständen dar. Dabei müssen für verschiedene Frequenzbereiche unter Umständen auch unterschiedliche Ersatzschaltungen aus Induktivitäten, Kapazitäten und Wirkwiderständen verwendet werden. Wir wollen uns hier auf die Betrachtung verhältnismäßig einfacher Fälle beschränken, in denen wir vor allem Induktivitäten und Kapazitäten als unabhängig von Stromstärke bzw. Spannung ansehen können (lineare Wechselstromwiderstände).

Werden Bauelemente wie Spulen, Kondensatoren und Widerstände bei einer bestimmten Frequenz betrieben (z. B. bei der Frequenz des Versorgungsnetzes), treten je nach Art und Bauform ganz bestimmte Leistungsanteile auf. Ihre Werte lassen sich z. B. ermitteln, indem wir Spannung, Stromstärke und die auftretende Phasenverschiebung messen. Wir können uns den realen Wechselstromwiderstand dann durch eine Schaltung aus idealen Wechselstromwiderständen ersetzt denken, in denen die gleichen Leistungen auftreten. Mit dieser Ersatzschaltung können – lineares Verhalten des realen Wechselstromwiderstands vorausgesetzt – weitere Berechnungen durchgeführt werden.

Zusammenfassend machen wir für die Ermittlung von Ersatzschaltungen für reale Wechselstromwiderstände also zwei Voraussetzungen:

> Der reale Wechselstromwiderstand ist linear, die Werte von Z bzw. Y sind also unabhängig von Spannung oder Stromstärke.
>
> Die Werte von Induktivität, Kapazität, Wirkwiderstand sind unabhängig von der Frequenz.

Widerstände. Bei diesen Bauelementen (z. B. Heizwiderständen, Glühlampen) ist die aufgenommene Wirkleistung im Vergleich zur Blindleistung so groß, daß diese vor allem bei niedrigen Frequenzen vernachlässigt werden kann. Zwischen Spannung und Stromstärke tritt praktisch keine Phasenverschiebung auf. Wir können in diesem Fall den Widerstand als reinen Wirkwiderstand betrachten. Reihen- und Parallelschaltungen lassen sich wie bei Gleichstrom zu einem Ersatzwiderstand zusammenfassen, da auch hier der Satz von der Erhaltung der Energie bzw. Leistung gilt. So kann man die gesamte Wirkleistung im Ersatzwiderstand als Summe der Teil-Wirkleistungen in den Einzelwiderständen auffassen.

7.6.1 Spulen im Wechselstromkreis

7.6.1.1 Ersatzschaltungen der Spule

Bei einer Spule treten in der Wicklung stets von der Stromstärke abhängige Leitungsverluste auf. Hat die Spule einen Eisenkern, kommen dazu noch Ummagnetisierungsverluste und Wirbelstromverluste, die von der Frequenz und von der anliegenden Spannung abhängen. Wenn wir im linearen Teil der Eisenkern-Magnetisierungskurve bleiben (R_m = konst.) und die Spule bei einer festen Frequenz betreiben, können wir auch diese Eisenverluste wie die Wicklungsverluste entsprechenden linearen Ersatz-Wirkwiderständen zuschreiben. Neben der aufgenommenen Wirkleistung tritt eine Blindleistung auf, so daß wir schließlich ein Zeigerbild für die Leistungen bzw. für Spannung und Strom entsprechend Bild 7.38 erhalten.

Verlustfaktor, Verlustwinkel. Bei jedem verlustbehafteten Bauelement wird das Verhältnis von Blindleistung zur aufgenommenen Wirkleistung als Güte Q bezeichnet bzw. ihr Kehrwert als Verlustfaktor d.

$$Q = \frac{P_q}{P_p} = \tan\varphi \qquad \frac{1}{Q} = d = \tan\delta \tag{7.90}$$

Der im Leistungszeigerbild auftretende Winkel $\delta = 90^\circ - \varphi$ heißt Verlustwinkel. Güte und Verlustfaktor sind frequenzabhängige Größen.

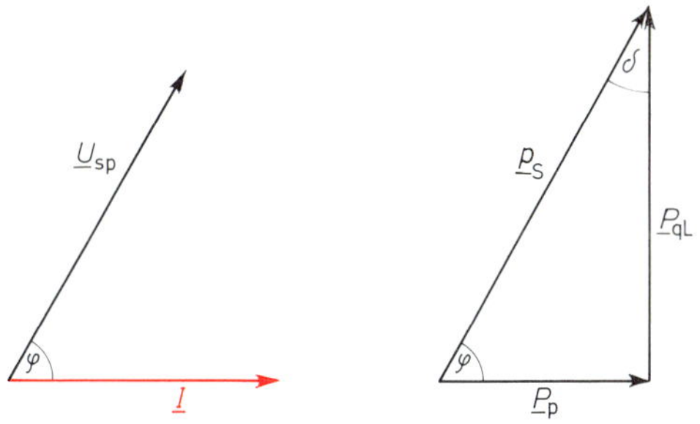

7.38 Zeigerbilder der Spule im Wechselstromkreis

Reihen- und Parallel-Ersatzschaltung. Fassen wir die auftretende Phasenverschiebung als Wirkung eines Wirkwiderstands und eines induktiven Blindwiderstands auf, kommen zwei mögliche Ersatzschaltungen in Betracht. Nach Abschn. 7.4.1 können wir den Spannungszeiger in eine Wirk- und Blindkomponente zerlegen und bekommen eine Reihen-Ersatzschaltung aus einem Wirkwiderstand und einem induktiven Blindwiderstand. Wir können aber auch nach Abschn. 7.5.1 den Stromzeiger in Wirk- und Blindanteil zerlegen und erhalten eine Parallel-Ersatzschaltung aus einem Wirkwiderstand und einem induktiven Blindwiderstand. Zur Unterscheidung verwenden wir bei Wirkwiderständen bzw. Blindwiderständen in der Reihen-Ersatzschaltung den Index r und bei der Parallel-Ersatzschaltung den Index p.

Beide Ersatzschaltungen sind gleichwertig (äquivalent) und liefern gleiche Werte für den Scheinwiderstand Z und die Scheinleistung P_s wie auch für Blindleistung P_q, Wirkleistung P_p und deren Verhältnis Q. Bild **7.39** zeigt die Zerlegung des Spannungs- und Stromzeigers in Komponenten. Mit ihnen und dem jeweils unzerlegten Zeiger lassen sich unmittelbar die Berechnungsformeln für die idealen Ersatzwiderstände der beiden Schaltungen ableiten (**7.40**).

Bezugsgröße	I	U
Komponenten	$U_W = U \cdot \cos\varphi,\ U_B = U \cdot \sin\varphi$	$I_W = I \cdot \cos\varphi,\ I_B = I \cdot \sin\varphi$

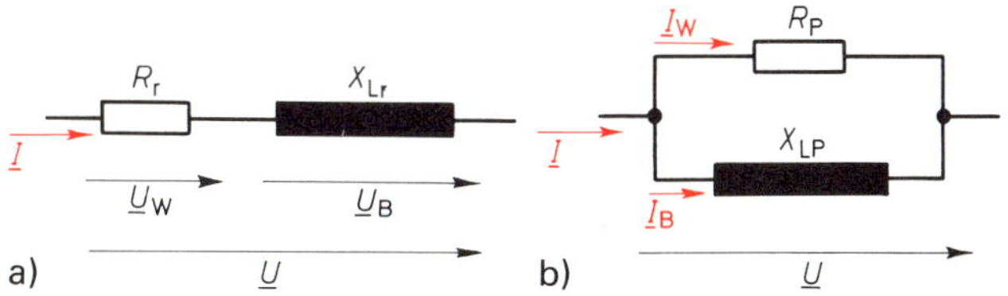

$$R_r = \frac{U_W}{I} = \frac{U \cdot \cos\varphi}{I} = Z \cdot \cos\varphi \qquad R_p = \frac{U}{I_W} = \frac{U}{I \cdot \cos\varphi} = \frac{Z}{\cos\varphi}$$

$$X_{Lr} = \frac{U_B}{I} = \frac{U \cdot \sin\varphi}{I} = Z \cdot \sin\varphi \qquad X_{Lp} = \frac{U}{I_B} = \frac{U}{I \cdot \sin\varphi} = \frac{Z}{\sin\varphi}$$

$$\frac{1}{R_p} = G_p; \quad \frac{1}{X_{Lp}} = B_{Lp}$$

$$Z_r^2 = R_r^2 + X_{Lr}^2 \qquad \frac{1}{Z_p^2} = \frac{1}{R_p^2} + \frac{1}{X_{Lp}^2} \quad \Rightarrow$$

$$Z_p^2 = \frac{R_p^2 \cdot X_{Lp}^2}{R_p^2 + X_{Lp}^2} \quad \Rightarrow \tag{7.91}$$

$$Z_p = \frac{R_p X_{Lp}}{\sqrt{R_p^2 + X_{Lp}^2}}$$

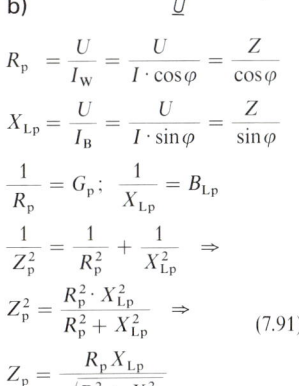

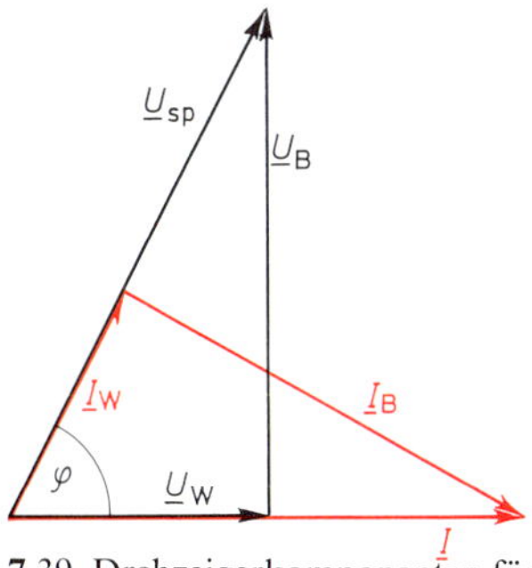

7.39 Drehzeigerkomponenten für die Ersatzschaltung einer Spule

7.40 a) Reihenersatzschaltung
b) Parallelersatzschaltung

7.6.1.2 Reihen- und Parallelschaltungen von Spulen

Werden mehrere Spulen in Reihe oder parallelgeschaltet, ist es zum Ermitteln der Ersatzschaltung für die gesamte Schaltung zunächst erforderlich, jede einzelne Spule in eine Ersatzschaltung umzuwandeln. Bei einer Reihenschaltung von Spulen sind das Reihen-Ersatzschaltungen, bei einer Parallelschaltung von Spulen dagegen Parallel-Ersatzschaltungen. Dann sind jeweils für sich die Wirkwiderstände zu einem Ersatzwiderstand und die Blindwiderstände zu einem Ersatz-Blindwiderstand zusammenzufassen. Voraussetzung ist dazu, daß die Spulen magnetisch nicht gekoppelt sind, also keine Gegeninduktivitäten zu berücksichtigen sind. Grundsätzlich gilt dabei nach dem Erhaltungssatz der Energie bzw. Leistung, daß die Leistung im Ersatzwirk- bzw. Ersatzblindwiderstand der Gesamtschaltung gleich der Summe der Wirk- bzw. Blind-Teilleistungen in den einzelnen Spulen bzw. in deren Ersatzelementen sein muß.

Beispiel 7.15 Die Spulen Sp1 mit der Reihenersatzschaltung $R_{1r} = 5\,\Omega$ und $X_{L1r} = 50\,\Omega$ und Sp2 mit $R_{2r} = 10\,\Omega$ und $X_{L2r} = 80\,\Omega$ werden in Reihe geschaltet. Die Klemmenspannung an der Reihenschaltung beträgt $U = 60\,\text{V}$. Wie groß sind Scheinwiderstand, Phasenverschiebung, Wirkleistung und Blindleistung der Gesamtschaltung? Welche Güte haben die Spulen und die Reihenschaltung?

Lösung Wirkwiderstände und Blindwiderstände werden jeweils für sich zusammengefaßt:

$$R_r = R_{1r} + R_{2r} = 15\,\Omega,$$

$$X_{Lr} = X_{L1r} + X_{L2r} = 130\,\Omega$$

$$Z_r^2 = R_r^2 + X_{Lr}^2 \Rightarrow Z_r = \mathbf{130{,}86\,\Omega}$$

$$\tan\varphi = \frac{X_{Lr}}{R_r} = \frac{130\,\Omega}{15\,\Omega} \Rightarrow \varphi = \mathbf{83{,}42°}.$$

Zur Bestimmung der Leistungen wird zunächst die Stromstärke ermittelt:

$$I = \frac{U}{Z} = 0{,}4585\,\text{A}$$

$$P_p = I^2 R_r = \mathbf{3{,}153\,W};\ P_q = I^2 X_{Lr} = \mathbf{27{,}33\,var}$$

$$Q_1 = \frac{X_{L1r}}{R_{1r}} = \mathbf{10};\ Q_2 = \mathbf{8}$$

$$Q = \frac{P_q}{P_p} = \frac{X_{Lr}}{R_r} = \tan\varphi = \mathbf{8{,}667}.$$

Zum Berechnen des Ersatzwirkwiderstands bzw. des Ersatzblindwiderstands der Parallelschaltung beider Spulen können wir nicht ohne weiteres die Ersatzwiderstände ihrer Reihenersatzschaltungen verwenden. Wir müssen daraus zunächst für jede Spule gleichwertige Parallelersatzschaltungen berechnen.

7.6.1.3 Umrechnen äquivalenter Ersatzschaltungen

Wir entnehmen Abschn. 7.6.1.1 die Gleichungen

$$R_r = Z \cdot \cos\varphi \Rightarrow \cos\varphi = R_r/Z \qquad R_p = Z/\cos\varphi \Rightarrow \cos\varphi = Z/R_p.$$

Da die Phasenverschiebung in beiden Ersatzschaltungen gleich sein muß, erhalten wir

$$\frac{R_r}{Z} = \frac{Z}{R_p} \Rightarrow \boxed{R_r \cdot R_p = Z^2.} \qquad (7.92)$$

Entsprechend bekommen wir für die Blindwiderstände

$$X_r = Z \cdot \sin\varphi \Rightarrow \sin\varphi = X_r/Z \quad X_p = Z/\sin\varphi \Rightarrow \sin\varphi = Z/X_p$$

$$\frac{X_r}{Z} = \frac{Z}{X_p} \Rightarrow \boxed{X_r \cdot X_p = Z^2.} \tag{7.93}$$

Führen wir in Gl. (7.92) $Z^2 = R_r^2 + X_r^2$ ein, ergibt sich

$$R_p = \frac{Z^2}{R_r} = \frac{R_r^2 + X_r^2}{R_r} = R_r \frac{R_r^2 + X_r^2}{R_r^2} \Rightarrow \boxed{R_p = R_r(1 + Q^2).} \tag{7.94}$$

Aus Gl. (7.93) erhalten wir entsprechend

$$X_p = \frac{Z^2}{X_r} = \frac{R_r^2 + X_r^2}{X_r} = X_r \frac{R_r^2 + X_r^2}{X_r^2} \Rightarrow \boxed{X_p = X_r(1 + d^2).} \tag{7.95}$$

Da Güte und Verlustfaktor in beiden Ersatzschaltungen gleich sind, können die Gl. (7.94) und (7.95) auch zum Berechnen von R_r und X_r aus bekannten Werten für R_p und X_p der Parallel-Ersatzschaltung herangezogen werden. Die Bestimmung von Q bzw. d erfolgt aus den Leistungen

$$Q = \frac{P_q}{P_p} = \frac{U^2 \cdot R_p}{X_p \cdot U^2} = \frac{R_p}{X_p} \Rightarrow d = \frac{X_p}{R_p}. \tag{7.96}$$

Näherungsgleichung. Ergeben sich beim Berechnen der Güte und des Verlustfaktors $Q \geqq 10$ bzw. $d \leqq 0{,}1$, können wir aus den Gl. (7.94) und (7.95) Näherungsformeln gewinnen:

$$\boxed{R_p \approx R_r \cdot Q^2 \qquad X_p \approx X_r.} \tag{7.97}$$

Die Anwendung der Näherungsgleichung bei einer Phasenverschiebung oberhalb etwa 85° ist mit einem relativen Fehler verbunden. Er ist durch die Vernachlässigung von 1 gegen Q^2 in Gl. (7.94) bzw. von d^2 gegen 1 in Gl. (7.95) bedingt, bei den gegebenen Voraussetzungen aber kleiner als 1% und damit meist vernachlässigbar. Der Vorteil ist, daß man die Blindwiderstände nicht umzurechnen braucht. Die Induktivitäten sind in beiden Ersatzschaltungen gleich. Bei geringer Güte bzw. großem Verlustfaktor müssen jedoch die genauen Gleichungen (7.94) und (7.95) benutzt werden.

Beispiel 7.16 Für die beiden Spulen Sp1 und Sp2 aus dem Beispiel 7.15 ergeben sich für die Parallel-Ersatzschaltungen $R_{1p} = 505\,\Omega$; $R_{2p} = 650\,\Omega$; $X_{L1p} = 50{,}5\,\Omega$; $X_{L2p} = 81{,}25\,\Omega$. Den Wirkleitwert der Gesamtschaltung (Sp1 parallel zu Sp2) erhalten wir durch Addition der Wirkleitwerte beider Spulen: $1/R_p = 1/R_{1p} + 1/R_{2p}$, $1/R_p = 3{,}519 \cdot 10^{-3}\,\text{S} \Rightarrow R_p = 284{,}2\,\Omega$. Entsprechend verfahren wir für den resultierenden Blindleitwert bzw. Blindwiderstand und bekommen $X_{Lp} = 31{,}14\,\Omega$. Der Scheinwiderstand der Parallelschaltung beider Spulen ergibt sich nach Gl. (7.91) zu $Z_p = 30{,}95\,\Omega$. Die resultierende Phasenverschiebung erhalten wir aus $\tan\varphi = Q = R_p/X_{Lp} \Rightarrow \varphi = 83{,}75°$. Wirk- und Blindleistung bestimmen wir aus der Scheinleistung. Diese ist $P_s = U^2/Z_p = 116{,}32\,\text{VA}$, $P_q = P_s \sin\varphi = 115{,}62\,\text{var}$; $P_p = P_s \cos\varphi = 12{,}67\,\text{W}$. Die Güten der Spulen sind die gleichen wie bei deren Reihen-Ersatzschaltung, also $Q_1 = 10$; $Q_2 = 8$. Die Güte der Gesamtschaltung wird hier $Q = \tan\varphi = R_p/X_{Lp} = 9{,}127$.

Die im Beispiel berechneten Größen lassen sich auch auf andere Weise bestimmen. Bild **7**.41 zeigt die Parallelschaltung der beiden mit ihren Reihen-Ersatzwerten vorliegenden Spulen. Aus den Scheinwiderständen Z_1 und Z_2 und der gemeinsamen Spannung U lassen sich Beträge und Phasenverschiebungswinkel der Teilströme bestimmen. Aus den Teilströmen erhält man durch Addition nach Abschn. 7.2.4 den Gesamtstrom nach Betrag und Phase. Damit kann man die auftretenden Leistungen berechnen. Zur Übung soll ein entsprechendes Zeigerbild gezeichnet und mit dessen Hilfe die erwähnte Berechnung durchgeführt werden. Zum Vergleich dienen die Werte des Beispiels.

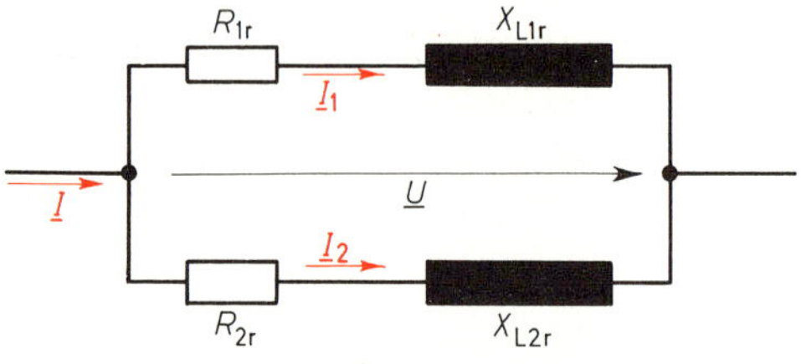

7.41 Parallelschaltung von zwei Spulen

Übungen zu Abschnitt 7.6.1

Berechnen von induktiven Bauelementen mit Verlusten. Aus den bekannten Beträgen U, I und φ für ein verlustbehaftetes Bauelement (Meßwerte) können bei einer bestimmten Betriebsfrequenz Ersatzschaltungen aus idealen Wirk- und Blindwiderständen berechnet werden. Die Zerlegung von Spannungs- bzw. Stromzeiger in Komponenten zeigt Bild **7**.39, eine Zusammenstellung der daraus abgeleiteten Bestimmungsgleichungen Tab. **7**.42.

Tabelle **7**.42 **Ersatzschaltungen induktiver Bauelemente mit Verlusten aus idealen Wechselstromwiderständen R_r, X_{Lr} bzw. R_p, X_{Lp}**

Bauelement mit Verlusten (z. B. Spule)	Reihenersatzschaltung	Parallelersatzschaltung	Umrechnung der Ersatzschaltungen für die Betriebsfrequenz
	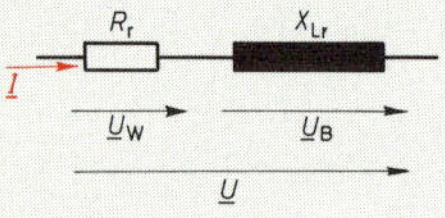	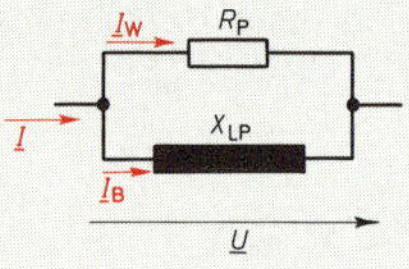	
$\frac{U}{I} = Z = \frac{1}{Y}$ $U \cdot I = P_s$ $P_s = \sqrt{P_p^2 + P_{qL}^2}$ $\tan\varphi = \frac{P_{qL}}{P_p} = Q$	$R_r = Z\cos\varphi$ $X_{Lr} = Z\sin\varphi$ $Z = \sqrt{R_r^2 + X_{Lr}^2}$ $\tan\varphi = \frac{X_{Lr}}{R_r}$	$G_p = Y\cos\varphi \Rightarrow R_p = \frac{Z}{\cos\varphi}$ $B_{Lp} = Y\sin\varphi \Rightarrow X_{Lp} = \frac{Z}{\sin\varphi}$ $Y = \sqrt{G_p^2 + B_{Lp}^2} \Rightarrow Z = \frac{1}{Y}$ $\tan\varphi = \frac{B_{Lp}}{G_p} = \frac{R_p}{X_{Lp}}$	a) Berechnung von Z^2 aus einer bekannten Ersatzschaltung: $Z^2 = R_r^2 + X_{Lr}^2$ $Z^2 = \frac{R_p^2 X_{Lp}^2}{R_p^2 + X_{Lp}^2}$ $R_r R_p = Z^2 = X_{Lr} X_{Lp}$
	$R_p = R_r(1 + Q^2)$ Bei $Q \geqq 10$ bzw. $d \leqq 0.1$:	$X_{LP} = X_{Lr}(1 + d^2)$ $R_p \approx R_r \cdot Q^2 \quad X_{Lp} \approx X_{Lr}$	b) Berechnung von $Q = 1/d$ aus einer bekannten Ersatzschaltung.

Beispiel 7.17 Bei einer Spannung $U = 12$ V/50 Hz fließt in einer Spule der Strom $I = 150$ mA mit der Phasenverschiebung $\varphi = 55°$. Für die Spule sind Reihen- und Parallelersatzschaltung entsprechend Bild **7**.40 zu berechnen.

Lösung

$$R_r = \frac{U\cos\varphi}{I} = \frac{12\,\text{V}\cos 55^\circ}{0{,}15\,\text{A}} = \mathbf{45{,}886\,\Omega}$$

$$X_{Lr} = \frac{U\sin\varphi}{I} = \frac{12\,\text{V}\sin 55^\circ}{0{,}15\,\text{A}} = \mathbf{65{,}532\,\Omega}$$

$$L_r = \frac{X_{Lr}}{2\pi f} = \frac{65{,}532\,\Omega\,\text{s}}{2\pi\,50} = \mathbf{0{,}2086\,H}$$

$$R_p = \frac{U}{I\cos\varphi} = \frac{12\,\text{V}}{0{,}15\,\text{A}\cos 55^\circ} = \mathbf{139{,}48\,\Omega}$$

$$X_{Lp} = \frac{U}{I\sin\varphi} = \frac{12\,\text{V}}{0{,}15\,\text{A}\sin 55^\circ} = \mathbf{97{,}662\,\Omega}$$

$$L_p = \frac{X_{Lp}}{2\pi f} = \frac{97{,}662\,\Omega\,\text{s}}{2\pi\,50} = \mathbf{0{,}3109\,H}$$

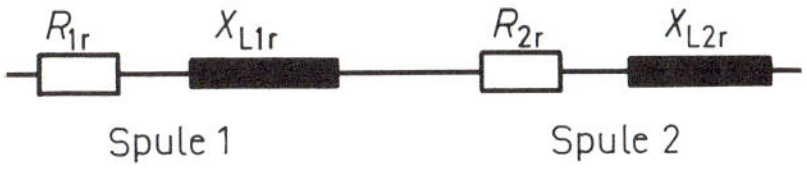

7.43 Spulen in Reihenschaltung; Ersatzschaltung (Beispiel 7.18)

Beispiel 7.18 Zwei Spulen mit den Reihenersatzschaltungen $R_{1r} = 50\,\Omega$, $L_{1r} = 5\,\text{mH}$ und $R_{2r} = 25\,\Omega$, $L_{2r} = 3\,\text{mH}$ sind entsprechend Bild **7.**43 in Reihe geschaltet und liegen an einer Klemmenspannung $U = 8\,\text{V}/1000\,\text{Hz}$. a) Wie groß sind Scheinwiderstand der Gesamtschaltung, Stromstärke und Phasenverschiebung? b) Welche Spannungen liegen an den Spulen? c) Welche Phasenverschiebungen haben die Spulenspannungen gegenüber dem Strom? d) Ein Zeigerbild mit den Teilspannungen, der Gesamtspannung und dem Strom ist zu zeichnen (nicht maßstäblich).

Lösung a) $R_r = R_{1r} + R_{2r} = 50\,\Omega + 25\,\Omega = 75\,\Omega$

$$X_{Lr} = X_{L1r} + X_{L2r} = 2\pi f(L_{1r} + L_{2r}) = 2\pi\,10^3(5+3)10^{-3}\,\Omega = 16\pi\,\Omega = 50{,}265\,\Omega$$

$$Z = \sqrt{R_r^2 + X_{Lr}^2} = \sqrt{(75\,\Omega)^2 + (50{,}26\,\Omega)^2} = \mathbf{90{,}286\,\Omega}$$

$$I = \frac{U}{Z} = \frac{8\,\text{V}}{90{,}286\,\Omega} = \mathbf{88{,}607\,mA} \qquad \varphi = \arctan\frac{X_{Lr}}{R_r} = \arctan\frac{50{,}265\,\Omega}{75\,\Omega} = \mathbf{33{,}83^\circ}$$

b) $Z_{Sp1} = \sqrt{R_{1r}^2 + X_{L1r}^2}$, $X_{L1r} = 2\pi f L_{1r}$, $U_{Sp1} = I \cdot Z_{Sp1}$

$$X_{L1r} = 2\pi \cdot 10^3 \cdot 5\ 10^{-3}\,\Omega = 31{,}416\,\Omega$$

$$Z_{Sp1} = \sqrt{(50\,\Omega)^2 + (31{,}416\,\Omega)^2} = 59{,}05\,\Omega$$

$$U_{Sp1} = 0{,}088607\,\text{A} \cdot 59{,}05\,\Omega = \mathbf{5{,}232\,V}$$

$$X_{L2r} = 2\pi\,10^3\ 3 \cdot 10^{-3}\,\Omega = 18{,}85\,\Omega$$

$$Z_{Sp2} = \sqrt{(25\,\Omega)^2 + (18{,}85\,\Omega)^2} = 31{,}31\,\Omega$$

$$U_{Sp2} = 0{,}088607\,\text{A} \cdot 31{,}31\,\Omega = \mathbf{2{,}774\,V}$$

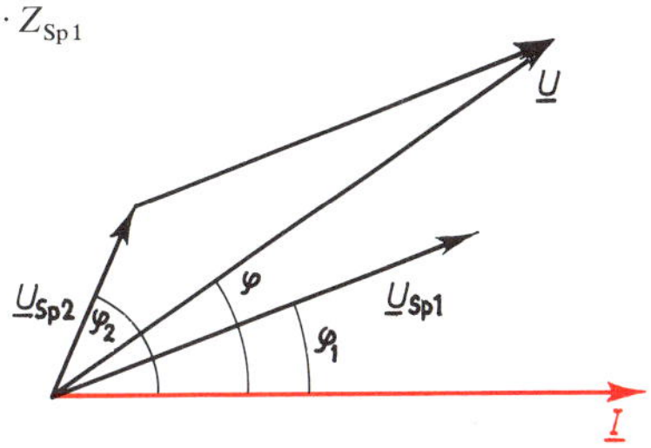

7.44 Drehzeigerbild zu Beispiel 7.18

c) $\varphi_1 = \arctan\frac{X_{L1r}}{R_{1r}} = \arctan\frac{31{,}416\,\Omega}{50\,\Omega} = \mathbf{32{,}14^\circ}$

$\varphi_2 = \arctan\frac{X_{L2r}}{R_{2r}} = \arctan\frac{18{,}85\,\Omega}{25\,\Omega} = \mathbf{37{,}02^\circ}$

d) Das Zeigerbild zeigt Bild **7.**44 (nicht maßstäblich).

Beispiel 7.19 Entsprechend Bild **7.**41 sind die beiden Spulen des Beispiels 7.18 parallelgeschaltet. Die Klemmenspannung beträgt $U = 8\,\text{V}/1000\,\text{Hz}$. a) Wie groß sind Scheinwiderstand Z_E der Gesamtschaltung, Gesamtstrom und Phasenverschiebung? b) Welche Teilströme fließen in den beiden Spulen und welche Phasenverschiebung haben sie gegenüber der Klemmenspannung? c) Für die Schaltung ist ein Zeigerbild mit Spulenströmen und Gesamtstrom zu zeichnen (nicht maßstäblich).

Lösung a) Die Reihenersatzschaltungen der Spulen werden in gleichwertige Parallelersatzschaltungen umgerechnet:

$$R_{1p} = \frac{Z_{Sp1}^2}{R_{1r}} = \frac{(59{,}05\,\Omega)^2}{50\,\Omega} = 69{,}739\,\Omega \qquad X_{L1p} = \frac{Z_{Sp1}^2}{X_{L1r}} = \frac{(59{,}05\,\Omega)^2}{31{,}416\,\Omega} = 110{,}99\,\Omega$$

$$R_{2p} = \frac{Z_{Sp2}^2}{R_{2r}} = \frac{(31{,}31\,\Omega)^2}{24\,\Omega} = 39{,}213\,\Omega \qquad X_{L2p} = \frac{Z_{Sp2}^2}{X_{L2r}} = \frac{(31{,}31\,\Omega)^2}{18{,}85\,\Omega} = 52{,}006\,\Omega$$

$$G = \frac{1}{R_p} = \frac{1}{R_{1p}} + \frac{1}{R_{2p}} = \frac{1}{69{,}739\,\Omega} + \frac{1}{39{,}213\,\Omega} = \frac{1}{25{,}10\,\Omega}$$

$$B_L = \frac{1}{X_{Lp}} = \frac{1}{X_{L1p}} + \frac{1}{X_{L2p}} = \frac{1}{110{,}99\,\Omega} + \frac{1}{52{,}006\,\Omega} = \frac{1}{35{,}413\,\Omega}$$

$$Y_E = \sqrt{G^2 + B_L^2} = \sqrt{\left(\frac{1}{25{,}10\,\Omega}\right)^2 + \left(\frac{1}{35{,}413\,\Omega}\right)^2} \Rightarrow Z_E = \frac{1}{Y_E} = \mathbf{20{,}478\,\Omega}$$

$$I = \frac{U}{Z_E} = \frac{8\,V}{20{,}478\,\Omega} = \mathbf{390{,}67\,mA}$$

$$\varphi = \arctan\frac{B_L}{G} = \arctan\frac{R_p}{X_{Lp}}$$

$$= \arctan\frac{25{,}10\,\Omega}{35{,}413\,\Omega} = \mathbf{35{,}33^\circ}$$

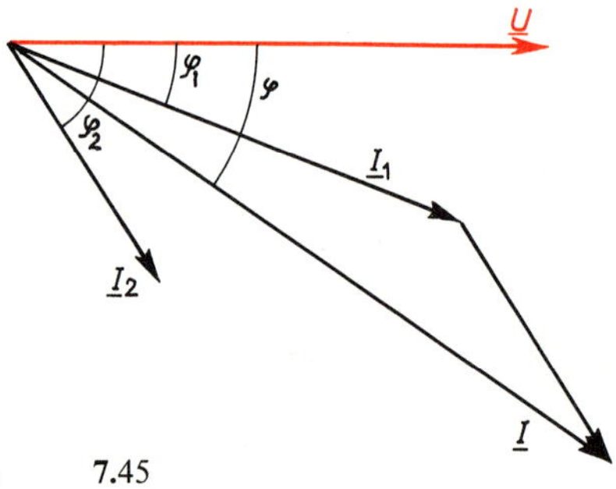

7.45
Drehzeigerbild der Spulen in Parallelschaltung (Beispiel 7.19)

b) $$I_1 = \frac{U}{Z_{Sp1}} = \frac{8\,V}{59{,}05\,\Omega} = \mathbf{135{,}48\,mA}$$

$$I_2 = \frac{U}{Z_{Sp2}} = \frac{8\,V}{31{,}31\,\Omega} = \mathbf{255{,}51\,mA}$$

$$\varphi_1 = \arctan\frac{R_{1p}}{X_{L1p}} = \arctan\frac{69{,}739\,\Omega}{110{,}99\,\Omega} = \mathbf{32{,}14^\circ}$$

$$\varphi_2 = \arctan\frac{R_{2p}}{X_{L2p}} = \arctan\frac{39{,}213\,\Omega}{52{,}006\,\Omega} = \mathbf{37{,}02^\circ}$$

Die durch die Spulen bewirkten Phasenverschiebungen zwischen Spulenspannung und Strom sind natürlich die gleichen wie im vorigen Beispiel. Die Rechnung dient hier als Kontrolle.

c) Bild **7.**45 zeigt das Zeigerbild (nicht maßstäblich).

Aufgaben zu Abschnitt 7.6.1

1. Für eine Spule gilt bei $f = 800\,kHz$ die Ersatzschaltung $L_r = 180\,\mu H$ und $R_r = 4{,}5\,\Omega$. Welche Beträge haben die Größen R_p, X_{Lp} und L_p einer gleichwertigen Ersatzschaltung?
2. Bei einer Spule werden bei der Frequenz $f = 16\,kHz$ die Meßwerte $U = 12\,V$, $I = 2\,mA$, $\varphi = 42^\circ$ ermittelt.
   a) Welche Werte haben die idealen Wechselstromwiderstände der Reihen- bzw. Parallelersatzschaltung?
   b) Wie groß sind Güte und Dämpfungsfaktor?
3. Eine Spule mit der Güte $Q = 35$ hat bei der Frequenz 12 kHz den Scheinwiderstand 360 Ω. Welche Beträge haben R_r, R_p, X_{Lr}, X_{Lp}, L_r und L_p der Ersatzschaltungen?
4. Ein Widerstand $R = 6{,}8\,k\Omega$ und eine Spule mit $L_p = 1{,}5\,mH$ und $R_p = 12\,k\Omega$ liegen parallel an der Spannung $U = 6\,V/480\,kHz$.
   a) Wie groß ist der Ersatzwiderstand der Schaltung?
   b) Welche Beträge ergeben sich für Stromstärke und Phasenverschiebung?
   c) Welche Beträge ergeben sich für Z_E, I und φ, wenn der Widerstand R zur Spule in Reihe geschaltet wird?
   d) Die Zeigerbilder sind für beide Schaltungen zu zeichnen (nicht maßstäblich).
5. Parallel zu einer Spule mit der Reihenersatzschaltung $R_r = 120\,\Omega$ und $L_r = 1{,}5\,H$ liegt bei 400 Hz der Widerstand $R_1 = 50\,k\Omega$.

a) Wie groß sind R_p und X_{Lp} für die Parallelersatzschaltung der Spule?
b) Welchen Scheinwiderstand hat die Gesamtschaltung und welche Phasenverschiebung tritt auf?
c) Welcher Widerstand R_2 muß mit der Spule in Reihe geschaltet werden, damit sich der gleiche Scheinwiderstand ergibt?

6. An der Klemmenspannung $U = 24\,\text{V}/50\,\text{Hz}$ liegt eine Spule mit der Reihenersatzschaltung $R_r = 15\,\Omega$, $L_r = 0{,}03\,\text{H}$.
a) Wie groß muß ein parallel zur Spule geschalteter Widerstand sein, damit die Stromstärke in Spule und Widerstand den gleichen Betrag hat, und wie groß ist die Phasenverschiebung von Teilströmen u. Gesamtstrom gegenüber der Spannung?
b) Welche Stromstärke und Phasenverschiebung treten bei einer Reihenschaltung des Widerstands mit der Spule auf?
c) Die Zeigerbilder sind für beide Schaltungen zu zeichnen (nicht maßstäblich).

7. An einer Klemmenspannung $U = 24\,\text{V}/50\,\text{Hz}$ liegen zwei Spulen parallel. Die aufgenommenen Ströme sind $I_1 = 0{,}15\,\text{A}$ und $I_2 = 0{,}08\,\text{A}$ und haben gegenüber der Spannung die Phasenverschiebung $\varphi_1 = 55°$ bzw. $\varphi_2 = 75°$.
a) Welche Beträge ergeben sich für die idealen Ersatzwiderstände der Spulen?
b) Wie groß ist der Scheinwiderstand der Gesamtschaltung?
c) Welchen Betrag und welche Phasenverschiebung hat der Gesamtstrom, wenn beide Spulen parallel geschaltet werden?
d) Welche Stromstärke und Phasenverschiebung ergeben sich, wenn beide Spulen in Reihe geschaltet werden?
e) Für beide Schaltungen sind Zeigerbilder zu zeichnen.

8. Zwei Spulen liegen parallel an einer Klemmenspannung $U = 48\,\text{V}$. Dabei sind $R_{1r} = 38\,\Omega$, $L_{1r} = 0{,}025\,\text{H}$, $R_{2r} = 20\,\Omega$, $L_{2r} = 0{,}015\,\text{H}$.
a) Bei welcher Frequenz beträgt der Scheinwiderstand $Z_{Sp1} = 75\,\Omega$? Wie groß ist bei dieser Frequenz Z_{Sp2}?
b) Wie groß sind Betrag und Phasenverschiebung des Gesamtstroms?
c) Welche Beträge ergeben sich für Scheinwiderstand, Stromstärke und Phasenverschiebung bei der Reihenschaltung der beiden Spulen?
d) Welche Spannungen treten an den Spulen auf und welche Phasenverschiebung haben sie gegenüber dem Strom?

7.6.2 Kondensatoren im Wechselstromkreis

Ersatzschaltungen des Kondensators. Bei einem Kondensator treten in den Belägen je nach Bauart durch Lade- bzw. Entladeströme Leitungsverluste auf. Außerdem können von der anliegenden Spannung abhängige Isolationsverluste im Dielektrikum und Polarisationsverluste zur Aufnahme von Wirkleistung führen. Mit der kapazitiven Blindleistung ergibt sich ein Zeigerbild für die Leistungen nach Bild 7.46. Güte und Verlustfaktor werden in der gleichen Weise bestimmt wie bei der Spule, also:

$$Q = P_q/P_p = \tan\varphi$$
$$1/Q = d = \tan\delta.$$

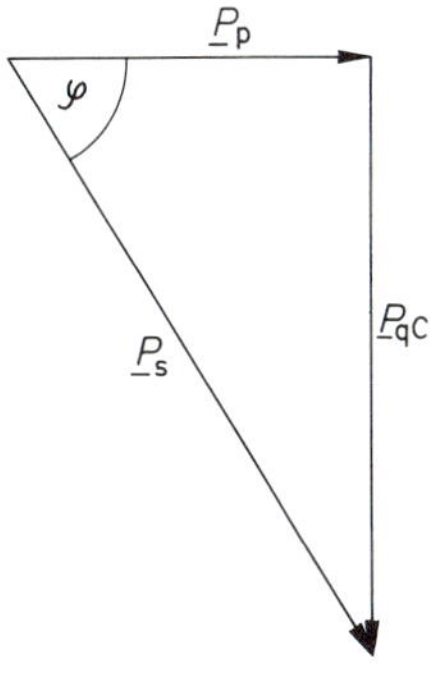

7.46 Leistungszeigerbild eines Kondensators mit Verlusten

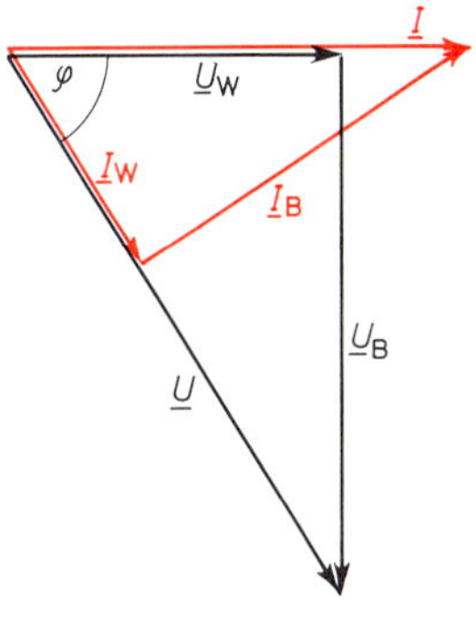

7.47 Drehzeigerkomponenten für die Ersatzschaltungen eines Kondensators mit Verlusten

Fassen wir auch hier die auftretenden Leistungen als Wirkung idealer Wechselstromwiderstände auf, erhalten wir zwei mögliche Ersatzschaltungen. Die Reihen-Ersatzschaltung entspricht der Zerlegung des Spannungszeigers in Bild 7.47. Aus Wirk- und Blindspannung erhalten wir nach Division durch die Stromstärke die entsprechenden Widerstände. Für die gleichwertige Parallel-Ersatzschaltung ergeben sich die Widerstandswerte durch Zerlegen des Stromzeigers in Wirk- und Blindanteil und nach Division der Klemmenspannung durch diese Stromkomponenten.

Bezugsgröße I | U

Komponenten $U_W = U \cdot \cos\varphi,\ U_B = U \cdot \sin\varphi$ | $I_W = I \cdot \cos\varphi,\ I_B = I \cdot \sin\varphi$

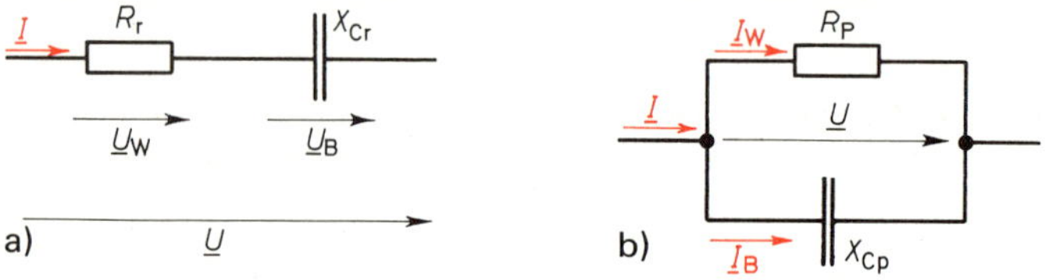

$$R_r = \frac{U_W}{I} = \frac{U \cdot \cos\varphi}{I} = Z \cdot \cos\varphi \qquad R_P = \frac{U}{I_W} = \frac{U}{I \cdot \cos\varphi} = \frac{Z}{\cos\varphi}$$

$$X_{Cr} = \frac{U_B}{I} = \frac{U \cdot \sin\varphi}{I} = Z \cdot \sin\varphi \qquad X_{Cp} = \frac{U}{I_B} = \frac{U}{I \cdot \sin\varphi} = \frac{Z}{\sin\varphi}$$

$$\frac{1}{R_p} = G;\ \frac{1}{X_{Cp}} = B_{Cp}$$

$$Z_r^2 = R_r^2 + X_{Cr}^2 \qquad Z_p^2 = \frac{R_p^2 \cdot X_{Cp}^2}{R_p^2 + X_{Cp}^2} \tag{7.98}$$

7.48 a) Reihenersatzschaltung
b) Parallelersatzschaltung

Reihen- und Parallelschaltung von Kondensatoren. Bei einer Reihenschaltung von Kondensatoren werden zunächst die Reihen-Ersatzschaltungen der einzelnen Bauelemente ermittelt. Dann werden Wirkwiderstände und kapazitive Blindwiderstände jeweils für sich zusammengefaßt. Dabei ist es vorteilhaft, nicht mit den Kapazitäten zu rechnen, sondern mit den Blindwiderständen. So kann man die gleichen Formeln wie bei der Reihenschaltung von Wirkwiderständen benutzen.

Bei der Parallelschaltung von Kondensatoren verfährt man wie bei der Parallelschaltung von Spulen. Auch hier wird mit Blindwiderständen gerechnet und nicht mit Kapazitäten. Die für

Tabelle 7.49 **Ersatzschaltungen kapazitiver Bauelemente mit Verlusten aus idealen Wechselstromwiderständen R_r, X_{Cr} bzw. R_p, X_{Cp}**

Bauelement mit Verlusten (Kondensator)	Reihenersatzschaltung	Parallelersatzschaltung	Umrechnung der Ersatzschaltungen für die Betriebsfrequenz
	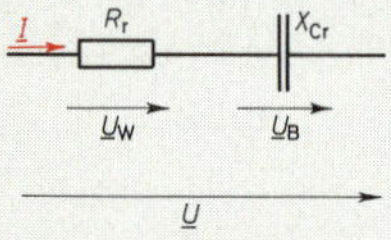	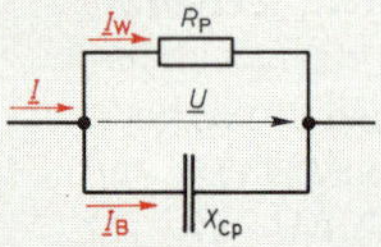	
$\frac{U}{I} = Z = \frac{1}{Y}$ $U \cdot I = P_s$ $P_s = \sqrt{P_p^2 + P_{qC}^2}$ $\tan\varphi = \frac{P_{qC}}{P_p} = Q$	$R_r = Z\cos\varphi$ $X_{Cr} = Z\sin\varphi$ $Z = \sqrt{R_r^2 + X_{Cr}^2}$ $\tan\varphi = \frac{X_{Cr}}{R_r}$	$G_p = Y\cos\varphi \Rightarrow R_p = \frac{Z}{\cos\varphi}$ $B_{Cp} = Y\sin\varphi \Rightarrow X_{Cp} = \frac{Z}{\sin\varphi}$ $Y = \sqrt{G_p^2 + B_{Cp}^2} \Rightarrow Z = \frac{1}{Y}$ $\tan\varphi = \frac{B_{Cp}}{G_p} = \frac{R_p}{X_{Cp}}$	a) $Z^2 = R_r^2 + X_{Cr}^2$ $Z^2 = \frac{R_p^2 \cdot X_{Cp}^2}{R_p^2 + C_{Cp}^2}$ $R_r R_p = Z^2 = X_{Cr} X_{Cp}$
b) $R_p = R_r(1 + Q^2)$ $R_r = \frac{R_p}{1 + Q^2}$		$X_{Cp} = X_{Cr}(1 + d^2)$ $X_{Cr} = \frac{X_{Cp}}{1 + d^2}$	Näherungsgleichungen für $Q \geqq 10$ bzw. $d \leqq 0{,}1$ ($\varphi \geqq 85°$) mit einem relativen Fehler von höchstens 1 % $R_p \approx R_r Q^2 \quad X_{Cp} \approx X_{Cr} \quad C_p \approx C_r$

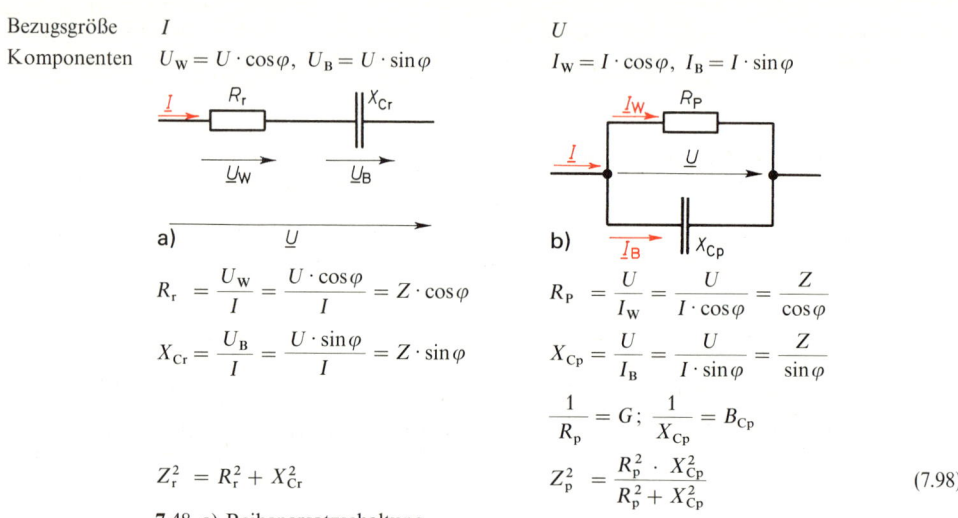

äquivalente Reihen- und Parallelersatzschaltungen induktiver Bauelemente mit Verlusten abgeleiteten Formeln gelten dann auch für kapazitive Bauelemente mit Verlusten (Kondensatoren).

Übungen zu Abschnitt 7.6.2

Berechnen von kapazitiven Bauelementen mit Verlusten. Aus den Werten für U, I und φ bei einem Kondensator mit Verlusten werden für die Betriebsfrequenz Ersatzschaltungen aus idealen Wirk- und Blindwiderständen berechnet. Die Umrechnung äquivalenter Reihen- und Parallelersatzschaltungen kann wie bei induktiven Bauelementen mit Verlusten über den Scheinwiderstand Z bzw. Z^2 oder die Güte bzw. den Verlustfaktor $Q = \tan\varphi$ bzw. $d = \tan\delta$ mit $\delta = 90° - \varphi$ erfolgen. Eine Zusammenstellung der Bestimmungsgleichungen zeigt Tab. **7**.49 auf S. 237.

Beispiel 7.20 Zwei Kondensatoren mit den Kapazitäten $C_{1r} = 0{,}1\,\mu F$ und $C_{2r} = 0{,}22\,\mu F$ nehmen bei $U = 12\,V/800\,Hz$ die Ströme $I_1 = 4\,mA$ und $I_2 = 8\,mA$ auf. a) Welche Reihenersatzschaltungen haben die beiden Kondensatoren und welche Phasenverschiebungen treten auf? b) Welche Beträge haben die idealen Ersatzwiderstände R_{1p}, R_{2p}, X_{C1p} und X_{C2p} der Parallelersatzschaltungen? c) Welchen Wirk- und Blindwiderstand hat die Parallelschaltung der beiden Kondensatoren? d) Wie groß sind Betrag und Phasenverschiebung des Gesamtstroms? e) Das Zeigerbild ist mit allen Teilspannungen und Teilströmen zu zeichnen (nicht maßstäblich).

Lösung

a) $Z_1 = \frac{U}{I_1} = \frac{12\,V}{4\,mA} = 3\,k\Omega$; $Z_2 = \frac{U}{I_2} = \frac{12\,V}{8\,mA} = 1{,}5\,k\Omega$

$$X_{C1r} = \frac{1}{2\pi \cdot f \cdot C_1} = \frac{1\,sV}{2\pi \cdot 800 \cdot 0{,}1 \cdot 10^{-6}\,As} = \mathbf{1989{,}44\,\Omega}$$

$$X_{C2r} = \frac{1}{2\pi \cdot f \cdot C_2} = \frac{1\,sV}{2\pi \cdot 800 \cdot 0{,}22 \cdot 10^{-6}\,As} = \mathbf{904{,}29\,\Omega}$$

$$\varphi_1 = \arcsin\frac{X_{C1r}}{Z_1} = \arcsin\frac{1989{,}44\,\Omega}{3000\,\Omega} = \mathbf{41{,}54°}$$

$$\varphi_2 = \arcsin\frac{X_{C2r}}{Z_2} = \arcsin\frac{904{,}29\,\Omega}{1500\,\Omega} = \mathbf{37{,}07°}$$

$$R_{1r} = Z_1 \cdot \cos\varphi_1 = 3000\,\Omega \cos 41{,}54° = \mathbf{2245{,}5\,\Omega}$$

$$R_{2r} = Z_2 \cdot \cos\varphi_2 = 1500\,\Omega \cos 37{,}07° = \mathbf{1196{,}8\,\Omega}$$

b) $$R_{1p} = \frac{Z_1^2}{R_{1r}} = \frac{(3000\,\Omega)^2}{2245{,}5\,\Omega} = \mathbf{4008\,\Omega}$$

$$R_{2p} = \frac{Z_2^2}{R_{2r}} = \frac{(1500\,\Omega)^2}{1196{,}8\,\Omega} = \mathbf{1880\,\Omega}$$

$$X_{C1p} = \frac{Z_1}{X_{C1r}} = \frac{(3000\,\Omega)^2}{1989{,}44\,\Omega} = \mathbf{4523{,}9\,\Omega}$$

$$X_{C2p} = \frac{Z_2^2}{X_{C2r}} = \frac{(1500\,\Omega)^2}{904{,}29\,\Omega} = \mathbf{2488{,}1\,\Omega}$$

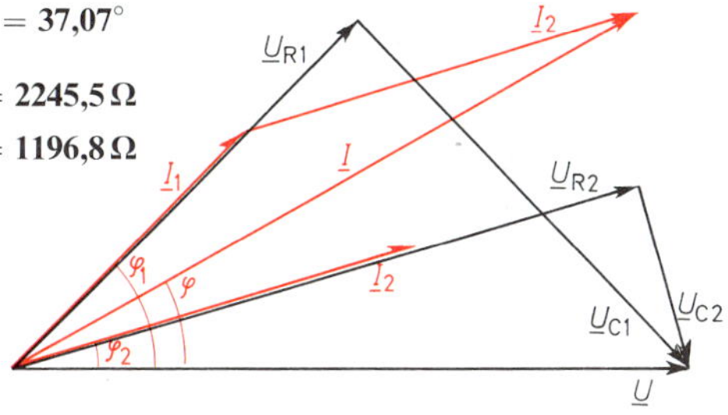

7.50 Reihen- und Parallelschaltung von zwei Kondensatoren mit Verlusten: Drehzeigerbild der Ersatzschaltungen

c) $$\frac{1}{R_p} = \frac{1}{R_{1p}} + \frac{1}{R_{2p}} = \frac{1}{4008\,\Omega} + \frac{1}{1880\,\Omega} = \frac{\mathbf{1}}{\mathbf{1279{,}7\,\Omega}}$$

$$\frac{1}{X_{Cp}} = \frac{1}{X_{C1p}} + \frac{1}{X_{C2p}} = \frac{1}{4523{,}9\,\Omega} + \frac{1}{2488{,}1\,\Omega} = \frac{\mathbf{1}}{\mathbf{1605{,}3\,\Omega}}$$

d) $$Y_E = \sqrt{\left(\frac{1}{R_p}\right)^2 + \left(\frac{1}{X_{Cp}}\right)^2} \Rightarrow Z_E = \frac{1}{Y_E} = 1000{,}7\,\Omega$$

$$I = \frac{U}{Z_E} = \frac{12\,V}{1000{,}7\,\Omega} = \mathbf{11{,}99\,mA};\quad \varphi = \arctan\frac{R_p}{X_{CP}} = \mathbf{38{,}56°}$$

e) Das Zeigerbild mit den Teilspannungen der Reihenersatzschaltung und den Teilströmen der Parallelersatzschaltung zeigt Bild **7**.50 (nicht maßstäblich).

Aufgaben zu Abschnitt 7.6.2

1. Ein verlustbehafteter Kondensator mit der Kapazität $C_r = 0{,}1\,\mu F$ hat bei $f = 80\,kHz$ die Güte $Q = 25$. Welche idealen Wechselstromwiderstände ergeben sich daraus für die Reihen- und Parallel-Ersatzschaltung?
2. Ein Widerstand von $2{,}7\,k\Omega$ liegt in Reihe mit einem verlustlosen Kondensator mit der Kapazität $C = 0{,}1\,\mu F$ an der Spannung $U = 48\,V/400\,Hz$.
   a) Wie groß sind Betrag und Phasenverschiebung des Stroms?
   b) Welcher Widerstand müßte parallel zu welcher Kapazität geschaltet werden, damit der Gesamtstrom den gleichen Betrag und die gleiche Phasenverschiebung hat?
3. Ein Widerstand $R = 2{,}2\,k\Omega$ und ein verlustloser Kondensator mit $C = 1{,}2\,nF$ liegen parallel an einer Spannungsquelle. Der Gesamtstrom hat gegenüber der Spannung die Phasenverschiebung $80°$.
   a) Welche Frequenz hat die sinusförmige Wechselspannung?
   b) Welcher Widerstand in Reihe zu einem Kondensator würde gleiche Beträge für Strom und Phasenverschiebung bewirken?
4. Ein verlustloser Kondensator mit der Kapazität $C_r = 0{,}33\,\mu F$ liegt mit dem Widerstand $R_1 = 200\,\Omega$ nach Bild **7**.51 in Reihe an der sinusförmigen Wechselspannung $U = 24\,V/800\,Hz$.

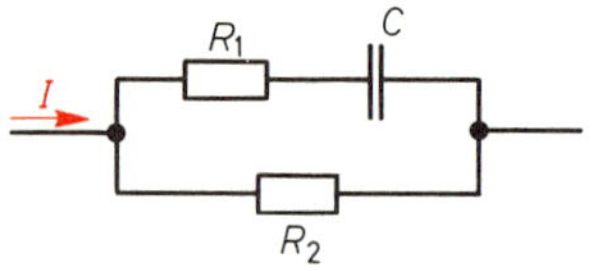

7.51 Zu Aufgabe 4 und 5

   a) Wie groß sind Scheinwiderstand, Stromstärke und Phasenverschiebung?
   b) Welche Werte ergeben sich, wenn parallel zur Reihenschaltung ein Widerstand $R_2 = 400\,\Omega$ geschaltet wird?
5. Nach Bild **7**.51 liegt der Widerstand $R_1 = 270\,\Omega$ in Reihe mit einem verlustlosen Kondensator mit $C_r = 2{,}2\,\mu F$ an der Spannung $U = 50\,V$. Parallel dazu ist ein Widerstand $R_2 = 1200\,\Omega$ geschaltet.
   a) Bei welcher Frequenz fließt ein Gesamtstrom mit $I = 100\,mA$ in die Schaltung?
   b) Welche Phasenlage haben Teilströme und Gesamtstrom gegenüber der Spannung?
6. In Bild **7**.52 sind $R_1 = 47\,\Omega$, $R_2 = 18\,\Omega$, $C_{1r} = 3{,}3\,\mu F$ und $C_{2r} = 5{,}6\,\mu F$. Die Schaltung liegt an der Spannung $U = 220\,V/500\,Hz$.

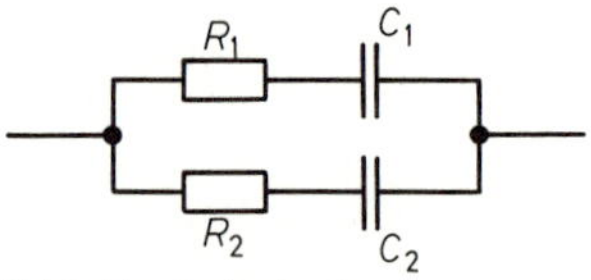

7.52 Zu Aufgabe 6

   a) Welche Beträge ergeben sich für die Ersatzwiderstände der Parallelersatzschaltung der beiden Parallelzweige?
   b) Welcher Wirk- und Blindwiderstand ergibt sich für die Parallelersatzschaltung der Gesamtschaltung?
   c) Welche Beträge und Phasenverschiebungen ergeben sich für die Teilströme und den Gesamtstrom?
   d) Welcher Widerstand muß zur Schaltung noch parallelgeschaltet werden, damit sich für den Gesamtstrom eine Phasenverschiebung $\varphi = 45°$ ergibt?

7.6.3 Gemischte Schaltungen realer Wechselstromwiderstände (Schwingkreise)

In Schaltungen, die außer Widerständen auch Spulen und Kondensatoren enthalten, treten gedämpfte Schwingungen auf. Dies bedeutet, daß zwischen induktiven und kapazitiven Energiespeichern ein Energieaustausch stattfindet. Genau genommen enthalten Spulen selbst neben der Ersatzinduktivität auch eine kapazitive Komponente und Kondensatoren außer ihrer Kapazität auch eine induktive Komponente. Dadurch können in Spulen bzw. Kondensatoren allein schon in bestimmten Frequenzbereichen Resonanzerscheinungen auftreten, die wegen der immer vorhandenen Wirkkomponenten gedämpft sind. Genauere Ersatzschaltungen von Bauelementen enthalten also je nach Bauform mehr Ersatzkomponenten in Gestalt idealer Wechselstromwiderstände, als wir bisher berücksichtigt haben. Dieser Sachverhalt ist vor allem von Bedeutung, wenn die Betriebsfrequenz in der Nähe solcher Eigenresonanzfrequenzen liegt. Auf dieses Verhalten von Spulen und Kondensatoren können wir hier nicht weiter eingehen. Entsprechend der resultierenden aufgenommenen Blindleistung betrachten wir weiterhin eine Spule als eine Ersatzschaltung aus einem Wirkwiderstand und einem induktiven Blindwiderstand, die Ersatzschaltung des verlustbehafteten Kondensators dagegen als eine Schaltung aus Wirkwiderstand und kapazitivem Blindwiderstand.

Schaltungsvereinfachung. Schaltungen aus Widerständen und Spulen oder aus Widerständen und Kondensatoren nehmen in Abhängigkeit von der Betriebsfrequenz aus der Wechselspannungsquelle bestimmte induktive oder kapazitive Blindleistungen auf. Sie können durch Ersatzschaltungen dargestellt werden, in denen die gleichen Leistungen auftreten. Entsprechend der Schaltungsvereinfachung bei Gleichstrom (s. Abschn. 2.2.4) lassen sich in gemischten Schaltungen von Wechselstromwiderständen gleichartige Komponenten in Reihen- bzw. Parallelschaltungen zusammenfassen. Bei bekannter Betriebsfrequenz können die Schaltungen in die jeweils andere Ersatzschaltung umgerechnet werden. Durch Zusammenfassen von Wirk- und Blindwiderständen wird die Schaltung vereinfacht, bis schließlich eine Reihen- bzw. Parallelersatzschaltung aus einem Wirkwiderstand und einem induktiven bzw. kapazitiven Blindwiderstand vorliegt, die die gleichen Leistungen aufnimmt wie die ursprüngliche Schaltung. Diese Ersatzschaltung bildet die Grundlage für weitere Berechnungen (z. B. Blindstromkompensation Abschn. 7.6.3.1).

Enthält eine gemischte Verbraucherschaltung außer Widerständen auch Spulen und Kondensatoren, findet ein Austausch von Blindenergie innerhalb der Schaltung statt. Die Frequenz dieses Energieaustauschs ist durch die sinusförmig verlaufende Spannung des speisenden Netzes vorgegeben (erzwungene Schwingungen). Für die Betriebsfrequenz lassen sich auch solche gemischte Schaltungen in einen resultierenden Reihen- bzw. Parallelschwingkreis nach Bild **7.**24 bzw. **7.**36 überführen.

Wird eine Schaltung mit induktiven und kapazitiven Energiespeichern durch eine nichtsinusförmige Spannung gespeist (z. B. durch eine rechteckförmige Wechselspannung), treten wegen der immer vorhandenen Wirkwiderstände gedämpfte Schwingungen auf, deren Frequenz durch die Eigenschaften der Verbraucherschaltung bestimmt wird (freie Schwingungen). Je mehr unabhängige induktive und kapazitive Energiespeicher in der Schaltung enthalten sind, desto vielfältiger ist der gegenseitige Energieaustausch mit unterschiedlichen Resonanzfrequenzen.

Wir müssen uns im folgenden auf einige wichtige Beispiele gemischter Schaltungen von Widerständen und Spulen bzw. Kondensatoren beschränken.

7.6.3.1 Blindstromkompensation

Elektromotoren haben auf ihrem Leistungsschild Angaben, nach denen man für den Nennbetrieb ein einfaches Ersatzschaltbild aufstellen kann. Unter Nennbetrieb versteht man dabei den Betrieb des Motors bei den auf dem Leistungsschild angegebenen Nennbeträgen für Netzspannung, Netzfrequenz und abgegebener Wirkleistung (Nennleistung). Für diesen Betriebsfall ist auf dem Leistungsschild auch der Leistungsfaktor angegeben. Wir können aus diesen Angaben eine Ersatzschaltung aus einem Wirkwiderstand (entsprechend der aus dem Netz aufgenommenen Wirkleistung) und einem Blindwiderstand (entsprechend der aufgenommenen Blindleistung) berechnen.

Beispiel 7.21 Ein Motor hat bei 220 V/50 Hz eine Nennleistung von $P_{p2} = 1{,}2\,\text{kW}$. Der Wirkungsgrad beträgt bei Nennbetrieb $\eta = 0{,}8$; der Leistungsfaktor ist $\cos\varphi = 0{,}85$. a) Welche Schein-, Blind- und Wirkleistung nimmt der Motor aus dem Netz auf? b) Welche Wirk- und Blindwiderstände ergeben sich für die Reihen- bzw. Parallelersatzschaltung?

Lösung a) Die aus dem Netz aufgenommene Wirkleistung beträgt $P_{p1} = P_{p2}/\eta = \mathbf{1{,}5\,kW}$. Aus dem Leistungsfaktor erhalten wir mit dem Taschenrechner $\tan\varphi$ und bestimmen damit die Blindleistung: $P_{q1} = P_{p1}\tan\varphi = \mathbf{0{,}9296\,kvar}$. Daraus ergibt sich nach dem Satz des Pythagoras $P_s = \sqrt{P_p^2 + P_q^2}$ eine Scheinleistung $P_s = \mathbf{1{,}765\,kVA}$.

b) Der Wirkwiderstand der Parallelersatzschaltung ergibt sich aus $R_p = U^2/P_{p1} = (220\,\text{V})^2/1{,}5\,\text{kW} = \mathbf{32{,}27\,\Omega}$, den Blindwiderstand aus $X_{Lp} = U^2/P_{q1} = (220\,\text{V})^2/0{,}9296\,\text{kvar} = \mathbf{52{,}07\,\Omega}$. Mit der Scheinleistung erhalten wir $Z = U^2/P_s = (220\,\text{V})^2/1765\,\text{VA} = 27{,}422\,\Omega$, $Z^2 = 751{,}97\,\Omega^2$. So ergeben sich für die Reihenersatzschaltung $R_r = Z^2/R_p = \mathbf{23{,}30\,\Omega}$ und $X_{Lr} = Z^2/X_{Lp} = \mathbf{14{,}44\,\Omega}$.

Kompensation. Motoren werden immer parallel an die vorgesehene Netzspannung geschaltet. Deshalb interessieren vorwiegend die Parallelersatzschaltungen. Die für den Motorbetrieb erforderliche Blindleistung wird dem Netz entnommen. Sie bedingt einen Blindstrom, der in der Zuleitung zwischen Generator und Verbraucher Leitungsverluste hervorruft. Um diese Verluste zu vermeiden bzw. zu verringern, erzeugt man die Blindleistung unmittelbar am Verbraucher, z. B. durch Parallelschalten eines Kondensators zur Verbraucherschaltung. Weil damit die Netzzuleitung von Blindstrom entlastet wird, spricht man von Blindstrom- oder Blindleistungskompensation. Sie ist in der Regel nur vollständig (Resonanz, $\cos\varphi = 1$), wenn dem veränderlichen Blindleistungsbedarf einer Verbraucheranlage auch die Kapazität der Kompensationskondensatoren angeglichen werden kann. Im allgemeinen bleibt eine restliche induktive Blindleistung bei einem Leistungsfaktor 0,9 bis 0,95, die über das Netz bezogen wird. Die Wirkleistung bleibt bei der Kompensation unverändert, da der Wirkleistungsbedarf der Kompensationskondensatoren vernachlässigt werden kann.

Beispiel 7.22 Um den Leistungsfaktor des Motors aus Beispiel 7.21 auf $\cos\varphi_2 = 0{,}95$ zu verbessern, sind die erforderliche Blindleistung und die Kapazität des Kompensationskondensators zu berechnen.

Lösung Die restliche induktive Blindleistung $P_{q2} = P_p \tan\varphi_2$ wird über das Netz bezogen. Den Wert $\tan\varphi_2$ ermitteln wir mit dem Taschenrechner aus $\cos\varphi_2$. Dann muß der Kondensator die Blindleistung $P_C = P_{q1} - P_{q2}$ liefern, also $P_C = P_p(\tan\varphi_1 - \tan\varphi_2)$. Die Beträge der Größen vor der Kompensation erhalten den Index 1, nach der Kompensation den Index 2. Es ergibt sich hier $P_C = \mathbf{436{,}5\ var}$. Aus $X_C = U^2/P_C = 1/\omega C$ erhalten wir $C = \mathbf{28{,}7\ \mu F}$.

Die Parallelkompensation kann man wie bei Motoren auch bei anderen induktiven Verbrauchern verwenden (z. B. Leuchtstofflampenanlagen mit induktiven Vorschaltgeräten). Grundsätzlich läßt sich dabei auch eine Reihenkompensation durch Reihenschaltung des Kondensators mit der Verbraucherschaltung durchführen. Diese führt wegen der hohen Blindspannungen in Resonanznähe jedoch zu Isolationsproblemen bei den Bauelementen.

7.6.3.2 Resonanz in Schwingkreisen

Die Resonanzfrequenz von Schwingkreisen, die sich auf das Ersatzschaltbild des Reihenschwingkreises **7.24** bzw. des Parallelschwingkreises **7.36** zurückführen lassen, ergibt sich nach der in Abschn. 7.4.3 bzw. 7.5.3 abgeleiteten Gleichung

$$f_o = \frac{1}{2\pi\sqrt{LC}}. \tag{7.38}$$

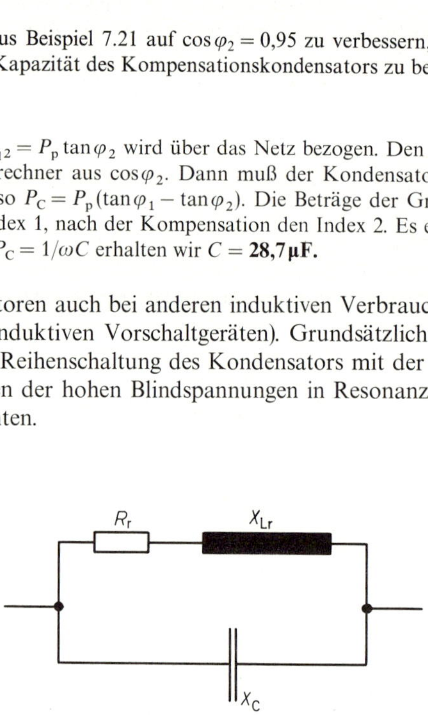

7.53 Parallelschwingkreis aus Spule und verlustloser Kapazität

Bei der Ersatzschaltung eines Parallelschwingkreises nach Bild 7.53 läßt sich die Resonanzfrequenz nach Gl. (7.38) nur berechnen, wenn die Güte der verlustbehafteten Spule so groß ist, daß die Näherungsgleichung $X_{Lp} = X_{Lr}$ bzw. $L_p = L_r$ angewendet werden kann. Ist dies bei starker Dämpfung des Schwingkreises nicht der Fall, muß Gl. (7.95) bzw. $L_p = L_r(1 + d^2)$ in die Gleichung $\omega_o^2 = 1/L_p C$ eingeführt werden. Dabei ist $d = R_r/\omega_o L_r$ die Dämpfung der Spule bei der zunächst noch unbekannten Resonanzfrequenz f_o. Aus diesem Ansatz erhalten wir nach einigen Umformungen

$$\omega_o = \frac{1}{L_r}\sqrt{\frac{L_r}{C} - R_r^2} \quad \Rightarrow \quad f_o = \frac{1}{2\pi L_r}\sqrt{\frac{L_r}{C} - R_r^2}. \tag{7.99}$$

Für diese Frequenz kann die Reihenersatzschaltung der Spule in die äquivalente Parallelersatzschaltung umgerechnet werden. Wir erhalten

$$\boxed{R_p = \frac{L_r}{R_r C} \quad \text{und} \quad L_p = \frac{L_r^2}{L_r - R_r^2 C}.} \tag{7.100}$$

Mit diesen Werten lassen sich die Resonanzfrequenz nach Gl. (7.38) und alle anderen Größen des Parallelschwingkreises nach den in Abschn. 7.5.3 abgeleiteten Gleichungen berechnen.

Übungen zu Abschnitt 7.6.3

Schaltungsvereinfachung. Das Berechnen einer Reihen- bzw. Parallelschaltung von Wirkwiderständen und gleichartigen Wechselstromwiderständen (Spulen bzw. Kondensatoren) für eine bestimmte Betriebsfrequenz erfolgt nach Abschn. 7.6.1 bzw. 7.6.2. Die Formeln sind jeweils in Tabellen der Übungsabschnitte zusammengestellt. Durch Umrechnen der Ersatzschaltungen in die jeweils nötige Form ergibt sich eine weitere Vereinfachung der gemischten Schaltung, soweit die Reihen- bzw. Parallelschaltungen aus Widerständen und Spulen oder aus Widerständen und Kondensatoren bestehen. Schließlich läßt sich eine resultierende Ersatzschaltung der gemischten Schaltung finden, die aus einem Wirkwiderstand und einem induktiven bzw. kapazitiven Blindwiderstand besteht.

Beispiel 7.23 In der Schaltung **7.54**a betragen $R_1 = 20\,\Omega$, $R_2 = 25\,\Omega$, $R_3 = 100\,\Omega$, $X_{L1} = 50\,\Omega$ und $X_{L2} = 40\,\Omega$. a) Für die Schaltung ist eine gleichwertige Ersatzschaltung aus einem Wirk- und Blindwiderstand zu berechnen. b) Welche Phasenverschiebung ergibt sich zwischen Klemmenspannung und Gesamtstrom?

Lösung a) Die aus R_{1r} und X_{L1r} bestehende Reihenschaltung wird in eine äquivalente Parallelschaltung umgerechnet (**7.54**b):

$$Z_1^2 = R_{1r}^2 + X_{L1r}^2 = (20\,\Omega)^2 + (50\,\Omega)^2 = 2900\,\Omega^2;$$

$$R_{1p} = \frac{Z_1^2}{R_{1r}} = \frac{2900\,\Omega^2}{20\,\Omega} = 145\,\Omega;$$

$$X_{L1p} = \frac{Z_1^2}{X_{L1r}} = \frac{2900\,\Omega^2}{50\,\Omega} = 58\,\Omega.$$

R_{1p} und R_3 werden zu R_{E1p} zusammengefaßt (**7.54**c):

$$\frac{1}{R_{1p}} + \frac{1}{R_3} = \frac{1}{R_{E1p}} = \frac{1}{145\,\Omega} + \frac{1}{100\,\Omega} = \frac{1}{59{,}184\,\Omega}.$$

Der Scheinwiderstand Z_{E1} bzw. Z_{E1}^2 ist dann

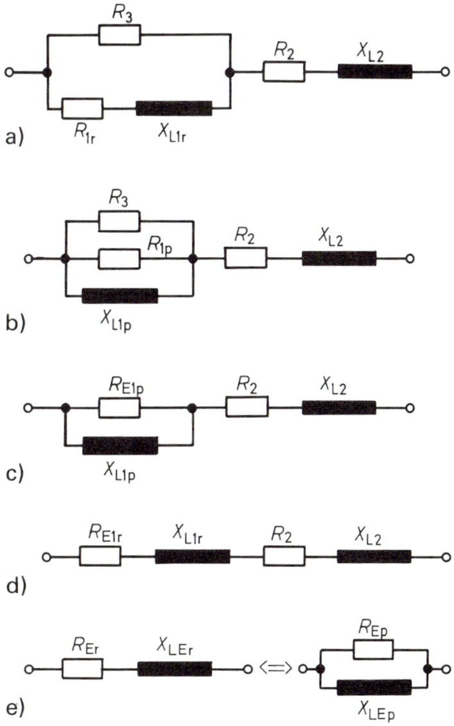

7.54 Schaltungsvereinfachung (Beispiel 7.23)

$$Z_{E1}^2 = \frac{R_{E1p}^2 \cdot X_{L1p}^2}{R_{E1p}^2 + X_{L1p}^2} \quad \Rightarrow \quad \frac{1}{Z_{E1}^2} = \frac{1}{R_{E1p}^2} + \frac{1}{X_{L1p}^2} = \frac{1}{(59{,}184\,\Omega)^2} + \frac{1}{(58\,\Omega)^2} =$$

$$\frac{1}{Z_{E1}^2} = \frac{1}{1715{,}98\,\Omega^2},$$ die äquivalente Reihenersatzschaltung (**7.54**d):

Lösung, Fortsetzung $R_{\mathrm{E1r}} = \dfrac{Z_{\mathrm{E1}}^2}{R_{\mathrm{E1p}}} = 28{,}994\,\Omega;\; X_{\mathrm{L1r}} = \dfrac{Z_{\mathrm{E1}}^2}{X_{\mathrm{L1p}}} = 29{,}586\,\Omega.$

Damit lassen sich die Ersatzwiderstände der Reihenschaltung und der äquivalenten Parallelschaltung berechnen (**7**.54e):

$$R_{\mathrm{Er}} = R_{\mathrm{E1r}} + R_2 = 28{,}994\,\Omega + 25\,\Omega = \mathbf{53{,}994\,\Omega}$$

$$X_{\mathrm{LEr}} = X_{\mathrm{L1r}} + X_{\mathrm{L2}} = 29{,}586\,\Omega + 40\,\Omega = \mathbf{69{,}586\,\Omega}$$

$$R_{\mathrm{Ep}} = \frac{Z_{\mathrm{E}}^2}{R_{\mathrm{Er}}} = \frac{R_{\mathrm{Er}}^2 + X_{\mathrm{LEr}}^2}{R_{\mathrm{Er}}} = \frac{(53{,}994\,\Omega)^2 + (69{,}586\,\Omega)^2}{53{,}994\,\Omega} = \mathbf{143{,}67\,\Omega}$$

$$X_{\mathrm{LEp}} = \frac{Z_{\mathrm{E}}^2}{X_{\mathrm{LEr}}} = \mathbf{111{,}48\,\Omega}$$

b) $\tan\varphi = \dfrac{X_{\mathrm{LEr}}}{R_{\mathrm{Er}}} = \dfrac{69{,}586\,\Omega}{53{,}994\,\Omega} = 1{,}2888 \Rightarrow \varphi = \mathbf{52{,}19^\circ}$

Blindstromkompensation. Die für Kompensationsrechnungen wichtige Wirkleistung P_{p} und Blindleistung P_{q1} erhalten wir z. B. aus der Parallelersatzschaltung des Beispiels 7.23 und der Klemmenspannung U zu $P_{\mathrm{p}} = U^2/R_{\mathrm{Ep}}$ bzw. $P_{\mathrm{q1}} = U^2/X_{\mathrm{LEp}}$. Mit dem meist vorgegebenen Leistungsfaktor $\cos\varphi_2$ nach der Kompensation lassen sich dann Blindleistung P_{q2} und bei bekannter Betriebsfrequenz auch die Kapazität der Kompensationskondensatoren berechnen.

Beispiel 7.24 Zu der gemischten Schaltung des Beispiels 7.23 ist ein Kompensationskondensator parallelzuschalten, der den Leistungsfaktor $\cos\varphi_2$ auf 0,9 verbessert. a) Wie groß sind Wirkleistung und aus dem Netz aufgenommene Blindleistung vor und nach der Kompensation bei einer Netzspannung von 220 V/50 Hz? b) Welche Blindleistung muß der Kondensator liefern, und wie groß ist seine Kapazität?

Lösung a) $P_{\mathrm{p}} = \dfrac{U^2}{R_{\mathrm{Ep}}} = \dfrac{(220\,\mathrm{V})^2}{143{,}67\,\Omega} = \mathbf{336{,}9\,W}$

$P_{\mathrm{q1}} = \dfrac{U^2}{X_{\mathrm{LEp}}} = \dfrac{(220\,\mathrm{V})^2}{111{,}48\,\Omega} = \mathbf{434{,}2\,var}$ $\quad P_{\mathrm{q2}} = P_{\mathrm{p}} \tan\varphi_2 = 336{,}9\,\mathrm{W} \cdot \tan 25{,}84^\circ = \mathbf{163{,}2\,var}$

b) $P_{\mathrm{C}} = P_{\mathrm{q1}} - P_{\mathrm{q2}} = 434{,}2\,\mathrm{var} - 163{,}2\,\mathrm{var} = \mathbf{271\,var}$

$$X_{\mathrm{C}} = \frac{1}{2\pi \cdot f \cdot C} = \frac{U^2}{P_{\mathrm{C}}} \Rightarrow C = \frac{P_{\mathrm{C}}}{2\pi \cdot f \cdot U^2} = \frac{271}{2\pi \cdot 50 \cdot 220^2}\,\mathrm{F} = \mathbf{17{,}82\,\mu F}$$

Resonanz in Schwingkreisen

Beispiel 7.25 Für einen Parallelschwingkreis nach dem Ersatzschaltbild **7**.53 mit $L_{\mathrm{r}} = 0{,}3\,\mathrm{mH}$, $R_{\mathrm{r}} = 10\,\Omega$ und $C = 300\,\mathrm{pF}$ sind zu berechnen a) Resonanzfrequenz f_{o}, b) Resonanzwiderstand Z_{o}, c) Verlustfaktor d und Kreisgüte Q, d) Resonanzstrom I_{o} bei $U = 100\,\mathrm{V}$, e) Bandbreite f_{B}, f) L_{p} der Parallelersatzschaltung, g) Grenzfrequenzen, h) der zusätzliche Parallelwiderstand, wenn die Bandbreite auf 20 kHz vergrößert werden soll.

Lösung a) Nach Gl. (7.99) ist $f_{\mathrm{o}} = \mathbf{530{,}49\,kHz}$ $\quad$ b) $Z_{\mathrm{o}} = R_{\mathrm{p}}$ und mit Gl. (7.100) $R_{\mathrm{p}} = \mathbf{100\,k\Omega}$

c) Bei verlustlosem Kondensator ist der Verlustfaktor des Kreises gleich dem Verlustfaktor der Spule, also

$d = \dfrac{R_{\mathrm{r}}}{\omega_{\mathrm{o}} L_{\mathrm{r}}} = \mathbf{0{,}01}$; $Q = \dfrac{1}{d} = \mathbf{100}$ $\quad$ d) $I_{\mathrm{o}} = \dfrac{U}{R_{\mathrm{p}}} = \mathbf{1\,mA}$ $\quad$ e) $f_{\mathrm{B}} = \dfrac{f_{\mathrm{o}}}{Q} = \mathbf{5304{,}9\,Hz}$

f) Wegen $d = 0{,}01$ kann die Näherungsformel (7.97) angewendet werden, also $L_{\mathrm{p}} \approx L_{\mathrm{r}} = \mathbf{0{,}3\,mH}$

g) Wegen der geringen Dämpfung betragen die Grenzfrequenzen mit guter Näherung $f_{\mathrm{g}} = f_{\mathrm{o}} \pm f_{\mathrm{B}}/2$. Damit wird $f_{\mathrm{g}} = \mathbf{530{,}49\,kHz \pm 2{,}652\,kHz}$.

h) Aus $Q_2 = f_{\mathrm{o}}/f_{\mathrm{B}}$ ergibt sich für die erforderliche Güte $Q_2 = 26{,}525$; aus $R_{\mathrm{p2}} = Q_2 \cdot \sqrt{\dfrac{L_{\mathrm{p}}}{C}}$ folgt $R_{\mathrm{p2}} = 26{,}525\,\mathrm{k\Omega}$ und für den Zusatzwiderstand R, der zu $R_{\mathrm{p1}} = 100\,\mathrm{k\Omega}$ parallelzuschalten ist, $R = \mathbf{37\,k\Omega}$.

Aufgaben zu Abschnitt 7.6.3

1. In der Schaltung **7**.55 betragen $R_{1p} = 150\,\Omega$, $R_2 = 25\,\Omega$, $C_p = 3{,}3\,\mu F$ und $f = 1200\,\text{Hz}$.

   a) Welchen Betrag hat der Scheinwiderstand der Schaltung?
   b) Welche Phasenverschiebung tritt zwischen Spannung und Strom auf?
   c) Welche Induktivität muß mit der Schaltung in Reihe liegen, damit $\varphi = 0$ ist?

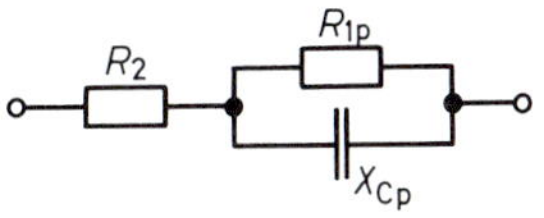

7.55 Zu Aufgabe 1

2. In der Schaltung **7**.56 betragen $R_{1p} = 120\,\Omega$, $R_2 = 20\,\Omega$, $L_p = 15\,\text{mH}$ und $f = 400\,\text{Hz}$.

   a) Welche Phasenverschiebung wird durch die Schaltung bewirkt?
   b) Wie groß ist der Scheinwiderstand der Schaltung?
   c) Welche Kapazität ist in Reihe zu schalten, damit $\varphi = 0$ wird?
   d) Welche Spannungen liegen an R_2, der Parallelschaltung aus R_{1p} und X_{Lp} und der Gesamtschaltung, wenn die Gesamtstromstärke 0,1 A beträgt?
   e) Für die Schaltung ist ein Zeigerbild mit allen Teilspannungen bzw. -strömen zu zeichnen.

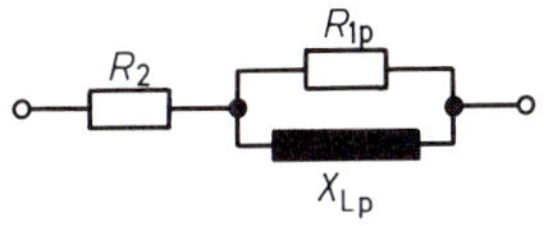

7.56 Zu Aufgabe 2

3. In der Schaltung **7**.57 betragen $R_{1r} = 40\,\Omega$, $R_2 = 50\,\Omega$, $R_3 = 250\,\Omega$, $L_{1r} = 1{,}5\,\text{H}$ und $f = 50\,\text{Hz}$.

   a) Welchen Betrag haben der Scheinwiderstand der Schaltung und die Phasenverschiebung zwischen Klemmenspannung und Strom?
   b) Welchen Betrag hat der Strom bei einer Klemmenspannung von 220 V?
   c) Welche Spannungen treten an R_2 und R_3 auf?
   d) Mit welcher Kapazität in Reihe tritt Resonanz auf?
   e) Wie groß ist dann die Stromstärke?

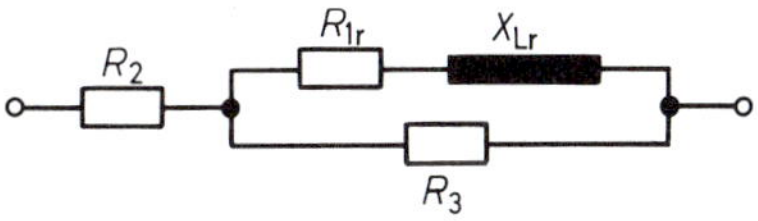

7.57 Zu Aufgabe 3

4. In Bild **7**.58 sind $R_2 = 15\,\Omega$ und $X_{C2} = 75\,\Omega$ bei der Frequenz $f = 400\,\text{Hz}$. Die Güte des verlustbehafteten Kondensators $C_1 = 3{,}3\,\mu\text{F}$ beträgt bei dieser Frequenz $Q_1 = 80$.

   a) Wie groß sind R_{1p} und C_2?
   b) Wie groß sind Wirk-, Blind- und Scheinwiderstand der Reihenersatzschaltung?
   c) Welche Beträge ergeben sich für Wirk- und Blindwiderstand der Parallelersatzschaltung?

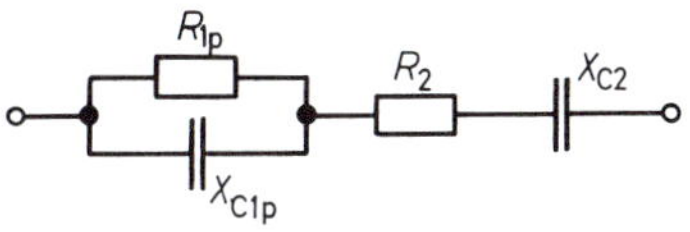

7.58 Zu Aufgabe 4

5. In Bild **7**.59 beträgt die Güte des verlustbehafteten Kondensators $C_1 = 2{,}2\,\text{nF}$ $Q_1 = 150$ bei der Frequenz 1500 Hz. Außerdem sind $R_2 = 120\,\Omega$, $C_2 = 12\,\text{nF}$, $C_3 = 2{,}2\,\text{nF}$.

   a) Wie groß sind Wirk- und Blindwiderstand der Reihen- bzw. Parallelersatzschaltung der Gesamtschaltung?
   b) Welche Phasenverschiebung tritt zwischen Klemmenspannung und Strom auf?
   c) Welche Induktivität muß mit der Schaltung in Reihe liegen, damit Resonanz eintritt?
   d) Wie groß ist im Resonanzfall die Stromstärke bei einer Klemmenspannung $U = 24$ V?

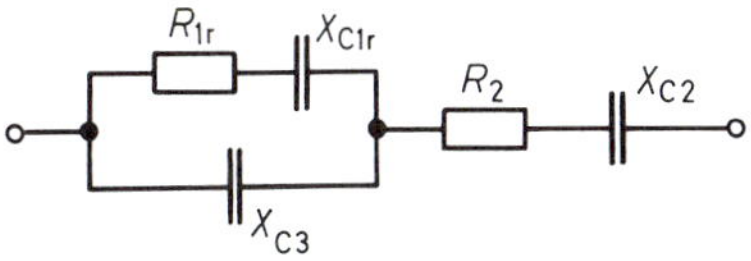

7.59 Zu Aufgabe 5

6. In Bild **7.60** hat bei der Frequenz $f = 1000\,\text{Hz}$ der verlustbehaftete Kondensator $C_{1p} = 2{,}2\,\text{nF}$ die Güte $Q = 5$, R_2 und R_3 betragen je $10\,\text{k}\Omega$.

   a) Wie groß ist der Scheinwiderstand der Schaltung, wenn $C_2 = 3{,}3\,\text{nF}$ ist?
   b) Welche Phasenverschiebung tritt zwischen Klemmenspannung und Strom auf?
   c) Welche Induktivität muß mit der Schaltung in Reihe liegen, damit Resonanz eintritt?
   d) Welche Güte und Bandbreite hat der Schwingkreis?

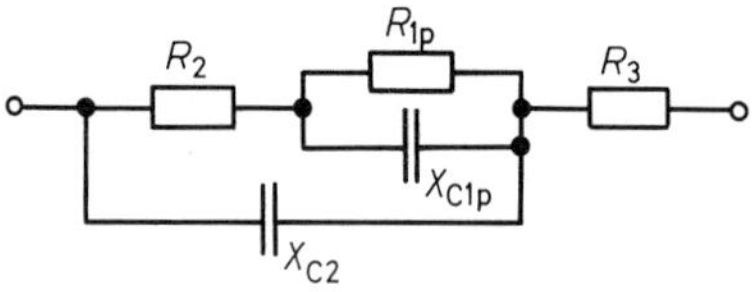

7.60 Zu Aufgabe 6

7. In der Schaltung **7.61** sind zwei gleiche Spulen Sp_1 und Sp_2 parallelgeschaltet. Der Scheinwiderstand einer Spule ist $Z = 500\,\Omega$ mit der Güte $Q = 120$ bei der Betriebsfrequenz und $L_{1r} = L_{2r} = 2\,\text{mH}$.

   a) Wie groß ist die Frequenz?
   b) Wie groß ist der Scheinwiderstand der Gesamtschaltung, wenn $R_3 = 5\,\Omega$ und $L_3 = 1{,}5\,\text{mH}$ betragen?
   c) Welche Kapazität ist parallel zur Schaltung erforderlich, damit sich die Gesamtschaltung in Resonanz befindet?

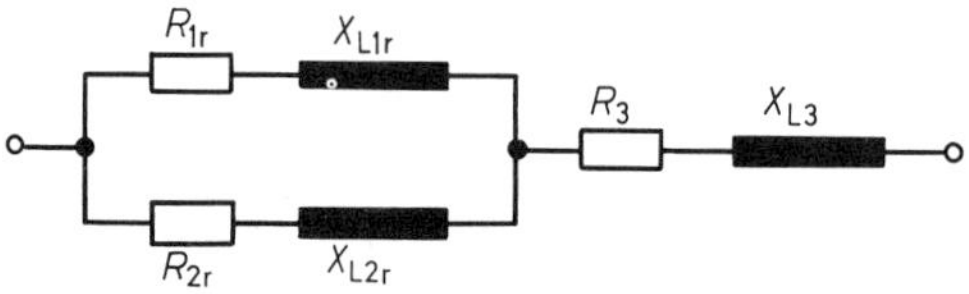

7.61 Zu Aufgabe 7

8. In der Schaltung **7.62** betragen $f = 10\,\text{kHz}$, $C = 22\,\text{nF}$, $L = 1{,}5\,\text{mH}$, $R_1 = 10\,\text{k}\Omega$, $R_2 = 10\,\Omega$.

   a) Welchen Scheinwiderstand hat der Reihenschwingkreis, und welche Phasenverschiebung tritt auf?
   b) Welche Induktivität bzw. Kapazität muß in Reihe geschaltet werden, damit Resonanz eintritt?
   c) Wie groß sind Güte und Bandbreite des Schwingkreises?

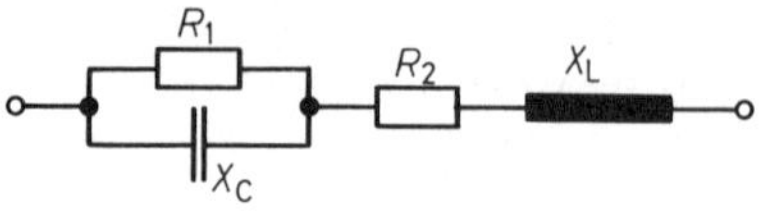

7.62 Zu Aufgabe 8

9. In Bild **7.63** betragen $f = 20\,\text{kHz}$, $L = 1\,\text{mH}$, $C = 12\,\text{nF}$, $R_2 = 5\,\text{k}\Omega$ und $R_1 = 28\,\text{k}\Omega$.

   a) Welche Induktivität bzw. Kapazität muß in Reihe geschaltet werden, damit Resonanz eintritt?
   b) Welche Güte und Bandbreite hat der Schwingkreis, wenn $R_3 = 0$ ist?
   c) Wie groß ist der Resonanzblindwiderstand X_0?
   d) Welchen Betrag muß R_3 haben, damit die Bandbreite $f_B = 1000\,\text{Hz}$ wird?

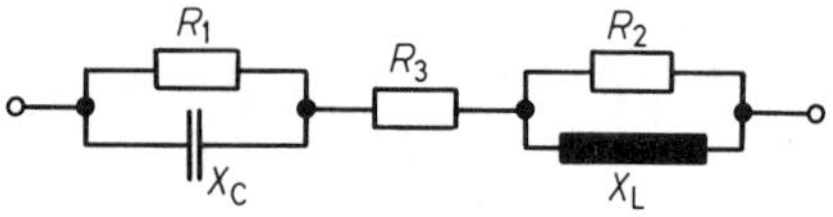

7.63 Zu Aufgabe 9

10. In Bild **7.64** betragen $R_{1r} = 10\,\Omega$, $L_r = 0{,}15\,\text{mH}$, $C = 220\,\text{pF}$.

   a) Welche Resonanzfrequenz hat der Schwingkreis?
   b) Wie groß sind R_p und L_p der Parallelersatzschaltung des Kreises?
   c) Welche Güte Q_1 und Bandbreite hat der Schwingkreis ohne R_2?
   d) Wie groß sind Resonanzwiderstand und Resonanzstrom, wenn die Klemmenspannung 24 V beträgt?
   e) Welchen Betrag muß R_2 haben, damit die Güte auf $Q_2 = 30$ herabgesetzt wird?
   f) Wie groß ist mit R_2 die Bandbreite?

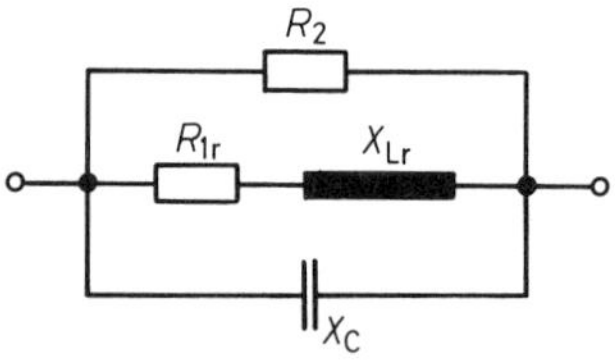

7.64 Zu Aufgabe 10

11. Ein Elektromotor mit der Nennleistung 0,8 kW und dem Wirkungsgrad $\eta = 0{,}75$ liegt an 220 V/50 Hz. Der Leistungsfaktor von $\cos\varphi_1 = 0{,}8$ soll auf $\cos\varphi_2 = 0{,}95$ verbessert werden.

a) Welche Blindleistung und Kapazität muß der Parallelkondensator haben?
b) Welchen Strom nimmt der Motor vor und nach der Kompensation aus dem Netz auf?
c) Das Leistungszeigerbild ist mit allen Teilleistungen vor und nach der Kompensation zu zeichnen.

12. Ein Wechselstrommotor liegt an 220 V/50 Hz und hat die Nennleistung 0,65 kW. Er hat einen Wirkungsgrad $\eta = 0{,}75$ und nimmt aus dem Netz den Strom $I_1 = 5{,}63$ A auf.
a) Wie groß ist der Leistungsfaktor $\cos\varphi_1$, und welche Phasenverschiebung tritt auf?
b) Auf welchen Betrag wird der Leistungsfaktor verbessert, wenn Kondensatoren mit insgesamt $C = 36\,\mu\text{F}$ parallelgeschaltet werden?
c) Wie groß sind nach der Kompensation die dem Netz entnommene Blindleistung und die Blindstromstärke?
d) Das Zeigerbild der Klemmenspannung und der Ströme vor und nach der Kompensation ist zu zeichnen.

7.6.4 Transformator mit Eisenkern

Den Aufbau des Transformators mit Eisenkern haben wir schon in Abschn. 6.2.2 kennengelernt. Nach Bild **6.**17 besteht er aus mindestens zwei Spulen, die von einem gemeinsamen magnetischen Fluß durchsetzt werden. Die von einem Sinusstrom durchflossene Primärspule erzeugt im gemeinsamen Eisenkern ein magnetisches Sinusfeld, dem auf der Sekundärseite magnetische Energie entnommen und als elektrische Energie an einen an die Sekundärklemmen angeschlossenen Verbraucher weitergeleitet wird.

Idealer Transformator. Die dabei ablaufenden physikalischen Vorgänge machen wir uns am besten am idealen Transformator klar. Das ist ein Transformator, bei dem die unvermeidlichen Energieumwandlungsverluste und die Streuung vernachlässigt werden. Wir nehmen also an, daß die Wicklungen widerstandslos sind, daß im Eisen weder Wirbelstrom- noch Ummagnetisierungsverluste auftreten und daß der magnetische Fluß stets beide Wicklungen durchsetzt und keine Neben-(Streu-)Wege nimmt.

In der Primärwicklung dieses idealen Transformators fließt der Sinusstrom I_1. Er erzeugt im Eisenkern einen sinusförmigen magnetischen Fluß Φ_{Fe}, der gerade so groß ist, daß die zugehörige induktive Spannung gleich der angelegten Spannung U_1 ist.

$$u_{\text{L1}} = N_1 \frac{\Delta\Phi_{\text{Fe}}}{\Delta t} = \hat{u}_1 \cos\omega t.$$

Da andererseits der Fluß Φ_{Fe} wie vorausgesetzt auch durch die Sekundärspule fließt, erzeugt er zugleich eine Sekundärspannung

$$u_{\text{L2}} = N_2 \frac{\Delta\Phi_{\text{Fe}}}{\Delta t} = \hat{u}_2 \cos\omega t.$$

Nach dem Induktionsgesetz verhalten sich beim idealen Transformator die Spannungen also stets wie die Windungszahlen

$$\frac{\hat{u}_1}{\hat{u}_2} = \frac{U_1}{U_2} = \frac{N_1}{N_2} = \ddot{u}.$$

Dieses Verhältnis nennt man das Übersetzungsverhältnis $\ddot{u}$ des Transformators.

Das zweite Gesetz, das die Funktionsweise des idealen Transformators bestimmt, ist das Durchflutungsgesetz: Die Durchflutungen $I_1 N_1$ und $I_2 N_2$, die durch Ströme auf Primär- und Sekundärseite entstehen, müssen zusammen die magnetische Spannung ergeben, die notwendig ist, um den Fluß Φ durch den Eisenkern zu treiben. Da wir beim idealen Transformator den magnetischen Widerstand des Kerns gleich Null setzen, sind die Durchflutungen entgegengesetzt und ergeben zusammen Null.

$$I_1 N_1 + I_2 N_2 = 0 \quad \rightarrow \quad I_1 N_1 = -I_2 N_2$$

D.h. bei Leistungsentnahme auf der Sekundärseite, also beim Strom I_2, stellt sich auf der Primärseite der Strom I_1 so ein, daß das Durchflutungsgleichgewicht gewahrt bleibt. Daraus folgt: Die Ströme verhalten sich umgekehrt wie die Windungszahlen oder wie der Kehrwert des Übersetzungsverhältnisses:

$$\frac{I_1}{I_2} = \frac{-N_2}{N_1} = \frac{-1}{ü}$$

Und in Übereinstimmung mit dem Energiesatz: Die auf der Sekundärseite abgegebene Leistung P_{S2} ist gleich der auf der Primärseite aufgenommenen P_{S1}:

$$P_{s2} = -U_2 \cdot I_2 = -U_1 \frac{N_2}{N_1} \cdot I_1 \frac{-N_1}{N_2} = U_1 \cdot I_1 = P_{s1}$$

Aufteilung der Verluste beim realen Transformator. Aus dem idealen Transformator geht der reale durch Berücksichtigung der Energieumwandlungsverluste und der Streuung hervor. Wicklungsverluste treten in der Primär- und in der Sekundärentwicklung auf. Unter Streuung versteht man, daß ein Teil des magnetischen Flusses, der von der Spule 1 erzeugt wird, nicht auch durch die Spule 2 fließt, und umgekehrt, daß ein Teil des Flusses der Spule 2 nur mit dieser verkettet ist. Deshalb kann man die Wirkwiderstände der Wicklungen und die Streublindwiderstände den einzelnen Wicklungen des Transformators zuordnen. Dies ist in Bild **7.65** durch die Innenwiderstände Z_{i1} und Z_{i2} geschehen. Nachdem so die Wicklungsverluste und die Streuung berücksichtigt sind, bleibt ein fast idealer Transformator übrig, der Eisenverluste hat (**7.65**).

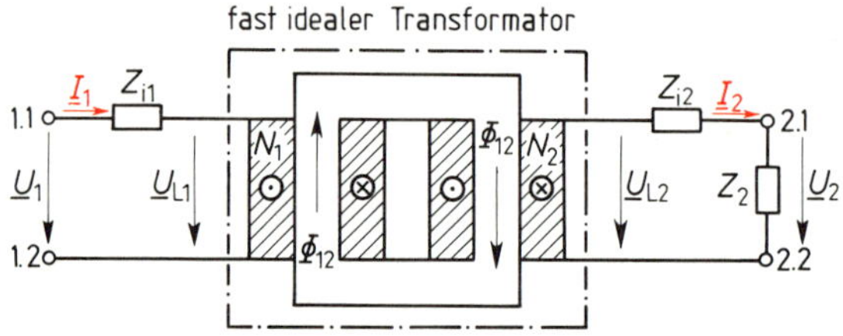

7.65
Transformator mit Eisenkern

Die Bezugspfeile für Spannungen und Ströme entsprechen dem Energiefluß. Bei gleichen Vorzeichen der Augenblickswerte von Spannung und Strom wird auf der Primärseite wegen der gleichen Richtung der Bezugspfeile die Leistung positiv (aufgenommene Leistung) und auf der Sekundärseite bei entgegengesetzter Richtung der Bezugspfeile negativ (abgegebene Leistung).

Für ein brauchbares Ersatzschaltbild müssen wir den Leistungsumsatz im Transformator in zwei Betriebszuständen erfassen, und zwar Blind- und Wirkleistung im fast idealen Transformator (bei vernachlässigbaren Streu- und Wicklungsverlusten in den Innenwiderständen Z_{i1} und Z_{i2}) sowie Blind- und Wirkleistung in den Innenwiderständen Z_{i1} und Z_{i2} (bei vernachlässigbarem Leistungsumsatz im fast idealen Transformator). Diese Voraussetzungen erfüllen genügend genau Leerlauf- und Kurzschlußversuch am realen Transformator, den wir in Zukunft kurz Transformator nennen wollen.

7.6.4.1 Transformator im Leerlauf

Legt man an die Primärklemmen 1.1 und 1.2 (**7.65**) eine sinusförmige Wechselspannung U_1 und läßt die Sekundärklemmen 2.1 und 2.2 offen, verhält sich der Transformator wie eine Spule mit Eisenkern. Ein Teil der aufgenommenen Wirkleistung wird in der Wicklung in Wärmeleistung umgesetzt und ist dem Quadrat des aufgenommenen Stroms proportional. Der restliche Teil der Wirkleistung entspricht den Wirbelstrom- und Ummagnetisierungsverlusten im Eisenkern, die im wesentlichen vom Scheitelwert der im Eisenkern auftretenden Flußdichte und damit auch vom Betrag der Selbstinduktionsspannung $u_L = u_1$ abhängen. Während jedoch eine Spule für einen bestimmten Betriebsstrom gebaut ist, ist der Transformator für eine Primärspannung ausgelegt, die durch das speisende Netz vorgegeben ist. Wegen des in diesem Fall gegenüber dem Nennstrom sehr kleinen Leerlaufstroms I_o können wir den in Z_{i1} auftretenden Spannungsabfall vernachlässigen. Wir bekommen damit für den fast idealen Transformator in Bild **7.65** das einfache Ersatzschaltbild **7.66**. Die Hauptinduktivität L_H bzw. der entsprechende Blindwiderstand X_H entsprechen dem magnetischen Feld im Eisenkern. Der Wirkwiderstand R_{Fe} steht ersatzweise für die im Eisenkern auftretenden Wärmeverluste.

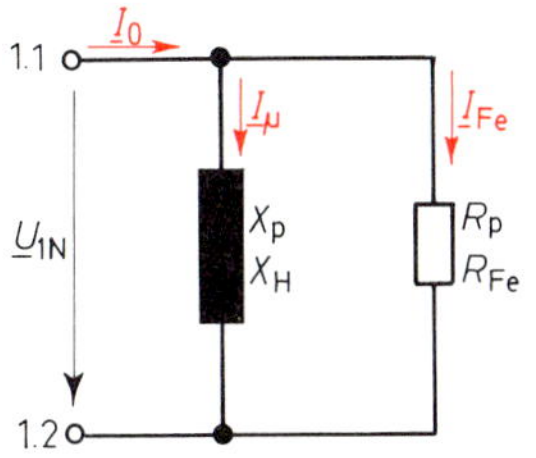

7.66 Ersatzschaltung des leerlaufenden Transformators

Leerlaufversuch, Kennwerte. Die Ersatzwiderstände X_H bzw. R_{Fe} des Ersatzschaltbilds werden aus den Meßergebnissen des Leerlaufversuchs berechnet. Gemessen werden die Nennspannung U_{1N}, bei der der Transformator betrieben wird, der aufgenommene Leerlaufstrom I_o und die Leerlaufwirkleistung P_{po}. Das Verhältnis des Leerlaufstroms I_o zum primären Nennstrom I_{1N} heißt Leerlaufstromverhältnis i_o.

$$i_o = \frac{I_o}{I_{1N}} \tag{7.101}$$

(Der Kleinbuchstabe i bedeutet hier ausnahmsweise nicht den Zeitwert eines Stroms, sondern einen Zahlenwert.) Aus der gemessenen Leerlaufwirkleistung P_{po} und der Scheinleistung $P_{so} = U_{1N} I_o = U_{1N} I_{1N} i_o$ wird der Leerlaufleistungsfaktor berechnet:

$$\cos\varphi_o = \frac{P_{po}}{P_{so}} = \frac{P_{po}}{U_{1N} \cdot I_o} = \frac{P_{po}}{U_{1N} \cdot I_{1N} \cdot i_o} \tag{7.102}$$

Die Nennscheinleistung $U_{1N} \cdot I_{1N} = P_{s1N}$ und die auf dem Leistungsschild angegebene sekundäre Scheinleistung $U_{2N} \cdot I_{2N} = P_{s2N}$ sind wichtige Kennwerte. Sie dürfen beim Betrieb des Transformators nicht überschritten werden, weil die Nennspannung U_{1N} die Eisenverluste und der Nennstrom I_{1N} die Wicklungsverluste bestimmen. Das Produkt dieser beiden Größen ist daher maßgebend für die bei Nennbetrieb des Transformators auftretende Erwärmung.

Die Ersatzwiderstände der Ersatzschaltung **7.66** ergeben sich schließlich zu

$$X_H = 2\pi \cdot f \cdot L_H = \frac{U_{1N}}{I_o \cdot \sin\varphi_o} \qquad R_{Fe} = \frac{U_{1N}}{I_o \cdot \cos\varphi_o}. \tag{7.103}$$

Die in den Ersatzwiderständen auftretenden Ströme heißen

$$\begin{aligned} &\text{Magnetisierungsstrom } I_\mu = I_o \cdot \sin\varphi_o \quad \text{und} \\ &\text{Eisenverluststrom } I_{Fe} = I_o \cdot \cos\varphi_o. \end{aligned} \tag{7.104}$$

Sie ergeben durch geometrische Addition den aufgenommenen Leerlaufstrom I_o.

Transformatorhauptgleichung. Nach dem Induktionsgesetz Gl. (7.13) gilt für die an der Hauptinduktivität liegende induktive Spannung u_L, die bei Vernachlässigung der in Z_{i1} auftretenden Spannungsabfälle auch gleich der sinusförmigen Klemmenspannung u_1 ist,

$$u_1 = u_L = \omega L_H \frac{\Delta i_\mu}{\Delta \omega t} = \omega N_1 \frac{\Delta \Phi_{Fe}}{\Delta \omega t}. \tag{7.105}$$

Bei der als sinusförmig vorausgesetzten Klemmenspannung müssen auch $\Delta\Phi_{Fe}/\Delta\omega t$ und damit ebenfalls der magnetische Fluß Φ_{Fe} sinusförmig verlaufen. Berücksichtigen wir, daß $L_H = N_1^2/R_{mFe}$ ist, wird der Magnetisierungsstrom i_μ (der in der Primärwicklung mit der Windungszahl N_1 die erforderliche Durchflutung erzeugt) nur dann sinusförmig sein, wenn der magnetische Widerstand R_{mFe} konstant ist. Das ist wegen $R_{mFe} = l_{Fe}/\mu_o \cdot \mu_r \cdot A_{Fe}$ nur bei konstanter Permeabilität des Eisenkerns der Fall, also bei linearem Verlauf der Magnetisierungskennlinie (s. Abschn. 5). Unter dieser Voraussetzung erhalten wir entsprechend Gl. (7.105)

$$u_1 = u_L = \omega L_H \cdot \hat{i}_\mu \cdot \frac{\Delta \sin\omega t}{\Delta \omega t} = \omega N_1 \hat{\Phi}_{Fe} \frac{\Delta \sin\omega t}{\Delta \omega t}$$

$$u_L = \hat{u}_L \cdot \cos\omega t. \tag{7.106}$$

Der Magnetisierungsstrom i_μ ist phasengleich mit dem ebenfalls sinusförmig verlaufenden magnetischen Fluß Φ_{Fe}. Beiden Zeigergrößen eilt die induktive Spannung u_L um 90° voraus. Nach Gl. (7.106) erhalten wir für die Scheitelwerte

$$\hat{u}_1 = \hat{u}_L = \omega N_1 \hat{\Phi}_{Fe} \qquad \text{bzw. mit} \qquad \hat{u}_1 = \sqrt{2}\, U_1$$

$$U_1 = \sqrt{2}\pi \cdot f \cdot N_1 \hat{\Phi}_{Fe} \approx 4{,}44 \cdot f \cdot N_1 \cdot A_{Fe} \cdot \hat{B}_{Fe}. \tag{7.107}$$

Gl. (7.107) heißt **Transformatorhauptgleichung**. Setzen wir voraus, daß der durch die Primärspannung bedingte magnetische Hauptfluß im Eisenkern auch die unbelastete Sekundärspule durchsetzt – wie beim idealen Transformator –, gilt weiter

$$\frac{U_1}{N_1} = \sqrt{2}\pi f \hat{\Phi}_{Fe} = \frac{U_2}{N_2} \quad \Rightarrow$$

$$\frac{U_1}{U_2} = \frac{N_1}{N_2} = \ddot{u}. \tag{7.108}$$

Bei leerlaufendem Transformator verhalten sich die Spannungen an den Wicklungen zueinander wie deren Windungszahlen.

Beispiel 7.26 Bei einem kleinen Steuertransformator beträgt die sekundäre Nennscheinleistung 180 VA. Bei Nennbelastung fließt der primäre Nennstrom $I_{1N} = 0{,}84$ A bei der primären Nennspannung $U_{1N} = 220$ V/50 Hz. Im Leerlaufversuch werden folgende Meßwerte ermittelt: $P_{po} = 4{,}8$ W, $I_o = 0{,}120$ A, $U_{2o} = 30{,}8$ V. Daraus sind zu berechnen: Leerlaufstromverhältnis i_o, primäre Nennscheinleistung P_{s1N}, Leerlauf-Leistungsfaktor $\cos\varphi_o$, Teilströme I_{Fe} und I_μ, Ersatzwiderstände R_{Fe}, X_H, Hauptinduktivität L_H, Übersetzungsverhältnis $\ddot{u}$.

Lösung

$$i_o = \frac{I_o}{I_{1N}} = \frac{I_o \cdot U_{1N}}{P_{s1N}} = \frac{0{,}120\,\text{A}}{0{,}84\,\text{A}} = 0{,}143 = \mathbf{14{,}3\%}$$

$$P_{s1N} = \frac{P_{so}}{i_o} = \frac{0{,}120\,\text{A} \cdot 220\,\text{V}}{0{,}143} = \mathbf{184{,}6\,VA}$$

Lösung,
Fortsetzung

$$\cos\varphi_o = \frac{P_{po}}{I_o U_{1N}} = \frac{4{,}8\,\text{W}}{0{,}120\,\text{A}\cdot 220\,\text{V}} = \mathbf{0{,}182} \qquad R_{Fe} = \frac{U_{1N}}{I_{Fe}} = \frac{220\,\text{V}}{0{,}0218\,\text{A}} = \mathbf{10092\,\Omega}$$

$$I_{Fe} = I_o\cos\varphi_o = 0{,}120\,\text{A}\cdot 0{,}192 = \mathbf{0{,}0218\,A} \qquad L_H = \frac{X_H}{2\pi\cdot f} = \frac{1864{,}4\,\Omega\,\text{s}}{2\pi\cdot 50} = \mathbf{5{,}93\,H}$$

$$I_o = I_o\sin\varphi_o = 0{,}120\,\text{A}\cdot 0{,}983 = \mathbf{0{,}1180\,A}$$

$$X_H = \frac{U_{1N}}{I_\mu} = \frac{220\,V}{0{,}118\,\text{A}} = \mathbf{1864{,}4\,\Omega} \qquad \ddot{u} = \frac{U_{1N}}{U_{2o}} = \frac{220\,\text{V}}{30{,}8\,\text{V}} = \mathbf{7{,}14}$$

7.6.4.2 Transformator im Kurzschluß

Von der Sekundärseite aus betrachten wir den Transformator als Generator. Zum Aufstellen des Ersatzschaltbilds als Ersatzspannungsquelle ist es erforderlich, den inneren Widerstand des Transformators bzw. inneren Spannungsabfall zu bestimmen. Das erreichen wir mit dem Kurzschlußversuch.

Kurzschlußversuch, Kennwerte. Die Klemmen der Sekundärwicklung 2.1 und 2.2 werden entsprechend Bild **7**.67 kurzgeschlossen. Dann erhöhen wir die Primärspannung so lange, bis der primärseitige Nennstrom I_{1N} fließt. Die dafür erforderliche Spannung U_k wird im allgemeinen auf die Nennspannung bezogen und als relative Kurzschlußspannung angegeben.

$$u_k = \frac{U_k}{U_{1N}} \qquad (7.109)$$

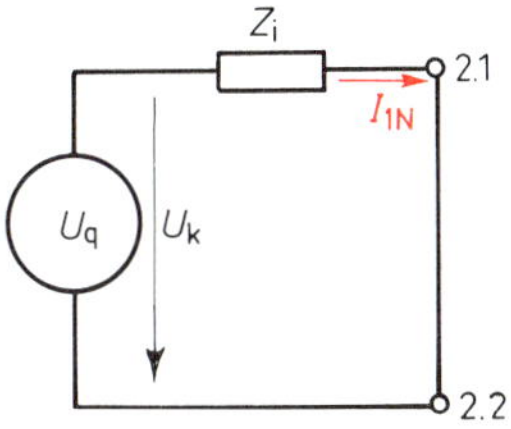

7.67 Transformator als Ersatzspannungsquelle beim Kurzschlußversuch

(Der Kleinbuchstabe u bedeutet hier nicht den Zeitwert einer Spannung.) Wie beim Leerlaufversuch werden Spannung, Stromstärke und aufgenommene Wirkleistung gemessen. Mit der Kurzschluß-Wirkleistung P_{pk} bekommen wir für den Kurzschluß-Leistungsfaktor

$$\cos\varphi_k = \frac{P_{pk}}{U_k I_{1N}} = \frac{P_{pk}}{U_{1N}\cdot I_{1N} u_k}. \qquad (7.110)$$

Die Wirkleistung entspricht den in den Wicklungen bei Nennstrom auftretenden Kupferverlusten, da wir wegen der geringen Spannung in diesem Fall die Eisenverluste vernachlässigen können. Die an der Hauptinduktivität liegende Spannung beträgt im allgemeinen nur einen geringen Bruchteil der Spannung bei Nennbetrieb, weil z. B. bei Transformatoren für die Energieübertragung die relative Kurzschlußspannung nach Gl. (7.109) nur etwa 5% betragen kann. Entsprechend gering ist dann auch die Flußdichte im Eisen.

Neben der Wirkleistung wird beim Kurzschlußversuch auch induktive Blindleistung aufgenommen. Da wir hier den Magnetisierungsstrom I_μ wegen der geringen Spannung an der Hauptinduktivität ebenfalls vernachlässigen können, muß die induktive Blindleistung durch magnetische Streufelder bedingt sein.

Streuung. Die magnetische Streuung haben wir schon in Abschn. 5.3.2 kennengelernt. Nach Gl. (5.30) können wir hier schreiben

$$\Phi_1 = \Phi_{12}(1+\sigma) = \Phi_{12} + \Phi_{1\sigma}.$$

Der von der Primärwicklung erzeugte magnetische Fluß Φ_1 setzt sich aus dem Nutzfluß Φ_{12}, der mit beiden Wicklungen verkettet ist, und dem Streufluß $\Phi_{1\sigma}$ zusammen. Der Nutzfluß Φ_{12} im

Eisenkern ergibt sich nach dem Ohmschen Gesetz des magnetischen Kreises aus der primären Durchflutung $\Theta_1 = I_1 N_1$ und dem magnetischen Widerstand R_{mFe} des Eisenkerns. Da diesem parallel stets ein magnetischer Widerstand $R_{\mathrm{m}\sigma}$entsprechend dem Feld in der Luft zu denken ist, ergibt sich der Streufaktor nach Gl. (5.31)

$$\sigma = \frac{\Phi_{1\sigma}}{\Phi_{12}} = \frac{\Theta_1 R_{\mathrm{mFe}}}{R_{\mathrm{m}\sigma}\Theta_1} = \frac{R_{\mathrm{mFe}}}{R_{\mathrm{m}\sigma}}. \tag{7.112}$$

Wir erkennen daraus, daß der Streufaktor vom magnetischen Widerstand im Eisenkern abhängt. Neben der relativen Permeabilität des Kernmaterials hat dabei vor allem ein möglicherweise vorhandener Luftspalt großen Einfluß.

Von der magnetischen Streuung wird die induktive Streuung unterschieden. Sie ist durch den räumlichen Aufbau der Wicklungen bedingt. So können z. B. die innen liegenden Windungen einer Spule einen magnetischen Fluß erzeugen, der mit den äußeren Wicklungsteilen nicht verkettet ist. Dadurch wird die Induktivität der Spule geringer, als es ohne induktive Streuung der Fall wäre. Die Gleichung $L = N^2/R_{\mathrm{m}}$ gilt also bei einer praktisch ausgeführten Spule nur bei Berücksichtigung eines Korrekturfaktors, der z. B. bei Luftspulen gleicher Windungszahl die unterschiedliche Bauform erfaßt. Auch die induktive Streuung ist um so stärker ausgeprägt, je größer der magnetische Widerstand des Eisenkerns ist.

Ersatzschaltung. Da sowohl die Wicklungsverluste als auch das magnetische Streufeld um so größer sind, je stärker die Ströme in den Wicklungen sind, ist für den kurzgeschlossenen Transformator ein Reihenersatzschaltbild nach Bild **7.**68 zweckmäßig. Nehmen wir bei gleichem Aufbau und gleichen Windungszahlen der beiden Wicklungen auch gleiche Streufelder und Wicklungsverluste an, können wir jeweils die Hälfte des ermittelten Wirkwiderstands R_{Cu} der Primär- und Sekundärwicklung zuschreiben. Entsprechend ordnen wir auch den Streublindwiderstand X_σ bzw. die entsprechende Streuinduktivität L_σ jeweils zur Hälfte den beiden Wicklungen zu. Da wir beim Kurzschlußversuch den Strom I_σ vernachlässigen können (der sich aus den in diesem Fall sehr kleinen Komponenten I_μ und I_{Fe} zusammensetzt), haben die Nennströme in den beiden gleichen Wicklungen auch den gleichen Wert. Wir erhalten entsprechend der Ersatzschaltung **7.**68 mit $I_{1\mathrm{N}} = I_{2\mathrm{N}}$ ein Spannungszeigerbild **7.**69, das als Kappsches Spannungsdreieck bezeichnet wird und den inneren Spannungsabfall des Transformators bei Nennstrom darstellt.

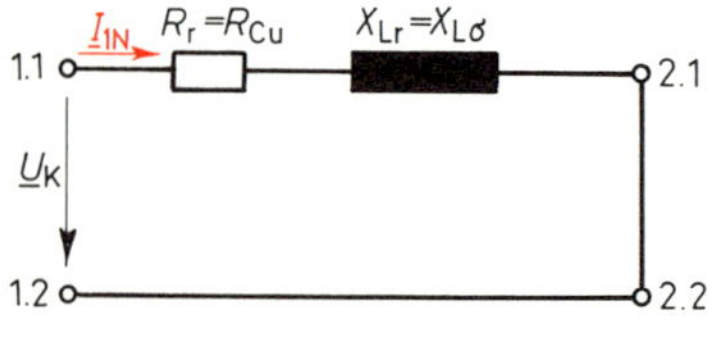

7.68 Ersatzschaltung des kurzgeschlossenen Transformators

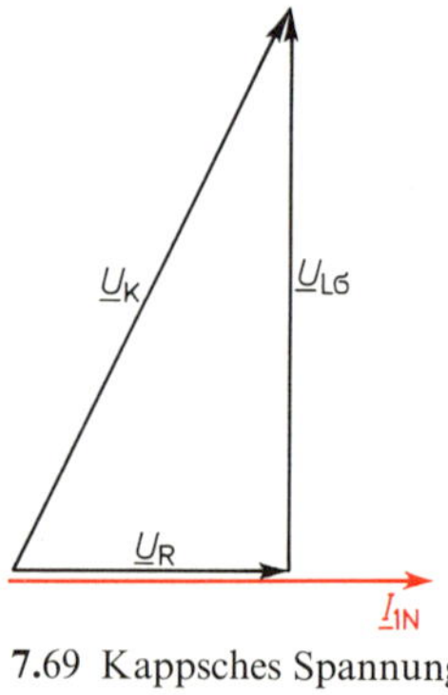

7.69 Kappsches Spannungsdreieck

Durchflutungsgleichgewicht. Bei einem streuungslosen Transformator sind die beiden Innenwiderstände Z_{i1} und Z_{i2} der Ersatzschaltung nach Bild **7.**65 reine Wirkwiderstände, und die Kurzschlußspannung U_{k} ist phasengleich mit dem Nennstrom $I_{1\mathrm{N}}$. Dies bedeutet, daß der kurzgeschlossene Transformator auch keine Blindleistung aufnimmt. Dabei vernachlässigen wir wieder den in diesem Fall sehr kleinen Magnetisierungsstrom I_μ bzw. die entsprechende Blindleistung. Weil jedoch die fließenden Nennströme sowohl in der Primär- als auch in der Sekundärwicklung Durchflutungen Θ_{1N} bzw. Θ_{2N} erzeugen, kann das resultierende magnetische Feld im Eisenkern und damit auch die entsprechende Blindleistung nur dann verschwinden, wenn in jedem Augenblick gilt:

$$\Theta_{1N} + \Theta_{2N} = 0 \quad \Rightarrow \quad i_{1N} \cdot N_1 + i_{2N} \cdot N_2 = 0 \tag{7.113}$$

Daraus folgt:

Primär- und Sekundärdurchflutung magnetisieren den Eisenkern stets gegensinnig. Abhängig vom Wicklungssinn der Spulen stellen sich Primär- und Sekundärstrom so ein, daß diese Bedingung erfüllt ist.

Ein resultierender magnetischer Fluß im Eisenkern, der durch die an der Hauptinduktivität liegende Spannung nach dem Induktionsgesetz bedingt ist, wird daher durch die Differenz der beiden Durchflutungen erzeugt. Dabei ist die Primärdurchflutung stets etwas größer als die Sekundärdurchflutung. Aus Gl. (7.113) erhalten wir für die Beträge der Durchflutungen bzw. für die Ströme

$$I_1 \cdot N_1 = I_2 \cdot N_2 \quad \Rightarrow \quad \frac{I_1}{I_2} = \frac{N_2}{N_1}. \tag{7.114}$$

Beim kurzgeschlossenen Transformator verhalten sich die Ströme in den Wicklungen umgekehrt wie deren Windungszahlen.

Beispiel 7.27 Für den Steuertransformator des Beispiels 7.26 werden im Kurzschlußversuch beim sekundären Nennstrom $I_{2N} = I_{2k} = 6\,\text{A}$ und dem primären Nennstrom $I_{1N} = 0{,}84\,\text{A}$ die Meßwerte $U_k = 26{,}5\,\text{V}$ und $P_{pk} = 22\,\text{W}$ ermittelt.

Daraus sollen bestimmt werden: Relative Kurzschlußspannung u_k, Kurzschluß-Leistungsfaktor $\cos\varphi_k$, Kurzschluß-Scheinwiderstand Z_k, Ersatzwiderstände R_{Cu} und X_σ, Übersetzungsverhältnis $ü$.

Lösung

$$u_k = \frac{U_k}{U_{1N}} = \frac{26{,}5\,\text{V}}{220\,\text{V}} = 0{,}12 = \mathbf{12\%}$$

$$\cos\varphi_k = \frac{P_{pk}}{U_k \cdot I_{1N}} = \frac{22\,\text{W}}{26{,}5\,\text{V} \cdot 0{,}84\,\text{A}} = \mathbf{0{,}988}$$

$$Z_k = \frac{U_k}{I_{1N}} = \frac{26{,}5\,\text{V}}{0{,}84\,\text{A}} = \mathbf{31{,}55\,\Omega}$$

$$R_{Cu} = Z_k \cdot \cos\varphi_k = 31{,}55\,\Omega \cdot 0{,}988 = \mathbf{31{,}2\,\Omega}$$

$$X_\sigma = Z_k \cdot \sin\varphi_k = 31{,}55\,\Omega \cdot 0{,}152 = \mathbf{4{,}8\,\Omega}$$

$$ü = \frac{N_1}{N_2} = \frac{I_{2N}}{I_{1N}} = \frac{6\,\text{A}}{0{,}84\,\text{A}} = \mathbf{7{,}14}$$

7.6.4.3 Transformator bei Belastung

Ersatzschaltung. Wird der Transformator mit seinem Nennstrom belastet, treten in den Wicklungen die gleichen Wirk- und Blindverluste (Streufeld) auf wie beim Kurzschlußversuch. Andererseits liegt bei Nennbetrieb der Transformator primärseitig an seiner Nennspannung, so daß auch der in der Hauptinduktivität auftretende Magnetisierungsstrom und der Eisenverluststrom berücksichtigt werden müssen. Wir bekommen eine brauchbare Ersatzschaltung für den Transformator, wenn wir die Ergebnisse des Leerlauf- und Kurzschlußversuchs zusammenfassen. Bild **7.70** zeigt eine Ersatzschaltung, bei der nicht der Sekundärstrom I_2 selbst als Belastungsstrom erscheint, sondern der mit dem Windungszahlverhältnis nach Gl. (7.114) auf die Primärseite umgerechnete Strom

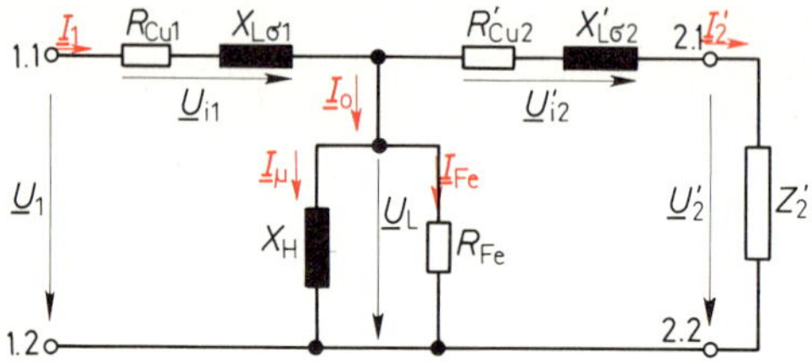

7.70 Ersatzschaltung des belasteten Transformators

I'_2. Dieser liefert mit der Windungszahl N_1 die gleiche Durchflutung wie der tatsächliche Belastungsstrom I_2 mit der Windungszahl N_2. Ebenso wird die Sekundärspannung U_2 mit Gl. (7.108) auf die Primärseite umgerechnet und als U'_2 bezeichnet. Wir erreichen dadurch, daß wir Primär- und Sekundärseite im Ersatzschaltbild galvanisch verbinden können und nicht beide Seiten durch einen idealen Transformator trennen müssen. Außerdem wird der sekundäre Belastungswiderstand Z_2 übersetzt. Wir erhalten

$$\boxed{U'_2 = U_2 \frac{N_1}{N_2}; \quad I'_2 = I_2 \frac{N_2}{N_1}; \quad Z'_2 = \frac{U'_2}{I'_2}; \quad Z'_2 = \frac{U_2}{I_2}\left(\frac{N_1}{N_2}\right)^2 = Z_2\left(\frac{N_1}{N_2}\right)^2.} \tag{7.115}$$

Dies bedeutet, daß der auf der Sekundärseite des Transformators angeschlossene Belastungswiderstand Z_2 auf der Primärseite mit dem Betrag $Z'_2 = Z_2 \cdot \ddot{u}^2$ erscheint.

Die Aufteilung der im Kurzschlußversuch ermittelten Ersatzwiderstände für die Streu- und Wirkverluste beider Wicklungen nimmt man üblicherweise zu gleichen Teilen auf Z_{i1} und Z'_{i2} vor.

Mit $\dfrac{U_k}{I_{1N}} = Z_i$ erhalten wir $R_{Cu} = Z_i \cdot \cos\varphi_k$ und $X_{L\sigma} = Z_i \cdot \sin\varphi_k$.

Und für $Z_i = Z_{i1} + Z'_{i2}$ ergeben sich mit $Z_{i1} = Z'_{i2} = \dfrac{Z_i}{2}$ schließlich

$$R_{Cu1} = R'_{Cu2} = \frac{R_{Cu}}{2} \quad \text{und} \quad X_{L\sigma1} = X'_{L\sigma2} = \frac{X_{L\sigma}}{2}. \tag{7.116}$$

Die Bezugspfeile für Spannungen und Ströme werden in das Ersatzschaltbild **7.70** so eingetragen, daß sich bei Augenblickswerten gleichen Vorzeichens auf der Primärseite eine positive (aufgenommene) Leistung, auf der Sekundärseite dagegen eine negative (abgegebene) Leistung ergeben.

Beispiel 7.28 Für das Ersatzschaltbild des Steuertransformators der Beispiele 7.26 und 7.27 sollen die im Kurzschlußversuch erhaltenen Ersatzwiderstände nach Gl. (7.116) aufgeteilt werden.

Für den Belastungsfall $I_2 = 6\,\text{A}$, $U_2 = 30\,\text{V}$ ist für Widerstandslast nach dem Ersatzschaltbild **7.70** das Zeigerbild zu zeichnen. Dabei sind für Spannungen und Ströme geeignete Maßstäbe zu wählen. Mit den ermittelten Primärgrößen ist der Wirkungsgrad des Transformators zu bestimmen.

Lösung Nach Gl. (7.116) gelten

$$R_{Cu1} = R'_{Cu2} = \frac{R_{Cu}}{2} = \frac{31{,}2\,\Omega}{2} = 15{,}6\,\Omega \qquad X_{\sigma1} = X'_{\sigma2} = \frac{X_\sigma}{2} = \frac{4{,}8\,\Omega}{2} = 2{,}4\,\Omega.$$

Damit die Sekundärgrößen U_2 und I_2 in die gleiche Größenordnung wie die Primärgrößen kommen und sich das Zeigerbild besser zeichnen läßt, werden sie auf die Primärseite umgerechnet

$$I'_2 = \frac{I_2}{\ddot{u}} = \frac{6\,\text{A}}{7{,}14} = 0{,}84\,\text{A} \qquad U'_2 = U_2 \ddot{u} = 30\,\text{V} \cdot 7{,}14 = 214{,}2\,\text{V}.$$

Lösung, Fortsetzung

Bei der Zeichnung des Zeigerbilds geht man nach Wahl geeigneter Maßstäbe für Spannungen und Ströme von den sekundärseitig gegebenen Größen aus. Mit dem Spannungsmaßstab $10\,\text{V} \mathrel{\hat{=}} 1\,\text{cm}$ und dem Strommaßstab $0{,}1\,\text{A} \mathrel{\hat{=}} 1\,\text{cm}$ erhalten wir

$$U_2' \mathrel{\hat{=}} \frac{214{,}2\,\text{Vcm}}{10\,\text{V}} = 21{,}4\,\text{cm}$$

$$I_2' \mathrel{\hat{=}} \frac{0{,}84\,\text{Acm}}{0{,}1\,\text{A}} = 8{,}4\,\text{cm}$$

$$U'_{\text{Cu}2} = I_2' R'_{\text{Cu}2} = 13{,}1\,\text{V} \mathrel{\hat{=}} \frac{13{,}1\,\text{Vcm}}{10\,\text{V}}$$

$$U'_{\text{Cu}2} = 1{,}31\,\text{cm}$$

$$U'_{\sigma 2} = I_2' X'_{\sigma 2} = 2{,}02\,\text{V} \mathrel{\hat{=}} \frac{2{,}0\,\text{Vcm}}{10\,\text{V}}$$

$$U'_{\sigma 2} = 0{,}20\,\text{cm}\,.$$

Diese Spannungen werden unter Beachtung der Phasenlage zu I_2' gezeichnet (z. B. $U'_{\sigma 2}$ um 90° voreilend). Die Spannung U_{L} an der Hauptinduktivität ergibt sich als geometrische Summe aus U_2' und $U'_{\text{i}2}$.

Der Strom I_μ eilt der Spannung U_{L} um 90° nach und wird mit $I_\mu \mathrel{\hat{=}} 0{,}118\,\text{Acm}/0{,}1\,\text{A} = 1{,}18\,\text{cm}$ gezeichnet.

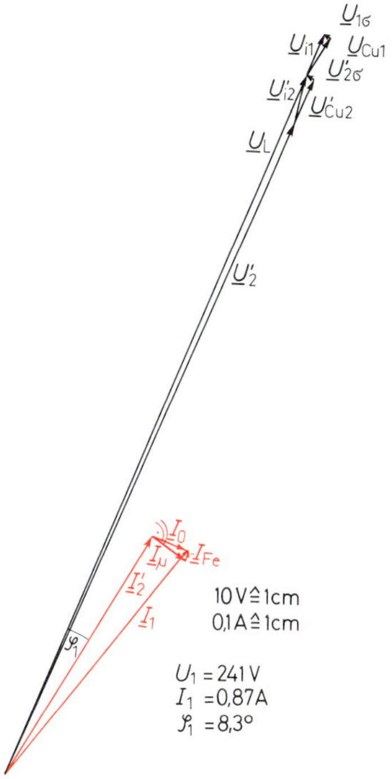

7.71 Zeigerbild zur Ersatzschaltung **7.70** bei Widerstandslast des Transformators entsprechend den Beispielen

Phasengleich mit U_{L} fließt $I_{\text{Fe}} \mathrel{\hat{=}} 0{,}0218\,\text{Acm}/0{,}1\,\text{A} = 0{,}22\,\text{cm}$. Die geometrische Summe ergibt den Leerlaufstrom $I_0 = 0{,}120\,\text{A} \mathrel{\hat{=}} 1{,}2\,\text{cm}$, der sich mit I_2' zum Primärstrom I_1 zusammensetzt.

Mit I_1 werden schließlich die Spannungen an $R_{\text{Cu}1}$ und $X_{\sigma 1}$ bestimmt. Die Spannung $U_{\text{i}1}$ ergibt zusammen mit U_{L} die Primärspannung U_1.

Das Zeigerbild **7.71** liefert eine Primärspannung von etwa 241 V und einen nacheilenden Strom I_1 von 0,87 A mit einem Phasenwinkel $\varphi_1 = 8{,}3°$. Daraus läßt sich die primäre Wirkleistung von $P_{\text{p}1} = U_1 I_1 \cos\varphi_1 = 207{,}5\,\text{W}$ berechnen. Für diesen Belastungsfall hat der Transformator damit einen Wirkungsgrad von $\eta = P_{\text{p}2}/P_{\text{p}1} = 180\,\text{W}/207{,}5\,\text{W} = 0{,}867 = 86{,}7\,\%$.

Dies ist ein für Transformatoren geringer Wirkungsgrad. Üblicherweise liegen die Wirkungsgrade von Transformatoren über 90%. Man muß für einen solchen Fall das Spannungszeigerbild zeichnen, stellt man zweckmäßig die Spannungsdreiecke $U'_{\text{Cu}2}$, $U'_{2\sigma}$, $U'_{\text{i}2}$ und $U_{\text{Cu}1}$, $U_{1\sigma}\,U_{\text{i}1}$ vergrößert dar. Dabei ist darauf zu achten, daß $U'_{\text{Cu}2}$ parallel zu I_2'. $U_{\text{Cu}1}$ parallel zu I_1 und die Streublindspannungen $U'_{2\sigma}$ und $U_{1\sigma}$ senkrecht zu den entsprechenden Strömen stehen.

Die zeichnerisch ermittelten Größen lassen sich mit Hilfe des Kosinus- und Sinussatzes auch berechnen. Darauf soll hier jedoch nicht eingegangen werden. Berücksichtigt man, daß auch die Gültigkeit des Ersatzschaltbilds und die Genauigkeit der meßtechnisch ermittelten Größen begrenzt sind, erscheint die zeichnerische Bestimmung der Primärgrößen im allgemeinen als ausreichend.

Wir haben am wichtigen Beispiel des Transformators die Entwicklung eines Ersatzschaltbilds aus meßtechnisch gewonnenen Größen erläutert. Für weitere Einzelheiten über Transformatoren müssen wir auf den Band „Elektrische Maschinen" dieser Reihe verweisen.

Aufgaben zu Abschnitt 7.6.4

1. Ein Netztransformator für 220 V/50 Hz nimmt im Leerlauf 0,3 A auf bei einer Wirkleistung $P_{po} = 18$ W.
   a) Wie groß sind Hauptinduktivität L_H, induktiver Blindwiderstand X_{LH} und Eisenverlustwiderstand R_{Fe} der Ersatzschaltung?
   b) Wie groß sind Magnetisierungsstrom I_μ und Eisenverluststrom I_{Fe}?
2. Die Primärwicklung eines Netztransformators für 220 V/50 Hz hat 600 Windungen.
   a) Welchen Querschnitt muß der Eisenkern haben, wenn eine Flußdichte von 0,85 T nicht überschritten werden soll?
   b) Welche Windungszahl muß eine Sekundärwicklung haben, wenn sie im Leerlauf die Spannung 48 V liefern soll?
3. Beim Kurzschlußversuch eines Netztransformators für 220 V wird eine relative Kurzschlußspannung von 10% gemessen. Beim primären Nennstrom von 0,2 A tritt eine Wirkleistung 1,2 W auf.
   a) Wie groß ist der Scheinwiderstand des mit Nennlast belasteten Transformators, und welche Spannung fällt entsprechend dem Ersatzschaltbild daran ab?
   b) Wie groß sind Wicklungswiderstand R_{Cu} und Streublindwiderstand X_σ für Primär- und Sekundärwicklung zusammen?
4. Der Eisenkern eines Netztransformators für 220 V/50 Hz hat den wirksamen Querschnitt $A_{Fe} = 4\,\text{cm}^2$.
   a) Welche Windungszahl ist für die Primärwicklung erforderlich, wenn die Flußdichte 1,1 T nicht überschritten werden soll?
   b) Welche Windungszahlen sind sekundärseitig bei einer Wicklung mit Anzapfungen erforderlich, wenn im Leerlauf Spannungen von etwa 12 V, 15 V, 24 V, 36 V und 48 V abgegriffen werden sollen?
5. Ein Netztransformator für 220 V/50 Hz hat eine Nennleistung von 1,2 kVA. Beim Leerlaufversuch wird eine Verlustleistung von 85 W gemessen, beim Kurzschlußversuch 34 W. Der Transformator wird mit seiner Nennleistung bei einem Leistungsfaktor von 0,8 belastet bei $\varphi_1 = \varphi_2$.
   a) Wie groß ist der aus dem Netz aufgenommene Strom?
   b) Wie groß ist der Wirkungsgrad?
   c) Wie groß ist die Blindleistung?
6. Ein Netztransformator mit der Nennleistung 2,5 kVA untersetzt die Primärspannung 800 V auf 220 V. Der Leistungsfaktor ist 0,85, der Wirkungsgrad beträgt 90% bei $\varphi_1 = \varphi_2$.
   a) Wie groß sind sekundäre Nennstromstärke und die abgegebene Wirkleistung?
   b) Welche Wirkleistung wird dem Netz entnommen?
   c) Wie groß sind primäre Scheinleistung und aufgenommener Strom?

8 Mehrphasiger Wechselstrom

8.1 Formen magnetischer Felder

Gleichfeld. Das magnetische Feld einer von Gleichstrom durchflossenen Spule heißt Gleichfeld. In einer schematisch in Bild **8.**1 dargestellten Spule mit Eisenkern können wir es ersatzweise durch einen Flußdichtevektor $\vec{B}$ darstellen, der in der Wirkungslinie der wirksamen Wicklungsfläche $\vec{A}$ der Spule liegt. Der Eisenkern ist z. B. wie in Bild **8.**1 zylindrisch und enthält die Erregerwicklung in Nuten.

Tatsächlich liegt die Wicklung nicht nur in zwei Nuten wie in Bild **8.**1, sondern z. B. in 18 Nuten wie in Bild **8.**2 über den Umfang des Eisenkerns verteilt. In diesen Nuten liegen stromdurchflossene Wicklungen, deren einzelne Flußdichtevektoren sich jedoch zu einem resultierenden Vektor $\vec{B}$ zusammensetzen. Auf Einzelheiten über Aufbau und Wicklung eines solchen V o l l p o l l ä u f e r s können wir hier nicht eingehen und verweisen auf den Band „Elektrische Maschinen" dieser Reihe.

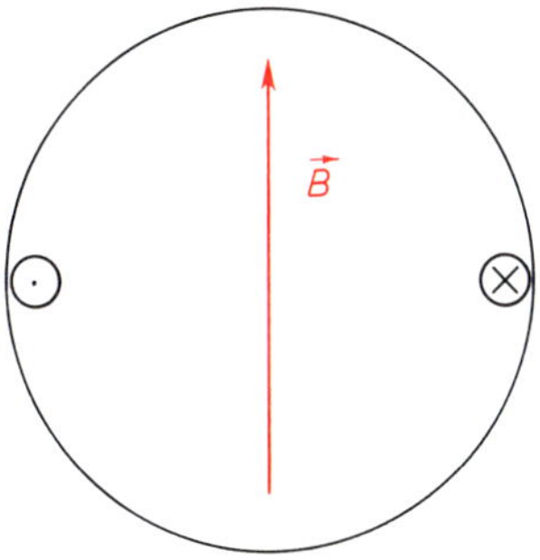

8.1 Schematisch dargestellte Spule mit Eisenkern

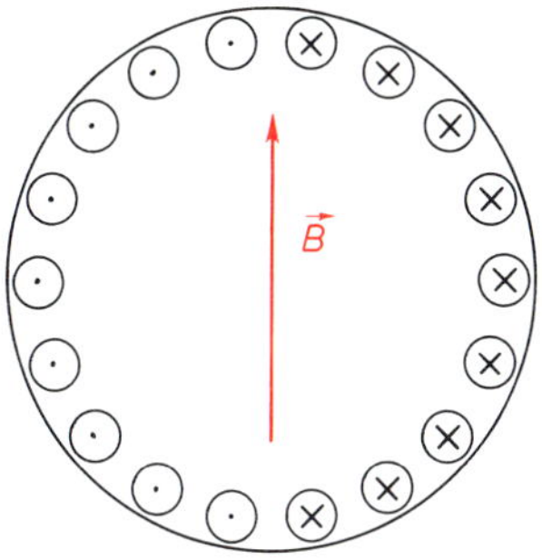

8.2 Elektromagnet mit zylindrischem Eisenkern

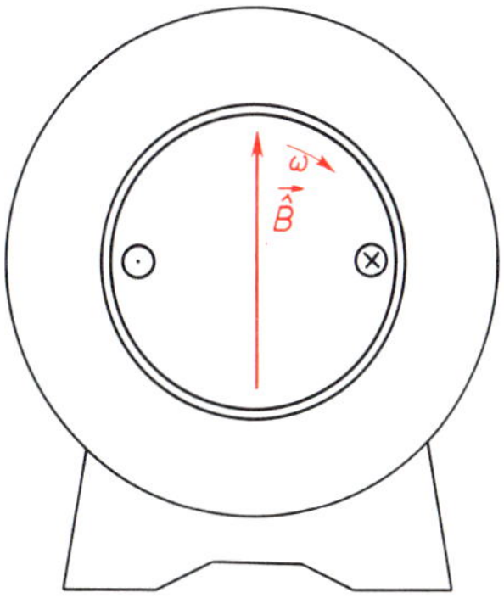

8.3 Erzeugen eines Drehfelds durch drehbaren Elektromagneten bei konstantem magnetischen Widerstand

Drehfeld. Befindet sich dieser Elektromagnet nach Bild **8.**3 als Läufer in einer Maschine, die im feststehenden Ständer ein solches Blechpaket enthält, daß sich zwischen Ständer und Läufer ein überall gleicher Luftspalt ergibt, bleibt der magnetische Widerstand des gesamten magnetischen Kreises konstant, unabhängig von der Läuferstellung. Unter dieser Voraussetzung bleibt der Betrag des Vektors $\vec{B}$ unverändert, wenn der Läufer gedreht wird. Wir erhalten ein Drehfeld mit dem Drehfeldvektor $\hat{\vec{B}}$, der sich mit der Winkelgeschwindigkeit des Läufers dreht. Von einem rechtsdrehenden Drehfeld sprechen wir, wenn z. B. Blickrichtung auf das Wellenende des Läufers und Drehbewegung des Feldvektors im Sinn von Fortschreitbewegung und Drehrichtung einer Rechtsschraube zusammenhängen (DIN 42401). In Bild **8.**3 und den folgenden Darstellungen von Drehfeldvektoren wird stets diese Blickrichtung angenommen.

Strang. Das Ständerblechpaket enthält ebenfalls eine gerade Anzahl von Nuten, die gleichmäßig über den Umfang verteilt sind, z. B. 24 wie in Bild **8.**4. In diesen Nuten liegen Wicklungsseiten von Spulen, die gruppenweise in Reihe geschaltet sind. Die Reihenschaltung von Wicklungsteilen, in denen also derselbe Strom fließt, nennt man einen Strang. So liegt der Strang U in Bild **8.**5 zwischen den Klemmen U1 und U2 in 8 gegenüberliegenden Nuten des Ständers von Bild **8.**4, die wir jedoch ersatzweise durch ein Nutenpaar mit dem resultierenden Wicklungsflächenvektor

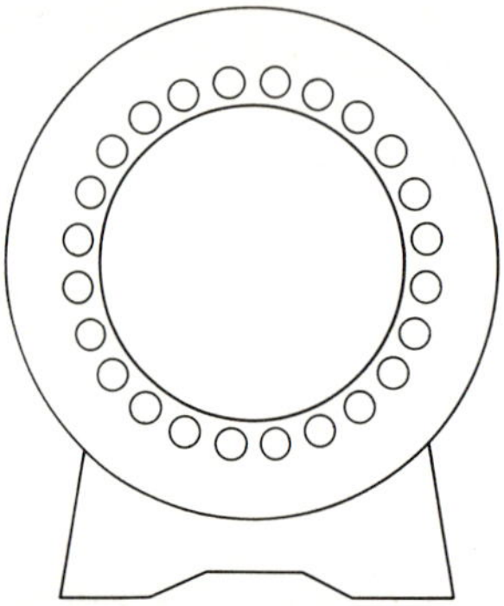

8.4 Ständer mit Nuten

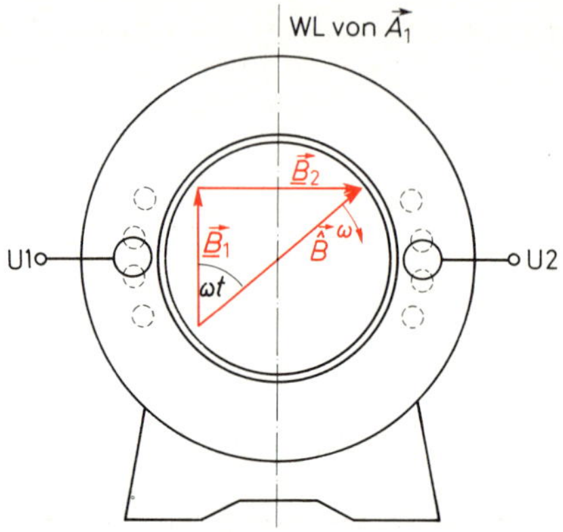

8.5 Zerlegen des Drehfelds in Wechselfelder

$\vec{A}_1$ darstellen können. Den magnetischen Fluß Φ_1 durch den Strang U mit der Windungszahl N_1 bekommen wir durch Bildung des skalaren Produkts

$$\Phi_1 = (\hat{\vec{B}} \cdot \vec{A}_1) = \hat{B} \cdot A_1 \cdot \cos\omega t, \tag{8.1}$$

wenn sich der Läufer mit der Winkelgeschwindigkeit ω dreht und $\hat{B}$ der konstante Betrag des umlaufenden Drehfeldvektors ist.

Nach dem Induktionsgesetz erhalten wir im Strang U die Wechselspannung

$$u_1 = \omega N_1 \frac{\Delta \Phi_1}{\Delta \omega t} = -\omega N_1 \cdot \hat{B} \cdot A_1 \cdot \sin\omega t = \hat{u}_1 \cdot \sin\omega t. \tag{8.2}$$

Wir stellen damit zusammenfassend fest:

> Ein Drehfeldvektor kann – wie jeder Vektor – in Komponenten zerlegt werden, deren Wirkungslinien z. B. durch die Flächenvektoren von Wicklungsflächen vorgegeben sind. Jede Komponente entspricht dann dem Feldvektor eines magnetischen Wechselfelds, das in der zugehörigen Wicklung eine Wechselspannung induziert.

In Bild **8.5** haben wir den Drehfeldvektor $\hat{\vec{B}}$ z. B. durch seine zwei Komponenten mit den Beträgen

$$|\vec{B}_1| = |\hat{\vec{B}}| \cos\omega t \qquad \text{und} \qquad |\vec{B}_2| = |\hat{\vec{B}}| \sin\omega t \tag{8.3}$$

ersetzt, deren Wirkungslinien senkrecht aufeinander stehen. Beim Bestimmen des magnetischen Flusses durch den Strang U nach Gl. (8.1) liefert nur $\underline{\vec{B}}_1$ einen Beitrag – die Komponente $\underline{\vec{B}}_2$ steht senkrecht auf $\vec{A}_1$ und bleibt unwirksam. Die Flußdichtevektoren $\underline{\vec{B}}_1$ und $\underline{\vec{B}}_2$ haben nach Gl. (8.3) einen zeitlich sinusförmigen Verlauf ihrer Beträge und sind damit Zeigergrößen. Ihre Größensymbole müssen deshalb nicht nur durch einen Vektorpfeil gekennzeichnet, sondern auch unterstrichen werden.

Bringen wir im Ständer einen weiteren Wicklungsstrang V in 8 gegenüberliegenden Nuten unter, deren resultierender Wicklungsflächenvektor $\vec{A}_2$ senkrecht auf $\vec{A}_1$ steht (**8.6**), bekommen wir durch die Wirkung von $\underline{\vec{B}}_2$ ebenfalls eine Wechselspannung. Durch Phasenverschiebung der magnetischen Flüsse ergeben sich in beiden Strängen Wechselspannungen, die die gleiche Phasenverschiebung von 90° haben.

Mehrphasensystem. Die in den verschiedenen Strängen der Ständerwicklung entstehenden Wechselspannungen gleicher Frequenz bilden zusammen ein Mehrphasensystem. Von besonderer Bedeutung sind symmetrische Mehrphasensysteme, bei denen die Scheitelwerte der Spannungen untereinander sowie die geometrischen Winkel zwischen den Flächenvektoren der Stränge bzw. die Phasenverschiebungen der induzierten Spannungen gleich sind. Der Generator in Bild **8.**6 liefert z.B. bei $N_1 A_1 = N_2 A_2$ ein Zweiphasensystem mit den Spannungen

$$u_1 = \hat{u} \cdot \sin\omega t \quad \text{und} \quad u_2 = \hat{u} \cdot \sin\left(\omega t + \frac{\pi}{2}\right). \tag{8.4}$$

8.2 Zweiphasensystem

Legen wir zwei Spannungen entsprechend Gl. (8.4) an die Ständerwicklungen einer Maschine nach Bild **8.**6, fließen in beiden Strängen Sinusströme mit dem gleichen Scheitelwert und der gleichen Phasenverschiebung von 90°. Den Läufer der Maschine denken wir uns feststehend bzw. durch einen unbeweglichen Eisenkern aus einem Blechpaket ersetzt. In den Spulenachsen $\vec{A}_1$ bzw. $\vec{A}_2$ entstehen durch die Sinusströme jeweils gleichphasige magnetische Sinusflüsse. Das Zusammenwirken dieser beiden Sinusfelder wollen wir untersuchen.

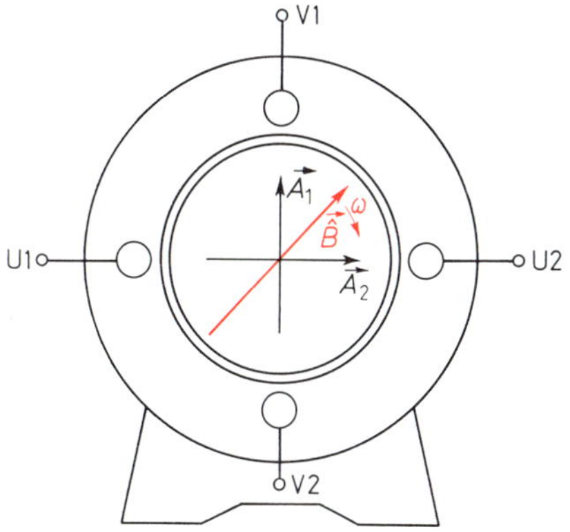

8.6 Entstehen eines unsymmetrischen Zweiphasensystems

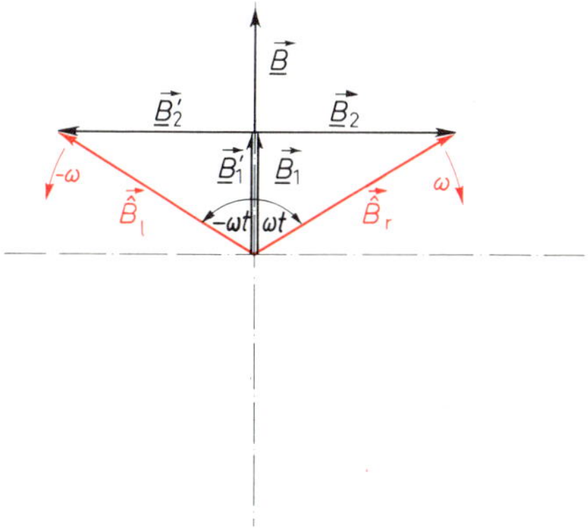

8.7 Entstehen eines Wechselfeldvektors durch zwei gegenläufige Drehfeldvektoren

Entsprechend Bild **8.**7 können wir den umlaufenden, rechtsdrehenden Drehfeldvektor $\hat{\vec{B}}_r$ in zwei magnetische Wechselfelder $\underline{\vec{B}}_1$ und $\underline{\vec{B}}_2$ zerlegen. Einen zweiten Drehfeldvektor $\hat{\vec{B}}_l$ mit gleichem Betrag und entgegengesetztem Drehsinn (linksdrehend) bei gleicher Winkelgeschwindigkeit ersetzen wir ebenfalls durch zwei Komponenten $\underline{\vec{B}}_1'$ und $\underline{\vec{B}}_2'$. Dabei liegen die Vektoren $\underline{\vec{B}}_1$ und $\underline{\vec{B}}_1'$ sowie $\underline{\vec{B}}_2$ und $\underline{\vec{B}}_2'$ in einer Wirkungslinie. Aus Bild **8.**7 erkennen wir, daß sich die Komponenten $\underline{\vec{B}}_2$ und $\underline{\vec{B}}_2'$ in ihrer Wirkung aufheben und daß sich die beiden anderen zum Wechselfeldvektor $\underline{\vec{B}}$ addieren.

Dieses Ergebnis kann man auch umkehren:

> Ein magnetisches Wechselfeld kann durch zwei gegenläufige Drehfelder mit gleicher Winkelgeschwindigkeit und gleichem Betrag ersetzt werden.

Der zeitlich konstante Betrag der beiden Drehfeldvektoren ist dabei gleich dem halben Höchstwertbetrag des resultierenden Wechselfeldvektors.

In Bild **8.**8 wird der Feldvektor $\underline{\vec{B}}_1$ aus den beiden Drehfeldvektoren $\hat{\vec{B}}_{1r}/2$ und $\hat{\vec{B}}_{1l}/2$ zusammengesetzt. Dabei bezieht sich der Index r auf den rechtsdrehenden, der Index l auf den linksdrehenden Drehfeldvektor. Für den dargestellten Zeitpunkt hat $\underline{\vec{B}}_1$ gerade seinen Höchstwert. In diesem Augenblick muß wegen der Phasenverschiebung von 90° der resultierende Feldvektor $\underline{\vec{B}}_2$ Null sein. Er ergibt sich aus den beiden gegenläufigen Drehfeldvektoren $\hat{\vec{B}}_{2r}/2$ und $\hat{\vec{B}}_{2l}/2$. Wir erkennen aus Bild **8.**8, daß sich in diesem Fall die beiden linksdrehenden Drehfeldvektoren in ihrer Wirkung aufheben und die beiden rechtsdrehenden zu einem resultierenden rechtsdrehenden Drehfeld mit dem zeitlich konstanten Betrag $\hat{\vec{B}}_r = \hat{\vec{B}}_{1r}/2 + \hat{\vec{B}}_{2r}/2$ zusammensetzen.

Bekommt der Strom in einem Strang (z.B. durch Vertauschen der beiden Anschlüsse) die entgegengesetzte Phasenlage, erhalten wir nach Bild **8.**9 ein resultierendes linksdrehendes Drehfeld, weil sich die beiden rechtsdrehenden Komponenten aufheben. Der Betrag des Drehfeldvektors ändert sich dabei nicht.

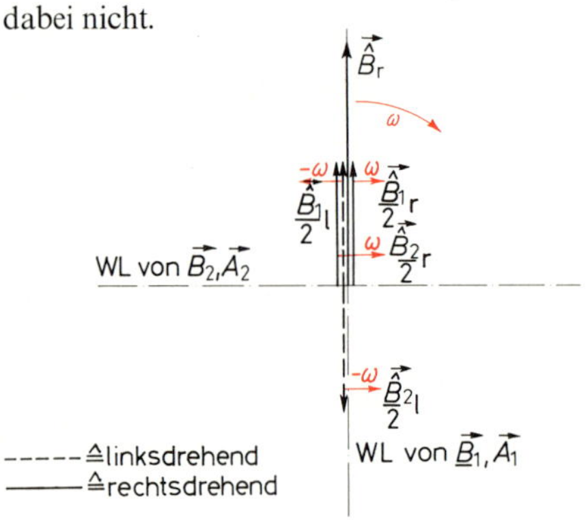

8.8 Entstehen eines rechtsdrehenden Drehfeldvektors aus zwei phasenverschobenen Wechselfeldvektoren

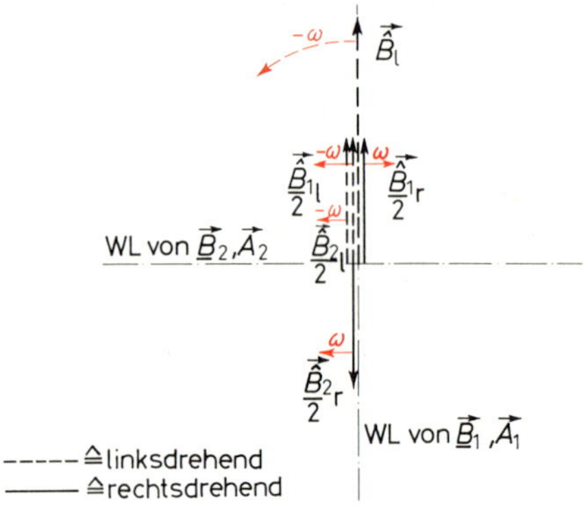

8.9 Entstehen eines linksdrehenden Drehfeldvektors aus zwei phasenverschobenen Wechselfeldvektoren

Elliptisches Drehfeld, Kreisdrehfeld. Wenn die Phasenverschiebung der Ströme in den beiden Strängen nicht dem geometrischen Winkel zwischen den beiden Wicklungsflächenvektoren $\vec{A}_1$ und $\vec{A}_2$ entspricht, ergeben sich durch die Addition der beiden linksdrehenden und der beiden rechtsdrehenden Drehfeldkomponenten der Wechselfelder zunächst zwei resultierende gegenläufige Drehfelder $\vec{B}_l$ und $\vec{B}_r$, die jedoch verschiedene Beträge haben wie in Bild **8.**10a. Diese werden weiter zu einem

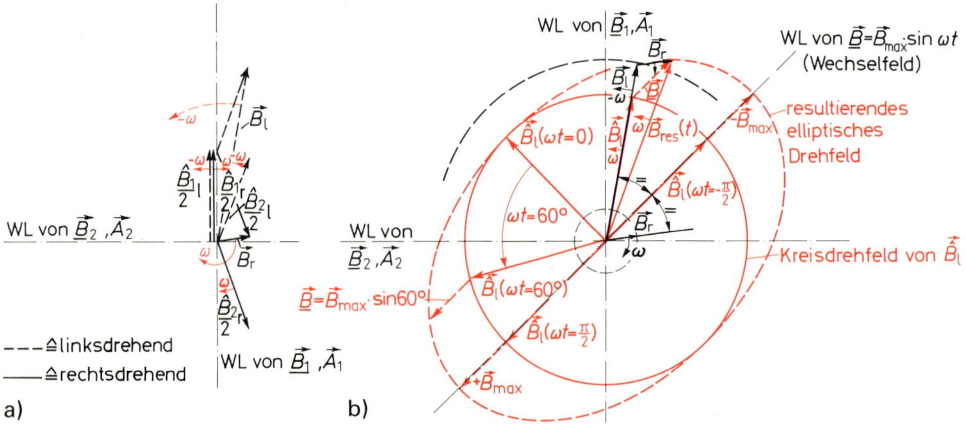

8.10 a) Entstehen gegenläufiger Drehfelder aus zwei Wechselfeldern bei $\varphi \neq \alpha$
b) Entstehen eines elliptischen Drehfelds

resultierenden Drehfeldvektor $\vec{B}_1$ mit dem Drehsinn der größeren Drehfeldkomponente und einem magnetischen Wechselfeld $\underline{\vec{B}}$ zusammengefaßt. Die Überlagerung dieser beiden magnetischen Felder bildet ein elliptisches Drehfeld (**8.**10b), während man bei fehlender Wechselfeldkomponente von einem Kreisdrehfeld spricht. Zu dem gleichen Ergebnis kommt man, wenn zwar die Phasenverschiebung beider Ströme dem Winkel zwischen den beiden Flächenvektoren entspricht, die Beträge der beiden Höchstwerte der Wechselfelder aber verschieden sind.

Die Erzeugung magnetischer Drehfelder durch Mehrphasensysteme von Wechselfeldern bzw. Wechselströmen hat z.B. deshalb große Bedeutung, weil sich auf diese Weise einfache Motoren herstellen lassen. Für Einzelheiten darüber verweisen wir auf den Band „Elektrische Maschinen" dieser Reihe. Außer für die Herstellung von Motoren kleiner Leistung haben Zweiphasensysteme auch in der Meßtechnik eine gewisse Bedeutung, etwa für das Ferraris- oder Induktionsmeßwerk, das im Wechselstromzähler zum Messen der elektrischen Arbeit verwendet wird.

8.3 Dreiphasensystem

Die technisch größte Bedeutung unter den Mehrphasensystemen hat das symmetrische Dreiphasensystem, das auch als Drehstromsystem bezeichnet wird. Es wird heute allgemein für die Übertragung elektrischer Energie zwischen Erzeuger und Verbraucher verwendet. Wir erhalten ein solches Spannungssystem, wenn wir z.B. den Ständer der Maschine in Bild **8.**11 mit drei Strängen U, V und W versehen. Die z.B. in 8 gegenüberliegenden Nuten liegenden Wicklungsteile eines Strangs stellen wir

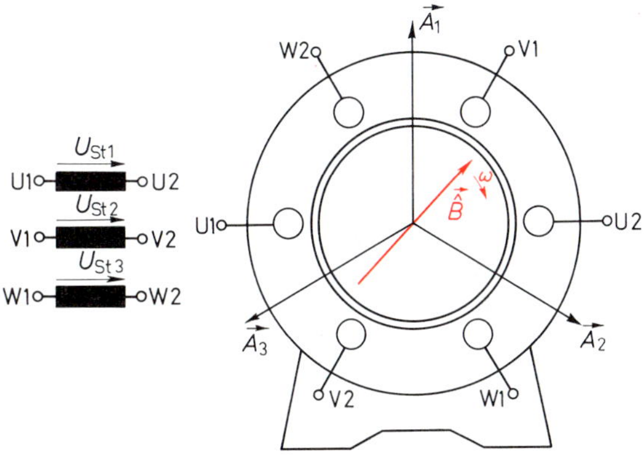

8.11
Generator mit drei symmetrisch versetzten Wicklungssträngen

wieder ersatzweise durch ein Nutenpaar dar (vgl. Bild **8.**4). Die drei Wicklungsflächenvektoren $\vec{A}_1$, $\vec{A}_2$ und $\vec{A}_3$ schließen den Winkel von $120° = 2\pi/3$ ein. Das umlaufende magnetische Drehfeld des Läufers erzeugt in den drei Strängen Wechselspannungen, die dem geometrischen Winkel zwischen den Flächenvektoren entsprechend eine gegenseitige Phasenverschiebung von 120° haben, z.B.

$$u_1 = \hat{u}_1 \cdot \sin\omega t$$

$$u_2 = \hat{u}_2 \cdot \sin\left(\omega t - \frac{2\pi}{3}\right) = \hat{u}_2 \cdot \sin(\omega t - 120°)$$

$$u_3 = \hat{u}_3 \cdot \sin\left(\omega t + \frac{2\pi}{3}\right) = \hat{u}_3 \cdot \sin(\omega t + 120°). \tag{8.5}$$

Meist werden die Wicklungen so ausgeführt, daß $\hat{u}_1 = \hat{u}_2 = \hat{u}_3 = \hat{u}$ gilt. Die Bezugspfeile der Spannungen in den drei Strängen werden üblicherweise mit Effektivwerten bezeichnet, z.B. mit $\underline{U}_{\mathrm{St}1}$, $\underline{U}_{\mathrm{St}2}$ und $\underline{U}_{\mathrm{St}3}$ in Bild **8.**11.

Verkettung. Die im Generator erzeugten Spannungen müssen über Leitungen zum Verbraucher übertragen werden. Beim offenen Drehstromsystem sind dafür sechs Leitungen erforderlich. Durch Verkettung der drei Strangspannungen läßt sich jedoch die Leitungszahl vorteilhaft verringern. Das Zeigerbild der Spannungen Bild **8.**12 zeigt, daß die Summe der drei Strangspannungen in jedem Augenblick Null ist. Dieser Sachverhalt gibt die Möglichkeit, die drei Stränge entsprechend Bild **8.**13 in Dreieckschaltung miteinander zu verbinden, ohne daß innerhalb der gebildeten Masche entsprechend der zweiten Kirchhoffschen Regel Strom fließt. Eine weitere Verkettungsmöglichkeit ist die Sternschaltung nach Bild **8.**14. Zum Übertragen der elektrischen Energie zwischen Generator und Verbraucher verwendet man vier Leitungen: die drei Außenleiter und den Mittelleiter, der vom gemeinsamen Sternpunkt des Drehstromsystems ausgeht.

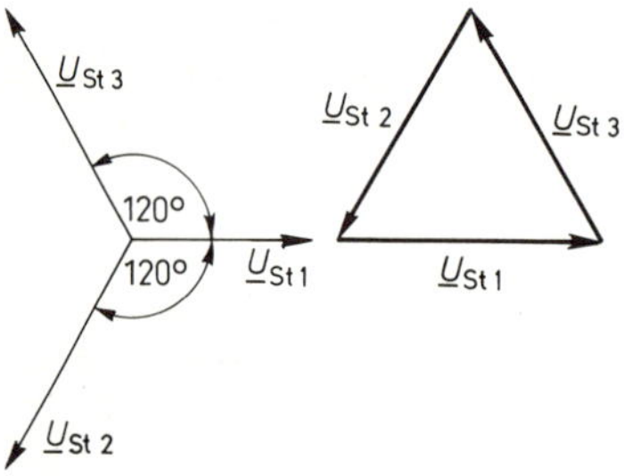

8.12 Zeigerbild der im Generator **8.**11 erzeugten Strangspannungen

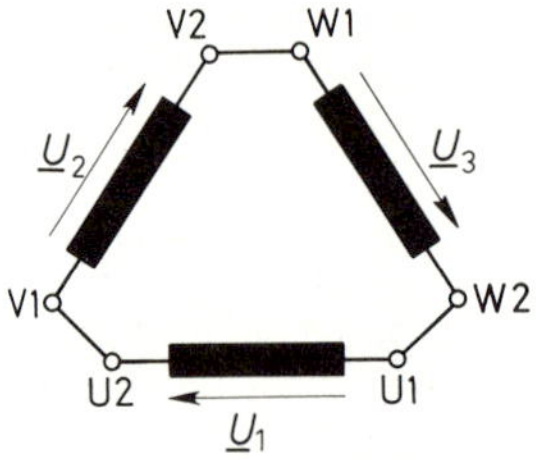

8.13 Dreieckschaltung der drei Wicklungsstränge des Generators **8.**11

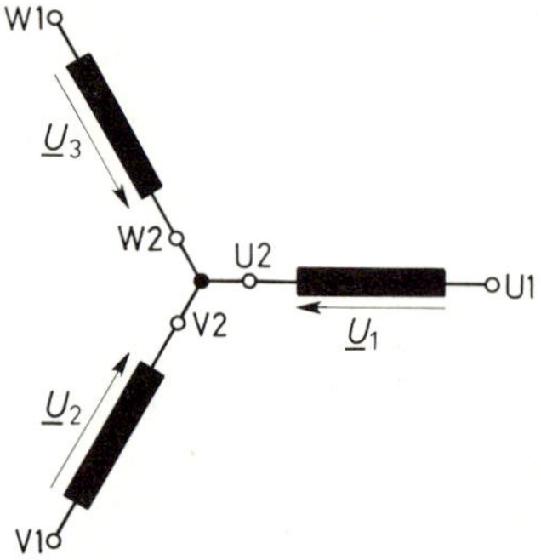

8.14 Sternschaltung der drei Wicklungsstränge des Generators **8.**11

8.3.1 Dreieckschaltung von Erzeuger und Verbraucher

Ein Drehstromgenerator, dessen drei Wicklungsstränge wie in Bild **8.**13 verkettet sind, ist in einer anderen Darstellungsweise in Bild **8.**15 z. B. der Erzeuger in einem Drehstromnetz. Seine Anschlüsse werden auf die Klemmen der drei Außenleiter L1, L2 und L3 geführt. Auf der Verbraucherseite führen die drei Außenleiteranschlüsse zu einem Drehstromverbraucher, der ebenfalls drei Stränge enthält und z. B. wie in Bild **8.**15 auch in Dreieckschaltung ausgeführt ist.

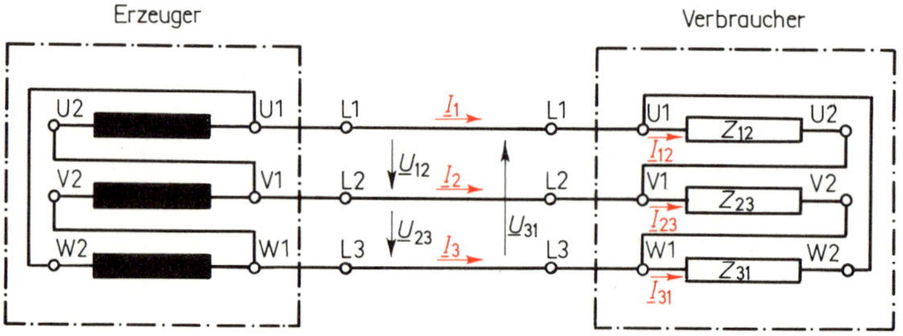

8.15 Drehstromnetz mit Dreieckschaltung von Erzeuger und Verbraucher

Bezeichnung. Die Bezugspfeile der Leiterspannungen werden zweckmäßig mit einem Doppelindex bezeichnet. Die Reihenfolge der beiden Ziffern gibt dabei die Pfeilrichtung an. Die Außenleiterströme erhalten als Index nur die Kennziffer des Leiters, während die Strangströme wieder einen Doppelindex entsprechend Bild **8.**15 erhalten, der ebenfalls dem Pfeilsinn entspricht. Bild **8.**16 zeigt die Dreieckschaltung des Verbrauchers in einer häufigen Darstellungsweise. Die Bezugspfeile für Spannungen und Ströme entsprechen denen in Bild **8.**15.

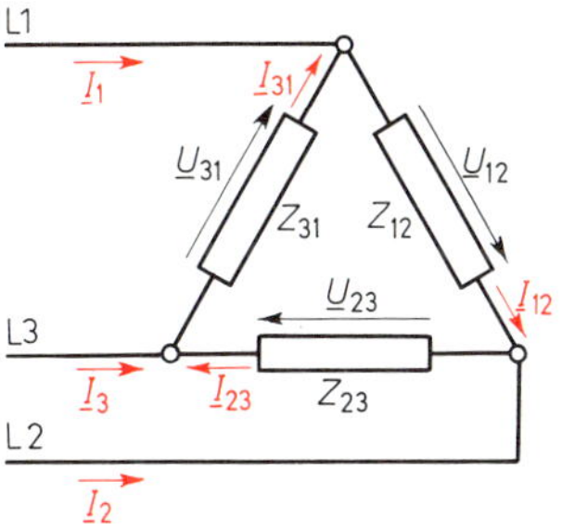

8.16 Dreieckschaltung des Verbrauchers mit Bezugspfeilen

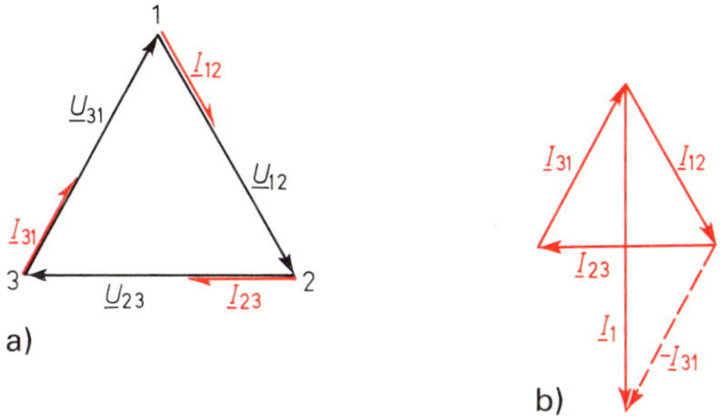

8.17 Drehzeigerbild
a) von Strangspannungen und -strömen des Verbrauchers nach Bild **8.**16 bei symmetrischer Wirkbelastung
b) von Leiterstrom und Strangströmen

Für den Verbraucher stehen in diesem symmetrischen Drehstromsystem nur die Leiterspannungen mit gleichen Effektivwerten als Strangspannungen zur Verfügung. Das Drehzeigerbild der Spannungen ist ein gleichseitiges Dreieck wie in Bild **8.**17. Es ist zweckmäßig, die Zeiger der drei Spannungen übereinstimmend mit ihren Bezugspfeilen zu bezeichnen, besonders hinsichtlich des Pfeilsinns. Dennoch muß beachtet werden, daß Bezugspfeile für den Ansatz der Kirchhoffschen Knotenpunkt- bzw. Maschengleichungen erforderlich sind, während die Zeiger Auskunft über Beträge und Phasenlage von Spannungen bzw. Strömen liefern.

Untersuchen wir nun die Dreieckschaltung bei symmetrischer und unsymmetrischer Belastung.

8.3.1.1 Symmetrische Belastung

Symmetrische Belastung liegt vor, wenn die Scheinwiderstände der drei Verbraucherstränge gleich sind.

Spannungen und Ströme. In Bild **8.**17a sind in das Zeigerbild der drei betragsgleichen Strangspannungen Stromzeiger eingezeichnet, die einer symmetrischen Belastung durch Wirkwiderstände entsprechen. In diesem Fall haben die drei Strangströme die gleiche Phasenlage wie die Spannungen und auch untereinander die gleichen Effektivwerte. Die drei Stromzeiger bilden ein gleichseitiges Dreieck (**8.**17b).

Zum Bestimmen der Außenleiterströme nach der Kirchhoffschen Knotenpunktregel entnimmt man Bild **8.**16 z.B. für den Außenleiter L1

$$\underline{I}_1 + \underline{I}_{31} - \underline{I}_{12} = 0 \quad \Rightarrow \quad \underline{I}_1 = \underline{I}_{12} + (-\underline{I}_{31}). \tag{8.6}$$

Aus dem Zeigerbild der Strangströme in Bild **8.**17 wird nach Gl. (8.6) der Zeiger des Leiterstroms $\underline{I}_1$ bestimmt.

$$I_1 = I_{12} \cos 30^\circ + I_{31} \cos 30^\circ. \tag{8.7}$$

Mit $\cos 30^\circ = \dfrac{\sqrt{3}}{2}$ ergibt sich daraus $I_1 = I_{12} \cdot \sqrt{3}$.

Da die drei Strangströme untereinander die gleichen Effektivwerte haben, ergibt sich schließlich für die Leiterströme

$$\boxed{I_1 = I_2 = I_3 = I_\mathrm{L} = I_\mathrm{St} \sqrt{3}.} \tag{8.8}$$

Bei Dreieckschaltung und symmetrischer Belastung beträgt der Leiterstrom das $\sqrt{3}$fache des Strangstroms. Die Strangspannungen sind dabei gleich den Leiterspannungen.

Leistung. Wie das Zeigerbild **8.**17b zeigt, eilt der Leiterstrom $\underline{I}_1$ dem Strangstrom $\underline{I}_{12}$ um 30° nach. Da $\underline{I}_{12}$ die gleiche Phasenlage wie $\underline{U}_{12}$ hat, besteht die gleiche Phasenverschiebung von 30° auch zwischen der Leiterspannung $\underline{U}_{12}$ und dem zugehörigen Leiterstrom $\underline{I}_1$. Daraus darf nicht geschlossen werden, daß der Verbraucher induktive Blindleistung aufnimmt. Die Leiterspannung $\underline{U}_{12}$ und der Leiterstrom $\underline{I}_1$ treten nicht am gleichen Verbraucher auf. Um die im Drehstromverbraucher umgesetzte Leistung P_D zu ermitteln, brauchen wir demnach die zusammengehörigen Strangspannungen und Strangströme. Wir erhalten z.B. für die Scheinleistungen in den Strängen

$$P_{1s} = U_{12} I_{12}, \quad P_{2s} = U_{23} I_{23}, \quad P_{3s} = U_{31} I_{31} \tag{8.9}$$

und wegen der gleichen Beträge von Strangspannungen und Strangströmen

$$\boxed{P_{1s} = P_{2s} = P_{3s} = P_{Sts}.} \tag{8.10}$$

Wegen der gleichen Phasenverschiebungen in den Strängen gilt Gl. (8.10) auch für Wirk- und Blindleistungen.

Zwischen den in den Strängen auftretenden Leistungen und der Gesamtleistung des Drehstromsystems (Summenleistung) besteht jedoch ein bemerkenswerter Unterschied, wenn wir den Verlauf der Augenblickswerte betrachten. Diesen können wir z.B. nach Abschn. 7 mit Hilfe der Funktionsgleichungen von Spannungen und Strömen berechnen. Wir bekommen bei gleicher Phasenverschiebung φ z.B. für die Strangleistungen

$$\begin{aligned} p_1 &= u_{12} \cdot i_{12} = \hat{u}_{12} \cdot \sin\omega t \cdot \hat{i}_{12} \cdot \sin(\omega t + \varphi) \\ p_2 &= u_{23} \cdot i_{23} = \hat{u}_{12} \cdot \sin(\omega t - 120^\circ)\,\hat{i}_{23} \cdot \sin(\omega t - 120^\circ + \varphi) \\ p_3 &= u_{31} \cdot i_{31} = \hat{u}_{31} \cdot \sin(\omega t + 120^\circ)\,\hat{i}_{31} \cdot \sin(\omega t + 120^\circ + \varphi) \end{aligned} \tag{8.11}$$

oder, wenn wir

$$\hat{u}_{12} = \hat{u}_{23} = \hat{u}_{31} = \sqrt{2}\,U_{St} \quad \text{und} \quad \hat{i}_{12} = \hat{i}_{23} = \hat{i}_{31} = \sqrt{2}\,I_{St} \quad \text{setzen,}$$

$$\begin{aligned} p_1 &= 2U_{St} \cdot I_{St} \cdot \sin\omega t \cdot \sin(\omega t + \varphi) \\ p_2 &= 2U_{St} \cdot I_{St} \cdot \sin(\omega t - 120^\circ) \cdot \sin(\omega t - 120^\circ + \varphi) \\ p_3 &= 2U_{St} \cdot I_{St} \cdot \sin(\omega t + 120^\circ) \cdot \sin(\omega t + 120^\circ + \varphi). \end{aligned} \tag{8.12}$$

Die weitere Berechnung der Gl. (8.12) geschieht mit Hilfe der aus der Trigonometrie bekannten Additionstheoreme der Winkelfunktionen

$$\begin{aligned} \sin(\alpha \pm \beta) &= \sin\alpha \cdot \cos\beta \pm \cos\alpha \cdot \sin\beta \\ \cos(\alpha \pm \beta) &= \cos\alpha \cdot \cos\beta \mp \sin\alpha \cdot \sin\beta \end{aligned} \tag{8.13}$$

und den schon in Abschn. 7 angewendeten Umrechnungsformeln

$$\sin^2\omega t = \frac{1}{2}(1 - \cos 2\omega t) \quad \text{und} \quad \sin\omega t \cos\omega t = \frac{1}{2}\sin 2\omega t. \tag{8.14}$$

Bilden wir die Summe der drei Strangleistungen, bekommen wir für den Augenblickswert der Drehstromleistung

$$p_D = p_1 + p_2 + p_3 = 3\,U_{St} I_{St} \cos\varphi = P_{Dp}. \tag{8.15}$$

Der Augenblickswert der übertragenen Drehstromleistung ist zeitlich konstant und gleich der dreifachen Wirkleistung in einem Strang.

Zum gleichen Ergebnis kommen wir, wenn wir die Strangleistungen symbolisch durch Zeigerbilder entsprechend Bild **7**.20 darstellen. In jedem Strang ergibt sich für die Leistung ein zeitlich konstanter Wert

$$P_p = P_{St} \cdot \cos\varphi = U_{St} \cdot I_{St} \cdot \cos\varphi \tag{8.16}$$

und ein Zeiger $\underline{P}_{St} = \underline{U}_{St} \cdot \underline{I}_{St}$, der mit der Winkelgeschwindigkeit 2ω umläuft. Wegen der symmetrischen Lage der Leistungszeiger in den drei Strängen bekommen wir für die gesamte Drehstromleistung das Zeigerbild **8**.18. Die Leistungszeiger für Schein-, Wirk- und Blindleistung bilden jeweils ein geschlossenes gleichseitiges Dreieck. Dies bedeutet, daß die Summe der Augenblickswerte der betreffenden Leistungen in den drei Strängen in jedem Zeitpunkt Null ist.

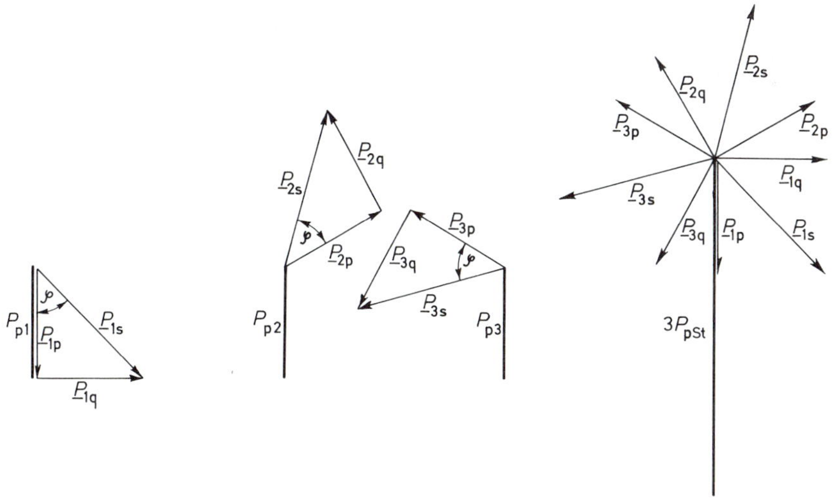

8.18 Leistungszeigerbilder der drei Strangleistungen und der Drehstromleistung

Nach diesem Sachverhalt liefern Drehstrommotoren wegen der zeitlich konstanten Wirkleistung auch zeitlich konstante Drehmomente, und zwar auch bei niedrigerer Frequenz der Strangspannungen bzw. -ströme. Die zeitliche Konstanz der übertragenen Drehstromleistung hängt zusammen mit der Umwandlung elektrischer in mechanische Energie über ein Kreisdrehfeld, das durch das Zusammenwirken der in den drei Strängen eines Motors entstehenden magnetischen Wechselfelder entsteht.

Entsprechend Gl. (8.15) bezeichnet man die Summe der hier gleichen Schein- bzw. Blindleistungen in den Strängen als Drehstromschein- bzw. Drehstromblindleistung

$$P_{Ds} = 3\,U_{St} I_{St}, \quad P_{Dq} = 3\,U_{St} I_{St} \sin\varphi.$$

Drehfeld. Der resultierende Drehfeldvektor ergibt sich nach Abschn. 8.2 durch Zerlegen jedes Flußdichtevektors in den drei Strängen in zwei gegenläufige Drehfeldvektoren, die den halben Maximalwert der Flußdichtevektoren in den Strängen haben. Dabei ist die Gleichphasigkeit der magnetischen Sinusflüsse mit den betreffenden Strangströmen zu beachten.

In dem Augenblick z. B., in dem nach Bild **8.**19 die Flußdichte $\vec{\underline{B}}_{St1}$ in Strang 1 gerade ihren Höchstwert hat, bekommen wir für die beiden Flußdichtevektoren $\vec{\underline{B}}_{St2}$ und $\vec{\underline{B}}_{St3}$ die negativen Zeitwerte $0{,}5 \cdot B_{max}$. Zu diesen Zeitwerten setzen sich die in den Wirkungslinien von $\vec{A}_1$ und $\vec{A}_3$ bzw. $\vec{A}_1$ und $\vec{A}_2$ liegenden Drehfeldvektoren entsprechend Bild **8.**20 zusammen. Die Vektorsumme der linksdrehenden Feldvektoren ist Null, während sich die rechtsdrehenden zu einem resultierenden Drehfeldvektor ergänzen, der den 1,5fachen Betrag des Höchstwerts der Flußdichtevektoren in den einzelnen Strängen hat. Auch hier läßt sich wie in Abschn. 8.2 beim Zweiphasensystem eine Umkehrung der Drehrichtung durch Vertauschen der Anschlüsse eines Strangs erreichen.

Für weitere Einzelheiten über die Wirkung von Drehfeldern in Drehstrommotoren verweisen wir auf den Band „Elektrische Maschinen".

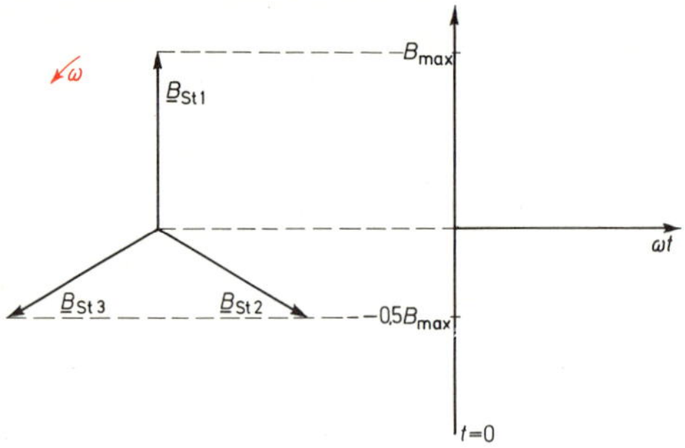

8.19 Augenblickswert der Flußdichte in den drei Strängen eines Motors bei $B_{St1} = B_{max}$

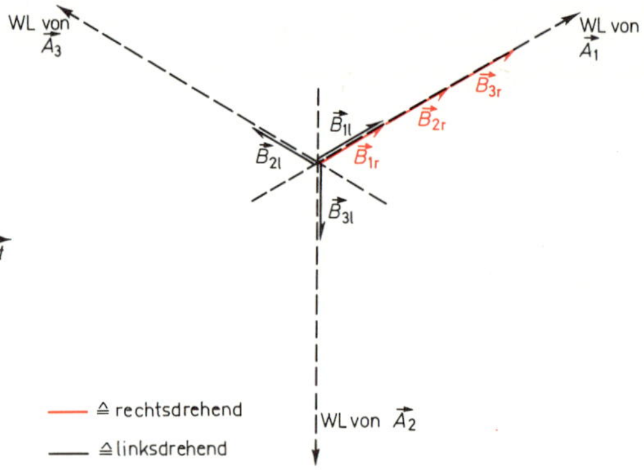

8.20 Entstehen des resultierenden Drehfeldvektors aus den Flußdichtekomponenten der Strangwechselfelder entsprechend **8.**19

8.3.1.2 Unsymmetrische Belastung

Wird das Dreileiternetz nach Bild **8.**15 mit verschiedenen Scheinwiderständen in den drei Strängen des Verbrauchers belastet, haben die Zeiger der Strangströme unterschiedliche Beträge und Phasenverschiebungen gegenüber den symmetrischen Spannungszeigern z. B. wie in Bild **8.**21 a. Mit den Bezugspfeilen der Ströme in Bild **8.**16 werden die Leiterströme nach der Kirchhoffschen Knotenpunktregel aus den Strangströmen bestimmt.

$$\begin{aligned} \underline{I}_1 &= \underline{I}_{12} - \underline{I}_{31} \\ \underline{I}_2 &= \underline{I}_{23} - \underline{I}_{12} \\ \underline{I}_3 &= \underline{I}_{31} - \underline{I}_{23} \end{aligned} \tag{8.17}$$

8.21 b ist das Zeigerbild der Ströme. Daraus und durch Addition der Gl. (8.17) erkennen wir:

> Auch bei unsymmetrischer Belastung des Dreileiternetzes ist die Summe der drei Leiterströme in jedem Augenblick Null.

Die vom Drehstromsystem übertragene Wirkleistung ergibt sich wieder als Summe der Strangleistungen, die sich entsprechend Bild **8.**21 a aus den Zeigern der Strangspannungen und -ströme ermitteln lassen, also

$$P_{\mathrm{Dp}} = U_{12} I_{12} \cdot \cos\varphi_{12} + U_{23} I_{23} \cdot \cos\varphi_{23} + U_{31} I_{31} \cdot \cos\varphi_{31}. \tag{8.18}$$

Bei unsymmetrischer Belastung hat die Angabe der Summen-Blindleistung (und damit auch der Summen-Scheinleistung) wenig Sinn, da „mittlere" Beträge für die Wirk- bzw. Blindleistungsfaktoren $\cos\varphi$ bzw. $\sin\varphi$ keine Auskunft über die wirkliche Belastung der Außenleiter liefern. Diese läßt sich nach Gl. (8.17) aus den Strangströmen berechnen, die z.B. aus Spannungen und Scheinwiderständen in den Strängen bestimmt werden.

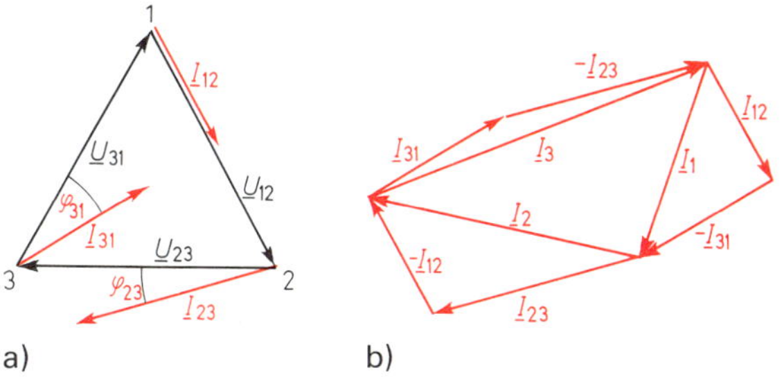

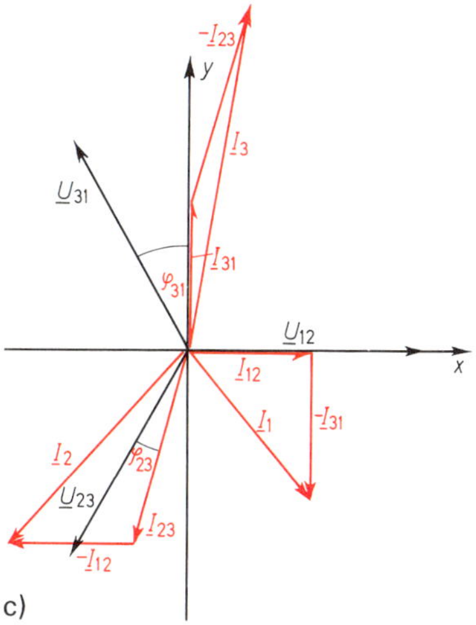

8.21 a) Zeigerbild der Strangspannungen und -ströme bei Dreieckschaltung des Verbrauchers und unsymmetrischer Belastung
b) Zeigerbild der Leiter- und Strangströme der Verbraucherschaltung
c) Berechnen der Leiterströme durch Zerlegen der Strangströme in Komponenten

Beispiel 8.1 Die Strang- bzw. Leiterspannungen in Bild **8.**21 a betragen $U_{12} = U_{23} = U_{31} = 380$ V. In den Strängen fließen die Ströme $I_{12} = 2{,}6$ A $\varphi_{12} = 0$; $I_{23} = 4{,}2$ A $\varphi_{23} = +15^\circ$ (kap.); $I_{31} = 3{,}1$ A $\varphi_{31} = -30^\circ$ (ind.). (Die Vorzeichen der Phasenverschiebungswinkel beziehen sich auf die jeweilige Strangspannung.)

Zu bestimmen sind zeichnerisch und rechnerisch die Leiterströme sowie die durch das Dreileiternetz übertragene Leistung.

Lösung **Die zeichnerische Addition** der Strangströme nach Gl. (8.17) liefert nach Bild **8.**21 b die Leiterströme $I_1 = 4$ A; $I_2 = 5{,}5$ A; $I_3 = 7{,}2$ A.

Für die rechnerische Bestimmung der Leiterströme ist es günstiger, das Spannungszeigerbild wie in Bild **8.**21 c zu zeichnen. In den gemeinsamen Anfangspunkt der Spannungszeiger wird der Nullpunkt eines rechtwinkligen Koordinatensystems gelegt, wobei ein Spannungszeiger in der positiven x-Achse liegt. Die Zeiger der Strangströme lassen sich nun leicht in ihre x- und y-Komponenten zerlegen. Dabei ist zu beachten, daß die beiden anderen Spannungszeiger mit der x-Achse Winkel von 60° bilden. Wir erhalten:

Lösung, Fortsetzung

$$I_{12x} = I_{12} \cdot \cos\varphi_{12}\,; \qquad I_{12y} = I_{12} \cdot \sin\varphi_{12}$$

$$I_{23x} = -I_{23} \cdot \cos(60^\circ + \varphi_{23})\,; \quad I_{23y} = -I_{23} \cdot \sin(60^\circ + \varphi_{23})$$

$$I_{31x} = I_{31} \cdot \cos(60^\circ - \varphi_{31})\,; \qquad I_{31y} = I_{31} \cdot \sin(60^\circ - \varphi_{31})$$

Mit den gegebenen Werten ergeben sich daraus

$$I_{12x} = 2{,}6\ \text{A} \cdot \cos 0 = 2{,}6\ \text{A}\,; \qquad I_{12y} = 0$$

$$I_{23x} = -4{,}2\ \text{A} \cdot \cos 75^\circ = -1{,}087\ \text{A}\,; \quad I_{23y} = -4{,}2\ \text{A} \cdot \sin 75^\circ = -4{,}057\ \text{A}\,;$$

$$I_{31x} = 3{,}1\ \text{A} \cdot \cos[60^\circ - (-30^\circ)] = 0\,; \quad I_{31y} = 3{,}1\ \text{A} \cdot \sin 90^\circ = 3{,}1\ \text{A}.$$

Nach Gl. (8.17) sind die Leiterströme entsprechend Bild **8.**21 c

$$I_{1x} = I_{12x} - I_{31x} = 2{,}6\ \text{A}\,; \quad I_{2y} = I_{12y} - I_{31y} = -3{,}1\ \text{A}$$

$$I_1 = \sqrt{I_{1x}^2 + I_{1y}^2} = \mathbf{4{,}046\ A}$$

$$I_{2x} = I_{23x} - I_{12x} = -1{,}087\ \text{A} - 2{,}6\ \text{A} = -3{,}687\ \text{A}; \quad I_{2y} = I_{23y} - I_{12y} = -4{,}057\ \text{A}\,;$$

$$I_2 = \sqrt{I_{2x}^2 + I_{2y}^2} = \mathbf{5{,}482\ A}$$

$$I_{3x} = I_{31x} - I_{23x} = 1{,}087\ \text{A}\,; \quad I_{3y} = I_{31y} - I_{23y} = 3{,}1\ \text{A} + 4{,}057\ \text{A} = 7{,}157\ \text{A}\,;$$

$$I_3 = \sqrt{I_{3x}^2 + I_{3y}^2} = \mathbf{7{,}239\ A.}$$

Die zeichnerische Lösung stimmt genügend genau mit den rechnerischen Ergebnissen überein. Um Vorzeichenfehler bei der rechnerischen Lösung zu vermeiden, empfiehlt es sich in jedem Fall, ein (nicht unbedingt maßstäbliches) Zeigerbild nach **8.**21 c zu zeichnen.

Die Ermittlung der übertragenen Leistung erfolgt entsprechend Gl. (8.18):

$$P_{\text{Dp}} = U_{\text{L}}(I_{12} \cdot \cos\varphi_{12} + I_{23} \cdot \cos\varphi_{23} + I_{31} \cdot \cos\varphi_{31})$$

$$P_{\text{Dp}} = 380\ \text{V}\,(2{,}6\ \text{A} + 4{,}2\ \text{A} \cdot \cos 15^\circ + 3{,}1\ \text{A} \cdot \cos 30^\circ) = 380\ \text{V} \cdot 9{,}342\ \text{A} = \mathbf{3549{,}8\ W.}$$

Die Gesamtscheinleistung ist nur ein Rechenwert und gibt keine Auskunft über die tatsächliche Strombelastung der drei Leitungen.

8.3.2 Sternschaltung von Erzeuger und Verbraucher

Erzeuger. Werden die drei Wicklungsstränge des Drehstromgenerators nach Bild **8.**14 zusammengeschaltet, entsteht die Sternschaltung. Die drei Wicklungsanfänge werden auf die Klemmen L1, L2 und L3 der drei Außenleiter geführt. Der Verbindungspunkt der drei Wicklungsenden heißt Sternpunkt. Im Vierleiternetz nach Bild **8.**22 wird er mit der Leitungsklemme N des Mittelleiters oder Neutralleiters verbunden.

Die Bezugspfeile der drei Strangspannungen $\underline{U}_1$, $\underline{U}_2$ und $\underline{U}_3$ weisen auf den gemeinsamen Sternpunkt, während die Bezugspfeile der drei Außenleiterspannungen wie auch im Dreileiternetz nach Bild **8.**15 mit Doppelindizes bezeichnet werden, die die Pfeilrichtung angeben. Die Zeiger der Spannungen werden wieder übereinstimmend mit den zugehörigen Bezugspfeilen bezeichnet. Für den Zusammenhang zwischen Außenleiterspannungen $\underline{U}_{\text{L}}$ und den Spannungen zwischen Außenleiter und Mittelleiter $\underline{U}_{\text{St}}$ gelten mit den Bezugspfeilen nach Bild **8.**22 folgende Beziehungen:

$$\boxed{\underline{U}_{12} = \underline{U}_1 - \underline{U}_2\,; \quad \underline{U}_{23} = \underline{U}_2 - \underline{U}_3\,; \quad \underline{U}_{31} = \underline{U}_3 - \underline{U}_1} \qquad (8.19)$$

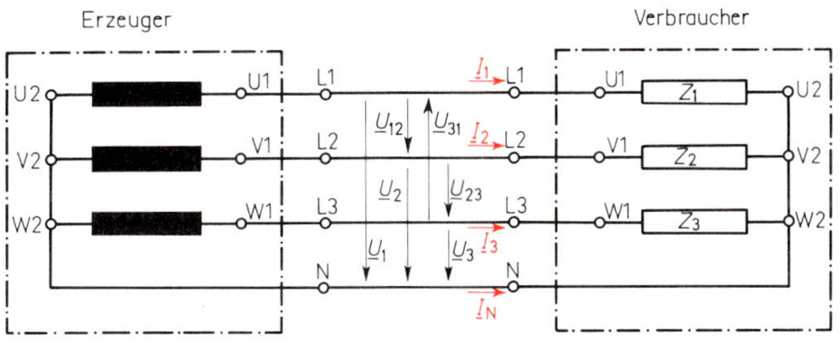

8.22 Vierleiternetz mit Sternschaltung von Erzeuger und Verbraucher

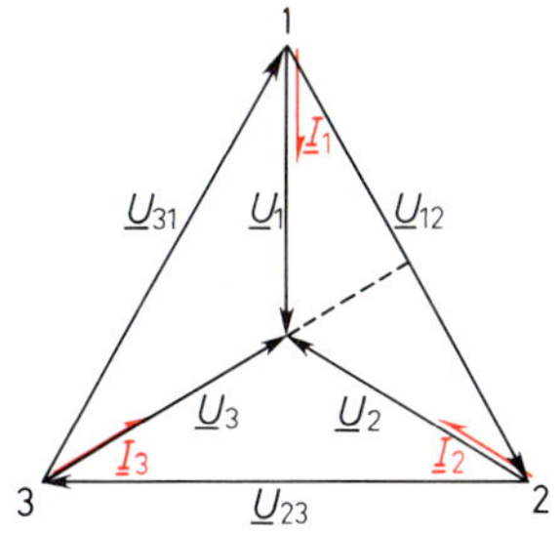

8.23 Zeigerbild der Spannungen im Vierleiternetz mit Stromzeigern für symmetrische Wirkbelastung

Mit den drei phasenverschobenen Spannungen $\underline{U}_1$, $\underline{U}_2$ und $\underline{U}_3$ bekommen wir danach das Zeigerbild der Spannungen im Vierleiternetz nach Bild **8.**23. Den Betrag einer Leiterspannung $U_L = U_{12} = U_{23} = U_{31}$ erhalten wir nach Bild **8.**23 z.B. aus

$$\frac{U_{12}}{2} = U_1 \cdot \cos 30° \quad \Rightarrow \quad U_L = 2\,U_{St} \cdot \cos 30° \tag{8.20}$$

zu

$$U_L = U_{St}\sqrt{3}. \tag{8.21}$$

Bei Sternschaltung des Erzeugers ist die Außenleiterspannung gleich dem $\sqrt{3}$-fachen der Strangspannungen.

8.3.2.1 Symmetrische Belastung

Spannung und Ströme. Bei symmetrischer Belastung durch einen Verbraucher, der in seinen drei Strängen Ströme gleichen Betrags und gleicher Phasenverschiebung zu den entsprechenden Strangspannungen führt, wird die Summe der drei um 120° phasenverschobenen Ströme in jedem Augenblick Null. Für Widerstandslast sind die Stromzeiger in das Zeigerbild **8.**23 eingezeichnet. Sie bilden ein gleichseitiges Dreieck. Da der Mittelleiter in diesem Fall keinen Strom führt, kann man auf ihn verzichten. Zur Energieübertragung vom Erzeuger zum Verbraucher genügt bei symmetrischer Last ein Dreileiternetz.

$$I_L = I_{St} \tag{8.22}$$

Die Ströme in den Außenleitern sind gleichzeitig die Strangströme.

Nach Bild **8.**23 betragen die Strangspannungen im Verbraucher

$$U_{St} = \frac{U_L}{\sqrt{3}}\,. \tag{8.23}$$

Bei Sternschaltung und symmetrischer Belastung ist der Betrag der Strangspannungen das $1/\sqrt{3}$-fache der Leiterspannungen.

Leistung. Wie das Zeigerbild **8.**23 zeigt, eilt z. B. die Spannung $\underline{U}_{31}$ dem Leiterstrom $\underline{I}_3$ um 30° vor und täuscht eine induktive Phasenverschiebung bzw. die Aufnahme induktiver Blindleistung durch den Verbraucher vor. Wie man aus Bild **8.**22 abliest, treten $\underline{U}_{31}$ und $\underline{I}_3$ nicht am gleichen Verbraucher auf. Um die im Drehstromverbraucher umgesetzte Leistung P_D zu ermitteln, werden auch hier die zusammengehörigen Strangspannungen und -ströme gebraucht. Wir erhalten z. B. für die Scheinleistungen in den Strängen

$$P_{1s} = U_1 I_1, \quad P_{2s} = U_2 I_2, \quad P_{3s} = U_3 I_3\,. \tag{8.24}$$

Wegen der gleichen Beträge von Strangspannungen und -strömen ergeben sich auch gleiche Strangleistungen. Auch hier gilt bei symmetrischer Last

$$P_{Dp} = 3 \cdot U_{St} I_{St} \cdot \cos\varphi. \tag{8.15}$$

Bei symmetrischer Sternschaltung des Verbrauchers ist die gesamte aufgenommene Schein-, Wirk- oder Blindleistung gleich dem dreifachen der entsprechenden Strangleistung.

Für die Summe der Leistungszeiger gilt auch hier das in Abschn. 8.3.1.1 Gesagte. Scheinleistung $P_{Ds} = 3\,U_{St} I_{St}$ und Blindleistung $P_{Dq} = 3\,U_{St} I_{St} \sin\varphi$ sind Rechenwerte.

8.3.2.2 Unsymmetrische Belastung

Vierleiternetz. Sind im Vierleiternetz nach Bild **8.**22 die Scheinwiderstände der drei Verbraucherstränge Z_1, Z_2 und Z_3 verschieden, erhalten wir auch unterschiedliche Beträge bzw. Phasenlagen der Strangströme. Nach der Knotenpunktregel ergibt sich mit den Bezugspfeilen von Bild **8.**22

$$\underline{I}_1 + \underline{I}_2 + \underline{I}_3 + \underline{I}_N = 0. \tag{8.25}$$

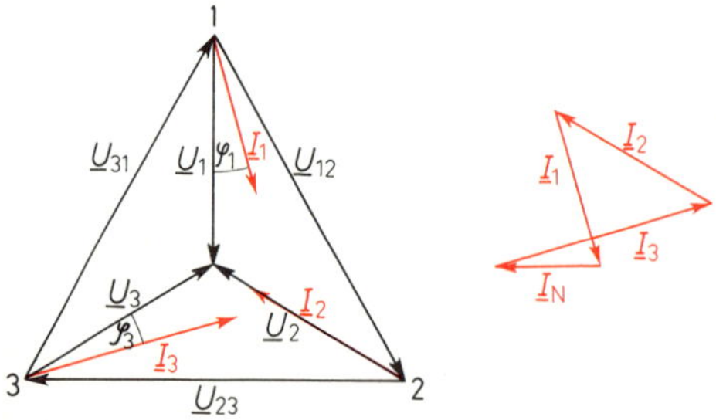

8.24 Zeigerbild der Sternschaltung im Vierleiternetz bei unsymmetrischer Belastung. Zeichnerische Bestimmung des Stroms im Mittelleiter

Im Zeigerbild **8.**24 entsteht dementsprechend mit dem Zeiger des Mittelleiterstroms $\underline{I}_N$ ein geschlossenes Viereck, wobei die Pfeile den gleichen Umlaufsinn haben. Legt man den Bezugspfeil von $\underline{I}_N$ im entgegengesetzten Sinn wie in Bild **8.**22 fest, ergibt sich die Knotenpunktgleichung

$$\underline{I}_1 + \underline{I}_2 + \underline{I}_3 = \underline{I}_N\,. \tag{8.26}$$

Der Mittelleiterstrom $\underline{I}_N$ ist nun gleich der Zeigersumme der drei Leitungs- bzw. Strangströme. Die nach Gl. (8.25) und (8.26) ermittelten Ströme $\underline{I}_N$ unterscheiden sich nur durch das Vorzeichen.

Das Vierleiternetz hat den großen Vorteil, daß auch bei unterschiedlichen Strangscheinwiderständen des Verbrauchers die Beträge der Strangspannungen die gleichen bleiben wie bei symmetrischer Belastung. Deshalb wird es überwiegend zur Energieverteilung in Niederspannungsnetzen verwendet mit einer Leiterspannung von 380 V bzw. der Strangspannung von 220 V bei der Netzfrequenz 50 Hz.

Die Strangströme werden mit den symmetrischen Strangspannungen und den Scheinwiderständen der Stränge berechnet bzw. mit den bekannten Verbraucherleistungen.

Beispiel 8.2 Ein Drehstrom-Vierleiternetz 380/220 V, 50 Hz speist entsprechend Bild **8.**22 folgende Einphasenverbraucher

an	L1/N	$Z_1 = 27{,}5\,\Omega$	$\varphi_1 = 0$	
an	L2/N	$Z_2 = 22\,\Omega$	$\varphi = +45^\circ$	kap.
an	L3/N	$Z_3 = 18\,\Omega$	$\varphi_3 = -60^\circ$	ind.

Zu berechnen sind die Wirk- und Blindleistungen in den Strängen, die zu übertragende Gesamtleistung, die Ströme in den Strängen und im Mittelleiter. Der Mittelleiterstrom ist zeichnerisch und rechnerisch zu bestimmen.

Lösung

$$P_{p1} = \frac{U_1^2}{Z_1}\cos\varphi_1 = \frac{(220\text{ V})^2}{27{,}5\,\Omega}\cos 0^\circ = \mathbf{1760\ W}$$

$$P_{p2} = \frac{U_2^2}{Z_2}\cos\varphi_2 = \frac{(220\text{ V})^2}{22\,\Omega}\cos 45^\circ = \mathbf{1555{,}6\ W}$$

$$P_{p3} = \frac{U_3^2}{Z_3}\cos\varphi_3 = \frac{(220\text{ V})^2}{18\,\Omega}\cos(-60^\circ) = \mathbf{1344{,}4\ W}$$

$$P_{q1} = \frac{U_1^2}{Z_1}\sin\varphi_1 = \mathbf{0}$$

$$P_{q2} = -\frac{U_2^2}{Z_2}\sin\varphi_2 = -\frac{(220\text{ V})^2}{22\,\Omega}\sin 45^\circ = \mathbf{-1555{,}6\ var\ kap.}$$

$$P_{q3} = +\frac{U_3^2}{Z_3}\sin\varphi_3 = +\frac{(220\text{ V})^2}{18\,\Omega}\sin 60^\circ = \mathbf{+2328{,}6\ var\ ind.}$$

$$P_{Dp} = \sum P_{Stp} = 1760\text{ W} + 1555{,}6\text{ W} + 1344{,}4\text{ W} = \mathbf{4660\ W}$$

Die Strangströme sind

$$\underline{I}_1 = \frac{U_1}{Z_1} = \frac{220\text{ V}}{27{,}5\,\Omega} = \mathbf{8\ A} \qquad \varphi_1 = 0$$

$$\underline{I}_2 = \frac{U_2}{Z_2} = \frac{220\text{ V}}{22\,\Omega} = \mathbf{10\ A} \qquad \varphi_2 = +45^\circ \text{ kap.}$$

$$\underline{I}_3 = \frac{U_3}{Z_3} = \frac{220\text{ V}}{18\,\Omega} = \mathbf{12{,}22\ A} \qquad \varphi_3 = -60^\circ \text{ ind.}$$

Die Vorzeichen der Phasenverschiebungswinkel beziehen sich auf die jeweilige Strangspannung. Die Zeiger der Strangströme werden im Strommaßstab entsprechend Bild **8.**25 in das Zeigerbild der Strangspannungen eingezeichnet. Dabei sind die Spannungszeiger gegenüber Bild **8.**24 jeweils in ihrer Pfeilrichtung verschoben, daß ihre Anfänge zusammenfallen. Die Stromzeiger werden zunächst ihrer Phasenlage entsprechend ebenfalls von diesem Punkt aus in das Zeigerbild eingetragen. Nach Gl. (8.26) erhalten wir den Zeiger des Mittelleiterstroms als Zeigersumme der drei Strangströme. Es ergibt sich

Lösung, Fortsetzung

$|\underline{I}_N| = \mathbf{16{,}8\ A}$.

Zum Berechnen des Mittelleiterstroms legen wir in Bild **8**.25 den Nullpunkt eines rechtwinkligen Koordinatensystems in den Anfangspunkt der Zeiger der Strangspannungen und -ströme. Dabei fällt die positive x-Achse mit dem Spannungszeiger $\underline{U}_1$ zusammen. Die Zeiger der Strangströme werden in ihre x- und y-Komponenten zerlegt und diese unter Beachtung der Vorzeichen jeweils zusammengefaßt. Um Vorzeichenfehler beim Berechnen der Komponenten zu vermeiden, legt man zweckmäßig ein (nicht unbedingt maßstäbliches) Zeigerbild zugrunde. Es ergeben sich die Komponenten

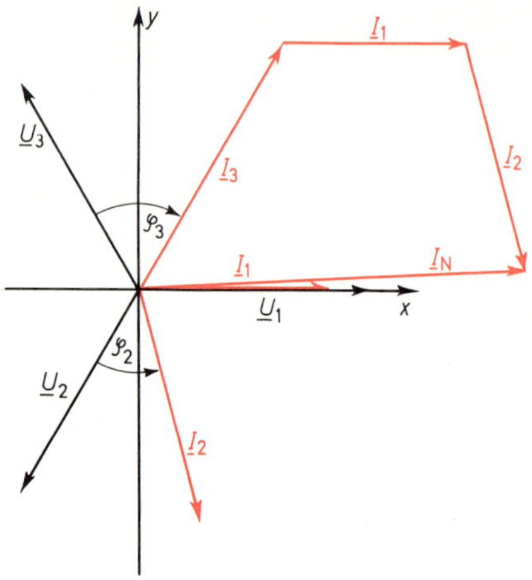

8.25 Berechnen des Stroms im Mittelleiter durch Zerlegen der Leiterströme in Komponenten

$$I_{1x} = I_1 \cdot \cos\varphi_1 = 8\ \text{A} \cdot \cos 0^\circ = 8\ \text{A}$$
$$I_{2x} = I_2 \cdot \cos(-120^\circ + \varphi_2) = 10\ \text{A} \cdot \cos(-75^\circ) = 2{,}588\ \text{A}$$
$$I_{3x} = I_3 \cdot \cos(120^\circ + \varphi_3) = 12{,}22\ \text{A} \cdot \cos 60^\circ = 6{,}11\ \text{A}.$$

Bild **8**.25 zeigt, daß die x-Komponenten positiv zu rechnen sind, also:

$$I_{Nx} = \sum I_{Stx} = 8\ \text{A} + 2{,}588\ \text{A} + 6{,}11\ \text{A} = 16{,}698\ \text{A}$$
$$I_{1y} = I_1 \cdot \sin\varphi_1 = 8\ \text{A} \cdot \sin 0^\circ = 0$$
$$I_{2y} = I_2 \cdot \sin(-120^\circ + \varphi_2) = 10\ \text{A} \cdot \sin(-75^\circ) = -9{,}695\ \text{A}$$
$$I_{3y} = I_3 \cdot \sin(120^\circ + \varphi_3) = 12{,}22\ \text{A} \cdot \sin 60^\circ = 10{,}583\ \text{A}.$$

Nach Bild **8**.25 werden I_{2y} negativ und I_{3y} positiv gerechnet.

$$I_{Ny} = \sum I_{Sty} = 10{,}583\ \text{A} - 9{,}659\ \text{A} = 0{,}924\ \text{A}$$

Damit ergibt sich schließlich $I_N = \sqrt{I_{Nx}^2 + I_{Ny}^2} = \mathbf{16{,}72\ A}$.

Dreileiternetz. Bei einer Sternschaltung mit unterschiedlichen Scheinwiderständen in den drei Strängen und fehlendem Mittelleiter muß wie bei der Dreieckschaltung die Bedingung

$$\boxed{\underline{I}_1 + \underline{I}_2 + \underline{I}_3 = 0} \qquad (8.27)$$

erfüllt sein. Die Summe der drei Leiterströme ist in jedem Augenblick gleich Null. Nur bei Multiplikation der Strangströme in Gl. (8.27) mit dem in Betrag und Phase gleichen Scheinwiderständen $Z_1 = Z_2 = Z_3 = Z$ erhalten wir auch für die Strangspannungen die Zeigersumme Null. Bei unsymmetrischer Belastung ist das demnach nicht der Fall. Zwischen dem Verbraucher-Sternpunkt N′ und dem Sternpunkt des Erzeugers N entsteht eine Sternpunktspannung $U_{N'N}$ (Bild **8**.26). Zum Bestimmen dieser Spannung stellen wir zunächst mit den festgelegten Bezugspfeilen in Bild **8**.26 die Maschengleichungen auf:

$$\underline{I}_1 Z_1 + \underline{U}_{N'N} - \underline{U}_1 = 0; \quad \underline{I}_2 Z_2 + \underline{U}_{N'N} - \underline{U}_2 = 0; \quad \underline{I}_3 Z_3 + \underline{U}_{N'N} - \underline{U}_3 = 0 \qquad (8.28)$$

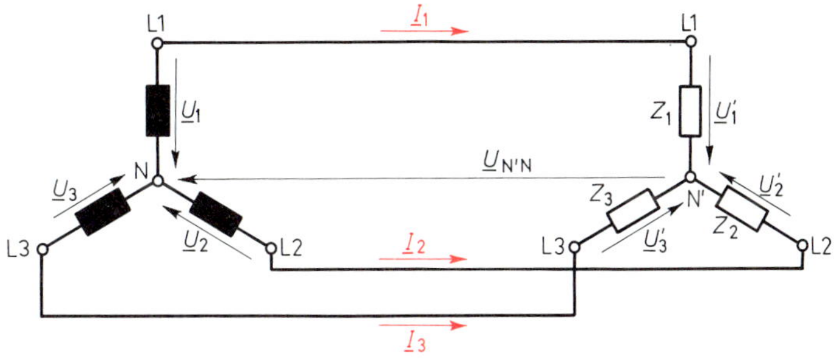

8.26
Dreileiternetz von Erzeuger und Verbraucher bei Sternschaltung und unsymmetrischer Belastung

Für den Sternpunkt gilt die Knotenpunktgleichung (8.27). Aus Gl. (8.28) erhalten wir zunächst

$$\underline{U}_{N'N} = \underline{U}_1 - \underline{I}_1 Z_1; \quad \underline{U}_{N'N} = \underline{U}_2 - \underline{I}_2 Z_2; \quad \underline{U}_{N'N} = \underline{U}_3 - \underline{I}_3 Z_3$$

und weiter durch Addition der drei Gleichungen

$$3\underline{U}_{N'N} = \underline{U}_1 + \underline{U}_2 + \underline{U}_3 - \underline{I}_1 Z_1 - \underline{I}_2 Z_2 - \underline{I}_3 Z_3.$$

Da die Zeigersumme der drei Generatorspannungen Null ist, erhalten wir mit Gl. (8.27)

$$3\underline{U}_{N'N} = (\underline{I}_1 + \underline{I}_2) Z_3 - \underline{I}_1 Z_1 - \underline{I}_2 Z_2$$

$$3\underline{U}_{N'N} = \underline{I}_1 (Z_3 - Z_1) + \underline{I}_2 (Z_3 - Z_2) \quad \Rightarrow$$

$$\boxed{\underline{U}_{N'N} = \frac{1}{3}\left[\underline{I}_1 (Z_3 - Z_1) + \underline{I}_2 (Z_3 - Z_2)\right].} \tag{8.29}$$

Zum Bestimmen der Sternpunktspannung $U_{N'N}$ ist nach Gl. (8.29) die Kenntnis der Beträge und der gegenseitigen Phasenlage von mindestens zwei Leiterströmen erforderlich.

Die Leiterströme lassen sich z. B. nach Abschn. 8.3.1.2 (unsymmetrische Dreieckschaltung) ermitteln, wenn die Sternschaltung der Verbraucher-Scheinwiderstände in eine äquivalente Dreieckschaltung umgeformt wird. Wir wollen uns im folgenden Beispiel auf die Betrachtung einer unsymmetrischen Sternschaltung mit reiner Wirkbelastung in den drei Strängen beschränken.

Beispiel 8.3 In einem Drehstromnetz nach Bild **8.**26 mit einer Außenleiterspannung 380 V/50 Hz hat der Verbraucher die Strangwiderstände $Z_1 = R_1 = 20\,\Omega$; $Z_2 = R_2 = 40\,\Omega$; $Z_3 = R_3 = 100\,\Omega$.

Die Sternpunktspannung $U_{N'N}$ ist zeichnerisch und rechnerisch zu bestimmen. Dabei sind Ströme und Spannungen in getrennten Zeigerbildern darzustellen. Die Wirkleistungsaufnahme des Verbrauchers ist zu berechnen.

Lösung Die Sternschaltung **8.**27a wird zunächst in eine äquivalente Dreieckschaltung **8.**27b umgeformt. Nach Gl. (2.23) ergeben sich die Dreieckswiderstände

$$R_{12} = R_1 + R_2 + \frac{R_1 \cdot R_2}{R_3} = 20\,\Omega + 40\,\Omega + \frac{20\,\Omega \cdot 40\,\Omega}{100\,\Omega} = 68\,\Omega$$

$$R_{23} = R_2 + R_3 + \frac{R_2 \cdot R_3}{R_1} = 40\,\Omega + 100\,\Omega + \frac{40\,\Omega \cdot 100\,\Omega}{20\,\Omega} = 340\,\Omega$$

$$R_{31} = R_3 + R_1 + \frac{R_3 \cdot R_1}{R_2} = 100\,\Omega + 20\,\Omega + \frac{20\,\Omega \cdot 100\,\Omega}{40\,\Omega} = 170\,\Omega.$$

Lösung,
Fortsetzung

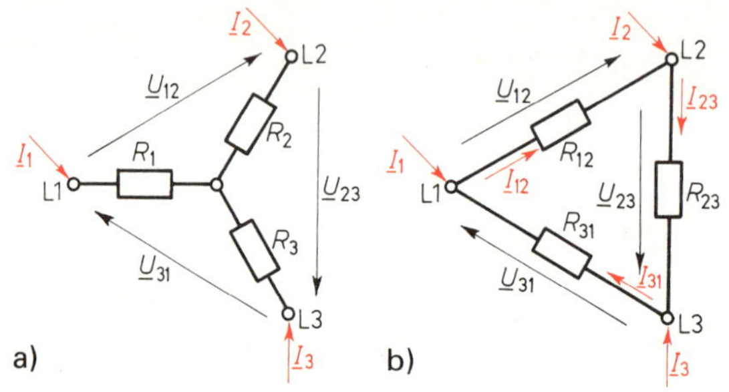

8.27
Netzumformung zur Bestimmung der Leiterströme
a) Sternschaltung unsymmetrischer Wirkwiderstände
b) äquivalente Dreieckschaltung

Die Zeiger der Leiterspannungen bilden nach Bild **8.**28 a ein gleichseitiges Dreieck. Für die Ströme erhalten wir mit $U_{12} = U_{23} = U_{31} = 380\ \text{V}$

$$I_{12} = \frac{380\ \text{V}}{68\ \Omega} = 5{,}588\ \text{A}\,; \quad I_{23} = \frac{380\ \text{V}}{340\ \Omega} = 1{,}118\ \text{A}\,; \quad I_{31} = \frac{380\ \text{V}}{170\ \Omega} = 2{,}235\ \text{A}\,.$$

Aus den maßstäblich in Bild **8.**28 a eingezeichneten Zeigern dieser Ströme erhalten wir entsprechend Gl. (8.17) die Leiterströme $\underline{I}_1$, $\underline{I}_2$ und $\underline{I}_3$. Wir bekommen nach Bild **8.**28 a

$I_1 = 7{,}0\ \text{A}\,; \quad I_2 = 6{,}2\ \text{A}\,; \quad I_3 = 3{,}0\ \text{A}.$

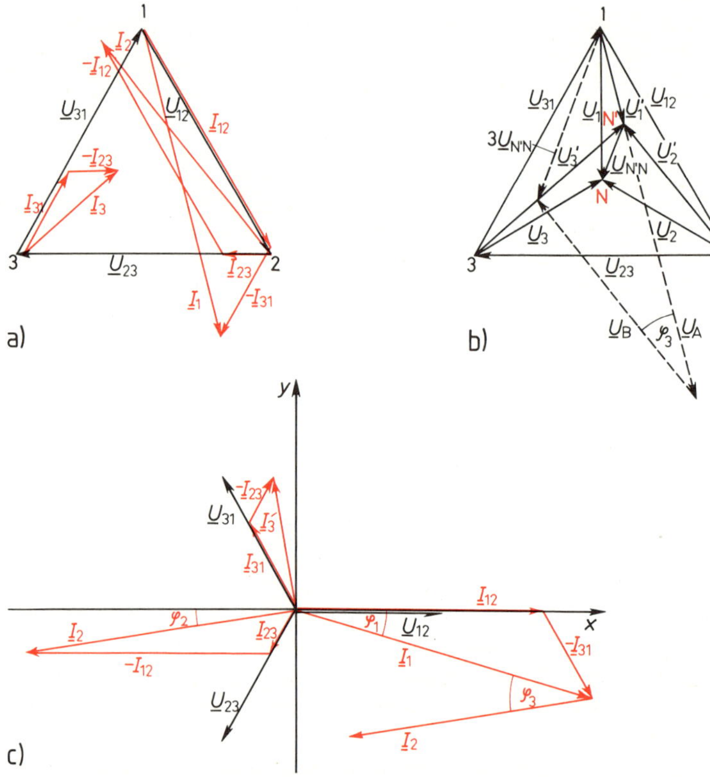

8.28 a) Zeigerbild der Dreieckschaltung **8.**27 b mit Strang- und Leiterströmen
b) Zeigerbild der Spannungen in der Sternschaltung **8.**27 a
c) Berechnen der Sternpunktspannung

Lösung, Fortsetzung

In der ursprünglichen Sternschaltung des Verbrauchers mit den Widerständen R_1, R_2 und R_3 bewirken die Leiterströme gleichphasige Strangspannungen $\underline{U}'_1$, $\underline{U}'_2$ und $\underline{U}'_3$. Die Zeiger dieser Spannungen erhalten wir mit Parallelen zu den Zeigern I_1, I_2 und I_3, die sich entsprechend Bild **8.**28 b im Punkt N′ schneiden. Zwischen den Sternpunkten N′ und N liegt der Zeiger der gesuchten Sternpunktspannung $\underline{U}_{N'N}$. Ihr Betrag ergibt sich aus dem Zeigerbild der Spannungen **8.**28 b zu

$U_{N'N} = \mathbf{88{,}9\ V.}$

Zum Berechnen der Sternpunktspannung nach Gl. (8.29) müssen zunächst die Beträge der Leiterströme I_1 und I_2 sowie der Winkel zwischen den beiden Zeigern berechnet werden. Nach Bild **8.**28 c bekommen wir

$$I_{1x} = I_{12} + I_{31} \cdot \cos 60^\circ = 5{,}588\ \text{A} + 0{,}5 \cdot 2{,}235\ \text{A} = 6{,}706\ \text{A}$$

$$I_{1y} = I_{31} \cdot \sin 60^\circ = 2{,}235\ \text{A}\,\frac{\sqrt{3}}{2} = 1{,}936\ \text{A}$$

$$I_1 = \sqrt{I_{1x}^2 + I_{1y}^2} = 6{,}980\ \text{A}; \quad \tan\varphi_1 = \frac{I_{1y}}{I_{1x}} \quad \Rightarrow \quad \varphi_1 = 16{,}1^\circ$$

$$I_{2x} = I_{12} + I_{23} \cdot \cos 60^\circ = 5{,}588\ \text{A} + 1{,}118\ \text{A} \cdot 0{,}5 = 6{,}147\ \text{A}$$

$$I_{2y} = I_{23} \cdot \sin 60^\circ = 1{,}118\ \text{A}\,\frac{\sqrt{3}}{2} = 0{,}968\ \text{A}$$

$$I_2 = 6{,}237\ \text{A}; \quad \tan\varphi_2 = \frac{I_{2y}}{I_{2x}} \quad \Rightarrow \quad \varphi_2 = 8{,}95^\circ; \quad \varphi_3 = \varphi_1 + \varphi_2 = 25{,}05^\circ.$$

Nach Gl. (8.29) ergibt sich $\underline{U}_{N'N}$ aus der Zeigersumme von zwei Spannungen

$$\underline{U}_A = \underline{I}_1(R_3 - R_1) = 6{,}98\ \text{A} \cdot 80\ \Omega = 558{,}4\ \text{V} \quad \text{und}$$
$$\underline{U}_B = \underline{I}_2(R_3 - R_2) = 6{,}24\ \text{A} \cdot 60\ \Omega = 374{,}4\ \text{V},$$

die den Winkel φ_3 einschließen. Mit den Beträgen dieser Spannungszeiger wird $U_{N'N}$ nach dem Kosinussatz berechnet. Wir erhalten

$$(3\,U_{N'N})^2 = U_A^2 + U_B^2 - 2\,U_A U_B \cdot \cos\varphi_3 \quad \Rightarrow \quad U_{N'N} = \frac{1}{3}\sqrt{U_A^2 + U_B^2 - 2\,U_A U_B \cdot \cos\varphi_3}\,.$$

Mit den berechneten Werten ergibt sich daraus $U_{N'N} = \mathbf{90{,}17\ V.}$ Die Wirkleistungsaufnahme berechnen wir aus der Dreieckersatzschaltung.

$$P_{Dp} = U^2\left(\frac{1}{R_{12}} + \frac{1}{R_{23}} + \frac{1}{R_{31}}\right) = (380\ \text{V})^2\left(\frac{1}{68\ \Omega} + \frac{1}{340\ \Omega} + \frac{1}{170\ \Omega}\right)$$

$P_{Dp} = \mathbf{3397{,}6\ W.}$

Praktische Auswirkungen. Wie aus dem Zeigerbild der Spannungen **8.**28 b ersichtlich, sind die Beträge der Strangspannungen U'_1, U'_2 und U'_3 kleiner oder größer als die Strangspannungen bei angeschlossenem Mittelleiter. Bei stark unsymmetrischer Widerstandslast kann der Sternpunkt N′ jede Lage im Dreieck der Leiterspannungen annehmen. Enthalten die Verbraucherstränge außer den Wirkwiderständen noch Blindwiderstände oder besteht z. B. ein Strang praktisch nur aus einem Blindwiderstand, kann N′ auch außerhalb des Leiterspannungsdreiecks liegen. Dann können die Beträge der Strangspannungen sogar größer als die Leiterspannungen werden. Es ist offensichtlich, daß unter diesen Umständen ein Betrieb von Einphasenverbrauchern mit ihren Nennspannungen nicht möglich ist. Um die Gefahr der Zerstörung zu vermeiden, darf deshalb z. B. im üblichen Vierleiternetz der Mittelleiter niemals allein vom Drehstromnetz abgeschaltet werden, sondern nur gleichzeitig mit den Außenleitern.

Die Sternschaltung des Verbrauchers ohne Sternpunktanschluß an den Mittelleiter des Drehstromnetzes wird deshalb nur bei symmetrischer Belastung verwendet. Dabei kann der Generator auch in Dreieckschaltung ausgeführt sein, ohne daß sich dadurch in der Verbraucherschaltung etwas ändert. Entsprechend kann eine symmetrische Dreieck-Verbraucherschaltung auch an einem in Stern geschalteten Generator liegen. Bei unsymmetrischer Dreieckschaltung des Verbrauchers und damit unterschiedlichen Leiterströmen ist eine Sternschaltung des Generators wegen des fehlenden Mittelleiters unzweckmäßig. Eine solche Belastung bedingt besondere Maßnahmen auf der Generatorseite. Wir müssen hinsichtlich von Einzelheiten darüber jedoch auf den Band „Elektrische Maschinen" dieser Reihe verweisen.

8.3.3 Blindstromkompensation bei Drehstrom

Für den Betrieb von vielen Verbrauchern ist nicht nur Wirkleistung erforderlich, sondern meist auch induktive Blindleistung. Wie wir schon in Abschn. 7.6.3.1 beim Verbraucher am einphasigen Wechselstromnetz erörtert haben, ist der für die Übertragung beider Leistungsanteile zwischen Erzeuger und Verbraucher erforderliche Strom stets größer, als er für die Wirkleistung allein erforderlich wäre. Bei dem im Drehstromnetz auftretenden beträchtlichen Blindleistungsbedarf wären damit zusätzliche Wärmeverluste auf den Übertragungsleitungen verbunden. Um Energie zu sparen, soll die Blindenergie nicht über längere Leitungen zum Verbraucher übertragen werden. Die beim ständigen Wechsel von Abbau und Aufbau des magnetischen Feldes zwischen Verbraucher und Erzeuger pendelnde Blindenergie wird von Kondensatoren zwischengespeichert, die möglichst nah beim Verbraucher an das Netz angeschaltet werden.

Die Blindstromkompensation wird bei Verbrauchern am einphasigen Wechselstromnetz vorwiegend durch Parallelschaltung von Kondensatoren vorgenommen, wie wir sie in Abschn. 7.6.3.1 beschrieben haben. Auch bei der unsymmetrischen Belastung des Drehstromnetzes mit einphasigen Verbrauchern kann der Blindleistungsbedarf durch Kompensation mit Einzelkondensatoren in dieser Weise gedeckt werden.

Bei Drehstromverbrauchern, die z.B. wie Motoren oder Verteilungstransformatoren im wesentlichen eine symmetrische Belastung bilden, sind dagegen als Blindleistungserzeuger dreiphasig angeschlossene Kondensatorgruppen entsprechend Bild **8**.29 erforderlich. Da wegen der untereinander gleichen Kapazitäten ein symmetrischer Aufbau vorliegt und deshalb ein Mittelleiter nicht erforderlich ist, können die Kondensatoren im Dreieck oder Stern an das Drehstromnetz geschaltet werden.

In der Dreieckschaltung ist jedoch die Spannung an den Kondensatoren um den Faktor $\sqrt{3}$ größer als bei der Sternschaltung. Damit ist die von einem Kondensator abgegebene Blindleistung bei Dreieckschaltung

$$P_C = \frac{U_L^2}{X_C} = \frac{(U_{St}\sqrt{3})^2}{X_C} = 3\,\frac{U_{St}^2}{X_C} \qquad (8.30)$$

dreimal so groß wie bei Sternschaltung. Anders ausgedrückt: Für die Kompensation einer bestimmten induktiven Blindleistung bei Dreieckschaltung der Kondensatoren ist nur ein Drittel der Kapazität erforderlich wie bei Sternschaltung. Da die bei Dreieckschaltung nötige höhere Spannungsfestigkeit der Kondensatoren mit geringerem Aufwand zu erreichen ist als die drei-

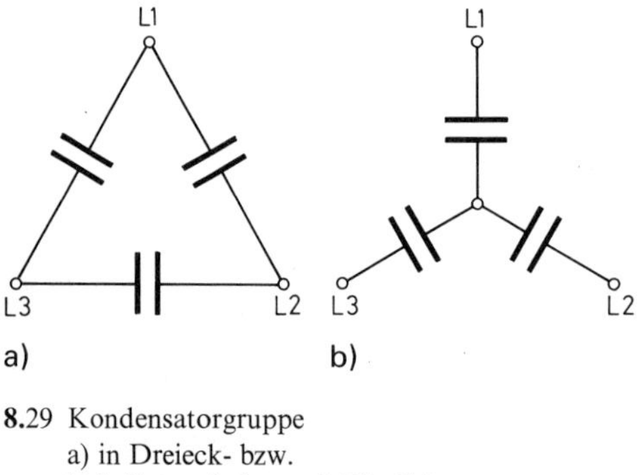

8.29 Kondensatorgruppe
a) in Dreieck- bzw.
b) in Sternschaltung als Blindleistungsgenerator im Dreileiternetz

fache Kapazität bei Sternschaltung, werden die zur Blindstromkompensation gebrauchten Kondensatoren stets im Dreieck geschaltet. In jedem Fall muß ein Kondensator bzw. ein Kondensatorstrang den dritten Teil der insgesamt für den Drehstromverbraucher erforderlichen Blindleistung liefern:

$$P_C = \frac{1}{3} P_{DC} \tag{8.31}$$

Nach Gl. (8.30) und (8.31) ist die gesamte von der Kondensatorgruppe gelieferte Blindleistung

$$\boxed{P_{DC} = 3 P_C = \frac{3 U_L^2}{X_{CSt}} = 3 U_L^2 \omega C_{St}.} \tag{8.32}$$

Dabei sind X_{CSt} bzw. C_{St} der Blindwiderstand bzw. die Kapazität eines Strangs der Kondensatorgruppe. Mit Gl. (8.32) läßt sich aus der zu kompensierenden Blindleistung die erforderliche Kapazität berechnen.

Entsprechend der Kompensation im Einphasen-Wechselstromnetz ist die zu kompensierende Blindleistung im Drehstromnetz

$$\boxed{P_{DC} = P_{Dp}(\tan\varphi_1 - \tan\varphi_2),} \tag{8.33}$$

wenn φ_1 der Phasenverschiebungswinkel vor der Kompensation und φ_2 nach der Kompensation ist.

Beispiel 8.4 Ein Drehstrommotor liegt am 380 V/50 Hz-Netz und gibt seine Nennleistung von 12 kW ab. Bei einem Wirkungsgrad von $\eta = 0{,}8$ hat er einen Leistungsfaktor $\cos\varphi_1 = 0{,}84$. Dieser soll durch Zuschalten einer Kondensatorgruppe in Dreieckschaltung auf $\cos\varphi_2 = 0{,}95$ verbessert werden. Blindwiderstand und Kapazität eines einzelnen Kondensators sind zu berechnen.

Lösung Die elektrische Wirkleistung beträgt

$$P_{Dp} = \frac{P_N}{\eta} = \frac{12\,\text{kW}}{0{,}8} = 15\,\text{kW}.$$

Mit dem Taschenrechner werden bestimmt:

$$\cos\varphi_1 = 0{,}84 \quad \Rightarrow \quad \tan\varphi_1 = 0{,}64594; \quad \cos\varphi = 0{,}95 \quad \Rightarrow \quad \tan\varphi_2 = 0{,}32868.$$

Nach Gl. (8.33) ergibt sich

$$P_{DC} = 15\,\text{kW}\,(0{,}64594 - 0{,}32868) = 4758{,}9\,\text{var}$$

$$P_{DC} = 3 P_C = 3\frac{U_L^2}{X_C} \quad \Rightarrow \quad X_C = \frac{3(380\,\text{V})^2}{4758{,}9\,\text{var}} = \mathbf{91{,}03\,\Omega}$$

$$C = \frac{1}{2\pi f X_C} = \mathbf{34{,}97\,\mu F.}$$

Aufgaben zu Abschnitt 8.3

1. Ein Drehstromgenerator in Dreieckschaltung liefert bei der Leiterspannung 380 V bei Nennbelastung drei gleiche Leiterströme mit 60 A.
   a) Wie groß sind Strangspannung, -stromstärke und -leistung?
   b) Welche Drehstromleistung gibt der Generator ab?
2. In den Strängen eines Drehstromgenerators fließt bei seiner Nennspannung 290 V/50 Hz der Nennstrom 30 A.

a) Wie groß ist die Nennleistung des Generators?

b) Welche Leiterspannungen und -ströme herrschen im angeschlossenen Drehstromnetz bei Nennbelastung, wenn der Generator im Dreieck geschaltet ist?

c) Welche Beträge ergeben sich für Leiterspannungen und -ströme bei Sternschaltung und Nennbelastung des Generators?

3. Ein Drehstromgenerator mit der Nennleistung 24 kVA und der Strangspannung 220 V wird a) in Stern- und b) in Dreieckschaltung an eine symmetrische Verbraucherschaltung gelegt. Welche Spannungen und Ströme herrschen im angeschlossenen Drei- bzw. Vierleiternetz?

4. An ein Dreileiternetz mit der Spannung 380 V wird ein Drehstrom-Heizofen mit einem Strangwiderstand von 10 Ω angeschlossen. Welche Spannungen, Stromstärken und Leistungen treten in jedem Strang auf, wenn die drei Widerstände a) in Sternschaltung, b) in Dreieckschaltung angeschlossen werden?

5. Ein Heißwassergerät mit drei Heizwiderständen in Sternschaltung hat am 380-V-Drehstromnetz eine Nennleistung von 6 kW.

a) Welche Leistung hat das Gerät bei angeschlossenem Mittelleiter, wenn ein Heizwiderstand ausfällt?

b) Wie groß sind Leistung und Spannung bei den Heizwiderständen, wenn der Mittelleiter nicht angeschlossen ist?

6. An ein Dreileiternetz mit 220 V sind drei Widerstände mit 14 Ω, 10 Ω und 6 Ω in Dreieckschaltung angeschlossen.

a) Wie groß sind Strangspannungen, -stromstärken und -leistungen?

b) Welche Beträge haben die Leiterströme (zeichnerische und rechnerische Bestimmung)?

7. Drei Heizwiderstände mit 14 Ω, 10 Ω und 6 Ω werden in Sternschaltung an ein Vierleiternetz mit 220 V Leiterspannung angeschlossen.

a) Wie groß sind Spannungen, Stromstärken und Leistungen in den Heizwiderständen?

b) Wie groß sind Drehstromleistung und Mittelleiterstrom (zeichnerische und rechnerische Lösung)?

8. Drei Heizwiderstände mit 14 Ω, 10 Ω und 6 Ω liegen in Sternschaltung an einem 220-V-Dreileiternetz.

a) Welche Beträge haben die Stromstärken in den Außenleitern?

b) Welche Spannungen treten an den drei Widerständen auf?

c) Welche Spannung hat der Sternpunkt der Verbraucherschaltung gegenüber dem Sternpunkt einer symmetrischen Widerstandslast?

9. Ein 4-kW-Drehstrommotor hat eine zulässige Strangspannung von 380 V. Sein Leistungsfaktor bei Nennlast ist $\cos\varphi = 0{,}8$ und sein Wirkungsgrad $\eta = 85\,\%$.

a) Der Motor wird mit seiner Nennleistung am 380-V-Dreileiternetz betrieben. Wie groß sind Strang- und Leiterströme?

b) Wie groß sind Strangspannungen, -stromstärken und -leistungen, wenn der Motor in Stern geschaltet ist?

c) Wie groß ist bei Sternschaltung die Motorleistung bei gleichem Wirkungsgrad?

d) Welche Leiterspannung müßte das Drehstromnetz haben, wenn der Motor in Sternschaltung mit seiner Nennleistung betrieben wird?

10. Die drei gleichen Heizwiderstände eines in Stern- und Dreieckschaltung anschließbaren Ofens sind für 380 V bemessen. Zwei dieser Öfen liegen am 380-V-Dreileiternetz.

a) Wie groß sind Einzelleistungen der beiden Öfen und Stromaufnahme aus dem Netz, wenn beide Öfen in Stern geschaltet sind?

b) Welche Beträge ergeben sich für Einzelleistungen und Stromaufnahme beider Öfen, wenn sie im Dreieck geschaltet sind?

c) Welche Gesamtleistung und -stromaufnahme aus dem Netz ergeben sich, wenn beide Öfen verschieden geschaltet sind?

11. Ein Drehstrommotor für 380 V/50 Hz hat in Dreieckschaltung eine Nennleistung von 6 kW, $\cos\varphi = 0{,}8$ und den Wirkungsgrad $\eta = 0{,}75$.

a) Wie groß sind die dem Netz entnommene Schein-, Wirk- und Blindleistung?

b) Welche Blindleistung und Kapazität muß jeder der in Dreieck geschalteten Kondensatoren haben, die den Leistungsfaktor auf 0,9 verbessern?

c) Wie groß ist die Leiterstromstärke vor und nach der Kompensation?

d) Welche Leistung kann der Motor in Sternschaltung abgeben, welche Leistungen nimmt er bei gleichem Wirkungsgrad ohne Kompensationskondensatoren aus dem Netz auf, und wie groß ist die Leiterstromstärke?

e) Welche Beträge ergeben sich für Leistungen, Leistungsfaktor und Leiterstromstärke, wenn die Kompensationskondensatoren angeschlossen bleiben?

9 Komplexe Berechnung von Sinusvorgängen

In diesem Abschnitt soll ein neues Berechnungsverfahren von Wechselstromschaltungen vorgestellt werden, das nur für Sinusvorgänge gilt. In den Berechnungen verwendet man für die Zahlenwerte der physikalischen Größen komplexe, d. h. zusammengesetzte Zahlen. Solche Größen mit komplexen Zahlenwerten heißen komplexe Größen und das Rechnen mit ihnen komplexe Rechnung.

Grundsätzlich haben wir derartige Größen schon in den Abschnitten 7 und 8 verwendet, indem wir sinusförmige Ströme und Spannungen durch Drehzeiger dargestellt haben. Diese Drehzeiger sind ihren Wesen nach komplexe Größen.

Das neue Berechnungsverfahren basiert darauf, daß Drehzeiger nicht nur geometrisch zur Veranschaulichung, sondern auch direkt zur Berechnung der Sinusvorgänge eingesetzt werden. Erst dadurch kann man den Vorteil der Zeigerdarstellung voll nutzen. Er führt zu einer so erheblichen Vereinfachung, daß in der Praxis kompliziertere Wechselstromschaltungen nur mit diesem Hilfsmittel berechnet werden.

9.1 Komplexe Zahlen

9.1.1 Definitionen

Einführung komplexer Zahlen. Um mit Drehzeigern rechnen zu können, muß man ihnen Zahlen zuordnen. Dazu lassen wir zunächst die Tatsache außer acht, daß Drehzeiger rotierende Größen sind, und betrachten sie als stillstehende Objekte, als ruhende Zeiger (früher Operatoren). Als ruhenden Zeiger definiert man eine zeitlich konstante physikalische Größe mit komplexem Zahlenwert (DIN 5483, Teil 3).

Einen solchen ruhenden Zeiger kann man ähnlich wie einen Vektor in der Ebene dadurch beschreiben, daß man ein kartesisches Koordinatensystem einführt und in bezug darauf die Achsenabschnitte des ruhenden Zeigers, d. h. die Projektionen auf die Achsen angibt. Um die beiden Achsenabschnitte voneinander zu unterscheiden, setzt man vor den zweiten Achsenabschnitt, der der y-Komponente des Vektors entspricht, ein j:

$$\underline{z} = x + \mathrm{j}y. \tag{9.1a}$$

Im folgenden interessiert uns das Rechnen mit diesen ruhenden Zeigern, die u. a. physikalische Größen sind. Da dieser Sachverhalt aber für die Rechentechnik ohne Bedeutung ist, werden wir häufig nur die komplexen Zahlenwerte oder – anders gesagt – komplexe Zahlen betrachten.

Für die Bezeichnung komplexer Zahlen gelten folgende Regeln:

Nach DIN 5483 wird eine Zahl z durch Unterstreichung als komplex (d. h. zusammengesetzt) gekennzeichnet. Dabei sind x der Realteil von $\underline{z}$ und y ihr Imaginärteil. In Zeichen:

$$x = \mathrm{Re}\,\underline{z} \quad \text{und} \quad y = \mathrm{Im}\,\underline{z}. \tag{9.2}$$

x und y sind dabei gewöhnliche Zahlen, die man im Unterschied zu den komplexen Zahlen reell nennt. j heißt die imaginäre Einheit und zeigt an, daß die folgende Zahl der Imaginärteil ist. In der Gaußschen Ebene wird auf der waagerechten Achse der Realteil aufgetragen. Diese heißt deswegen auch die reelle Achse. Auf der senkrechten oder der imaginären Achse erscheint entsprechend der mit j multiplizierte Imaginärteil (**9**.1). Ist der Imaginärteil einer komplexen Zahl gleich null, nennt man sie reell. Verschwindet umgekehrt ihr Realteil, heißt sie imaginär.

Die Darstellung einer komplexen Zahl durch ihren Real- und Imaginärteil $\underline{z} = x + \mathrm{j}y$ nennt man die algebraische Darstellung im Gegensatz zu der gleich zu besprechenden polaren Darstellungsform.

In der Mathematik ist i statt j als Symbol für die imaginäre Einheit gebräuchlich. Da aber in der Elektrotechnik die Ströme mit i bezeichnet werden, verwenden wir das j.

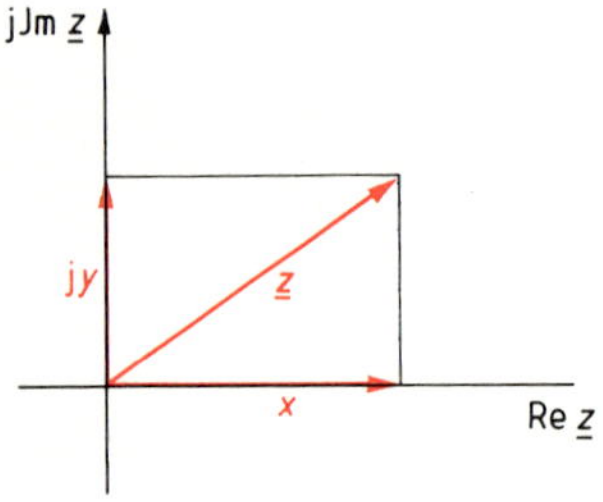

9.1 Gaußsche Zahlenebene, benannt nach dem Göttinger Mathematiker C. F. Gauß (1777–1855)

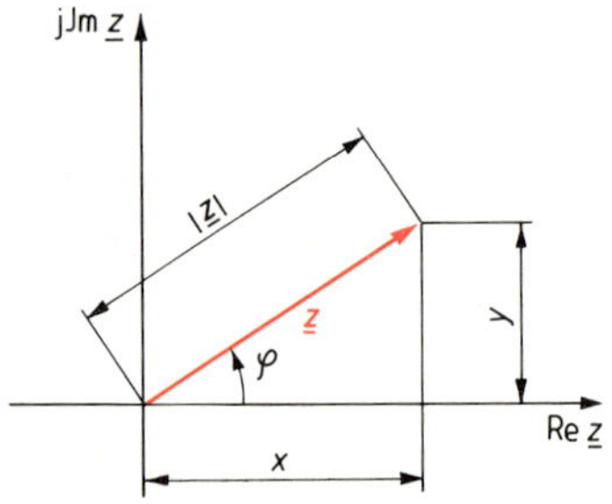

9.2 Polare Darstellung

Polare Darstellungsform. Offenbar kann man komplexe Zahlen nicht nur in algebraischer Form durch $\underline{z} = x + \mathrm{j}y$ angeben, sondern ebenso durch ihren Betrag $|\underline{z}|$ und den Winkel φ, den sie mit der reellen Achse einschließen. Wie man aus Bild **9**.2 erkennt, läßt sich der Betrag nach dem Satz des Pythagoras berechnen.

$$|\underline{z}| = \sqrt{x^2 + y^2} \tag{9.3}$$

Für den Winkel gelten die Beziehungen

$$\sin\varphi = \frac{y}{|\underline{z}|}, \quad \cos\varphi = \frac{x}{|\underline{z}|}, \quad \tan\varphi = \frac{y}{x}. \tag{9.4}$$

Demnach kann man für $\underline{z}$ auch schreiben

$$\underline{z} = x + \mathrm{j}y = |\underline{z}|\cos\varphi + \mathrm{j}|\underline{z}|\sin\varphi = |\underline{z}|(\cos\varphi + \mathrm{j}\sin\varphi). \tag{9.1 b}$$

Wir verwenden nun die Eulersche Beziehung

$$\boxed{\mathrm{e}^{\mathrm{j}\varphi} = \cos\varphi + \mathrm{j}\sin\varphi}, \tag{9.5}$$

die im Rahmen dieser Darstellung nicht ableitbar ist und als ein Ergebnis der höheren Mathematik übernommen wird. Mit ihr erhält man die polare Darstellungsform einer komplexen Zahl:

$$\underline{z} = |\underline{z}|\,e^{\mathrm{j}\varphi} = |\underline{z}|(\cos\varphi + \mathrm{j}\sin\varphi). \tag{9.1 c}$$

Der Ausdruck $e^{j\varphi}$ wird häufig der „Dreher" genannt; er hat stets den Betrag $\sqrt{\cos^2\varphi + \sin^2\varphi} = 1$ und daher keinen Einfluß auf den Betrag der komplexen Zahl. Er bewirkt allein ihre Drehung gegenüber der reellen Achse.

Der Eulerschen Beziehung entnimmt man für $\varphi = \pi/2$

$$e^{j\pi/2} = 0 + j\,1 = j. \tag{9.6}$$

Das ist die polare Darstellung der imaginären Einheit. In der Gaußschen Zahlenebene gedeutet heißt dies, daß die reelle Zahl 1 durch Drehung um $\pi/2$ in j überführt wird.

Konjugiert komplexe Zahl. Es sei $\underline{z} = |\underline{z}|\,e^{j\varphi}$ eine beliebige komplexe Zahl. Dann heißt

$$\underline{z}^* = |\underline{z}|\,e^{-j\varphi} = |\underline{z}|(\cos\varphi - j\sin\varphi) = x - jy \tag{9.7}$$

die konjugiert komplexe Zahl. Beide Zahlen haben also den gleichen Betrag, aber entgegengesetzte Winkel bzw. – in algebraischer Darstellungsform – entgegengesetzte Vorzeichen des Imaginärteils (**9**.3).

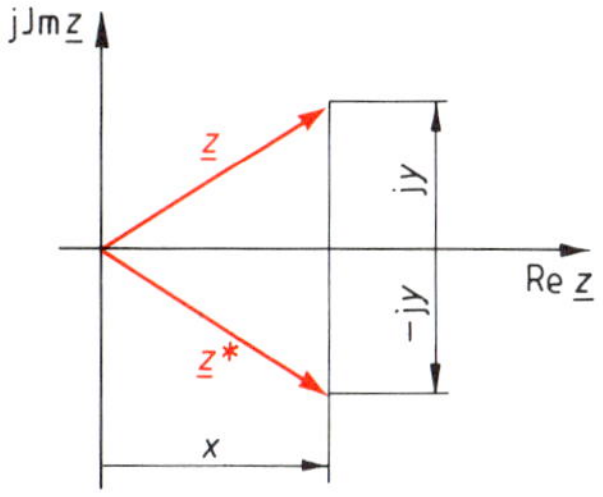

9.3 $\underline{z}$ und $\underline{z}^*$

Drehzeiger. Von der polaren Darstellungsform findet man leicht den Übergang zum Drehzeiger. Man läßt φ zeitproportional wachsen: $\varphi = \omega t$ und erhält so $e^{j\omega t}$, eine komplexe Zahl mit dem Betrag 1, die in der Gaußschen Ebene mit der konstanten Winkelgeschwindigkeit ω rotiert. Durch Multiplikation dieser Zahl mit der Amplitude $\hat{u}$ oder $\hat{i}$ einer Spannung oder eines Stromes entsteht

$$\underline{u} = \hat{u}\,e^{j\omega t} \quad \text{bzw.} \quad \underline{i} = \hat{i}\,e^{j\omega t}. \tag{9.8}$$

Dies sind Funktionsgleichungen von Drehzeigern.

Im Abschn. 7 wurde der Zusammenhang zwischen dem Drehzeigerdiagramm und dem Liniendiagramm durch eine Projektionsvorschrift hergestellt (**7**.6). Danach erhält man den Augenblickswert einer Spannung, indem man die Zeigerspitze parallel zur Zeitachse auf die zu diesem Augenblick gehörige Zeitlinie projiziert. Mit Hilfe der Funktionsgleichung läßt sich diese grafische Operation durch die einfache Rechenoperation $\mathrm{Re}\,\underline{z}$ oder $\mathrm{Im}\,\underline{z}$ ersetzen.

$$u_1 = \mathrm{Re}\,\underline{u} = \hat{u}\cos\omega t, \quad u_2 = \mathrm{Im}\,\underline{u} = \hat{u}\sin\omega t.$$

Real- und Imaginärteil eines Drehzeigers stellen also Spannungs-Zeit-Funktionen dar. Da $\cos\omega t = \sin(\omega t + \pi/2)$ ist, unterscheiden sich beide nur durch den willkürlich wählbaren Nullphasenwinkel.

Bevor wir die damit gewonnene Funktionsgleichung der Drehzeiger zum Berechnen von Sinusvorgängen verwenden, müssen wir uns mit den einfachsten Rechenarten für komplexe Zahlen vertraut machen.

9.1.2 Grundrechnungsarten bei komplexen Zahlen

Addition und Subtraktion. Was es bedeutet, komplexe Zahlen zu addieren oder zu subtrahieren, wird einsichtig, wenn man ihre algebraische Darstellungsform betrachtet.

$$\underline{z}_1 + \underline{z}_2 = (x_1 + jy_1) + (x_2 + jy_2) = x_1 + x_2 + j(y_1 + y_2) \tag{9.9}$$

$$\underline{z}_1 - \underline{z}_2 = (x_1 + jy_1) - (x_2 + jy_2) = x_1 - x_2 + j(y_1 - y_2) \tag{9.10}$$

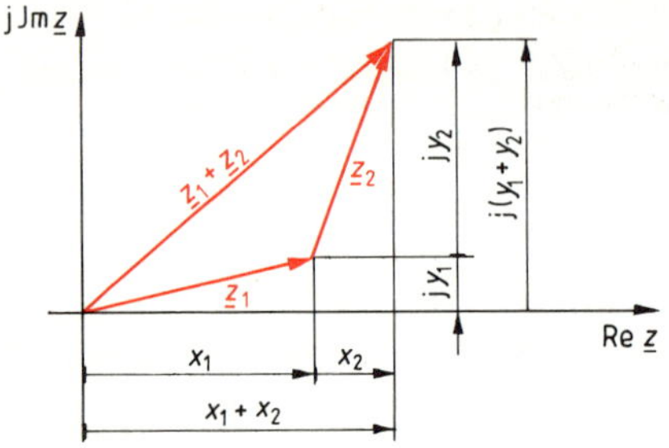

9.4 Addition komplexer Zahlen

Bild 9.4 zeigt: Komplexe Zahlen werden genauso wie Vektoren geometrisch addiert bzw. subtrahiert.

Sind die Zahlen in polarer Darstellungsform gegeben, ist vor der Addition oder Subtraktion die algebraische Form herzustellen – es sei denn, man begnügt sich mit der zeichnerischen Addition in der Gaußschen Ebene.

Beispiel 9.1 Gegeben sind die Spannungsoperatoren $\underline{u}_1 = 5\ \mathrm{V}$ und $\underline{u}_2 = 2\ \mathrm{V}\ \mathrm{e}^{\mathrm{j}\pi/3}$.
Gesucht ist ihre Summe, die in polarer Darstellungsform angegeben werden soll.

Rechnerische Lösung

$\underline{u}_1 = (5 + \mathrm{j}\,0)\ \mathrm{V}, \quad \underline{u}_2 = 2\ \mathrm{V}(\cos\pi/3 + \mathrm{j}\sin\pi/3) = (1{,}0 + \mathrm{j}\,1{,}73)\ \mathrm{V}$

$$\underline{u}_1 + \underline{u}_2 = (6 + \mathrm{j}\,1{,}73)\ \mathrm{V} = \sqrt{6^2 + 1{,}73^2}\ \mathrm{V}\,\mathrm{e}^{\mathrm{j}\varphi}, \quad \tan\varphi = \frac{1{,}73}{6}$$

$$\underline{u}_1 + \underline{u}_2 = \mathbf{6{,}24\ V\ e^{j\,0{,}28}}$$

Wir geben hier und im folgenden Winkel in rad an; der Radiant (rad) ist die SI-Einheit des Winkels.

Zeichnerische Lösung Bild 9.5
In maßstäblichen Zeichnungen kann man beide Lösungen auf Übereinstimmung prüfen.

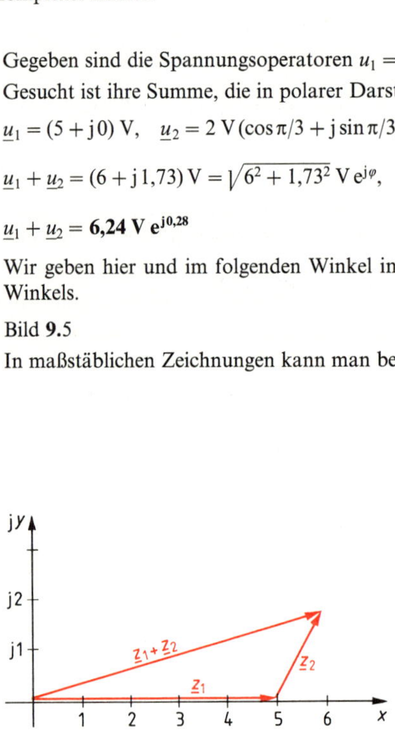

9.5 $\underline{u}_1 + \underline{u}_2$

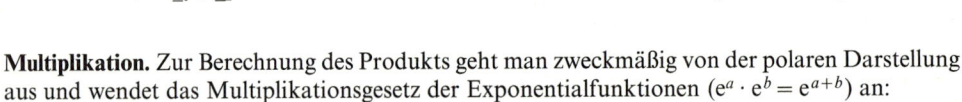

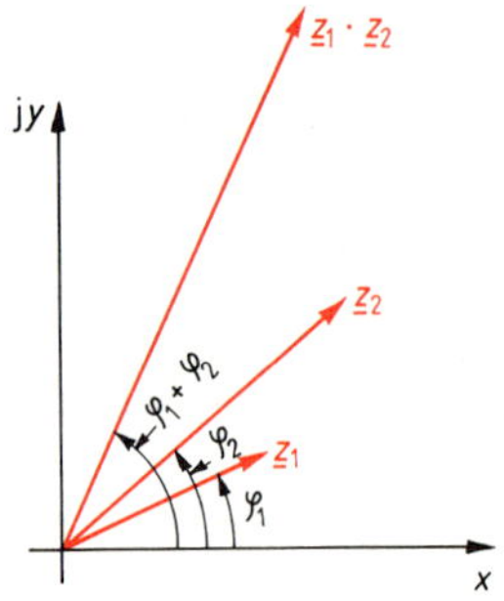

9.6 Multiplikation komplexer Zahlen

Multiplikation. Zur Berechnung des Produkts geht man zweckmäßig von der polaren Darstellung aus und wendet das Multiplikationsgesetz der Exponentialfunktionen ($\mathrm{e}^a \cdot \mathrm{e}^b = \mathrm{e}^{a+b}$) an:

$$\underline{z}_1 \cdot \underline{z}_2 = |\underline{z}_1|\mathrm{e}^{\mathrm{j}\varphi_1} \cdot |\underline{z}_2|\mathrm{e}^{\mathrm{j}\varphi_2} = |\underline{z}_1| \cdot |\underline{z}_2|\,\mathrm{e}^{\mathrm{j}(\varphi_1 + \varphi_2)} \tag{9.11 a}$$

Man erkennt: Bei der Produktbildung werden die Beträge der Faktoren $\underline{z}_1$ und $\underline{z}_2$ multipliziert und ihre Winkel addiert. Man kann sich daher die Multiplikation geometrisch als eine Drehstreckung vorstellen (9.6). Dabei ist freilich $|\underline{z}_2| > 1$ vorausgesetzt, sonst kommt es zu einer Drehstauchung.

Offenbar steckt die Multiplikation mit einer reellen Zahl als Sonderfall in dieser Rechenvorschrift. In diesem Fall ist $\varphi_2 = 0$, und es ergibt sich eine reine Streckung von $\underline{z}_1$.

Ein anderer Sonderfall ist die Multiplikation mit $j = e^{j\pi/2}$. Da $|j| = 1$, handelt es sich dabei um eine reine Drehung um $\pi/2 \mathrel{\hat{=}} 90^\circ$ im mathematisch positiven Sinn. Ein besonders wichtiger Fall der Multiplikation mit j ist das Produkt

$$j \cdot j = j^2 = e^{j\pi/2} \cdot e^{j\pi/2} = e^{j\pi} = -1, \qquad (8.12)$$

dessen überraschendes Ergebnis nur auf der Basis der Drehung in der Gaußschen Ebene verstanden werden kann (**9**.7).

Wegen dieser Beziehung findet man häufig die Definition $j = \sqrt{-1}$, die aber leicht zu Mißverständnissen führt.

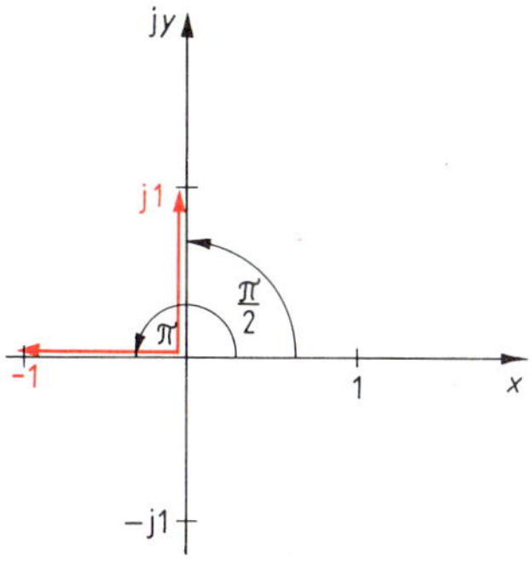

9.7 $j^2 = -1$

Mit diesem Ergebnis läßt sich das Produkt auch in algebraischer Form ausrechnen:

$$\underline{z}_1 \cdot \underline{z}_2 = (x_1 + jy_1) \cdot (x_2 + jy_2) = x_1 x_2 - y_1 y_2 + j(x_1 y_2 + y_1 x_2) \qquad (9.11\,b)$$

Durch die Produktbildung unterscheiden sich die komplexen Zahlen grundsätzlich von den Vektoren. Wie im Abschn. 1.6.3 gezeigt, gibt es bei den Vektoren zwei Produkte. Das skalare Produkt liefert einen Skalar (also keinen Vektor), beim vektoriellen Produkt steht der Produktvektor senkrecht auf der Ebene, die von den beiden Faktoren festgelegt wird. Beide Produkte haben nichts mit einer Drehstreckung gemeinsam.

Beispiel 9.2 Berechnen Sie das Produkt der beiden ruhenden Zeiger

$\underline{u} = (2 + j1)$ V und $\underline{i} = (3 + j3)$ A.

a) Multiplizieren Sie die beiden ruhenden Zeiger in der angegebenen Form.

b) Wandeln Sie beide in die polare Darstellungsform um und bilden Sie das Produkt nach Gl. (9.11 a).

c) Zeigen Sie, daß beide Ergebnisse identisch sind.

Lösung a) $\underline{u} \cdot \underline{i} = (2 + j1)\,\text{V} \cdot (3 + j3)\,\text{A} = (6 + j6 + j3 - 3)\,\text{VA} = (3 + j9)\,\text{VA}$

b) $\underline{u} \cdot \underline{i} = 2{,}24\,\text{V}\,e^{j0{,}46} \cdot 4{,}24\,\text{A}\,e^{j0{,}79} = \mathbf{9{,}49\,VA\,e^{j\,1{,}25}}$

c) $(3 + j9)\,\text{VA} = 9{,}49\,\text{VA}\,e^{j\,1{,}25}$

Die Division ist die Umkehr der Multiplikation. Hier greifen wir auf das Rechengesetz der Exponentialfunktionen $1/e^x = e^{-x}$ zurück und bekommen für komplexe Zahlen in polarer Darstellung

$$\frac{\underline{z}_1}{\underline{z}_2} = \frac{|\underline{z}_1|\,e^{j\varphi_1}}{|\underline{z}_2|\,e^{j\varphi_2}} = \frac{|\underline{z}_1|}{|\underline{z}_2|}\,e^{j\varphi_1}\,e^{-j\varphi_2} = \frac{|\underline{z}_1|}{|\underline{z}_2|}\,e^{j(\varphi_1 - \varphi_2)} \qquad (9.13\,a)$$

Man erhält also den Quotienten, indem man den Betrag des Zählers durch den des Nenners $|\underline{z}_2| \neq 0$ dividiert und den Winkel des Nenners von dem des Zählers subtrahiert. Geometrisch anschaulich bedeutet dies eine Drehstauchung, wenn die Multiplikation eine Drehstreckung war (**9**.8).

Sind Zähler und Nenner in algebraischer Form gegeben und will man sie nicht in die polare Form umwandeln, dividiert man mit einem kleinen „Trick“: Man erweitert den Bruch mit dem konjugiert komplexen Wert des Nenners und erhält so als Nenner eine reelle Zahl, nämlich das Quadrat des Betrages des Nenners. Anschließend braucht man nur noch Real- und Imaginärteil des Zählers durch diesen Wert zu dividieren.

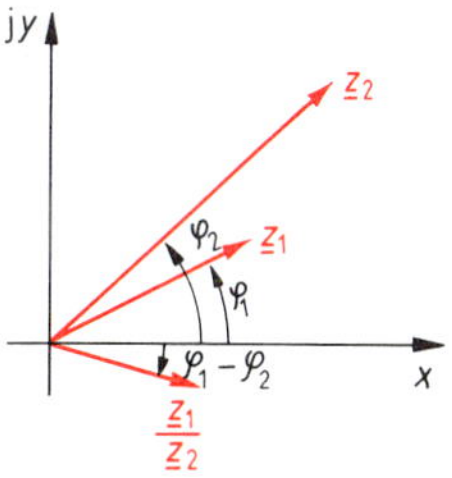

9.8 Division komplexer Zahlen

$$\frac{\underline{z}_1}{\underline{z}_2} = \frac{x_1 + \mathrm{j}y_1}{x_2 + \mathrm{j}y_2} = \frac{(x_1 + \mathrm{j}y_1)(x_2 - \mathrm{j}y_2)}{(x_2 + \mathrm{j}y_2)(x_2 - \mathrm{j}y_2)} = \frac{x_1 x_2 + y_1 y_2 + \mathrm{j}(-x_1 y_2 + y_1 x_2)}{x_2^2 + y_2^2}$$

$$\frac{\underline{z}_1}{\underline{z}_2} = \frac{x_1 x_2 + y_1 y_2}{x_2^2 + y_2^2} + \mathrm{j}\,\frac{-x_1 y_2 + y_1 x_2}{x_2^2 + y_2^2} \tag{9.13b}$$

Beispiel 9.3 Der Quotient $\underline{u}/\underline{i}$ der beiden ruhenden Zeiger $\underline{u} = (2 + \mathrm{j}\,1)$ V und $\underline{i} = (3 + \mathrm{j}\,3)$ A soll auf zwei Arten berechnet werden:

a) Beide ruhende Zeiger sind zunächst in der polaren Form darzustellen, damit der Quotient nach Gl. (9.11a) berechnet werden kann.

b) Der Quotient ist direkt in algebraischer Form zu berechnen.

c) Stimmen beide Ergebnisse überein?

Lösung a) $\frac{\underline{u}}{\underline{i}} = \frac{2{,}24\ \mathrm{V}\ \mathrm{e}^{\mathrm{j}0{,}46}}{4{,}24\ \mathrm{A}\ \mathrm{e}^{\mathrm{j}0{,}79}} = \mathbf{0{,}53\,\Omega\,e^{-j\,0{,}33}}$

b) $\frac{\underline{u}}{\underline{i}} = \frac{(2 + \mathrm{j}\,1)(3 - \mathrm{j}\,3)\ \mathrm{V}}{(3 + \mathrm{j}\,3)(3 - \mathrm{j}\,3)\ \mathrm{A}} = \frac{9 - \mathrm{j}\,3\ \mathrm{V}}{18\ \mathrm{A}} = \mathbf{(0{,}5 - j\,0{,}17)\,\Omega}$

c) $(0{,}5 - \mathrm{j}\,0{,}17)\,\Omega = 0{,}53\,\Omega\,\mathrm{e}^{-\mathrm{j}0{,}33}$

9.1.3 Einfache Ortskurven

In den Anwendungen kommt es häufig vor, daß eine komplexe Zahl oder ein ruhender Zeiger $\underline{z} = x + \mathrm{j}y = |\underline{z}|\mathrm{e}^{\mathrm{j}\varphi}$ von einer unabhängigen Veränderlichen abhängt, die hier q genannt wird. So können der Realteil oder der Imaginärteil oder beide eine Funktion von q sein: $x = f_1(q)$ oder $y = f_2(q)$.

Offenbar bewegt sich die Spitze des ruhenden Zeigers auf einer Kurve in der Gaußschen Ebene, wenn man q variiert. Diese Kurve heißt die Ortskurve des ruhenden Zeigers. Als Beispiel nehmen wir an, in $\underline{z} = x + \mathrm{j}y$ seien $x = a =$ konst. und $y = bq$. Läßt man q alle Werte zwischen null und unendlich durchlaufen, bewegt sich die Spitze des ruhenden Zeigers $\underline{z}$ in der Gaußschen Ebene auf einer Geraden parallel zur imaginären Achse (**9**.9). Um die funktionale Abhängigkeit $\underline{z}(q)$ vollständig zu beschreiben, versieht man die Ortskurve mit einer Skale für q. Da wir $y = bq$ angenommen haben, ist die Skale eine lineare Teilung. Für die Darstellung in Bild **9**.9 wurden für a und b spezielle Zahlenwerte angenommen.

Ortskurven sind nur in den einfachsten Fällen Geraden oder Kreise. In der Praxis kommen sehr unterschiedliche Formen vor. Auch die Skalen sind keineswegs stets linear.

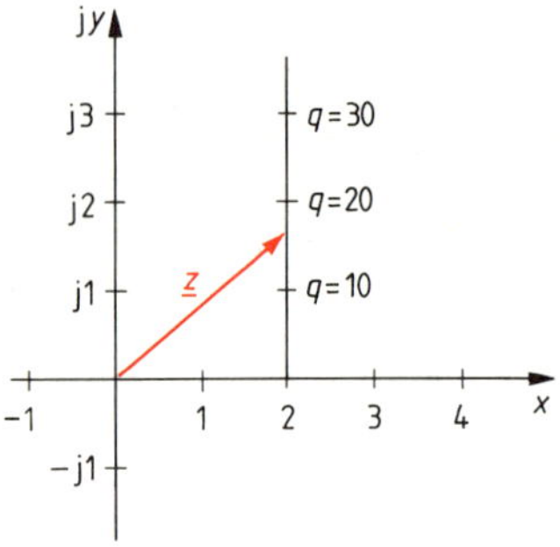

9.9 Ortskurve von $\underline{z} = 2 + \mathrm{j}0{,}1\,q$

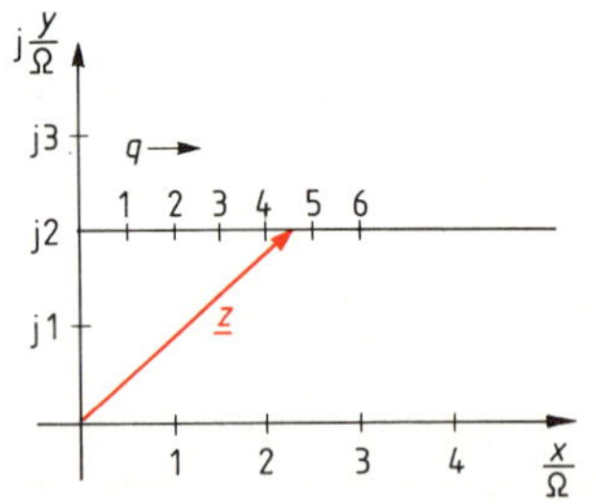

9.10 Ortskurve von $\underline{z} = (0{,}5\,q + \mathrm{j}\,2)\,\Omega$

Beispiel 9.4 Es ist die Ortskurve des Widerstandsoperators $\underline{z} = (0{,}5\,q + \mathrm{j}\,2)\,\Omega$ für den Definitionsbereich $0 \leqq q < \infty$ zu zeichnen.

Lösung **9**.10

Beispiel 9.5 Zeichnen Sie die Ortskurve des Spannungszeigers $\underline{u} = \hat{u}\,e^{jq}$ (Gl. 9.8) für alle Werte $0 \leqq q < \infty$.

Lösung Der Betrag des Zeigers bleibt konstant, der Winkel wächst über alle Grenzen. Die Ortskurve ist ein Kreis, der von der Spitze des Zeigers im Winkelbereich $0 \leqq q \leqq 2\pi$ einmal und von da an immer von neuem durchlaufen wird (**9.**11).

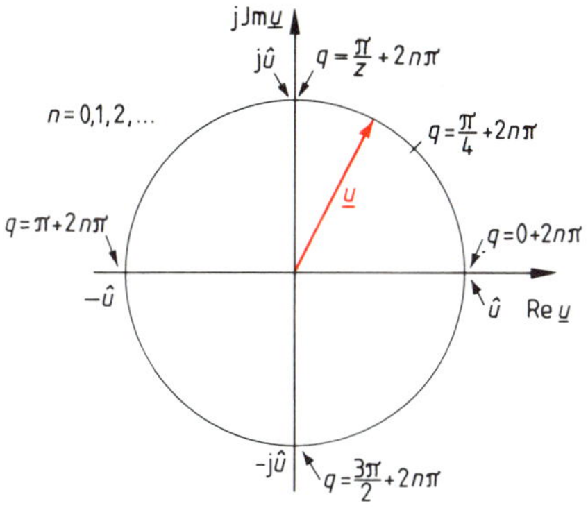

9.11 Ortskurve von $\underline{u} = \hat{u}\,e^{jq}$

Beispiel 9.6 Gegeben sei der Leitwertoperator $\underline{y} = \dfrac{1}{a + j\,b\,q}$.

Gesucht ist die Ortskurve für den Fall, daß $0 \leqq q < \infty$.

Lösung Wir stellen $\underline{y}$ durch Betrag und Winkel dar und legen eine Wertetabelle an. Dazu werden für a und b bestimmte Werte ($a = 0{,}5\ \Omega$, $b = 0{,}1\ \Omega$) gewählt.

$$\underline{y} = \frac{1}{\sqrt{a^2 + b^2 q^2}}\, e^{-j\varphi}, \quad \varphi = \arctan \frac{b\,q}{a}$$

q	0	3	5	10	50
$\frac{\underline{y}}{S}$	$2\,e^{j0°}$	$1{,}71\,e^{-j31°}$	$1{,}41\,e^{-j45°}$	$0{,}89\,e^{-j63°}$	$0{,}2\,e^{-j84°}$

Zeichnen wir diese Punkte in die Gaußsche Ebene ein, ergibt sich ein Halbkreis mit dem Radius 1 um den Punkt +1 (**9.**12).

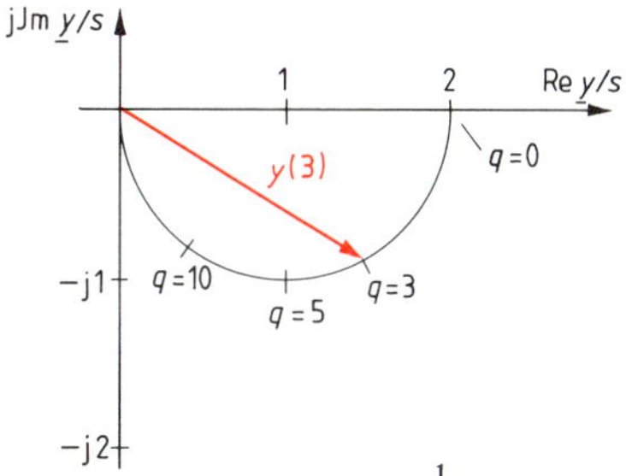

9.12 Ortskurve von $\underline{y} = \dfrac{1}{a + j\,b\,q}$

Aufgaben zu Abschnitt 9.1

1. Wandeln Sie folgende komplexe Zahlen in die polare Darstellungsform um: $\underline{z}_1 = 2 - j\,1$, $\underline{z}_2 = -2 + j\,2$. Zeichnen Sie diese Zahlen in die Gaußsche Ebene ein und prüfen Betrag und Winkel durch Nachmessen.
2. Lesen Sie die komplexen Zahlen aus der dargestellten Gaußschen Ebene ab und geben Sie ihre algebraische und polare Darstellungsform an (**9.**13).
3. Gibt es einen Zusammenhang zwischen dem Realteil von $\underline{z}$ und der Summe $\underline{z} + \underline{z}^*$? Wenn ja, welchen? Erläutern Sie Ihre Antwort durch eine Skizze. (Anleitung: Berechnen Sie zunächst als Beispiel $\underline{z}^*$ und $\underline{z} + \underline{z}^*$ für $\underline{z} = 2 + j\,3$.)
4. Bestimmen Sie den konjugiert komplexen Wert von j.

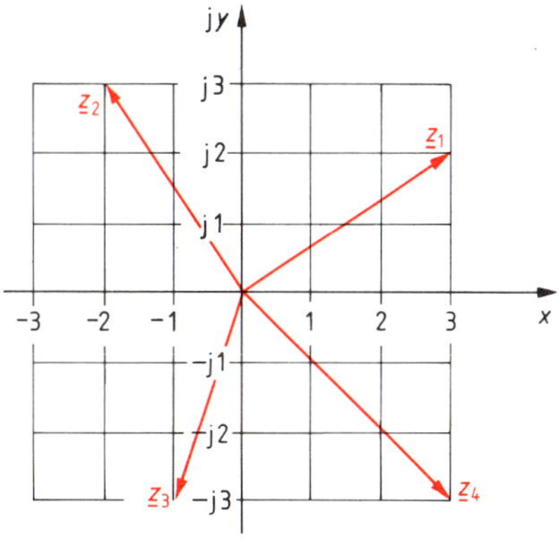

9.13 zu Aufgabe 2

5. Berechnen Sie folgende Summen $\underline{S}_1 = 3\,e^{j30°} + 2\,e^{j270°}$ und $\underline{S}_2 = 2{,}83 \cdot e^{j135°} + 1{,}41 \cdot e^{225°}$. Führen Sie die Addition geometrisch in der Gaußschen Zahlenebene und rechnerisch aus und kontrollieren Sie beide Ergebnisse auf Übereinstimmung.
6. Berechnen Sie das Produkt $(2 + j\,1) \cdot (2 - j\,1)$. Was fällt Ihnen an dem Ergebnis auf? Versuchen Sie, eine allgemeine Aussage über das Produkt $\underline{z} \cdot \underline{z}^*$ zu formulieren und zu begründen.
7. Bilden Sie folgende Produkte jeweils auf beide Arten – unter Verwendung der algebraischen und der polaren Darstellung – und überzeugen Sie sich, daß die Ergebnisse übereinstimmen: $(2 + j\,3) \cdot (1 + j\,2)$, $3\,e^{j1} \cdot 0{,}5\,e^{j2}$ (Winkelangaben in rad), j^3.
8. Berechnen Sie die folgenden Quotienten auf zwei Arten (d. h. unter Verwendung der algebraischen und der polaren Darstellung) und überzeugen Sie sich, daß beide Ergebnisse übereinstimmen:

$$\frac{2 + j\,3}{1 + j\,2}, \quad \frac{3\,e^{j1}}{0{,}5 \cdot e^{j2}}.$$

9. Berechnen Sie $\frac{1}{j}$. (Anleitung: Erweitern Sie den Bruch mit j.)
10. Welche „Drehstauchung" ergibt sich, wenn man eine komplexe Zahl
    a) durch eine reelle Zahl $x \neq 0$ dividiert? Unterscheiden Sie die Fälle $x < -1$, $-1 < x < 0$, $0 < x < 1$, $1 < x$.
    b) durch die imaginäre Einheit j dividiert?
11. Zeichnen Sie die Ortskurve der Funktion

$$\underline{Z} = \left(1{,}5 + \frac{1}{j\,0{,}01\,q}\right)\Omega$$

für den Fall, daß q den Wertebereich $0 < q < \infty$ durchläuft.
12. Welche Funktionsgleichung gehört zu der Ortskurve **9.**14?

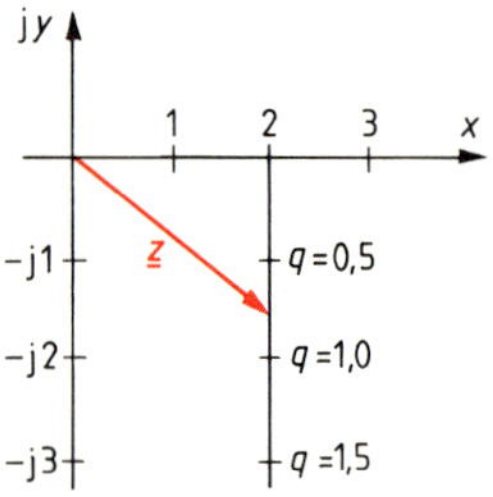

9.14 zu Aufgabe 12

13. Skizzieren Sie die Ortskurve für $\underline{z} = 1/(q + j\,2)$, wenn q im Bereich $0 \leqq q < \infty$ variiert. Welche Lage hat der Kurvenbogen, wenn die Funktionsgleichung $\underline{z}_2 = 1/(q - j\,2)$ lautet?

9.2 Komplexe Berechnung von Sinusvorgängen in Wechselstromschaltungen

Anstelle der reellen Zeitfunktionen $u = \hat{u} \cos \omega t$ oder $i = \hat{\imath} \sin \omega t$, die wir in den Abschn. 7 und 8 verwendet haben, setzt man bei diesem Verfahren komplexe Zeitfunktionen als Spannungen und Ströme ein:

$$\underline{u} = \hat{u}\,e^{j\omega t} = \hat{u}(\cos \omega t + j \sin \omega t) \quad \text{bzw.} \quad \underline{i} = \hat{\imath}\,e^{j\omega t} = \hat{\imath}(\cos \omega t + j \sin \omega t).$$

D. h. zu der tatsächlich vorhandenen Kosinusschwingung fügt man noch eine imaginäre, in Wirklichkeit nicht vorhandene, Sinusschwingung hinzu und rechnet mit der Summe.

Möchte man von einer Sinusschwingung ausgehen, läßt sich diese durch eine Zeitverschiebung leicht in eine Kosinusschwingung überführen.

Hier stellt sich die Frage, wieso man das tun darf, ohne falsche Ergebnisse zu erhalten.

Im Abschn. 9.2.2 werden wir uns an zahlreichen Beispielen davon überzeugen, daß die komplexe Berechnungsmethode zu den gleichen Ergebnissen führt wie die reelle. Nur bei der Leistungsberechnung im Abschn. 9.2.3 ergibt sich eine Abweichung, die man jedoch mit einem Kunstgriff beseitigen kann.

9.2.1 Impedanzen bei komplexer Darstellung der Ströme und Spannungen

Bei der Berechnung des Widerstands einer Schaltung nehmen wir an ihren Eingangsklemmen eine komplexe Spannung $\underline{u} = \hat{u}\,e^{j\omega t}$ an. Als Ergebnis erhalten wir einen Strom $\underline{i} = \hat{i}\,e^{j(\omega t + \varphi)}$, den die Schaltung aufnimmt. Der Quotient aus Spannung und Strom

$$\underline{Z} = \frac{\underline{u}}{\underline{i}} = \frac{\hat{u}\,e^{j\omega t}}{\hat{i}\,e^{j(\omega t+\varphi)}} = \frac{\hat{u}\,e^{j\omega t}}{\hat{i}\,e^{j\omega t} \cdot e^{j\varphi}} = \frac{\hat{u}}{\hat{i}}\,e^{-j\varphi} \tag{9.14}$$

hat offensichtlich einen komplexen Zahlenwert und die Einheit Ω. Er heißt die Impedanz der Schaltung (DIN 1304). Sein Betrag ist der Scheinwiderstand (s. Abschn. 7.4.1). Der Kehrwert der Impedanz $\underline{Y} = 1/\underline{Z}$ heißt Admittanz. Sie ist das komplexe Gegenstück zum Leitwert.

Wir beginnen mit der Impedanzberechnung der idealen Wechselstromwiderstände, um daraus später durch Reihen- und Parallelschaltung Nachbildungen der realen Widerstände und kompliziertere Schaltungen aufzubauen. Leistungsbetrachtungen verschieben wir auf einen späteren Abschnitt, weil die Leistungsberechnung bei komplexer Darstellung der Sinusstromgrößen eine Sonderstellung einnimmt.

Ein Wirkwiderstand sei an einen Generator angeschlossen, der an seinen Klemmen eine Sinusspannung erzeugt. Aus Abschnitt 7 wissen wir, daß das Ohmsche Gesetz den Zusammenhang zwischen Strom und Spannung an einem Wirkwiderstand beschreibt: $u = i \cdot R$. Dabei darf $u(t)$ und damit auch $i(t)$ eine ganz beliebige Zeitfunktion sein. Wir denken uns nun eine komplexe Spannung

$$\underline{u} = \hat{u}\,e^{j\omega t} = \hat{u}\cos\omega t + j\,\hat{u}\sin\omega t$$

an den Widerstand gelegt. Das Ohmsche Gesetz gilt für Sinus- und Kosinusspannungen, also für Real- und Imaginärteil der komplexen Spannung, so daß die Summe

$$\underline{i} = \frac{\hat{u}}{R}\cos\omega t + j\,\frac{\hat{u}}{R}\sin\omega t = \frac{\hat{u}}{R}\,e^{j\omega t}$$

einen komplexen Strom ergibt. Dies bedeutet, daß das Ohmsche Gesetz auch für komplexe Ströme und Spannungen gilt.

$$\boxed{\underline{u} = R\,\underline{i}} \tag{9.15}$$

Induktiver Blindwiderstand. Wir gehen diesmal davon aus, daß ein sinusförmiger Strom durch eine ideale Spule fließt, d. h. eine Spule, in der keine elektrische Energie in Wärme umgewandelt wird. Nach Abschn. 6.1.3 gilt das Induktionsgesetz

$$u = L\,\frac{\Delta i}{\Delta t} \tag{6.11}$$

für den Zusammenhang zwischen Strom und Spannung an der idealen Spule. Nimmt man für i einen komplexen Strom

$$\underline{i} = \hat{i}\,e^{j\omega t} = \hat{i}\cos\omega t + j\,\hat{i}\sin\omega t$$

an, liefert das Induktionsgesetz

$$\underline{u} = L\hat{i}\,\frac{\Delta\cos\omega t}{\Delta t} + j\,L\hat{i}\,\frac{\Delta\sin\omega t}{\Delta t}.$$

Darin erweitern wir die beiden Brüche mit ω

$$\underline{u} = L\hat{i}\omega\,\frac{\Delta\cos\omega t}{\Delta\omega t} + \mathrm{j}\,L\hat{i}\omega\,\frac{\Delta\sin\omega t}{\Delta\omega t}\,,$$

können nach dieser Umformung auf Gl. (6.28) und Gl. (7.14) zurückgreifen und finden

$$\underline{u} = -L\hat{i}\omega\sin\omega t + \mathrm{j}\,L i\omega\cos\omega t\,.$$

Ausklammern von $\mathrm{j}\,\omega L$ ergibt

$$\underline{u} = \mathrm{j}\,\omega L(\hat{i}\cos\omega t + \mathrm{j}\,\hat{i}\sin\omega t)\,.$$

$$\boxed{\underline{u} = \mathrm{j}\,\omega L\underline{i}} \qquad (9.16)$$

Diese Gleichung ist formal genauso aufgebaut wie das Ohmsche Gesetz (**9**.15). Man nennt $\mathrm{j}\,\omega L$ die Impedanz, in diesem Fall genauer den imaginären Blindwiderstand der idealen Spule.

Dieses (komplexe) Ergebnis enthält zwei Aussagen:

- Die Spannungsamplitude ist das Produkt aus Blindwiderstand $X_\mathrm{L} = \omega L$ und Stromamplitude. Diese Aussage ist schon in Gl. (7.16) enthalten.
- Der Faktor j bewirkt, daß der komplexe Spannungszeiger dem Stromzeiger um $\pi/2$ vorauseilt. Diese Tatsache konnte im Abschn. 7.3.3 nur mit Worten beschrieben werden.

Eine bildliche Veranschaulichung der Ergebnisse für den Wirkwiderstand, die ideale Spule und den idealen Kondensator ist in Tabelle **9**.15 zusammengefaßt.

Tabelle **9**.15 Impedanzen der idealen Schaltelemente

Schaltbild	Zusammenhang zwischen Strom und Spannung bei beliebiger Zeitabhängigkeit	Zusammenhang bei Sinusvorgängen in komplexer Darstellung	Drehzeigerbild in der Gaußschen Ebene	Liniendiagramm
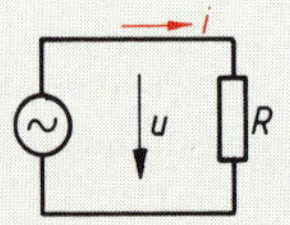	$u = Ri$	$\underline{u} = R\underline{i}$	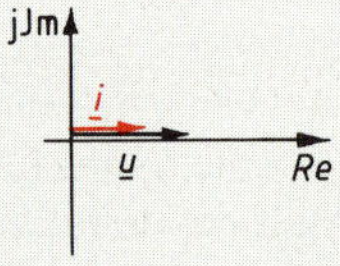	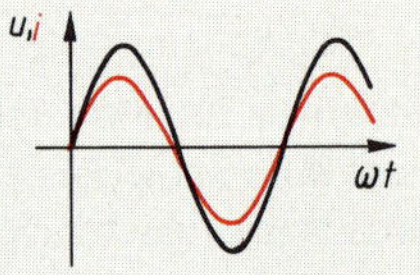
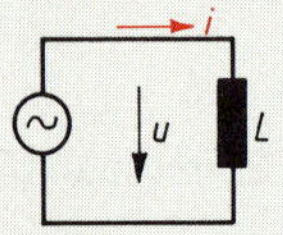	$u = L\,\frac{\Delta i}{\Delta t}$	$\underline{u} = \mathrm{j}\,\omega L\underline{i}$	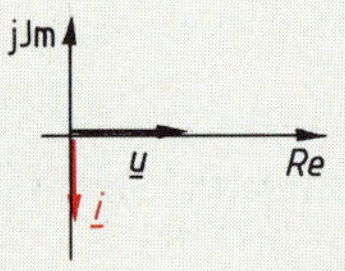	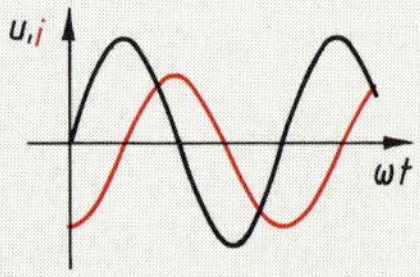
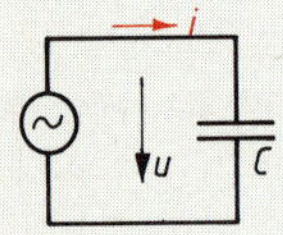	$i = C\,\frac{\Delta u}{\Delta t}$	$\underline{u} = \frac{1}{\mathrm{j}\,\omega C}\,\underline{i}$	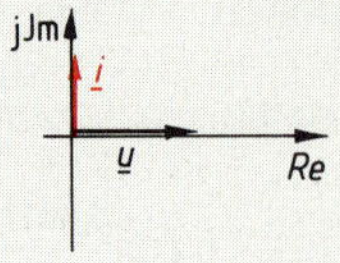	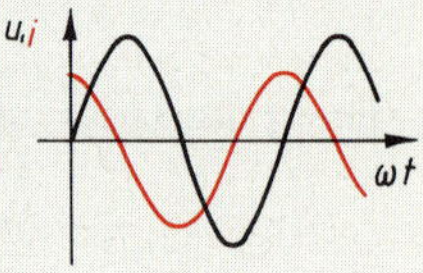

Kapazitiver Blindwiderstand. Wir betrachten einen idealen Kondensator, der an einer Sinusspannung liegt, und berechnen den kapazitiven Blindwiderstand analog zum vorangehenden Abschnitt. Aus Gl. (7.20) ist der Zusammenhang zwischen Strom und Spannung am Kondensator bekannt:

$$i = C \frac{\Delta u}{\Delta t} \tag{7.20}$$

Für u nehmen wir den komplexen Spannungszeiger

$$\underline{u} = \hat{u}\,\mathrm{e}^{\mathrm{j}\omega t} = \hat{u} \cos \omega t + \mathrm{j}\,\hat{u} \sin \omega t$$

an und erhalten

$$\underline{i} = \hat{u}\,C\,\omega \frac{\Delta \cos \omega t}{\Delta \omega t} + \mathrm{j}\,\hat{u}\,C\,\omega \frac{\Delta \sin \omega t}{\Delta \omega t},$$

wobei die Brüche gleich mit ω erweitert wurden. Wir greifen auf Gl. (6.28) und Gl. (7.14) zurück und finden für den Strom durch den Kondensator

$$\begin{aligned}\underline{i} &= -\hat{u}\,C\,\omega \sin \omega t + \mathrm{j}\,\hat{u}\,C\,\omega \cos \omega t \\ &= \mathrm{j}\,\omega\,C(\hat{u} \cos \omega t + \mathrm{j}\,\hat{u} \sin \omega t) = \mathrm{j}\,\omega\,C\,\underline{u}.\end{aligned} \tag{9.17}$$

Formal entspricht dies Ergebnis der Gl. (9.16), nur daß $\underline{i}$ und $\underline{u}$ die Rollen vertauscht haben. Der Faktor $\mathrm{j}\,\omega\,C$ ist also der imaginäre Blindleitwert des idealen Kondensators.

Um alle bisherigen Ergebnisse auf die gleiche Form zu bringen, formen wir Gl. (9.17) um

$$\boxed{\underline{u} = \frac{1}{\mathrm{j}\,\omega\,C}\,\underline{i}} \tag{9.18}$$

und erkennen, daß $\dfrac{1}{\mathrm{j}\,\omega\,C} = -\mathrm{j}\,\dfrac{1}{\omega\,C} = -\mathrm{j}\,X_{\mathrm{C}}$ der imaginäre Blindwiderstand des idealen Kondensators ist.

Wieder enthält diese Gleichung zwei Aussagen:

- Die Amplitude der Spannung ist das Produkt aus dem kapazitiven Blindwiderstand $X_{\mathrm{C}} = \dfrac{1}{\omega\,C}$ und der Stromamplitude. Diese Aussage entspricht Gl. (7.22).
- Der komplexe Spannungszeiger eilt dem Stromzeiger um $\pi/2$ nach, was sich nur in der Formulierung von dem Merksatz im Abschnitt 7.3.4 unterscheidet.

Wichtig ist folgende Erkenntnis aus Tabelle **9.**15: Bei reellen Zeitfunktionen läßt sich der Zusammenhang zwischen Spannung und Strom an der idealen Spule und am idealen Kondensator nur durch eine komplizierte mathematische Operation ($\Delta i/\Delta t$ oder $\Delta u/\Delta t$) beschreiben.

> Für den Sonderfall der Sinusvorgänge in komplexer Darstellung ergibt sich eine einfache Proportionalität (Verhältnisgleichheit) zwischen Spannung und Strom. Diese entspricht formal dem Ohmschen Gesetz. Dabei werden der idealen Spule die Impedanz $\mathrm{j}\,\omega\,L$ und dem idealen Kondensator die Impedanz $1/\mathrm{j}\,\omega\,C$ zugeordnet.

Impedanzen von Reihen- und Parallelschaltungen. Da für diese Schaltelemente der Form nach das Ohmsche Gesetz gilt, muß man auch bei Reihen- und Parallelschaltungen die gleichen Formeln verwenden können, wie wir sie im Abschn. 2.2.4 für Wirkwiderstände bei Gleichstrom abgeleitet haben.

> Die Impedanz der Reihenschaltung ist die Summe der Teilimpedanzen. Die Admittanz der Parallelschaltung ist die Summe der Teiladmittanzen.

Dieser Schluß ist vorläufig nur auf formale Analogie (Entsprechung) gegründet. Physikalisch sind die Impedanzen der idealen Spule und des idealen Kondensators etwas ganz anderes als der Wirkwiderstand. In diesen Schaltelementen wird magnetische bzw. elektrische Energie vorübergehend gespeichert, im Wirkwiderstand wird elektrische Energie in Wärme umgesetzt. Dennoch ist dieser Analogieschluß richtig, wie eine gründlichere Überlegung im nächsten Abschnitt zeigen wird.

Benennungen. Die Impedanz hat nach DIN 1304 das Formelzeichen $\underline{Z}$, die Einheit Ω und meist einen komplexen Zahlenwert. Der Wirkwiderstand R und die imaginären Blindwiderstände $\mathrm{j}\omega L$ und $1/\mathrm{j}\omega C$ sind also Sonderfälle der Impedanz.

Der Betrag der Impedanz $|\underline{Z}|$ heißt Scheinwiderstand.

Als Admittanz $\underline{Y}$ ist der Kehrwert der Impedanz definiert: $\underline{Y} = 1/\underline{Z}$. Ähnlich sind Wirkleitwert $G = 1/R$ und die imaginären Blindleitwerte $1/\mathrm{j}\omega L$ oder $\mathrm{j}\omega C$ als Kehrwerte der entsprechenden Impedanzen definiert. Der Betrag der Admittanz $|\underline{Y}|$ heißt Scheinleitwert.

Um Mißverständnisse zu vermeiden, muß man sorgfältig auf den Sprachgebrauch achten. Impedanz und Admittanz sind komplexe Größen. Scheinwiderstand, Wirkwiderstand, Blindwiderstand, Leitwert, Wirk- und Blindleitwert sind dagegen reell, es sei denn, durch eine Beifügung wird ausdrücklich anderes gesagt.

Beispiel 9.7 Berechnen Sie die Impedanz der RL-Serienschaltung 9.17 und zeichnen Sie das Impedanzdreieck in der komplexen Ebene für die Größen $R = 2\,\Omega$, $L = 12$ mH, $f = 50$ Hz. Vergleichen Sie Ihr Ergebnis mit dem Widerstandsdreieck **7**.19.

Lösung $\underline{Z} = R + \mathrm{j}\omega L = 2\,\Omega + \mathrm{j}2\pi \cdot 50\,\mathrm{s}^{-1} \cdot 12 \cdot 10^{-3}\,\mathrm{H} = \mathbf{(2 + j3{,}8)\,\Omega}$

Das Impedanzdreieck **9**.16 entspricht dem Widerstandsdreieck, wenn man statt der Widerstände die Impedanzen einführt und sie in die komplexe Ebene einzeichnet.

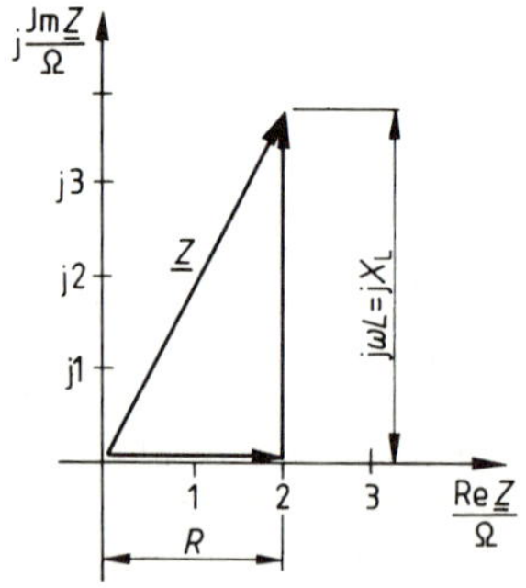

9.16 Impedanzdreieck

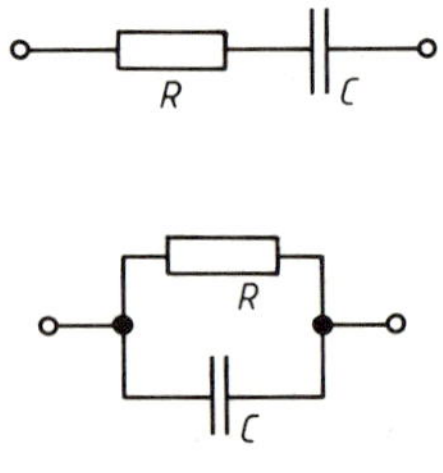

9.17 RC-Schaltungen

Beispiel 9.8 Geben Sie für die RC-Reihenschaltung und die RC-Parallelschaltung **9**.17 die allgemeine Formel für die Impedanz bzw. Admittanz an und skizzieren Sie (nicht maßstäblich) das Impedanz- bzw. Admittanzdreieck in der komplexen Ebene.

Lösung Reihenschaltung: $\underline{Z}_1 = R + \dfrac{1}{\mathrm{j}\,\omega\,C}$ Parallelschaltung: $\underline{Y}_2 = \dfrac{1}{R} + \mathrm{j}\,\omega\,C$ (**9**.18)

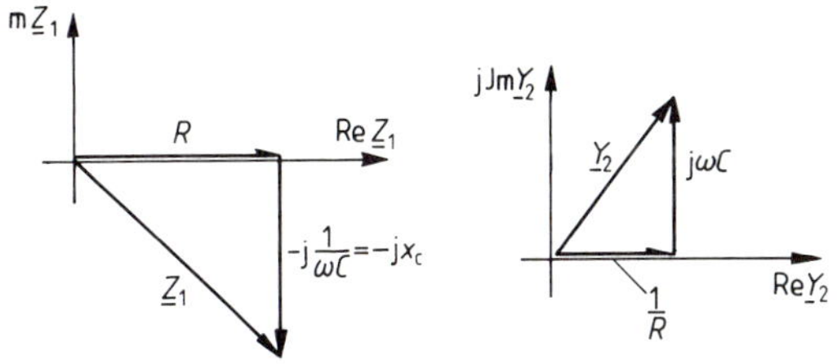

9.18 Impedanz bzw. Admittanzdreieck

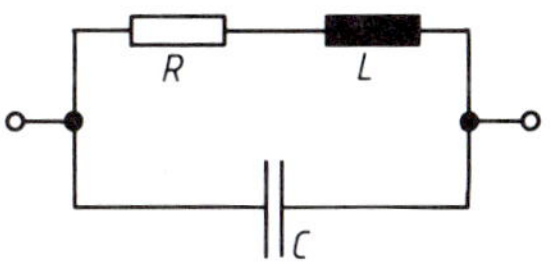

9.19 zu Beispiel 9.9

Beispiel 9.9 Berechnen Sie die Impedanz der in **9**.19 dargestellten Schaltung für die Werte

$R = 10\,\Omega,\quad L = 3\text{ mH},\quad C = 10\,\mu\text{F},\quad f = 800\text{ Hz}.$

Lösung

$$\underline{Y} = \frac{1}{R + \mathrm{j}\,\omega\,L} + \mathrm{j}\,\omega\,C = \frac{1}{10\,\Omega + \mathrm{j}\,15{,}1\,\Omega} + \mathrm{j}\,0{,}050\,S \qquad \underline{Y} = 0{,}031\,S + \mathrm{j}\,0{,}0039\,S$$

$$\underline{Z} = \frac{1}{\underline{Y}} = \frac{1}{0{,}031\,S + \mathrm{j}\,0{,}0039\,S} = \mathbf{32{,}2\,\Omega - j\,4{,}2\,\Omega}$$

Aufgaben zu Abschnitt 9.2.1

1. An einer Spule wird bei einer Spannung $U = 36$ V ein Strom $\underline{I} = 0{,}5\text{ A}\,\mathrm{e}^{-\mathrm{j}53°}$ gemessen. Geben Sie die Reihenersatzschaltung für die Spule an.
2. Stellen Sie den Blindwiderstand der idealen Spule $X_\mathrm{L} = \omega\,L$ und den Blindwiderstand $X_\mathrm{C} = 1/(\omega\,C)$ des idealen Kondensators als Funktion der Kreisfrequenz ω im Bereich $0 \leqq \omega \leqq 5000\text{ s}^{-1}$ grafisch dar. Nehmen Sie dazu folgende Werte an: $L = 20$ mH, $C = 16\,\mu$F.
3. Berechnen Sie Wirk- und Blindleitwert einer Schaltung, deren Impedanz $\underline{Z} = 10\,\Omega + \mathrm{j}\,15\,\Omega$ beträgt.
4. Eine ideale Spule mit der Induktivität $L = 12{,}7$ mH und ein Wirkwiderstand mit $R = 8\,\Omega$ sind parallelgeschaltet (**7**.30). Bei welcher Frequenz haben Wirk- und Blindleitwert dieser Schaltung gleich große Werte? Wie groß sind bei dieser Grenzfrequenz Wirk- und Blindwiderstand der Schaltung?
5. Eine Reihenschaltung aus R und L soll durch einen Parallelkondensator so kompensiert werden (**7**.53), daß der Imaginärteil der Admittanz der Schaltung verschwindet. Wie groß muß X_C gewählt werden, wenn $R = 50\,\Omega$ und $X_\mathrm{L} = 50\,\Omega$ sind?
6. Ein Reihenschwingkreis (**7**.24) ist aus folgenden Elementen aufgebaut: $R = 62{,}83\,\Omega$, $L = 0{,}1$ H, $C = 253{,}3$ nF (s. Beispiel 7.8). Berechnen Sie die Impedanz dieser Schaltung bei der Resonanzfrequenz $f_\mathrm{o} = 1$ kHz und bei der unteren und oberen Grenzfrequenz $f_\mathrm{gu} = 951$ Hz und $f_\mathrm{go} = 1051$ Hz. Zeichnen Sie die zugehörigen Impedanzdreiecke und vergleichen Sie Ihr Ergebnis mit **7**.26.
7. Gegeben ist die Schaltung **9**.20, die aus folgenden Elementen besteht: $R_1 = R_2 = 2\text{ k}\Omega$, $X_\mathrm{C1} = X_\mathrm{C2} = 10\text{ k}\Omega$. Gesucht wird eine Reihenschaltung aus R_r und X_r, die die gleiche Impedanz hat wie die dargestellte Schaltung.

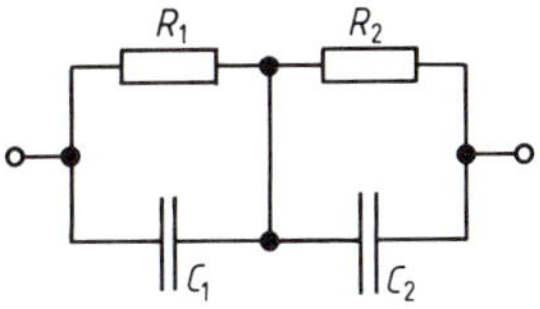

9.20 zu Aufgabe 7

8. Konstruieren Sie das Impedanzdreieck für eine Schaltung, durch die bei einer Spannung $u = 10\text{ V}\cos(2000\text{ s}^{-1}t - 15°)$ ein Strom $i = 2\text{ A}\cos(2000\text{ s}^{-1}t + 45°)$ fließt, und geben Sie Ihre Parallelersatzschaltung an.
9. Berechnen Sie die Impedanz der in **7**.54a dargestellten gemischten Schaltung mit den Methoden der komplexen Rechnung. Nehmen Sie für die Schaltelemente die in Beispiel **7**.23 angegebenen Zahlenwerte an. (Anleitung: Im ersten Schritt berechnet man die Admittanz $\underline{Y}$ der Reihenschaltung aus R_1, X_L1 und addiert den Leitwert $1/R_3$. Der Kehrwert dieser Summe ist die Impedanz der Parallelschaltung.)

9.2.2 Sinusströme und -spannungen in Wechselstromschaltungen

Wir kennen nun die Impedanzen der idealen Schaltelemente und der aus ihnen aufgebauten Schaltungen. Die Kirchhoffschen Regeln haben wir schon in vielen Anwendungen kennengelernt. Unser nächster Schritt besteht darin, uns zu überzeugen, daß die Kirchhoffschen Regeln auch für komplexe Ströme und Spannungen gelten. Damit sind wir in der Lage, die komplexe Rechnung auf beliebige elektrische Netzwerke anzuwenden.

Die erste Kirchhoffsche Regel besagt, daß in einem Knotenpunkt die Summe aus zufließenden und abfließenden Strömen null ist. Dabei gibt man den zufließenden Strömen das positive und den abfließenden das negative Vorzeichen (Abschn. 2.3.1). Der physikalische Grund ist, daß in einem Knoten keine Ladungen gespeichert werden können, sondern stets gleichzeitig genauso viele Ladungen ab- wie zufließen. Dies gilt für jeden beliebigen zeitlichen Verlauf der Ströme, also auch für Sinusströme. Da nun ein komplexer Strom die Summe aus einem gedachten und einem tatsächlichen Sinusstrom ist, gilt die erste Kirchhoffsche Regel auch für die komplexen Ströme:

$$\sum \underline{i}_{\mathrm{zu}} - \sum \underline{i}_{\mathrm{ab}} = 0 \tag{9.19}$$

Nach der zweiten Kirchhoffschen Regel ist die Summe der Spannungen in einer Masche stets gleich null. Dabei muß eine willkürlich wählbare Umlaufrichtung in der Masche eingehalten werden. Alle Spannungen, die beim Umlauf vom augenblicklichen Plus- zum Minuspol, d. h. in Richtung des Bezugspfeils durchlaufen werden, erhalten das positive Vorzeichen, die anderen das negative. Diese Regel ist in Abschn. 2.3.1 für Gleichstrom und Wirkwiderstände mit dem Satz von der Erhaltung der Energie begründet worden. Tatsächlich gilt sie ganz allgemein für Schaltungen mit konzentrierten Elementen (d. h. Leitungen sind ausgeschlossen) und beliebigem zeitlichen Verlauf der Spannungen.

Wie oben betrachten wir komplexe Spannungen als Summe zweier Sinusspannungen und erkennen so, daß die zweite Kirchhoffsche Regel auch für komplexe Spannungen gilt:

$$\sum \underline{u} = 0 \tag{9.20}$$

Die Aufstellung der Strom- und Spannungsgleichungen geht in mehreren Schritten vor sich.

1. Eintragen der Bezugspfeile für die Spannung an den Spannungsquellen und für den eingeprägten Strom an den Stromquellen. Sind mehrere Quellen im Netzwerk vorhanden, muß ihre relative Phasenlage bekannt sein. Nur eine Quelle kann als Bezugsquelle mit dem Nullphasenwinkel $\varphi = 0$ gewählt werden.
2. Festlegen eines Bezugspfeils für den Strom aller Zweige, in denen keine Stromquellen liegen.
3. Die Bezugspfeile für die Spannungen weisen grundsätzlich vom augenblicklich positiven zum augenblicklich negativen Pol. Bei passiven Schaltelementen haben daher Spannung und Strom übereinstimmende Bezugsrichtungen. Als Folge davon gilt das Ohmsche Gesetz in der Form $\underline{U} = \underline{I} \cdot \underline{Z}$ (sonst gelte $\underline{U} = -\underline{I} \cdot \underline{Z}$). Bei aktiven Schaltelementen haben die Bezugspfeile entgegengesetzte Richtungen. Dadurch erhält die abgegebene Leistung das positive Vorzeichen.
4. Wahl einer Umlaufrichtung für jede Masche.
5. Anwendung der beiden Kirchhoffschen Regeln. Bei einem Netzwerk mit z Zweigen und k Knoten werden $(k - 1)$ Knotengleichungen und $(m - k + 1)$ Maschengleichungen formuliert, so daß im ganzen z Gleichungen entstehen.
6. Anwenden der Beziehungen zwischen Strom und Spannung bei den passiven Elementen.

Auflösung des Gleichungssystems. Wenn man die Ströme in den z Zweigen eines Netzwerks berechnen möchte, braucht man z voneinander unabhängige Gleichungen, die man auch als Gleichungssystem bezeichnet. Es ergeben sich voneinander unabhängige Gleichungen, wenn man die Maschen so wählt, daß jede mindestens einen Zweig enthält, der noch nicht Bestandteil einer anderen Masche ist.

Bei großen Netzwerken entstehen umfangreiche Gleichungssysteme, zu deren Auflösung besondere mathematische Verfahren erforderlich sind. Da wir hier nur einfache Netzwerke betrachten, reicht als Auflösungsverfahren das Verfahren der schrittweisen Elimination (Beseitigung) der Unbekannten aus. Es besteht darin, daß man z.B. in einem System mit drei Gleichungen den Strom $\underline{i}_2$ als Funktion von $\underline{i}_1$ und $\underline{i}_3$ ausdrückt und diesen Wert in die beiden anderen Gleichungen einsetzt. Dadurch entstehen zwei Gleichungen, in denen nur noch $\underline{i}_1$ und $\underline{i}_3$ vorkommen. Daraus berechnet man z.B. $\underline{i}_3$ und setzt dies in die letzte Gleichung ein, aus der sich dann $\underline{i}_1$ endgültig berechnen läßt. Diesen Wert setzt man in den vorher berechneten Ausdruck für $\underline{i}_3$ ein und das Ergebnis wiederum in $\underline{i}_2$, so daß alle Ströme bestimmt sind.

In den folgenden Beispielen beschränken wir uns auf Schaltungen, in denen nur Spannungsquellen vorkommen. Weiter nehmen wir an, daß die realen Bauelemente durch eine Ersatzschaltung aus idealen Elementen ersetzt sind, so daß in den Schaltbildern nur ideale Elemente auftauchen. Als Beispiele wählen wir Schaltungen, die bereits im Abschn. 7 behandelt wurden, weil wir hier eine neue Berechnungsmethode, nicht aber neue Schaltungen vorstellen.

Beispiel 9.10 Berechnen Sie den Strom durch eine Reihenschaltung aus einem Wirkwiderstand R und einer idealen Spule mit der Selbstinduktivität L. Das Verfahren soll mit dem Vorgehen im Abschn. 7.4.1 verglichen werden.

Lösung Bild **9**.21 unterscheidet sich von dem entsprechenden Bild **7**.17 nur dadurch, daß Spannungen und Strom als komplex bezeichnet sind. Die Bezugspfeile sind nach den Arbeitsschritten 1 bis 3 eingezeichnet. Die Umlaufrichtung in der (einzigen) Masche (4. Arbeitsschritt) wird entsprechend der Stromrichtung gewählt und durch einen Ringpfeil angedeutet. Da kein Knoten vorhanden ist, wird im 5. Schritt nur eine Maschengleichung aufgestellt:

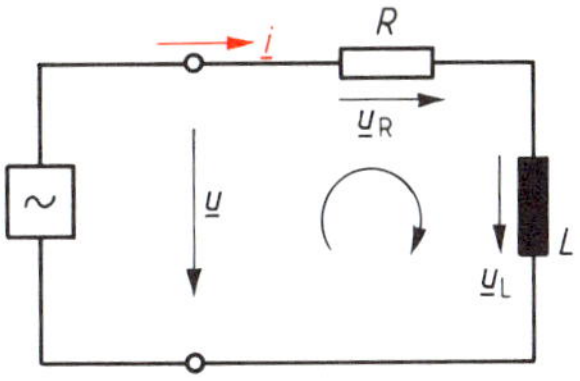

9.21 Reihenschaltung aus R und L

$$-\underline{u} + \underline{u}_R + \underline{u}_L = 0$$

Im 6. Schritt werden die Spannungen $\underline{u}_R$ und $\underline{u}_L$ durch das Produkt aus Strom und Impedanz ausgedrückt.

$$-\underline{u} + R\underline{i} + j\omega L\underline{i} = 0 \tag{9.21 a}$$

Da hier nur eine Gleichung für den gesuchten Strom vorliegt, ist die Auflösung einfach.

$$\underline{i} = \frac{\underline{u}}{R + j\omega L} = \frac{\underline{u}\,e^{-j\varphi}}{\sqrt{R^2 + \omega^2 L^2}}, \quad \tan\varphi = \frac{\omega L}{R} \tag{9.22}$$

Im Vergleich mit der Darstellung im Abschn. 7.4.1 erkennt man, daß das Drehzeigerbild **7**.18 in Gl. (9.21 a) steckt. Dazu schreiben wir Gl. (9.21 a) etwas ausführlicher, führen statt der Amplituden die komplexen Effektivwerte ein

$$-\underline{U}\sqrt{2}\,e^{j\omega t} + R\underline{I}\sqrt{2}\,e^{j\omega t} + j\omega L\underline{I}\sqrt{2}\,e^{j\omega t} = 0$$

und kürzen durch den gemeinsamen Faktor $\sqrt{2}\,e^{j\omega t}$.

$$-\underline{U} + R\underline{I} + j\omega L\underline{I} = 0 \tag{9.21 b}$$

Dies ist die mathematische Formulierung der Bildaussage **7**.18, die hier noch einmal wiederholt wird. Dabei ist $\underline{I}$ in die reelle Achse der Gaußschen Ebene gelegt. $\underline{U}_R = R\underline{I}$ liegt parallel zu $\underline{I}$

Lösung,
Fortsetzung

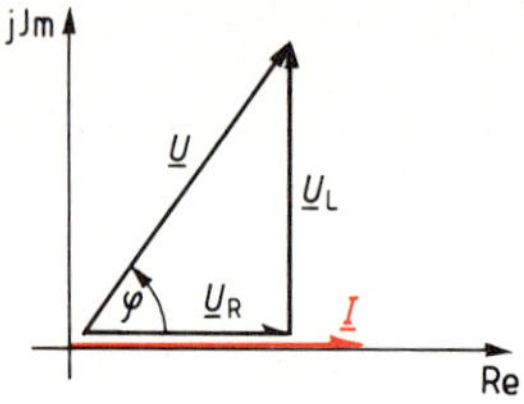

9.22 Zeigerbild der RL-Reihenschaltung

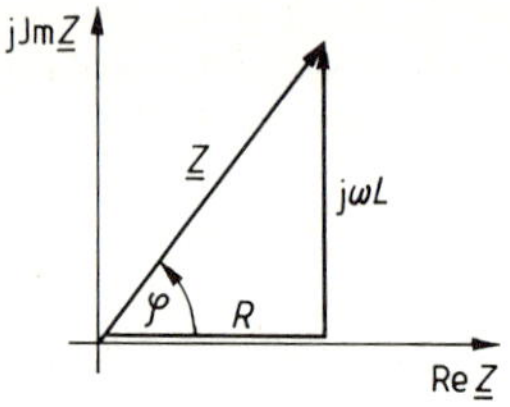

9.23 Impedanzdreieck $\underline{Z} = R + \mathrm{j}\omega L$

und $\underline{U}_\mathrm{L} = \mathrm{j}\omega L \underline{I}$ ist um $+\pi/2$ im mathematisch positiven Sinn gedreht. Gl. (9.22) liefert den Nachweis, daß die Reihenschaltung der Elemente R und L tatsächlich die Impedanz

$$\underline{Z} = \frac{\underline{u}}{\underline{i}} = \frac{\underline{U}}{\underline{I}} = R + \mathrm{j}\omega L \tag{9.23}$$

hat, wie im vorangehenden Abschnitt behauptet wurde. Der Grund dafür liegt darin, daß die zweite Kirchhoffsche Regel auch für komplexe Spannungen gilt.

Gl. (9.23) kann man in der komplexen Ebene veranschaulichen (**9**.23). Die ruhenden Zeiger R, $\mathrm{j}\omega L$ und $\underline{Z}$ bilden ein Dreieck, das dem Widerstandsdreieck **7**.19 entspricht, wenn man die dort verwendeten Größen durch ihre Impedanzen ersetzt.

Dieses Ergebnis kann man verallgemeinern: Die Zeigerbilder und Widerstandsdreiecke der Abschn. 7 und 8 veranschaulichen die gleichen Sachverhalte, die in der komplexen Wechselstromrechnung mathematisch beschrieben und in der komplexen Ebene dargestellt werden. Wir werden uns in einigen weiteren Beispielen davon überzeugen. Setzen wir nun das Beispiel der RL-Reihenschaltung fort und fragen wir nach den reellen Zeitfunktionen von Strom und Spannung.

Wir gehen zunächst davon aus, daß $u = \hat{u}\sin(\omega t + \varphi)$ gerade den Nullphasenwinkel φ hat (s. Gl. (7.27)). Dem entspricht der komplexe Spannungszeiger

$$\underline{u} = \hat{u}\,\mathrm{e}^{\mathrm{j}(\omega t + \varphi)} = \hat{u}\cos(\omega t + \varphi) + \mathrm{j}\,\hat{u}\sin(\omega t + \varphi).$$

Mit diesem Ansatz liefert Gl. (9.22)

$$\underline{i} = \frac{\hat{u}\,\mathrm{e}^{\mathrm{j}(\omega t + \varphi)} \cdot \mathrm{e}^{-\mathrm{j}\varphi}}{\sqrt{R^2 + \omega^2 L^2}} = \frac{\hat{u}\,\mathrm{e}^{\mathrm{j}\omega t}}{\sqrt{R^2 + \omega^2 L^2}}.$$

Der Strom hat also den Nullphasenwinkel $\varphi_\mathrm{i} = 0$.

Die zugehörige reelle Stromfunktion ist demnach

$$i = \mathrm{Im}\,\underline{i} = \frac{\hat{u}}{\sqrt{R^2 + \omega^2 L^2}} \sin\omega t.$$

Dies stimmt mit dem Ergebnis des Abschn. 7.4.1 überein. Der Nullphasenwinkel des Stromes verschwindet, weil wir der Spannung u von vornherein den passenden Nullphasenwinkel gegeben haben. Wären wir etwa von einer Spannung $u = \hat{u}\sin\omega t$ ausgegangen, hätten wir die zugehörige Stromfunktion

$$i = \mathrm{Im}\,\underline{i} = \frac{\hat{u}}{\sqrt{R^2 + \omega^2 L^2}} \sin(\omega t - \varphi)$$

erhalten und entsprechend für $u = \hat{u}\cos\omega t$

$$i = \mathrm{Re}\,\underline{i} = \frac{\hat{u}}{\sqrt{R^2 + \omega^2 L^2}} \cos(\omega t - \varphi).$$

Dies zeigt, daß wir uns bei der komplexen Berechnung von Sinusvorgängen nicht auf eine spezielle Sinus- oder Kosinusfunktion mit oder ohne Nullphasenwinkel festzulegen brauchen – diese Entscheidung ist ohnehin willkürlich und durch die Wahl des Zeitnullpunkts bestimmt. Wir rechnen einfach mit $\underline{u}$ und erhalten $\underline{i}$. Dem komplexen Ergebnis $\underline{i}$ können wir alle wesentlichen Tatsachen entnehmen, nämlich die Amplitude und den Phasenverschiebungswinkel des Stromes. In unserem Beispiel reicht also Gl. (9.22) als Ergebnis vollkommen aus.

Deshalb ist es auch nicht nötig, mit komplexen Zeitfunktionen zu rechnen. Vielmehr ist es üblich, komplexe Effektivwerte zu verwenden. Sie ergeben sich, indem man die komplexen Spannungs- oder Stromgleichungen durch $\sqrt{2}\,e^{j\omega t}$ dividiert, wie wir es im Beispiel 9.10 beim Übergang von Gl. (9.21a) auf Gl. (9.21b) gemacht haben. Künftig werden wir nur noch mit komplexen Effektivwerten rechnen. Der Übergang zur physikalischen Zeitfunktion ist jederzeit durch Multiplikation mit $\sqrt{2}\,e^{j\omega t}$ und Bildung von Real- oder Imaginärteil möglich.

Beispiel 9.11 Skizzieren Sie die Ortskurve der Impedanz der RL-Serienschaltung in Abhängigkeit von der Kreisfrequenz ω, wenn $R = 3\ \Omega$ und $L = 1$ mH sind.

Lösung $\underline{Z} = R + j\omega L = 3\ \Omega + j\omega \cdot 10^{-3}$ H.

Da der Realteil konstant ist, genügt es, den Imaginärteil in Abhängigkeit von ω zu berechnen.

$\frac{\omega}{s^{-1}}$	0	500	1000	1500	2000	2500
$\frac{\omega L}{\Omega}$	0	0,5	1,0	1,5	2,0	2,5

Die Ortskurve ist eine Gerade parallel zur imaginären Achse im Abstand 3 Ω (**9**.24). Da nur Kreisfrequenzen $\omega \geqq 0$ physikalisch sinnvoll sind, beginnt die Ortskurve auf der reellen Achse.

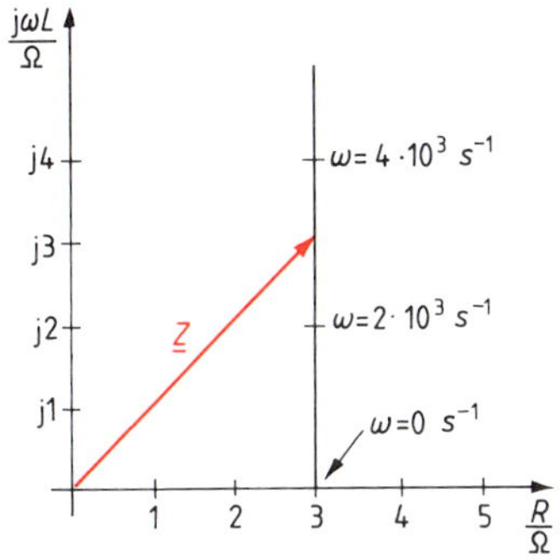

9.24 Ortskurve für $\underline{Z} = R + j\omega L$

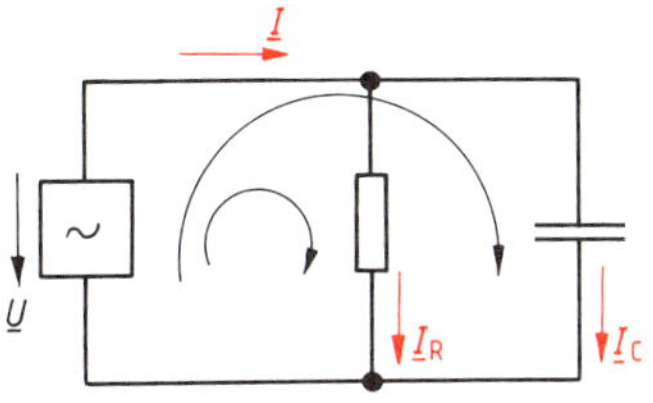

9.25 RC-Parallelschaltung

Beispiel 9.12 In Bild **7**.25 sind die Zeigerbilder des Stromes und der Spannungen in einem Reihenschwingkreis (**7**.24) dargestellt. Berechnen Sie die Spannungen $\underline{U}_R$, $\underline{U}_L$, $\underline{U}_C$ und $\underline{U}$ in komplexer Darstellung unter der Voraussetzung, daß der Strom $\underline{I}$ durch die Schaltung gegeben ist. Vergleichen Sie Ihr Ergebnis mit den Zeigerbildern **7**.25.

Lösung $\underline{U}_R = R\underline{I}, \quad \underline{U}_L = j\omega L\underline{I}, \quad \underline{U}_C = -j\dfrac{1}{\omega C}\underline{I}.$

Nach der zweiten Kirchhoffschen Regel ist

$$\underline{U} = \underline{U}_R + \underline{U}_L + \underline{U}_C = \left[R + j\left(\omega L - \frac{1}{\omega C}\right)\right]\underline{I}.$$

Lösung, Fortsetzung

Man erkennt, daß die Zeigerbilder **7**.25 die erhaltenen Spannungsgleichungen veranschaulichen. $\underline{U}_R$ liegt parallel zu $\underline{I}$, $\underline{U}_L$ um $\pi/2$ voreilend, $\underline{U}_C$ um $\pi/2$ nacheilend zu $\underline{I}$. Die Lage des Zeigers $\underline{U}$ in der komplexen Ebene hängt davon ab, ob die Blindspannung $\underline{U}_C$ am Kondensator größer, gleich oder kleiner als die Blindspannung $\underline{U}_L$ an der (idealen) Spule ist.

Beispiel 9.13 Berechnen Sie das Stromzeigerbild für eine Parallelschaltung aus einem Wirkwiderstand und einem idealen Kondensator. Vergleichen Sie Ihre Ergebnisse mit der Darstellung im Abschn. 7.5.2.

Lösung Diese Schaltung hat zwei Knoten und zwei Maschen (**9**.25). Um die gesuchten drei Ströme zu berechnen, werden eine Knoten- und zwei Maschengleichungen aufgestellt.

$$\underline{I} - \underline{I}_R - \underline{I}_C = 0, \quad -\underline{U} + R\underline{I}_R = 0, \quad -\underline{U} + \frac{1}{j\omega C}\underline{I}_C = 0$$

Dabei sind die Spannungen an den passiven Elementen gleich durch das Produkt aus Impedanz und Strom ausgedrückt. Man erhält:

$$\underline{I}_R = \frac{\underline{U}}{R}, \quad \underline{I}_C = j\omega C\underline{U}, \quad \underline{I} = \underline{I}_R + \underline{I}_C = \underline{U}\left(\frac{1}{R} + j\omega C\right)$$

Das Zeigerbild **7**.35 ist eine Veranschaulichung dieser Gleichungen. $\underline{I}_R$ liegt parallel zu $\underline{U}$, $\underline{I}_C$ senkrecht zu $\underline{U}$, $\underline{I}$ ist die Summe aus beiden. Die letzte Gleichung bestätigt die Regel, daß bei einer Parallelschaltung die Admittanzen zu addieren sind.

Beispiel 9.14 Es sind die Ortskurven für die Admittanz und die Impedanz der RC-Parallelschaltung **9**.25 zu berechnen und zu zeichnen. Dazu sollen die Kreisfrequenz ω als veränderlich betrachtet und die Werte $R = 2\ \text{k}\Omega$, $C = 1\ \mu\text{F}$ angenommen werden.

Lösung (**9**.26, **9**.27)

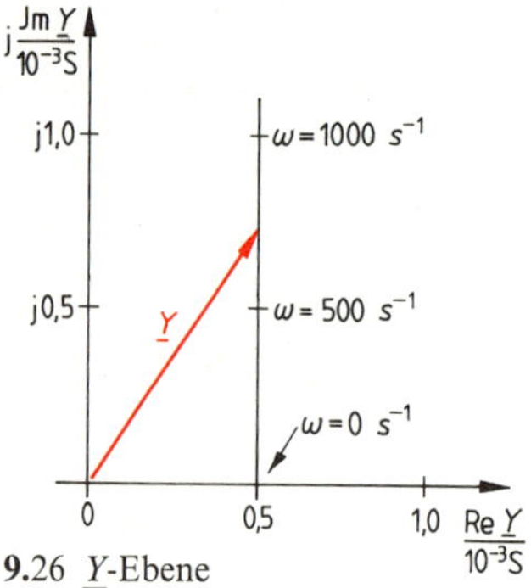

9.26 $\underline{Y}$-Ebene

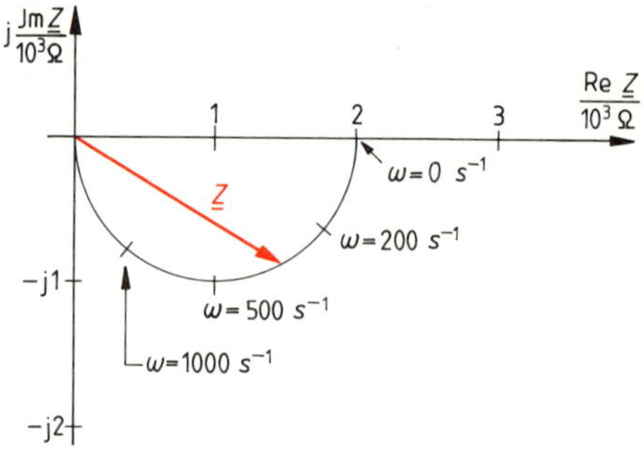

9.27 $\underline{Z}$-Ebene

Admittanz: $\underline{Y} = \dfrac{1}{R} + j\omega C, \quad \tan\varphi = \omega C R$

Impedanz: $\underline{Z} = \dfrac{1}{\underline{Y}} = \dfrac{1}{\dfrac{1}{R} + j\omega C} = \dfrac{e^{-j\varphi}}{\sqrt{\dfrac{1}{R^2} + \omega^2 C^2}}$

$\dfrac{\omega}{s^{-1}}$	0	200	500	1000
$\dfrac{\underline{Y}}{10^{-3}\ \text{S}}$	0,5	0,5 + j 0,2	0,5 + j 0,5	0,5 + j 1,0
$\dfrac{\underline{Z}}{10^3\ \Omega}$	$2\ e^{j0°}$	$1{,}86\ e^{-j21{,}8°}$	$1{,}41\ e^{-j45°}$	$0{,}89\ e^{-j63{,}4°}$

Beispiel 9.15 Gegeben ist die in Bild **9**.28 dargestellte gemischte Schaltung. Gesucht werden das vollständige Drehzeigerbild der Ströme und Spannungen (qualitativ) sowie der Strom $\underline{I}_2$.

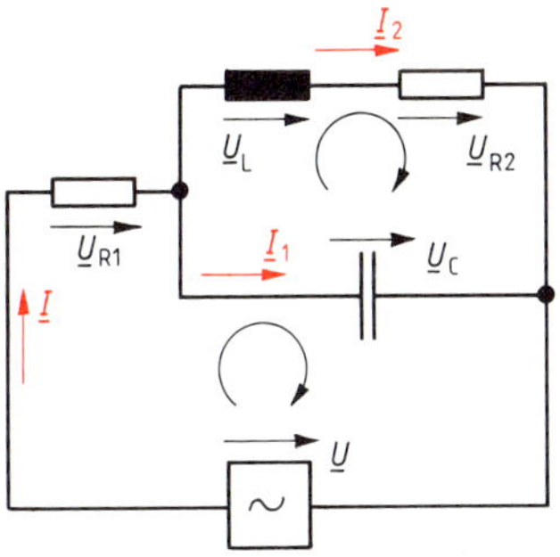

9.28 Gemischte Schaltung

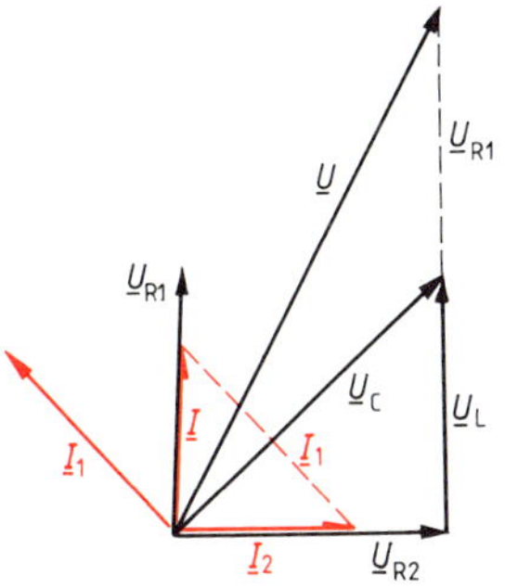

9.29 Drehzeigerbild der gemischten Schaltung

Lösung Auch diese Schaltung hat zwei Knoten und zwei Maschen. Wir stellen eine Knoten- und zwei Maschengleichungen auf.

$$\underline{I}-\underline{I}_1-\underline{I}_2=0, \quad -\underline{U}+R_1\underline{I}+\frac{1}{\mathrm{j}\omega C}\underline{I}_1=0, \quad -\frac{1}{\mathrm{j}\omega C}\underline{I}_1+\mathrm{j}\omega L\underline{I}_2+R_2\underline{I}_2=0$$

Zur Konstruktion des Zeigerbilds gehen wir von der dritten Gleichung aus. Wir nehmen $\underline{I}_2$ als bekannt an und konstruieren aus $\underline{I}_2 R_2$ und $\mathrm{j}\omega L\underline{I}_2$ die Spannung $\underline{U}_C$ an der Parallelschaltung als geometrische Summe aus $\underline{I}_2\underline{R}_2$ und $\mathrm{j}\omega L\underline{I}_2$. Dieser Spannung $\underline{U}_C$ eilt der Strom $\underline{I}_1=\mathrm{j}\omega C\underline{U}_C$ um $\pi/2$ voraus.

Nach der ersten Gleichung ist der Gesamtstrom die Summe der beiden Teilströme. Die Spannung $\underline{I}R_1$ liegt parallel zu $\underline{I}$. Die notwendige Generatorspannung $\underline{U}$ ist dann die geometrische Summe aus $\underline{U}_{R1}$ und $\underline{U}_C$ (**9**.29).

Zur Berechnung von $\underline{I}_2$ wenden wir das Verfahren der schrittweisen Elimination der Unbekannten an. Aus der Knotengleichung berechnen wir $\underline{I}$ und setzen dies in die zweite Gleichung ein.

$$\left(R_1+\frac{1}{\mathrm{j}\omega C}\right)\underline{I}_1+R_1\underline{I}_2=\underline{U} \qquad -\frac{1}{\mathrm{j}\omega C}\underline{I}_1+(R_2+\mathrm{j}\omega L)\underline{I}_2=0$$

Damit haben wir das ursprüngliche System von drei Gleichungen mit drei Unbekannten auf ein System mit zwei Gleichungen und den Unbekannten $\underline{I}_1$ und $\underline{I}_2$ zurückgeführt. Indem wir $\underline{I}_1$ aus der ersten Gleichung berechnen und dies in die zweite Gleichung einsetzen, erhalten wir eine Bestimmungsgleichung für $\underline{I}_2$.

$$\underline{I}_1=\frac{\underline{U}-\underline{I}_2R_1}{R_1+\dfrac{1}{\mathrm{j}\omega C}} \quad\Rightarrow\quad \frac{-1}{\mathrm{j}\omega C}\cdot\frac{\underline{U}-\underline{I}_2R_1}{R_1+\dfrac{1}{\mathrm{j}\omega C}}+(R_2+\mathrm{j}\omega L)\underline{I}_2=0$$

Die Ausrechnung ergibt

$$\underline{I}_2=\frac{\underline{U}}{R_1+R_2-\omega^2LCR_1+\mathrm{j}(\omega L+\omega CR_1R_2)}.$$

Bemerkenswert an diesem Ergebnis ist, daß bei der Kreisfrequenz $\omega=\sqrt{\dfrac{R_1+R_2}{LCR_1}}$ der Realteil des Nenners verschwindet und daher die Spannung $\underline{U}_2=\underline{I}_2\cdot R_2$ der Generatorspannung $\underline{U}$ um $\pi/2$ nacheilt. Die Schaltung ist also als Phasenschieber brauchbar.

Dieses Ergebnis wäre mit den reellen Rechenmethoden der Abschnitte 7 und 8 nur mühsam erreichbar.

Aufgaben zu Abschnitt 9.2.2

1. Berechnen Sie den Strom durch die RC-Reihenschaltung **7**.21, indem Sie die zweite Kirchhoffsche Regel anwenden und die Spannungen als Produkt aus Impedanz und Strom ausdrücken. Verwenden Sie zur Kontrolle Ihres Ergebnisses das Zeigerbild **7**.22 und die Formel für die Impedanz aus Beispiel 9.8.
2. Zeichnen Sie die Ortskurve der Impedanz in Abhängigkeit von der Frequenz für die RC-Reihenschaltung. Nehmen Sie dazu die Werte $R = 2\,\mathrm{k\Omega}$, $C = 1\,\mu\mathrm{F}$ und $\omega = 200\,\mathrm{s}^{-1}$, $400\,\mathrm{s}^{-1}$, $600\,\mathrm{s}^{-1}$, $800\,\mathrm{s}^{-1}$, $1000\,\mathrm{s}^{-1}$, $\infty\,\mathrm{s}^{-1}$ an.
3. Wie im Abschn. 7.6.1 dargestellt, kann man für eine Spule eine Reihen- und eine Parallelersatzschaltung verwenden. Diese Ersatzschaltungen sind jedoch stets nur für e i n e Frequenz gleichwertig. Um dies zu zeigen, zeichnen Sie die Ortskurve der Impedanz in Abhängigkeit von der Frequenz für eine RL-Reihenschaltung mit $R_r = 35\,\Omega$, $L_r = 60\,\mathrm{mH}$ sowie für eine RL-Parallelschaltung mit $R_p = 45{,}15\,\Omega$, $L_p = 0{,}2669\,\mathrm{H}$.
Verwenden Sie als Frequenzen $f = 25\,\mathrm{Hz}$, $50\,\mathrm{Hz}$, $75\,\mathrm{Hz}$ und $100\,\mathrm{Hz}$. Für welche Frequenz haben beide Schaltungen die gleiche Impedanz?
4. Berechnen Sie den Strom durch die Reihenschaltung **9**.30. Zeigen Sie, daß die Summe der Teilspannungen (Spannungen an den Schaltelementen) gleich der Generatorspannung ist, obgleich die Teilspannungen z.T. größer als die Generatorspannung sind. Veranschaulichen Sie den Sachverhalt durch ein Zeigerbild der Spannungen.

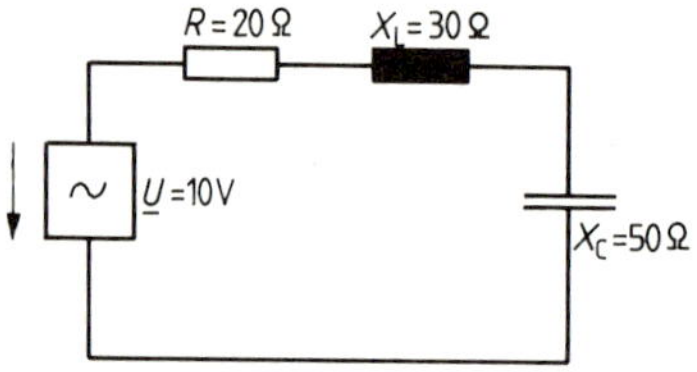

9.30 zu Aufgabe 4

5. Berechnen Sie bei der Parallelschaltung **9**.31 die beiden Zweigströme $\underline{I}_1$ und $\underline{I}_2$ sowie den Gesamtstrom. Zeichnen Sie das Stromzeigerbild und geben Sie eine Reihenersatzschaltung an. Nehmen Sie dabei folgende Werte an: $U_G = 10\,\mathrm{V}$, $R_1 = 10\,\Omega$, $R_2 = 8\,\Omega$, $X_L = 5\,\Omega$, $X_C = 10\,\Omega$.
(Hinweis: Beachten Sie, daß für die Impedanzen der idealen Spule und des Kondensators $\underline{Z}_L = \mathrm{j}X_L$, aber $\underline{Z}_C = -\mathrm{j}X_C$ gelten.)

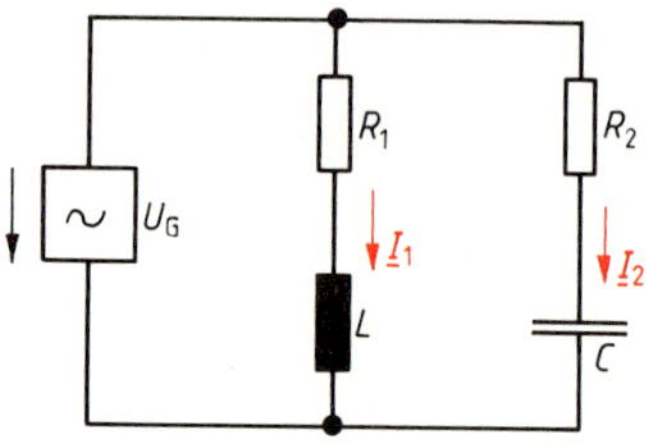

9.31 zu Aufgabe 5

6. Ein Generator treibt einen Strom durch eine Reihenschaltung aus dem Wirkwiderstand $R_2 = 10\,\Omega$ und einer Spule mit der Ersatzimpedanz $R_1 + \mathrm{j}X_L$ (**9**.32). Gemessen werden die Beträge der Generatorspannung U_G der Spannung U_{R2} an R_2 und der Spannung U_{Sp} an der Spule. Wie kann man aus diesen Angaben R_1 und X_L ermitteln? Geben Sie eine grafische Lösung an. Gehen Sie dazu von folgenden Meßwerten aus: $U_{R2} = 5\,\mathrm{V}$, $U_{Sp} = 7\,\mathrm{V}$, $U_G = 10\,\mathrm{V}$.

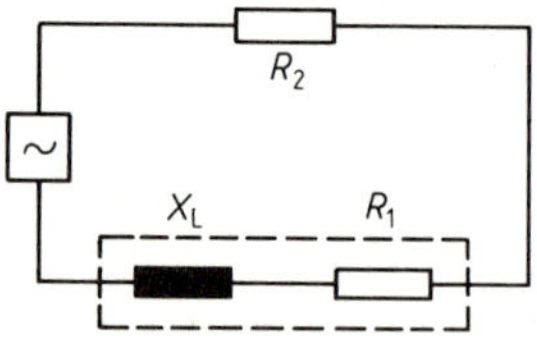

9.32 zu Aufgabe 6

7. In der Parallelschaltung **9**.33 zeigt der Strommesser $\underline{I} = 20\,\mathrm{mA}$. Welche Ströme fließen in den einzelnen Elementen, wenn $R = 200\,\Omega$, $X_L = 100\,\Omega$, $X_C = 300\,\Omega$ betragen? Überprüfen Sie Ihr Ergebnis durch ein Stromzeigerbild.

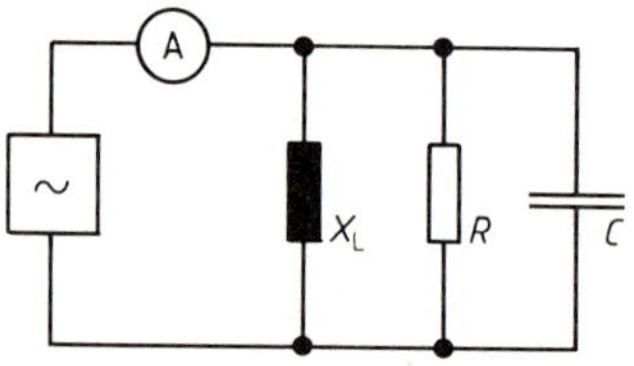

9.33 zu Aufgabe 7

8. Zeichnen Sie die Ortskurve der Impedanz des Parallelschwingkreises **7**.36 in Abhängigkeit von der Frequenz. Die Bauelemente haben folgende Werte: $R = 20\,\Omega$, $L = 1\,\mathrm{mH}$, $C = 10\,\mu\mathrm{F}$. Zeichnen Sie die Impedanzwerte für die beiden Grenzfrequenzen ein.

9. Berechnen Sie die Ströme in den einzelnen Elementen der Schaltung **9**.34, die an einer Spannungsquelle mit $U_G = 10$ V liegt. Nehmen Sie dazu folgende Werte an: $R_1 = 5\ \Omega$, $R_2 = 5\ \Omega$, $C = 1\ \mu F$, $\omega = 2 \cdot 10^5\ s^{-1}$.
Zeichnen Sie das Zeigerbild der Ströme und kontrollieren Sie Ihr Ergebnis, indem Sie den Gesamtstrom $\underline{I} = \underline{U}_G / \underline{Z}_{ges}$ berechnen.

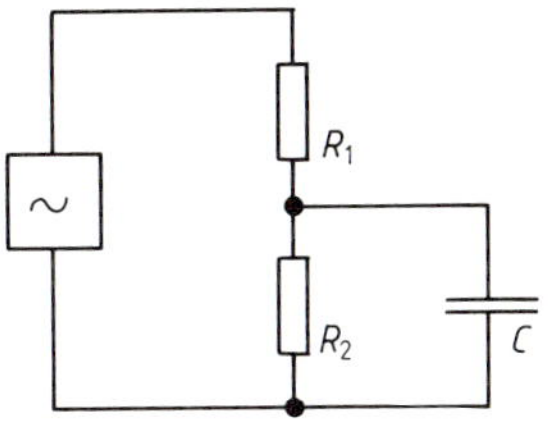

9.34 zu Aufgabe 9

9.2.3 Leistungsberechnung bei Sinusvorgängen

Wie am Anfang des Abschn. 9.2 dargestellt, besteht das Verfahren zur komplexen Darstellung eines Sinusvorgangs darin, dem physikalischen Vorgang u oder i eine in Wirklichkeit nicht vorhandene Komponente hinzuzufügen und mit der Summe aus beiden (dem Zeiger) zu rechnen. Bei den bisherigen Berechnungen haben wir stets nur bestimmte Rechenoperationen durchgeführt. So wurden Drehzeiger bei der Anwendung der Kirchhoffschen Regeln immer nur addiert oder subtrahiert. Auch die Division zweier Drehzeiger durcheinander ist vorgekommen. Sie ergab eine Impedanz oder Admittanz. Niemals aber wurden zwei Drehzeiger miteinander multipliziert.

Zur Berechnung der Leistung jedoch ist ein Produkt erforderlich. Wir beginnen mit dem Produkt $\underline{u} \cdot \underline{i}$ und betrachten dies als einen Ansatz, d.h. als einen Versuch der Leistungsberechnung im Komplexen, der sich auch als falsch erweisen kann.

$$\underline{u} \cdot \underline{i} = \hat{u}\, e^{j(\omega t + \varphi_u)}\, \hat{i}\, e^{j(\omega t + \varphi_i)} = \hat{u}\, \hat{i}\, e^{j(2\omega t + \varphi_u + \varphi_i)}$$

$$\underline{u} \cdot \underline{i} = \hat{u}\, \hat{i}\, [\cos(2\omega t + \varphi_u + \varphi_i) + j \sin(2\omega t + \varphi_u + \varphi_i)] \tag{9.24}$$

Das Produkt liefert also einen Drehzeiger, der mit der doppelten Winkelgeschwindigkeit 2ω rotiert und dessen Nullphasenwinkel die Summe der Nullphasenwinkel φ_u und φ_i ist. Wir wissen zwar aus der Leistungsbetrachtung mit reellen Zeitfunktionen im Abschn. 7, daß die augenblickliche Leistung mit der Kreisfrequenz 2ω schwingt, aber der zeitliche Mittelwert von Real- oder Imaginärteil von Gl. (9.24) ergibt stets null. Das Produkt $\underline{u} \cdot \underline{i}$ kann also nicht die Leistung sein. Hier begegnet uns zum erstenmal ein Fall, wo die Darstellung der Sinusvorgänge durch Zeiger zu einem physikalisch unsinnigen Ergebnis führt – eine Folge davon, daß der Drehzeiger auch eine in Wirklichkeit nicht vorhandene Schwingung enthält.

Wir verwerfen daher den Ansatz (9.24) für die Leistungsberechnung und multiplizieren den Spannungszeiger mit dem konjugiert komplexen Stromzeiger:

$$\underline{u} \cdot \underline{i}^* = \hat{u} \cdot e^{j(\omega t + \varphi_u)} \hat{i} \cdot e^{-j(\omega t + \varphi_i)} = \hat{u} \cdot \hat{i} \cdot e^{j(\varphi_u - \varphi_i)}$$

$$\underline{u} \cdot \underline{i}^* = \hat{u} \cdot \hat{i} [\cos(\varphi_u - \varphi_i) + j \sin(\varphi_u - \varphi_i)] \tag{9.25}$$

Zunächst bemerken wir, daß dies Ergebnis nicht von der Zeit abhängt, also nicht der Augenblickswert, sondern nur ein Mittelwert der Leistung sein kann. Wenn wir für die Differenz der Nullphasenwinkel den Phasenverschiebungswinkel $\varphi = \varphi_u - \varphi_i$ der Spannung, bezogen auf den Strom, einführen und außerdem die Gl. (9.25) mit dem Faktor 1/2 multiplizieren, zeigt sich durch Vergleich mit der Darstellung in Abschn. 7.4.1 oder 7.4.2, daß Gl. (9.25) mit diesen Änderungen komplexe Scheinleistung darstellt.

$$\underline{P}_s = \frac{1}{2} \hat{u} \cdot \hat{i} (\cos\varphi + j \sin\varphi) = \frac{\hat{u}}{\sqrt{2}} \cdot \frac{\hat{i}}{\sqrt{2}} (\cos\varphi + j \sin\varphi)$$

$$\underline{P}_s = U \cdot I (\cos\varphi + j \sin\varphi), \quad |\underline{P}_s| = U \cdot I \tag{9.26a}$$

Aus dem Drehzeigerbild **7**.18 lesen wir ab, daß

$$U\cos\varphi = U_\mathrm{R} = IR \quad \text{und} \quad U\sin\varphi = U_\mathrm{L} = IX_\mathrm{L} \quad \text{sind.}$$

Damit ergibt Gl. (**9**.26a) für die RL-Reihenschaltung

$$\underline{P}_\mathrm{s} = I^2 R + \mathrm{j} I^2 X_\mathrm{L} = I^2 \underline{Z},$$

was mit den Ergebnissen im Abschn. 7.4.1 übereinstimmt.
Ähnlich gilt für die RC-Reihenschaltung nach Zeigerbild **7**.22

$$U\cos\varphi = U_\mathrm{R} = IR \quad \text{und} \quad U\sin\varphi = U_\mathrm{C} = -IX_\mathrm{C}.$$

Das Minuszeichen besagt, daß die Spannung am Kondensator um $\pi/2$ gegenüber dem Strom nacheilt. Hiermit liefert Gl. (9.26a)

$$\underline{P}_\mathrm{s} = I^2 R - \mathrm{j} I^2 X_\mathrm{C} = I^2 \underline{Z}, \quad |\underline{P}_\mathrm{s}| = U \cdot I.$$

Damit ist gezeigt, daß Gl. (9.26a) die komplexe Scheinleistung darstellt. Unter Benutzung der komplexen Effektivwerte kann man sie auch so schreiben:

$$\boxed{\underline{P}_\mathrm{s} = \underline{U} \cdot \underline{I}^* = \underline{U} \cdot \frac{\underline{U}^*}{\underline{Z}^*} = \frac{U^2}{\underline{Z}^*} = \underline{I}\,\underline{Z}\,\underline{I}^* = I^2 \underline{Z}} \tag{9.26b}$$

Ihr Realteil heißt Wirkleistung oder, wenn Mißverständnisse nicht zu befürchten sind, Leistung. Man erhält sie, indem man das Produkt UI mit dem Leistungsfaktor $\cos\varphi$ multipliziert:

$$P_\mathrm{p} = UI\cos\varphi \tag{9.27}$$

Der Imaginärteil der komplexen Scheinleistung heißt Blindleistung:

$$P_\mathrm{q} = UI\sin\varphi \tag{9.28}$$

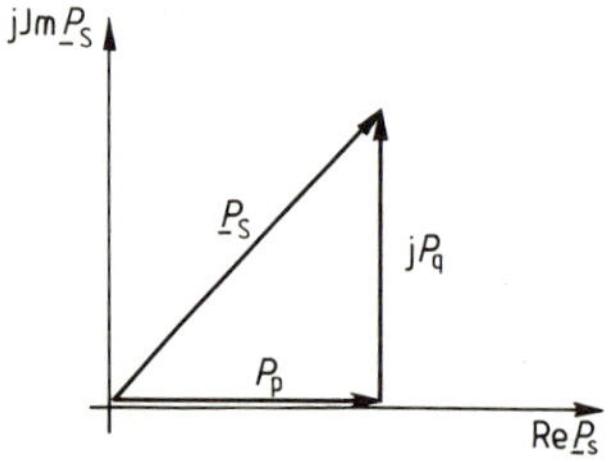

9.35 Leistungsdreieck für eine RL-Reihenschaltung

Der Darstellung $\underline{P}_\mathrm{s} = I^2 \underline{Z}$ entnehmen wir, daß das Leistungsdreieck in der Gaußschen Ebene mit dem Impedanzdreieck übereinstimmt, wenn man dessen Komponenten mit I^2 multipliziert. Im Vergleich mit der Leistungsberechnung mit reellen Zeitfunktionen im Abschn. 7 muß hier darauf hingewiesen werden, daß die komplexe Darstellung nicht die Augenblickswerte der Leistung ergibt. D.h., $\underline{P}_\mathrm{s} = P_\mathrm{p} + \mathrm{j} P_\mathrm{q}$ ist kein Drehzeiger, sondern wie die Impedanz oder Admittanz ein ruhender Zeiger (**9**.35).

Benennungen. Wir nennen die Größe $\underline{P}_\mathrm{s}$ ausdrücklich „komplexe Scheinleistung" und reservieren das Wort Scheinleistung (ohne Beifügung) für ihren Betrag UI (DIN 40110).

Beispiel 9.16 Berechnen Sie die komplexe Scheinleistung an den idealen Schaltelementen R, L, C und überzeugen Sie sich davon, daß an R eine reine Wirkleistung, an L und C reine Blindleistungen entstehen.

Lösung Für R gilt: $\underline{U} = R\underline{I}$ (Gl. 9.15)

$$\underline{P}_s = \underline{U}\,\underline{I}^* = R\underline{I} \cdot \underline{I}^* = RI^2 = P_p$$

Für L: $\underline{U} = j\omega L I$ (Gl. 9.16)

$$\underline{P}_s = \underline{U}\,\underline{I}^* = j\omega L I I^* = j\omega L I^2 = jX_L I^2 = jP_q$$

Für C: $\underline{U} = \dfrac{1}{j\omega C} \mathrm{I}$ (Gl. 9.18)

$$\underline{P}_s = I^2 \underline{Z} = \frac{I^2}{j\omega C} = -j\frac{I^2}{\omega C} = -jX_C I^2 = -jP_q$$

Bei der kapazitiven Blindleistung tritt das negative Vorzeichen auf, weil am idealen Kondensator der Spannungszeiger um $-\pi/2$ gegenüber dem Stromzeiger verschoben ist (s. Tab. **9.**15).

Beispiel 9.17 Eine Reihenschaltung mit $R = 100\ \Omega$ und $X_L = 250\ \Omega$ liegt an einem Generator mit der Klemmenspannung $U = 220$ V. Berechnen Sie die komplexe Scheinleistung. Vergleichen Sie Rechengang und Ergebnisse mit der Darstellung im Beispiel 7.5.

Lösung 1. Methode:

$$\underline{I} = \frac{\underline{U}}{R + j\omega L} = \frac{220\ \text{V}}{100\ \Omega + j250\ \Omega} = 0{,}82\ \text{A}\ e^{-j68{,}2°}$$

$$\underline{P}_s = \underline{U}\,\underline{I}^* = 220\ \text{V} \cdot 0{,}82\ \text{A}\ e^{+j68{,}2°} = 179{,}8\ \text{VA}\ e^{j68{,}2°} \qquad \underline{P}_s = \mathbf{66{,}8\ W + j166{,}9\ var}$$

2. Methode:

$$\underline{P}_s = \frac{U^2}{\underline{Z}^*} = \frac{(220\ \text{V})^2}{100\ \Omega - j250\ \Omega} = \mathbf{179{,}8\ VA\ e^{j68{,}2°}}$$

Bei der Berechnung mit reellen Größen mußten Wirk-, Blind- und Scheinleistung je gesondert berechnet werden. Die Ergebnisse stimmen (bis auf Rundungsfehler) überein.

Beispiel 9.18 Eine RL-Serienschaltung soll durch Parallelkondensatoren unterschiedlicher Kapazität kompensiert werden (**9.**36). Zeichnen Sie die Leistungsdreiecke für folgende Werte: $U = 220$ V, $f = 50$ Hz, $R = 23{,}3\ \Omega$, $X_L = 14{,}4\ \Omega$, $C = 0\ \mu$F, $16\ \mu$F, $32\ \mu$F.

Lösung

$$\underline{Y} = \frac{1}{R + jX_L} - j\omega C = \frac{1}{23{,}3\ \Omega + j14{,}4\ \Omega} + j\omega C$$

$$\underline{Y} = 31{,}06\ \text{mS} - j19{,}19\ \text{mS} + j\omega C$$

$$\underline{P}_s = \frac{U^2}{\underline{Z}^*} = U^2\underline{Y}^* = (220\ \text{V})^2(31{,}06\ \text{mS} + j19{,}19\ \text{mS} - j\omega C)$$

Für $C = 0\ \mu$F → $\underline{P}_{S0} = 1{,}5$ kW + j928,8 var

Für $C = 16\ \mu$F → $\underline{P}_{S1} = 1{,}5$ kW + j685,5 var

Für $C = 32\ \mu$F → $\underline{P}_{S2} = 1{,}5$ kW + j442,2 var

Bei unveränderter Wirkleistung sinkt die (induktive) Blindleistung um 15,2 var/1 µF.

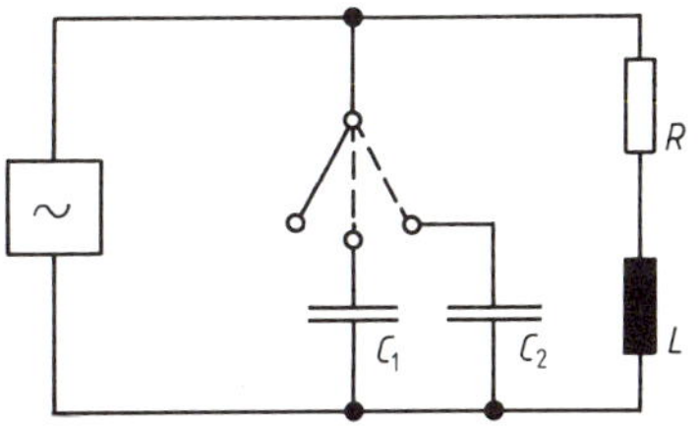

9.36 Kompensationsschaltung

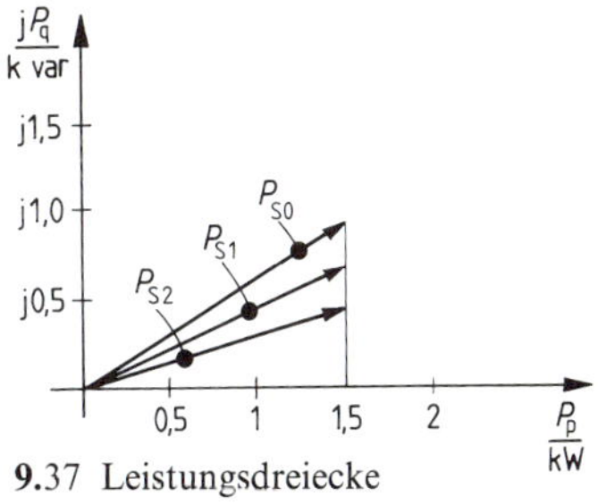

9.37 Leistungsdreiecke

Aufgaben zu Abschnitt 9.2.3

1. Ein Transformator soll drei Abnehmer mit folgenden Scheinleistungen speisen: $P_{S1} = 200$ VA, $\cos\varphi_1 = 0{,}5$ ind., $P_{S2} = 300$ VA, $\cos\varphi_2 = 0{,}8$ kap., $P_{S3} = 150$ VA, $\cos\varphi_3 = 0{,}6$ ind. Welche komplexe Scheinleistung ist im ganzen erforderlich? Lösen Sie die Aufgabe rechnerisch und grafisch.
2. Durch die Parallelschaltung **9.**38 fließt ein Strom von $I = 3$ A. Berechnen Sie die komplexe Scheinleistung.

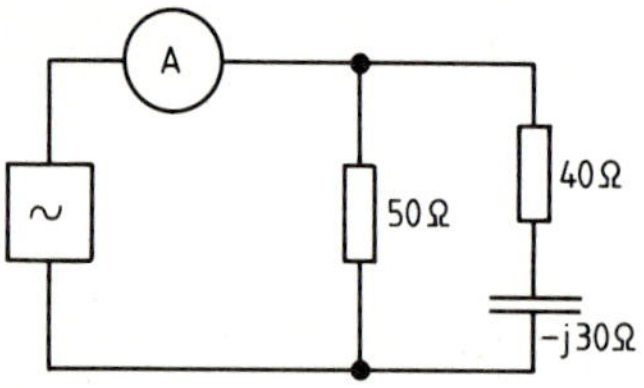

9.38 zu Aufgabe 2

3. Berechnen Sie Wirk-, Blind- und Scheinleistung in der RLC-Reihenschaltung **9.**30 und zeichnen Sie das Leistungsdreieck. Was bedeutet das negative Vorzeichen bei der Blindleistung?
4. Bestimmen Sie für die RLC-Parallelschaltung **7.**36 die komplexe Scheinleistung in jedem Zweig und die Gesamtleistung für $U = 20$ V, $R = 200\ \Omega$, $L = 10$ mH, $\omega = 1000\ \text{s}^{-1}$, C variabel. Welchen Wert muß man C geben, damit die Gesamtleistung reell (d.h. eine reine Wirkleistung) wird?
   Was bedeutet dies für das Schwingungsverhalten der Schaltung?
5. Zeigen Sie, daß die Scheinleistung in einer RC-Parallelschaltung **7.**34 mit wachsender Frequenz steigt. Nehmen Sie dazu an, die Schaltung liegt an einem Generator, dessen Frequenz auf 50 Hz, 100 Hz eingestellt werden kann. Zeichnen Sie die zugehörigen Leistungsdreiecke bei folgenden Annahmen: $U_G = 10$ V, $R = 10\ \Omega$, $C = 100\ \mu$F.
6. Berechnen Sie die komplexen Scheinleistungen in den beiden Zweigen der Parallelschaltung **9.**39 und zeichnen Sie die Leistungsdreiecke. Verwenden Sie dabei folgende Werte: $U = 20$ V, $\underline{Z}_1 = 10\ \Omega + \text{j}\,5\ \Omega$, $\underline{Z}_2 = 8\ \Omega + \text{j}\,12\ \Omega$. Bestimmen Sie anschließend die komplexe Scheinleistung in der ganzen Parallelschaltung, indem Sie
   a) die komplexen Scheinleistungen der Zweige (geometrisch) addieren,
   b) aus Spannung und Gesamtimpedanz $\underline{P}_s$ berechnen.

   Begründen Sie, weshalb beide Wege zum gleichen Ergebnis führen.
7. Ein Schwingkreis wird aus einer Reihenschaltung aus R, L und C gebildet (**7.**24). Berechnen Sie die Formel für die komplexe Scheinleistung der Schaltung. Zeigen Sie, daß $P_q < 0$ für $\omega = 0{,}9\,\omega_0$, $P_q = 0$ für $\omega = \omega_0$ und $P_q > 0$ für $\omega = 1{,}1\,\omega_0$ sind.

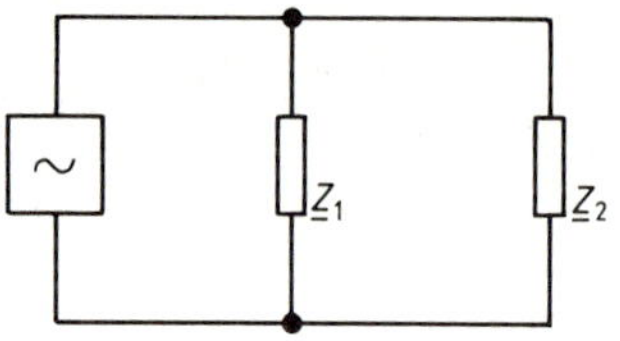

9.39 zu Aufgabe 6

Tabellenanhang

Tabelle 1 **Griechisches Alphabet**

A α Alpha	H η Eta	N ν Ny	T τ Tau
B β Beta	Θ ϑ Theta	Ξ ξ Xi	Y υ Ypsilon
Γ γ Gamma	I ι Jota	O o Omikron	Φ φ Phi
Δ ϑ Delta	K $\varkappa$ Kappa	Π π Pi	X χ Chi
E ε Epsilon	Λ λ Lambda	P ϱ Rho	Ψ ψ Psi
Z ζ Zeta	M μ My	Σ σ Sigma	Ω ω Omega

Tabelle 2 **Mathematische Zeichen**

$\mid\;\mid$	Betrag	$\sin\alpha$	Winkelfunktionen des Winkels α
$>$	größer als	$\cos\alpha$	
$<$	kleiner als	$\tan\alpha$	
$=$	gleich	$\arcsin\alpha$	Arkusfunktionen (Umkehrfunktionen der Winkelfunktionen $\sin\alpha$ usw.)
$\approx$	ungefähr gleich	$\arccos\alpha$	
$\neq$	ungleich	$\arctan\alpha$	
$\sim$	proportional	$f(x)$	Funktion von x
π	Ludolphsche Zahl	$\sum$	Summe
e	Basis der natürlichen Logarithmen	lim	Grenzwert
Δ	Differenz	$(\vec{A}\cdot\vec{B})$	skalares Produkt der Vektoren $\vec{A}$ und $\vec{B}$
$\hat{}$	Scheitelwert, Maximalwert		
$\hat{=}$	entspricht	$(\vec{A}\times\vec{B})$	vektorielles Produkt der Vektoren $\vec{A}$ und $\vec{B}$
$\Rightarrow$	daraus folgt		
$\vec{}$	(Pfeil über dem Symbol) Vektor	$\underline{z}^*$	konjugiert komplexer Wert von $\underline{z}$
$\bar{}$	(Überstreichung) arithmetisches Mittel	$\mathrm{Re}\,\underline{z}$	Realteil von $\underline{z}$
$\_$	(Unterstreichung) Zeiger oder komplexe Zahl oder Größe	$\mathrm{Im}\,\underline{z}$	Imaginärteil von $\underline{z}$
		j	imaginäre Einheit

Tabelle 3 **Größen und Einheiten**

Formelzeichen	Größe	SI-Einheit	
$\vec{A}$	Fläche, Querschnittsfläche	m^2	
$\vec{a}$	Beschleunigung	$m\,s^{-2}$	
$\vec{B}$	magnetische Flußdichte	$Vsm^{-2} = T$	(Tesla)
B	Blindleitwert	$AV^{-1} = S$	(Siemens)
b	Bogenlänge	m	(Meter)
C	Kapazität	$AsV^{-1} = F$	(Farad)
c_0	Vakuum-Lichtgeschwindigkeit	ms^{-1}	
$\vec{D}$	elektrische Flußdichte, Ladungsdichte	Asm^{-2}	
$\vec{d}$	Kreisdurchmesser	m	(Meter)
d	Verlustfaktor		
$\vec{E}$	elektrische Feldstärke	Vm^{-1}	
e	Elementarladung	$As = C$	(Coulomb)
$\vec{F}$	Kraft	$kgms^{-2} = N$	(Newton)
F	Formfaktor		
f	Frequenz	$s^{-1} = Hz$	(Hertz)
$\vec{G}$	Gewichtskraft	$kgms^{-2} = N$	(Newton)

Tabelle 3 **Größen und Einheiten** (Fortsetzung)

Formelzeichen	Größe	SI-Einheit	
G	Leitwert, Wirkleitwert	$AV^{-1} = S$	(Siemens)
$\vec{g}$	Erdbeschleunigung, Gravitationsfeldstärke	ms^{-2}	
$\vec{H}$	magnetische Feldstärke	Am^{-1}	
I, i	elektrische Stromstärke	A	(Ampere)
L	Selbstinduktivität	$VsA^{-1} = H$	(Henry)
$\vec{l}$	Länge	m	(Meter)
$\vec{M}$	Drehmoment, Kräftepaar	Nm	
M	Gegeninduktivität	$VsA^{-1} = H$	(Henry)
m	Masse	kg	(Kilogramm)
N, n	Anzahl		
n, f_L	Drehfrequenz	s^{-1}	
P, p	Leistung (allgemein)	VA = W	(Watt)
$P_p, (P)$	Wirkleistung	W	(Watt)
$P_q, (Q)$	Blindleistung	VA = var	(Var)
$P_s, (S)$	Scheinleistung	VA	(Voltampere)
Q, q	elektrische Ladungsmenge	As = C	(Coulomb)
Q	Güte		
R, r	elektrischer Widerstand	$VA^{-1} = \Omega$	(Ohm)
R_m	magnetischer Widerstand	$A(Vs)^{-1} = H^{-1}$	
r	Radius	m	(Meter)
$\vec{S}$	Stromdichte	Am^{-2}	
$\vec{s}$	Strecke	m	(Meter)
T	thermodynamische Temperatur	K	(Kelvin)
T	Periodendauer	s	(Sekunde)
t	Zeit	s	(Sekunde)
U, u	elektrische Spannung	V	(Volt)
$ü$	Übersetzungsverhältnis		
V	Volumen	m^3	
V	magnetische Spannung	A	(Ampere)
$\vec{v}$	Geschwindigkeit	ms^{-1}	
W	Energie, Arbeit	Ws, Nm, J	(Joule)
X	Blindwiderstand	$VA^{-1} = \Omega$	(Ohm)
$Y = \lvert\underline{Y}\rvert$	Scheinleitwert	$AV^{-1} = \Omega^{-1} = S$	(Siemens)
$\underline{Y}$	Admittanz	$AV^{-1} = \Omega^{-1} = S$	(Siemens)
$Z = \lvert\underline{Z}\rvert$	Scheinwiderstand	$VA^{-1} = \Omega$	(Ohm)
$\underline{Z}$	Impedanz	$VA^{-1} = \Omega$	(Ohm)

Griechisches Formelzeichen	Größe	Einheit	
α_{20}	Temperaturbeiwerte mit Bezugstemperatur in °C	K^{-1}, $°C^{-1}$	
β_{20}		K^{-2}, $°C^{-2}$	
τ_{20}		K, °C	
$\alpha, \beta, \delta, \varepsilon$	Winkel	rad, ∢°	(Zähleinheiten)
γ	spezifische elektrische Leitfähigkeit	$Sm^{-1} = (\Omega m)^{-1}$, $m(\Omega mm^2)^{-1}$	
δ	Luftspaltlänge	m, mm	
ε	elektrische Permittivität	$As\,(Vm)^{-1}$	
ε_0	elektrische Feldkonstante	$As\,(Vm)^{-1}$	
ε_r	relative Permittivität		

Tabelle 3 **Größen und Einheiten** (Fortsetzung)

Griechisches Formelzeichen	Größe	Einheit	
η	Wirkungsgrad		
η	Ladungsdichte	Asm^{-3}	
Θ	Durchflutung	A	
ϑ	Temperatur	°C	
Λ	magnetischer Leitwert	$VsA^{-1} = H$	(Henry)
μ	magnetische Permeabilität	$Vs\,(Am)^{-1}$	
μ_0	magnetische Feldkonstante	$Vs\,(Am)^{-1}$	
μ_r	relative Permeabilität		
v	Verstimmung		
ϱ	spezifischer elektrischer Widerstand	Ωm, $\Omega mm^2 m^{-1}$	
ϱ	Dichte	kgm^{-3}	
σ	Streufaktor		
τ	Zeitkonstante	s	(Sekunde)
Φ	magnetischer Fluß	$Vs = Wb$	(Weber)
φ	elektrischer Winkel, Phasenverschiebung	rad, ∢°	(Zähleinheiten)
φ	Potential	$Ws\,(As)^{-1} = V$	(Volt)
φ_G	Gravitationspotential	$Nmkg^{-1}$	
Ψ	elektrischer Verschiebungsfluß	Asm^{-2}	
ω	Kreisfrequenz oder	s^{-1}	
ω	Winkelgeschwindigkeit	$rad\,s^{-1}$	

Tabelle 4 **Verwendung von Indizes (Beispiele)**

U_{AB}	Spannung zwischen den Klemmen A und B
U_l	Leerlaufspannung
U_k	Kurzschlußspannung
U_q	Quellenspannung
U_o	eingeprägte Spannung, Leerlaufspannung
U_B	Blindspannung
I_k	Kurzschlußstrom
I_o	eingeprägter Strom, Resonanzstrom, Leerlaufstrom
R_i	innerer Widerstand
R_E	Ersatzwiderstand
R_-	Gleichstromwiderstand
$R_\sim$	Wechselstromwiderstand
u_i	induzierte Spannung
u_L	induktive Spannung
X_L	induktiver Blindwiderstand
X_C	kapazitiver Blindwiderstand
X_o	Resonanzblindwiderstand
P_{qL}, P_L	induktive Blindleistung
P_{qC}, P_C	kapazitive Blindleistung
f_g	Grenzfrequenz
f_{go}	obere Grenzfrequenz
f_{gu}	untere Grenzfrequenz
f_B	Bandbreite
Z_o	Resonanzscheinwiderstand

Sachwortverzeichnis

Addition komplexer Zahlen 281
– von Sinusgrößen 186
Additionstheoreme der Winkelfunktionen 264
Admittanz 287, 290
– dreieck 291
Äquipotentialfläche 25, 111
Alphabet, griechisches 303
Ampere 10
– sekunde 44
Amplitude 182
Anion 38
Anziehungskraft der Kondensatorplatten 127
– im Luftspalt 160
Arbeit, elektrische 31 f.
Arbeitsvermögen, spezifisches 25
Atom 33
– hülle 34
– kern 34
Augenblickswert 121, 182
Außenleiter 262

Bandbreite 211, 227
Basis|einheiten 9, 303
– größen 9, 303
Betriebsleistung 53
Bewegungsenergie 26
Bezugspfeilsystem 188
Bindung, heteropolare 38
–, homöopolare 40
Blind|leistung 197, 300
– –, induktive 197
– –, kapazitive 199, 289
– leistungskompensation 242
– leitwert, induktiver 197
– –, kapazitiver 199
– stromkompensation 241, 244, 276
– widerstand, imaginärer 288
– –, induktiver 197, 287
– –, kapazitiver 199
Blockkondensator 121
Bohrsches Atommodell 33
Brückenschaltung 75, 104
–, abgeglichene 75
–, belastete 104
–, Wheatstonesche 75

Coulomb 44
Coulombsches Gesetz 113
Curie-Temperatur 130

Dauer|magnet 129
– magnetismus 129
diamagnetische Stoffe 137
Diamantgitter 40
Dielektrikum 116
Dielektrizitätszahl 116
Differential|gleichung 123
– quotient 123
Differenzenquotient 123
Dipol 117
–, magnetischer 130, 137
Division komplexer Zahlen 283
drahtförmiger Leiter 49 f.
Dreher 281
Dreh|feld 257, 266
– –, elliptisches 260
– kondensator 121
– strommotor 265
– stromsystem 261
– zeiger 281
Dreieck|schaltung 262
– -Stern-Umwandlung 78 f.
Dreileiternetz 272
Dreiphasensystem 261
Drift|bewegung 49, 107
– geschwindigkeit 107
Durchflutung 133
Durchflutungsgleichgewicht 252
Durchflutungssatz für abschnittsweise homogene Felder 142
– des elektromagnetischen Kreises 163
– in der Kreisringspule 136

Effektivwert 191
–, komplexer 295
e-Funktion 123
Eigenleitfähigkeit 41
Einheiten 7 f., 43, 303
–, Dezimalvorsätze 11
– gleichung 9
–, imaginäre 279
–, kohärente 10
– kontrolle 13
– system SI 9
–, Umrechnen 52
Eisen|kern 141, 143, 145
– verluststrom 249
Elektrisierungszahl 119
Elektrolyt 39
– kondensator 120
Elektromagnet 143, 257
Elektromagnetismus 131
Elektron 33
Elektronen|gas 38
– leitung 39
– oktett 35
– paarbindung 39
elektrostatisches Feld 113
Elementar|ladung 33, 44
– magnet 130, 137
– teilchen 33
Energie|bilanz 45
– des elektrischen Felds 126
– das Gravitationsfelds 23
– des Kondensators 126
– des magnetischen Felds 157
– dichte 126, 159
–, elektrische 29, 45
– erhaltungssatz 24
–, kinetische 26
–, magnetische 157
–, potentielle 23
– satz 44
– umwandlung 26, 174
– – im Transformator 163, 174
– zustand, Stabilität 27
Entmagnetisierung 138
Erdbeschleunigung 23
Ersatz|feldstärke 152, 164
– schaltbild 73
– schaltung, äquivalente 232

Ersatzschaltung des Kondensators 237
– – der Spule 166, 230
– – des Transformators 249, 252f.
– spannungsquelle 93, 95, 147
– stromkreis 95
– stromquelle 97
– widerstand 64f., 69ff.
Erzeuger-Pfeilsystem 47
Eulersche Gleichung 280

Farad 116
Feld|bild 107, 130f.
– –, magnetisches 131, 136ff.
–, elektrisches 28f., 113
–, elektrostatisches 113
– gleichung 108f., 116, 135
– größe 134
–, homogenes 22, 115, 118, 142
–, inhomogenes 115, 118
– konstante 119, 135, 155
– linie 107
– linienbild 118, 130f.
–, magnetisches 129, 157ff., 257
– richtung 131f.
– stärke, elektrische 32, 108f., 111, 113
– –, induzierte 163f., 167
– –, magnetische 133f.
– – vektor 110f.
–, statisches 131
ferromagnetische Stoffe 137
Fluß, elektrischer 115
–, magnetischer 135, 147
Flußdichte, elektrische 115
–, magnetische 135, 147
Formelzeichen 7, 303
Formfaktor 195
Freilaufdiode 177
Frequenz 182f.
– gang 212, 228
– –, normierter 215
Funkenlöschung 176
Funktion $\Delta\cos\alpha/\Delta\alpha$ 172
–, harmonische 196
Funktionsgleichung 184

Gaußsche Zahlenebene 280
Gegeninduktion 177
Generator 44, 174, 261f.
Gesamtkennlinie 70
Gleich|feld 257
– richtwert 193
– strom 181
– stromkreis 43
– stromwiderstand 58
Gravitations|feld 21ff.
– feldstärke 22
– potential 25
Grenz|frequenz 210, 221, 226
– –, obere 211, 226
– –, untere 210, 227
– wert des Differenzenquotienten 123
Größen 303
– änderung 24, 60
– einheit 7, 303
– gleichung 8, 13, 51
–, physikalische 7, 303
– symbole 7, 10
– wert 7
–, Zahlenwert 7

Halb|leiter 41
– – widerstand 58
– metalle 36
harmonische Funktion 196
hartmagnetische Stoffe 138
Hauptfluß 144
Heißleiter 58
Henry 140, 159
Hertz 183
Hysterese|scherung 144
– schleife 137, 144
– verlust 161

Ideale Spule 195, 201, 206, 223
idealer Kondensator 198, 204, 206, 221, 223
– Transformator 247
ideales Schaltelement 288
imaginäre Einheit 279
Imaginärteil 279
Impedanz 287
– dreieck 290
Index 305
Induktion elektrischer Maschinen 171
Induktionsgesetz 158, 163, 168, 287
– bei mechanischer Bewegung 164f., 169
– ohne mechanische Bewegung 166, 169
induktive Bauelemente mit Verlusten 234
Influenz 30, 115
Innenwiderstand 145
Internationales Einheitensystem SI 9
Ionen|bindung 38
– leitung 39
Isolator 42
Isotope 34

Kaltleiter 58
Kapazität 119
kapazitive Bauelemente mit Verlusten 238f.
Kappsches Spannungsdreieck 252
kartesische Koordinaten 15
Kation 38
Kelvin 10
Kernladungszahl 34
Kilogramm 10
Kirchhoffsche Regeln 83ff., 292
– –, Anwendung 88
Klemmenspannung 46, 48, 202
Knoten|gleichung 292
– punktregel 145
Koerzitivfeldstärke 138
Kompensation 242
Kompensationsschaltung 301
komplexe Berechnung von Sinusvorgängen 279, 286
– Größe 279
– Scheinleistung 300
– Zahl 279
Kondensator 119
–, Aufladen 121
–, Bauformen 120
–, Entladen 124
–, Ersatzschaltung 237
– gruppe 276
–, idealer 198, 204, 206, 221
– im Wechselstromkreis 237
–, Kapazität 116, 119
–, Reihen- und Parallelschaltung 238

Kondensatorschaltung 125
konjugiert komplexe Zahl 281
Koordinate, kartesische 15
Kosinusfunktion 172f.
Kraft, magnetische 150
Kreis|drehfeld 260
– frequenz 183
–, magnetischer 139, 171
– ringspule 133
– –, Durchflutungssatz 136
– – mit Luftspalt 141
Kurzschluß|leistung 100
– leistungsfaktor 251
– spannung, relative 251
– strom 94
–, Transformator 251
– wirkleistung 251

Ladung, elektrische 28f.
–, magnetische 135, 152
Ladungs|menge 21, 116
– trennung 30, 115
Lageenergie 24
Leerlauf|leistungsfaktor 249
– spannung 94
– strom 249
– stromverhältnis 249
Leistung, elektrische 44, 63, 197
Leistungs|anpassung 100f.
– aufteilung im Verbraucher 63
– berechnung bei Sinusvorgängen 299
– dreieck 205
– einheiten 200
– zeigerbild 201, 222
Leiter, elektrischer 49f.
– länge, wirksame 164
–, magnetischer 139
–, metallischer 55
– windung 132
Leitfähigkeit, spezifische elektrische 49
Leitwert|dreieck 219
–, elektrischer 49
–, magnetischer 140
Lenzsche Regel 166
Lichtgeschwindigkeit 119
Liniendiagramm 183, 185f.
Linke-Hand-Regel 152

Magnetisierungs|kurve 138, 141
– strom 249
magnetostatisches Feld 129, 131
Maschen|gleichung 292
– regel 84f., 142
– stromverfahren 91
Massenzahl 34
Materialkenngröße 49
Materie im magnetischen Feld 136
mathematische Zeichen 303
Mehrphasensystem 259
Meßbereichs|erweiterung 67, 72
– faktor 67, 72
Metall 36
– bindung 36
metallische Leiter 55
Meter 10
Mischstrom 181
Mittel|leiter 268
– – strom 270
– wert 191
– –, arithmetischer 193
– –, quadratischer 191
Molekül 33
Momentanwert 121
Motorregel 152
Multiplikation komplexer Zahlen 282
MVSA-System 44

Nenn|betrieb 241
– leistung 53
– scheinleistung 249
Netzmaschen, Berechnen 86
Netzwerk, aktives und passives 83, 86
–, Aufteilung 103
–, Berechnen 88, 103
Neukurve 137
Neutralleiter 268
Neutron 33
Nicht|leiter 42
– metalle 36
normierter Frequenzgang 215
NTC-Widerstand 58
Nullphasenwinkel 183
Nutzfluß 144

Ohm 49
Ohmsches Gesetz 48f.
– – des magnetischen Kreises 139
Operator 279
Ortskurve 284

Parallel-Ersatzschaltung 231
– – von Spulen 232
– schaltung 69, 125, 145
– – idealer Wechselstromwiderstände 219, 223
– –, Impedanzen 290
– – magnetischer Widerstände 145
– – von Kondensatoren 125, 142
– – von Widerständen 69
– schwingkreis außerhalb der Resonanz 226
– – bei Resonanz 224
paramagnetische Stoffe 137
Perioden|dauer 27, 181
– system der Elemente 35
Permanentmagnet 129
Permeabilität 136f.
Permittivität 116, 119
–, relative 117, 119
Permittivitätszahl 119
Pfeilsystem 47
Phasen|verschiebung 183
– winkel 183
Plattenkondensator 115, 126
Pol, magnetischer 129
polare Darstellung 280
Polarisation 116
Polarkoordinate 15f.
Polpaarzahl 183
Potential, elektrisches 32
Proton 33
PTC-Widerstand 59

Quellen|feld 111
– –, elektrostatisches 113
– spannung 94
– –, induktive 164
– –, magnetische 126

Realteil 279
Rechtsschraubenregel 16
Reihen-Ersatzschaltung 231

Reihen|-Ersatzschaltung von Spulen 232
– schaltung 64, 125, 141
– – idealer Wechselstromwiderstände 201, 206
– –, Impedanzen 290
– – magnetischer Widerstände 141 f.
– – nichtlinearer Widerstände 66
– – von Kondensatoren 125, 204, 206, 238
– – von Widerständen 64, 204, 206
– schwingkreis 207
– – außerhalb der Resonanz 210
– – bei Resonanz 207
Remanenz 130
– induktion 138
Resonanz 207, 242, 244
– blindleistung 208, 225
– blindleitwert 225
– blindstrom 225
– blindwiderstand 208, 225
– frequenz 207, 224
– güte 209, 225
– strom 208, 224
– überhöhung 209, 226
– widerstand 207, 224
Ringspule 133
Röhrchenkondensator 121
ruhender Zeiger 279

Sättigung, magnetische 138
Schaltung, gemischte 73, 240, 297
Schaltungsvereinfachung 73, 241, 243
Scheibenkondensator 121
Schein|leistung 191, 249
– leitwert 219, 221, 290
– widerstand 202, 219, 287, 290
Scheitelwert 182
Scherung 66
– der Hystereseschleife 144
– der Magnetisierungskurve 147
Schleifdrahtmeßbrücke 76
Schwingkreis 207, 290
Schwingung 27
–, ungedämpfte 27
Sekunde 10
Sekundärspannung 178
Selbstinduktion 159, 174
SI-Einheiten 9
Simpsonsche Regel 194
Sinus|spannung 172, 181 ff., 279, 292
– strom 181, 279, 292
Skalar 13
– feld 21, 107
skalares Produkt 18
Spannung 32, 43
–, induktive 166 f., 252
–, induzierte 164, 167, 173
Spannungs|abfall, innerer 94
– anpassung 99
– bezugspfeil 47
– dreieck 202
– erzeugung in umlaufenden Maschinen 171
– resonanz 209
– teiler 74
– – als Ersatzspannungsquelle 95
– überhöhung 209
Sperrkreiswiderstand 224
Spule, Ersatzschaltung 166, 230, 232
–, ideale 195, 201, 206
– im Wechselstromkreis 250
–, magnetisches Feld 133, 157
Spulen|feld 158
– fluß 159
Stabilität des Energiezustands 27
Stabmagnet 130
Ständer 258
stationäres magnetisches Feld 131
Stern|-Dreieck-Umwandlung 78, 80
– punkt 268
– – spannung 272
– schaltung 262, 268, 270
Störstellenleitfähigkeit 41
Strang 257
– leistung 264, 266
– spannung 263
– strom 263
Streu|faktor 143
– fluß 144
Streuung, induktive 252
–, magnetische 143, 251
Strömungsfeld eines flächenhaften Leiters 110
– eines geraden Leiters 107
–, elektrisches 107
–, homogenes 107
–, inhomogenes 110
Strom|anpassung 99
– art 181
– bezugspfeil 47
– dichte 107 f.
– dreieck 219
– durchflossener Leiter 131, 150, 153
–, elektrischer 31
– richtung 46
– stärke 43
– – einheit 154
– überhöhung 226
Subtraktion komplexer Zahlen 281
Summenreihenschaltung 105
symmetrische Belastung 263, 269

Temperaturbeiwert 55
Toroidspule 133
Transformator 174, 247
– bei Belastung 253
–, Ersatzschaltung 249, 252 f.
– hauptgleichung 250
–, idealer 247
– im Kurzschluß 251
– im Leerlauf 249
Trapezregel 194

Übergangs|element 36
– metall 37
Übersetzungsverhältnis 250
Ummagnetisierungsenergie 161
Umwandlungsverlust 45
unsymmetrische Belastung 266, 270
Urspannung 94

Valenzelektron 35
Var 199
Vektor 14, 187

–, Addition und Subtraktion 16
– bezugssystem 15
–, Division 21
– feld 21, 107, 135
–, Multiplikation 18
– produkt 19, 152
–, Richtungsfestlegung 19
– wirkungslinie 14
Verbraucher-Pfeilsystem 47
Verkettung 262
Verlust|faktor 209, 226, 231
– kennzahl 161
– winkel 231
Verschiebungsdichte 117
Verstimmung 215
Vierleiternetz 269f.
Vollpolläufer 257
Volt 44
– ampere 199

Watt 45, 200
Weber 135
Wechsel|feld 258
– größe, sinusförmige 182
– –, Addition 186
– spannung 182
– wirkung, elektromagnetische 163
Wechselstrom 181
–, mehrphasiger 257
– widerstand 58
– –, idealer 189, 219
– –, realer 230, 240
weichmagnetische Stoffe 138
Weißscher Bezirk 137
Wheatstone-Brückenschaltung 75
Wickelkondensator 120
Widerstand 48
–, Berechnung 56, 61
–, differentieller 58
–, dynamischer 58
–, elektrischer 48
–, Farbcode 54
–, ferromagnetischer 147
–, idealer 189, 201
–, innerer 94, 103
–, magnetischer 141, 145
–, Nennwert 54
–, spezifischer elektrischer 49
–, statischer 58
–, Temperaturabhängigkeit 55
Widerstands|dreieck 202
– gerade für den Luftspalt 147
Winkel, elektrischer 183
– funktion 18, 172, 264
Wirbelfeld 111, 168
Wirk|leistung 190f., 300
– leitwert 190, 219
– widerstand 189, 201, 204, 221, 223, 287

Zähleinheit 11
Zeiger 187, 281
– bild 201
– diagramm 185f.
–, ruhender 279
Zeit|einheit 11
– konstante 122
– wert 121, 182
Zenereffekt 120
Zirkularfeld 131
Zwangskraft 30
Zweikanal-Oszilloskop 124, 178
Zweiphasensystem 259
Zylinderspule 133

H. Schremser

Elektrotechnik für Fachschulen Grundwissen

Lösungen zur 2. Auflage

B. G. Teubner Stuttgart 1988

S.52 1.a) $Q = 9900$ As

b) $W = 118800$ Ws $= 0{,}033$ kWh

c) $P = 66$ W

2.a) $I_N = 425{,}5$ mA

b) $W = 2{,}88 \cdot 10^6$ Ws $= 0{,}8$ kWh

S.53 3.a) $t = 7{,}5$ h

b) 6,48 DM

4.a) $I = 9{,}091$ A

b) $R = 24{,}2\ \Omega$

c) $I = 9{,}917$ A, $P = 2380$ W

5. $\gamma = 56$ m/Ω mm^2 ⇒

a) $R = 0{,}9048\ \Omega$

b) $U = 0{,}4524$ V

$\rho = 0{,}01786\ \Omega$ mm^2/m ⇒

a) $R = 0{,}9049\ \Omega$

b) $U = 0{,}4525$ V

6. $A = 2{,}5$ mm^2

7. $d = 3{,}554$ mm

8. $\gamma = 62{,}50$ m/Ω mm^2 => Silber

9. $N = 400$

10. $R = 2{,}857$ mΩ , $G = 350$ S

11.a) $R = 55{,}81\ \Omega$, $G = 17{,}92$ mS

b) $l = 31{,}56$ m

c) $d_K = 39{,}59$ mm

d) $P = 10{,}32$ W

12.a) $R = 48{,}4\ \Omega$

b) $l = 22{,}14$ m

13. $R_2/R_1 = 81/1$

14. $A_{Al}/A_{Cu} = 1{,}6/1$

15. $U = 84{,}85$ V

16. $P = 1210$ W

S.62 1.a) $\Delta P/P = 0{,}21 = 21$ %

b) $\Delta P/P = -0{,}19 = -19$ %

2. $\alpha = 3{,}93 \cdot 10^{-3}$ 1/°C ⇒

$R_W = 675{,}7\ \Omega$

$\tau = 235$°C ⇒ $R_W = 675{,}5\ \Omega$

3. $\vartheta = -5{,}216$ °C

S.63 4.a) $R_{20} = 17{,}86\ \Omega$

b) $R_{25} = 18{,}21\ \Omega$

$R_{-4} = 16{,}17\ \Omega$

5. $\vartheta = 274{,}5$ °C

6. $\alpha_{20} = 3{,}799 \cdot 10^{-3}$ 1/°C

7. $\vartheta = -6{,}525$ °C

8. $R_{20} = 356{,}6\ \Omega$

a) $R_{28} = 368{,}2\ \Omega$, $R_{-20} = 300{,}8\ \Omega$

b) $\Delta R_{28}/R_{20} = 3{,}144$ %,

$\Delta R_{-20}/R_{20} = -15{,}72$ %

9. $R_W = 1030\ \Omega$

10. $\vartheta_W = 89{,}57$ °C

11. $\vartheta_W = 70{,}08$ °C

12. $\vartheta_k = 22{,}14$ °C

13. $\vartheta = 62{,}41$ °C

14. $\tau_{20} = 234{,}55$ °C,

$\alpha_{20} = 3{,}929 \cdot 10^{-3}$ 1/°C

15. für $R_k = 100\ \Omega$, $\vartheta_k = 0$ °C

und $R_W = 138{,}5\ \Omega$,

$\vartheta_W = 100$ °C

⇒ $\tau_{20} = 259{,}74$ °C

$\alpha_{20} = 3{,}5747 \cdot 10^{-3}$ 1/°C

(τ_{20} bzw. α_{20} hängen von den gewählten Tabellenwerten ab, d.h. $\alpha = \tan \varepsilon$ ist nicht konstant und die Widerstandskennlinie keine Gerade!)

16. $R_{2300} = 572{,}8\ \Omega$, $R_{20} = 36{,}84\ \Omega$

17. $R_{20} = 37{,}36\ \Omega$

18. $R_{stat} = 0{,}4138\ \Omega$, $R_{dyn} = 1{,}167\ \Omega$

S.68 1. $U_2 = 0{,}2$ V, 1,0 V, 3,6 V, 5 V, 6 V

2.a) $I = 112{,}5$ mA, $R_2 = 44{,}44\ \Omega$,

$R_E = 444{,}4\ \Omega$

b) $P_{AB} = 5{,}625$ W, $P_1 = 2{,}784$ W,

$P_2 = 0{,}5625$ W, $P_3 = 2{,}278$ W

3.a) $N = 16$

b) $U_L = 13{,}75$ V, $R_L = 65{,}333\ \Omega$,

$P_L = 2{,}894$ W

c) $R = 116{,}67\ \Omega$

d) $P = 50{,}36$ W

e) $P_R = 5{,}357$ W

4. $n = 50$, $U = 2$ V

5.a) $n_1 = 50$, $n_2 = 100$, $n_3 = 250$

b) $R_{V1} = 3920\ \Omega$, $R_{V2} = 4000\ \Omega$,

$R_{V3} = 12\,000\ \Omega$

c) $I_M = 1{,}25$ mA

d) $P_1 = 6{,}25$ mW, $P_2 = 12{,}5$ mW,

$P_3 = 31{,}25$ mW

S.68 6. $I_M = 1{,}5$ mA, $R_M = 40\ \Omega$
$U_M = 60$ mV, $R_{v2} = 20$ kΩ
7. $R_v = 46{,}67\ \Omega$, $I = 214{,}3$ mA
8. $R_v = 562{,}5\ \Omega$, $P_v = 11{,}62$ W
9. $U_L = 7{,}143$ V, $U_{AB} = 227{,}1$ V
10. $I_L = 0{,}715$ A, $U_L = 0{,}29$ V,
$R_{Lstat} = 0{,}4056\ \Omega \approx 0{,}41\ \Omega$
$R_{Ldyn} = 1{,}098\ \Omega \approx 1{,}1\ \Omega$,
$\Delta U_{AB} = 0{,}2$ V = $\Delta I = 0{,}1$ A
$\Rightarrow R_{dyn} = 2\ \Omega$, $R_{dyn} = R_v + R_{Ldyn} = 2{,}1\ \Omega$

S.72 1. $R_2 = 41{,}36\ \Omega$
2. $R_3 = 100\ \Omega$
3. $I_1 = 333{,}3$ mA, $I_2 = 272{,}7$ mA,
$I_3 = 400{,}0$ mA, $I = 1{,}006$ A;
$R_E = 59{,}64\ \Omega$, $P_1 = 20$ W,
$P_2 = 16{,}36$ W, $P_3 = 24$ W,
$P = 60{,}36$ W
4.a) $U = 12{,}85$ V
b) $P_1 : P_2 : P_3 = 0{,}8393 : 1{,}424 : 1$
c) $P = 1{,}146$ W
5. $R_2 = 26{,}67\ \Omega$, $R_3 = 40\ \Omega$
6. $R_{p1} = 21{,}429\ \Omega$, $R_{p2} = 5{,}5555\ \Omega$
$R_{p3} = 1{,}5464\ \Omega$
7. $I_M = 5{,}555$ mA
8.a) $R_1 : R_2 = 2:1$
b) $R_1 = 96{,}8\ \Omega$, $R_2 = 48{,}4\ \Omega$
$\Rightarrow P_1 = 500$ W, $P_2 = 1000$ W,
$P_3 = 1500$ W

S.73 9. $R_p = 324\ \Omega$, $P_R = 1$ W
10. $P_2 = 30$ W

S.77 1.a) $R_E = 3R/7$
b) $R_E = 74{,}33\ \Omega$
2.a) $R_E = 13\ R/8$
b) $R_E = 410\ \Omega$
c) $U_{CD} = 0{,}5854$ V
3.a) $R_E = 53\ R/20$
b) $R_E = 756{,}25\ \Omega$

4. $R_{p1} = 0{,}12632\ \Omega$
$R_{p2} = 0{,}50526\ \Omega$
$R_{p3} = 2{,}5263\ \Omega$
5.a) $R_{p1} = 0{,}52632\ \Omega$,
$R_{p2} = 2{,}1053\ \Omega$,
$R_{v1} = 297{,}5\ \Omega$. $R_{v2} = 700\ \Omega$
b) $U_{AC} = 25$ mV
6. $R_1 = 220\ \Omega$, $R_2 = 180\ \Omega$

S.78 7.a) $U_{AO} = 40$ V, $U_{BO} = 18$ V
b) $R_{E1} = 383{,}6\ \Omega$,
$R_{E2} = 621{,}5\ \Omega$,
$R_{E3} = 583{,}9\ \Omega$
c) $I_o = 66{,}67$ mA, $P_o = 3{,}2$ W,
$I_1 = 125{,}2$ mA, $P_1 = 6{,}007$ W,
$I_2 = 77{,}23$ mA, $P_2 = 3{,}707$ W,
$I_3 = 82{,}21$ mA, $P_3 = 3{,}946$ W
d) 1.Fall $U_{AO} = 32{,}98$ V,
$U_{AB} = 18{,}14$ V, $U_{BO} = 14{,}84$ V
2.Fall $U_{AO} = 38{,}73$ V,
$U_{AB} = 25{,}49$ V, $U_{BO} = 13{,}25$ V
3. Fall $U_{AO} = 38{,}14$ V,
$U_{AB} = 15{,}94$ V, $U_{BO} = 22{,}20$ V
e) 1.Fall $I_L = 70{,}18$ mA,
$I_q = 54{,}97$ mA
2.Fall $I_L = 28{,}18$ mA,
$I_q = 49{,}05$ mA
3.Fall $I_L = 33{,}91$ mA,
$I_q = 48{,}30$ mA
8.a) $R_3 = 1273\ \Omega$
b) $R_E = 694{,}4\ \Omega$
9. $R_1 = 456{,}3\ \Omega$, $R_2 = 543{,}7\ \Omega$
10.a) $R_3 = 100\ \Omega$
b) $I_1 = 12$ mA, $I_2 = 48$ mA

S.83 1. $R_E = 1{,}2 \cdot R$
2. $\Rightarrow$ Sternschaltung aus drei Ersatzwiderständen
3. $R_E = 317{,}2\ \Omega$
4.a) $R_{AB} = 160{,}1\ \Omega$, $R_{BC} = 205{,}0\ \Omega$,
$R_{CA} = 171{,}1\ \Omega$
b) $R_{AD} = 205{,}0\ \Omega$, $R_{BD} = 171{,}1\ \Omega$,
$R_{CD} = 227{,}9\ \Omega$
5. $R_E = 535{,}9\ \Omega$

S.83 6. Sternwiderstände $r_A = 25\ \Omega$, $r_B = 15\ \Omega$, $r_C = 5\ \Omega$
Dreieckwiderstände $R_{AC} = 38{,}33\ \Omega$, $R_{AB} = 115\ \Omega$, $R_{BC} = 23\ \Omega$

S.88 1. $U_1 = 35{,}99$ V, $U_2 = 12{,}01$ V, $U_3 = 8{,}964$ V, $U_4 = 3{,}047$ V, $U_5 = 2{,}109$ V, $U_6 = 0{,}9374$V, $I_1 = 0{,}1333$ A, I_2=100,1 mA, $I_3 = 33{,}20$ mA, $I_4 = 25{,}39$ mA, $I_5 = 7{,}812$ mA

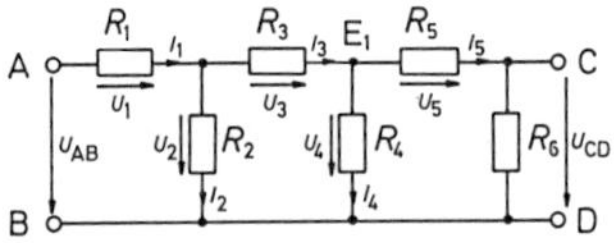

2. $U_1 = 17{,}35$ V, $U_2 = 6{,}653$ V, $U_3 = 2{,}711$ V, $U_4 = U_{CD} = 1{,}232$ V, $U_5 = 2{,}711$ V, $U_6 = 0$, $I_1 = 52{,}57$ mA, $I_2 = 44{,}35$ mA, $I_3 = 8{,}214$ mA

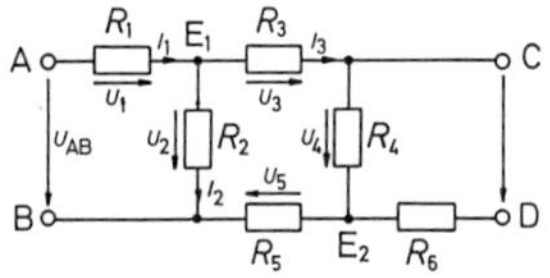

3. $I_1 = I_2 = 63{,}83$ mA, $I_3 = I_4 = 42{,}55$ mA, $I_5 = I_6 = I_7 = I_8 = 21{,}28$ mA, $I_9 = 0$, $I = 106{,}4$ mA, $U_1 = U_2 = 30$V, $U_{21} = U_{13} = 10$ V, $U_{23} = 20$ V, $U_{A2} = U_{3B} = 20$ V, $U_7 = U_8 = 10$ V

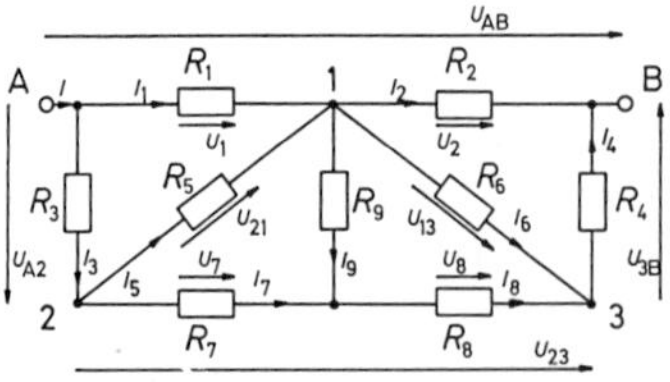

4. $I_1 = 37{,}83$ mA, $I_2 = 22{,}56$ mA, $I_3 = 22{,}64$ mA, $I_4 = 15{,}27$ mA, $I_5 = 15{,}19$ mA, $I_6 = 0{,}0799$ mA $\approx 0{,}08$ mA, $U_1 = 4{,}540$ V, $U_2 = 3{,}385$ V, $U_3 = 4{,}076$ V, $U_4 = 3{,}359$ V, $U_5 = 4{,}101$ V, $U_6 = 0{,}0257$ V

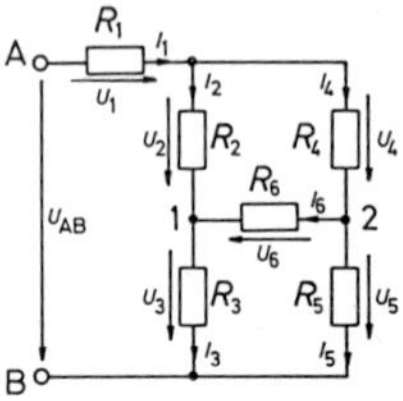

zu 4.

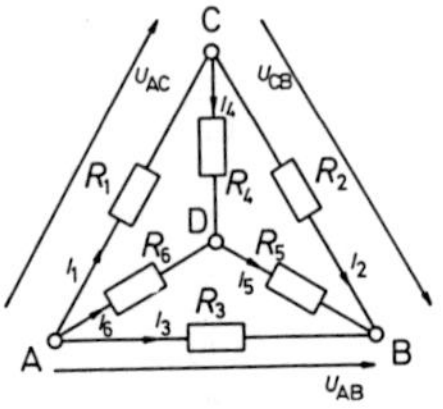

zu 5.

5. $I_1 = 30{,}77$ mA, $I_2 = 22{,}38$mA, $I_3 = 80$ mA, $I_4 = 8{,}392$ mA, $I_5 = 30{,}77$ mA, $I_6 = 22{,}38$mA, $U_{AC} = 4{,}615$ V, $U_{CB} = 7{,}385$ V, $U_{CD} = 2{,}769$ V, $U_{AD} = 7{,}385$ V, $U_{DB} = 4{,}615$ V

6. $I_1 = 66{,}23$ mA, $I_2 = 45{,}74$ mA, $I_3 = 13{,}39$ mA, $I_4 = 52{,}84$ mA, $I_5 = 59{,}13$ mA, $I_6 = 11{,}18$ mA, $I_7 = 64{,}02$ mA, $I_8 = 47{,}95$ mA, $U_{A1} = 17{,}88$ V, $U_{A2} = 21{,}50$ V, $U_{12} = 3{,}616$ V, $U_{13} = 24{,}83$ V, $U_{24} = 15{,}97$ V, $U_{3B} = 17{,}28$ V, $U_{43} = 5{,}253$ V, $U_{4B} = 22{,}54$ V

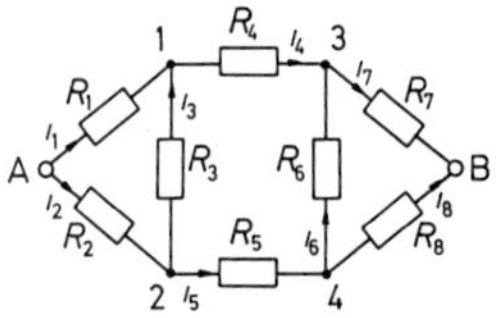

zu 6.

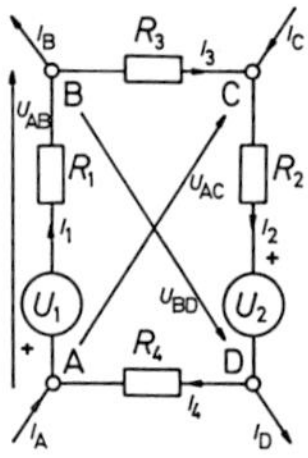

zu 7.

7. $I_1 = 1{,}23$ A, $I_2 = 0{,}73$ A, $I_3 = -1{,}77$A, $I_4 = -0{,}77$A, $I_B = 3$ A, $U_{AB} = 69{,}81$ V, $U_{AC} = -29{,}31$ V, $U_{BD} = -43{,}48$ V,

8. $I_D = -1$ A, $I_1 = -0{,}22$ A, $I_2 = 2{,}28$ A, $I_3 = -0{,}72$ A, $I_4 = -1{,}72$ A, $U_{AC} = 71{,}28$ V, $U_{BD} = 41{,}40$ V

S.88

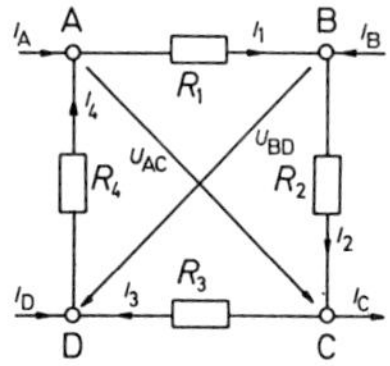

zu 8.

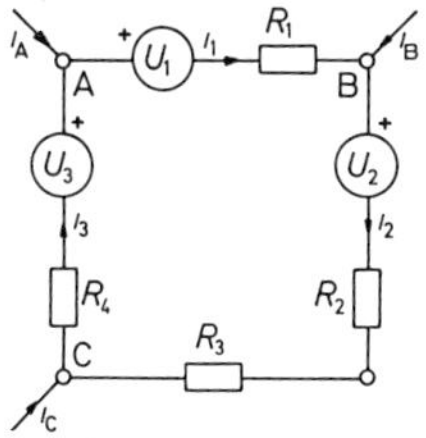

zu 9.

9. I_C = -5 A, I_1 = -0,01 A,
I_2 = 1,99 A, I_3 = -3,01 A,
U_{AB} = 11,78 V, U_{AC} = 107,33V,
U_{BC} = 95,55 V

S.93 1. I_1 = -0,12 A, I_2 = 0,45 A,
I_3 = -0,33 A

2. I_1 = -125,3 mA, I_2=9,89 mA,
I_3 = -79,12 mA, I_4=-46,15mA,
I_5 = 115,4 mA, I_6=69,23 mA,
U_{AB} = 1,569 V, U_{AC}= -10,99 V,
U_{BC} = -12,55 V

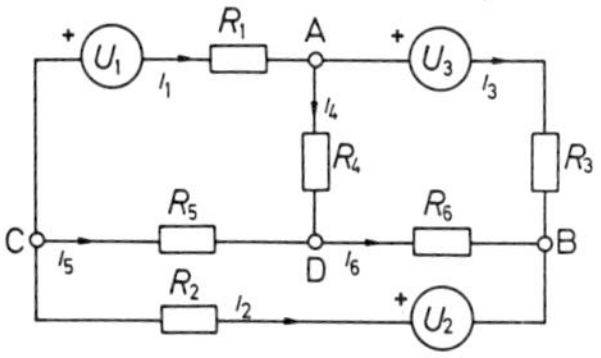

Bei Stern-Dreieck-Umwandlung wird die Maschenzahl größer, die Anzahl der zu berechnenden Zweigströme bleibt unverändert. Sie bringt keine Vorteile.

3. I_1 = I_3 = -0,2143 A,
I_2 = 0,2143 A,
I_4 = I_5 = I_6 = 0,
U_{AB} = U_{BC} = U_{CA} = 0

4. I_1 = -0,2166 A, I_2 = 0,09052 A,
I_3 = -0,1746 A, I_4 = -0,04203 A,
I_5 = -0,1325 A

Bei Dreieck-Stern-Umwandlung wird die Maschenzahl verringert, zunächst sind nur drei Zweigströme zu berechnen - Vorteile.

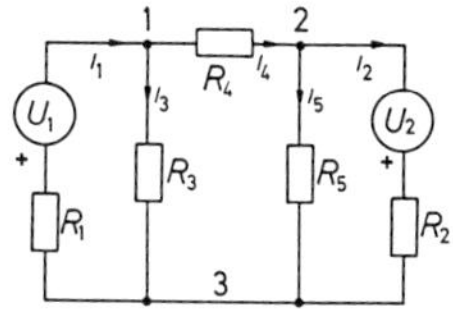

S.96 1.a) U_o = 6,8 V, R_i = 5 Ω,
I_k = 1,36 A
b) I = 0,68 A, U_{AB} = 3,4 V

2. U_o = 5,52 V, I_k = 13,8 A

3. U_o = 11,8 V, R_i = 2,85 Ω,
I_k = 4,140 A

4.a) U_o = 3,818 V, R_i =38,18 Ω
b) I = 21,43 mA, R_E = 140 Ω

5.a) U_o = 0,625 V, R_i =8,958 Ω
b) I = 26,09 mA, U_{AB}=0,3913V

6.a) R_i = 62,5 Ω
b) R_1 = 250 Ω, R_2 = 83,33 Ω

7.a) R_1 = 667,7 Ω
b) U_o = 0,7891 V, R_i = 43,91 Ω

8.a) R_1 : R_2 = 3,4 : 1
b) R_1 = 220 Ω, R_2 = 64,71 Ω
c) U_{AB} = 25 V, I = 0,5 A

S.97 9.

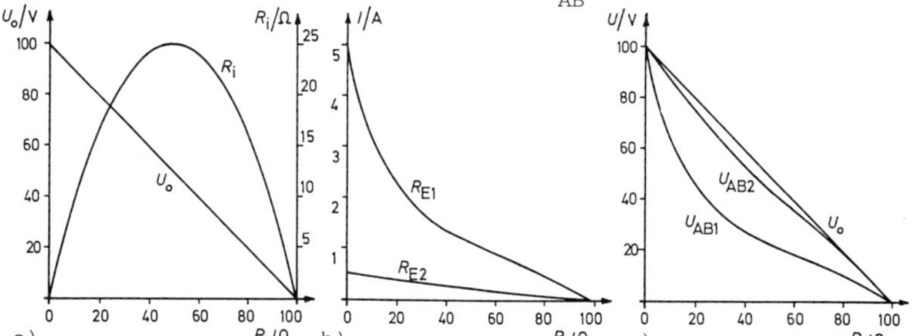

a) b) c)

S.97 10.a) R_1 = 15,01 kΩ
b) U_o = 9,096 V
c) I_k = 0,8 mA < 10 mA! Bei I_k ist U_{AB} = 0
d) U_{AB} = 4,669 V

S.98 1.a) I = 99,5 mA, R_E = 50,25 Ω
b) U_o = 1000 V
2. I = 19,8 mA, R_E = 101,0 Ω
3.a) R_i = 12250 Ω
b) R_{E1} = 510,4 Ω, R_{E2} = 255,2 Ω
c) U_o = 122,5 V
4. R_E = 250 Ω, U_o = 2005 V

S.99 1. P_2 = 12,75 kW
2. P_1 = 12,53 kW
3.a) η = 0,6364
b) P_1 = 24,47 kW
4.a) η = 0,6877
b) η_2 = 0,8187
c) P_{21} = 3,108 kW
5.a) R_i = 26,32 Ω
b) U_{AB} = 209 V
c) $P_1 = U_oI$ = 91,96 W
6.a) P_{Ltg} = 1,667 kW
b) R_{Ltg} = 0,3611 Ω
c) U_{AB} = 220,8 V, U_o = 245,3 V

S.100 7. $\Delta U/U_1$ = 0,4142 = 41,42 %
8. P_2 = 99,88 W ≈ 100 W
9.a) R_v = 79,17 Ω
b) P_v = 114 W
c) η = 0,5682
10.a) P_i = 35 W
b) η = 0,9177
11.a) $\Delta P/P_1$ = -0,08884 = -8,884 %
b) $\Delta U/U_1$ = -0,04546 = -4,546 %
c) $\Delta P/P_1$ = 0,21 = 21 %
12.a) P_{1N} = 1,8 W
P_{2N} = 1,2 W
b) P_1 = 0,288 W
P_2 = 0,432 W
13. N_2 = 16

14.a) R_{E1} = 56,96 Ω R_{E2} = 0,0395 Ω
b) U_1 = 58,46 V, I_1 = 1,026 A,
U_2 = 1,540 V, I_2 = 38,97 A
c) η_1 = 0,9743 = 97,43 %,
η_2 = 0,02566 = 2,566 %
15.a) R_v = 296,9 Ω, P_v = 30,4 W,
η = 0,5682 = 56,82 %
b) R_{v1} = 1540 Ω, R_{v2} = 99,11 Ω
U_{v1} = 175,5 V,
U_{L1} = 44,5 V, P_{v1} = 20 W,
P_{L1} = 5,074 W, η = 0,2024
(Lampe wird nicht überlastet), U_{v2} = 44,52 V,
U_{L2} = 175,48 V,
P_{v2} = 20 W, P_{L2} = 78,83 W
(Lampe wird zerstört)

S.102 1.a) U_o = 219,1 V
b) P_{AB} = 19,2 W,
η_u = 0,4 = 40 %
2.a) P_k = 10,67 W
b) $P_{AB} = P_k/4$ = 2,667 W
c) P_v = 2,222 W,
P_{Ltg} = 0,4444 W
3.a) P_k = 50 W
b) $P_{AB} = P_k/4$ = 12,5 W
c) $P_o = P_k/2$ = 25 W
4.a) P_o = 10 W
b) P_i = 2,5 W, P_{AB} = 7,5W,
η = 0,75
c) $R_E = R_i$ = 10 Ω,
P_{AB} = 10 W
5.a) P_{AB} = 3,2 W
b) U_{AB} = 32 V
c) R_E = 320 Ω, U_o = 40 V,
R_i = 80 Ω

S.106 1. $I_{AB} = I_4$ = 253,7 mA
2. I_3=302,8 mA, I_4= -83,27mA,
3. I_M = -0,3283 mA, U_{AB} = 7,678 V,
U_{CB} = 8,006 V, I_1 = 16,01 mA,
I_2 = 16,34 mA, I_3 = 12,10 mA,
I_4 = 11,77 mA, I = 28,11 mA

S.106 4.a) $U_{o1} = 412,2$ V,
$U_{ABo} = 12,2$ V
b) $I_2 = -15,00$ A,
$U_{AB} = 12,15$ V
c) $I = 20,01$ A
$I_1 = 20,03$ A
$I_2 = 29,97$ A
$U_{AB} = 11,70$ V

S.112 1.a) $S = 3,343$ A/mm^2,
$v = 0,2458$ mm/s
b) $E = 59,69$ mV/m
c) $F = 9,563 \cdot 10^{-21}$N
2.a) $E = 9,549$ mV/m
b) $S = 0,5348$ A/mm^2
3.a) $S = 2,240$ A/mm^2,
$v = 0,1647$ mm/s
b) $I = 7,037$ A
c) $F = 6,408 \cdot 10^{-21}$N
4. $d = 5$ mm
5.a) $I = 0,7$ A
b) $E = 0,1786$ V/m
c) $\Delta U = 8,929$ mV

S.127 1.a) $C_o = 452,2$ pF
b) $\varepsilon_r = 2,787$
2. $C = 675,6$ nF
3. $C = 6,136$ nF
4. $s = 0,1$ mm
5. a) $\tau = 72,6$ ms
b) $u_c = 22,47$ V
c) $i_c = 92,13$ µA
6.a) $u_c = 34,43$ V, 19,75 V,
11,33 V, 6,502 V, 2,987 V
b) $t = 5\tau = 2,7$ s
c) $i_c = 880,4$ µA, 348,8 µA,
138,2 µA, 54,74 µA,
d) $u_c/U = 8,209$ %

S.128 7.a) $\tau = 1731$ s
b) $R_E = 78,69$ MΩ
c) $t \approx \tau = 1731$ s
d) $u_c = $ ~~7,135 V~~ 6,95

8.a) $C_E = 103,1$ pF
b) $C_E = 1,02$ nF
9. $C_{AB} = 3,570$ nF,
$C_{BC} = 5,729$ nF,
$C_{CD} = 7,764$ nF,
$C_{DA} = 3,928$ nF,
$C_{AC} = 3,431$ nF,
$C_{BD} = 3,991$ nF
10.a) $C_o = 22,14$ pF
b)
$$C_E = \frac{\varepsilon_o \cdot A}{\frac{s_1}{\varepsilon_{r1}} + \frac{s_2}{\varepsilon_{r2}}} = 25,32 \text{ pF}$$
11.a) $W = 17,28$ mWs
b) $I = 411,4$ mA
12. $C = 288$ F
13.a) $F_1 = 27,67$ mN
b) $F_2 = F_3 = F_1$
c) $F_2 = 4\,F_1$, $F_3 = F_1/4$

S.139 1. $H = 2200$ A/m, $B = 2,765$ mT,
$\Phi = 1,954$ µVs
2.a) $H = 750$ A/m,
$B = 0,9425$ mT,
$\Phi = 28,45$ nVs
b) $I = 184,5$ mA
c) $H = 922,5$ A/m,
$B = 1,159$ mT
3. $I = 360,3$ mA
4.a) $H = 313,4$ A/m,
$B = 393,9$ µT,
$\Phi = 136,4$ nVs
b) $\Phi = 0,2078$ µVs,
$H = 477,5$ A/m,
$I = 609,4$ mA
5.a) $N = 216,8 \approx 216$
b) $H = 668,5$ A/m,
$B = 0,840$ mT,
$\Phi = 0,1420$ µVs
c) $B = 1,008$ T,
$\Phi = 0,1704$ mVs
6. $H_{Fe} = 500$ A/m, $I = 280,5$mA

S.149

1.a) $H_{Fe} = 696{,}3$ A/m,
$B_{Fe} = 1{,}31$ Vs/m^2,
$\Phi = 0{,}524$ mVs

b) $R_m = 334 \cdot 10^3$ A/Vs,
$\mu_r = 1497$

c) $H_0 = 795{,}8 \cdot 10^3$ A/m,
$H_{Fe} = 300$ A/m,
$I = 2{,}488$ A

d) $R_{mFe} = 187{,}7 \cdot 10^3$ A/Vs,
$R_{m\delta} = 1{,}989 \cdot 10^6$ A/Vs,

2.a) $I = 49{,}59$ mA,
$R_{mFe} = 108{,}1 \cdot 10^3$ A/Vs,
$\mu_r = 2944$

b) $\delta = 0{,}0163$ mm

3. $I = 570{,}8$ mA

4.a) $\sigma = 0{,}12$

b) $A_0 = A_{Fe}(1+\sigma) = 201{,}6$ mm^2

c) $R_{m\delta} = 7{,}895 \cdot 10^6$ A/Vs,
$R_{m\delta N} = 8{,}842 \cdot 10^6$ A/Vs,
$R_{m\delta_\sigma} = 73{,}683 \cdot 10^6$ A/Vs

d) $R_{mFe} = 571{,}4 \cdot 10^3$ A/Vs

e) $V_{Fe} = 144{,}0$ A,
$V_\delta = 1989$ A,
$\Theta = 2133$ A

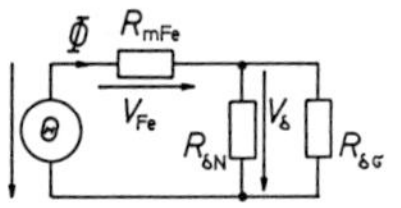

5. (s.Beispiel 5.2, Seite 147)

a) $\Theta_{Fe} = 110$ A,

b) Bei $B = 1{,}2$ T ist $H_\delta = \Theta_\delta / l_{Fe} = 454{,}6$ A/m (Mit Division aller Durchflutungen durch die Eisenweglänge wird auf den Abszissenmaßstab des Diagramms $B = f(H)$ umgerechnet. Mit den erhaltenen Feldstärken H' kann aus der gescherten Magnetisierungskurve die Flußdichte B' abgelesen werden.)

$\Theta = 180,\ 150,\ 120,\ 90,\ 60$ A

H'= 818,2; 681,8; 545,5; 409,1, 272,7 A/m

B'= 1,10, 1,0, 0,86, 0,66, 0,40 Vs/m^2

c) $\Theta_\delta = \Theta - \Theta_{Fe} = 100$ A
$\Rightarrow \delta = 0{,}1047$ mm

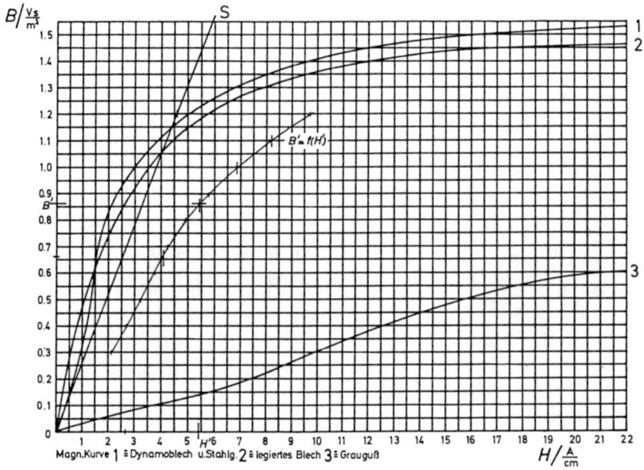

zu 5.

S.150 6. (s. Beispiel 5.3, S.148)

$l_{Fe} = 0{,}18$ m,

$\delta' = 2 \cdot 0{,}25$ mm $= 0{,}5$ mm,

$\delta'' = 2 \cdot 0{,}5$ mm $= 1$ mm

$H' = \Theta / l_{Fe} = 1500$ A/m,

für $R_{mFe} = 0 \Rightarrow$

$B'_{max} = \mu_0 \, \Theta / \delta' = 0{,}679$ T,

$B''_{max} = \mu_0 \, \Theta / \delta'' = 0{,}339$ T

(Berechnung von B_{max} bzw. Φ_{max} mit der Annahme $R_{mFe} = 0$. Mit $H' = \Theta / l_{Fe}$ ergeben sich zwei Punkte für die "magn. Innenwiderstandsgerade" für $R_{m\delta}$ als "Innenwiderstand des magn. Kreises".)

a) $B_1' = 0{,}615$ Vs/m^2 ($\delta' = 0{,}5$ mm),
$B_2 = 0{,}315$ Vs/m^2 ($\delta'' = 1$ mm)

b) $H_{Fe1} = 150$ A/m $= \Theta_{Fe1} = 27$ A,
$H_{Fe2} = 100$ A/m $= \Theta_{Fe2} = 18$ A

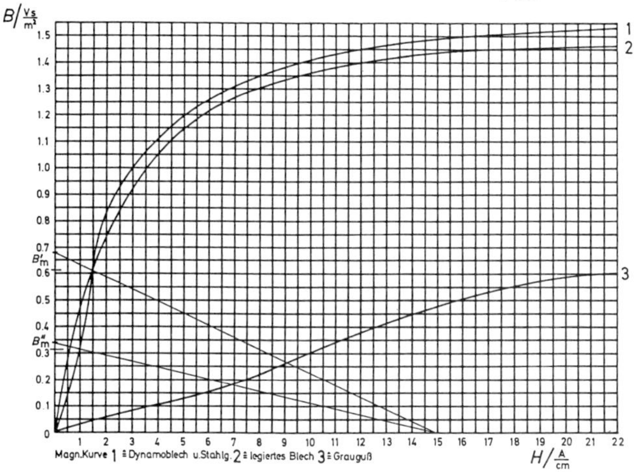

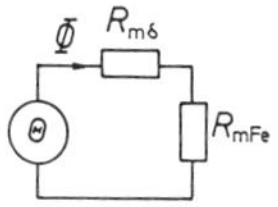

7.a) $B_1 = B_2 = B_3 = 1{,}07$ Vs/m^2,

$\Phi_1 = \Phi_3 = 0{,}428$ mVs,

$\Phi_2 = 0{,}856$ mVs,

b) $\Theta_\delta = 425{,}7$ A $\Rightarrow \Theta = 524{,}7$ A,

$H' = \Theta_\delta / l_{Fe} = 1520{,}5$ A/m,

$B = 1{,}07$ Vs/m^2 $\Rightarrow$ Scherungsgerade S

c) $\Theta = 450$ A $\Rightarrow H' = \Theta / l_{Fe} = 1607$ A/m $\Rightarrow B = 0{,}95$ Vs/m^2,

$H_{Fe} = 270$ A/m

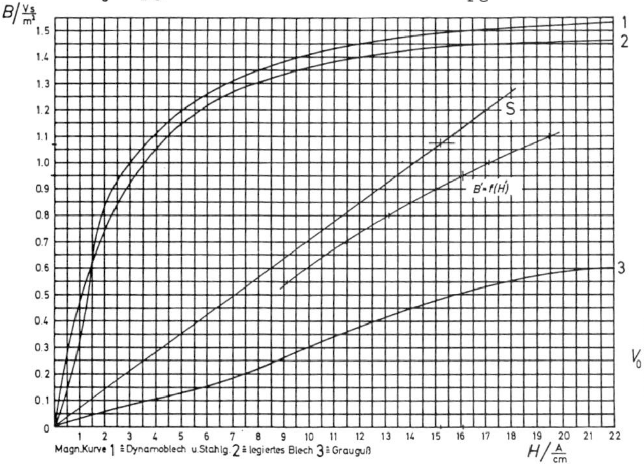

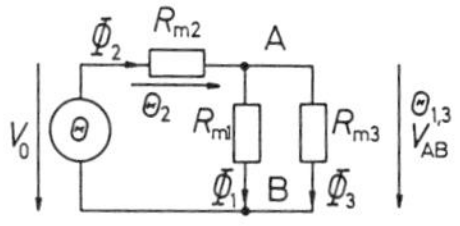

zu 7.a

S.150 8.a) $B_{Fe2} = B_\delta(1+\sigma) = 0{,}8\ \mathrm{Vs/m^2}$

$\Rightarrow\ B_\delta = 0{,}6957\ \mathrm{Vs/m^2}$

$V_{AB} = V_\delta + V_{Fe2} = 291{,}5\ \mathrm{A}$

$= V_{Fe3} = H_{Fe3}\cdot l_{m3} \Rightarrow$

$B_{Fe3} = 1{,}455\ \mathrm{T}$

$\Phi_3 = 0{,}873\ \mathrm{mVs}$,

$\Phi_2 = 0{,}480\ \mathrm{mVs}$,

$\Phi_1 = \Phi_2 + \Phi_3 = 1{,}353\ \mathrm{mVs}$

$\Rightarrow\ B_{Fe1} = 2{,}255\ \mathrm{T}$

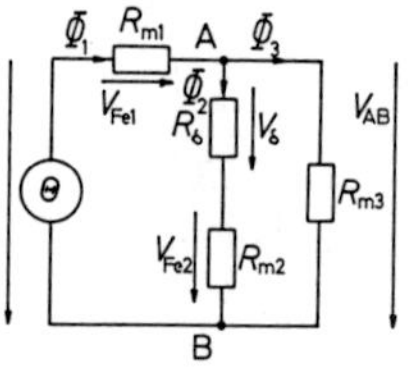

$B_{Fe2} = 0{,}4\ \mathrm{T}$, $\delta = 0{,}2\ \mathrm{mm}$,

$\sigma = 0{,}1o$, $V_{AB} = 63{,}48\ \mathrm{A}$,

$B_{Fe3} = 0{,}95\ \mathrm{T}$,

$_3 = 0{,}570\ \mathrm{mVs}$

$_2 = 0{,}24\ \mathrm{mVs}$

$B_{Fe1} = 1{,}35\ \mathrm{T}$

$V_{Fe1} = 192\ \mathrm{A}$

$\Theta = V_{Fe1} + V_{AB} = 255{,}5\ \mathrm{A}$

$\Rightarrow\ I = 393\ \mathrm{mA}$

S.156 1. $F = 0{,}01\ \mathrm{N}$

2. $B = 0{,}4578\ \mathrm{T}$

3. $I = 2{,}353\ \mathrm{A}$

4. $F = 2{,}25\ \mathrm{N}$

5. $F_k = 3{,}6\cdot 10^3\ \mathrm{N}$

6.a) $M = 25{,}92\ \mathrm{Nm}$

b) $F = 2\ M/d = 207{,}4\ \mathrm{N}$

c) $I = 2{,}083\ \mathrm{A}$

7.a) $M_{el} = 0{,}81\cdot 10^{-3}\ \mathrm{Nm}$

b) $D = 0{,}3375\cdot 10^{-3}\ \mathrm{Nm/rad}$

8. $I = 18{,}52\ \mathrm{mA}$

S.157 9. $F = 0{,}271\ \mathrm{N}$

10. $B = 0{,}8\ \mathrm{T}$

S.161 1.a) $R_m = 2{,}88\cdot 10^6\ \mathrm{A/Vs}$

b) $\Phi = 0{,}2083\cdot 10^{-3}\ \mathrm{Vs}$

c) $W = 62{,}5\ \mathrm{mWs}$

2.a) $R_m = 721{,}8\cdot 10^6\ \mathrm{A/Vs}$

b) $L = 79{,}80\ \mu\mathrm{H}$, c) $W = 0{,}9975\ \mathrm{mWs}$,

d) $W_m/V = 9{,}167\ \mathrm{Ws/m^3}$

3.a) $L = 56{,}03\ \mathrm{mH}$, b) $W = 20{,}24\ \mathrm{mWs}$,

c) $\Phi = 226{,}8\cdot 10^{-6}\ \mathrm{Vs}$, $B = 1{,}008\ \mathrm{T}$,

d) $W/V = 336{,}9\ \mathrm{Ws/m^3}$

S.162 4. $F = 246{,}5\ \mathrm{N}$

5. (s.Beispiel 5.3, S.148)

a) $H' = \Theta/l_{Fe} = 16{,}67\cdot 10^3\ \mathrm{A/m}$,

$B'_{max} = 1{,}382\ \mathrm{T}$

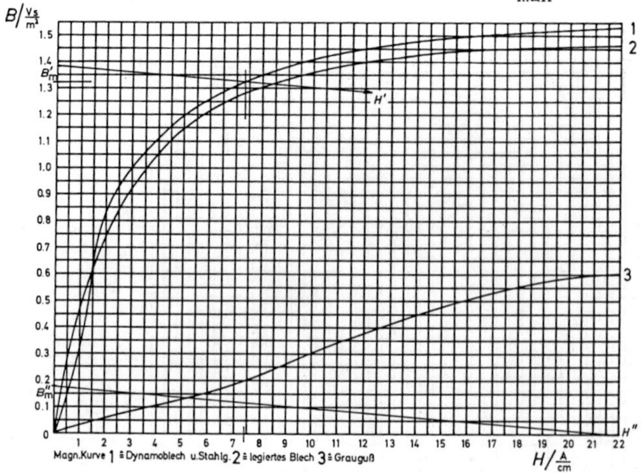

zu 162/5.

S.162 Parallele zur Luftspaltgeraden: $H'' = 2{,}2 \cdot 10^3$ A/m,
$B''_{max} = 0{,}1825$ T,
$B_{Fe} = 1{,}32$ T $= B_\delta\ (1+\sigma)$
$\Rightarrow B_\delta = 1{,}2$ T

b) $F = 343{,}8$ N

c) $W_\delta = 1{,}513$ Ws,
$W_{Fe} = 67{,}95$ mWs

S.169 1. $u_q = 2$ mV

S.170 2.a) $u_q = 694{,}3$ V

b) $P = 9{,}641$ kW,
$I = 13{,}89$ A

c) $M = 108{,}3$ Nm,
$P_m = 12{,}05$ kW

3.a) $u_q = 0{,}9425$ V

b) $I_k = 94{,}25$ mA

c) $M = 8{,}482 \cdot 10^{-3}$ Nm

4.a) $u_q = 0{,}3855$ mV

b) (s.Bild 6.7) Blickrichtung entspr. B $\Rightarrow$ Drehrichtung im Uhrzeigersinn

5.a) $\hat{u}_q = 0{,}6$ V

b) s.Bild

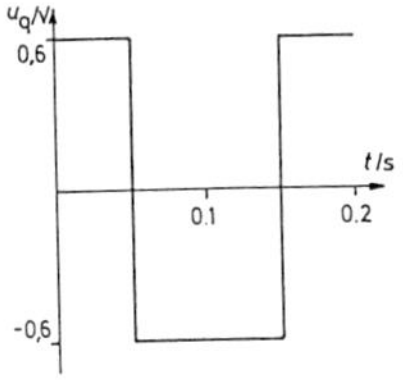

6. $\hat{u}_q = 0{,}3$ V, $u_q = f(t)$ s.Bild

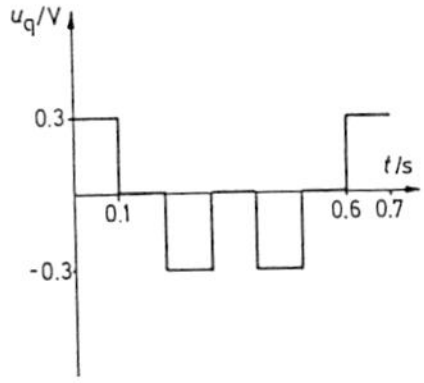

7. $\pm u_{q1} = 3$ V, $\pm u_{q2} = 1{,}5$ V,
$u_q = f(t)$ s.Bild

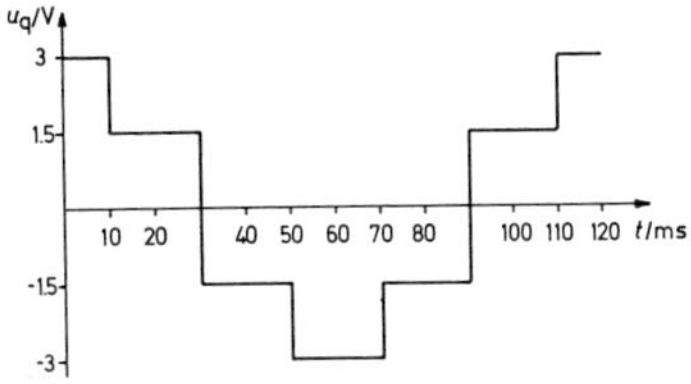

S.171 8. $\pm\ \Phi_{max} = 6$ µVs,
$\Phi = f(t)$ s.Bild

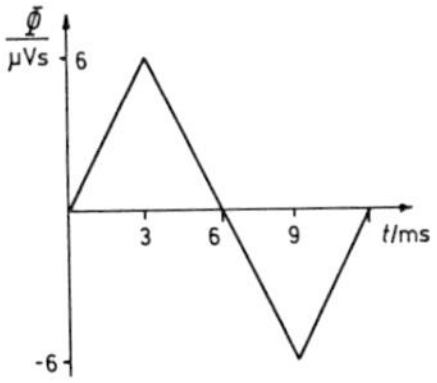

9. $u_q = f(t) \;\hat{=}\; \Delta B/\Delta t = f(t)$ (s.Bild) $\Delta B/\Delta t = u_q/NA$. Die Funktion $B = f(t)$ entspricht dem Flächeninhalt unter dem Graph $\Delta B/\Delta t = f(t)$ (s.Bild)

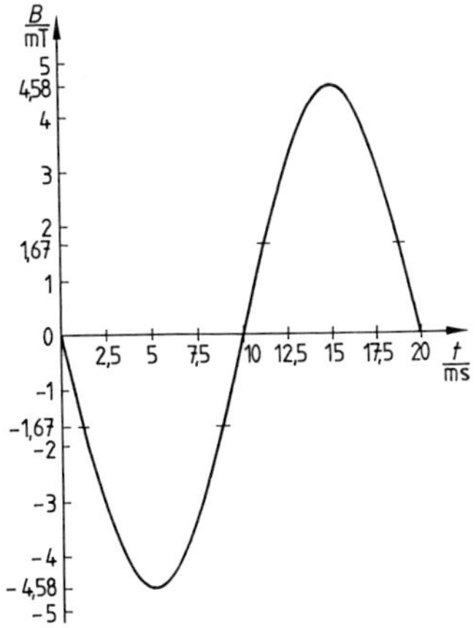

S.179 1.a) $\hat{u}_q = 37{,}70$ V

b) $\Phi = 0$, $\alpha = 90 \not\,^\circ$

c) $u_q = -\hat{u}_q \sin\alpha$,
$-u_q$/V $= 6{,}55$; $18{,}85$; $28{,}88$; $35{,}43$; $37{,}70$; $35{,}43$; $28{,}88$; $18{,}85$; $6{,}55$

S.179 2.a) $\Sigma\Phi_i = \Sigma B \cdot A_i = 0$,

$\alpha = 90 \measuredangle^{o}$

b) $\hat{u}_q = \omega N \Phi_{max} = 217{,}1$ V

c) $|\Phi_{max}| = 69{,}11$ mVs,

$\alpha = 0 \measuredangle^{o}$, $180 \measuredangle^{o}$

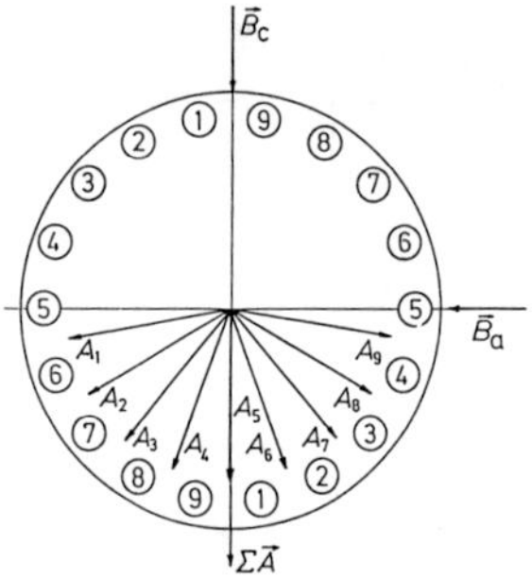

3\. $\Psi_{max} = 989{,}9$ mVs

4.a) $u_L = 12$ V

b) $i = 715{,}7$ mA

c) $t = 5\,\tau = 3{,}333$ s

d) $W = 3{,}2$ Ws

e) $U = 8000$ V

S.180 5. $C = 8{,}928$ µF

6.a) $M = 333{,}3$ mH

b) $u_{q2} = 8$V

c) $t = 1$ s

7\. $L = 1$ H

8.a) $C_1 = 384$ nF, $C_2 = 96$ nF

b) $R_1 = 1250\ \Omega$, $R_2 = 2500\ \Omega$

S.188 1.a) $f = 83{,}33$ Hz,

$T = 12$ ms

b) $f = 102{,}4$ Hz,

$T = 9{,}764$ ms

2.a) $u = 30{,}78$ V

b) $t_1 = 8{,}889$ ms,

$t_2 = 18{,}89$ ms,

$t_3 = 28{,}89$ ms

c) $u_1 = 84{,}57$ V,

$u_2 = 38{,}04$ V,

$u_3 = -84{,}57$ V,

$u_4 = 30{,}78$ V

3.a) $\varphi_u = 45^{o}$

b) $u = 106{,}1$ V

4.a) $\varphi_u = 30^{o}$

b) $u = 146{,}7$ V

5.a) $t_1 = 7{,}4045$ ms,

$t_2 = 22{,}595$ ms,

$t_3 = 37{,}4045$ ms,

$t_4 = 52{,}595$ ms

b) $t_1 = 2{,}468$ ms,

$t_2 = 7{,}532$ ms,

$t_3 = 12{,}47$ ms,

$t_4 = 17{,}53$ ms

c) $t_1 = 1{,}234$ ms,

$t_2 = 3{,}766$ ms,

$t_3 = 6{,}234$ ms,

$t_4 = 5{,}844$ ms

d) $t_1 = 0{,}8227$ ms,

$t_2 = 2{,}511$ ms,

$t_3 = 4{,}156$ ms,

$t_4 = 8{,}766$ ms

6\. $f = 93{,}53$ Hz

S.189 7. $u_2 = 95{,}69$ V

8.a) $\varphi_{i1} = 14{,}48^{o}$, $\varphi_{u1} = 46{,}05^{o}$

$\varphi_{i2} = 165{,}5^{o}$, $\varphi_{u2} = 133{,}9^{o}$

b) $\varphi = 31{,}58^{o}$,

u vor- bzw. nacheilend

9.a) $\hat{u} = 297{,}5$ V, $\varphi = 5{,}992^{o}$

b) $\hat{u} = 290{,}2$ V, $\varphi = 11{,}93^{o}$

c) $\hat{u} = 278{,}1$ V, $\varphi = 17{,}76^{o}$

d) $\hat{u} = 261{,}5$ V, $\varphi = 23{,}41^{o}$

e) $\hat{u} = 216{,}3$ V, $\varphi = 33{,}69^{o}$

f) $\hat{u} = 158{,}7$ V, $\varphi = 40{,}89^{o}$

10\. $\hat{i}_2 = 3{,}903$ A, $\varphi_2 = 41{,}21^{o}$

11.a) $\varphi = 0^{o}$

b) $\varphi = 50{,}02^{o}$

c) $\varphi = 77{,}25^{o}$

d) $\varphi = 97{,}97^{o}$

e) $\varphi = 111{,}5^{o}$

12.a) $\hat{u}_a = 309{,}1$ V,

$\hat{u}_b = 82{,}82$ V

b) $\hat{u}_a = 277{,}1$ V,

$\hat{u}_b = 160$ V

c) $\hat{u}_a = 226{,}3$ V,

$\hat{u}_b = 226{,}3$ V

S.189 13. $\hat{u}_2$ = a) 249,2 V
b) 246,8 V
c) 236,9 V
d) 219,3 V
e) 173,5 V
f) 118,7 V

14. $\hat{i}$ = 6,695 A, φ = -24,33°

S.200 1. I = 1,061 A

2. $\hat{u}$ = 311,1 V

3. U = 127,3 V

4. I = 2,121 A, $\hat{i}$ = 3 A,
$\overline{|i|}$ = 1,910 A, U = 21,21 V,
$\hat{u}$ = 30 V, $\overline{|u|}$ = 19,10 V

5. a) I = 4,545 A, $\hat{i}$ = 6,428 A
b) P = 1000 W,
c) p_{max} = 2000 W
d) $\hat{p}$ = 1000 W, f_p = 100 Hz

6. I = $\hat{i}$ = $\overline{|i|}$, F_R = 1

7. a) $\overline{|i|}$ = 0,250 A
b) I = 0,2883 A (s.Bild 7.12 Seite 194), I = 0,2887 (Simpsonsche Regel)
c) F_D = 288,67 mA/250 mA = 1,1547

8. $\bar{i}$ = $\hat{i}$/2 = 1 A unabhängig von t_2/t_1, I = 1,1547 A

9. $\hat{i}$ = a) 0,1607 A
b) 0,2573 A
c) 0,3857 A
d) 0,4821 A
e) 0,6428 A

10. L = 1,5 mH

11. a) $\hat{w}_m$ = 25 µWs
b) $\hat{u}$ = 1,777 V

12. f = a) 1592 Hz
b) 2984 Hz
c) 7162 Hz

13. L = 0,9 mH

14. X_C = a) 3183 Ω
b) 1273 Ω
c) 796 Ω

S.201 15. C = a) 1,061 µF
b) 132,6 nF
c) 53,05 nF

16. a) X_C = 1447 Ω,
I = 152,1 mA
b) X_C = 180,9 Ω,
I = 1,216 A
c) X_C = 72,34 Ω,
I = 3,041 A
d) X_C = 24,11 Ω,
I = 9,123 A

17. a) $\hat{u}$ = 217,0 V,
U_N = 153,5 V
b) $\hat{w}_N$ = 51,81 mW,
$\hat{w}_{max}$ = 64,77 mW,
$\hat{w}_{min}$ = 43,18 mW
c) P_{qN} = 16,28 var,
P_{qmax} = 20,35 var,
P_{qmin} = 13,56 var

18. U = 160,0 V

19. a) $\hat{i}$ = 460,7 mA,
$\hat{u}$ = 217,1 V
b) $\hat{i}$ = 651,5 mA,
$\hat{u}$ = 307,0 V
c) $\hat{i}$ = 1,030 mA,
$\hat{u}$ = 485,4 V

20. a) C = 196,5 nF,
I = 157,1 mA
b) C = 982,4 nF,
I = 785,7 mA
c) C = 3,930 µF,
I = 3,143 A

21. $\frac{\hat{u}}{\hat{i}} = \frac{\sqrt{2}\ U}{\sqrt{2}\ I} = \frac{U}{I}$

22. Durch die Phasenverschiebung von 90° ergänzen sich für jede Halbschwingung des Stroms (oder der Spannung) die Augenblickswerte der Leistung genau zu Null.

S.201 23. In Bild 7.10 liefern beide Halbschwingungen von Spannung und Strom positive Leistungswerte, weil das Produkt aus zwei negativen Zahlenwerten einen positiven Wert ergibt. Auf jede Halbschwingung von u und i kommt also eine volle Periode der Leistung.

Dies gilt auch für die Bilder 7.14 und 7.16, wobei dort die Leistung infolge der Phasenverschiebung nach jeder Viertelschwingung von u und i ihr Vorzeichen wechselt.

S.205 1.

	X_L	Z	φ	I
a)	5,027 Ω,	5,854 Ω,	59,17°,	10,25 A
b)	11,31 Ω,	12,37 Ω,	66,15°,	4,852 A
c)	125,7 Ω,	809,8 Ω,	8,927°,	74,09 mA
d)	1414 Ω,	2061 Ω,	43,30°,	29,11 mA
e)	100,5kΩ,	100,5kΩ,	89,52°,	0,5968 mA

2. X_L = 549,9 Ω, L = 1,750 H, Z = 600 Ω, U_L = 54,99 V, φ = 66,42°

3.a) R = 21,77 Ω, Z = 25,13 Ω, X_L = 12,57 Ω, I = 1,910 A, U_R = 41,57 V, U_L = 24 V

b) P_s = 91,67 VA, P_p = 79,39 W, P_q = 45,84 var

S.206 4.a) L = 45,13 mH

b) R_x = 115,2 Ω, in Reihe

5.a) R = 257,1 Ω, L = 975,4 mH

b) I = 0,17 A, R_x = 549,4 parallel zu R

6.a) C = 6,075 µF, φ = 60°

b) P_s = 80 VA, P_p = 40 W, P_q = 69,28 var

c) Z = 605 Ω, I = 363,6 mA

7. f = 133,7 Hz, φ = 82,82°

8. φ = 63,44°, C = 3,183 µF

9.a) R = 23,68 kΩ

b) Z = 33,49 kΩ, I = 0,7165 mA

c) Z = 52,96 kΩ, I = 0,4532 mA

d) Z = 26,48 kΩ, I = 0,9064 mA

10. R = 400 Ω, C = 7,118 µF

S.217 1.a) X_L = 7,540 Ω, X_C = 198,94 Ω, X = -191,4 Ω

b) U_R = 2,5 V, U_L = 0,377 V, U_C = 9,947 V, U_B = -9,570 V, U = 9,891 V

c) φ = -75,36°, Z = 197,8 Ω

2.a) f_o = 183,8 kHz, I_o = 30 mA

b) U_{Lo} = U_{Co} = 17,32 V

c) Q = 1,443, d = 0,6928

d) P_p = 0,360 W, P_q = 0,5196 var

S.218 3. C = a) 97,20 nF c) 81,04 nF
b) 84,15 nF d) 79,16 nF

4.a) C = 9,382 µF

b) I = 19,97 mA, U_R = 5,990 V, U_L = 0,4517 V, U_C = 0,1129 V

c) I = 19,97 mA, U_R = 5,990 V, U_L = 0,1129 V, U_C = 0,4517 V

5.a) R = 3209 Ω, L = 7,017 H

b) I_1 = 2,558 mA, I_2 = 7,223 mA

6.a) L = 189 mH, C = 23,27 nF

b) bei f_o ⇒ U_R = 12 V, U_L = U_C = 285,0 V, bei f_{gu} ⇒ U_R = 8,485 V, U_L = 197,3 V, U_C = 205,8 V, bei f_{go} ⇒ U_R = 8,485 V, U_L = 205,8 V, U_C= 197,3 V

c) Q = 23,75, d = $42{,}11 \cdot 10^{-3}$

S.218 7.a) $f_B = 81,43$ Hz, $Q = 147,4$,
$d = 6,786 \cdot 10^{-3}$
b) $f_{go} = 12,04$ kHz,
$f_{gu} = 11,96$ kHz
8.a) $R = 47,49\ \Omega$, $L = 3,181$ H,
b) $f_{o1} = 60,16$ Hz,
$Q_1 = 25,32$,
$d_1 = 39,49 \cdot 10^{-3}$,
$f_{o2}' = 42,54$ Hz,
$Q_2 = 17,91$,
$d_2 = 55,85 \cdot 10^{-3}$

9.a) $f_{go} = 576,4$ Hz,
$g_{gu} = 351,4$ Hz
b) $f_B = 225$ Hz
c) 3,078 %
10.a) $f_{go} = 12,198$ kHz,
$f_{gu} = 8,198$ kHz,
$f_B = 4$ kHz
b) U_{Lmax} bei $f_\varrho = 10,426$ kHz,
U_{Cmax} bei $f_\varrho = 9,5917$ kHz
c) $U_{Lmax} = U_{Cmax} = 7,655$ V
11.a) $v = -0,2111$, $Q = 4,178$
b) $f_{11} = 16,67$ kHz,
$f_{12} = 13,50$ kHz,
$f_{21} = 18,43$ kHz,
$f_{22} = 12,21$ kHz
12.a) $I_1 = 10,45$ mA, $I_2 = 13,75$mA,
$I_3 = 17,79$ mA
b) $|v| = 0,2667$, $f_1 = 11,422$ kHz,
$f_2 = 8,755$ kHz
c) $f_{B1} = 2$ kHz
d) $f_{B2} = 4$ kHz
e) $|v_1| = d_1 = 0,2$,
$|v_2| = d_2 = 0,4$
f) U_{Lmax} bei $v_1 = 83,41 \cdot 10^{-3}$,
U_{Cmax} bei $v_2 = -83,41 \cdot 10^{-3}$,
$U_{Lmax} = U_{Cmax} = 12,76$ V

S.222 1.a) $I_R = 275$ mA,
$I_L = -140,1$ mA,
$I = 308,6$ mA
b) $Z = 712,9\ \Omega$,
$Y = 1,403$ mS
c) $\varphi = -26,99^\circ$

2.a) $U = 565,5$ V
b) $\varphi = -36,87^\circ$
c) $R = 2,827$ kΩ,
$|X_L| = 3,770$ kΩ,
$Z = 2,262$ kΩ,
$Y = 0,4421$ mS,
$G = 0,3537$ mS,
$|B_L| = 0,2653$ mS
d) $P_s = 141,4$ VA,
$P_p = 113,1$ W,
$P_q = 84,82$ var

S.223 3. R, φ = a) 205,1 Ω, 12,78°
b) 318,0 Ω, 19,38°
c) 412,1 Ω, 24,5°
d) 600,1 Ω, 33,57°
e) 1,342kΩ, 56,04°
4.a) $I_R = 143,4$ mA,
$I_C = 204,8$ mA
b) $f = 452,7$ Hz
c) $Z = 192\ \Omega$, $R = 334,7\ \Omega$,
$X_C = 234,4\ \Omega$,
$Y = 5,208$ mS, $G = 2,987$ mS,
$B_C = 4,266$ mS
d) $P_s = 12$ VA,
$P_p = 6,883$ W,
$P_q = 9,830$ var
e) $R_2 = 781,8\ \Omega$
5.a) $R = 60,29\ \Omega$
b) $I_R = I_C = 99,53$ mA,
$I = 140,8$ mA
c) $P_s = 0,8445$ VA,
$P_p = 0,5972$ W $= P_q = 0,5972$ var
6.a) $C = 20,41$ µF
b) $f_g = 14,18$ Hz

S.229 1. C = a) 791,6 nF
b) 156,4 nF
c) 56,29 nF
d) 313,6 pF
e) 103,4 pF
2.a) $P_p = 72$ mW,
$P_{qL} = 137,9$ mvar,
$P_{qC} = -137,9$ mvar

S.229 2.b) I_o = 12 mA,
I_L = -22,98 mA,
I_C = 22,98 mA

c) Q = 1,915, d = 0,5222

d) f_{go} = 358,7 Hz,
f_{gu} = 214,0 Hz,
f_B = 144,7 Hz

3.a) I_R = 154,3 mA,
I_B = 183,9 mA,
Z = 50 Ω, R = 77,79 Ω
X = 65,27 Ω

b) L = 0,9954 mH

c) f_o = 3401 Hz

d) P_p = 1,851 W,
$|P_{qL}| = |P_{qC}|$ = 6,770 var

e) Q = 3,657, d = 0,2735

4.a) φ = 60°

b) C = 173,5 nF

c) f_o = 697,6 Hz,
f_{go} = 963,7 Hz,
f_{gu} = 505,0 Hz

5.a) L = 179,9 μH, R = 18,09 kΩ

b) f_B = 40 kHz,
f_{go} = 820,2 kHz,
f_{gu} = 780,2 kHz

c) I_o = 27,65 μA,
I_g = 39,10 μA

d) I_q = 552,9 μA,
P_q = 276,5 μvar,
$W_{max} = 55 \cdot 10^{-12}$ Ws

6.a) f_o = 47,56 kHz,
f_B = 396,3 Hz

b) R_{zus} = 1,004 MΩ ,
f_{B2} = 679,4 Hz

c) f_{go} = 47,76 kHz,
f_{gu} = 47,36 kHz, mit
R_{zus} f_{go} = 47,90 kHz,
f_{gu} = 47,22 kHz

7.a) $\Delta I/I_o$ = 4,697 bzw. 5,606

b) $\Delta I/I_o$ = 8,055 bzw. 10,71

c) $\Delta I/I_o$ = 15,70 bzw. 29,02

8.a) Q = 5,305

8.b) ν_{11} = 0,1909,
ν_{12} = -2,111 bzw.
ν_{21} = 0,6857,
ν_{22} = -1,067

c) Z/Z_o = 0,7071

9.a) Q = 32,05, d = 0,0312

b) I = 3,555 mA

S.236 1. R_p = 181,9 kΩ,
X_{Lp} = 904,8 Ω,
L_p = 180 μH

2.a) R_r = 4459 Ω, X_{Lr} = 4015 Ω
R_p = 8074 Ω, X_{Lp} = 8967 Ω

b) Q = 0,9004, d = 1,111

3. R_r = 10,28 Ω
R_p = 12,61 kΩ,
X_{Lr} = 359,9 Ω,
X_{Lp} = 360,1 Ω,
L_r = 4,773 mH, L_p = 4,777 mH

4.a) Z = 3,132 kΩ

b) I = 1,916 mA, φ = 43,81°

c) Z_E = 9,191 kΩ,
I = 0,6528 mA, φ = 25,53°

d) s.Bilder

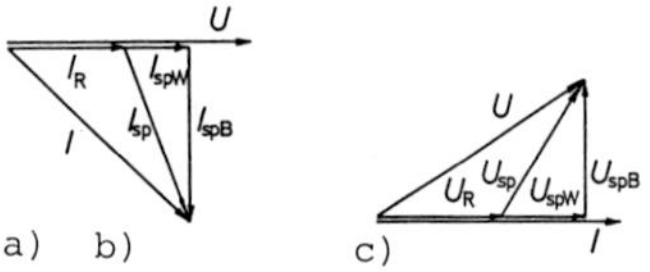

a) b) c)

5.a) R_p = 118,6 kΩ,
X_{Lp} = 3,774 kΩ

b) Z_E = 3752 Ω, φ = 83,88°

c) Ein solcher Widerstand läßt sich nicht finden, da $Z_{sp} \parallel R_1$ immer kleiner ist als Z_{sp}, eine Reihenschaltung von Z_{sp} und R_2 aber immer größer als Z_{sp} und daher auch größer als Z_E.

S.237 6.a) $R_1 = Z_{sp}$ = 17,72 Ω,
φ_{sp} = 32,14°, φ_1 = 0°,
φ = 16,07°

b) I = 704,9 mA, φ = 16,07°

S.237 6.c) s.Bilder

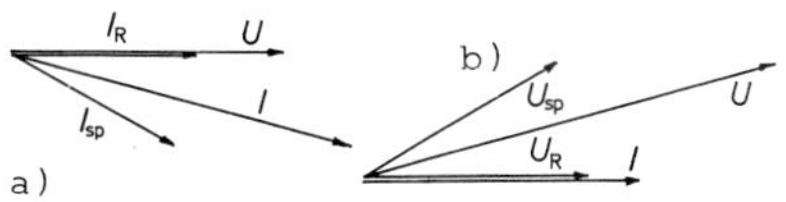

7.a) $R_{1p} = 278{,}95\ \Omega$,
$R_{2p} = 1{,}1591\ k\Omega$,
$X_{L1p} = 195{,}32\ \Omega$,
$X_{L2p} = 310{,}58\ \Omega$,
$R_{1r} = 91{,}772\ \Omega$,
$R_{2r} = 77{,}646\ \Omega$,
$X_{L1r} = 131{,}06\ \Omega$,
$X_{L2r} = 289{,}78\ \Omega$

b) $Z_E = 105{,}81\ \Omega$

c) $I = 226{,}8$ mA, $\varphi = 61{,}93^\circ$

d) $I = 52{,}90$ mA, $\varphi = 68{,}07^\circ$

e) s.Bilder

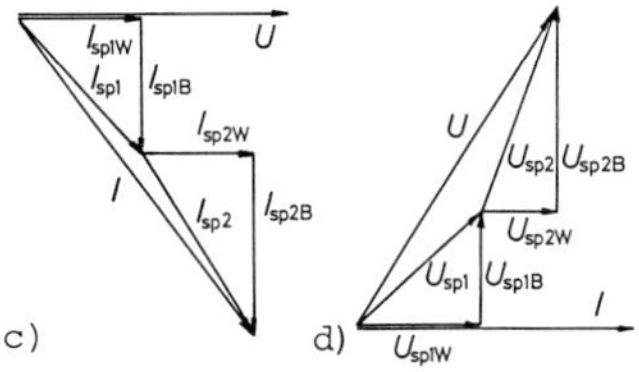

8.a) $f = 411{,}6$ Hz, $Z_{sp2} = 43{,}65\ \Omega$

b) $I_p = 1{,}739$ A, $\varphi = 61{,}56^\circ$

c) $Z_E = 118{,}6\ \Omega$,
$I_r = 404{,}7$ mA, $\varphi = 60{,}72^\circ$

d) $U_{sp1} = 30{,}35$ V,
$U_{sp2} = 17{,}66$ V,
$\varphi_1 = 59{,}56^\circ$, $\varphi_2 = 62{,}73^\circ$

S.240 1. $R_r = 0{,}7958\ \Omega$,
$X_{Cr} = 19{,}89\ \Omega$,
$R_p = 498{,}2\ \Omega$,
$X_{Cp} = 19{,}93\ \Omega$

2.a) $I = 9{,}982$ mA, $\varphi = 55{,}84^\circ$

b) $C_p = 68{,}47\ \mu F$, $R_p = 8{,}564\ k\Omega$

3.a) $f = 341{,}9$ kHz

b) $R_r = 66{,}34$, $C_r = 1{,}237$ nF

4.a) $Z_{1r} = 635{,}2\ \Omega$,
$I_1 = 37{,}79$ mA, $\varphi_1 = 71{,}65^\circ$

b) $Z_p = 298{,}7\ \Omega$,
$I = 80{,}35$ mA, $\varphi = 26{,}51^\circ$

5.a) $$\frac{1}{R_p} = \frac{1}{R_{1p}} + \frac{1}{R_2} = \frac{R_{1r}}{Z_1^2} + \frac{1}{R_2} = \frac{R_2 R_{1r} + Z_1^2}{R_2 \cdot Z_1^2},$$

$$\frac{1}{Z_p^2} = \frac{R_2 R_{1r} + Z_1^2}{R_2^2 \cdot Z_1^4} + \frac{X_{Cr}^2}{4} \Rightarrow X_{C1r} = \sqrt{\frac{(R_{1r}+R_2)^2 Z_p^2 - R_2^2 R_{1r}^2}{R_2^2 - Z_p^2}}$$

$X_{C1r} = 604{,}78\ \Omega \Rightarrow f = 119{,}62$ Hz

b) $\varphi_1 = 65{,}94^\circ$, $\varphi_2 = 0$,
$\varphi = 43{,}58^\circ$

6.a) $R_{1p} = 244{,}96\ \Omega$,
$X_{C1p} = 119{,}36\ \Omega$,
$R_{2p} = 197{,}50\ \Omega$,
$X_{C2p} = 62{,}541\ \Omega$

b) $R_p = 109{,}34\ \Omega$,
$X_{Cp} = 41{,}038\ \Omega$

c) $I = 5{,}726$ A, $I_1 = 2{,}050$ A,
$I_2 = 3{,}690$ A, $\varphi = 69{,}43^\circ$
$\varphi_1 = 64{,}02^\circ$, $\varphi_2 = 72{,}43^\circ$

d) $R_{zus} = 65{,}70\ \Omega$

S.245 1.a) $Z = 51{,}33\ \Omega$

b) $\varphi = 46{,}94^\circ$

c) $L = 4{,}973$ mH

2.a) $\varphi = 72{,}56^\circ$

b) $Z = 36{,}10\ \Omega$

c) $C = 11{,}60\ \mu F$

d) $U_2 = 2$ V, $U_p = 3{,}60$ V,
$U = 4{,}610$ V

e) s.Bild

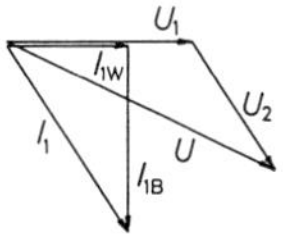

3.a) $Z = 259{,}3\ \Omega$, $\varphi = 21{,}78^\circ$

b) $I = 848{,}4$ mA,

c) $U_2 = 42{,}42$ V,
$U_3 = 181{,}3$ V

d) $C = 33{,}09\ \mu F$

e) $I = 913{,}6$ mA

S.245 4.a) $R_{1p} = 9{,}646\ k\Omega$,
$C_2 = 5{,}305\ \mu F$
b) $R_r = 16{,}51\ \Omega$,
$X_{Cr} = 195{,}6\ \Omega$,
$Z = 196{,}2\ \Omega$
c) $R_p = 2333\ \Omega$,
$X_{Cp} = 196{,}9\ \Omega$
5.a) $R_r = 200{,}4\ \Omega$,
$X_{Cr} = 32{,}96\ k\Omega$,
$R_p = 5{,}421\ M\Omega$,
$X_{Cp} = 32{,}96\ k\Omega$
b) $\varphi = 89{,}65^o$
c) $L = 3{,}497\ H$
d) $I = 9{,}981\ mA$

S.246 6.a) $Z = 32{,}38\ k\Omega$
b) $\varphi = 64{,}67^o$
c) $L = 4{,}657\ H$
d) $Q = 2{,}113$, $f_B = 473{,}3\ Hz$
7.a) $f = 39{,}79\ kHz$
b) $Z = 309{,}8\ \Omega$
c) $C = 81{,}12\ nF$
8.a) $Z = 628{,}5\ \Omega$, $\varphi = -84{,}33^o$
b) $L_{zus} = 9{,}954\ mH$
c) $Q = 11{,}6$, $f_B = 862{,}4\ Hz$
9.a) $L_{zus} = 4{,}275\ mH$
b) $Q = 35{,}15$, $f_{B1} = 568{,}9\ Hz$
c) $X_o = 662{,}8\ \Omega$
d) $R_3 = 14{,}29\ \Omega$
10.a) $f_o = 876{,}1\ kHz$
b) $R_{1p} = 68{,}18\ k\Omega$,
$L_p = 150{,}0\ \mu H$
c) $Q_1 = 82{,}57$,
$f_{B1} = 10{,}61\ kHz$
10.d) $R_{1p} = 68{,}18\ k\Omega$,
$I_o = 352\ \mu A$
e) $R_2 = 38{,}91\ k\Omega$
f) $f_{B2} = 29{,}20\ kHz$

S.247 11.a) $P_C = 449{,}4\ var$,
$C = 29{,}56\ \mu F$
b) $I_1 = 6{,}061\ A$, $I_2 = 5{,}104\ A$
c) s.Bild

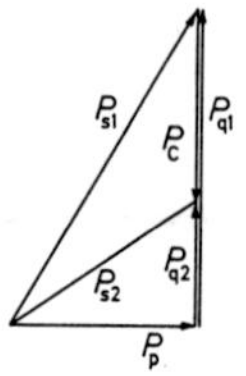

zu 11.

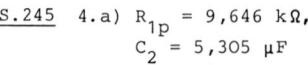

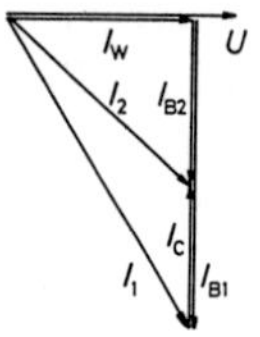

zu 12.

12. a) $\cos \varphi_1 = 0{,}6997$,
$\varphi_1 = 45{,}60°$
b) $\cos \varphi_2 = 0{,}9318$
c) $P_{q2} = 337{,}5\ var$,
$I_{b2} = 1{,}534\ A$
d) s.Bild

S.256 1.a) $L_H = 2{,}426\ H$,
$X_{LH} = 762{,}2\ \Omega$,
$R_{Fe} = 2{,}689\ k\Omega$
b) $I_\mu = 288{,}6\ mA$,
$I_{Fe} = 81{,}82\ mA$
2.a) $A_{Fe} = 19{,}43\ cm^2$
b) $N_2 = 131$
3.a) $Z = 110\ \Omega$, $U_i = 22\ V$
b) $R_{Cu} = 30\ \Omega$, $X_\sigma = 105{,}8\ \Omega$
4.a) $N_1 = 2252$
b) $N_2 = 123,\ 154,\ 246,\ 369,\ 491$
5. a) $I_1 = 6{,}131\ A$
b) $\eta = 0{,}8897$
c) $P_{q1} = 809{,}3\ var$
6.a) $I_{2N} = 11{,}36\ A$,
$P_{p2} = 2125\ W$
b) $P_{p1} = 2361\ W$
c) $P_{s1N} = 2778\ VA$,
$I_{1N} = 3{,}472\ A$

S.277 1.a) $U_{St} = 380\ V$, $I_{St} = 34{,}64\ A$,
$P_{sSt} = 13{,}16\ kVA$
b) $P_{sD} = 39{,}49\ kVA$
2.a) $P_{sD} = 26{,}1\ kVA$
b) $U_L = 290\ V$, $I_L = 51{,}96\ A$
c) $U_L = 502{,}3\ V$, $I_L = 30\ A$

S.278

3.a) $U_L = 381{,}1$ V, $U_{LN} = 220$ V,
$I_L = 36{,}36$ A, $I_N = 0$

b) $U_L = 220$ V, $I_L = 62{,}98$ A

4.a) $U_{St} = 219{,}4$ V,
$I_{St} = 21{,}94$ A,
$P_{St} = 4{,}813$ kW

b) $U_{St} = 380$ V, $I_{St} = 38$ A,
$P_{St} = 14{,}44$ kW

5.a statt b) $P = 4$ kW

b statt c) $U_{St} = 190$ V,
$P_{St} = 1{,}492$ kW

6.a) $U_{St} = 220$ V, $I_{St1} = 15{,}71$ A,
$I_{St2} = 22$ A, $I_{St3} = 36{,}67$ A,
$P_{St1} = 3{,}457$ kW,
$P_{St2} = 4{,}840$ kW,
$P_{St3} = 8{,}067$ kW

b) $I_1 = 46{,}56$ A, $I_2 = 32{,}81$ A,
$I_3 = 51{,}33$ A

7.a) $U_{St} = 127$ V, $I_1 = 9{,}073$ A,
$P_1 = 1{,}152$ kW, $I_2 = 12{,}70$ A,
$P_2 = 1{,}613$ kW, $I_3 = 21{,}17$ A,
$P_3 = 2{,}689$ kW

b) $P_D = 5{,}455$ kW, $I_N = 10{,}75$ A

8.a) $I_1 = 10{,}85$ A,
$I_2 = 13{,}77$ A,
$I_3 = 16{,}18$ A,

b) $U_{1N'} = 151{,}8$ V,
$U_{2N'} = 137{,}7$ V,
$U_{3N'} = 97{,}05$ V

c) $U_{NN'} = 31{,}8$ V

9.a) $I_{St} = 5{,}16$ A,
$I_L = 8{,}937$ A

b) $U_{St} = 219{,}4$ V,
$I_{St} = 2{,}979$ A (bei Z_{St} = const), $P_{sSt} = 0{,}6536$ kVA,
$P_{pSt} = 0{,}5229$ kW

c) $P_{ab} = 1{,}333$ kW

d) $U_{L2} = 658{,}2$ V (bei Z_{St} = const)

10.a) $P_{Stern} = P_1 = 3\,U_{St}^2/R = U_L^2/R$,
$I_{L1} = 2\,I_{St} = 2U_L/R \cdot \sqrt{3}$

b) $P_{Dreieck} = P_2 = 3\,U_L^2/R = 3\,P_1$,
$I_{L2} = 2\,U_L\sqrt{3}/R = 3\,I_{L1}$

c) $P = P_1 + P_2 = 4\,U_L^2/R$
$= U_L \cdot I_{L3}\cdot\sqrt{3} \Rightarrow I_{L3}$
$= 4\,U_L/R\sqrt{3} = 2\cdot I_{L1}$

11.a) $P_s = 10$ kVA, $P_p = 8$ kW,
$P_q = 6$ kvar

b) $P_C = 708{,}5$ var, $C = 15{,}62$ µF

c) $I_{L1} = 15{,}19$ A, $I_{L2} = 13{,}51$ A

d) $P_{ab} = 2$ kW, $P_p = 2{,}667$ kW,
$P_s = 3{,}333$ kVA, $P_{q1} = 2$ kvar,
$I_L = P_s/U_L\sqrt{3} = 5{,}065$ A

e) $P_p = 2{,}667$ kW,
$P_{q2} = P_{q1} - 3\,P_C = -0{,}1254$ kvar (überkompensiert),
$P_s = 2{,}670$ kVA $= U_L I_L\sqrt{3}$
$\Rightarrow I_L = 4{,}056$ A,
$\tan\varphi = P_q/P_p \Rightarrow \cos\varphi$
$= 0{,}9989$ (kap.)

S.285

1. $\underline{z}_1 = 2{,}24\ e^{-j26{,}6°}$
$\underline{z}_2 = 2{,}83\ e^{j135°}$

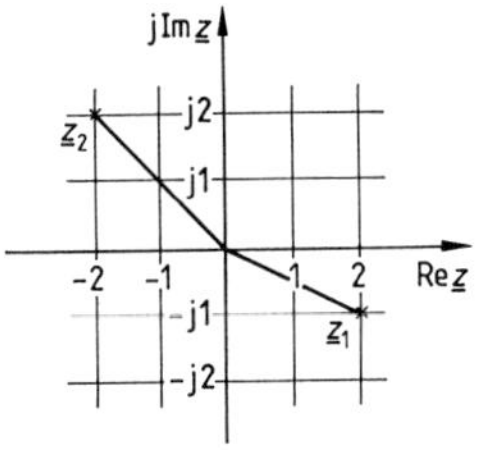

2. $\underline{z}_1 = 3+j2 = 3{,}61\ e^{j33{,}7°}$
$\underline{z}_2 = -2+j3 = 3{,}61\ e^{j123{,}7°}$
$\underline{z}_3 = -1-j3 = 3{,}16\ e^{j251{,}6°}$
$\underline{z}_4 = 3-j3 = 4{,}24\ e^{j315°}$

3. $\underline{z} + \underline{z}^* = 2\ \mathrm{Re}\ \underline{z}$

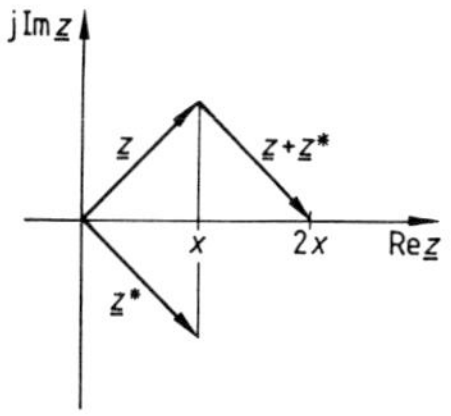

4. $j^* = -j$

S.286 5. $\underline{S}_1 = 2{,}60 - j0{,}5$

$\underline{S}_2 = -3 + j1$

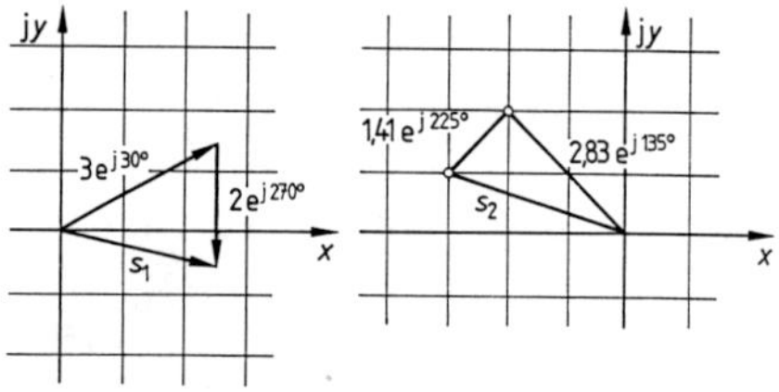

6. $(2+j)(2-j) = 5 = |2+j|^2$

$\underline{Z} \cdot \underline{Z}^* = |\underline{Z}|^2$

7. $(2+j3) \cdot (1+j2) = 8{,}09\ e^{\ j119{,}7°}$

$3e^{\ j1} \cdot 0{,}5e^{\ j2} = 1{,}5\ e^{\ j3}$

$j^3 = -j$

8. $\frac{2+j3}{1+j2} = 1{,}61\ e^{\ -j7{,}12°}$

$\frac{3e^{\ j1}}{0{,}5e^{j2}} = 6\ e^{\ -j1}$

9. $\frac{1}{j} = -j$

10. $x < -1$

Drehung um $\pi \wedge$ Streckung

$-1 < x < 0$

Drehung um $\pi \wedge$ Stauchung

$0 < x < 1$

keine Drehung $\wedge$ Stauchung

$1 < x$

keine Drehung $\wedge$ Streckung

j Drehung um $-\pi/2 \wedge$

keine Betragsänderung

11.

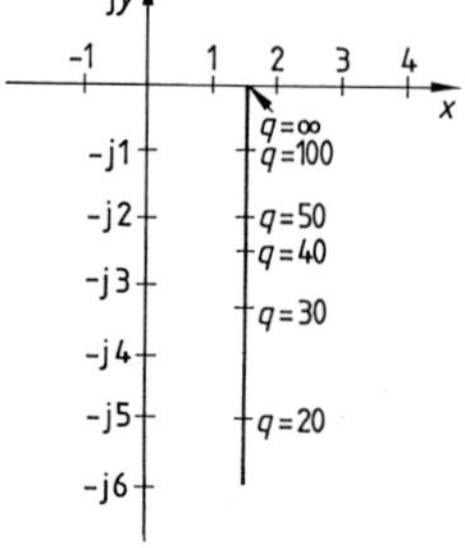

12. $\underline{z} = 2 - j2q$

13.

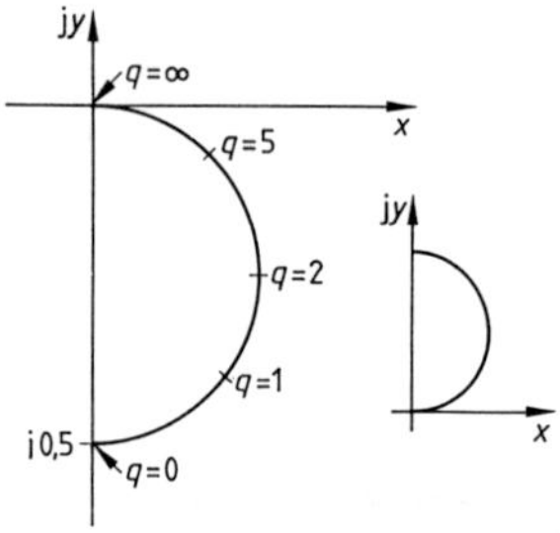

S.291 1. $R = 43{,}3\ \Omega,\ X_L = 57{,}5\ \Omega$

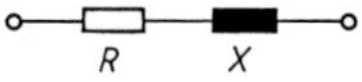

2.

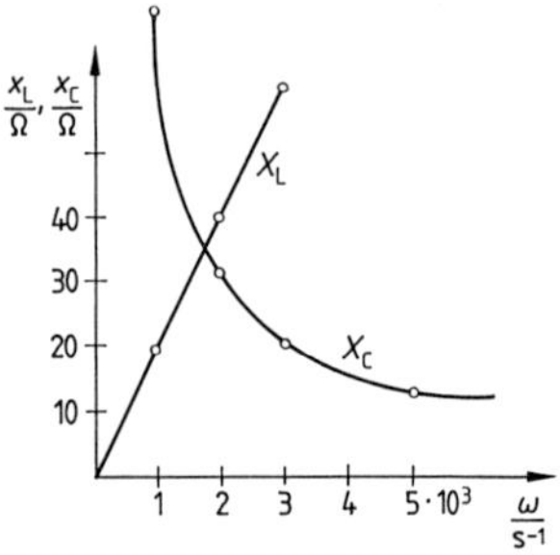

3. $\underline{Y} = 55{,}5 \cdot 10^{-3}\ S\ e^{\ -j56{,}31°}$

$\underline{Y} = (30{,}8 - 46{,}1)\ 10^{\ -3}\ S$

4. $f = 100{,}26$ Hz

$\underline{Z} = (4+j4)\ \Omega$

5. $X_C = 100\ \Omega$

6. $\underline{Z} = (1923 - j384{,}6)\ \Omega$

7. $\underline{Z}\ (f_o) = 62{,}83\ \Omega$

$\underline{Z}\ (f_{gu}) = (62{,}83 - j63{,}17)\ \Omega$

$\underline{Z}\ (f_{go}) = (62{,}83 + j62{,}53)\ \Omega$

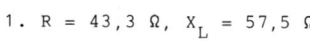

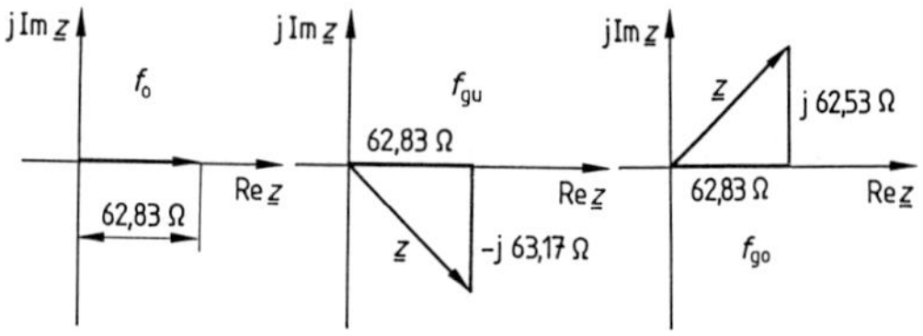

8. $R = 10\ \Omega\,||\ C = 86{,}6\ \mu F$

9. $\underline{Z} = (53{,}98 + j69{,}58)\ \Omega$

S.298 1. $\underline{I} = \underline{U}/(R + \frac{1}{j\ C})$

2.

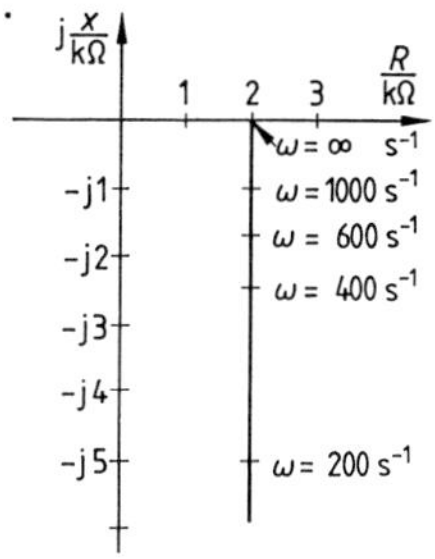

3.

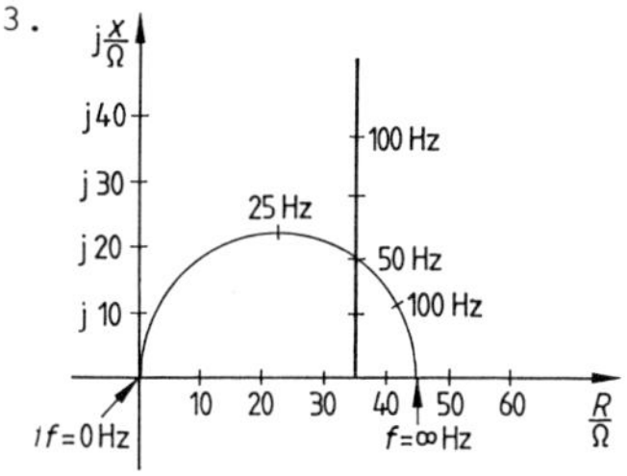

4. $\underline{I} = 0{,}35\ \text{A}\ e^{-j45°}$
$\underline{U}_L = 10{,}61\ \text{V}\ e^{j135°}$
$\underline{U}_C = 17{,}68\ \text{V}\ e^{-j45°}$

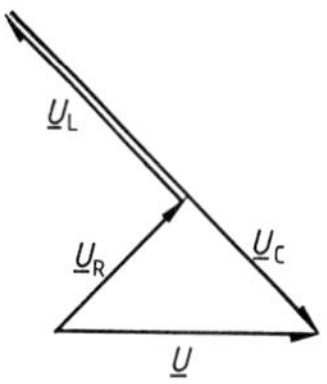

5. $\underline{I}_1 = 0{,}894\ \text{A}\ e^{-j26{,}6°}$
$\underline{I}_2 = 0{,}781\ \text{A}\ e^{j51{,}3°}$
$\underline{I}_{ges} = 1{,}3\ \text{A}\ e^{j8{,}9°}$
$\underline{Z} = (7{,}57 - j1{,}19)\ \Omega$

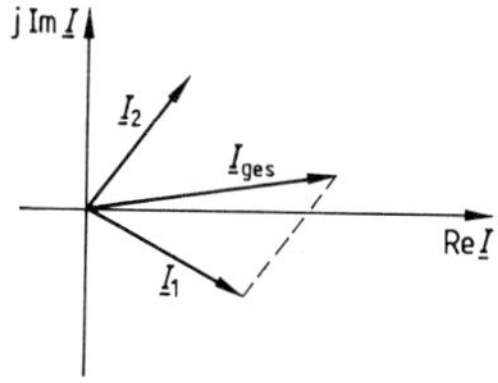

6. $R_1 = 5{,}2\ \Omega$, $X_L = 13{,}2\ \Omega$

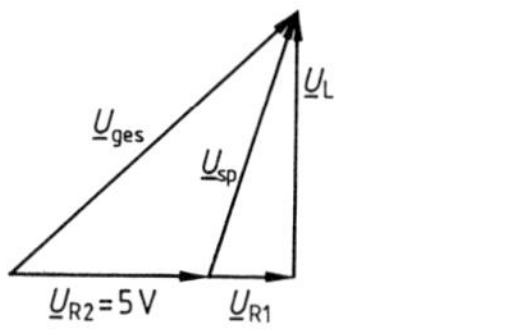

7. $\underline{I}_R = 12\ \text{mA}\ e^{j53{,}1°}$
$\underline{I}_L = 24\ \text{mA}\ e^{-j36{,}9°}$
$\underline{I}_C = 8\ \text{mA}\ e^{j143{,}1°}$

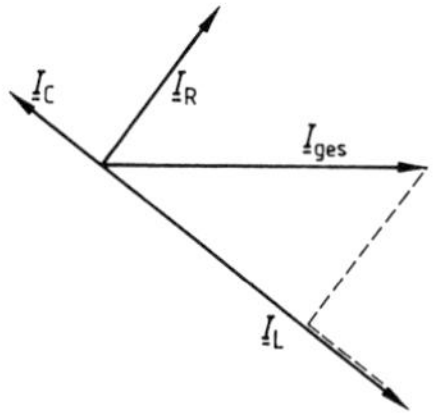

8. $\underline{I}_{R1} = 1{,}26\ \text{A}\ e^{+j18{,}4°}$
$\underline{I}_{R2} = 0{,}89\ \text{A}\ e^{j63{,}4°}$
$\underline{I}_C = 0{,}89\ \text{A}\ e^{-j26{,}6°}$

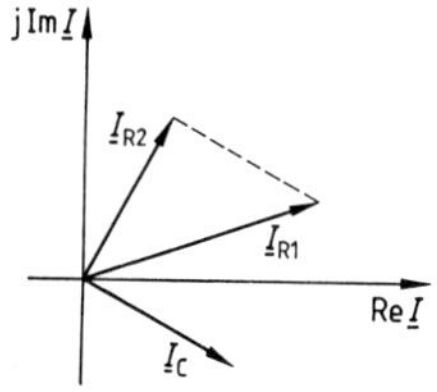

S.299 9.

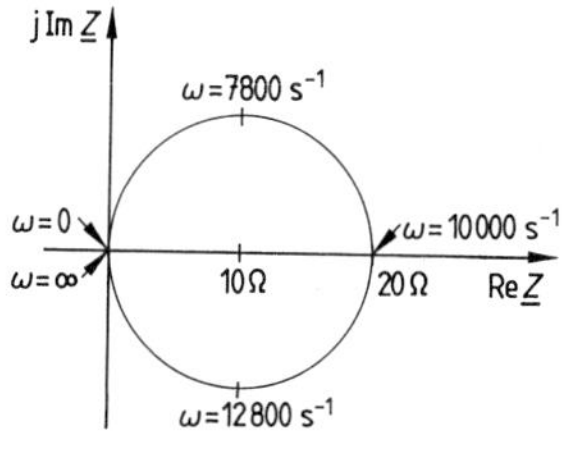

S.302

1. $\underline{P}_{sges} = 430\ \text{W} + j\ 113{,}2\ \text{var}$

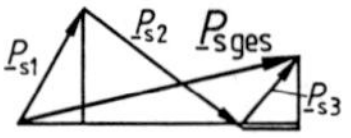

2. $\underline{P}_s = 225\ \text{W} - j\ 75\ \text{var}$

3. $\underline{P}_s = 2{,}47\ \text{W} - j\ 2{,}47\ \text{var}$

kapazitive Blindleistung

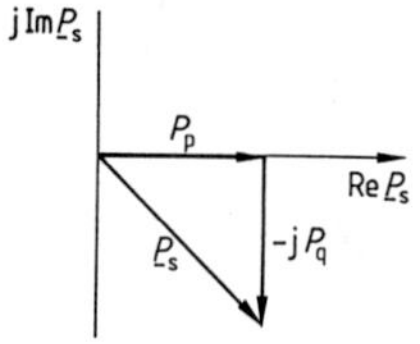

4. $\underline{P}_{sR} = 2\ \text{W}$

$\underline{P}_{sL} = j\ 40\ \text{var}$

$C = 100\ \mu\text{F}$

$\underline{P}_{sC} = -j\ 40\ \text{var}$

Resonanz

5.

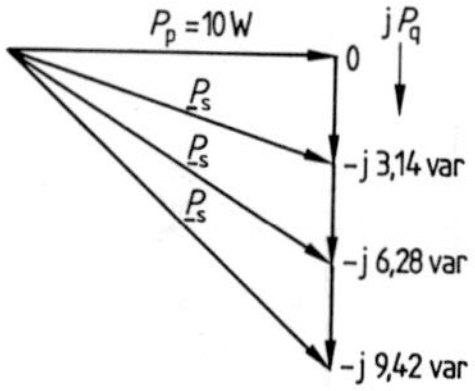

6. $\underline{P}_{s1} = 32\ \text{W} + j\ 16\ \text{var}$

$\underline{P}_{s2} = 15{,}4\ \text{W} + j\ 23{,}1\ \text{var}$

$\underline{P}_{sges} = 47{,}4\ \text{W} + j\ 39{,}1\ \text{var}$

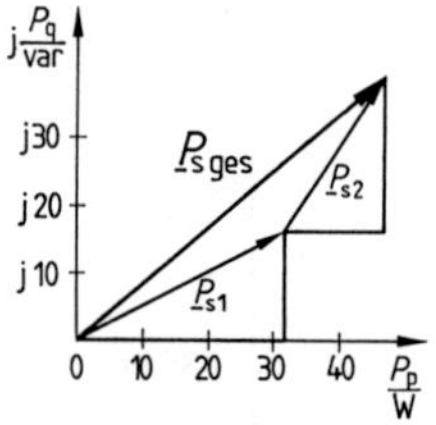

$$\underline{P}_{sges} = \underline{U}\underline{I}_1^* + \underline{U}\underline{I}_2^* = \underline{U}\underline{I}_{ges}^*$$

$$\underline{P}_{sges} = \underline{U}\,\frac{\underline{U}^*}{\underline{Z}^*} = \frac{U^2}{\underline{Z}^*}$$

7. $\underline{P}_s = I^2\left(R + j\,L - j\,\frac{1}{C}\right)$.

ISBN 3-519-16823-5

Elektrotechnik für Fachschulen

Elektrische Maschinen

mit Einführung in die Leistungselektronik

Von Oberstudienrat H.-U. Giersch, Studiendirektor H. Harthus und Oberstudienrat N. Vogelsang, Osnabrück

2., neubearbeitete und erweiterte Auflage. 1988. 448 Seiten mit 516 Bildern, 41 Tabellen, 129 Beispielen und 278 Aufgaben. Best.-Nr.6821

für Schüler der Fachschulen Technik und Fachgymnasien sowie Teilnehmer an Fort- und Weiterbildungskursen

bringt den Stoff im engen Bezug zur Praxis und geht nach Möglichkeit vom Versuch aus. Das Erlernte wird an Beispielen geübt und durch Merksätze sowie zahlreiche Aufgaben gesichert.

enthält Grundlagen Einführung in die Leistungselektronik Gleichstrommaschinen Transformatoren Wechselstrommaschinen Weitere Maschinen Prüfung und Normung der Maschinen

ein Lehrbuch aus der Praxis für die Praxis

B. G. Teubner Stuttgart